Bernd Kögl
Franz Moser

Grundlagen der Verfahrenstechnik

Unter Mitarbeit von Hugo Pointner

Springer-Verlag Wien GmbH

Dipl.-Ing. Bernd Kögl
Assistent am Institut für Grundlagen der Verfahrenstechnik
Technische Universität Graz

Prof. Dipl.-Ing. Dr. techn. Franz Moser
Vorstand des Instituts für Grundlagen der Verfahrenstechnik
Technische Universität Graz

Dipl.-Ing. Dr. techn. Hugo Pointner
Lehrbeauftragter für Verfahrenstechnik
Technische Universität Graz

Ursprünglich erschienen bei Springer-Verlag/Wien 1981
Softcover reprint of the hardcover 1st edition 1981

Mit 99 Abbildungen

CIP-Kurztitelaufnahme der Deutschen Bibliothek

Kögl, Bernd:

Grundlagen der Verfahrenstechnik / Bernd Kögl; Franz Moser.
Unter Mitarbeit von Hugo Pointner. – Wien, New York:
Springer, 1981.

ISBN 978-3-7091-2271-6

NE: Moser, Franz

ISBN 978-3-7091-2271-6 ISBN 978-3-7091-2270-9 (eBook)
DOI 10.1007/978-3-7091-2270-9

Vorwort

Das vorliegende Buch, das auf Grund der Vorlesung „Grundlagen der Verfahrenstechnik“, die seit dem Jahre 1966 an der Technischen Universität Graz gehalten wird, entstand, behandelt einige der wichtigsten Grundlagen der Verfahrenstechnik: die aus den Erhaltungssätzen resultierenden Bilanzen (Stoff-, Wärme- und Impulsbilanzen), die für die Übertragung von Versuchsergebnissen so wesentliche Ähnlichkeitsphysik und die Theorie des Stoffaustausches. Damit verfolgt das Werk den Zweck, die für die Arbeit in der Praxis wesentlichen Grundlagen der Berechnung von Stoff- und Energiebilanzen, der Maßstabsvergrößerung aus einem Modell in die Großanlage und der Vorgänge in den Stoffaustauschapparaten zu vermitteln. Den Autoren war es dabei wichtig, diese Grundlagen aus der Sicht der Praxis zu geben, ohne die dabei notwendige Systematik und theoretische Strenge außer acht zu lassen. Jede empirische Wissenschaft, und die Verfahrenstechnik zählt zu diesen, muß das Ziel verfolgen, die theoretischen Grundlagen für die Bedürfnisse der Praxis zu formulieren. Diese Verbindung von theoretischen Grundlagen und praktischen Erfordernissen erscheint uns wesentlich und wurde dadurch berücksichtigt, daß das Augenmerk bei der Abfassung des Buches auf die Anwendungsbezogenheit gelegt wurde.

Dem Konzept des Buches liegt somit das Bedürfnis, das Wissensgebiet in systematischer und übersichtlicher Weise zu gestalten, zugrunde. Dabei ergibt sich jedoch immer das Problem, zwischen den Extremen einer möglichst weitgehenden Systematik einerseits und einer möglichst großen Anschaulichkeit andererseits einen Mittelweg zu finden. Zu einem Zeitpunkt, in dem die Grundlagen der Verfahrenstechnik im großen und ganzen als abgeschlossen gelten können, ist es zu rechtfertigen, die Systematik mehr zu betonen, wie dies in dem vorliegenden Buch geschah.

Der Inhalt ist in drei Teile gegliedert: Die allgemeinen Grundlagen, zu denen die Kapitel 1 – 4 gezählt werden können, die Ähnlichkeitsphysik, die in den Kapiteln 5 und 6 behandelt wird, und den Stoffaustausch in den Kapiteln 7 bis 12. Sicher sind auch andere Wissensgebiete zu den Grundlagen der Verfahrenstechnik zu zählen. Die hier ausgewählten können aber für den Aufbau des Studiums der Verfahrenstechnik als grundlegend angesehen werden. Das Buch ist mit dem Ziel geschrieben, Studenten der Verfahrenstechnik und des Chemie-Ingenieurwesens eine systematische Einführung in ihr Arbeitsgebiet zu vermitteln, aber auch Chemie-Ingenieuren, Prozeß- und System-Ingenieuren, Chemikern, Technologen und Biotechnikern eine Hilfe bei ihrer praktischen Arbeit zu sein.

Das Buch entstand unter Mitwirkung zahlreicher Mitarbeiter des Institutes für Verfahrenstechnik der Technischen Universität Graz. Unser Dank gilt vor allem Herrn cand. ing. M. Narodoslavsky, der sich um die Zusammenstellung der Kapitel und die Korrektur bemühte, sowie Herrn Dr. H. Schnitzer, dessen konstruktive Kritik viel zum Gelingen des Buches beitrug. Weiters möchten die Autoren auch dem Verlag für das verständnisvolle und geduldige Eingehen auf ihre Wünsche danken.

Graz, im Dezember 1980 Bernd Kögl und Franz Moser

Inhaltsverzeichnis

1.0 Einleitung

Verfahrenstechnik ist die Lehre von den Veränderungen von Stoffen (Gasen, Flüssigkeiten, Feststoffen) durch physikalische[1], chemische oder biologische Vorgänge für industrielle Zwecke. Physikalische Vorgänge bedeuten in diesem Zusammenhang Veränderungen eines Stoffes hinsichtlich Größe, Form, Zusammensetzung und Aggregatzustand; chemische Veränderungen werden durch chemische Reaktionen und biologische durch die Anwesenheit von Mikroorganismen bewirkt.

Aus dieser Definition wird ersichtlich, daß die Verfahrenstechnik ein sehr umfangreiches und vielfältiges Wissensgebiet darstellt. Daher zählen auch so verschiedene Industriezweige zum Arbeitsgebiet des Verfahrenstechnikers, wie z. B. die Gewinnung von Erzen und Kohle, die Industrie der Steine und Erden, die Erdölindustrie, die Holz-, Zellstoff- und Papierindustrie, die Abwasser- und Abgasreinigung und anderes. Dabei ist der Verfahrenstechniker mit der Entwicklung bzw. Verbesserung einzelner Verfahrensstufen sowie gesamter Verfahren und mit Planung und Betrieb der dazu erforderlichen Apparate befaßt.

Die Frage, die sich nun stellt, ist: Kann ein so umfangreiches Arbeitsgebiet durch einen einzelnen Wissenschaftszweig befriedigend beschrieben werden? Zur Beantwortung ist es notwendig, die historische Entwicklung der Technologien zu verfolgen. Schon von alters her waren verschiedene Technologien, die in den angeführten Industriezweigen zur Anwendung kamen, bekannt. Die Verfahrenstechnik entwickelte sich aus den Technologien, als man die gemeinsamen Grundlagen derselben erkannte. So entstand zu Beginn dieses Jahrhunderts aus der Zusammenarbeit von Chemikern, Physikern und Ingenieuren bei der Planung, dem Bau und dem Betrieb industrieller Anlagen etwas Neues. Es zeigte sich, daß die in den verschiedenen Industriezweigen angewandten Verfahren, ob sie nun bei der Raffination des Erdöls in der chemischen Industrie oder in Hüttenwerken verwendet wurden, auf gemeinsame Prinzipien zurückführbar sind. Damit entstand die Verfahrenstechnik. Im Jahre 1915 formulierte A. D. Little den Begriff der *Grundoperationen* (Unit Operations) wie folgt [1.1]:

"Any chemical process, on whatever scale conducted, may be resolved into a coordinated series of what may be termed 'Unit Actions', as pulverizing, mixing, heating, roasting, absorbing, condensing, lixiviating, electrolyzing and so on. The number of these basic Unit Operations is not very large and relatively few of them are involved in any particular process. The complexity of chemical engineering results from the variety of conditions as to temperature, pressure, etc., under which the unit actions must be carried out in different processes and from the limitations

[1] Kernphysikalische Umwandlungen der Materie sind nicht Teil der Verfahrenstechnik.

as to materials of construction and design of apparatus imposed by the physical and chemical character of the reacting substances."

Die Definition des Begriffes der Grundoperation war der erste Schritt bei dem Versuch, die verschiedenen Verfahren auf die Grundgesetze der Mathematik, Physik, Chemie und Mechanik zurückzuführen. Die Entwicklung, welche mit diesem Denken eingeleitet wurde, versucht, das empirische Wissen durch mathematische Modellvorstellungen, mit welchen die Realität zumindest angenähert werden kann, zu ersetzen. Diese Entwicklung ist auch heute noch nicht abgeschlossen.

Die Verfahrenstechnik wurde zunächst vor allem auf dem Gebiet der chemischen Industrie sowie bei der Raffination des Erdöls entwickelt. Deshalb sind die dafür verwendeten Bezeichnungen *Chemie-Ingenieur-Technik* und *Chemical Engineering* historisch zu verstehen und haben damit auch ihre Berechtigung. Heute erstreckt sich das Arbeitsgebiet der Verfahrenstechnik auf alle Industrien, in welchen Verfahren im obigen Sinne zur Anwendung kommen.

Unter einem Verfahren wird dabei die Kombination mehrerer Grundoperationen zu dem Zweck, Materie (Stoff) nach Art, Eigenschaft oder Zusammensetzung zu verändern, verstanden. Die technischen Einrichtungen, die insgesamt zur Durchführung eines solchen Verfahrens erforderlich sind, bilden die Anlage. Eine solche umfaßt im allgemeinen eine Vielzahl von Apparaten, Maschinen, Rohrleitungen, Armaturen usw.

Obwohl die Prinzipien der Verfahrenstechnik schon im ersten und zweiten Quartal dieses Jahrhunderts vor allem in den USA entwickelt wurden, fanden diese in Europa erst im dritten Quartal in größerem Umfang Eingang in die Lehre. Dabei hatte Prof. Haber, der Mitbegründer der Haber-Bosch-Ammoniak-Synthese, bereits im Jahre 1933 auf verschiedene Unzulänglichkeiten, die sich bei der Lehre der chemischen Technologie ergeben, hingewiesen, wenn er schrieb [1.2]:

„Die Aufgabe, chemische Technologie an der Hochschule zu lehren, wird historisch bei uns im allgemeinen so aufgefaßt, daß die chemischen Vorgänge beschrieben werden, die, in technischer Form durchgeführt, die wichtigsten Erzeugnisse der chemischen Industrie liefern. Diese chemische Darlegung wird durch Vorführung von Ausgangsmaterialien und Erzeugnissen und durch Modelle und Bilder der technischen Hilfsmittel wie durch Besichtigung von Fabriken anschaulich ergänzt und erweitert. Diese Art des Unterrichtes gibt dem, der in der Industrie später seinen Weg machen will, eine Grundlage. Sie hilft ihm, wenn sie gut gegeben wird, zu einem Überblick, der ihm viel Nutzen bringt, wenn er später an einer Einzelstelle Vorschläge zu beurteilen oder zu machen hat, wie der Betrieb, in dem er tätig ist, anders und besser gestaltet werden könnte. Aber auch ihre Unvollkommenheit kommt ihm bei dieser späteren Tätigkeit zum Bewußtsein, weil er in allem, was über die Laboratoriumschemie hinausgeht, nur das ‚WAS' und nicht das ‚WARUM' gelernt hat. Es fehlt ihm an der technischen Physik[1], an der Materialkunde und am wirtschaftlichen Einblick."

Der Verfahrenstechniker soll demnach befähigt sein, die Vorgänge, die sich in den Apparaten und Maschinen der chemischen und artverwandten Industrien abspielen, zu untersuchen, zu analysieren und mit Hilfe von mathematischen

---

[1] Anstelle des Begriffes „technische Physik" würde man heute hier „Verfahrenstechnik" setzen.

Modellen zu beschreiben. Er ist in diesem Sinne ein „Systemtechniker", der Gesetzmäßigkeiten zu erkennen hat und diese für den Entwurf, die Automatisierung und die Optimierung von Anlagen im weitesten Sinne zu verwenden versucht [1.3], [1.4], [1.5]. Aus dieser Sicht ist der Verfahrenstechniker ein Mitglied der Arbeitsgruppe, welche sich aus Chemikern, Biologen und Physikern auf der einen Seite und Maschinen-, Elektro- und Bauingenieuren auf der anderen Seite zusammensetzt. Es besteht demnach z. B. in der chemischen Industrie ein beinahe kontinuierlicher Übergang von der Arbeitsweise des Chemikers, der die Verfahren im Labor entwickelt, zur Arbeitsweise des Maschinenbauers, der die entsprechenden Apparate und Anlagen zur Realisierung eines Verfahrens baut. Das Bindeglied ist der Verfahrenstechniker. Seine Aufgabe ist es, die Ergebnisse der Grundlagenwissenschaften, wie Chemie, Biologie, Physik, technisch umzusetzen und mit der Arbeit der Wissenszweige des Maschinen- und Apparatebaus zu verbinden, wobei wirtschaftliche Gesichtspunkte mitberücksichtigt werden müssen. Er arbeitet somit interdisziplinär.

1.1 Die Grundoperation der Verfahrenstechnik

Mit dem von A. D. Little definierten Begriff der „Grundoperationen" ist es möglich, alle in der verfahrenstechnischen Industrie vorkommenden Verfahren zu analysieren und die gemeinsam auftretenden Arbeitsprinzipien festzustellen. Auf diese Weise kann eine Systematisierung der Verfahren nach ihren Grundoperationen vorgenommen werden, wobei als Einteilungsgrundlage die physikalischen, chemischen oder biologischen Vorgänge herangezogen werden. Man kommt so zu folgender Einteilung:

A. Physikalische Grundoperationen
   a) Mechanische Grundoperationen
   b) Thermische Grundoperationen
   c) Elektrische und magnetische Grundoperationen

B. Chemische Grundoperationen
   a) in homogenen Systemen
   b) in heterogenen Systemen

C. Biologische Grundoperationen.

In Tab. 1.1 wird eine Übersicht der wichtigsten Grundoperationen gegeben. Dabei wird deutlich, daß die große Zahl der in den verfahrenstechnischen Industrien vorhandenen Verfahren, allein in der chemischen Industrie sind es mehrere hundert, auf nur ca. dreißig Grundoperationen zurückzuführen sind.

1.2 Die Grundvorgänge der Verfahrenstechnik

Im zweiten Quartal dieses Jahrhunderts wurde in der verfahrenstechnischen Lehre versucht, die Grundoperationen phänomenologisch und mathematisch zu beschreiben sowie die betreffenden physikalischen, chemischen und biologischen Zusammenhänge zu erklären. Dabei zeigte sich, daß der Abstraktionsvorgang, der begonnen worden war, um die Technologien auf Grundoperationen zurückzuführen, weitergeführt werden kann, wenn man die in den Grundoperationen

Tabelle 1.1. *Grundoperationen der Verfahrenstechnik*

A. PHYSIKALISCHE GRUNDOPERATIONEN

Mechanische Grundoperationen	*Thermische Grundoperationen*	*Elektrische und magnetische Grundoperationen*
Zerkleinern	Absorption	Elektrofiltration
Sieben	Destillation	Elektroscheidung
Sichten	Extraktion	Elektrophorese
Sedimentieren	Adsorption	Magnetscheidung
Filtrieren	Permeation	
Flotieren	Kristallisation	
Zentrifugieren	Trocknung	
Mischen	Verdampfung	
Agglomerieren	Sublimation	
Sintern		

B. CHEMISCHE GRUNDOPERATIONEN

Homogene Systeme (Gas, Flüssig)

Reaktionsraum ideal durchmischt (z. B. idealer Rührkessel)
Reaktionsraum ohne Rückvermischung (z. B. ideales Strömungsrohr) und Zwischenformen

Heterogene Systeme (Gas/Flüssig, Gas/Fest, Gas/Flüssig/Fest)

Reaktionsraum ideal durchmischt (z. B. idealer Rührkessel, Wirbelbett)
Reaktionsraum ohne Rückvermischung (z. B. ideales Strömungsrohr, Festbett)
und Zwischenformen

C. BIOLOGISCHE GRUNDOPERATIONEN (heterogene Systeme)

Reaktionsraum ideal durchmischt (z. B. idealer Rührkessel)
Reaktionsraum ohne Rückvermischung (z. B. ideales Strömungsrohr, Festbett)
und Zwischenformen bzw. Apparate-Kombinationen (der Gas-Flüssig-Reaktor sowie das Sedimentationsbecken mit Rückführstrom wird in der Abwasserreinigung z. B. als Grundoperation „Belebtschlammverfahren" bezeichnet) [1.6]

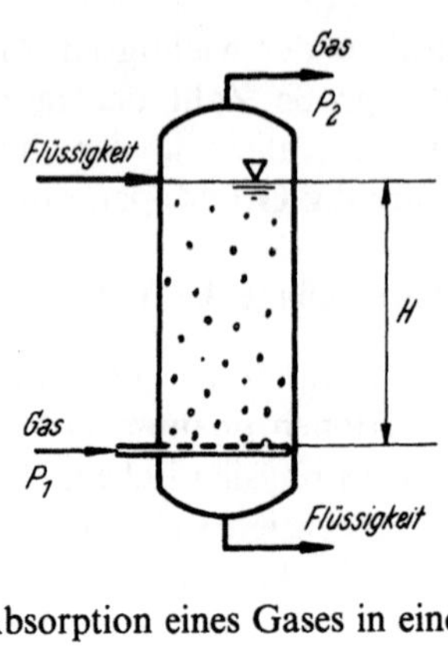

Abb. 1.1. Absorption eines Gases in einer Flüssigkeit

Tabelle 1.2. *Analyse der Grundoperationen mit Hilfe von Grundvorgängen*

A. PHYSIKALISCHE GRUNDOPERATIONEN		
Mechanische Grundoperationen	*Thermische Grundoperationen*	*Elektrische und magnetische Grundoperationen*
Energieaustausch Impulsaustausch	Stoffaustausch Energieaustausch Impulsaustausch	Elektrostatische Vorgänge Elektrodynamische Vorgänge Magnetostatische Vorgänge Stoffaustausch Wärmeaustausch Impulsaustausch
B. CHEMISCHE GRUNDOPERATIONEN		
Homogene Systeme		*Heterogene Systeme*
Thermochemische Vorgänge (Chemische Thermodynamik, Chemische Kinetik) Energieaustausch Impulsaustausch		Thermochemische Vorgänge (Chemische Thermodynamik, Chemische Kinetik) Stoffaustausch Energieaustausch Impulsaustausch
C. BIOLOGISCHE GRUNDOPERATIONEN		
		Heterogene Systeme
		Thermodynamische Vorgänge Bio-kinetische Vorgänge Stoffaustausch Energieaustausch Impulsaustausch

auftretenden Grundvorgänge aufzeigt. Analysiert man z. B. die physikalischen Grundoperationen, so stellt man fest, daß diese durch die Grundvorgänge *Stoffaustausch*, *Energieaustausch* und *Impulsaustausch* zu beschreiben sind.

Als Beispiel soll die Grundoperation „Absorption" angeführt werden. In einem Absorptions-Apparat wird ein Gas (z. B. ein Gemisch aus Luft und Ammoniak) von unten durch eine Flüssigkeitssäule geleitet (vergleiche Abb. 1.1).

Welche Grundvorgänge treten bei dieser Grundoperation auf?

1. Stoffaustausch – Aus dem Gas wird eine Komponente (Ammoniak) in die Flüssigkeit (Wasser) übergehen. Es wird also Materie (Stoff) zwischen der Gasphase und der Flüssigphase ausgetauscht.

2. Energieaustausch – Zumeist ist ein Absorptionsvorgang mit einer Wärmetönung (Lösungswärme) verbunden. Die Folge ist eine Veränderung der Systemtemperatur und damit ein Wärmeaustausch zwischen Apparat und Umgebung.

3. Impulsaustausch – Die im Absorber stattfindenden Strömungsvorgänge sind mit Krafteinwirkungen auf bewegte Teilchen, im besonderen hier auf Blasen, und damit mit Impulsaustauscheffekten verbunden. Dabei sind die Effekte der Massenträgheit, der Zähigkeit, der Schwerkraft bzw. des Auftriebes von Bedeutung. So wird im vorliegenden Fall ein Druckverlust des Gases über die Flüssigkeitshöhe H in der Größe $\Delta P = P_1 - P_2$ hervorgerufen.

Die physikalischen Grundoperationen können mit den Grundvorgängen des Stoff-, Wärme- und Impulsaustausches beschrieben werden. Bei den chemischen und biologischen Grundoperationen kommen zu diesen noch chemische Vorgänge hinzu[1]. Diese werden einerseits mit Hilfe der chemischen Thermodynamik, die das chemische Gleichgewicht und die Wärmetönung der Reaktion beschreibt, andererseits von der Reaktionskinetik, welche die Geschwindigkeit der ablaufenden Reaktion beschreibt, berücksichtigt. Tab. 1.2 gibt eine Übersicht der bei den verschiedenen Grundoperationen vorkommenden Grundvorgänge.

Auf diese Weise wurde ein neues Lehrkonzept der Verfahrenstechnik, nämlich die Darstellung der Grundoperationen mit Hilfe der Grundvorgänge, erstellt [1.7]. Der Vorteil dieser Behandlungsweise liegt in seiner Einheitlichkeit; der Nachteil in einer durch die weitgetriebene Abstraktion zur Lösung von praktischen Problemen meist sehr allgemeinen und daher schwierig anwendbaren Darstellungsform. Trotzdem ist es vorteilhaft und notwendig, die Analyse der Grundoperationen mit Hilfe der Grundvorgänge vorzunehmen. Das vorliegende Buch verfolgt das Ziel, dem Studierenden die Grundlagen dieses Konzeptes an Hand der Darstellung der Stoffaustauschvorgänge nahe zu bringen. Diese spielen, wie aus den Tab. 1.1 und 1.2 hervorgeht, hauptsächlich bei den thermischen Grundoperationen sowie den chemischen Grundoperationen in heterogenen Systemen und den biologischen Grundoperationen eine wesentliche Rolle.

1.3 Aufgabenstellungen der Verfahrenstechnik

Zu den Aufgaben in der Verfahrenstechnik zählen die Entwicklung, Planung und Inbetriebnahme neuer Anlagen sowie die Anpassung bestehender Anlagen an veränderte Betriebsbedingungen. Dabei erfordert die Planung neuer Anlagen im Vergleich zu den übrigen Aufgaben den weitaus größeren Aufwand, so daß zumeist dieses Problem behandelt wird. Mit den für diesen Zweck entwickelten Berechnungsmethoden lassen sich jedoch auch die Probleme der Anpassung bestehender Anlagen an veränderte Betriebsbedingungen lösen.

Bei der Anlagenplanung unterscheidet man zwischen der Planung neuer Anlagen, für welche das Verfahren noch nicht bekannt ist – es handelt sich damit um eine Verfahrensentwicklung –, und der Planung einer Anlage nach einem bereits bekannten Verfahren. Im ersten Fall ist es eine entscheidende Frage, ob für das zu entwickelnde Verfahren eine Versuchsanlage gebaut werden soll. Vor einigen Jahren war man der Ansicht, daß der erstrebenswerte Idealzustand die Planung eines Verfahrens allein auf Grund von Laboratoriumsdaten sein könnte. Von dieser Idealvorstellung ist man abgekommen, da es sich zeigte, daß bei der Entwicklung von Verfahren zu viele Einflußgrößen gleichzeitig wirksam werden. Man geht daher derzeit wieder davon aus, daß in der Regel eine oder auch mehrere Versuchsanlagen

[1] Auch die biologischen Vorgänge lassen sich, zumindest zur verfahrenstechnischen Modellbeschreibung, auf chemische Vorgänge zurückführen.

in verschiedenen Größen gebaut werden sollten. Diese Anlagen dienen zur Ermittlung kinetischer Daten, der Erprobung von Apparate-Werkstoffen, der Überprüfung ökologischer Fragen (Abwasser, Abgase) sowie der Herstellung des Produktes zur Marktentwicklung. Abb. 1.2 zeigt die einzelnen Entwicklungsschritte bei der Entwicklung neuer Verfahren.

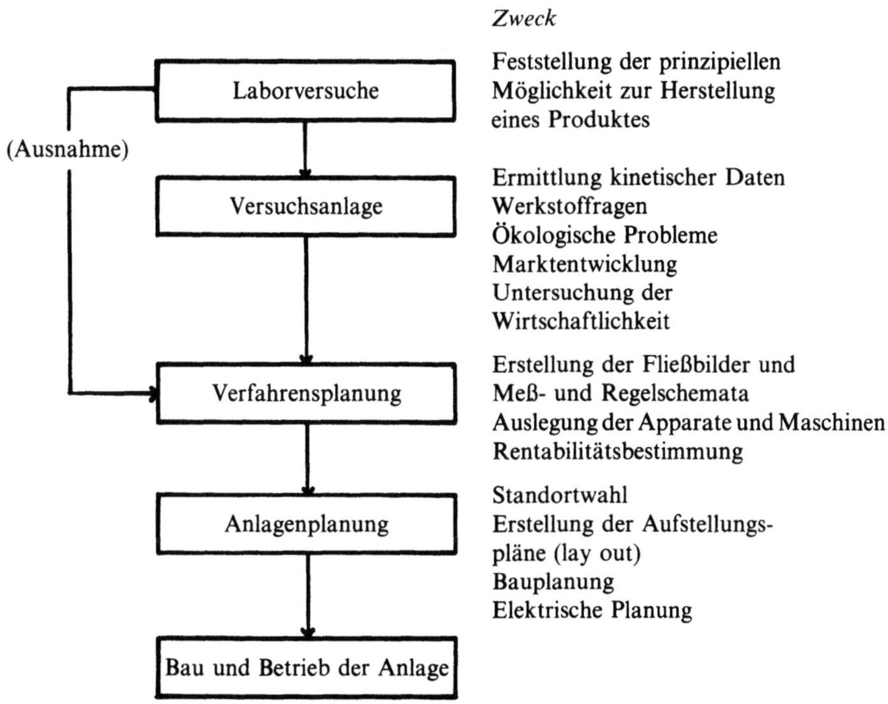

Abb. 1.2. Entwicklungsschritte bei der Entwicklung eines neuen Verfahrens

Die geschilderte „Entwurfs-Philosophie" ist von grundsätzlicher Bedeutung, da die Entwicklung eines neuen Verfahrens meist mit hohen Kosten und einem großen Risiko verbunden ist. Die Planung von Versuchen und die Übertragung von Ergebnissen aus dem Laboratorium auf eine Versuchsanlage und von dieser auf die Großanlage (Maßstabsvergrößerung), gehören daher zu den wichtigsten Aufgaben eines Verfahrenstechnikers. Das Problem der Maßstabsvergrößerung wird deshalb auch im Kapitel 5.0 dieses Buches ausführlich behandelt. Die wirtschaftlichen Konsequenzen einer Fehlplanung, die als Ursache z. B. eine fehlerhafte Maßstabsvergrößerung eines Apparates auf Grund ungenügender Daten bei der Auslegung haben kann, werden in Abb. 1.3 an Hand eines Zeit-Kapitalfluß-Diagrammes anschaulich gemacht. Der planende Ingenieur hat dabei zwischen den Extremen der Entwicklung eines Verfahrens, ohne Erstellung einer Versuchsanlage und der Möglichkeit der Verzögerung der Inbetriebnahme der Anlage, und dem sicheren, aber möglicherweise weniger wirtschaftlichen Weg der Planung mit Erstellung einer Versuchsanlage zu wählen.

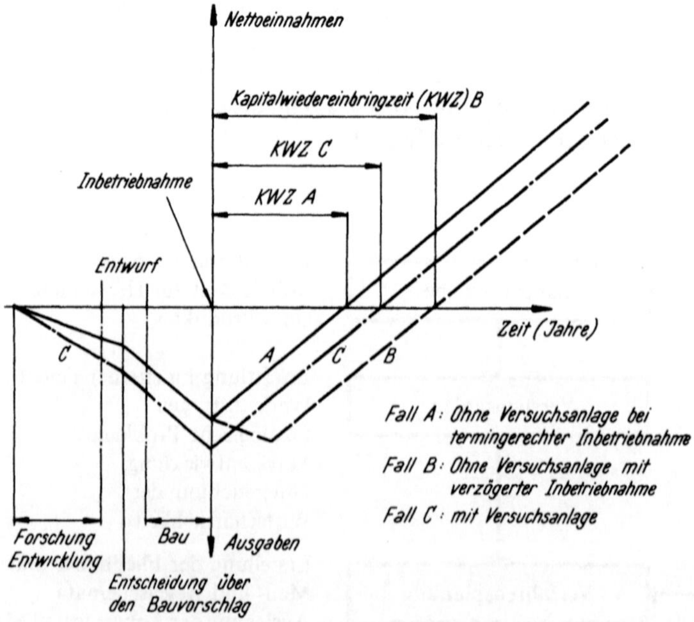

Abb. 1.3. Zeit-Kapitalfluß-Diagramm

Zusätzlich zu dem Problem der Maßstabsvergrößerung gibt es bei der Planung eines neuen Verfahrens noch eine Reihe weiterer, stets wiederkehrender Fragen, die im folgenden angeführt sind. Gleichzeitig werden Hinweise auf die Behandlung dieser Fragen, soweit eine solche in diesem Buch erfolgt, gegeben.

1. Frage. Welche Mengen an Roh- und Hilfsstoffen sind in der Anlage zu verarbeiten, um die gewünschte Menge an Produkt zu erhalten?

Die Beantwortung dieser Frage erfolgt durch die Erstellung von Stoffbilanzen. Mit Hilfe der in Kapitel 4.0 angeführten differentiellen (4.1.1) und integralen Stoffbilanzen (4.2.1) werden die der Anlage bzw. dem Apparat zuzuführenden Mengen an Roh- und Hilfsstoffen sowie die abzuführenden Mengen an Haupt- und Nebenprodukten berechnet.

2. Frage. Welche Energiemengen sind zur Durchführung eines Verfahrens notwendig?

Energie wird in verfahrenstechnischen Anlagen einem System in einer der folgenden Formen zugeführt:

a) Kalorische Energie (mittels Brennstoffen, Dampf oder anderen Wärmeträgern)
b) Mechanische Energie (über Pumpen, Verdichter und Maschinen)
c) Elektrische Energie.

Die Berechnung der einem Verfahren zugeführten Energie- bzw. Wärmemengen erfolgt mit Hilfe von Energie- und Wärmebilanzen, welche in Kapitel 4.0 in den Abschnitten 4.1.2 und 4.2.2 behandelt werden.

3. Frage. In welcher Weise soll ein Apparat, eine Verfahrensstufe oder ein gesamtes Verfahren betrieben werden?

Man unterscheidet dabei zwischen kontinuierlicher und diskontinuierlicher Betriebsweise. Die Vor- und Nachteile dieser Betriebsweisen werden in Kapitel 2.0 im Abschnitt 2.3 behandelt.

4. Frage. Wie soll die Phasenführung in einem Apparat bzw. in einer Verfahrensstufe gestaltet werden?

Bei den meisten thermischen und biologischen Grundoperationen sowie auch bei den chemischen Grundoperationen in heterogenen Systemen findet ein Stoffübergang von einer Phase durch eine Phasengrenzfläche in eine andere Phase statt. Dieser erfolgt entweder zwischen einem Gas und einer Flüssigkeit, zwischen zwei Flüssigkeiten (die nicht bzw. nur teilweise mischbar sind), zwischen einem Gas und einem Feststoff oder einer Flüssigkeit und einem Feststoff (vergleiche Tab. 1.3).

Tabelle 1.3. *Die Phasenverteilung bei einigen thermischen Grundoperationen*

Phasen	Grundoperationen
Gas/Flüssig	Absorption, Destillation, Verdampfung
Flüssig/Flüssig	Extraktion, Flüssigphasenpermeation
Gas/Fest	Adsorption, Sublimation
Flüssig/Fest	Extraktion, Kristallisation, Auflösen, Permeation

Die verschiedenen Phasen können in einem Apparat im Gleich-, Gegen- oder Kreuzstrom zueinander geführt werden. Die nähere Beschreibung dieser Möglichkeiten erfolgt in Kapitel 2.0, Abschnitt 2.4.

5. Frage. Welche Betriebsvariablen, wie z. B. Druck und Temperatur, sind in einem Apparat (bzw. einer Verfahrensstufe) unter bestimmten Bedingungen frei wählbar und müssen durch automatische Regelgeräte fortlaufend kontrolliert werden, wenn das System ohne manuelle Eingriffe betrieben werden soll?

Diese Frage wird durch die Bestimmung der Freiheitsgrade eines Systems gelöst. Eine Einführung in dieses Gebiet wird in Kapitel 2.0, Abschnitt 2.3 gebracht.

6. Frage. Mit Hilfe welcher Beziehungen kann eine Apparat- bzw. eine Verfahrensstufe dimensioniert werden bzw. woher kann man diese Beziehungen erhalten?

Die Beziehungen zur Dimensionierung von Apparaten und Verfahrensstufen können auf drei verschiedene Arten erhalten werden:

1) aus Versuchen
2) aus Analogiebeziehungen zu anderen Grundvorgängen
3) aus theoretischen Ansätzen.

ad 1) Die Durchführung von Versuchen im Labormaßstab oder in einer Versuchsanlage (bzw. auch in einer Fabrikationsanlage) bedarf einer Versuchsplanung. Diese setzt sich aus zwei Teilen zusammen:

a) der statistischen Versuchsplanung
b) der ähnlichkeitsphysikalischen Versuchsplanung.

Die statistische Versuchsplanung versucht durch eine statistische Auswertung einzelner Versuchsergebnisse, aus einer Mindestzahl von Ergebnissen das optimale Versuchsergebnis zu ermitteln [1.8], [1.9], [1.10], [1.11]. Dieses Thema wird im folgenden nicht behandelt.

Die ähnlichkeitsphysikalische Versuchsplanung ist Inhalt des Kapitels 5.0, in welchem die Grundlagen der Ähnlichkeitsphysik gebracht werden.

ad 2) Bereits im 19. Jahrhundert wurden Analogien zwischen einzelnen Grundvorgängen des Impuls- und Wärmeaustausches festgestellt. Diese wurden später erweitert und stellen heute eine wichtige Quelle bei der Ermittlung bzw. Überprüfung von mathematischen Beziehungen dar (vergleiche dazu Kapitel 6.0).

ad 3) Ein dritter Weg zur Dimensionierung von Apparaten und Verfahrensstufen steht dann offen, wenn es gelingt, eine vollständige mathematische Beschreibung der Grundvorgänge des Wärme-, Stoff- und Impulsaustausches in den Apparaten zu erstellen. Da die Strömungs-, Wärme- und Stoffübergangsvorgänge in industriellen Apparaten naturgemäß sehr komplex sind, hat diese Methode im allgemeinen wenig Aussicht auf Erfolg, wenn nicht vereinfachende Bedingungen der Berechnung zugrunde gelegt werden. So kann man z. B. die Zahl der möglichen geometrischen Anordnungen der Phasen bei Stoffaustauschvorgängen in verfahrenstechnischen Apparaten, unter stark vereinfachenden Annahmen, auf eine geringe Zahl an geometrischen Formen der Stoffaustauschfläche, nämlich auf die ebene Fläche und die Kugel, beschränken. Alle anderen Flächenformen werden in diesem Falle in erster Näherung auf diese einfachen Formen zurückgeführt. Dabei geht es vor allem darum, die Größenordnung der Vorgänge abzuschätzen und durch Variation der Parameter verschiedener Vorgänge diejenigen herauszufinden, die für die Geschwindigkeit des Gesamtvorganges bestimmend sind (vergleiche Kapitel 8.0).

Eine weitere systematisierende Einteilung der Transportvorgänge kann ferner dann vorgenommen werden, wenn man zwischen Austauschvorgängen an Grenzflächen und solchen durch Grenzflächen zweier fluider Phasen unterscheidet.

Der Stofftransport an Grenzflächen wird in Kapitel 8.0 für die einfachen Fälle des Stofftransportes an einer ebenen Fläche (Abschnitt 8.2) und an einer Kugel (Abschnitt 8.3) sowie näherungsweise an der Grenzfläche umströmter Einzelkörper unterschiedlicher Form (Abschnitt 8.4) behandelt. Stofftransportvorgänge an Grenzflächen können zwischen einem Gas und einem Feststoff oder einer Flüssigkeit und einem Feststoff auftreten. Grundoperationen, in welchen Stofftransportvorgänge an Grenzflächen auftreten, unterscheidet man nach Art und Zahl der vorkommenden Phasen (vergleiche dazu auch Tab. 1.4).

Der Stofftransport durch Grenzflächen (Stoffdurchgang) wird in den Kapiteln 9.0 bis 11.0 behandelt. Im Kapitel 9.0 werden die allgemeinen Beziehungen des Stoffdurchganges abgeleitet sowie die verschiedenen Einflußgrößen angeführt. Kapitel 10.0 bringt den Stofftransport durch die Grenzfläche eines Flüssigfilmes sowie Kapitel 11.0 den Stofftransport durch die Grenzfläche von Blasen und

Tropfen. In Kapitel 7.0 wird zur Einführung in die Stofftransport-Theorie der Stofftransport in einphasigen Systemen (Diffusion) behandelt.

In heterogenen Systemen werden die Stofftransportvorgänge durch eine chemische Reaktion wesentlich beeinflußt. Man unterscheidet zwischen chemischen Reaktionen in homogenen Phasen z. B. Reaktionen in Gas/Flüssig-Systemen bzw. in einem System heterogener Phasen bei katalytischen Reaktionen. Die Art und Größe der Beeinflussung des Stofftransportes zufolge einer chemischen Reaktion werden in Kapitel 12.0 behandelt.

Tabelle 1.4. *Einteilung der Grundoperationen mit Stofftransport an Grenzflächen*

Phasen	Grundoperation
Gas/Fest	Sublimation Adsorption Katalytische Gasphasenreaktion
Flüssig/Fest	Kristallisation Auflösen von Feststoffen Katalytische Flüssigphasenreaktion
Gas/Flüssig/Fest	Biologische Verfahren (z. B. Belebtschlamm-Verfahren) „Trickle-Bed"-Reaktoren

Mit diesen Ausführungen wurde am Beispiel der bei der Entwicklung und Planung eines neuen Verfahrens auftretenden Fragestellungen gezeigt, in welcher Weise die in dem vorliegenden Buch behandelten Themen anwendbar sind. Es sollte sich der Leser jedoch vor Augen halten, daß in den folgenden Ausführungen die Grundlagen der Verfahrenstechnik – soweit dies die Stoffaustauschvorgänge betrifft – aufgezeigt werden. Diese allein werden in den seltensten Fällen zur Auslegung eines Apparates, einer Verfahrensstufe oder eines Verfahrens genügen. Zumeist werden die Grundlagen durch empirische Beziehungen, Erfahrung aus bestehenden Anlagen und ein intuitives Verständnis des planenden Ingenieurs für die spezielle Situation ergänzt werden müssen, um eine klaglose Inbetriebnahme und einen wirtschaftlichen Betrieb des Geplanten auf die Dauer zu gewährleisten.

Schrifttum zu Kapitel 1.0

[1.1] Little, A. D.: Report to the Corporation of M.I.T. Zitiert in Silver Anniversary Volume, AICHE, S. 7.

[1.2] Haber, F.: Geleitwort zu Euken-Jakob, Der Chemie-Ingenieur. Leipzig: Akadem. Verlags-Ges. m. b. H. 1933.

[1.3] Gelbin, D.: Die Verfahrenstechnik und die effektive Überführung von Forschungs- und Entwicklungsergebnissen in die industrielle Praxis. Chem. Techn. **221**, 11 (1970).

[1.4] Rippin, D. V.: Einige Ausbildungsmöglichkeiten für das Chemie-Ing.-Wesen. Chem. Rundschau **24**, 2021 (1971).

[1.5] Grunn, G., Fratscher, W.: Gegenstand und Methode der Systemverfahrenstechnik und der Ausbildung von Systemverfahrenstechniken. Chem. Techn. **22**, 514 (1970).

[1.6] JOSCHEK, H. I., et al.: Formalkinetisches Modell für den biologischen Abbau von industriellem Abwasser. Chemie-Ing.-Techn. **47**, 10, 422–428 (1975).

[1.7] BIRD, R., STEWART, E., LIGHTFOOT, E.: Transport Phenomena. New York-London-Sydney: John Wiley & Sons 1965.

[1.8] LINDER, A.: Planen und Auswerten von Versuchen. Basel und Stuttgart: Birkhäuser 1969.

[1.9] DAVIES, O. L.: Design and Analyses of Industrial Experiments. Edinburgh: Oliver and Boyd 1971.

[1.10] COCRAN, W. G., COX, G. M.: Experimental Designs. New York: J. Wiley & Sons 1957.

[1.11] SACHS, L.: Statistische Auswertungsmethoden, 4. Aufl. Berlin-Heidelberg-New York: Springer 1974.

2.0 Die Verfahrensstufe

B. Benedek; A. Laszlo[1]; Grundlagen des Chemie-Ingenieur-Wesens, Leipzig: VEB Deutscher Verlag für Grundstoffindustrie 1967.

E. Klöppl; Spezielle chemische Technik – theoretische Grundlagen, Leipzig: VEB Deutscher Verlag für Grundstoffindustrie 1973.

Unter einer Verfahrensstufe versteht man die technische Realisierung einer Grundoperation, bestehend einerseits aus dem die Vorgänge beschreibenden Wissen und andererseits aus den zum Betrieb dafür notwendigen Apparaten, Maschinen, Rohrleitungen, Meß- und Regelgeräten und dergleichen. Mehrere Verfahrensstufen setzen sich in der Regel zu einem Verfahren zusammen, deren Realisierung als Anlage bezeichnet wird (vergleiche Abb. 2.1).

Verfahrensstufe (Grundoperation)	↔	Apparate und Maschinen
↕		↕
Verfahren	↔	Anlage

Abb. 2.1. Definition einer Verfahrensstufe

Eine typische Anordnung mehrerer Verfahrensstufen in einem Verfahren zeigt Abb. 2.2. Der Rohstoff wird zur Aufbereitung in zumeist physikalischen Verfahrensstufen (V – 1) in eine für die eigentliche Veränderung geeignete Form gebracht. Die aufbereitenden Verfahrensstufen können dabei sowohl mechanische (z. B. Zerkleinern, Sieben, Lösen) als auch thermische Grundoperationen (Absorption, Destillation und anderes) darstellen.

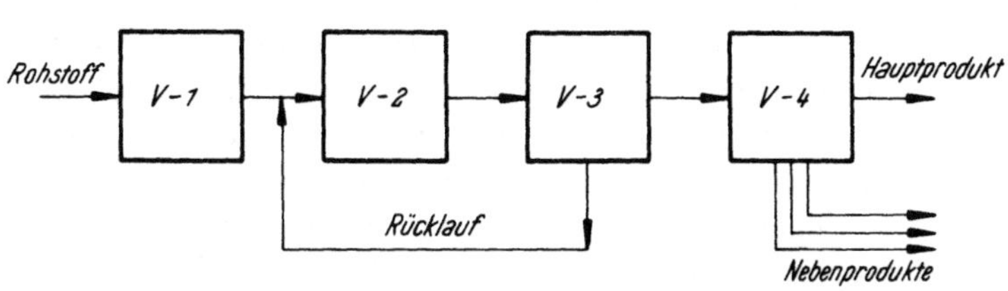

Abb. 2.2. Allgemeines Verfahrensschema (Blockschema)

[1] Die jeweils zu Beginn eines Kapitels angeführte Literatur wird dem Leser zum Studium als weiterführende Ergänzung zu den Ausführungen des betreffenden Kapitels empfohlen.

An die aufbereitenden Verfahrensstufen schließt im allgemeinen eine Umwandlungsstufe, z. B. eine chemische Reaktion, an (V – 2), in welcher der vorbereitete Rohstoff in die entsprechenden Produkte umgesetzt wird. Ist die Umsetzung unvollkommen, wird eine Abtrennung und Rückführung der nicht umgesetzten Anteile von den Produkten notwendig sein (V – 3). Man spricht in diesem Fall von einem Rücklaufstrom (recycle). Die Reinigung bzw. Aufarbeitung der Produkte erfolgt schließlich in einer weiteren Verfahrensstufe (V – 4), in der die Produkte spezifikationsgerecht aufbereitet werden.

Bei der Planung eines Verfahrens obliegt dem Verfahrenstechniker die Beantwortung der bereits in Abschnitt 1.3 angeführten Fragestellungen. Zu diesen zählt unter anderem das Problem der Arbeitsweise einer Verfahrensstufe, die im nachfolgenden behandelt wird.

2.1 Arbeitsweise einer Verfahrensstufe

Die Wahl der für den zeitlichen Ablauf einer Verfahrensstufe günstigsten Betriebsweise ist eine im Hinblick auf die Betriebsführung und Wirtschaftlichkeit des Verfahrens wesentliche Entscheidung. Die Aufgabe des vorliegenden Abschnittes soll es deshalb sein, die für einen Stoffumwandlungsvorgang möglichen Arbeitsweisen, deren Vor- und Nachteile sowie die bevorzugten Anwendungsgebiete zu beschreiben.

Hinsichtlich der Betriebsweise einer Verfahrensstufe unterscheidet man:

- die diskontinuierliche Arbeitsweise (Satz- oder Chargenbetrieb)
- die kontinuierliche Arbeitsweise (Fließbetrieb)
- die halbkontinuierliche oder kombinierte Arbeitsweise.

2.1.1 Diskontinuierliche Arbeitsweise

Die *diskontinuierliche Arbeitsweise* ist dadurch gekennzeichnet, daß zu Beginn eines jeden stofflichen Umwandlungsvorganges die dafür bestimmten Stoffmengen chargenweise einem Apparat zugeführt werden. Dort verweilen sie so lange unter fortlaufend veränderten Bedingungen, bis der gewünschte Verarbeitungsgrad erreicht ist. Nach dem Entleeren schließt ein neuer Zyklus mit denselben Zeitintervallen der Füllung, Umwandlung und Entleerung an. Diese für alle diskontinuierlich betriebenen Verfahrensstufen charakteristische Wiederholung kann durch eine periodische Aufeinanderfolge der einzelnen Arbeitszyklen in einem Apparat erreicht werden.

Die jeweiligen systemspezifischen Zustandsgrößen, wie beispielsweise Druck, Temperatur oder die Zusammensetzung, sind stets eine Funktion der Zeit. Kommt zur zeitlichen Abhängigkeit auch noch die örtliche hinzu, so ergibt dies ein derart komplexes System an Veränderlichen, daß in den weiteren Betrachtungen zum besseren Verständnis nur die zeitliche Änderung berücksichtigt wird.

Der Wert der intensiven Zustandsgrößen[1], im folgenden allgemein mit ψ bezeichnet, ist demnach an jedem Punkt des Raumes derselbe, und es gilt:

$$\psi = f(t) \neq f(x, y, z) \tag{2.1}$$

---

[1] Unter intensiven Zustandsgrößen versteht man Größen, welche von der vorhandenen Menge unabhängig sind, z. B. Konzentration, Temperatur und dergleichen.

Abb. 2.3 zeigt am Beispiel eines unter idealen Mischbedingungen absatzweise betriebenen Rührkessels in graphischer Form die funktionelle Abhängigkeit der intensiven Zustandsgrößen, dargestellt durch den zeitlichen und örtlichen Konzentrationsverlauf einer Stoffkomponente *A*.

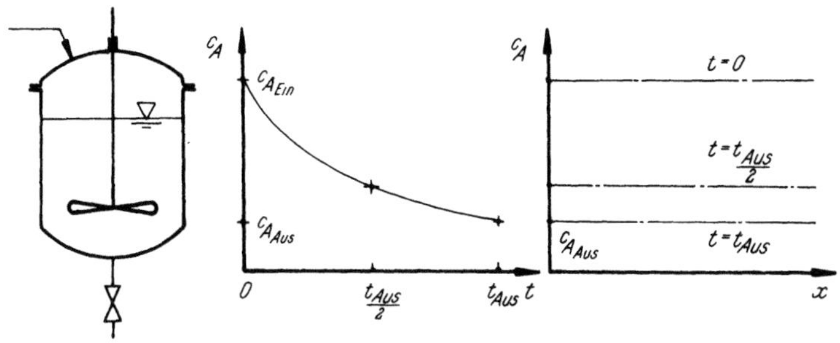

Abb. 2.3. Schematische Darstellung der diskontinuierlichen Betriebsweise

Die diskontinuierliche Betriebsweise kommt in der industriellen Produktion (z. B. der chemischen Industrie) bevorzugt dann zur Anwendung, wenn:

1. von einem Produkt nur relativ geringe Mengen hergestellt werden (dies ist z. B. bei pharmazeutischen Produkten und bei Farbstoffen der Fall);
2. verschiedene Produkte in ein und demselben Apparat hergestellt werden. Als Beispiel dafür kann die Herstellung unterschiedlicher Produkte zur Marktentwicklung oder die Untersuchung chemischer Reaktionen im Laboratorium genannt werden. Hier erweist sich die diskontinuierliche Betriebsweise flexibler als die anderen Arbeitsweisen.

Nachteile der diskontinuierlichen Betriebsweise sind:

1. Die auftretenden Totzeiten beim Füllen und Entleeren.
2. Bei thermischen Stoffumwandlungsprozessen höhere Energiekosten durch das abwechselnde Aufheizen und Kühlen während jeder Charge.
3. Der höhere spezifische Arbeitsaufwand an Personal. (Daher versucht man, den Ablauf der einzelnen Verfahrensschritte durch Prozeßrechner zu automatisieren.)
4. Die ungleichmäßige Produktqualität. Da jede Charge unter geringfügig veränderten Betriebsbedingungen hergestellt wird, ist die Bandbreite der Produktqualität zumeist größer als bei kontinuierlicher Betriebsweise. Diese Qualitätsunterschiede werden, falls notwendig, durch nachträgliches Mischen mehrerer Chargen ausgeglichen.

2.1.2 Kontinuierliche Arbeitsweise

Bei der *kontinuierlichen Betriebsweise* erfolgt die Zuführung der in einem Apparat bzw. einer Verfahrensstufe zur weiteren Umwandlung eingesetzten Stoffmengen stetig; ebenso werden die gewonnenen Produkte kontinuierlich ausgetragen. Werden ferner die Zulauf- und Austragsbedingungen zeitlich konstant gehalten, spricht man von einer stationären Betriebsweise. Diese stellt einen

Grenzfall der kontinuierlichen Betriebsweise dar, die dadurch gekennzeichnet ist, daß die Änderungen der das System bestimmenden Zustandsgrößen innerhalb des Systems eine Funktion des Ortes, aber nicht der Zeit sind. Folglich sind alle zeitlichen Ableitungen gleich Null, und es gilt für eine allgemeine Größe ψ der funktionelle Zusammenhang

$$\psi = f(x, y, z) \neq f(t) \tag{2.2}$$

$$\frac{d\psi}{dt} = 0$$

Ein Beispiel für einen stationären Umwandlungsprozeß ist der Ablauf einer chemischen Reaktion in einem Strömungsrohr. Setzt man eine ideale Pfropfenströmung voraus, so ist die Zusammensetzung über den Querschnitt konstant. Eine Konzentrationsminderung ist so nur längs des Rohres möglich.

Abb. 2.4 zeigt den charakteristischen Konzentrationsverlauf einer chemischen Umwandlung in einem idealen Strömungrohr unter Annahme stationärer Betriebsbedingungen. Zum Vergleich ist auch der Konzentrationsverlauf eines idealen kontinuierlich betriebenen Rührkessels dargestellt, der dieselbe Aufgabe erfüllt. Die wesentlichsten Merkmale des idealen Rührkessels sind die vollständige (ideale) Vermischung des Zulaufstromes mit der im Rührkessel befindlichen Stoffmenge und dieselbe Zusammensetzung des Austrittsstromes und des Kesselinhaltes. Hierin liegt ein grundlegender Unterschied zwischen dem idealen kontinuierlich betriebenen Rührkessel und dem idealen Strömungsrohr. Dieser Unterschied im Mischungsverhalten der zwei Apparate-Grundtypen äußert sich im Konzentrationsprofil, wie aus den beiden Darstellungen in Abb. 2.4 ersichtlich ist. Die

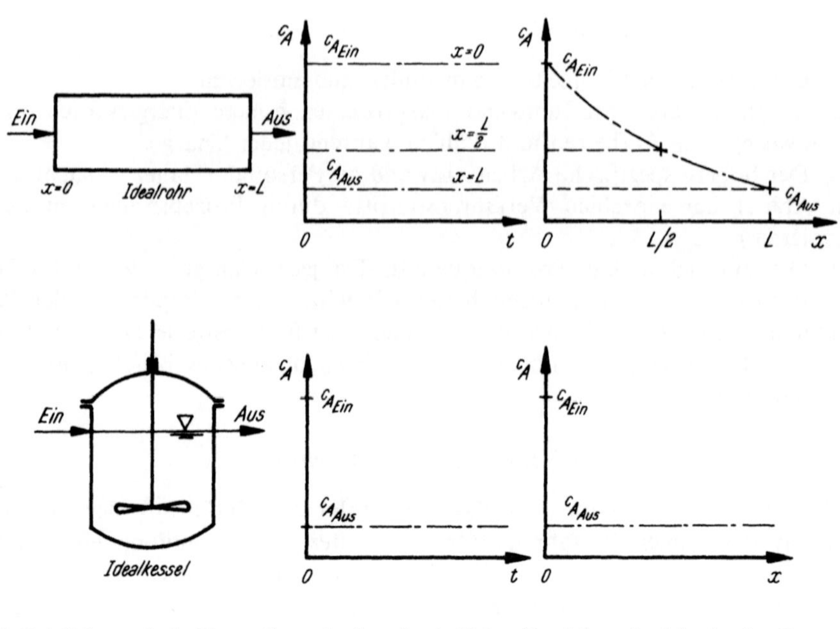

Abb. 2.4. Schematische Darstellung der kontinuierlichen Betriebsweise (einphasige Systeme)

verschiedenen Konzentrationsprofile haben in weiterer Folge Einfluß auf die Reaktions- bzw. Stoffaustauschgeschwindigkeiten.

Da die kontinuierliche Arbeitsweise gegenüber der diskontinuierlichen Arbeitsweise zahlreiche Vorteile aufweist, wird man im allgemeinen bemüht sein, die technische Ausführung von physikalischen, chemischen und biologischen Grundoperationen kontinuierlich zu gestalten. Als Vorteile im Vergleich zur diskontinuierlichen Arbeitsweise können im allgemeinen folgende Punkte gewertet werden:

1. Gleichbleibende Produktionsqualität, da die Betriebsbedingungen, abgesehen von geringfügigen örtlichen Schwankungen, bei Verwendung automatischer Regler konstant sind.
2. Einsparung an Betriebskosten durch die Möglichkeit einer weitgehenden Automatisierung kontinuierlich betriebener Anlagen.
3. Keine Totzeiten im Betrieb der Anlage.

Nachteilig auf die Betriebsführung wirkt sich die Tatsache aus, daß kontinuierlich betriebene Anlagen ausgesprochene Einzweckanlagen sind (geringe Flexibilität bezüglich Produktqualität und Durchsatz) und somit nur dort eingesetzt werden können, wo stark variierende Betriebsbedingungen nicht gegeben sind.

2.1.3 Kombinierte Arbeitsweise

Unter *kombinierter Arbeitsweise* werden zwei verschiedene Betriebsweisen verstanden

a) die Kombination von kontinuierlich und diskontinuierlich betriebenen Verfahrensstufen
b) die Kombination einer kontinuierlichen mit einer diskontinuierlichen Stoffführung innerhalb derselben Verfahrensstufe.

Die Hintereinanderschaltung von diskontinuierlich und kontinuierlich betriebenen Umwandlungsprozessen soll jedoch weitgehend vermieden werden, da für eine derartige Betriebsführung aufwendige Zwischenlager erforderlich sind.

Die kombinierte Stofführung tritt z. B. bei der Begasung eines Reaktionsmediums auf, wenn die Flüssigkeit im Reaktor chargenweise eingesetzt wird oder beim diskontinuierlichen Ablassen eines Feststoffes aus einem kontinuierlich durchströmten Absetzbehälter.

2.2 Systematische Einteilung der Apparate

Nach der Wahl der Arbeitsweise einer Verfahrensstufe ist es notwendig, unter der Vielzahl der vorhandenen Möglichkeiten die Auswahl des für die technische Realisierung der Umwandlung geeignetsten Apparates zu treffen. Diese wird von einer Anzahl verschiedener Überlegungen bestimmt, wobei sicherlich die Erfahrung eine wesentliche Rolle spielt. Versucht man jedoch, die Auswahl auf Grund einer systematischen Einteilung der Apparate zu treffen, wobei hier die Einteilung auf Apparate der thermischen Grundoperation beschränkt sein soll, so bietet sich folgendes Einteilungsschema an:

1. nach Art des Kontaktes der einzelnen Phasen im Apparat
2. nach Art der Phasenführung im Apparat
3. nach Art der Verteilungsform der Phasen im Apparat.

In diesem Zusammenhang muß erwähnt werden, daß bei den Vorgängen des Stoffaustausches, der vor allem bei den thermischen Grundoperationen eine wesentliche Rolle spielt, stets zwei oder mehrere Phasen beteiligt sind, so daß es sich im folgenden um die Beschreibung von Mehrphasenapparaten handelt.

2.2.1 Einteilung nach den Arten des Kontaktes der Phasen in einem Apparat

Der Kontakt der Phasen in einem Apparat kann

a) kontinuierlich
b) diskontinuierlich

erfolgen.

ad a) *Kontinuierlicher Kontakt* der Phasen liegt vor, wenn der Stoffübergang aus einer Phase in die andere über die gesamte Länge des Apparates (von $x = 0$ bis $x = L$) gleichmäßig erfolgt, wie dies z. B. beim Aufstieg von Blasen in einer Blasensäule der Fall ist (vergleiche Abb. 2.5).

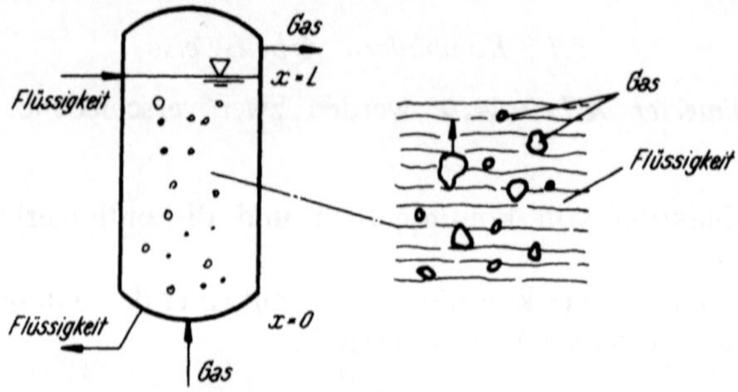

Abb. 2.5. Schematische Darstellung des kontinuierlichen Kontaktes der Phasen in einer Blasensäule

ad b) Bei *diskontinuierlichem Kontakt* der Phasen werden diese in einem sogenannten Mischteil in innigen Kontakt miteinander gebracht und danach in einem Separatorteil voneinander getrennt (vergleiche Abb. 2.6).

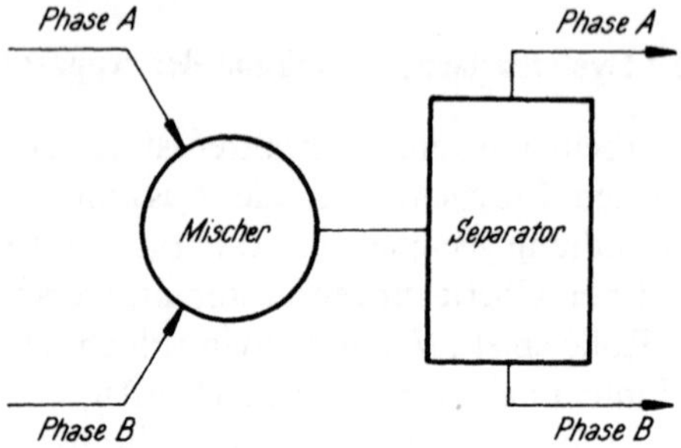

Abb. 2.6. Schematische Darstellung einer Trennstufe

Die Kombination eines Misch- und Separatorteiles wird als *Trennstufe* bezeichnet. Ist die Verweilzeit der Phasen in der Trennstufe ausreichend, so kann der thermodynamische Gleichgewichtszustand erreicht werden. In diesem Falle spricht man von einer *Gleichgewichtsstufe* oder *theoretischen Trennstufe*. Praktisch realisiert werden Trennstufen in allen Bodenkolonnen (vergleiche Abb. 2.7) bzw. durch Apparate, die in Serie geschaltet sind (vergleiche Abb. 2.8).

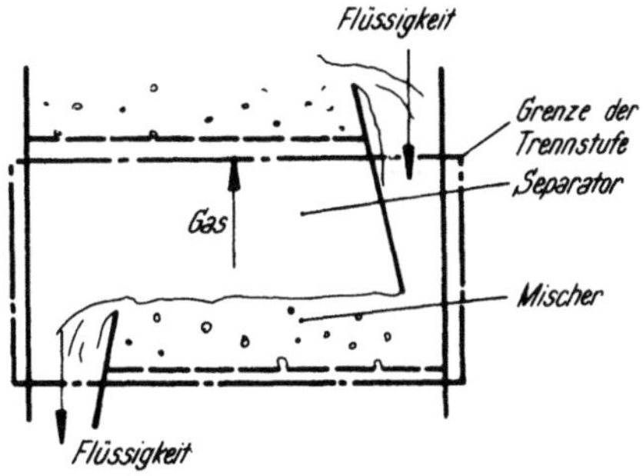

Abb. 2.7. Schematische Darstellung einer Trennstufe in einer Bodenkolonne (Ausschnitt)

Die Art des Kontaktes der Phasen im Apparat ist die Basis für die Auswahl der Berechnungsmethoden. Apparate mit diskontinuierlichem Kontakt der Phasen werden im allgemeinen mit Hilfe des Trennstufenkonzeptes, Apparate mit kontinuierlichem Kontakt der Phasen mit Hilfe des Stoffaustauschkonzeptes berechnet.[1]

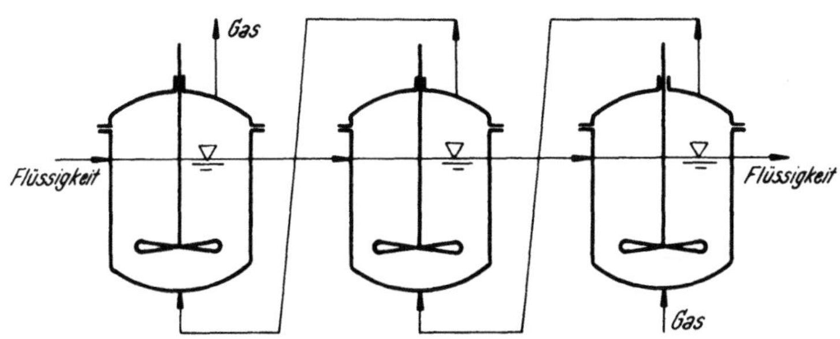

Abb. 2.8. Schematische Darstellung von Apparaten in Serie am Beispiel einer Rührkesselkaskade

2.2.2 Einteilung der Apparate nach Art der Phasenführung im Apparat

Nach der Art der Phasenführung in einem Apparat ist zu unterscheiden zwischen:

a) Gegenstrombetrieb
b) Gleichstrombetrieb
c) Kreuzstrombetrieb.

---

[1] Bezüglich einer Darstellung dieser Konzepte wird auf [2.2] verwiesen.

Die entsprechenden schematischen Darstellungen der einzelnen Phasenführungen sowie die dabei auftretenden Temperatur- bzw. Konzentrationsprofile (allgemein dargestellt durch die Zustandsgröße ψ) sind in den Abb. 2.9, 2.10 und 2.11 gegeben.

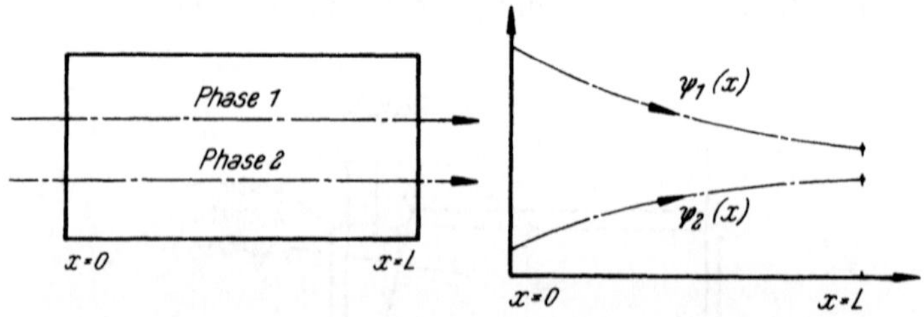

Abb. 2.9. Schematische Darstellung des Gleichstrombetriebes

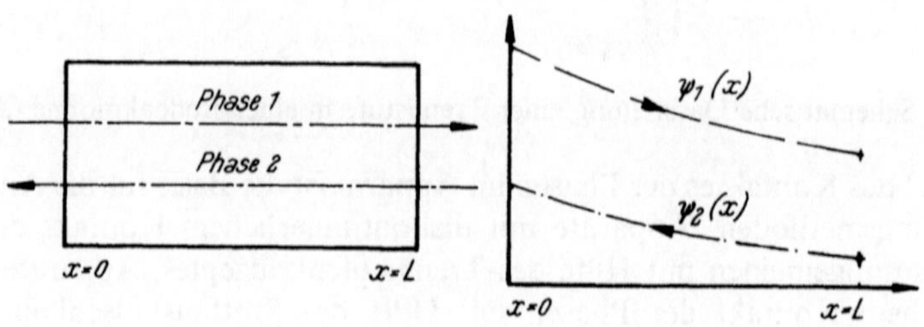

Abb. 2.10. Schematische Darstellung des Gegenstrombetriebes

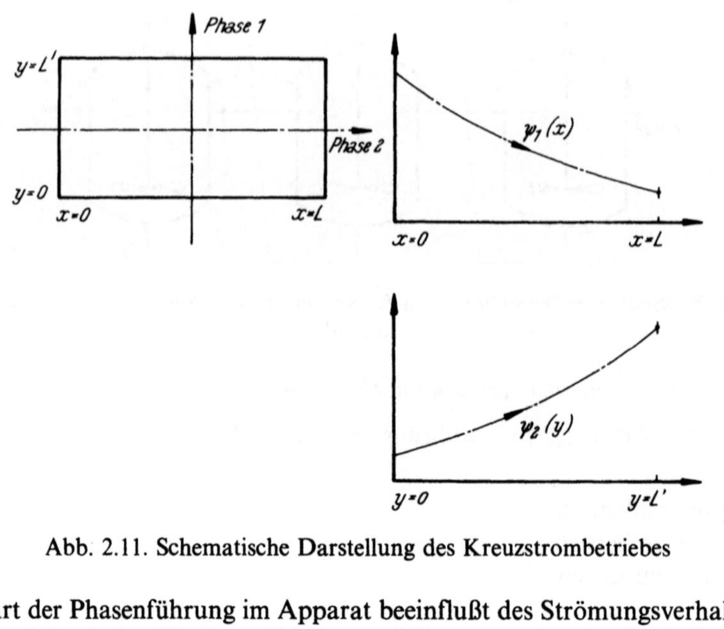

Abb. 2.11. Schematische Darstellung des Kreuzstrombetriebes

Die Art der Phasenführung im Apparat beeinflußt des Strömungsverhalten der Phasen und damit das Geschwindigkeits- und Konzentrationsprofil. Außerdem ist die Art der Phasenführung auch bei der Aufstellung der Bilanzen zu berücksichtigen (vergleiche Kapitel 4.0). Bei Gleichstromführung können im allgemeinen größere Strömungsgeschwindigkeiten zugelassen werden als bei Gegen- bzw. Kreuzstrom, da z. B. ein unerwünschtes Mitreißen von Flüssigkeit in Richtung des Gasstromes in einem Gas/Flüssig-Kontaktapparat nur bei Gegen- oder Kreuzstrom nachteilig, bei Gleichstrom jedoch normal ist. Die bei Gegen- bzw. Kreuzstrom auftretenden höheren Relativgeschwindigkeiten der Phasen führen jedoch zu einer höheren Turbulenz und damit zu einer besseren Durchmischung der Phasen, was sich im allgemeinen vorteilhaft auf den Stoffaustausch auswirkt. Nachteilig ist in diesen Fällen ein – unter sonst gleichen Bedingungen – höherer Energieaufwand zum Transport der Phasen durch den Apparat. Dies äußert sich durch einen vergleichsweise höheren Druckabfall zwischen Ein- und Austritt der betreffenden Phase.

Bei gleichen Ein- und Austrittsbedingungen am Apparat zeigt die Gegenstromführung ein größeres mittleres Temperatur- bzw. Konzentrationsgefälle als der Gleichstrom. Daher sind Gegenstromapparate im allgemeinen auf kleineres Volumen auszulegen und daher wirtschaftlicher. Weiters kann bei einem Gegenstromapparat theoretisch eine beliebig große Anzahl von Trennstufen realisiert werden, während beim Gleich- und Kreuzstromapparat maximal eine theoretische Trennstufe realisiert werden kann[1].

Die unterschiedlichen Temperatur- und Konzentrationsprofile bei Gleich- und Gegenstromführung sind auch bei der Durchführung chemischer Reaktionen in Mehrphasenapparaten zu berücksichtigen. Werden die beiden Phasen im stofflichen Gleichstrom geführt, so sind, wie dies auch aus Abb. 2.9 und 2.10 hervorgeht, die Konzentrationsdifferenzen am Eintritt des Apparates und damit auch die Reaktionsgeschwindigkeiten relativ zur Gegenstromführung größer. Daraus resultierende Effekte, wie z. B. unerwünschte Temperaturerhöhungen, Durchmischungseffekte und anderes, sind zu berücksichtigen.

Die Art der Phasenführung hat demnach einen bestimmenden Einfluß auf die Berechnung des Apparates. Die verschiedenen Arten der Phasenführung sind daher auch bei der Erstellung von Berechnungskonzepten für Stoffaustauschapparate zu berücksichtigen [2.2].

2.2.3 Einteilung der Apparate nach Art der Verteilungsform der Phasen im Apparat

Für Apparate der thermischen Stoffaustauschverfahren lassen sich die geometrischen Verteilungsformen der Phasen, die in diesen Apparaten in Kontakt gebracht werden, zumeist auf die Kugel bzw. den Film zurückführen. Man kann demnach unterscheiden:

1. Apparate mit BLASEN-Regime
2. Apparate mit TROPFEN-Regime
3. Apparate mit FILM-Regime.

---

[1] Bei Kreuzstromführung können – abhängig von der Art der Durchmischung der Phasen – Abweichungen in der Zahl der theoretischen Trennstufen auftreten (vergleiche z. B. auch [2.1]).

Alle in der thermischen Verfahrenstechnik Verwendung findenden Apparate können, wie dies in Abb. 2.12 für die wichtigsten Apparate geschehen ist, hier eingeordnet werden. Die Abbildung gibt eine Übersicht und erleichtert die Bestimmung des Berechnungskonzeptes, nach welchem die Auslegung des Apparates erfolgen soll.

Art der Verteilungsform	Apparate-Typ	Art der Phasenführung	Art des Kontaktes
Blasen-Regime	Blasensäulen	Gleich- oder Gegenstrom	kontinuierlich
	Rührkessel	einstufig – Kreuzstrom	kontinuierlich
		mehrstufig – Gleich- oder Gegenstrom	diskontinuierlich
	Bodenkolonnen	Gegenstrom	diskontinuierlich
	Horizontal-Rohr	Kreuzstrom	kontinuierlich
Tropfen-Regime	Sprühkolonnen	Gleich- oder Gegenstrom	kontinuierlich
	Zyklone	einstufig – Gleichstrom	kontinuierlich
		mehrstufig – Gleichstrom	diskontinuierlich
Film-Regime	Dünnschicht-Apparat	Gleich- oder Gegenstrom	kontinuierlich
	Füllkörper-Kolonnen	Gleich- oder Gegenstrom	kontinuierlich

Abb. 2.12. Einteilung der Apparate nach der Verteilungsform der Phasen

Die Einteilung in die verschiedenen Regime wird auch bei der Behandlung des Stofftransportes beibehalten. So wird in Kapitel 8.0 und 10.0 der Stoffübergang an Platten oder Filmen, in Kapitel 11.0 der Stoffübergang an Blasen und Tropfen behandelt.

2.3 Freiheitsgrade

Die Aufgabe verfahrenstechnischer Anlagen besteht, wie bereits im Abschnitt 1.3 erwähnt, im allgemeinen darin, Stoffströme zu erzeugen, deren Zustände, wie z. B. Druck, Temperatur, Zusammensetzung, oder deren Menge pro Zeiteinheit vorgegeben sind. Das Verhalten der Anlage muß an die gestellten Forderungen nun so angepaßt werden, daß nur Stoffströme eines bestimmten Zustandes die Anlage verlassen. Dazu ist es notwendig, alle in der Anlage auftretenden Variablen auf einen bestimmten Wert zu fixieren. Da jedoch von der Gesamtzahl der Variablen jeweils einige durch physikalische und allenfalls auch chemische Gesetzmäßigkeiten miteinander verknüpft sind, sind nur noch die verbleibenden Variablen entweder durch eine entsprechende konstruktive Gestaltung oder eine Regelung auf einen bestimmten Wert festzuhalten, um so ein Produkt bestimmter Qualität zu garantieren. Die Anzahl jener Variablen, die trotz der physikalischen und chemischen Verknüpfungen noch frei variiert werden können, werden als *Freiheitsgrade* definiert.

Das Problem der Berechnung von Freiheitsgraden wurde – nachdem der Begriff des Freiheitsgrades von GIBBS bei der Formulierung der nach ihm benannten Phasenregel geprägt wurde – in der Verfahrenstechnik von GILLILAND und REED [2.4] am Beispiel von Destillationsanlagen untersucht. Auf diese Arbeit aufbauend haben später KWAUK [2.5] und SMITH [2.6] ein systematisches Berechnungsschema entwickelt, das auch die Basis dieser Ausführungen bildet.

2.3.1 Vorgangsweise bei der Analyse einer Anlage

Bei der systematischen Analyse einer Anlage zur Bestimmung der darin auftretenden Anzahl von Freiheitsgraden wird wie folgt vorgegangen:

1. Unterteilung der zu untersuchenden Anlage in sogenannte Grundeinheiten.
2. Bestimmung der Freiheitsgrade jeder Grundeinheit aus den jeweils darin vorkommenden Variablen und Bedingungen.
3. Zusammensetzen der Grundeinheiten zur Gesamtanlage. Dies geschieht in nachstehender Weise:

a) Bestimmung der Variablen der Anlage durch Summierung der Freiheitsgrade der Grundeinheiten.

b) Bestimmung der Freiheitsgrade der Anlage durch Berücksichtigung der Beziehungen zwischen den Grundeinheiten.

Aus dieser Vorgangsweise sind zwei wesentliche Abschnitte der Analyse zu erkennen, nämlich die „Analyse der Grundeinheiten" und die „Analyse der Anlage". In den dafür notwendigen Berechnungsschritten ist die Bestimmung der einzelnen Variablen und Bedingungen zur Ermittlung der Anzahl der Freiheitsgrade verschieden und wird daher auch getrennt behandelt.

2.3.2 Analyse der Grundeinheiten

Die Freiheitsgrade einer verfahrenstechnischen Anlage sind als Differenz zwischen der Anzahl der betreffenden Variablen und Bedingungen definiert. Damit gilt

$$F = V - B \qquad (2.3)$$

2.3.2.1 Variablen

Unter einer Variablen V versteht man eine Größe, die in einem System, unabhängig von den anderen Größen dieses Systems, jeden beliebigen Wert annehmen kann. Die Zahl der Variablen ist daher charakteristisch für das jeweils betrachtete System.

Bei verfahrenstechnischen Anlagen unterscheidet man drei Arten von Variablen:

- intensive Variablen V_i
- extensive Variablen V_e
- konstruktionsbedingte Variablen V_k.

Die Gesamtzahl der Variablen ergibt sich damit zu:

$$V_{\text{ges}} = V_i + V_e + V_k \qquad (2.4)$$

Intensive Variablen sind jene Größen, die von der Menge des betreffenden Stoffstromes unabhängig sind. Sie beschreiben somit den Zustand eines Stoffes und werden demnach auch als Zustandsvariable bezeichnet. Man berechnet sie nach der Gibbsschen Phasenregel gemäß der Beziehung [2.7]

$$V_i = K - P + 2 \tag{2.5}$$

wobei K die Anzahl der Komponenten und P die Anzahl der Phasen ist[1]. Zustandsvariable sind z. B. der Druck, die Temperatur, die Zusammensetzung, die molare Enthalpie und anderes.

Um das System vollständig zu beschreiben, sind aber auch die Mengen, die die Systemgrenzen überschreiten, zu berücksichtigen. Dies geschieht durch *extensive Variablen* V_e. Dazu zählen alle Ströme, die in das betreffende System ein- oder austreten. Dies können sowohl Massen- als auch Energieströme sein. Jeder Strom besitzt eine extensive Variable, so daß sich die Gesamtzahl der extensiven Variablen wie folgt zusammensetzt:

$$V_e = m + w \tag{2.6}$$

Darin bezeichnet m die Anzahl der Massenströme und w die Anzahl der die Systemgrenzen überschreitenden Energieströme.

Die dritte Gruppe der Variablen sind die sogenannten *konstruktionsbedingten Variablen* V_k. Sie treten nur bei der Berechnung einer verfahrenstechnischen Grundeinheit auf. Konstruktionsbedingte Variablen sind geometrische Abmessungen, wie z. B. Wandstärken, Rohrdurchmesser, Kolonnenhöhen, Anzahl der Böden, Kolonnendurchmesser, Wärmetauscherflächen und dergleichen. Die hier angegebenen Beispiele lassen erkennen, daß die Anzahl der konstruktionsbedingten Variablen je nach Apparatetyp und Ausführung des Apparates verschieden sind [2.9]. Es läßt sich daher keine allgemeingültige Beziehung zu deren Berechnung angeben.

Ist die Aufgabe gestellt, bei einer bereits ausgelegten Anlage die verbleibenden Freiheitsgrade durch eine Regelung festzulegen, so sind die konstruktionsbedingten Variablen V_k bereits durch die feststehende konstruktive Ausführung fixiert und daher auch nicht mehr als Variablen zu behandeln. In diesem Fall gilt

$$V_k = 0 \tag{2.7}$$

Daraus ergibt sich, daß intensive und extensive Variablen zusammen die beim Betrieb einer nicht geregelten Einheit auftretenden Variablen ergeben

$$V = V_i + V_e \tag{2.8}$$

2.3.2.2 Bedingungen

Um die Anzahl der Freiheitsgrade bestimmen zu können, sind, wie bereits erwähnt, von den betreffenden Variablen einer Anlage die Bedingungen abzuziehen. Eine Bedingung B ist dabei definiert als eine Verknüpfung von Variablen durch physikalische oder chemische Gesetzmäßigkeiten. Aus der Vielzahl der in

---

[1] In diesem Kapitel ist im Gegensatz zu den folgenden der Buchstabe K für die Kennzeichnung einer Komponente gewählt, und k bezeichnet die Konstruktion.

einem System möglichen physikalischen und chemischen Bedingungen dürfen jedoch nur jene zur Berechnung der Freiheitsgrade herangezogen werden, die voneinander unabhängig sind. Damit ergibt sich, daß alle jene Bedingungen, die entweder ein Vielfaches einer anderen Bedingung sind oder sich aus der Kombination von mehreren Bedingungen des betrachteten Systems ergeben, bei der Berechnung der Freiheitsgrade nicht berücksichtigt werden dürfen, da sie dann nicht als unabhängige Bedingungen angesehen werden können. Die Bedingungen lassen sich insgesamt in vier Gruppen einteilen. Diese sind:

a) Bedingungen aus den Bilanzen; B_M, B_E[1]
b) Bedingungen aus den Gleichgewichten; B_{Ph}, B_{Ch}, B_{Kr}, B_{Th}
c) Bedingungen aus den Identitäten; B_I
d) konstruktionsbedingte Bedingungen; B_k.

Diese Art der Einteilung schließt jedoch keine Abhängigkeit der Beziehungen untereinander aus, das heißt es kann z. B. eine Bilanz ein Vielfaches einer Identität oder auch die Summe zweier Identitäten sein. Von zwei voneinander abhängigen Beziehungen darf aber stets nur eine verwendet werden.

ad a) Mittels der Bilanzgleichungen werden im folgenden die Gesetze der Erhaltung von Masse (B_M) und Energie (B_E) berücksichtigt. Für die einzelnen Bilanzgrößen gelten gemäß Abschnitt 4.4.1 nachstehende Beziehungen:

1. Teilmassenbilanz der Komponente i:

$$\frac{dM_i}{dt} = \Delta \dot{M}_i|_{\text{Ein-Aus}} + V_R(\dot{r}\nu_i \tilde{M}_i) \tag{2.9}$$

Berücksichtigt man die Beziehungen $\sum x_i = 1$ bzw. $\sum y_i = 1$[2], so ergeben sich für ein System (K − 1) Komponentenbilanzen sowie eine Gesamtbilanz. Damit erhält man die Anzahl der Bedingungen einer Massenbilanz

$$B_M = K \tag{2.10}$$

2. Energiebilanz: Für jedes betrachtete System läßt sich nur eine Energiebilanz angeben. Daraus erhält man die Anzahl der Bedingungen dieser Energiebilanz

$$B_E = 1 \tag{2.11}$$

ad b) Gleichgewichtsbeziehungen berücksichtigen insbesondere die Grundvorgänge des Stoff-, Energie- und Impulsaustausches sowie die chemische Umwandlung. Im einzelnen sind bei Aufstellung von Bedingungen folgende Gleichgewichte zu berücksichtigen:

1. Phasengleichgewicht (Stoffaustausch)
2. Chemisches Gleichgewicht (Stoffumwandlung durch chemische Reaktion)
3. Kräftegleichgewicht (Impulsaustausch)
4. Thermisches Gleichgewicht (Energie- bzw. Wärmeaustausch).

---

[1] Unter Bilanzen versteht man dabei Gleichungen, die die Eingangswerte eines Systems und die Ausgangswerte dieses Systems sowie Veränderungen im System in Beziehung zueinander setzen (vergleiche dazu Kapitel 4.0).

[2] Vergleiche dazu die Ausführungen in Abschnitt 4.4.

ad 1) In einem System sind alle darin vorkommenden Komponenten auf bestimmte Art in den jeweiligen Phasen verteilt. Diese Verteilung der Komponenten, auch Phasengleichgewicht genannt, wird durch die betreffende Phasengleichgewichtskonstante bestimmt.

In einem System sind jedoch nicht alle Phasengleichgewichtskonstanten voneinander unabhängig. Die für die Berechnung der Bedingungen heranzuziehenden unabhängigen Phasengleichgewichtsbeziehungen ergeben sich aus der Beziehung

$$B_{Ph} = K(P - 1) \tag{2.12}$$

mit K als Anzahl der Komponenten und P als Anzahl der Phasen [2.3].

ad 2) Bei chemisch reagierenden Systemen wird die Verteilung der einzelnen Komponenten innerhalb des Systems durch die chemischen Gleichgewichtsbeziehungen beschrieben. Da dabei als Variablen nur Größen an den Bilanzgrenzen herangezogen werden, können Bedingungen nur Kombinationen der in Abschnitt 2.3.2.1 berücksichtigten Variablen V_i bzw. V_e sein, und somit errechnet sich die Anzahl der chemischen Gleichgewichtsbeziehungen aus der minimalen Anzahl der stöchiometrischen Gleichungen [2.8]

$$B_{Ch} = K_{MWG} \tag{2.13}$$

worin K_{MWG} die Anzahl der nach dem Massenwirkungsgesetz bestimmbaren Gleichgewichtskonstanten darstellt.

ad 3) Beim Durchströmen von Rohrleitungen und Apparaten wird ein Teil des mit den strömenden Medien eingebrachten Impulses an deren Wandungen abgegeben, wodurch in weiterer Folge ein Druckverlust entsteht. Dieser ist für jeden Apparat charakteristisch und kann nur durch eine Kräftegleichgewichtsbeziehung ausgedrückt werden. Im Kräftegleichgewicht gilt für jeden Apparat:

$$B_{Kr} = 1 \tag{2.14}$$

ad 4) Schließlich steht noch jedes System mit seiner Umgebung durch die Wandungen der einzelnen Apparate im thermischen Gleichgewicht, wodurch sich zufolge des Wärmedurchganges damit verbundene Wärmeverluste ergeben. Für jedes System ist daher nur eine thermische Gleichgewichtsbeziehung in Abhängigkeit der Apparateform und Prozeßbedingungen anzuschreiben:

$$B_{Th} = 1 \tag{2.15}$$

ad c) Neben den Bilanzen und Gleichgewichten können in den Grundeinheiten idente Bedingungen auftreten, wenn entsprechende Variablen, z. B. Drücke oder Temperaturen, denselben Wert besitzen. Man spricht dann auch von Identitäten. Da bei der Berechnung der Variablen alle möglichen Größen als variierbar angenommen werden, stellt jede Identität eine Beziehung dar, die die Anzahl der Freiheitsgrade um Eins verringert. Es gilt somit

$$B_I = a \tag{2.16}$$

wenn a die Anzahl der Identitäten ist.

Aus diesen drei Gruppen von Bedingungen lassen sich die Beziehungen, die beim Betrieb einer Anlage anzusetzen sind, berechnen:

$$B_B = B_M + B_E + B_{Ph} + B_{Ch} + B_{Kr} + B_{Th} + B_I \tag{2.17}$$

ad d) Die vierte Gruppe der zu untersuchenden Beziehungen stellen die konstruktionsbedingten Bedingungen B_k dar, die neben den intensiven und extensiven Variablen auch konstruktionsbedingte Variablen in Beziehung zueinander setzen. Die konstruktionsbezogenen Bedingungen dienen dazu, die betreffenden konstruktionsbedingten Variablen zu fixieren. Es sind dies Gleichungen, die zur konstruktiven Auslegung, wie Wandstärkenberechnung, Wärmetauscherflächenberechnung, Kolonnendurchmesserberechnung und dergleichen, dienen.

Wie in Abschnitt 2.3.2.1 ausgeführt, läßt sich für die Berechnung der konstruktionsbedingten Variablen keine allgemein gültige Beziehung angeben, da ihre Anzahl allein von der Art des Apparates abhängig ist. Dasselbe gilt daher auch für die konstruktionsbedingten Bedingungen.

Betrachtet man eine bereits konstruierte Grundeinheit, so sind die konstruktionsbedingten Bedingungen als Null anzusehen, da auch keine konstruktionsbedingten Variablen mehr vorliegen. In diesem Fall gilt

$$B_k = 0 \tag{2.18}$$

Die Gesamtzahl der Bedingungen setzt sich daher wie folgt zusammen:

$$B_{\text{ges}} = B_M + B_E + B_{Ph} + B_{Ch} + B_{Kr} + B_{Th} + B_I + B_k \tag{2.19}$$

2.3.3 Bestimmung der Freiheitsgrade von Grundeinheiten

Die Anzahl der Freiheitsgrade einer Grundeinheit errechnet sich analog zu den Ausführungen in Abschnitt 2.3.2 aus der Differenz zwischen der Anzahl der Variablen und der Bedingungen

$$F = V - B \tag{2.20}$$

Die damit festgelegten Freiheitsgrade können in weiterer Folge in einen Teil F_k, der sich in der Anlage durch eine konstruktive Ausführung beseitigen läßt, und in einen zweiten Teil F_B, der im Betrieb einer nicht geregelten Anlage vorliegen würde und daher durch eine Regelung beseitigt werden muß, getrennt werden. Es gelten somit die Beziehungen

$$F = F_B + F_k \tag{2.21}$$

$$F_B = V - B_B \tag{2.22}$$

$$F_k = V_k - B_k \tag{2.23}$$

Bei der Bestimmung der Freiheitsgrade von Grundeinheiten F_{GE} wird vom einfachen Massenstrom ausgegangen. Die Anzahl der Freiheitsgrade, die der Massenstrom in ein System einbringt, ist gleich der seiner unabhängigen Variablen[1].

Die intensiven bzw. extensiven Variablen des einphasigen Massenstromes errechnen sich nach Gln. (2.5) bzw. (2.6) zu:

$$V_i = K + 1 \tag{2.24}$$

$$V_e = 1 \tag{2.25}$$

[1] Da in diesem Fall keine Bedingungen gestellt werden können (es bestehen keine Systemgrenzen), gilt $B_B = 0$.

Daraus folgt mit $B_B = 0$ für die Anzahl der Freiheitsgrade des Massenstromes:

$$F_{\text{Massenstrom}} = K + 2 \tag{2.26}$$

Fixiert man in einem Massenstrom somit z. B. die Menge, den Druck, die Temperatur und $(K - 1)$ Konzentrationen, so ist das System vollständig bestimmt.

Neben den Massenströmen überschreiten auch Energieströme die Systemgrenzen. Der Freiheitsgrad eines Energiestromes ist jedoch immer Eins, da er keine intensiven Variablen besitzt.

$$F_{\text{Energiestrom}} = 1 \tag{2.26a}$$

Aus den Freiheitsgraden der Massen- und Energieströme lassen sich nunmehr die Variablen aller Apparate der Grundeinheit berechnen.

Betrachtet man z. B. einen Wärmetauscher (vergleiche Abb. 2.13), so treten in diesem Fall vier Massenströme, nämlich der Ein- und Austrittsmassenstrom des aufzuwärmenden, E_1, A_1, bzw. abzukühlenden Mediums, E_2, A_2, und ein zusätzlicher Energiestrom Q_V durch den Wärmeaustausch mit der Umgebung auf.

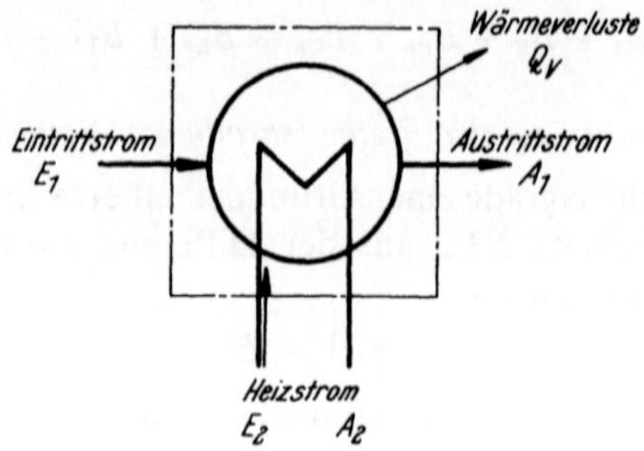

Abb. 2.13. Wärmetauscher

Ausgehend von der Annahme, daß der Freiheitsgrad eines bereits bestehenden Wärmetauschers zu bestimmen ist, gelten nachstehende Beziehungen (vergleiche auch Tab. 2.1)

$$F = F_B = V - B_B \tag{2.27}$$

mit

$$V = V_i + V_e \tag{2.28}$$

bzw.

$$B_B = B_M + B_E + B_{Ph} + B_{Ch} + B_{Kr} + B_{Th} + B_I \tag{2.29}$$

Die Anzahl der intensiven Variablen V_i ist für den Fall, daß vier Massenströme vorliegen, nach Gl. (2.5) gegeben durch die Beziehung[1]

$$V_i = 2(K_1 + 1) + 2(K_2 + 1) \tag{2.30}$$

[1] Wobei K_1 und K_2 die Anzahl der Komponenten in den entsprechenden Strömen angeben.

Tabelle 2.1. *Freiheitsgrade verfahrenstechnischer Grundeinheiten*

		Massenstrom	Drossel	Mischungspunkt n-Ströme	Verteiler m-Ströme	Wärmetauscher	Partialverdampfer bzw. -kondensator	Energieüberträger (z.B. Pumpe)
Darstellung			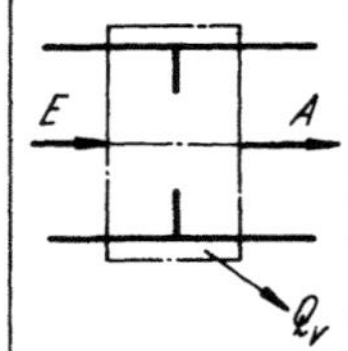	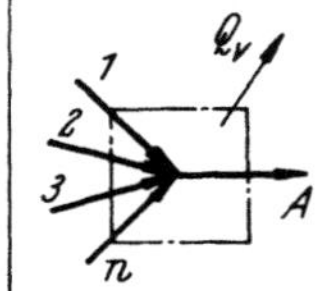	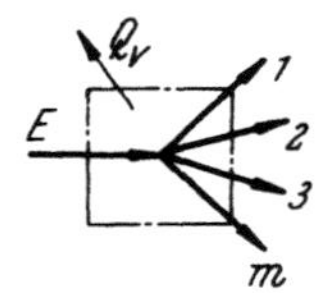	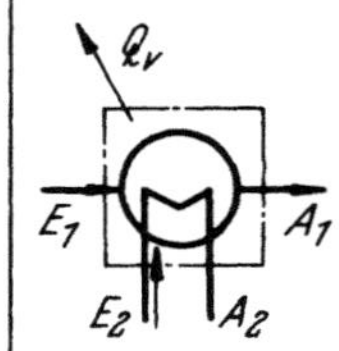	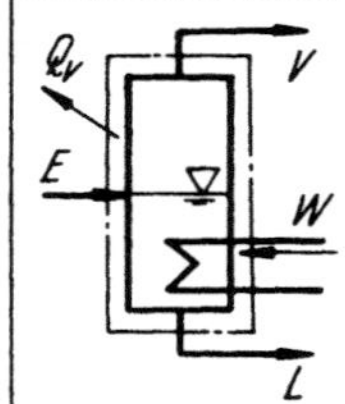	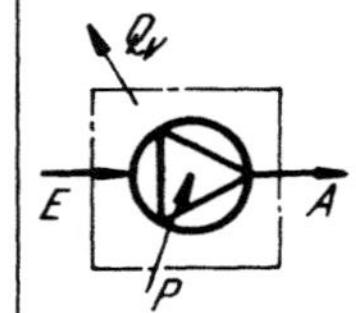
Variable	V_i	$K+1$	$2(K+1)$	$(n+1)(K+1)$	$(m+1)(K+1)$	$2(K_1+1)+2(K_2+1)$	$3(K+1)$	$2(K+1)$
	V_e	1	3	$n+2$	$m+2$	5	5	4
	$V=V_i+V_e$	$K+2$	$2K+5$	$nK+K+2n+3$	$mK+K+2m+3$	$2K_1+2K_2+9$	$3K+8$	$2K+6$
Bedingungen	B_M	–	K	K	K	K_1+K_2	K	K
	B_E	–	1	1	1	1	1	1
	B_{Ph}	–	0	0	0	0	K	0
	B_{Ch}	–	0	0	0	0	0	0
	B_{Kr}	–	1	1	1	2	1	1
	B_{Th}	–	1	1	1	1	1	1
	B_I	–	0	0	$(m-1)(K+1)$	0	2	0
	$B=\Sigma B_i$	–	$K+3$	$K+3$	$mK+m+2$	K_1+K_2+4	$2K+5$	$K+3$
Freiheitsgrade $F_{GE}=F_B=V-B_B$		$K+2$	$K+2$	$n(K+2)$	$K+m+1$	K_1+K_2+5	$K+3$	$K+3$
normalerweise fixierte FG $F_{fixiert}$		–	$K+2$	$n(K+2)$	$K+2$	K_1+2+K_2+2	$K+2$	$K+2$
zur Regelung verbleibende FG		–	0	0	$m-1$	1	1	1

Tabelle 2.1 (Fortsetzung)

		Stoffaustauschboden	Einsatzboden	Boden mit Seitenstrom	Bodensäule n Stufen	Füllkörpersäule
Darstellung		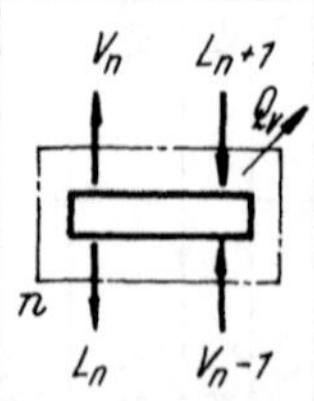	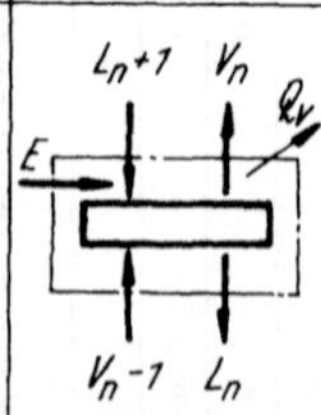	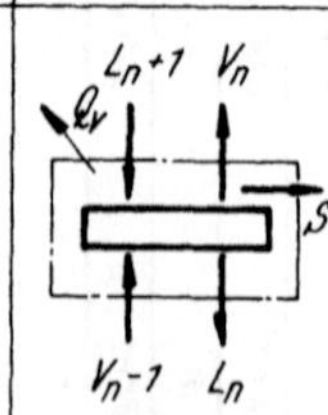	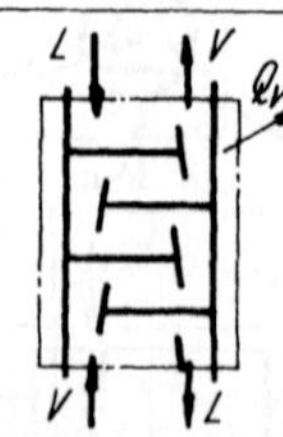	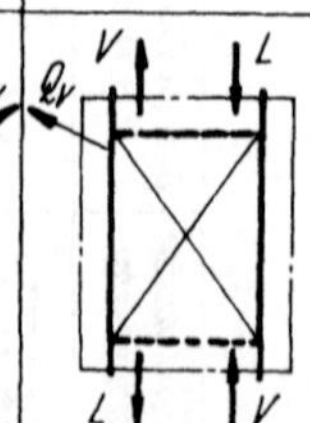
Variable	V_i	$4(K+1)$	$5(K+1)$	$5(K+1)$		$4(K+1)$
	V_e	5	6	6		5
	$V=V_i+V_e$	$4K+9$	$5K+11$	$5K+11$	$n(2K+4)$	$4K+9$
Bedingungen	B_M	K	K	K	0	K
	B_E	1	1	1	0	1
	B_{Ph}	K	K	K	0	0
	B_{Ch}	0	0	0	0	0
	B_{Kr}	1	1	1	0	1
	B_{Th}	1	1	1	0	1
	B_I	2	2	$K+3$	$2(n-1)(K+2)$	0
	$B_B=\Sigma B_i$	$2K+5$	$2K+5$	$3K+8$	$2nK+4n-2K-4$	$K+3$
Freiheitsgrade $F_B=V-B_B$		$2K+4$	$3K+6$	$2K+3$	$2K+4$	$3K+6$

Die extensiven Variablen können aus Gl. (2.6) für vier Massenströme und einen Energiestrom wie folgt berechnet werden:

$$V_e = m + w = 4 + 1 = 5 \tag{2.31}$$

Die Summe der Variablen ist für einen Wärmetauscher als Grundeinheit gegeben durch Gl. (2.28)

$$V = 2K_1 + 2K_2 + 9 \tag{2.32}$$

Ferner errechnen sich die Bedingungen zwischen den einzelnen Variablen aus Gl. (2.29).

Da keine Identitäten vorliegen und auch keine Phasenumwandlung bzw. chemische Reaktion im Wärmetauscher stattfindet, vereinfacht sich diese Beziehung im gegebenen Fall zu

$$B_B = K_1 + K_2 + 1 + 0 + 0 + 2 + 1 + 0$$

$$B_B = K_1 + K_2 + 4 \tag{2.33}$$

Die Freiheitsgrade eines Wärmetauschers sind damit durch nachstehende Beziehung festgelegt

$$F_{GE,WT} = (2K_1 + 2K_2 + 9) - (K_1 + 2) - (K_2 + 2) = K_1 + K_2 + 5 \tag{2.34}$$

Untersucht man nun die verschiedenen Apparate, die bei verfahrenstechnischen

Prozessen vorkommen können, auf dieselbe Weise, so erhält man die in Tab. 2.1 dargestellten Ergebnisse.

Um an dem untersuchten Apparat nun eine Regelung anbringen zu können, ist ferner zu berücksichtigen, daß die Wärmeverluste normalerweise fixiert sind und die Eintrittsströme zumeist von bereits geregelten Anlagenteilen kommen und so normalerweise als fixiert betrachtet werden können. Dies ergibt für jeden konstanten Eintrittsstrom $(K + 2)$ üblicherweise fixierte Freiheitsgrade F_{fixiert} (siehe Tab. 2.1).

Für den Wärmetauscher errechnen sich die zur Regelung verbleibenden Freiheitsgrade $F_{R,WT}$ unter der Annahme, daß der Kühlstrom in seiner Menge nicht fixiert ist, zu:

$$F_{R,WT} = F - F_{\text{fixiert}} \tag{2.35}$$

$$F_{R,WT} = (K_1 + K_2 + 5) - (K_1 + 2) - (K_2 + 1) - 1 = 1 \tag{2.36}$$

Der effektive Freiheitsgrad des gewählten Systems ist demnach Eins. Die Fixierung dieses Freiheitsgrades z. B. durch eine Temperaturregelung würde das System somit eindeutig bestimmen.

Die zur Regelung verbleibenden Freiheitsgrade weiterer verfahrenstechnischer Apparate sind in Tab. 2.1 zusammengefaßt.

2.3.4 Analyse komplexer Einheiten

Die in Kapitel 2.3.3 untersuchten Grundeinheiten können nunmehr zu komplexen verfahrenstechnischen Anlagen zusammengesetzt werden. Die Analyse von komplexen Einheiten erfordert eine ähnliche Vorgangsweise, wie sie auch bei der Bestimmung von Freiheitsgraden der Grundeinheiten angewendet wurde. Die Freiheitsgrade errechnen sich in diesem Fall ebenso aus der Differenz der Variablen und den unabhängigen Bedingungen.

Variablen. Da die Freiheitsgrade der Grundeinheiten jene Anzahl der Variablen darstellen, die trotz der physikalischen und chemischen Bedingungen, die in einer Grundeinheit herrschen, noch frei variiert werden können und somit unabhängig sind, errechnen sich die Variablen einer komplexen Einheit aus der Summe der Freiheitsgrade der in der komplexen Einheit vorkommenden Grundeinheiten[1]. Somit gilt

$$V_{\text{Komplexe Einheit}} = V_{KE} = \sum F_{GE} \tag{2.37}$$

Bedingungen. Setzt man komplexe Einheiten aus Grundeinheiten zusammen, so wurden alle chemischen und physikalischen Gesetzmäßigkeiten bereits bei den einzelnen Grundeinheiten berücksichtigt. Es verbleiben als Bedingung somit lediglich Identitäten, die bei der Zusammensetzung auftreten. Da der Stoffstrom, der eine Grundeinheit verläßt, derselbe ist, der in die darauffolgende Grundeinheit eintritt, entstehen so Identitätsbeziehungen der intensiven und extensiven Variablen dieser Stoffströme. Für die Anzahl der Identitätsbeziehungen einer zusammengesetzten Einheit gilt somit

---

[1] Hierfür wird im folgenden die Bezeichnung F_{GE} verwendet.

$$B_I = \sum_{i=1}^{n} (K_i + 2) \tag{2.38}$$

wobei n die Anzahl der Verbindungsströme zwischen den Grundeinheiten darstellt.

Freiheitsgrade. Die Freiheitsgrade komplexer Einheiten F_{KE} können analog der Beziehung (2.3) aus der Differenz zwischen der Zahl der Variablen und Bedingungen bestimmt werden

$$F_{KE} = \sum F_{GE} - B_I \tag{2.39}$$

Am Beispiel eines Teil-Verdampfers soll im folgenden die Vorgangsweise bei der Bestimmung der Freiheitsgrade einer Einheit demonstriert wird. Der Einsatz in den Verdampfer soll dabei flüssig erfolgen und der Verdampfungsvorgang durch eine Wärmezufuhr erreicht werden (Abb. 2.14), so daß ein Teil der Flüssigkeit verdampft wird. Ferner sollen die Apparate bereits konstruktiv ausgelegt sein.

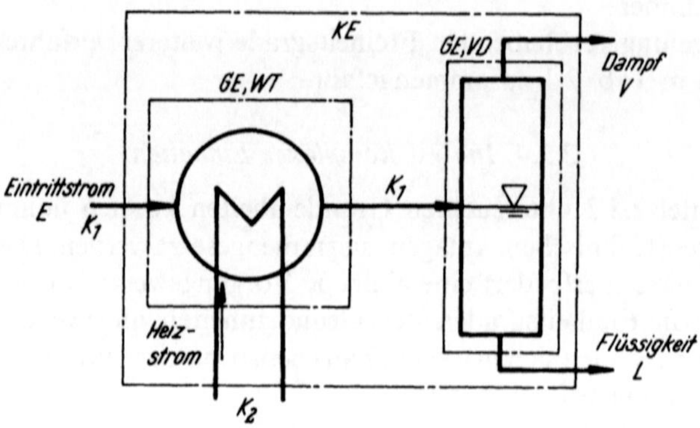

Abb. 2.14. Teil-Verdampfer als komplexe Einheit (*KE*), aufgebaut aus zwei Grundeinheiten (*GE*)

Die Aufteilung der komplexen Einheit Teil-Verdampfer ergibt im vorliegenden Fall zwei Grundeinheiten, und zwar den Wärmetauscher und den Abscheider.

Die Anzahl der Freiheitsgrade wird nach der in Abschnitt 2.3.2 beschriebenen Vorgangsweise ermittelt.

Im einzelnen gilt:

Wärmetauscher:

– Variablen:

$$V_B = V_i + V_e$$

$$V_B = 3(K + 1) + 5 \tag{2.40}$$

$$V_B = 3K + 8 \tag{2.40a}$$

– Bedingungen:

$$B_B = B_M + B_E + B_{Ph} + B_{Ch} + B_{Kr} + B_{Th} + B_I \tag{2.41}$$

$$B_B = K + 1 + K + 0 + 1 + 1 + 2$$

$$B_B = 2K + 5 \tag{2.42}$$

– Freiheitsgrad:

$$F_{GE} = V_B - B_B \tag{2.43}$$

$$F_{GE} = (3K + 8) - (2K + 5) \tag{2.44}$$

$$F_{GE} = K + 3 \tag{2.44a}$$

Abscheider:

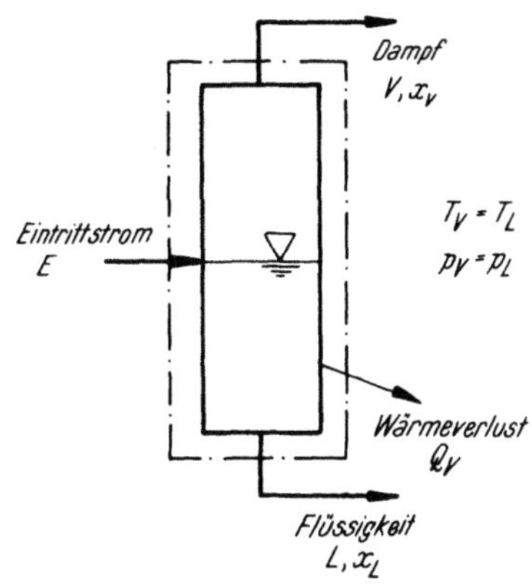

Abb. 2.15. Grundeinheit Abscheider

– Variablen:

$$V_B = V_i + V_e \tag{2.45}$$

$$V_B = 4(K + 1) + 5 \tag{2.46}$$

$$V_B = 4K + 9 \tag{2.46a}$$

– Bedingungen:

$$B_B = B_M + B_E + B_{Ph} + B_{Ch} + B_{Kr} + B_{Th} + B_I \tag{2.47}$$

$$B_B = K + 1 + K + 0 + 1 + 1 + 2 \tag{2.48}$$

$$B_B = 2K + 5 \tag{2.48a}$$

– Freiheitsgrade:

$$F_{GE} = V_B - B_B \tag{2.49}$$

$$F_{GE} = (4K + 9) - (2K + 5) \tag{2.50}$$

$$F_{GE} = 2K + 4 \tag{2.50a}$$

Setzt man die beiden oben beschriebenen Grundeinheiten zu einer Gesamtanlage zusammen, so ergeben sich die Freiheitsgrade des partiellen Verdampfers nach Gl. (2.39) zu

$$F_{ges} = F_{GE} - n(K + 2) \tag{2.51}$$

Da im vorliegenden Fall beide Grundeinheiten durch einen Zweiphasenstrom in Verbindung stehen ($n = 2$), folgt für die Freiheitsgrade der Gesamtanlage nachstehender Ausdruck

$$F_{ges} = (K + 3) + (2K + 4) - 2(K + 2)$$

$$F_{ges} = K + 3 \tag{2.52}$$

Wenn der Einsatzstrom in das Gesamtsystem von einer geregelten Anlage kommt und daher normalerweise als fixiert betrachtet werden kann, verbleibt für eine Regelung auf Grund nachstehenden Zusammenhanges

$$F_R = (K + 3) - (K + 2) = 1 \tag{2.53}$$

ein Freiheitsgrad.

Dieser Freiheitsgrad muß, um eine eindeutig bestimmte Lösung des Systems zu ergeben, durch eine zusätzliche Regelung beseitigt werden. Möglichkeiten einer solchen Regelung wären z. B.:

a) die Druckregelung[1]

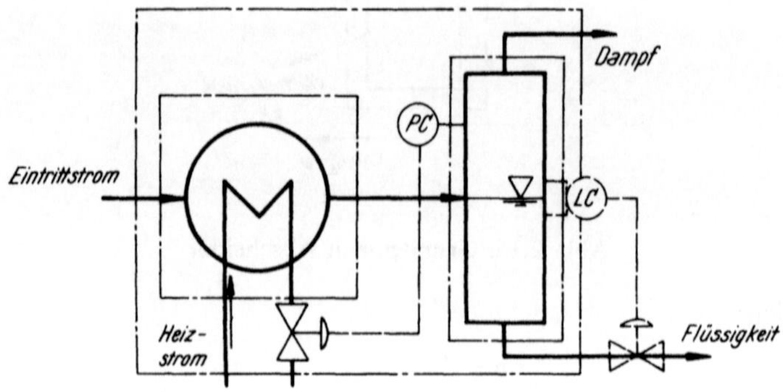

Abb. 2.16. Teil-Verdampfer mit Druckregelung

b) die Temperaturregelung[1]

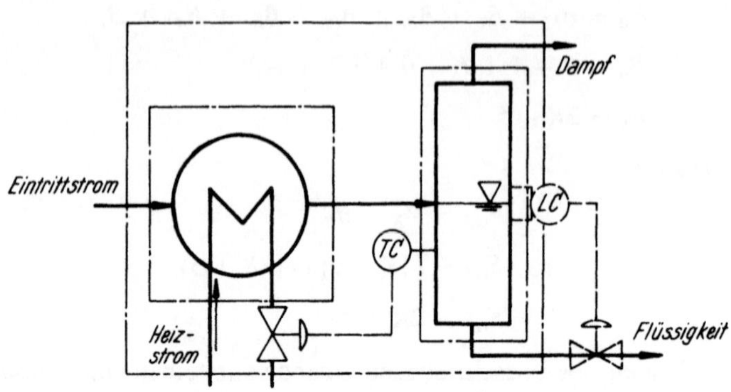

Abb. 2.17. Teil-Verdampfer mit Temperaturregelung

[1] *PC* Druckregler, *LC* Niveauregler, *TC* Temperaturregler.

In den in Abb. 2.16 und Abb. 2.17 dargestellten Beispielen sind jeweils zwei Regler angebracht, wobei der Niveauregler (*LC*) aber keinen Freiheitsgrad beseitigt, sondern nur dazu dient, im Behälter den Flüssigkeitsstand auf einem bestimmten Niveau zu halten. Die hier dargestellten Regelmöglichkeiten sind bezüglich der Beseitigung der Freiheitsgrade gleichwertig. Welche Art der Regelung jedoch die stabilste und schnellste Lösung ergibt, kann durch die Freiheitsgradberechnung nicht ausgesagt werden. Die Freiheitsgradberechnung ist daher nur ein Hilfsmittel zur Bestimmung der notwendigen Regelkreise.

Schrifttum zu Kapitel 2.0

[2.1] Schlüter, L.: Der Einfluß von Stoffeigenschaften auf das Verstärkungsverhältnis von Rektifizierböden. Verfahrenstechnik **11**, 11, 674 (1977).

[2.2] Moser, F., Hude, A.: Die physikalische und chemische Absorption. (In Vorbereitung).

[2.3] Ortner, P.: Untersuchung über die Anzahl der Freiheitsgrade verfahrenstechnischer Operationen. In: Diplomarbeit, Technische Universität Graz, 1976.

[2.4] Gilliland, E. R., Read, C. E.: Degrees of Freedom in Multicomponent Absorption and Rectification Columns. Ing. Eng. Chem. **34**, 551 (1942).

[2.5] Kwauk, M.: A System for Counting Variables in Separation Processes. AICHE Journal **2**, 240 (1956).

[2.6] Smith, B. D.: Design of Equilibrium Stage Processes. New York: McGraw-Hill 1963.

[2.7] Barrow, G. M.: Physikalische Chemie. Heidelberg-Wien: Bohmann-Verlag 1973.

[2.8] Gelbe, H.: Der Freiheitsgrad verfahrenstechnischer Prozeßeinheiten. Verfahrenstechnik **10**, 655–658, **11**, 724–727 (1976).

[2.9] Köllner, H.: Bestimmung des technologischen Freiheitsgrades von Prozeßeinheiten und verfahrenstechnischen Systemen. Chem. Technik **28**, 7, 397 (1976).

3.0 Grundbeziehungen der Austauscheffekte

H. Brauer; Stoffaustausch einschließlich chemischer Reaktionen, Aarau und Frankfurt am Main: Sauerländer 1971.
R. B. Bird; W. E. Stewart; E. N. Lightfoot; Transport Phenomena, New York: John Wiley and Sons 1960.

Wie bereits in Kapitel 1.0 erläutert wurde, lassen sich sämtliche Grundoperationen der thermischen Verfahrenstechnik auf die verschiedenen Effekte des Stoff-, Energie- und Impulsaustausches zurückführen. Diese Austauscheffekte stellen somit die den thermischen Grundoperationen innewohnenden Grundvorgänge dar. Sie unterliegen dabei bis zu einem gewissen Grad analogen mathematischen Beziehungen, wodurch einerseits eine einheitliche übersichtliche Darstellung der einzelnen Austauscheffekte möglich ist und andererseits aus den betreffenden mathematischen Beziehungen eines Grundvorganges, z. B. des Impulsaustausches, auf die beiden anderen Vorgänge geschlossen werden kann und umgekehrt. Auf diese Analogie der Austauscheffekte wird noch ausführlich in Kapitel 6.0 eingegangen.

Das Ziel diese Kapitels ist die Beschreibung der einzelnen Austauscheffekte sowie die analytische Formulierung ihrer Gesetzmäßigkeiten. Darauf aufbauend wird in Kapitel 4.0 die Bilanzierung der in den Austauschbeziehungen auftretenden Größen, wie Masse, Energie und Impuls besprochen. Die derart gewonnenen Zusammenhänge finden dann in den darauffolgenden Kapiteln ihre weitere Anwendung.

3.1 Grundbegriffe

3.1.1 Austauschgrößen und Austauscheffekte

Als grundlegende Größen zur Beschreibung der einzelnen Austauscheffekte dienen die sogenannten *Austauschgrößen.* Darunter werden im folgenden Größen verstanden, die von den Austauschvorgängen unmittelbar betroffen werden und zufolge ihres additiven Charakters die Grundlage für die betreffenden Bilanzgleichungen (vergleiche dazu Kapitel 4.0) bilden. Tab. 3.1 gibt eine Übersicht über die verschiedenen Austauschgrößen und die dazugehörigen Zeichen, soweit sie an dieser Stelle von Interesse sind. Man unterscheidet dabei zwischen skalaren und vektoriellen Größen, wobei in der angeführten Zusammenstellung ausschließlich der Impuls **I** vektoriellen Charakter besitzt, während die übrigen Austauschgrößen skalaren Charakter aufweisen. Mit der allgemeinen Austauschgröße Φ wird in Tab. 3.1 ferner der Oberbegriff für die verschiedenen Austauschgrößen eingeführt.

Damit ist es möglich, die betreffenden Austauscheffekte in einer möglichst übersichtlichen einheitlichen Form darzustellen[1].

Tabelle 3.1. *Übersicht der Austauschgrößen*

Bezeichnung	Zeichen	Einheit
Allgemeine Austauschgröße	Φ	–
Austauschgrößen der Materie:		
Gesamtmasse	M	[kg]
partielle Masse (Teilmasse)	M_i	[kg]
Gesamtmolmenge	N	[kmol]
partielle Molmenge (Teilmolmenge)	N_i	[kmol]
Austauschgrößen der Energie:		
Wärme	Q	[Joule]
kinetische Energie	E_{kin}	[Joule]
potentielle Energie	E_{pot}	[Joule]
Energie zufolge eines Druckfeldes (z. B. Verdrängungsarbeit)	E_p	[Joule]
Innere Energie	U	[Joule]
Enthalpie	H	[Joule]
Austauschgröße des Impulses:		
Impuls	$\mathbf{I}$	$\left[\frac{\mathrm{kg\,m}}{\mathrm{s}}\right]$

Je nach Art des Austauschvorganges, dem eine derartige Austauschgröße unterworfen ist, unterscheidet man zwischen folgenden Effekten[2]:

- Transporteffekte $[Tr]$
- Speichereffekte $[Sp]$
- Umwandlungseffekte $[Uw]$
- Übergangseffekte $[\ddot{U}]$.

Unter *Transporteffekten* versteht man dabei Austauschvorgänge, die durch verschiedenartige Bewegungen des betreffenden Mediums hervorgerufen werden:

a) *Mikro-Bewegungen* in Form der thermischen Molekularbewegung. Der betreffende Transporteffekt wird als *Leitung* $[L]$ oder Konduktion bezeichnet.

b) *Makro-Bewegungen* in Form makroskopischer Strömungen. Diese repräsentieren die *Konvektion im weiteren Sinne* und lassen sich unterteilen in eine mittlere

[1] Der Nachteil einer verallgemeinerten Darstellung ist die stärkere Abstraktheit (bezüglich Nomenklatur vergleiche Fußnote S. 50). Jenen Lesern, die eine konkrete Betrachtungsweise gegenüber einer abstrakten bevorzugen, wird empfohlen, jeweils der allgemeinen Austauschgröße Φ in Gedanken eine spezielle Austauschgröße zuzuordnen. Hiefür bietet sich, dem Hauptthema dieses Buches entsprechend, besonders die partielle Molmenge N_i einer Stoffkomponente i an.

[2] Die eingeklammerten Zeichen stellen in der folgenden Darstellung die betreffenden Indizes dar.

Bewegung, die der *Konvektion* [*K*] *im engeren Sinne* entspricht, sowie in turbulente Schwankungsbewegungen. Im letzteren Fall spricht man von *Turbulenz* [*T*].

Die molekularen Transporteffekte sind dadurch bedingt, daß sich die Moleküle eines Mediums in ständiger Bewegung befinden. Die Intensität dieser Bewegung nimmt mit der Temperatur zu. Man spricht daher auch von der *thermischen Molekularbewegung*. In einem ruhenden Medium treten nur Transporteffekte molekularer Art auf. Diese bewirken z. B. einen konduktiven Wärmetransport (Wärmeleitung) im Falle einer räumlich veränderlichen Temperatur (vergleiche Abschnitt 3.2.1.3) bzw. einen konduktiven Stofftransport (Diffusion) bei Vorliegen einer räumlich veränderlichen Stoffkonzentration (vergleiche Abschnitt 3.2.1.2).

Die konvektiven Transporteffekte im engeren Sinn entsprechen, wie bereits erwähnt, den mittleren Bewegungen einer makroskopischen Strömung. Treibende Kräfte für einen derartigen Bewegungsvorgang sind unter anderem Druckunterschiede auf Grund der Einwirkung mechanischer Kräfte von Pumpen oder Verdichtern, der Schwerkraft, des natürlichen Auftriebes usw. (vergleiche Abschnitt 3.2.2).

Den turbulenten Transporteffekten, hervorgerufen durch die turbulenten Schwankungsbewegungen, liegt die vereinfachende Vorstellung von PRANDTL [3.1] zugrunde, daß sich in einem strömenden Medium fortwährend Molekülverbände, sogenannte *Turbulenzballen*, bilden und wieder auflösen und während ihrer kurzen Existenzzeit eine einheitliche Geschwindigkeit besitzen. Deren im Vergleich zu den Molekülen als Trägerelemente des konduktiven Transportes wesentlich größere Masse bewirkt, daß bei höheren Strömungsgeschwindigkeiten und damit auch bei höheren turbulenten Schwankungsgeschwindigkeiten der turbulente Transport wesentlich intensiver ist als der jeweilige molekulare Transport.

Speichereffekte treten ausschließlich bei instationären Vorgängen auf. Dabei erleidet das betreffende raumfeste Volumsteilchen eine zeitliche Änderung seines jeweiligen Zustandes und damit auch seiner Raumbeladung mit der betreffenden Austauschgröße Φ. Nimmt beispielsweise die Beladung mit der Größe Φ zu, so liegt eine *Aufladung* vor, ansonsten eine *Entladung*. Demnach bedeutet ein zeitlicher Anstieg der molekularen Konzentration c_i eine Aufladung des betreffenden raumfesten Volumsteilchens mit der Molmenge der Stoffkomponente i.

Unter *Übergangseffekten* [*Ü*] versteht man die Austauscheffekte in den Grenzschichten der Phasengrenzflächen. Es handelt sich dabei meist um gleichzeitig ablaufende molekulare und turbulente Transportvorgänge. Als bekannte Beispiele dafür seien der Stoffübergang an einer Phasengrenzfläche oder der Wärmeübergang von einer Wärmeaustauschfläche erwähnt. Die Übergangseffekte können auch als Sonderfall der molekularen und turbulenten Transporteffekte aufgefaßt werden. Der Grund für eine gesonderte Erörterung derselben liegt darin, daß diese im Gegensatz zu den anderen Effekten nicht innerhalb einer Phase, sondern an deren Grenzflächen auftreten und damit eigenen Gesetzmäßigkeiten unterworfen sind.

Andererseits ist die eigene Behandlung dieser Effekte historisch begründet, da man zuerst die Übergangseffekte phänomenologisch erfaßte und erst später erkannte, daß diese aus Transporteffekten zusammengesetzt sind. Die historisch ältesten Übergangsgesetze sind:

a) Gesetz des Wärmeüberganges (FOURIER, 1768 – 1830)

$$\dot{Q} = \alpha A \, \Delta T \qquad \left[\frac{\mathrm{J}}{\mathrm{s}}\right]$$

b) Gesetz des Stoffüberganges (NEWTON, 1643 – 1727)

$$\dot{N}_i = \beta A \, \Delta c_i \qquad \left[\frac{\mathrm{kmol}}{\mathrm{s}}\right]$$

c) Gesetz des Impulsüberganges (NEWTON)

$$\dot{I} = \gamma^* A \, \Delta v \qquad \left[\frac{\mathrm{kg\ m}}{\mathrm{s}^2}\right]$$

Die Größen α, β und γ^* werden als Wärme-, Stoff-, bzw. Impulsübergangskoeffizienten bezeichnet. Der Übergangsstrom ist demzufolge die Strömung einer Größe (Komponente, Wärme, Impuls), die zufolge der Einwirkung einer Triebkraft aus einer Phase in eine andere erfolgt.

In der allgemeinen Erhaltungsgleichung (4.21) sind die Übergangseffekte nicht angeführt, da sie sich, wie bereits erwähnt, auf Transporteffekte zurückführen lassen [3.21].

Unter dem Begriff der *Umwandlungseffekte* werden hier alle jene Austauschvorgänge erfaßt, die nicht unter die früher angeführten Effekte der Leitung, der Turbulenz, der Konvektion, der Speicherung oder der Übergangseffekte einzuordnen sind. Es sind dies z. B. Umwandlungen der Stoffe durch chemische Reaktionen, Umwandlungen verschiedener Energieformen ineinander, Umwandlungen des Impulses zufolge der Einwirkung eines Kraftfeldes, vor allem des Druckfeldes oder des Schwerkraftfeldes. Je nachdem, ob es dabei zu einer Zu- oder Abnahme der betreffenden Austauschgröße kommt, spricht man auch von einer *Quelle* bzw. *Senke* (vergleiche Abschnitt 3.4).

Eine eingehende Behandlung der oben erwähnten Vorgänge folgt in den Abschnitten 3.2 bis 3.4 dieses Kapitels. Zuvor sollen jedoch noch verschiedene weitere Begriffe, die sich aus dem Begriff der Austauschgröße Φ ableiten, eingeführt werden.

3.1.2 Die Konzentration

Die allgemeine *volumsbezogene Konzentration* $\varphi_{(v)}$ stellt die auf ein Volumen bezogene Beladungs-Menge der allgemeinen Austauschgröße Φ dar. Im Fall einer skalaren Austauschgröße gilt somit

$$\varphi_{(v)} = \frac{d\Phi}{dV} \tag{3.1}$$

Hat die Austauschgröße, wie z. B. beim Impuls **I**, vektoriellen Charakter, dann ergibt sich für die Konzentration $\varphi_{(v)}$ nachstehender Ausdruck[1]

[1] Da im Rahmen dieses Buches in erster Linie die Vorgänge des Stoffaustausches interessieren und die Masse M sowie die Molmenge N zu den skalaren Größen zählen, wird im folgenden das Hauptgewicht vor allem auf die Erörterung des betreffenden Ausdruckes der jeweiligen skalaren Austauschgrößen gelegt. Eine Formulierung der entsprechenden vektoriellen Größen erfolgt nur vereinzelt, so daß in allen anderen Fällen – falls erforderlich – die entsprechenden vektoriellen Darstellungen sinngemäß zu ergänzen sind.

$$\varphi_{(v)} = \frac{d\Phi}{dV} \tag{3.2}$$

Anstelle der Bezeichnung „allgemeine Konzentration“ findet sich in der Literatur unter anderem auch der Begriff „Transportdichte[1]“. Im Sinn der hier gewählten Nomenklatur käme demnach für die Konzentration auch die Bezeichnung *Austauschstromdichte* in Betracht. Dieser Begriff wird jedoch in einem der folgenden Abschnitte in einem anderen Zusammenhang eingeführt, weshalb hier, um Mißverständnissen vorzubeugen, nur von Konzentration gesprochen wird.

Tab 3.2 zeigt eine Zusammenstellung verschiedener Konzentrationen, wobei im einzelnen die allgemeinen Größen der Gln. (3.1) bzw. (3.2) durch die speziellen Größen der Materie, der Energie und des Impulses ersetzt sind.

Tabelle 3.2. *Übersicht der Konzentrationen*

Austauschgröße		Konzentration	
Bezeichnung	Zeichen	Bezeichnung	Zeichen
Allgemeine Austauschgröße	Φ	Allgemeine Konzentration	$\varphi_{(v)}$
Gesamtmasse	M	Dichte (Massenkonzentration)	ρ
partielle Masse	M_i	partielle Dichte (part. Massenkonzentration)	ρ_i
Gesamtmolmenge	N	molare Konzentration	c
partielle Molmenge	N_i	partielle molare Konzentration	c_i
Wärme	Q	Wärmekonzentration	$\frac{dQ}{dV}=\rho\frac{dQ}{dm}=\rho q$
kinetische Energie	$E_{kin}=\frac{mv^2}{2}$	Konzentration der kinet. Energie	$\rho v^2/2$
pot. Energie	$E_{pot}=gmz$	Konzentration der pot. Energie	ρgz
Energie zufolge eines Druckfeldes (Verdrängungsarbeit, „Druckenergie“)	$Ep=pV$	Druck (Konzentration der Druckenergie)	p
Innere Energie	U	Konzentration der inneren Energie	ρu
Enthalpie	H	Enthalpiekonzentration	ρh
Impuls	$\mathbf{I}=M\mathbf{v}$	Impulskonzentration	$\rho\mathbf{v}$

3.1.3 Der Austauschstrom

Der Austauschstrom $\dot{\Phi}$ stellt die auf die Zeiteinheit bezogene Änderung bzw. den Umsatz der allgemeinen Austauschgröße Φ dar. Für eine skalare Austauschgröße

[1] Man vergleiche hiezu Brauer [3.2].

gilt demzufolge

$$\dot{\Phi} = \frac{d\Phi}{dt} \tag{3.3}$$

Der entsprechende Ausdruck für die vektorielle Austauschgröße $\mathbf{\Phi}$ lautet

$$\dot{\mathbf{\Phi}} = \frac{d\mathbf{\Phi}}{dt} \tag{3.4}$$

Entsprechend den im Abschnitt 3.1.1 angeführten Austauscheffekten unterscheidet man somit nachstehende spezielle Austauschströme:

Transportstrom: $$\dot{\Phi}_{[Tr]} = \frac{d\Phi_{[Tr]}}{dt} \tag{3.5}$$

Speicherstrom: $$\dot{\Phi}_{[Sp]} = \frac{d\Phi_{[Sp]}}{dt} \tag{3.6}$$

Umwandlungsstrom: $$\dot{\Phi}_{[Uw]} = \frac{d\Phi_{[Uw]}}{dt} \tag{3.7}$$

Übergangsstrom: $$\dot{\Phi}_{[\ddot{U}]} = \frac{d\Phi_{[\ddot{U}]}}{dt} \tag{3.8}$$

Der Transportstrom $\dot{\Phi}_{[Tr]}$ stellt entsprechend der Definition (3.5) einen durch eine Fläche hindurchtretenden Austauschstrom dar. Er kann dabei im Sinne der vorangegangenen Ausführungen entweder als molekularer Transportstrom $[L]$ (Leitstrom), als konvektiver Transportstrom $[K]$ oder als turbulenter Transportstrom $[T]$ auftreten.

Demgegenüber stellt ein Speicherstrom $\dot{\Phi}_{[Sp]}$, gemäß der Definition nach Gl. (3.6), eine in einem Volumen in der Zeiteinheit zusätzlich gespeicherte Menge der Austauschgröße Φ dar. Solche Speichereffekte treten, wie bereits im Abschnitt 3.1.1 erwähnt wurde, stets bei instationären Prozessen auf. Diese bewirken zeitliche Änderungen der örtlichen Konzentration und somit eine Aufladung der in einem raumfesten Volumsteilchen gespeicherten Menge der Austauschgröße Φ.

Der Umwandlungsstrom $\dot{\Phi}_{[Uw]}$ entspricht nach Gl. (3.7) der in einem Volumen in der Zeiteinheit durch einen Umwandlungseffekt gebildeten Menge einer Austauschgröße Φ.

Der Übergangsstrom $\dot{\Phi}_{[\ddot{U}]}$ repräsentiert schließlich nach Definition (3.8) einen an einer Phasengrenzfläche übertretenden Transportstrom.

3.1.4 Die Austauschstromdichte

Die allgemeine *Austauschstromdichte* $\boldsymbol{\varphi}$ ist definiert als Vektor, dessen Betrag durch den auf eine durchströmte Fläche bezogenen Austauschstrom $\dot{\Phi}$ gegeben ist. Sie entspricht damit der in der Zeiteinheit durch eine Fläche A hindurchtretenden Menge der betreffenden Austauschgröße Φ. Beim Austauschstrom zeigt die Richtung des Einheitsvektors $\mathbf{e}$ in die Richtung der Normalen der durchströmten Austauschfläche

$$\dot{\boldsymbol{\varphi}} = \mathbf{e}\dot{\varphi} = \mathbf{e}\frac{d\dot{\Phi}}{dA} \tag{3.9}$$

Führt man in Gl. (3.9) anstelle des allgemein gültigen Austauschstromes $\dot{\Phi}$ die speziellen Größen für den Transport- und Übergangsstrom nach Abschnitt 3.1.1 ein, so ergeben sich für die Vektoren der Transport- bzw. Übergangsstromdichte nachstehend angeführte Beziehungen[1]:

Transportstromdichte:

$$\dot{\boldsymbol{\varphi}}_{[Tr]} = \mathbf{e}\dot{\varphi}_{[Tr]} = \mathbf{e}\frac{d\dot{\Phi}_{[Tr]}}{dA} \tag{3.10}$$

Beim Transportstrom entspricht der Einheitsvektor **e** jener Richtung, in der die örtliche Austauschstromdichte ihr Maximum hat.

Übergangsstromdichte:

$$\dot{\boldsymbol{\varphi}}_{[\dot{U}]} = \mathbf{e}\dot{\varphi}_{[\dot{U}]} = \mathbf{e}\frac{d\dot{\Phi}_{[\dot{U}]}}{dA} \tag{3.11}$$

Beim Übergangsstrom zeigt der Einheitsvektor **e** in die Richtung der örtlichen Normalen der Phasengrenzfläche.

Der Betrag $\dot{\varphi}_{[\dot{U}]}$ der allgemeinen Übergangsstromdichte hängt einerseits von der Differenz zwischen der allgemeinen Konzentration $\varphi_{(v)}$ in der Hauptströmung und der allgemeinen Konzentration $\varphi_{(v)_I}$ an der Grenzfläche (Interface) ab. Die übrigen Einflüsse werden durch die Übergangskoeffizienten β' berücksichtigt.

Für die Übergangsstromdichte wird vielfach nachstehende Formulierung, die zugleich die Definition des allgemeinen Übergangskoeffizienten β' darstellt, zugrundegelegt:

$$\dot{\varphi}_{[\dot{U}]} = \beta'[\varphi_{(v)_\infty} - \varphi_{(v)_I}] = \beta' \,\Delta\varphi_{(v)} \tag{3.11a}$$

Für den speziellen Fall der Stoffübergangsstromdichte $\dot{n}_{i[\dot{U}]}$ gilt somit

$$\dot{n}_{i[\dot{U}]} = \beta(c_{i_\infty} - c_{i_I}) = \beta\,\Delta c_i \tag{3.11b}$$

Im Falle der Transportstromdichte lassen sich ferner je nach Art des Transporteffektes folgende spezielle Begriffe unterscheiden:

- molekulare Transportdichte $\dot{\boldsymbol{\varphi}}_{[L]}$
- konvektive Transportstromdichte $\dot{\boldsymbol{\varphi}}_{[K]}$
- turbulente Transportstromdichte $\dot{\boldsymbol{\varphi}}_{[T]}$.

Von besonderem Interesse ist im Hinblick auf die im nächsten Abschnitt 3.1.5 zu erörternde Divergenz der Transportstromdichte schließlich der an der geschlossenen Oberfläche eines endlichen Volumens V gemäß Abb. 3.1 austretende Transportstrom $\dot{\Phi}_{[Tr]}$. Für diesen gilt entsprechend der allgemeinen Definitionsgleichung (3.10) die Beziehung[2]

[1] Für den Speicher- und Umwandlungsstrom ist eine Darstellung der entsprechenden flächenbezogenen Austauschstromdichten gegenstandslos, da es sich in diesen beiden Fällen um keine unmittelbare Durchströmung einer Fläche handelt.

[2] $\oint$ stellt das Oberflächenintegral über das betreffende Volumen V dar.

$$\dot{\Phi}_{[Tr]} = \oint \dot{\boldsymbol{\varphi}}_{[Tr]} \cdot d\mathbf{A} \tag{3.12}$$

Der durch eine Seitenfläche A des beschriebenen Volumsteilchens hindurchfließende Anteil am Gesamt-Transportstrom ergibt sich damit zu

$$\dot{\Phi}_{[Tr]} = \int_A \dot{\boldsymbol{\varphi}} \cdot d\mathbf{A} \tag{3.13}$$

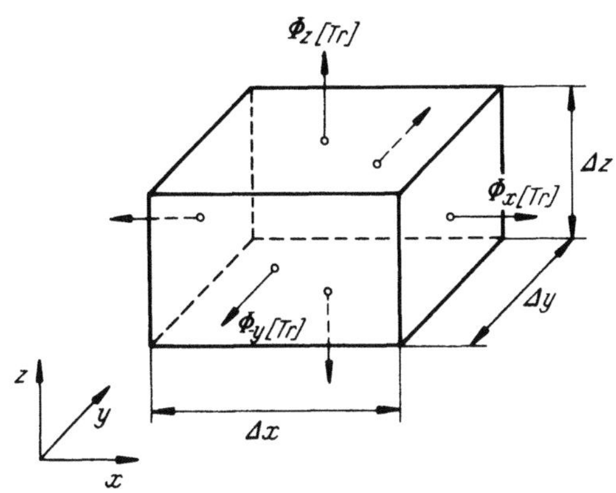

Abb. 3.1. Transportströme einer allgemeinen Größe Φ durch ein ortsfestes Volumselement endlicher Größe

Ist die Austauschgröße wie beim Impuls bereits selbst ein Vektor, dann ergibt sich für die betreffende Austauschstromdichte eine tensorielle Größe. Für diese gilt sinngemäß

$$\dot{\bar{\bar{\varphi}}}_{[Tr]} = \sum_{j=x,y,z} \mathbf{e}_j \circ \dot{\boldsymbol{\varphi}}_j = \sum_{j=x,y,z} \mathbf{e}_j \circ \mathbf{e}_{(j)} \frac{d\dot{\Phi}_{j[Tr]}}{dA} \tag{3.14}$$

An dieser Stelle sei vor allem auf den Unterschied der Vektoren $\mathbf{e}_j$ und $\mathbf{e}_{(j)}$, im speziellen z. B. $\mathbf{e}_x$ und $\mathbf{e}_{(x)}$, hingewiesen. $\mathbf{e}_{(x)}$ bedeutet hierin den Einheitsvektor in Richtung des Transportstromdichte-Vektors $\dot{\boldsymbol{\varphi}}_x$ und $\mathbf{e}_x$ den Einheitsvektor in x-Richtung. Im allgemeinen ist dabei $\mathbf{e}_{(x)} \neq \mathbf{e}_x$. Dies gilt ebenso für alle anderen Einheitsvektoren.

Für den gesamten durch eine endliche Fläche A hindurchfließenden vektoriellen Transportstrom $\dot{\boldsymbol{\Phi}}_{[Tr]}$ erhält man analog zu Gl. (3.13) den Ausdruck

$$\dot{\boldsymbol{\Phi}}_{[Tr]} = \int_A \dot{\bar{\bar{\varphi}}} \cdot \mathbf{dA} \tag{3.15}$$

Die Größe $\mathbf{dA}$ stellt hier jeweils den dem Oberflächenteilchen dA durch nachstehende Definition zugeordneten Flächenvektor dar

$$\mathbf{dA} = dA\ \mathbf{e}_A \tag{3.16}$$

Dabei bedeutet $\mathbf{e}_A$ den Einheitsvektor in Richtung der örtlichen Flächennormalen.

3.1.5 Ergiebigkeit der Austauschströme

Unter der volumsbezogenen Ergiebigkeit[1] eines Austauschstromes wird im folgenden die Menge einer Austauschgröße Φ verstanden, die pro Zeit- und Volumseinheit in einem Volumsteilchen durch einen Austauscheffekt umgesetzt wird. Im Falle eines Transporteffektes handelt es sich dabei um eine an der Oberfläche des Volumsteilchens austretende Menge, im Falle eines Speichereffektes um eine im Inneren des Volumsteilchens zusätzlich gespeicherte Menge, bei einem Umwandlungseffekt schließlich um eine im Inneren des Volumsteilchens durch Umwandlung gebildete Menge. Die in diesem Sinne definierte *allgemeine Ergiebigkeit* eines Austauschstromes ist demgemäß durch nachstehenden Ausdruck gegeben

$$\frac{d^2\Phi}{dV\,dt} = \frac{d\dot{\Phi}}{dV} \tag{3.17}$$

Je nach Art des Austauscheffektes unterscheidet man im einzelnen zwischen folgenden Ergiebigkeiten der Austauschströme:

Transport-Ergiebigkeit: $$\frac{d\dot{\Phi}_{[Tr]}}{dV} \tag{3.18}$$

Speicher-Ergiebigkeit: $$\frac{d\dot{\Phi}_{[Sp]}}{dV} \tag{3.19}$$

Umwandlungs-Ergiebigkeit: $$\frac{d\dot{\Phi}_{[Uw]}}{dV} \tag{3.20}$$

Speicher- und Umwandlungseffekte können, außer im Inneren eines Volumselementes, auch an dessen Oberfläche wirksam werden. Ein Beispiel für einen solchen an der Oberfläche eines Volumselementes stattfindenden Umwandlungseffekt stellt unter anderem die heterogene Reaktion dar. Als Beispiel für einen an der Oberfläche auftretenden Speichereffekt sind die Adsorptions- bzw. Desorptionsprozesse zu nennen, bei denen es zu einer laufenden Be- oder Entladung des jeweiligen Adsorbens mit der entsprechenden auszutauschenden Stoffkomponente kommt.

Die Definition der flächenbezogenen Ergiebigkeit lautet in analoger Weise zum entsprechenden volumsbezogenen Term

$$\frac{d^2\Phi}{dA\,dt} = \frac{d\dot{\Phi}}{dA} \tag{3.21}$$

Die weiteren Ausführungen dieses Abschnittes beschränken sich im allgemeinen auf die Beschreibung der volumsbezogenen Ergiebigkeiten. Aus den dafür abgeleiteten Beziehungen ergeben sich jedoch sinngemäß auch jene der flächenbezogenen Ergiebigkeit.

---

[1] Hierfür wird in der Literatur auch die Bezeichnung Stromdichte [3.2] verwendet.

Transport-Ergiebigkeit. Die *allgemeine Transportergiebigkeit* wird durch Ausdruck (3.18) beschrieben. Dabei bedeutet die Größe $d\dot{\Phi}_{[Tr]}$ nach Abschnitt 3.1.3 einen an der Oberfläche eines differentiellen Volumsteilchens dV austretenden differentiellen Transportstrom. Der betreffende mathematische Ausdruck dafür ergibt sich, wenn man die auf ein endliches Volumen V bezogene Gl. (3.12) durch das jeweilige Volumen dividiert und dabei den entsprechenden Grenzübergang $V \to 0$ durchführt. Auf diese Weise erhält man für die Transportergiebigkeit den differentiellen Ausdruck[1]

$$\frac{d\dot{\Phi}_{[Tr]}}{dV} = \lim_{V \to 0} \frac{1}{V} \oint_V \boldsymbol{\varphi} \cdot \mathbf{dA} \tag{3.22}$$

Der auf der rechten Seite von Gl. (3.22) stehende Ausdruck wird auch als Divergenz des Vektors $\boldsymbol{\varphi}$ bezeichnet. Die Transportergiebigkeit stellt sich damit als Divergenz der Transportstromdichte in nachstehender Weise dar

$$\frac{d\dot{\Phi}_{[Tr]}}{dV} = \operatorname{div} \boldsymbol{\varphi} \tag{3.23}$$

Der entsprechende Ausdruck für eine vektorielle Austauschgröße $\boldsymbol{\Phi}$ bzw. eine tensorielle Austauschstromdichte $\bar{\bar{\varphi}}$ lautet analog dazu[2]:

$$\frac{d\dot{\boldsymbol{\Phi}}_{[Tr]}}{dV} = \nabla \cdot \bar{\bar{\varphi}} \tag{3.24}$$

Speicher-Ergiebigkeit. Für die in einem Volumsteilchen dV gespeicherte Menge der Austauschgröße Φ folgt unter Berücksichtigung der Definitionsgleichung (3.1) der Ausdruck

$$d\Phi = \varphi_{(v)}\, dV \tag{3.25}$$

Erfährt die Konzentration $\varphi_{(v)}$ eine zeitliche Zunahme, so bedeutet dies eine zusätzliche Aufladung des differentiellen Speichervolumens bezüglich der Größe Φ im Ausmaß

$$d\dot{\Phi}_{[Sp]} = \frac{\partial \varphi_{(v)}}{\partial t} dV \tag{3.26}$$

Daraus folgt für die *Speicher-Ergiebigkeit* (Aufladungsergiebigkeit) die volumsbezogene Größe

$$\frac{d\dot{\Phi}_{[Sp]}}{dV} = \frac{\partial \varphi_{(v)}}{\partial t} \tag{3.27}$$

---

[1] Man vergleiche hiezu Abb. 3.1 und denke sich die dort eingetragenen endlichen Kantenlängen Δx, Δy, Δz durch differentielle Kantenlängen dx, dy, dz ersetzt.

[2] Die auf die tensorielle Größe $\bar{\bar{\varphi}}$ bezogene Verknüpfung $\nabla \cdot \bar{\bar{\varphi}}$ wird von manchen Autoren [3.3], [3.4] unter anderem ebenfalls als Divergenz bezeichnet. Zur entsprechenden Kennzeichnung verwendet man dafür jedoch meist ein mit großem Anfangsbuchstaben geschriebenes Divergenzsymbol $\nabla \cdot \bar{\bar{\varphi}} = \operatorname{Div} \bar{\bar{\varphi}}$. Bei Verwendung des symbolischen Nabla-Vektors ergibt sich für die Divergenz-Operation folgende weitere Formulierung: $\operatorname{div} \boldsymbol{\varphi} = \nabla \cdot \boldsymbol{\varphi}$.

bzw. im Fall einer vektoriellen Austauschgröße

$$\frac{d\dot{\mathbf{\Phi}}_{[Sp]}}{dV} = \frac{\partial \boldsymbol{\varphi}_{(v)}}{\partial t} \tag{3.28}$$

Umwandlungs-Ergiebigkeiten. Die Mechanismen und die Gesetzmäßigkeiten der verschiedenen Umwandlungseffekte sind unterschiedlich, so daß nur selten mit analogen Beziehungen gerechnet werden kann. Um jedoch eine formale Analogie zu erhalten, wird für die Umwandlungsergiebigkeit der Austauschgröße Φ nachstehender einheitlicher Term verwendet

$$\frac{d\dot{\Phi}_{[Uw]}}{dV} = \frac{d^2\Phi_{[Uw]}}{dV\,dt} \tag{3.29}$$

Die entsprechende Darstellung für vektorielle Austauschgrößen lautet analog

$$\frac{d\dot{\mathbf{\Phi}}_{[Uw]}}{dV} = \frac{d^2\mathbf{\Phi}_{[Uw]}}{dV\,dt} \tag{3.30}$$

Das Ziel des unmittelbar folgenden Abschnittes 3.2 besteht in der Erfassung der Beziehungen für die verschiedenen in Abschnitt 3.1.4 definierten Transportstromdichten. In derselben Weise folgt in den daran anschließenden Abschnitten 3.3 und 3.4 die Beschreibung von Gesetzmäßigkeiten über die Zusammenhänge der mit Austauscheffekten auftretenden Speicher- bzw. Umwandlungs-Ergiebigkeiten. Die auf diese Weise definierten Ergiebigkeiten stellen die grundlegenden Größen der einzelnen Austauscheffekte und somit auch die maßgeblichen Terme der in Abschnitt 4.0 beschriebenen differentiellen Bilanzgleichungen dar.

3.2 Transporteffekte

Unter Transportvorgängen des Stoff-, Energie- und Impulsaustausches werden Austauschvorgänge verstanden, die durch Bewegungsvorgänge des Mediums hervorgerufen werden. Dabei unterscheidet man:

a) Molekulare Transporteffekte. Die hiedurch zustande kommenden Austauschvorgänge werden als *Leitung* [*L*] oder Konduktion bezeichnet (vergleiche Abschnitt 3.2.1).

b) Konvektive Transporteffekte zufolge der mittleren Bewegung der makroskopischen Strömung. Der entsprechende Austauschvorgang wird *Konvektion* [*K*] im engeren Sinne genannt (vergleiche Abschnitt 3.2.2).

c) Konvektive Transporteffekte zufolge der turbulenten Schwankungsbewegungen der makroskopischen Strömung. Der zugehörige Austauscheffekt wird *Turbulenz* [*T*] genannt (vergleiche Abschnitt 3.2.3).

Zur Beschreibung der Transportvorgänge dient neben dem Transportstrom $\dot{\Phi}_{[Tr]}$ vor allem die Transportstromdichte $\dot{\boldsymbol{\varphi}}_{[Tr]}$. Bei einer skalaren Austauschgröße Φ ist die Transportstromdichte ein Vektor und zeigt neben der Intensität des betreffenden Transportvorganges auch dessen Richtung an. Bei einer vektoriellen Austauschgröße hat die Transportstromdichte tensoriellen Charakter. Eine Übersicht der speziellen Größen zeigt Tab. 3.1.

3.2.1 Der molekulare Transport

Als molekularen Transportstrom bezeichnet man den durch die thermische Bewegung der Moleküle bewirkten Strom der betreffenden Austauschgröße. Man spricht in diesem Zusammenhang auch vom *konduktiven Transportstrom* oder *Leitstrom*. Unter bestimmten vereinfachenden Voraussetzungen kann angenommen werden, daß die konduktiven Austauscheffekte verschiedener Austauschgrößen bis zu einem gewissen Grad analogen Gesetzmäßigkeiten gehorchen, die anschließend besprochen werden.

3.2.1.1 Allgemeine Gesetzmäßigkeiten des molekularen Transportes

Um einen Einblick in den grundsätzlichen Mechanismus des molekularen Transportes zu erhalten, werden die konduktiven Transportvorgänge an dem Modell eines idealen Gases betrachtet. Die sich daraus ergebende grundsätzliche Beziehung kann dann auf reale Gase, Flüssigkeiten und Feststoffe ausgedehnt werden und wird in den folgenden Abschnitten für den molekularen Stoff-, Energie- und Impulstransport erläutert und angewendet.

Das zur folgenden Ableitung verwendete Modell eines idealen Gases wird durch folgende Eigenschaften bzw. Vereinfachungen beschrieben:

- es bestehe nur aus kugelförmigen Molekülen gleichen Durchmessers
- es existieren keine zwischenmolekularen Kräfte
- das Molekülvolumen ist im Vergleich zum freien Volumen vernachlässigbar klein
- alle Moleküle haben die mittlere Geschwindigkeit $\bar{v}$, die Richtung der Molekülbewegung sei rein statistisch
- der Weg zwischen zwei aufeinanderfolgenden Zusammenstößen eines Moleküls sei l (mittlere freie Weglänge)
- die Zeit zwischen zwei aufeinanderfolgenden Zusammenstößen eines Moleküls sei τ (ergibt sich aus Division der mittleren freien Weglänge l durch die mittlere Geschwindigkeit $\bar{v}$).

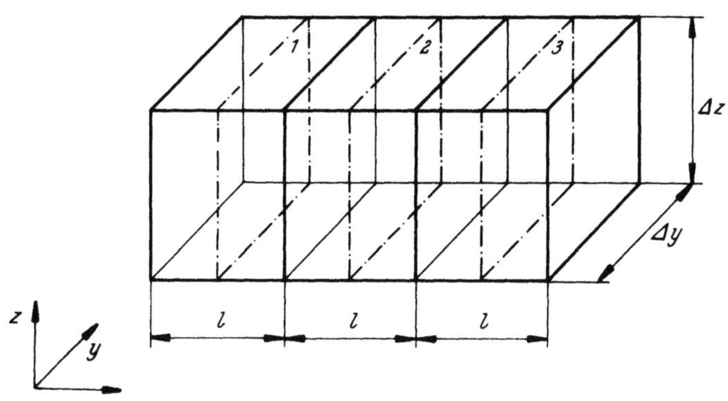

Abb. 3.2. Zur Erklärung des molekularen Transportes

Zur weiteren Vereinfachung werden aus Gründen der Übersichtlichkeit zusätzlich noch folgende Annahmen getroffen:

- die Moleküle bewegen sich nur in Richtung der x-, y- und z-Koordinate
- die Konzentration $\varphi_{(v)}$ der allgemeinen Austauschgröße Φ ändere sich nur in x-Richtung, der Konzentrationsgradient sei dabei konstant.

Aus dem Modellgas wird nun ein in Abb. 3.2 dargestelltes Volumselement von der Länge $3l$, der Breite Δy und der Höhe Δz herausgegriffen, das in 3 gleich große Zellen der Länge l geteilt ist.

Der Verlauf der allgemeinen Konzentration $\varphi_{(v)}$ innerhalb des Volumselementes wird in Abb. 3.3 dargestellt:

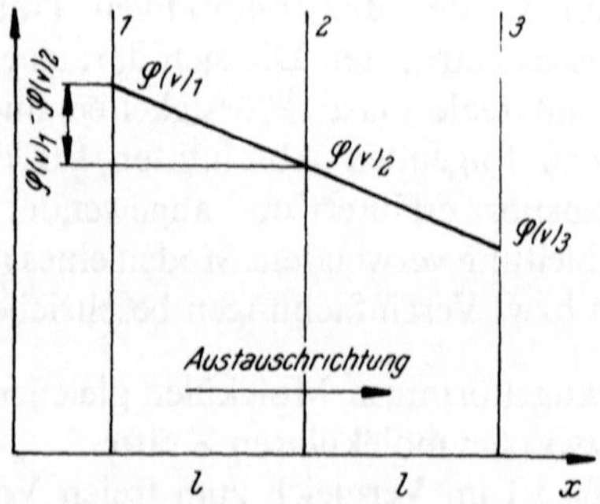

Abb. 3.3. Konzentrationsverlauf innerhalb des Volumselementes

$$\frac{d\varphi_{(v)}}{dx} = \frac{\varphi_{(v)_2} - \varphi_{(v)_1}}{l} = \frac{\varphi_{(v)_3} - \varphi_{(v)_2}}{l} = \text{const.} \tag{3.31}$$

Wenn die Konzentration innerhalb einer jeden Zelle als konstant betrachtet wird, so läßt sich diese Konzentration in einer parallel zur y, z-Ebene in der Mitte der jeweiligen Zelle gelegenen Fläche darstellen.

In jedem Zeitpunkt bewegen sich von den gesamten, in einer Zelle vorhandenen Molekülen je ein Sechstel in der positiven bzw. negativen Richtung der x-, y- und z-Koordinate. Unter Berücksichtigung der getroffenen Annahmen werden in der Zeit τ somit alle Moleküle, die sich zu einem bestimmten Zeitpunkt in einer Zelle befinden, ausgetauscht.

Die aus Zelle 1 nach Zelle 2 pro Zeiteinheit transportierte Molmenge N beträgt dabei[1]

$$\dot{N}_{(1\to 2)} = \frac{1}{6}\,\frac{N_1}{\tau} \tag{3.32}$$

N_1 Anzahl der Mole in der Zelle 1. Daraus folgt für die betreffende Stoffstromdich-

[1] Entsprechend den Vereinbarungen in Abschnitt 3.1.1 wäre hier bei sämtlichen folgenden Transportströmen bzw. Transportstromdichten der Index $[L]$ für Konduktion anzuführen. Der Übersichtlichkeit wegen wurde dies in der vorliegenden Ableitung unterlassen.

te $\dot{n}$, bezogen auf die Fläche $\Delta y\ \Delta z$

$$\dot{n}_{(1\to 2)} = \frac{1}{6}\frac{1}{\tau}\frac{N_1}{\Delta y\ \Delta z} = \frac{1}{6}\frac{1}{\tau}\, l c_1 \tag{3.33}$$

wobei c_1 der Konzentration der Moleküle in der Zelle 1 entspricht.

Mit den Molekülen wird natürlich auch die Austauschgröße Φ (im speziellen Impuls, Wärme oder Stoff) zwischen den einzelnen Zellen ausgetauscht. Die Größe des betreffenden Austauschstromes von Zelle 1 nach Zelle 2 ist dabei analog zu Gl. (3.32)

$$\dot{\Phi}_{(1\to 2)} = \frac{1}{6}\frac{\Phi_1}{\tau} \tag{3.34}$$

Hierin bedeutet Φ_1 die Gesamtheit der in allen Molekülen einer Zelle vorhandenen allgemeinen Austauschgrößen Φ.

Mit der Beziehung, die den Zusammenhang der Austauschgröße Φ und Konzentration $\varphi_{(v)}$ gemäß

$$\Phi = \varphi_{(v)} V \tag{3.35}$$

beschreibt, erhält man aus Gl. (3.34)

$$\dot{\varphi}_{(1\to 2)} = \frac{\dot{\Phi}_{(1\to 2)}}{\Delta A} = \frac{1}{6\tau}\frac{\varphi_{(v)_1}}{\Delta y\ \Delta z}\, l\ \Delta y\ \Delta z = \frac{1 l}{6\tau}\ \varphi_{(v)_1} \tag{3.36}$$

In gleicher Weise ergibt sich die Austauschstromdichte aus Zelle 2 zu Zelle 1 zu

$$\dot{\varphi}_{(2\to 1)} = \frac{1}{6}\frac{l}{\tau}\ \varphi_{(v)_2} \tag{3.37}$$

Der effektive Austauschstrom (häufig als Nettostrom bezeichnet) zwischen Zelle 1 und 2 wird daher durch folgende Gleichung beschrieben

$$\dot{\varphi}_{(1\to 2)N} = \dot{\varphi}_{(1\to 2)} - \dot{\varphi}_{(2\to 1)} = \frac{1}{6}\frac{l}{\tau}\,(\varphi_{(v)_1} - \varphi_{(v)_2}) \tag{3.38}$$

Unter Verwendung des Konzentrationsgradienten nach Gleichung (3.31) erhält man weiters

$$\dot{\varphi}_{(1\to 2)N} = -\frac{1}{6}\frac{l^2}{\tau}\frac{d\varphi_{(v)}}{dx} \tag{3.39}$$

Nach Umformung ergibt sich daraus

$$\dot{\varphi}_{(1\to 2)N} = -\frac{1}{6}\, l\bar{v}\, \frac{d\varphi_{(v)}}{dx} \tag{3.40}$$

Für den Austauschvorgang zwischen Zelle 2 und 3 gilt analog zu Gl. (3.40)

$$\dot{\varphi}_{(2\to 3)N} = -\frac{1}{6}\, l\bar{v}\, \frac{d\varphi_{(v)}}{dx} \tag{3.41}$$

Für den angenommenen Fall eines konstanten Konzentrationsgradienten ist daher die in Zelle 2 gespeicherte Menge an Φ gleich Null

$$\dot{\varphi}_{(1\to 2)N} - \dot{\varphi}_{(2\to 3)N} = 0 \tag{3.42}$$

Die allgemeine Bezeichnung für die x-Komponente der molekularen Transportstromdichte $\dot{\varphi}_{[L]}$ lautet damit

$$\dot{\varphi}_{[L]x} = -\frac{1}{6}\, l\bar{v}\, \frac{d\varphi_{(v)}}{dx} \tag{3.43}$$

Sieht man von der eingangs getroffenen Vereinfachung einer in y- und z-Richtung konstanten Konzentration ab, so ergibt sich für den Vektor der Austauschstromdichte der Ausdruck

$$\dot{\boldsymbol{\varphi}}_{[L]} = -\frac{1}{6}\, l\bar{v} \text{ grad } \varphi_{(v)} \tag{3.44}$$

Ist die Austauschgröße $\boldsymbol{\Phi}$ bereits selbst eine vektorielle Größe, so lautet die analoge Beziehung für die tensorielle Form der Austauschstromdichte

$$\dot{\bar{\bar{\varphi}}}_{[L]} = -\frac{1}{6}\, l\bar{v} \text{ Grad } \boldsymbol{\varphi}_{(v)} \tag{3.45}$$

Der Ausdruck $\frac{1}{6}l\bar{v}$ stellt den *allgemeinen molekularen Transport-Koeffizienten* (Austausch-Koeffizienten) Λ dar[1]. Damit ergeben sich die weiteren allgemeinen Formulierungen

$$\dot{\boldsymbol{\varphi}}_{[L]} = -\Lambda \text{ grad } \varphi_{(v)} \tag{3.46}$$

bzw.

$$\dot{\bar{\bar{\varphi}}}_{[L]} = -\Lambda \text{ Grad } \boldsymbol{\varphi}_{(v)} \tag{3.47}$$

Es sei darauf hingewiesen, daß die Beziehungen für die molekulare Transportstromdichte nur unter den hier getroffenen vereinfachenden Voraussetzungen gültig sind. Im allgemeinen werden wesentliche Abweichungen von dieser Analogie zu erwarten sein. Nähere Angaben hierüber werden in den nächsten Abschnitten sowie in Kapitel 6.0 gemacht.

Die Bedeutung des allgemeinen molekularen Transportkoeffizienten Λ in den speziellen Fällen des molekularen Stoff-, Energie- und Impulstransportes wird in den folgenden Abschnitten behandelt.

3.2.1.2 Der molekulare Stofftransport

Zur Darstellung des molekularen Stofftransportes eignen sich folgende Größen:

1. die partielle Molmenge N_i[2]

---

[1] Bei Anwendung genauerer Modelle ergeben sich statt des Koeffizienten 1/6 die Werte 1/3 [3.2], [3.5] bzw. 0.46 [3.5].

[2] Unter partiellen Größen werden hier, im Gegensatz zur Nomenklatur der physikalischen Chemie, wo partielle Größen nur für Zustandsvariable (Druck, Volumen, Enthalpie, Entropie) definiert sind, Teile der Gesamtmenge verstanden.

2. die partielle Masse M_i
3. die Gesamtstoffmenge N
4. die Gesamtmasse M.

Die entsprechenden Gesetzmäßigkeiten werden im folgenden der Reihe nach erörtert.

1. Behandlung des molekularen Transportes mit Hilfe der partiellen Molmenge. Im nachstehenden wird zunächst der allgemeine Fall der Diffusion eines Mehrstoffsystems behandelt. Die betreffenden Gesetzmäßigkeiten weisen dabei eine komplizierte Form auf. Vielfach interessieren jedoch nur bestimmte Sonderfälle, die einfacheren Beziehungen genügen. Derartige Sonderfälle sind (vergleiche Abschnitt 7.2):

- die Diffusion einer Komponente bei sehr niedriger Konzentration
- die einseitige Diffusion
- die Diffusion binärer Systeme mit den weiteren Sonderfällen der
  a) einseitigen Diffusion und
  b) äquimolaren Diffusion.

Allgemeine Beschreibung der Diffusion. Im allgemeinen Fall unterliegt der Vorgang der Diffusion keinen wesentlichen einschränkenden Bedingungen. Das bedeutet im besonderen, daß die einzelnen Stromdichten $\dot{n}_i$, $\dot{n}_j$ usw.[1] beliebige Werte annehmen können. Zur Beschreibung der allgemeinen Diffusion wird ein Mehrstoffsystem mit den Komponenten A, B, C,... betrachtet.

Um die Darstellung zunächst zu vereinfachen, werden stationäre Verhältnisse vorausgesetzt. Dementsprechend gilt

$$c_i = f(x, y, z) \neq f(t) \tag{3.48}$$

Die allgemeinen Gesetzmäßigkeiten erhält man, wenn man die grundlegenden Ansätze von Fick [3.6] und Stefan [3.7] kombiniert[2].

Für die Ficksche Darstellung der Stoffstromdichte gilt (vergleiche Abschnitt 7.2.1)

$$\dot{\mathbf{n}}_{i[FD]} = -D_i \operatorname{grad} c_i \tag{3.49}$$

bzw. in eindimensionaler Form

$$\dot{n}_{i[FD]} = -D_i \frac{\partial c_i}{\partial y} \tag{3.49a}$$

Um die resultierende Stoffstromdichte $\dot{n}_{i[L]}$ einer Komponente i zufolge Leitung zu erhalten, hat man zu beachten, daß diese außerdem noch von den betreffenden Randbedingungen bzw. von den Diffusionsverhältnissen der angrenzenden Phasen

---

[1] Die Komponenten i und j repräsentieren beliebige Vertreter der Komponenten A, B, C,... des betreffenden Mehrstoffsystems.

[2] Die Indizes $[L]$, $[FD]$, $[VS]$ zeigen den resultierenden Leitstrom $[L]$, den Fickschen Diffusionsstrom $[FD]$ zufolge eines Konzentrationsgefälles bzw. den Stefanschen Verdrängungsstrom $[VS]$ an.

abhängt. Sie wird daher im allgemeinen von dem oben erhaltenen Betrag des Fickschen Diffusionsstromes abweichen. Das bedeutet, daß der resultierende Leitstrom der Komponente i außer dem Fickschen Diffusionsstrom noch einen weiteren Anteil aufweisen muß. Dieser besteht in dem von STEFAN beschriebenen zusätzlichen *Verdrängungsstrom*. Damit ergibt sich folgende Beziehung für die resultierende molekulare Stoffstromdichte der Komponente i[1] (vergleiche Abschnitt 7.2.2)

$$\dot{\mathbf{n}}_{i[L]} = \dot{\mathbf{n}}_{i[FD]} + \dot{\mathbf{n}}_{i[VS]} \tag{3.50}$$

Der *Stefansche Verdrängungsstrom* stellt dabei einen fiktiven konvektiven Strom dar (vergleiche Abschnitt 7.2.2). Für einen solchen gilt die allgemeine Beziehung der Konvektion

$$\dot{\mathbf{n}}_{i[VS]} = c_i \mathbf{v}_{[VS]} \tag{3.51}$$

wobei $\mathbf{v}_{[VS]}$ die Geschwindigkeit des Verdrängungsstromes darstellt.

Damit ergibt sich für den resultierenden Leitstrom der allgemeinen Diffusion

$$\dot{\mathbf{n}}_{i[L]} = - D_i \operatorname{grad} c_i + c_i \mathbf{v}_{[VS]} \tag{3.52}$$

Die Beziehung (3.52) stellt eine System von Gleichungen für die Komponenten A, B, C,... des Mehrstoffsystems dar. Wählt man eine bestimmte Komponente j derselben als Bezugskomponente[2] aus, so kann man die unbekannte Verdrängungsgeschwindigkeit $\mathbf{v}_{[VS]}$ mit Hilfe der Stromdichte der Komponente j ausdrücken. Für die Bezugskomponente j gilt in analoger Weise

$$\dot{\mathbf{n}}_{j[L]} = - D_j \operatorname{grad} c_j + c_j \mathbf{v}_{[VS]} \tag{3.53}$$

Daraus folgt

$$\mathbf{v}_{[VS]} = \frac{D_j}{c_j} \operatorname{grad} c_j + \frac{1}{c_j} \dot{\mathbf{n}}_{j[L]} \tag{3.54}$$

Damit ergibt sich für den resultierenden Leitstrom folgende weitere Form

$$\dot{\mathbf{n}}_{i[L]} = - D_i \operatorname{grad} c_i + \frac{c_i}{c_j} D_j \operatorname{grad} c_j + \frac{c_i}{c_j} \dot{\mathbf{n}}_{j[L]} \tag{3.55}$$

Die Beziehung (3.55) stellt ein System von Gleichungen dar, dessen allgemeine Lösung bzw. weitere Behandlung im Rahmen der Beziehung des molekularen Stofftransportes möglich ist. Darauf wird im späteren Kapitel 7.0 noch näher eingegangen.

2. Behandlung des molekularen Transportes mit Hilfe der partiellen Masse. Die betreffenden Beziehungen erhält man in sinngemäßer Weise aus denen des

---

[1] Im Rahmen dieses Abschnittes werden die weiteren Überlegungen auf die Stromdichte $\dot{n}_i$ der partiellen Molmenge beschränkt. Die Stromdichte $\dot{m}_i$ der partiellen Masse wird im folgenden Punkt behandelt.

[2] Als Bezugskomponente j wird man, sofern vorhanden, zweckmäßigerweise eine bezüglich der Austauscheffekte weitgehend inerte Komponente auswählen, das heißt eine solche, die an den betreffenden Austauschvorgängen weitgehend unbeteiligt ist.

vorhergehenden Abschnittes, wenn man einzeln nachstehende Zusammenhänge beachtet (vergleiche Abschnitt 4.2)[1]

$$M_i = \tilde{M}_i N_i, \qquad \dot{m}_i = \tilde{M}_i \dot{n}_i, \qquad \rho_i = \tilde{M}_i c_i \tag{3.56}$$

Damit ergibt sich für die Beziehung der allgemeinen Diffusion auf Basis der partiellen Masse nachstehender Ausdruck

$$\frac{1}{\tilde{M}_i} \dot{\mathbf{m}}_{i[L]} = -\frac{D_i}{\tilde{M}_i} \operatorname{grad} \rho_i + \frac{\rho_i}{\rho_j} \frac{D_j}{\tilde{M}_i} \operatorname{grad} \rho_j + \frac{\rho_i}{\rho_j} \frac{1}{\tilde{M}_i} \dot{\mathbf{m}}_{j[L]} \tag{3.57}$$

Daraus folgt

$$\dot{\mathbf{m}}_{i[L]} = -D_i \operatorname{grad} \rho_i + \frac{\rho_i}{\rho_j} D_j \operatorname{grad} \rho_j + \frac{\rho_i}{\rho_j} \dot{\mathbf{m}}_{j[L]} \tag{3.58}$$

3. Behandlung des molekularen Transportes mit Hilfe der Gesamtmolmenge. Der Strom der Gesamtmolmenge stellt die Summe der Ströme der partiellen Molmengen dar. Damit ergibt sich für die betreffende Transportstromdichte der Gesamtmolmenge nachstehende Beziehung

$$\dot{\mathbf{n}}_{[L]} = \sum_{i=1}^{k} \dot{\mathbf{n}}_{i[L]} \tag{3.59}$$

Die Transportstromdichten der einzelnen partiellen Molmengen gehorchen, wie in den vorangegangenen Ausführungen erwähnt, teilweise komplizierteren Gesetzmäßigkeiten. Es kann daher die der allgemeinen Beziehung (3.46) des Abschnittes 3.2.1.1 entsprechende analoge Formulierung[2]

$$\dot{\mathbf{n}}_{[L]} = -D_N \operatorname{grad} c \tag{3.60}$$

in den meisten Fällen nur als eine grobe Näherung betrachtet werden.

4. Behandlung des molekularen Transportes mit Hilfe der Gesamtmasse. Für die Transportstromdichte der Gesamtmasse gilt analog zu Gl. (3.59)

$$\dot{\mathbf{m}}_{[L]} = \sum_{i=1}^{k} \dot{\mathbf{m}}_{i[L]} \tag{3.61}$$

Auch in diesem Fall stellt die der allgemeinen Beziehung (3.46) entsprechende Formulierung[3]

$$\dot{\mathbf{m}}_{[L]} = -D_M \operatorname{grad} \rho \tag{3.62}$$

meist nur eine grobe Näherung dar.

---

[1] $\tilde{M}$ gibt das Molekulargewicht an (vergleiche Nomenklatur).

[2] Dabei bedeutet D_N den auf die Gesamtmolmenge N bezogenen Koeffizienten der Selbstdiffusion. Man vergleiche die Darstellungen in Abschnitt 7.3.

[3] Es bedeutet D_M den auf die Gesamtmasse bezogenen Koeffizienten der Selbstdiffusion.

3.2.1.3 Der molekulare Energietransport

Von allen Energieformen, die einem irreversiblen Transporteffekt unterliegen, ist der Transport von Energie in Form von Wärme der bedeutendste. Da die für den Wärmetransport geltenden Gesetze mit den Transportgleichungen aller anderen Energieformen grundsätzlich übereinstimmen, beschränken sich die folgenden Ausführungen auf den molekularen *Wärmetransport*.

Für die molekulare Wärmestromdichte $\dot{q}_{[L]}$, die entsprechend den allgemeinen Ausführungen im Abschnitt 3.2 bei ruhenden und festen Stoffen allein, sowie in strömenden Medien zusammen mit der konvektiven Wärmestromdichte und gegebenenfalls der Turbulenz für den Wärme-(Temperatur-)Ausgleich in einem System verantwortlich ist, fand FOURIER [3.8] für den eindimensionalen Fall die empirische Beziehung[1]

$$\dot{q}_{[L]} = -\lambda \frac{dT}{dx} \tag{3.63}$$

Der hierin auftretende Proportionalitätsfaktor λ heißt Wärmeleitzahl. Sie ist eine vom Stoff und dem physikalischen Zustand des betreffenden Systems abhängige Größe. Wie alle Stoffwerte ist sie mit dem Druck und der Temperatur veränderlich. Die Einheit der Wärmeleitzahl ist J/m sec K.

In Verallgemeinerung von Gl. (3.63) auf alle Koordinatenrichtungen gilt bei Anwendung der Vektorschreibweise für die Wärmestromdichte

$$\dot{\mathbf{q}}_{[L]} = -\lambda \operatorname{grad} T \tag{3.64}$$

Will man dieser Beziehung eine der verallgemeinerten Gl. (3.46) analoge Formulierung zugrunde legen, so hat man analog zu Abschnitt 3.2.1.3 zu beachten, daß die Energie auf Basis verschiedener Größen bilanziert werden kann. Hierfür kommen neben der inneren Energie $\bar{u}$ die Enthalpie h, ferner die fühlbare isochore bzw. isobare Wärme $c_v T$ bzw. $c_p T$ in Betracht. Die betreffenden Austauschdichten (Konzentrationen) $\varphi_{(v)}$ sind in Tab. 3.3 zusammengefaßt.

Tabelle 3.3. *Austauschdichten*

Spezifische Größe	Konzentration
u	ρu
h	ρh
$c_v T$	$\rho c_v T$
$c_p T$	$\rho c_p T$

Erweitert man Gl. (3.64) mit der Wärmekonzentration ρc_p, so erhält man bei konstanter spezifischer Wärme ($\rho c_p = \text{const.}$) für die molekulare Wärmestromdichte $\dot{\mathbf{q}}_{[L]}$ die Beziehung

[1] Die Temperatur sei hier nur eine Funktion der Koordinate x, das heißt in y- und z-Richtung konstant.

$$\dot{\mathbf{q}}_{[L]} = -\lambda \text{ grad } T = -\frac{\lambda}{\rho c_p} \text{grad}(\rho c_p T) = -a \text{ grad}(\rho c_p T) \qquad (3.65)$$

Die Größe

$$a = \frac{\lambda}{\rho c_p} \qquad (3.66)$$

wird als Temperaturleitzahl bezeichnet. Sie stellt den molekularen Transportkoeffizienten des Wärmeaustausches dar. Ihre Einheit ist gleich der von Λ bzw. D_i

$$[a] = [D_i] = [\Lambda] = \left[\frac{\text{m}^2}{\text{sec}}\right] \qquad (3.67)$$

Die Größe a ist ebenso wie λ ein reiner Stoffwert.

Aus diesen Überlegungen folgt, daß analoge Gesetzmäßigkeiten für den molekularen Wärme- und Stofftransport nur in ganz bestimmten Sonderfällen angenommen werden können. Außerdem wird vorausgesetzt, daß bestimmte Nebeneffekte vernachlässigbar sind[1].

Die entsprechenden Beziehungen für die molekulare Transportergiebigkeit (Divergenz) des Wärmeaustausches lauten

$$\text{div } \dot{\mathbf{q}}_{[L]} = -\text{ div}[\lambda \text{ grad } T] \qquad (3.68)$$

Bei konstanter Wärmeleitzahl λ vereinfacht sich dieser Ausdruck zu

$$\text{div } \dot{\mathbf{q}}_{[L]} = -\lambda \text{ div grad } T \qquad (3.69)$$

Kann zusätzlich die Wärmekonzentration ρc_p vereinfachend als konstant betrachtet werden, so folgt daraus die weitere Beziehung

$$\text{div } \dot{\mathbf{q}}_{[L]} = -\text{ div}\left[\frac{\lambda}{\rho c_p} \text{grad}(\rho c_p T)\right] = -\text{ div}[a \text{ grad}(\rho c_p T)]$$
$$= -a \text{ div grad}(\rho c_p T) \qquad (3.70)$$

Der Gültigkeitsbereich obiger Beziehungen beschränkt sich bei fluiden Medien vornehmlich auf reine Stoffe, wobei neben dem Fourierschen Wärmestrom noch andere Ströme, wie z. B. der Dufoursche oder ein Enthalpiestrom, auftreten [3.2].

3.2.1.4 Der molekulare Impulstransport

Der konduktive Impulstransport wurde erstmals von Newton (vergleiche [3.1]) beschrieben. Dabei ging Newton von der Vorstellung aus, daß bei einer konvektiven Strömung innerhalb des Mediums infolge der inneren Reibung normal zur Strömungsrichtung Geschwindigkeitsunterschiede entstehen, wodurch ein molekularer Impulstransport von Schichten mit höherer Geschwindigkeit und damit mit höherem Impuls zu Schichten mit niedrigerem Impuls erfolgt. Ein derartiger Impulstransport ist nur in einem strömenden Fluid[2], bei dem der thermischen

---

[1] Als Nebeneffekte können auftreten: z. B. die Dufoursche Diffusionsthermik, die Dissipation und anderes [3.2].

[2] Fluid stellt den allgemeinen Begriff für Gase und Flüssigkeiten dar.

Molekularbewegung eine von außen aufgezwungene Bewegung überlagert ist, möglich. Man betrachte dazu die Modelldarstellung einer laminaren Parallelströmung längs einer ebenen Platte gemäß Abb. 3.4. Hierin ist $\bar{\bar{i}}_{[L]}$ die molekulare Impulsstromdichte in Richtung des Geschwindigkeitsgefälles, die nach Gl. (3.9) dem übertragenen Impuls je Zeit- und Flächeneinheit entspricht. Diese Größe ist auch mit dem Tensor $\bar{\bar{\tau}}_{[L]}$ der durch den molekularen Impulstransport bedingten Schubspannung zufolge der laminaren Strömungsreibung identisch.

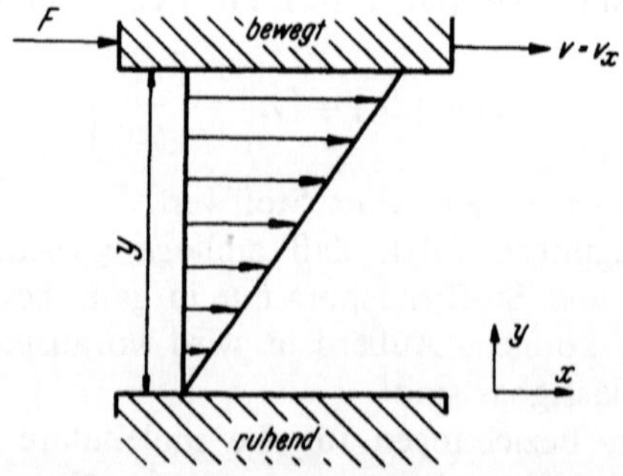

Abb. 3.4. Zur Definition der molekularen Impulsstromdichte

Das Newtonsche Gesetz, für den Sonderfall der Parallelströmung eines inkompressiblen Mediums (zweidimensionale Betrachtung), wenn wie in Abb. 3.4 eine konstante Steigung des Geschwindigkeitsprofils angenommen wird[1], lautet

$$\tau_{[L]} = \tau_{xy[L]} = -\eta \frac{v_x}{y} = -\eta \frac{dv_x}{dy} \tag{3.71}$$

Der Index x gibt die Richtung der Strömungsgeschwindigkeit und y die Querrichtung dazu an. Ferner bedeutet η die dynamische Viskosität und dv_x/dy die Steigung des Geschwindigkeitsprofiles. Die dynamische Viskosität η ist ein Stoffwert. Ihre Einheit beträgt [kg/ms].

Für den allgemeinen Fall einer räumlichen Strömung gilt die erweiterte Formulierung des Newtonschen Gesetzes

$$\tau_{xy[L]} = -\eta \left(\frac{\partial v_x}{\partial y} + \frac{\partial v_y}{\partial x} \right) \tag{3.72}$$

[1] Das Minuszeichen weist darauf hin, daß unter $\tau_{[L]}$ hier nicht die von der betreffenden Umgebung auf ein Volumsteilchen einwirkenden Schubspannungen, sondern umgekehrt die vom Volumsteilchen V auf seine Umgebung wirkenden Schubspannungen zu verstehen sind. Der auf Basis dieser Vorzeichengebung definierte Spannungstensor τ ist identisch mit der im folgenden angeführten Impulsstromdichte i. Der Zusammenhang zwischen der scheinbaren Schubspannung τ und der Impulsstromdichte i ist gegeben durch die nachstehende Beziehung, wobei F die Kraft bezeichnet,

$$i = \frac{d\dot{I}}{dA} = \frac{dI}{dA\,dt} = \frac{dF\,dt}{dA\,dt} = \frac{dF}{dA} = \tau$$

Analoge Terme gelten für die übrigen Koordinatenrichtungen. Die allgemeine Darstellung läßt sich damit in tensorieller Schreibweise[1] wie folgt angeben

$$\dot{\bar{i}}_{[L]} = \bar{\bar{\tau}}_{[L]} = -\eta[\text{Grad } \mathbf{v} + (\text{Grad } \mathbf{v})^{+}] \tag{3.73}$$

Die Gültigkeit dieses Ausdruckes ist jedoch auf Newtonsche Fluide beschränkt. Fluide Stoffe, die nicht dem Newtonschen Schubspannungsgesetz gehorchen, nennt man Nicht-Newtonsche Flüssigkeiten. Für diese gibt es derzeit noch keine einheitlichen Schubspannungsansätze. Deren unterschiedliches Verhalten wird durch eine Vielzahl von empirischen Ansätzen beschrieben. In diesem Zusammenhang sei auf die Literatur [3.9] bis [3.12] verwiesen.

Um zu einer der allgemeinen Gl. (3.47) analogen Formulierung für die molekulare Impulsstromdichte zu gelangen, muß von der betreffenden Transportdichte $\varphi_{(v)}$ ausgegangen werden. Diese hat hier vektoriellen Charakter und ist nach Tab 3.2 durch folgende Beziehung gegeben

$$\boldsymbol{\varphi}_{(v)} = \rho \mathbf{v} \tag{3.74}$$

Für den Sonderfall einer inkompressiblen Strömung (ρ = const.) geht damit Gl. (3.73) über in die Form

$$\dot{\bar{i}}_{[L]} = \bar{\bar{\tau}}_{[L]} = -\frac{\eta}{\rho}[\text{Grad}(\rho\mathbf{v}) + \text{Grad}(\rho\mathbf{v})^{+}] \tag{3.75}$$

Führt man hierin die kinematische Zähigkeit $\nu = \eta/\rho$ ein, so läßt sich dafür schreiben

$$\dot{\bar{i}}_{[L]} = \bar{\bar{\tau}}_{[L]} = -\nu[\text{Grad}(\rho\mathbf{v}) + \text{Grad}(\rho\mathbf{v})^{+}] \tag{3.76}$$

Daraus ist ersichtlich, daß zwischen Gl. (3.76) und Gl. (3.47) eine gewisse Analogie gegeben ist. Die wesentlichen Abweichungen liegen unter anderem im vektoriellen bzw. tensoriellen Charakter der betreffenden Größen und im Auftreten des zusätzlichen Ausdruckes (Grad $\rho\mathbf{v})^{+}$. Der letzte Ausdruck ist jedoch, wie später noch gezeigt wird, im Rahmen der betreffenden Impulsbilanz hinfällig, wenn ein streng oder quasi inkompressibles Medium vorliegt. Dies bedeutet dann eine wesentlich verbesserte Analogie. Die entsprechende Beziehung für die molekulare Transport-Ergiebigkeit des Impulsaustausches lautet in diesem Fall[2]

$$\begin{aligned} \text{Div } \dot{\bar{i}}_{[L]} &= \text{Div}\{-\eta[(\text{Grad } \mathbf{v}) + (\text{Grad } \mathbf{v})^{+}]\} = \\ &= -\text{Div}[\eta(\text{Grad } \mathbf{v})] - \text{Div}[\eta(\text{Grad } \mathbf{v})^{+}] \end{aligned} \tag{3.77}$$

---

[1] Die betreffenden analytischen Formulierungen dieser Ausdrücke lauten

$$\text{Grad } \mathbf{v} = \sum_{ij} \frac{\partial v_j}{\partial x_i} \mathbf{e}_i \mathbf{e}_j$$

$$(\text{Grad } \mathbf{v})^{+} = \sum_{ij} \frac{\partial v_i}{\partial x_j} \mathbf{e}_i \mathbf{e}_j$$

i, j Koordinatenrichtungen. Der Tensor (Grad $\mathbf{v})^{+}$ stellt die sogenannte transponierte Form des Tensors Grad $\mathbf{v}$ dar. Eine ausführliche Darstellung darüber findet sich beispielsweise bei Brauer [3.2].

[2] Vergleiche dazu die Ausführung des Abschnittes 3.1.5.

Die Kontinuitätsgleichung der Gesamtmasse die Beziehung lautet

$$\operatorname{div}(\rho \mathbf{v}) = -\frac{\partial \rho}{\partial t} \tag{3.78}$$

Bei konstanter Dichte (ρ = const.) vereinfacht sich dieser Ausdruck zu

$$\operatorname{div} \mathbf{v} = 0 \tag{3.79}$$

Berücksichtigt man ferner die mit nachstehenden Umformungen verbundenen Vereinfachungen für den Fall konstanter Zähigkeit η und Dichte ρ

$$\operatorname{Div}[\eta(\operatorname{Grad} \mathbf{v})] = \eta \operatorname{Div} \operatorname{Grad} \mathbf{v} = \nu\rho \operatorname{Div} \operatorname{Grad} \mathbf{v} = \nu \operatorname{Div} \operatorname{Grad}(\rho \mathbf{v}) \tag{3.80}$$

und

$$\operatorname{Div}[\eta(\operatorname{Grad} \mathbf{v})^{+}] = \eta \operatorname{Div}(\operatorname{Grad} \mathbf{v})^{+} = \eta \operatorname{grad} \operatorname{div} \mathbf{v} = 0 \tag{3.80a}$$

so ergibt sich die molekulare Transport-Ergiebigkeit des Impulsstromes für ein

Tabelle 3.4. *Übersicht der molekularen Transportterme*

Bezeichnung	Austausch-größe	Molekulare Transport-stromdichte	Molekulare Transport-ergiebigkeit
Verallgemeinerte Größe	Φ	$\dot{\boldsymbol{\varphi}}_{[L]} = \frac{\Phi}{A} = -\Lambda \operatorname{grad} \varphi_{(v)}$	$\operatorname{div} \dot{\boldsymbol{\varphi}}_{[L]} = -\operatorname{div}(\Lambda \operatorname{grad} \varphi_{(v)})$ $\operatorname{div} \dot{\boldsymbol{\varphi}}_{[L]} = -\Lambda \Delta \varphi_{(v)}$ für Λ = const
Teil-Masse	M_i	$\dot{\mathbf{m}}_{i[L]} = -D_i \operatorname{grad} \rho_i$ [1]	$\operatorname{div} \dot{\mathbf{m}}_{i[L]} = -\operatorname{div}(D_i \operatorname{grad} \rho_i)$ [1] $\operatorname{div} \dot{\mathbf{m}}_{i[L]} = -D_i \Delta \rho_i$ für D_i = const[1]
Teil-Molmenge	N_i	$\dot{\mathbf{n}}_{i[L]} = -D_i \operatorname{grad} c_i$ [1]	$\operatorname{div} \dot{\mathbf{n}}_{i[L]} = -\operatorname{div}(D_i \operatorname{grad} c_i)$[1] $\operatorname{div} \dot{\mathbf{n}}_{i[L]} = -D_i \Delta c_i$ für D_i = const[1]
Gesamt-Masse	M	$\dot{\mathbf{m}}_{[L]}$ ist im allgemeinen vernachlässigbar	$\operatorname{div} \dot{\mathbf{m}}_{[L]} \approx 0$
Gesamt-Molmenge	N	$\dot{\mathbf{n}}_{[L]}$ ist im allgemeinen vernachlässigbar	$\operatorname{div} \dot{\mathbf{n}}_{[L]} \approx 0$
Wärme	Q	$\dot{\mathbf{q}}_{[L]} = -\lambda \operatorname{grad} T$ bzw. $\dot{\mathbf{q}}_{[L]} = -a \operatorname{grad}(\rho c_p T)$	$\operatorname{div} q_{[L]} = -\operatorname{div}(\lambda \operatorname{grad} T)$ $\operatorname{div} q_{[L]} = -\lambda \Delta T$ für λ = const.
Impuls	$\mathbf{I}$	$\dot{\bar{\tau}}_{[L]} = \bar{\tau}_{[L]} = -\eta[\operatorname{Grad} \mathbf{v} + (\operatorname{Grad} \mathbf{v})^{+}]$ bzw. $\dot{\bar{\tau}}_{[L]} = \bar{\tau}_{[L]} = \nu[\operatorname{Grad}(\rho \mathbf{v}) + (\operatorname{Grad} \rho \mathbf{v})^{+}]$	$\operatorname{Div} \dot{\bar{\tau}}_{[L]} = -\operatorname{Div}[\eta \operatorname{Grad} \mathbf{v}] - \operatorname{Div}[\eta(\operatorname{Grad} \mathbf{v})^{+}]$ $\operatorname{Div} \dot{\bar{\tau}}_{[L]} = -\eta \Delta \mathbf{v}$ für η = const, ρ = const

[1] Für den Sonderfall der äquimolaren Diffusion bzw. einer nicht-äquimolaren Diffusion, wenn $c_i \approx 0$ ist.

Medium konstanter Zähigkeit und Dichte in nachstehender Weise

$$\mathrm{Div}\, \dot{i}_{[L]} = -\nu \,\mathrm{Div}\,\mathrm{Grad}(\rho \mathbf{v}) \tag{3.81}$$

Eine Zusammenfassung der verschiedenen Transportgrößen des molekularen Transportes der Stoffmenge, der Energie bzw. Wärme und des Impulses ist in Tab. 3.4 gegeben. Es soll nochmals darauf hingewiesen werden, daß diese Beziehungen auf empirisch gefundene Gesetze von NEWTON für den molekularen Impulsaustausch, von FOURIER für den molekularen Wärmeaustausch und von FICK für den molekularen Stoffaustausch (Diffusion) zurückzuführen sind.

3.2.2 Der konvektive Transport

Die in Abschnitt 3.2.1 beschriebenen molekularen Transportströme haben ihre Ursache in der thermischen Molekularbewegung der Moleküle. Diese kann in einem ruhenden Medium ebenso vorhanden sein wie in einem strömenden. Im letzteren tritt aber zusätzlich zum molekularen Transport ein Transport zufolge der Strömung, das heißt der Ortsveränderung des Mediums, auf. Diesen die Ortsveränderung beschreibenden Transport nennt man *Konvektion* oder *konvektiven* Transport. Man wird also zumeist in einem strömenden Medium beide Transporteffekte – den molekularen und den konvektiven – zu berücksichtigen haben.

Die Ursache für das Auftreten einer Strömung kann verschieden sein. Im allgemeinen werden hiefür

- mechanische Kräfte, wie sie z. B. durch Pumpen, Kompressoren etc. übertragen werden,
- Beschleunigungskräfte, z. B. in Zentrifugen, Rohrkrümmern, Zyklonen etc., bzw. die Schwerkraft, z. B. durch die Ausbildung von Dichtedifferenzen infolge von Temperaturfeldern,

verantwortlich sein.

Um zu einer quantitativen Beschreibung des konvektiven Transportes zu gelangen, wird im folgenden ein strömendes Medium betrachtet. Ein einzelnes differentielles Volumsteilchen einer Stromröhre nach Abb. 3.5 führt die differentielle Menge $d\Phi$ der Austauschgröße Φ mit sich[1].

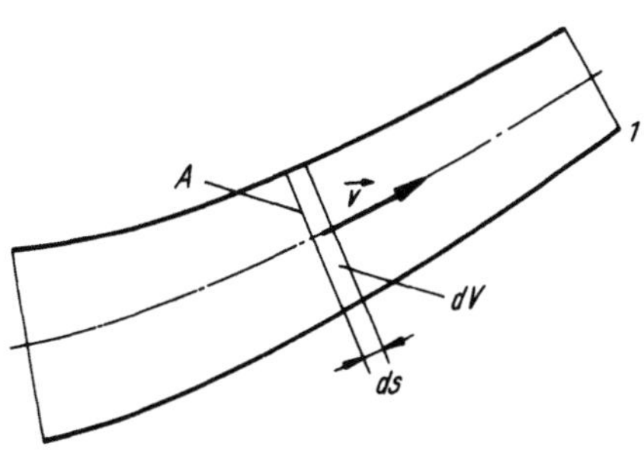

Abb. 3.5. Zur Erklärung des konvektiven Transports

[1] Hat die Austauschgröße Φ vektoriellen Charakter, so sind entsprechend abgewandelte Ausdrücke einzusetzen.

Durch die für einen beliebig gewählten Bezugspunkt definierte Querschnittsfläche A des Gerinnes soll der konvektive Transportstrom[1] $\dot{\Phi}_{[K]}$ fließen

$$\dot{\Phi}_{[K]} = \frac{d\Phi_{[K]}}{dt} \tag{3.82}$$

Durch Umformung der Gl. (3.82) erhält man

$$\dot{\Phi}_{[K]} = \frac{d\Phi_{[K]}}{dt} = \frac{d\Phi}{dV}\frac{dV}{dt} \tag{3.83}$$

Der erste Ausdruck stellt gemäß Gl. (3.1) die Austauschdichte dar

$$\frac{d\Phi}{dV} = \varphi_{(v)} \tag{3.84}$$

Der zweite Ausdruck läßt sich unter Berücksichtigung der Kontinuitätsbedingung in folgender Weise umformen (A = const.)

$$\frac{dV}{dt} = \frac{d(As)}{dt} = A\frac{ds}{dt} = Av \tag{3.85}$$

wenn s nach Abb. 3.5 eine Weglänge in Strömungsrichtung bedeutet.

Damit ergibt sich für den konvektiven Transportstrom die allgemeine Definitionsgleichung

$$\dot{\Phi}_{[K]} = \varphi_{(v)}Av \tag{3.86}$$

Den konvektiven Transportstrom $\dot{\Phi}_{[K]}$ erhält man also, wenn man die Transportdichte $\varphi_{(v)}$ mit der mittleren Geschwindigkeit des strömenden Mediums v und der senkrecht durchströmten Querschnittsfläche A multipliziert. Dabei wird vorausgesetzt, daß A ein kleines ebenes Flächenteilchen normal zur Richtung des Geschwindigkeitsvektors $\mathbf{v}$ darstellt.

Den Ausdruck für die konvektive Transportstromdichte $\dot{\boldsymbol{\varphi}}$ erhält man aus der Defintionsbeziehung

$$\dot{\boldsymbol{\varphi}} = \mathbf{e}\frac{d\dot{\Phi}_{[K]}}{dA} \tag{3.87}$$

Der Einheitsvektor $\mathbf{e}$ stellt in diesem Fall den zum Geschwindigkeitsvektor $\mathbf{v}$ zugehörigen Einheitsvektor $\mathbf{e}_v$ dar. Der betreffende Zusammenhang lautet

$$\mathbf{v} = v\mathbf{e}_v \tag{3.88}$$

Wendet man die Formulierung für die Transportgröße $\dot{\Phi}_{[K]}$ nach Gl. (3.86) auf ein differentielles Flächenteilchen dA an, so erhält man für den betreffenden differentiellen konvektiven Transportstrom $d\dot{\Phi}_{[K]}$ sowie die zugehörige Transportstromdichte $\dot{\boldsymbol{\varphi}}_{[K]}$ folgende Beziehungen

$$d\dot{\Phi}_{[K]} = \mathbf{dA} \cdot \varphi_{(v)}\mathbf{v} \tag{3.89}$$

[1] Der Index [K] steht für Konvektion.

$$\dot{\varphi}_{[K]} = \frac{d\dot{\Phi}_{[K]}}{dA} = \varphi_{(v)}\mathbf{v} \tag{3.90}$$

Für den durch eine endlich große Fläche A fließenden Strom folgt daraus die Beziehung

$$\dot{\Phi}_{[K]} = \int_A \dot{\boldsymbol{\varphi}}_{[K]} \cdot \mathbf{dA} = \int_A \varphi_{(v)}\mathbf{v} \cdot \mathbf{dA} \tag{3.91}$$

Für die allgemeine konvektive Transportergiebigkeit (Divergenz der Transportstromdichte) ergibt sich somit aus Gl. (3.90) der Ausdruck

$$\operatorname{div} \dot{\boldsymbol{\varphi}}_{[K]} = \operatorname{div}(\varphi_{(v)}\mathbf{v}) \tag{3.92}$$

Für den vektoriellen Transportstrom $\dot{\mathbf{\Phi}}$ gilt analog dazu

$$\operatorname{Div} \dot{\bar{\bar{\varphi}}}_{[K]} = \operatorname{Div}(\boldsymbol{\varphi}_{(v)}\mathbf{v}) \tag{3.93}$$

3.2.2.1 Der konvektive Stofftransport der Teilmengen

Der konvektive Stofftransport der Teilmenge wird entweder als konvektiver Transport der partiellen Masse oder der partiellen Molmenge beschrieben.

Formulierung auf Basis der Masse. Zur Formulierung der konvektiven partiellen Massenstromdichte einer Komponente i eines Mehrstoffgemisches geht man von der allgemeinen Gl. (3.90) für den konvektiven Transportstrom aus und setzt darin anstelle der allgemeinen volumsspezifischen Konzentration $\varphi_{(v)}$ der betreffenden Komponente die partielle Massenkonzentration ρ_i ein. Die Beziehungen für die konvektive Stoffstromdichte $\dot{\mathbf{m}}_{i[K]}$ und die Divergenz $\operatorname{div} \dot{\mathbf{m}}_{i[K]}$ des partiellen Massenstromes ergeben sich damit zu

$$\dot{\mathbf{m}}_{i[K]} = \rho_i\mathbf{v} \tag{3.94}$$

bzw.

$$\operatorname{div} \dot{\mathbf{m}}_{i[K]} = \operatorname{div}(\rho_i\mathbf{v}) \tag{3.95}$$

Formulierung auf Basis der Molmenge. Der Ausdruck für die konvektive Stoffstromdichte einer Komponente i eines Mehrstoffgemisches wird aus Gl. (3.90) abgeleitet, indem man darin anstelle der allgemeinen Konzentration φ_v die partielle Stoffmengenkonzentration c_i gemäß Tab. 3.2 einführt. Die Stromdichte sowie die Ergiebigkeit des konvektiven partiellen Stoffstromes lassen sich damit in der folgenden Form schreiben

$$\dot{\mathbf{n}}_{i[K]} = c_i\mathbf{v} \tag{3.96}$$

Daraus folgt für die Ergiebigkeit

$$\operatorname{div} \dot{\mathbf{n}}_{i[K]} = \operatorname{div}(c_i\mathbf{v}) \tag{3.97}$$

3.2.2.2 Konvektiver Transport der Gesamtmasse bzw. der Gesamtstoffmenge

Die konvektive Stromdichte der Gesamtmasse folgt aus Gl. (3.90), wenn man für die Konzentration die betreffende Gesamtmassenkonzentration ρ einsetzt. Somit folgt für die Stromdichte des konvektiven Gesamtmassenstromes

$$\dot{\mathbf{m}}_{[K]} = \rho \mathbf{v} \tag{3.98}$$

Die allgemeine Schweibweise lautet für die Ergiebigkeit

$$\operatorname{div} \dot{\mathbf{m}}_{[K]} = \operatorname{div}(\rho \mathbf{v}) \tag{3.99}$$

Wählt man in den Gln. (3.98) und (3.99) anstelle der Gesamtmassenkonzentration die molare oder Molmengenkonzentration c als maßgebliches Konzentrationsmaß, so ergeben sich dafür die Beziehungen

$$\dot{\mathbf{n}}_{[K]} = c\mathbf{v} \tag{3.100}$$

und

$$\operatorname{div} \dot{\mathbf{n}}_{[K]} = \operatorname{div}(c\mathbf{v}) \tag{3.101}$$

3.2.2.3 Der konvektive Energietransport

Die Energie E eines strömenden Mediums umfaßt unter anderem die innere Energie U, die kinetische Energie $Mv^2/2$ zufolge der Strömung, sowie die potentielle Energie Mgz zufolge der Schwerkraft, wenn das betreffende Teilchen die geodätische Höhe z aufweist[1]. Damit folgt

$$E = Mu + \frac{Mv^2}{2} + Mgz \tag{3.102a}$$

Für ein differentielles Massenteilchen dM ergibt sich daraus die Beziehung

$$dE = dM\,u + dM\,\frac{v^2}{2} + dM\,gz \tag{3.102b}$$

Damit ergibt sich die konvektive Energiestromdichte $\dot{\mathbf{q}}_{[K]}$ entsprechend der allgemeinen Gl. (3.90) zu

$$\dot{\mathbf{q}}_{[K]} = \frac{dE}{dV}\mathbf{v} = \frac{dM}{dV}\frac{dE}{dM}\mathbf{v} = \rho\left(u + \frac{v^2}{2} + gz\right)\mathbf{v} \tag{3.103}$$

In vielen Fällen sind auch die kinetische Energie und die potentielle Energie gegenüber der inneren Energie vernachlässigbar. Damit vereinfacht sich der obige Ausdruck zu

$$\dot{\mathbf{q}}_{[K]} = \rho u \mathbf{v} \tag{3.104}$$

Für die Bilanzierung der Energie können neben der inneren Energie u formal auch noch andere Größen herangezogen werden, wie z. B. die Enthalpie h oder die fühlbare isochore bzw. isobare Wärme in der Form $c_v T$ bzw. $c_p T$. Dabei ist aber zu beachten, daß die Größen h, $c_v T$, $c_p T$ ebenso wie u massenspezifische Größen sind,

---

[1] Dazu treten gegebenenfalls noch die Energie-Terme zufolge der d'Alembertschen Scheinkräfte beschleunigter Systeme, z. B. der Fliehkraft, ferner jene zufolge elektrostatischer oder magnetischer Kräfte und anderes.

während die Transportdichte $\varphi_{(v)}$ entsprechend Gl. (3.1) auf das Volumen bezogen ist[1].

Damit lassen sich folgende weiteren speziellen Terme für die konvektive Wärmestromdichte $\dot{\mathbf{q}}_{[K]}$ angeben

$$\dot{\mathbf{q}}_{[K]} = \rho h \mathbf{v} \tag{3.105a}$$

$$\dot{\mathbf{q}}_{[K]} = \rho c_v T \mathbf{v} \tag{3.105b}$$

$$\dot{\mathbf{q}}_{[K]} = \rho c_p T \mathbf{v} \tag{3.105c}$$

In der allgemeinen Energiebilanzgleichung müssen die Einheiten der gewählten Energiekonzentration in allen Termen gleich sein.

3.2.2.4 Der konvektive Impulstransport

Auch zur Beschreibung des konvektiven Impulsstromes wird von Gl. (3.90) ausgegangen. Ersetzt man darin die allgemeine Konzentration $\varphi_{(v)}$ durch die Impulskonzentration ($\rho\mathbf{v}$) gemäß Tab. 3.2, so ergibt sich für die Impulsstromdichte $\dot{\mathfrak{I}}_{[K]}$ nachstehender Zusammenhang

$$\dot{\mathfrak{I}}_{[K]} = \rho \mathbf{v} \circ \mathbf{v} \tag{3.106}$$

Hierin ist $\dot{\mathfrak{I}}_{[K]}$ ein Tensor zweiter Ordnung, der unter Berücksichtigung der entsprechenden tensoriellen Rechenoperationen aus dem allgemeinen tensoriellen Produkt des Impulskonzentrationsvektors und der Konvektionsgeschwindigkeit $\mathbf{v}$ gebildet wird[2].

Für die betreffende Divergenz gilt

$$\mathrm{Div}\, \dot{\mathfrak{I}}_{[K]} = \mathrm{Div}(\rho \mathbf{v} \circ \mathbf{v}) = \nabla \cdot (\rho \mathbf{v} \circ \mathbf{v}) \tag{3.107}$$

3.2.2.5 Zusammenfassende Darstellung der konvektiven Transportströme

Eine Gegenüberstellung der oben abgeleiteten Beziehungen für den konvektiven Massen-, Stoff-, Energie- und Impulsstrom zeigt, daß die konvektiven Ströme der skalaren Austauschgrößen M_i, N_i, M, N und E formal vollständig analogen Gesetzmäßigkeiten, und zwar dem allgemeinen formellen Zusammenhang

$$\dot{\varphi}_{[K]} = \varphi_{(v)} \mathbf{v} \tag{3.108}$$

gehorchen. Dagegen weist der Impulsstrom auf Grund des vektoriellen Charakters nur mehr eine beschränkte Analogie in dieser Hinsicht auf. Man vergleiche dazu auch die zusammenfassende Darstellung in Tab. 3.5, in der für die verschiedenen in Tab. 3.1 angeführten Transportgrößen die betreffenden konvektiven Ströme bzw. die daraus abgeleiteten Stromdichten zusammengestellt sind.

---

1 Vergleiche Abschnitt 3.4.2 und 4.4.2.

2 Eine umfassende Darstellung der vektoriellen Rechenoperationen findet man im Anhang (vergleiche auch [3.13]).

Tabelle 3.5. *Übersicht der konvektiven Transportterme*

Bezeichnung der Austauschgröße	Konvektive Transportstromdichte	Konvektive Transportergiebigkeit (Divergenz)
Verallgemeinerte Größe ϕ	$\dot{\boldsymbol{\varphi}}_{[K]} = \varphi_{(v)}\mathbf{v}$	$\operatorname{div} \dot{\boldsymbol{\varphi}}_{[K]} = \operatorname{div}(\varphi_{(v)}\mathbf{v})$
partielle Masse M_i (Teilmasse)	$\dot{\mathbf{m}}_{i[K]} = \rho_i\mathbf{v}$	$\operatorname{div} \dot{\mathbf{m}}_{i[K]} = \operatorname{div}(\rho_i\mathbf{v})$
partielle Stoffmenge N_i	$\dot{\mathbf{n}}_{i[K]} = c_i\mathbf{v}$	$\operatorname{div} \dot{\mathbf{n}}_{i[K]} = \operatorname{div}(c_i\mathbf{v})$
Gesamtmasse M	$\dot{\mathbf{m}}_{[K]} = \rho\mathbf{v}$	$\operatorname{div} \dot{\mathbf{m}}_{[K]} = \operatorname{div}(\rho\mathbf{v})$
Gesamte Stoffmenge N	$\dot{\mathbf{n}}_{[K]} = c\mathbf{v}$	$\operatorname{div} \dot{\mathbf{n}}_{[K]} = \operatorname{div}(c\mathbf{v})$
Energie E bzw. Wärme Q	$\dot{\mathbf{e}}_{[K]} = \rho\left(u + \frac{v^2}{2} + gz\right)\mathbf{v}$	$\operatorname{div} \dot{\mathbf{e}}_{[K]} = \operatorname{div}\left(\rho u + \frac{\rho v^2}{2} + \rho gz\right)\mathbf{v}$
	Für $\rho u, \rho h, \rho c_v T, \rho c_p T$ als Energiebilanzgröße gilt:	Für $\rho u, \rho h, \rho c_v T, \rho c_p T$ als Energiebilanzgröße gilt:
	$\dot{\mathbf{e}}_{[K]} = \dot{\mathbf{q}}_{[K]} = \rho u\mathbf{v}$	$\operatorname{div} \dot{\mathbf{q}}_{[K]} = \operatorname{div}(\rho u\mathbf{v})$
	$\dot{\mathbf{e}}_{[K]} = \dot{\mathbf{q}}_{[K]} = \rho h\mathbf{v}$	$\operatorname{div} \dot{\mathbf{q}}_{[K]} = \operatorname{div}(\rho h\mathbf{v})$
	$\dot{\mathbf{e}}_{[K]} = \dot{\mathbf{q}}_{[K]} = \rho c_v T\mathbf{v}$	$\operatorname{div} \dot{\mathbf{q}}_{[K]} = \operatorname{div}(\rho c_v T\mathbf{v})$
	$\dot{\mathbf{e}}_{[K]} = \dot{\mathbf{q}}_{[K]} = \rho c_p T\mathbf{v}$	$\operatorname{div} \dot{\mathbf{q}}_{[K]} = \operatorname{div}(\rho c_p T\mathbf{v})$
Impuls $\mathbf{I}$	$\dot{\boldsymbol{\imath}}_{[K]} = \dot{\boldsymbol{\tau}}_{[K]} = \rho\mathbf{v} \circ \mathbf{v}$	$\operatorname{Div} \dot{\boldsymbol{\imath}}_{[K]} = \nabla \cdot \dot{\boldsymbol{\imath}} = \operatorname{Div}(\rho\mathbf{v} \cdot \mathbf{v}) = \nabla(\rho\mathbf{v} \circ \mathbf{v})$

3.2.3 Der turbulente Transport

Mit den bisher angeführten Transportbeziehungen lassen sich die molekularen und konvektiven Transporteffekte in ruhenden bzw. laminar strömenden Systemen beschreiben. Finden Transportvorgänge jedoch in einem turbulent strömenden System statt, so tritt zu den beiden erwähnten Transporteffekten noch ein turbulenter Transporteffekt hinzu. Dieser erfolgt auf Grund unregelmäßiger, der mittleren Strömungsgeschwindigkeit des Mediums v überlagerter Schwankungsbewegungen einzelner Fluidteilchen. Im Gegensatz zum molekularen Transport, bei welchem der Transport einer Austauschgröße durch die Molekülbewegung erfolgt, stellt man sich nach PRANDTL [3.1] beim turbulenten Transport den Austausch zufolge ständig neu sich bildender und wieder auflösender Teilchenaggregate, sogenannter *Turbulenzballen*, von unterschiedlicher Größe vor. Die Größe wird dabei allein durch die räumliche Ausdehnung des Strömungseffektes bestimmt. Je kleiner das Stömungsfeld ist, desto kleiner sind auch die Turbulenzballen und umgekehrt [3.14].

Bisher ist eine strenge theoretische Behandlung dieser turbulenten Austauscheffekte auf Grund der Schwierigkeit, die recht komplizierten Bahnen der Teilchen in der turbulenten Strömung zu beschreiben, nicht bekannt geworden. Die mathematische Erfassung dieser Effekte ist deshalb nur unter Zugrundelegung ähnlichkeitstheoretischer sowie statistischer Methoden möglich, wobei die Darstellung nach SCHLICHTING [3.14] auf zweierlei Arten erfolgen kann.

In einem Fall wird die makroskopische Strömungsgeschwindigkeit v in eine mittlere Geschwindigkeit $\bar{v}$ und in eine turbulente Schwankungsgeschwindigkeit v'

aufgeteilt. Die mittleren Geschwindigkeiten können dabei in ihrer Gesamtheit fallweise auch eine stationäre Bewegung darstellen, während die Schwankungsgeschwindigkeiten in jedem Fall zeitlich veränderlich sind. Bezeichnet man die Mittelwerte der ortsabhängigen Geschwindigkeitskomponenten in einem kartesischen Koordinatensystem mit $\bar{v}_x$, $\bar{v}_y$, $\bar{v}_z$ und die zeit- bzw. ortsabhängigen Schwankungsbewegungen mit v'_x, v'_y und v'_z, kann der örtliche Geschwindigkeitsvektor beispielsweise in x-Richtung wie folgt dargestellt werden

$$\mathbf{v}_x = (\bar{v}_x + v'_x) \cdot \mathbf{e}_x \tag{3.109}$$

Als Maß für die Schwankungsbewegung wird im allgemeinen der betreffende geometrische Mittelwert herangezogen. Dieser ist definiert als die Wurzel aus dem Mittelwert des Quadrates der Schwankungsgeschwindigkeiten. Bei räumlichen Strömungen kann der Anteil der Schwankungsgeschwindigkeit zur mittleren Strömungsgeschindigkeit Werte bis 50% und mehr annehmen [3.14]. Sind jedoch keine näheren Angaben über das Verhalten des Strömungsfeldes bekannt, so hat diese Darstellungsweise nur formalen Charakter.

Die zweite Möglichkeit einer Erfassung der Turbulenzeffekte besteht darin, daß man anstelle des örtlich veränderlichen Geschwindigkeitsfeldes nur die zeitlich unveränderlichen Mittelwerte der Geschwindigkeit zu deren Beschreibung verwendet und zum Ausgleich des damit verbundenen Fehlers einen zusätzlichen additiven Term berücksichtigt. Dieses ergänzende Glied wird mit Hilfe des sogenannten turbulenten Austauschkoeffizienten erfaßt. Zu dessen Beschreibung sind mehrere hypothetische Ansätze bekannt [3.15]; der gebräuchlichste ist in Anlehnung an die betreffende Beziehung für den molekularen Transportstrom in folgender Weise formuliert

$$\dot{\boldsymbol{\varphi}}_{[T]} = -\,\varepsilon \text{ grad } \varphi_{(v)} \tag{3.110}$$

Der Index $[T]$ steht dabei allgemein für Turbulenz.

Die speziellen turbulenten Austauschkoeffizienten für die turbulenten Ströme der partiellen Masse bzw. Stoffmenge, der Gesamtmasse, der Energie und des Impulses haben im allgemeinen unterschiedliche Werte. Bei vereinfachten Ansätzen werden jedoch sehr oft diese Koeffizienten näherungsweise einander gleich gesetzt [3.2]. Sie sind damit in diesem Fall mit dem verallgemeinerten turbulenten Austauschkoeffizienten ε identisch, und es gilt

$$\varepsilon_{M_i} = \varepsilon_{N_i} = \varepsilon_M = \varepsilon_N = \varepsilon_Q = \varepsilon_\tau = \varepsilon \tag{3.111}$$

Im weiteren wird von obiger Vereinfachung abgesehen, und es werden die speziellen Austauschkoeffizienten den Beziehungen zugrundegelegt. Bei praktischen Berechnungen jedoch wird man in Ermangelung spezieller Angaben häufig von obiger Näherung Gebrauch machen. Dabei ist zu beachten, daß die turbulenten Austauschkoeffizienten im Gegensatz zu den molekularen Transportkoeffizienten keine Stoffwerte sind, sondern auch vom Geschwindigkeitsfeld abhängen und somit einer komplizierten Gesetzmäßigkeit gehorchen. Deshalb besteht auch nur ein formal analoger Zusammenhang zu den betreffenden molekularen Leitkoeffizienten D, a und ν (vergleiche dazu auch Kapitel 6.0).

Legt man diesen Zusammenhang nun den einzelnen turbulenten Transportströmen zugrunde, so erhält man für die verschiedenen, in einem turbulenten

Strömungsfeld auftretenden Transportstromdichten die in Tab. 3.6 angeführten Ausdrücke. Dabei ist die Transportstromdichte entsprechend den bisherigen Betrachtungen in einen molekularen und einen turbulenten Betrag aufgeteilt. Ferner wird von den verschiedenen möglichen Energieformen nur die Wärme als die in diesem Zusammenhang bedeutendste Energieform betrachtet. Die für den Wärmetransport gültigen Gesetzmäßigkeiten stimmen jedoch formal mit den Transportstromdichten für die makroskopische, kinetische und die potentielle Energie überein, so daß eine Erweiterung dieses Terms auf andere Energieformen jederzeit möglich ist.

Tabelle 3.6. *Übersicht der turbulenten Transportterme*

Austauschgröße	Turbulente Transportstromdichte	Turbulente Transportergiebigkeit (Divergenz)
Verallgemeinerte Größe Φ	$\dot{\boldsymbol{\varphi}}_{[T]} = -\varepsilon \operatorname{grad} \varphi_{(v)}$	$\operatorname{div} \dot{\boldsymbol{\varphi}}_{[T]} = -\operatorname{div}[\varepsilon \operatorname{grad} \varphi_{(v)}]$
Partielle Masse M_i	$\dot{\mathbf{m}}_{i[T]} = -\varepsilon \operatorname{grad} \rho_i$	$\operatorname{div} \dot{\mathbf{m}}_{i[T]} = -\operatorname{div}[\varepsilon \operatorname{grad} \rho_i]$
Partielle Molmenge N_i	$\dot{\mathbf{n}}_{i[T]} = -\varepsilon \operatorname{grad} c_i$	$\operatorname{div} \dot{\mathbf{n}}_{i[T]} = -\operatorname{div}[\varepsilon \operatorname{grad} c_i]$
Gesamtmasse M	$\dot{\mathbf{m}}_{[T]} = -\varepsilon \operatorname{grad} \rho$	$\operatorname{div} \dot{\mathbf{m}}_{[T]} = -\operatorname{div}[\varepsilon \operatorname{grad} \rho]$
Gesamte Molmenge N	$\dot{\mathbf{n}}_{[T]} = -\varepsilon \operatorname{grad} c$	$\operatorname{div} \dot{\mathbf{n}}_{[T]} = -\operatorname{div}[\varepsilon \operatorname{grad} c]$
Wärme Q	$\dot{\mathbf{q}}_{[T]} = -\left[\frac{c_p}{c_v} \varepsilon_Q \operatorname{grad}(\rho c_v T)\right]$ bzw. $\dot{\mathbf{q}}_{[T]} = -\varepsilon \operatorname{grad}(\rho c_p T)$	$\operatorname{div} \dot{\mathbf{q}}_{[T]} = -\operatorname{div}\left[\frac{c_p}{c_v} \varepsilon_Q \operatorname{grad}(\rho c_v T)\right]$ bzw. $\operatorname{div} \dot{\mathbf{q}}_{[T]} = -\operatorname{div}[\varepsilon_Q \operatorname{grad}(\rho c_p T)]$
Impuls $\mathbf{I}$	$\dot{\mathbf{i}}_{[T]} = \tau_T = -\varepsilon[\operatorname{Grad}(\rho \mathbf{v}) + \operatorname{Grad}(\rho \mathbf{v})^+]$	$\operatorname{div} \dot{\mathbf{i}}_{[T]} = \operatorname{div} \bar{\tau}_{[T]} = -\operatorname{Div} [\varepsilon \operatorname{Grad}(\rho \mathbf{v}) + \varepsilon \operatorname{Grad}(\rho \mathbf{v})^+]$

Da die Bestimmung der turbulenten Austauschkoeffizienten experimentell recht aufwendig ist (vergleiche dazu Abschnitt 7.1), werden in der Praxis molekulare und turbulente Austauschkoeffizienten gemeinsam bestimmt. Man erhält dann sogenannte *effektive* Austauschkoeffizienten

$$(D + \varepsilon_m) = D_{\text{eff}} \tag{3.112a}$$

$$(a + \varepsilon_Q) = a_{\text{eff}} \tag{3.112b}$$

$$(\nu + \varepsilon_\tau) = \nu_{\text{eff}} \tag{3.112c}$$

Die Bestimmung dieser effektiven Austauschkoeffizienten ist im allgemeinen einfacher und wird häufig zum Aufbau von Modellen verwendet, die die Vermischungseffekte in Systemen beschreiben sollen, so z. B. für den Stoffaustausch das sogenannte Dispersionsmodell [3.16].

Außerdem soll darauf hingewiesen werden, daß, ebenso wie beim molekularen Transport, auch die turbulenten Transporteffekte – im speziellen die turbulenten Austauschkoeffizienten – auf eine gemeinsame Basis gestellt werden können.

Ähnlich den Ausführungen in Abschnitt 3.2.1.1 gilt hier für den turbulenten Austausch

$$\varepsilon = \lambda \bar{v} \tag{3.113}$$

wobei λ den Mischungsweg zweier Turbulenzballen und $\bar{v}$ die mittlere Geschwindigkeitsschwankung bedeuten.

Man kann somit – rein formal – die Bewegung der Turbulenzballen mit der Bewegung der Moleküle in einem idealen Gas vergleichen [3.1]. Dies geht auf den bedeutsamen Gedanken *Prandtls* zurück, die einfachen Überlegungen der kinetischen Gastheorie auf die makroskopische Bewegung der Turbulenzballen zu übertragen.

3.3 Speichereffekte

Speichereffekte treten, wie bereits in Abschnitt 3.1 erwähnt, stets in Verbindung mit instationären Vorgängen auf, und zwar entweder bei kontinuierlichem Betrieb bei einer Änderung der Betriebsbedingungen (z. B. Anfahren und Abfahren einer Anlage) oder immer bei diskontinuierlichem Betrieb. Sie entsprechen den zeitlichen Änderungen der betreffenden Beladung eines raumfesten Volumselementes mit der Austauschgröße Φ bzw. $\mathbf{\Phi}$. Diese Vorgänge können entweder eine Zunahme der einzelnen Austauschgrößen – eine Aufladung (positive Speicherung) – oder eine Abnahme – eine Entladung (negative Speicherung) – bewirken. Das betreffende Volumselement stellt den diesbezüglichen Speicher dar. Während der Aufladung wirkt das Speicherelement, ähnlich den Vorgängen bei der Umwandlung, als *Senke* bzw. während der Entladung als *Quelle*.

Zur Beschreibung der im Volumen dV gespeicherten Menge der Austauschgröße Φ dient die in Abschnitt 3.1.2 eingeführte Konzentrations- oder Austauschdichte $\varphi_{(v)}$; im speziellen ist es die Massenkonzentration (Dichte), die molare Konzentration, die Energiekonzentration oder die Impulskonzentration. Daraus leitet sich für die differentielle Beladung eines Volumsteilchens dV nachstehender Ausdruck ab[1]

$$d\Phi = d\Phi_{[Sp]} = \varphi_{(v)}\, dV \tag{3.114}$$

Als weitere Größe zur Beschreibung der Speichereffekte dient die im Abschnitt 3.1.5 definierte Speicherergiebigkeit $d\dot{\Phi}_{[Sp]}/dV$. Dabei bedeutet entsprechend den dortigen Ausführungen der differentielle Speicherstrom $d\dot{\Phi}_{[Sp]}$ die aus der zeitlichen Änderung der Konzentration $\partial\varphi_{(v)}/\partial t$ resultierende Auf- oder Entladung des Volumselementes dV im Ausmaß von

$$d\dot{\Phi}_{[Sp]} = \frac{d\Phi_{[Sp]}}{dt} = \pm \frac{\partial \varphi_{(v)}}{\partial t}\, dV \tag{3.115}$$

Damit ergibt sich für die allgemeine Speicherergiebigkeit nach Gl. (3.27) die Beziehung

$$\frac{d\dot{\Phi}_{[Sp]}}{dV} = \pm \frac{\partial \varphi_{(v)}}{\partial t} \tag{3.116}$$

[1] Der Index [Sp] weist auf den Speichereffekt hin.

Die betreffende Darstellung für eine vektorielle Φ-Größe lautet analog dazu

$$\frac{d\dot{\mathbf{\Phi}}_{[Sp]}}{dV} = \pm \frac{\partial \boldsymbol{\varphi}_{(v)}}{\partial t} \tag{3.117}$$

Die speziellen Speichereffekte für die einzelnen Austauschgrößen nach Tab. 3.1 lassen sich in der Folge aus den Gln. (3.116) und (3.117) ableiten, indem man darin anstelle der allgemeinen Konzentration $\varphi_{(v)}$ die spezifischen Konzentrationsgrößen der Masse bzw. Molmenge, der Energie oder des Impulses einführt. Eine Zusammenfassung dieser Größen zeigt Tab. 3.7. Der Einfachheit halber wurde

Tabelle 3.7. *Übersicht der Speicher-Ergiebigkeiten*

Austauschgröße		Speicherergiebigkeit	
Bezeichnung	Zeichen	Zeichen	Einheit
Allgemeine Austauschgröße	Φ	$\frac{\partial \varphi_{(v)}}{\partial t}$	
Partielle Masse	M_i	$\frac{\partial \rho_i}{\partial t}$	$\left[\frac{\text{kg}}{\text{s m}^3}\right]$
Partielle Molmenge	N_i	$\frac{\partial c_i}{\partial t}$	$\left[\frac{\text{kmol}}{\text{s m}^3}\right]$
Gesamte Masse	M	$\frac{\partial \rho}{\partial t}$	$\left[\frac{\text{kg}}{\text{s m}^3}\right]$
Gesamte Molmenge	N	$\frac{\partial c}{\partial t}$	$\left[\frac{\text{kmol}}{\text{s m}^3}\right]$
Energie (je nach verwendeter Austauschgröße)	E	$\frac{\partial \rho u}{\partial t}, \frac{\partial \rho h}{\partial t}, \frac{\partial \rho c_v T}{\partial t}, \frac{\partial \rho c_p T}{\partial t}$	$\left[\frac{\text{Joule}}{\text{s m}^3}\right]$
Impuls	$\mathbf{I}$	$\frac{\partial \rho \mathbf{v}}{\partial t}$	$\left[\frac{\text{kg}}{\text{m}^2\,\text{s}^2}\right]$

dabei im Fall der Energie die in diesem Zusammenhang im allgemeinen unbedeutende kinetische und potentielle Energie außer acht gelassen. Ebenso scheint hier auch die sogenannte *Druckenergie* (Verdrängungsarbeit) nicht auf, da diese Größe, wie im Abschnitt 3.4.2 noch näher erörtert wird, nicht in einem raumfesten Volumsteilchen speicherbar, sondern nur im Verlauf eines konvektiven Transporteffektes umwandelbar ist.

3.4 Umwandlungseffekte

Unter dem Begriff der Umwandlungseffekte werden im folgenden alle jene Austauscheffekte erfaßt, die nicht in das Konzept der Transport- oder der Speichereffekte einzuordnen sind. Das sind vornehmlich Vorgänge, bei denen die in den späteren Bilanzgleichungen bilanzierten Austauschgrößen durch Umsetzung anderer, nicht explizit erfaßter Austauschgrößen neu gebildet oder verbraucht werden.

3.4.1 Stoffumwandlung

Vorerst werden die Umwandlungseffekte der Materie (des Stoffes) behandelt. Als Austauschgrößen hierfür dienen entsprechend Tab. 3.1 einerseits die Molmengen und andererseits die Massen.

3.4.1.1 Umwandlung der Molmenge einer Komponente

Ist die betreffende Komponente Reaktionsprodukt einer chemischen Reaktion, so erfolgt in deren Verlauf eine Vergrößerung der Teilmolmenge N_i. Es kommt auf diese Weise zu einer Umwandlung von Molmengen der Reaktanten in solche der Reaktionsprodukte. Dabei ist jedoch zu beachten, daß im Gegensatz zur Masse die Molmenge keinem strengen sondern nur einem erweiterten Erhaltungssatz unterliegt[1]. Das bedeutet, daß die Anzahl der verschwindenden Molmengen der Reaktanten im allgemeinen nicht gleich der Anzahl der gebildeten Molmengen der Reaktionsprodukte ist.

Ein weiterer Umwandlungsvorgang von Molmengen tritt bei nuklearen Reaktionen auf. Diese werden jedoch im Rahmen dieses Buches nicht näher behandelt.

Ausgangspunkt für die Beschreibung einer Stoffumwandlung durch eine chemische Reaktion ist die betreffende Reaktionsgleichung. Diese möge im gegebenen Fall beispeilsweise nachstehende Form haben[2]

$$\nu_A A + \nu_B B = \nu_C C + \nu_D D \tag{3.118}$$

Als allgemeiner Ausgangspunkt für die mathematische Erfassung der Umwandlungseffekte dient die im Abschnitt 3.1.5 eingeführte verallgemeinerte Umwandlungsergiebigkeit[3]

$$\frac{d\dot{\Phi}_{[Uw]}}{dV} = \frac{d^2\Phi_{[Uw]}}{dV\,dt} \tag{3.119}$$

Wendet man diesen Begriff auf die Teil-Stoffmenge N_i an, so ergibt sich für die betreffende Umwandlungsergiebigkeit nachstehender Ausdruck

$$\frac{d\dot{N}_{i[Uw]}}{dV} = \frac{d^2N_{i[Uw]}}{dV\,dt} \tag{3.120}$$

---

[1] Hierauf wird in Abschnitt 3.4.1.3 des folgenden Kapitels noch näher eingegangen.

[2] In der Definition der Reaktionsgeschwindigkeit werden üblicherweise die stöchiometrischen Faktoren der Reaktionspartner negativ gesetzt.

[3] Der Index [Uw] zeigt jeweils den Umwandlungseffekt an.

Setzt man nun eine homogene und innerhalb des betrachteten Volumens V ablaufende chemische Reaktion voraus, so folgt aus Gl. (3.120) nach Integration über V

$$\frac{1}{V}\frac{dN_{i[Uw]}}{dt} = \dot{r}_{i(v)} \tag{3.121}$$

Diese Größe wird Komponenten-Reaktionsgeschwindigkeit $\dot{r}_i$ genannt[1]. Dabei bedeutet V ein raumfestes Volumen. Dieses kann normalerweise mit dem Reaktorvolumen V_R gleichgesetzt werden.

Die Umwandlungsergiebigkeit kann anstatt auf das Volumen auch auf eine konstante Oberfläche, z. B. die Katalysatoroberfläche, oder auf eine konstante Masse, z. B. die Katalysatormasse, bezogen werden. Dementsprechend erhält man folgende Komponenten-Reaktionsgeschwindigkeiten

$$\frac{1}{A}\frac{dN_{i[Uw]}}{dt} = \dot{r}_{i(A)} \tag{3.122a}$$

$$\frac{1}{M}\frac{dN_{i[Uw]}}{dt} = \dot{r}_{i(M)} \tag{3.122b}$$

Entsprechendes gilt für alle noch zu definierenden Größen. Im folgenden wird jedoch zumeist die volumenbezogene Größe verwendet und daher der Index weggelassen.

Weiters wird eine Äquivalenz-Reaktionsgeschwindigkeit (Äquivalenz-Reaktionsergiebigkeit) wie folgt definiert

$$\dot{r} = \frac{\dot{r}_i}{\nu_i} = \frac{1}{\nu_i V}\frac{dN_{i[Uw]}}{dt} = \frac{1}{\nu_i}\frac{d^2N_{i[Uw]}}{dV\,dt} = \dot{r}_{(v)} \tag{3.123}$$

Für den allgemeinen Fall kann jedoch nicht angenommen werden, daß V konstant ist. Die Reaktionsgeschwindigkeit läßt sich mit Hilfe der Beziehung

$$c_i = \frac{N_i}{V} \tag{3.124}$$

auch in nachstehender Weise darstellen[2]

$$\dot{r}_i = \frac{1}{V}\frac{dN_{i[Uw]}}{dt} = \frac{1}{V}\frac{d(c_iV)}{dt} = \frac{V}{V}\frac{dc_i}{dt} + \frac{c_i}{V}\frac{dV}{dt} \tag{3.125}$$

Dies läßt sich weiter umwandeln in die Beziehung, die die Volumsabhängigkeit der Reaktionsgeschwindigkeit angibt

$$\dot{r}_i = \frac{dc_i}{dt} + c_i\frac{d(\ln V)}{dt} \tag{3.126}$$

---

[1] Im Sinne der Ausführungen könnte diese Größe auch als „Umwandlungsergiebigkeit des Stoffes i zufolge einer chemischen Reaktion“ oder als „Komponenten-Reaktionsergiebigkeit“ bezeichnet werden.

[2] Unter $\dot{r}_i$ soll, wenn nicht anders angegeben, im folgenden die volumsbezogene Reaktionsgeschwindigkeit $\dot{r}_{i(v)}$ verstanden werden.

Für den Sonderfall eines konstanten Reaktionsvolumens V ergibt sich schließlich die in der Chemie übliche Definition einer„Reaktionsgeschwindigkeit".

$$\dot{r}_i|_{V=\text{const.}} = \frac{dc_i}{dt} \tag{3.127}$$

Eine weitere Größe zur Beschreibung der Stoffumwandlungseffekte stellt der in Abschnitt 3.1.3 eingeführte allgemeine Umwandlungsstrom $\dot{\Phi}_{[Uw]}$ dar

$$\dot{\Phi}_{[Uw]} = \frac{d\Phi_{[Uw]}}{dt} \tag{3.128}$$

Angewandt auf die Teil-Molmenge N_i ergibt sich hieraus für den Umwandlungsstrom der Molmenge N_i zufolge einer chemischen Reaktion die Beziehung

$$\dot{N}_{i[Uw]} = \frac{dN_{i[Uw]}}{dt} = \dot{R}_i \tag{3.129}$$

Hiefür ist in der Literatur [3.2] auch die Bezeichnung Komponenten-Reaktionsstrom $\dot{R}_i$ üblich[1].

Zwischen dem Reaktionsstrom und der Reaktionsgeschwindigkeit nach Gl. (3.129) und Gl. (3.122a) besteht somit folgender Zusammenhang

$$\dot{R}_i = \dot{N}_{i[Uw]} = V\dot{r}_i \tag{3.130}$$

Analog gilt für den Äquivalenz-Reaktionsstrom $\dot{R}$

$$\dot{R} = V\dot{r} = \frac{1}{\nu_i} V\dot{r}_i = \frac{1}{\nu_i} \dot{R}_i \tag{3.131}$$

Die Reaktionsgeschwindigkeiten $\dot{r}_i$ bzw. $\dot{r}$ sind von den an der Reaktion beteiligten Stoffen und vom thermodynamischen Zustand des betreffenden Systems abhängig. Wählt man als maßgebliche Zustandsgrößen hierfür die Temperatur T und die molaren Konzentrationen c_A, c_B, so gilt im allgemeinen

$$\dot{r} = f(T, c_A, c_B, \dots) \tag{3.132}$$

Diese Funktion kann vielfach in nachstehender Weise aufgespalten werden

$$\dot{r} = k(T) \cdot g(c_A, c_B, \dots) \tag{3.133}$$

und läßt sich durch einen Potenzansatz der Form

$$\dot{r} = k(T) c_A{}^{n_A} c_B{}^{n_B} \cdots \tag{3.134}$$

darstellen, wobei $k(T)$ die sogenannte Reaktionsgeschwindigkeits-Konstante bedeutet. Bezüglich weiterer Einzelheiten hierüber wird unter anderem auf Brauer [3.2] und Hoffmann [3.18] verwiesen.

Schließlich sei noch darauf hingewiesen, daß in der Verfahrenstechnik in erster Linie der Reaktions-Mechanismus im Sinne der Makro-Kinetik interessiert. Bei

---

[1] Nach der IUPAC-Vorschrift wird für die Größe $\dot{R}_j$ ebenfalls die Bezeichnung Reaktionsgeschwindigkeit verwendet [3.17]. Man sieht daraus, daß die Terminologie auf diesem Gebiet keineswegs einheitlich ist.

dieser Betrachtungsweise, die vor allem für die technische Praxis relevant ist, wird eine chemische Reaktion unter technischen Bedingungen, das heißt unter Berücksichtigung der Einflüsse des Stoff- und Wärmetransportes, zu und vom Reaktionsort untersucht, wobei jede dieser Einflußgrößen geschwindigkeitsbestimmend werden kann, wenn diese den limitierenden Vorgang darstellt. Dagegen wird in der Chemie vorwiegend eine Betrachtungsweise vom Standpunkt der sogenannten Mikro-Kinetik angewandt, bei der die Einflüsse des Stoff- und Wärmetransportes vollkommen ausgeschaltet werden, so daß nur die Geschwindigkeit des chemischen Reaktionsablaufes studiert wird. Dementsprechend wäre konsequenterweise noch zwischen Makro- bzw. Mikro-Reaktionsgrößen zu unterscheiden. Im allgemeinen kann man damit rechnen, daß die makrokinetischen Reaktionsgeschwindigkeiten kleiner als die mikrokinetischen sind[1].

3.4.1.2 Umwandlung der Masse einer Komponente

Die entsprechenden Ausdrücke für den Umwandlungsstrom $\dot{M}_{i[Uw]}$ und die Umwandlungsergiebigkeit der Masse M_i zufolge einer chemischen Reaktion ergeben sich aus der Beziehung[2]

$$M_i = \tilde{M}_i N_i \tag{3.135}$$

wobei $\tilde{M}_i$ die Molmasse (molare Masse) der Komponente i bedeutet.

Führt man für die massenbezogenen Reaktionsgeschwindigkeiten die Bezeichnungen $\dot{R}_{i(M)}$ und $\dot{r}_{i(M)}$ ein, so gilt für den Umwandlungsstrom die Beziehung

$$\dot{R}_{i(M)} = \dot{M}_{i[Uw]} = \tilde{M}_i \dot{N}_{i[Uw]} = \tilde{M}_i \dot{R}_{i(v)} = \tilde{M}_i V_R \dot{r}_{i(v)} \tag{3.136}$$

bzw. für die Umwandlungsergiebigkeit

$$\dot{r}_{i(M)} = \frac{d\dot{M}_{i[Uw]}}{dV} = \frac{d^2 M_{i[Uw]}}{dV\,dt} = \tilde{M}_i \frac{d\dot{N}_{i[Uw]}}{dV} = \tilde{M}_i \dot{r}_{i(v)} = \tilde{M}_i \nu_i \dot{r}_{(v)} \tag{3.137}$$

3.4.1.3 Umwandlung der Gesamt-Molmenge N

Aus der Beziehung

$$N = \sum_{i=1}^{k} N_i \tag{3.138}$$

folgt unter Berücksichtigung von Gl. (3.7) für den Umwandlungsstrom

$$\dot{N}_{[Uw]} = \sum_{i=1}^{k} \dot{N}_{i[Uw]} \tag{3.139}$$

sowie unter Berücksichtigung der Gl. (3.29) für die Umwandlungsergiebigkeit der Gesamtmolmenge N[3]

$$\frac{d\dot{N}_{[Uw]}}{dV} = \frac{1}{V} \dot{N}_{[Uw]} = \sum_{i=1}^{k} \frac{dN_{i[Uw]}}{dV} = \dot{r} \sum_{i=1}^{k} \nu_i \tag{3.140}$$

---

[1] Eine ausführliche Darstellung hierüber findet man bei Kramers und Westerterp [3.19].

[2] Man vergleiche hiezu Abschnitt 4.2.2.

[3] Vergleiche dazu Gl. (3.118) und die zugehörige Fußnote.

3.4.1.4 Umwandlung der Gesamt-Masse M

Werden nur Umwandlungseffekte durch chemische und nicht durch nukleare Reaktionen in Betracht gezogen, so bleibt bei dem betreffenden Vorgang die Gesamt-Masse M der beteiligten Stoffe konstant. Es gehorcht somit in diesem Fall die Gesamtmasse einem strengen Erhaltungssatz. Daraus folgt für den Umwandlungsstrom $\dot{M}$ und die Umwandlungs-Ergiebigkeit der Gesamt-Masse

$$\dot{M}_{[Uw]} = 0$$

$$\frac{d\dot{M}_{[Uw]}}{dV} = \frac{d^2 M_{[Uw]}}{dV\,dt} = \frac{1}{V}\frac{dM_{[Uw]}}{dt} = \frac{1}{V}\dot{M}_{[Uw]} \tag{3.141}$$

Daraus ergibt sich der weitere Zusammenhang

$$\dot{M}_{[Uw]} = \sum_{i=1}^{k} \dot{M}_{i[Uw]} = \sum_{i=1}^{k} \tilde{M}_i \dot{N}_{i[Uw]}$$

$$= V_R r \sum_{i=1}^{k} \tilde{M}_i \nu_i = 0 \tag{3.142}$$

Es gilt somit

$$\sum_{i=1}^{k} \tilde{M}_i \nu_i = 0 \tag{3.143}$$

3.4.2 Energieumwandlung

Von den verschiedenen Möglichkeiten der Energieumwandlung wird im vorliegenden Fall auf

a) die Umwandlung von innerer Energie bzw. Enthalpie in Wärme zufolge einer chemischen Reaktion (Reaktionswärme)

b) die Umwandlung von Verdrängungsarbeit zufolge des Druckfeldes in innere Energie bzw. Wärme

eingegangen, da diese besondere technische Bedeutung haben. Im folgenden soll zunächst der unter a) angeführte Umwandlungseffekt behandelt werden. Erfolgt die Umsetzung von chemisch gebundener Energie in Reaktionswärme beispielsweise im Verlauf einer homogenen chemischen Reaktion, so gilt für die bei einer differentiellen Änderung der betreffenden Reaktionsmasse M zugeführte Wärme dQ nach dem ersten Hauptsatz der Wärmelehre[1]

$$dQ = dH - V\,dp = dH - \frac{M}{\rho}\,dp \tag{3.144}$$

Hierin bedeutet H die Enthalpie und $-V\,dp$ die sogenannte differentielle technische Arbeit. Die Enthalpie ist ebenso wie die innere Energie eine Zustandsgröße und damit ein Maß für den Energieinhalt des betreffenden Systems. Im Fall eines Mehrstoffgemisches ist die Enthalpie H eine Funktion der Temperatur, des

[1] Vergleiche hiezu [3.20].

Druckes und der Mengen der einzelnen Stoffkomponenten des Systems. Demzufolge gilt

$$H = H(T, p, N_1, N_2, \ldots, N_i, \ldots, N_k) \tag{3.145}$$

wobei mit k die Gesamtzahl der Komponenten des betreffenden Systems festgelegt ist.

Für die differentielle Änderung der Enthalpie ergibt sich durch Variation von H das vollständige Differential

$$dH = \left(\frac{\partial H}{\partial T}\right)_{p,N_i} dT + \left(\frac{\partial H}{\partial p}\right)_{T,N_i} dp + \sum_{i=1}^{k} \left(\frac{\partial H}{\partial N_i}\right)_{T,p,N_j \neq N_i} dN_i \tag{3.146}$$

Der erste Term auf der rechten Seite von Gl. (3.146) läßt sich auf Grund der bei konstanter Zusammensetzung des Systems gültigen Beziehung

$$M = \sum M_i = \sum \tilde{M}_i N_i = \text{const.} \tag{3.147}$$

auch mittels der massenbezogenen spezifischen Wärmekapazität c_p wie folgt darstellen

$$\left(\frac{\partial H}{\partial T}\right)_{p,N_i} = \left(\frac{\partial M\,h}{\partial T}\right)_{p,M_i} = M\left(\frac{\partial h}{\partial T}\right)_{p,x_i} = Mc_p \tag{3.148}$$

Für den zweiten Term erhält man den Ausdruck

$$\left(\frac{\partial H}{\partial p}\right)_{T,N_i} = \left(\frac{\partial M\,h}{\partial p}\right)_{T,M_i} = M\left(\frac{\partial h}{\partial p}\right)_{T,x_i} \tag{3.149}$$

Berücksichtigt man außerdem noch die Beziehung

$$\frac{dN_i}{\nu_i} = \frac{dN_1}{\nu_1} = \frac{dN_2}{\nu_2} = \cdots = \frac{dN_k}{\nu_k} = \text{const.} \tag{3.150}$$

so ergibt sich der dritte Term von Gl. (3.146) zu

$$\sum_{i=1}^{k} \left(\frac{\partial H}{\partial N_i}\right)_{T,p,N_j \neq N_i} dN_i = \sum_{i=1}^{k} \left(\frac{\partial H}{\partial N_i}\right)_{T,p,N_j \neq N_i} \nu_i \frac{dN_i}{\nu_i} = \frac{dN_i}{\nu_i} \sum_{i=1}^{k} \left(\frac{\partial H}{\partial N_i}\right)_{T,p,N_j \neq N_i} \nu_i \tag{3.151}$$

Der letzte Summenterm in Gl. (3.146) wird als Reaktions-Enthalpie ΔH_R bezeichnet, wobei die Größe

$$\left(\frac{\partial H}{\partial N_i}\right)_{T,p,N_j \neq N_k} = \bar{h}_i \tag{3.152}$$

die partielle molare Enthalpie darstellt.

Damit ergibt sich schließlich für die bei einer chemischen Reaktion der Masse M zugeführte Wärme dQ die Beziehung unter Berücksichtigung von Gl. (3.150)

$$dQ = Mc_p\, dT + M\left[\left(\frac{\partial h}{\partial p}\right)_{T,x_i} - \frac{1}{\rho}\right] dp + \Delta H_R \frac{dN_i}{\nu_i} \tag{3.153}$$

Hierin bedeuten

$Mc_p\,dT$	die Erhöhung der fühlbaren Wärme
$M\left(\frac{\partial h}{\partial p}\right)_{T,x_i} dp$	die Enthalpieerhöhung zufolge einer Drucksteigerung
$-\left(\frac{M}{\rho}\right) dp$	die Verdrängungsarbeit der Reaktionsmasse M (technische Arbeit)

Ferner kennzeichnet der Ausdruck

$$-\Delta H_R \frac{dN_i}{\nu_i} = -\Delta H_R \frac{d\dot{N}_i}{\nu_i} dt = -\Delta H_R \dot{R}_i\, dt \tag{3.154}$$

die beim betreffenden Reaktionsumsatz frei werdende differentielle Reaktionswärme dQ_R. Für deren Ergiebigkeit gilt entsprechend der Gl. (3.29) die Beziehung

$$\frac{d\dot{Q}_R}{dV} = \frac{d^2 Q_R}{dV\,dt} = \frac{1}{V}\frac{dQ_R}{dt} \tag{3.155}$$

Dabei entspricht V einem raumfesten Volumsteilchen, das im Fall einer homogenen chemischen Reaktion mit dem betreffenden Reaktionsvolumen V_R gleichgesetzt werden kann. Somit gilt

$$\frac{d\dot{Q}_R}{dV} = \frac{1}{V_R}\frac{dQ_R}{dt} = -\left(\frac{1}{V_R \nu_i}\right)\frac{dN_{i[Uw]}}{dt}\Delta H_R \tag{3.156}$$

wobei der in Klammer gesetzte Ausdruck entsprechend Abschnitt 3.4.1.1 die volumsspezifische Äquivalenz-Reaktionsgeschwindigkeit $\dot{r}_{(v)}$ darstellt. Für die Ergiebigkeit der Reaktionswärme ergibt sich damit folgende Beziehung

$$\frac{d\dot{Q}_R}{dV} = -\dot{r}_{(v)}\Delta H_R \tag{3.157}$$

Der zugehörige Reaktionswärmestrom $\dot{Q}_{[Uw]}$ ist im gegebenen Fall

$$\dot{Q}_{[U^{w]}} = \dot{Q}_R = -\dot{r}_{(v)} V_R\,\Delta H_R \tag{3.158}$$

Der zweite in Gl. (3.153) angeführte Umwandlungsterm, der die Umwandlung von Verdrängungsarbeit zufolge des Druckfeldes in eine andere Energieart beschreibt, ergibt sich schließlich aus nachstehender Überlegung. Die auf ein Flächenteilchen dA des betreffenden Volumselementes einwirkende Druckkraft $d\mathbf{F}_p = -p\,d\mathbf{A}$ bewirkt in Richtung der Flächennormalen einen differentiellen Energiestrom der Größe $d\dot{E}_p$[1]

$$d\dot{E}_p = d\mathbf{F}_p \cdot \mathbf{v} = -(p\,d\mathbf{A})\cdot\mathbf{v} = -(p\mathbf{v})\,d\mathbf{A} \tag{3.159}$$

Dieser Energiestrom könnte formal aber auch als Transportstrom der Austauschgröße E_p erfaßt werden. Die zugehörige Transportstromdichte $\dot{\mathbf{e}}_p$ wäre in

[1] Der Index p zeigt an, daß es sich um einen durch das Druckfeld bedingten Umwandlungseffekt handelt.

diesem Fall

$$d\dot{E}_p = \dot{\mathbf{e}}_p \cdot d\mathbf{A} \tag{3.160}$$

Nach Gleichsetzen mit Gl. (3.159) erhält man für die auf diese Weise definierte Transportstromdichte $\dot{\mathbf{e}}_p$ den Ausdruck

$$\dot{\mathbf{e}}_p = -p\mathbf{v} \tag{3.161}$$

Dabei ist jedoch zu beachten, daß damit die betreffende Umwandlungsergiebigkeit der Divergenz dieser Transportstromdichte entspricht

$$\frac{d\dot{E}_{p[Uw]}}{dV} = \operatorname{div}(\dot{\mathbf{e}}_p) = -\operatorname{div}(p\mathbf{v}) \tag{3.162}$$

Außer den oben genannten Umwandlungseffekten können, wie bereits erwähnt, noch eine Reihe anderer solcher Effekte auftreten. Dazu zählt z. B. die Dissipation oder Umwandlung der partiellen Energie auf Grund der Schwerkraft und anderer äußerer Kräfte im Fall beschleunigter Systeme, ferner Umwandlungen zufolge der Energie eines elektrostatischen, eines magnetostatischen oder elektromagnetischen Feldes[1]. Die betreffenden Umwandlungsterme können jedoch im allgemeinen unberücksichtigt bleiben, so daß darauf an dieser Stelle nicht näher eingegangen werden soll. Im gegebenen Fall sind sie jedoch den in Gl. (3.144) angeführten Termen hinzuzufügen.

3.4.3 Impulsumwandlung

Ebenso wie die volumsbezogene Ergiebigkeit des Stoff- und Energieumsatzes läßt sich auch die Umwandlungsergiebigkeit des Impulses aus der Definitionsgleichung (3.30) bestimmen. Führt man darin anstelle der allgemeinen vektoriellen Austauschgröße $\mathbf{\Phi}$ die Größe $\mathbf{I}$ ein, so ergibt sich für die Ergiebigkeit der Impulsumwandlung der Ausdruck

$$\frac{d\dot{\mathbf{I}}_{[Uw]}}{dV} = \frac{d^2\mathbf{I}_{[Uw]}}{dV\,dt} \tag{3.163}$$

Berücksichtigt man hiebei ferner, daß nach dem Impulssatz zwischen der auf ein differentielles Massenteilchen wirkenden Kraft $d\mathbf{F}$ und dem zugehörigen Impulsstrom $d\dot{\mathbf{I}}$ nachstehende Beziehung besteht,

$$d\mathbf{F} = d\left(\frac{d\mathbf{I}}{dt}\right) = d\dot{\mathbf{I}} \tag{3.164}$$

so folgt für die vektorielle Umwandlungsergiebigkeit des Impulses

$$\frac{d\dot{\mathbf{I}}_{[Uw]}}{dV} = \frac{d\mathbf{F}}{dV} = \mathbf{f}_v \tag{3.165}$$

Eine derartige Kraft wird beispielsweise durch das Druckfeld hervorgerufen. Für

[1] Man denke dabei an die Vorgänge bei der Elektroscheidung, Magnetscheidung, Elektrofiltration und anderes.

dieselbe gilt

$$d\mathbf{F}_p = -\operatorname{grad} p \, dV \tag{3.166}$$

Damit ergibt sich für die Impulsumwandlungsergiebigkeit zufolge des Druckfeldes[1]

$$\frac{d\mathfrak{I}_{p[Uw]}}{dV} = \frac{d\mathbf{F}_p}{dV} = -\operatorname{grad} p \tag{3.167}$$

Die Impulsbildung erfolgt dabei in der Weise, daß durch den an der Oberfläche des Volumselementes einwirkenden Druck p eine differentielle Kraft $d\mathbf{F}_p$ entsteht. Diese ist mit einem differentiellen Impulsstrom $d\mathfrak{I}_p$ verbunden gemäß der Beziehung

$$d\mathfrak{I}_{p[Uw]} = \frac{d\mathfrak{I}_{p[Uw]}}{dV} \, dV = d\mathbf{F}_p = -\operatorname{grad} p \, dV \tag{3.168}$$

Der Vektor dieses differentiellen Impulsstromes zeigt dabei jeweils in die Richtung der betreffenden Flächennormalen.

In entsprechender Weise erhält man die Impulsumwandlungsergiebigkeit zufolge der Schwerkraft. Die auf ein Volumsteilchen dV wirkende Gewichtskraft hat den Betrag[2]

$$d\mathbf{F}_g = \mathbf{g} \, dm = \rho \mathbf{g} \, dV \tag{3.169}$$

Daraus folgt für die betreffende Umwandlungsergiebigkeit zufolge der Schwerkraft

$$\frac{d\mathfrak{I}_{g[Uw]}}{dV} = \frac{d\mathbf{F}_g}{dV} = \rho \mathbf{g} \tag{3.170}$$

In analoger Weise ergeben sich die Umwandlungsdichten für weitere Impulsquellen dieser Art. Letzteres trifft z. B. bei Gravitationskräften, elektrischen oder magnetischen Kräften, Massenkräften und anderem zu. Dabei ist in Gl. (3.170) anstelle der Schwerkraft jeweils die für den entsprechenden Umwandlungseffekt maßgebende äußere Kraft $\mathbf{F}_i$ einzusetzen.

Schrifttum zu Kapitel 3.0

[3.1] Prandtl, L.: Führer durch die Strömungslehre, 3. Aufl. Braunschweig: Vieweg 1949.

[3.2] Brauer, H.: Stoffaustausch einschließlich chemischer Reaktionen. Aarau und Frankfurt/Main: Sauerländer 1971.

[3.3] Benedek, P., László, A.: Grundlagen des Chemieingenieurwesens. Leipzig: VEB Deutscher Verlag für Grundstoffindustrie 1965.

[3.4] Kattanek, S., Robel, H.: Einige Differentialgleichungen zur Berechnung verfahrenstechnischer Anlagen. Chem. Techn. **9**, 513–576 (1965).

[3.5] Grassmann, P.: Physikalische Grundlagen der Verfahrenstechnik, 2. Aufl. Aarau und Frankfurt/Main: Sauerländer 1970.

[1] Der Index p zeigt das Druckfeld an.

[2] Der Index g zeigt die Gewichtskraft an. Die Größe $\mathbf{g}$ stellt dabei den Vektor der Fallbeschleunigung dar.

[3.6] Fick, A.: Über Diffusion. Ann. Physik (Poggendorffs Annalen) **94**, 59–86 (1855).
[3.7] Stefan, A.: Sitzungsbericht, Wiener Akad. Wissensch., **II**, 68, 385 (1873).
[3.8] Fourier, J. B.: Théorie analytique de la chaleur. Paris 1822. Deutsche Übersetzung von R. Weinstein, Berlin 1884.
[3.9] Green, H.: Industrial Rheology and Rheological Structures. New York: John Wiley and Sons 1949.
[3.10] Brauer, H.: Grundlagen der Einphasen- und Mehrphasenströmungen. Aarau und Frankfurt/Main: Sauerländer 1971.
[3.12] Metzner, A. B.: Non-Newtonian Technology, Advances in Chemical Engineering, Vol. 1, pp. 77–153. New York: Academic Press 1956.
[3.13] Duschek, A., Hochrainer, A.: Grundzüge der Tensorrechnung in analytischer Darstellung, Teil 1, 5. Aufl. Wien: Springer 1968.
[3.14] Schlichting, H.: Grenzschichttheorie, 3. Aufl. Karlsruhe: Braun 1958.
[3.15] Skelland, A. H. P.: Diffusional Mass Transfer. New York: John Wiley & Sons 1974.
[3.16] Levenspiel, O.: Chemical Reaction Engineering. New York: John Wiley & Sons 1962.
[3.17] International Union of Pure and Applied Chemistry, Manual of Symbol and Technology for Physicochemical Quantities and Units. London: Butterworth 1970.
[3.18] Hoffmann, U., Hoffmann, H.: Reaktionstechnik für Berufspraxis, 38. Folge, Reaktionstechnik 3, Kinetik homogener Reaktionen. Chem.-Ing.-Techn. **47**, 9, 379 (1975).
[3.19] Kramers, H., Westerterp, K. R.: Elements of Chemical Reactor Design and Operation. Amsterdam: Netherlands University Press 1963.
[3.20] Pischinger, A.: Technische Thermodynamik. Wien: Springer 1951.
[3.21] Gelbin, D.: Die Verfahrenstechnik und die effektive Überführung von Forschungs- und Entwicklungsergebnissen in die industrielle Praxis. Chem. Techn. **22**, 1, 11 (1970).

4.0 Die Bilanzgleichungen

D. N. Himmelblau; K. B. Bischoff; Process Analysis and Simulation, New York: John Wiley and Sons 1968.
R. B. Bird; W. E. Stewart; E. N. Lightfoot; Transport Phenomena, New York: John Wiley and Sons 1965.
E. J. Henley; E. N. Rosen; Material and Energy Balance Computations, New York: John Wiley and Sons 1969.

In der Verfahrenstechnik sind es drei Größen, für welche die Erhaltungssätze in ihrer strengen Formulierung gültig sind, nämlich

- die Gesamtmasse
- die Gesamtenergie
- der Gesamtimpuls.

Zu den in Kapitel 3.0 beschriebenen Gesetzmäßigkeiten für Stoff- (Masse), Energie- (Wärme) und Impulsaustausch kommen somit weitere hinzu. Diese wurden im 18. und 19. Jahrhundert von verschiedenen Forschern gefunden. Das *Gesetz von der Erhaltung der Masse* bei chemischen Umwandlungsvorgängen wurde vom französischen Chemiker A. L. Lavoisier (1743 – 1794) erstmals 1785 in seiner vollen Bedeutung erkannt. Es wurde damals formuliert: „Bei allen chemischen Vorgängen bleibt die Gesamtmasse der Reaktionsteilnehmer unverändert". Heute würde man diese Erkenntnis allgemeiner ausdrücken: „Bei allen physikalischen, chemischen und biologischen Vorgängen – ausgenommen Kernreaktionen – bleibt die Gesamtmasse der am Vorgang beteiligten Stoffe konstant".

Die experimentelle Bestätigung dieses Grundgesetzes wurde im chemischen Bereich erst 1908 durch den deutschen Physikochemiker H. Landolt (1831 – 1910) sowie 1909 durch den ungarischen Physikochemiker R. v. Eötvös (1848 – 1919) erbracht.

Der *Energieerhaltungssatz* ist im Rahmen der hier behandelten Probleme vor allem in Form des Sonderfalles, wie er im ersten Hauptsatz der Wärmelehre beschrieben wird, von Bedeutung. Er beinhaltet die Umwandlungsfähigkeit von Wärme in mechanische und innere Energie. Diese Erkenntnis wurde erstmals 1798 vom Grafen B. Rumford in München auf Grund der Wärmeentwicklung beim Bohren von Kanonen ausgesprochen und bereits 1840 vom Heilbronner Arzt R. Mayer (1814 – 1878) quantitativ formuliert. Ohne von Mayers Arbeit zu wissen, bestimmte zwischen 1843 und 1878 J. P. Joule (1818 – 1889) das mechanische Wärmeäquivalent.

Der dritte hier maßgebliche Erhaltungssatz betrifft den Impuls. Er wurde unter anderem von Lomonossow (vergleiche [4.1]) ausgesprochen. Dieser Satz beschreibt insbesondere die resultierenden Trägheitskräfte von Systemen, die viele Einzelkörper umfassen, wie es bei den aus Molekülen oder anderen Elementarpartikeln bestehenden Medien der Fall ist [4.2].

Die erwähnten Erhaltungssätze bilden die Basis zur Erstellung der Stoff-, Energie- (Wärme-) und Impulsbilanzen. Hiebei unterscheidet man – in Abhängigkeit von der Aufgabenstellung – *differentielle* und *integrale* Bilanzgleichungen. Differentielle Bilanzgleichungen werden erstellt, wenn es gilt, einen Vorgang in einem differentiellen Volumselement eines Apparates oder an der Grenzfläche zweier Phasen zu untersuchen. Dazu ist es notwendig, die entsprechenden Differentialgleichungen sowie die dazugehörigen Randbedingungen aufzustellen und diese zu integrieren. Differentielle Bilanzgleichungen werden unter anderem zur Berechnung der Geschwindigkeits-, Konzentrations- und Temperaturprofile in einem System bzw. an dessen Grenzflächen verwendet. Damit können in weiterer Folge die entsprechenden Austauschströme bzw. die Wechselbeziehungen zwischen den verschiedenen Austauschvorgängen bestimmt werden. Weiters dienen sie als Ausgangspunkt zur Aufstellung integraler Bilanzen, wenn die entsprechende Integration durchführbar ist. Die Anwendung der in Abschnitt 4.3 behandelten differentiellen Bilanzgleichungen erfolgt insbesondere in den Kapiteln 7.0 bis 12.0.

Integrale Bilanzgleichungen dienen zur Ermittlung der in ein System ein- bzw. austretenden Ströme. Als System kann ein Apparat, eine Verfahrensstufe oder ein ganzes Verfahren betrachtet werden. Es interessieren in diesem Falle nicht die Vorgänge im Innern eines Apparates, sondern das betreffende System als Ganzes. Die integralen Bilanzen werden in Abschnitt 4.4 behandelt.

Die erwähnten Erhaltungssätze der Gesamtmasse, der Gesamtenergie und des Gesamtimpulses erfassen insgesamt folgende Austauscheffekte:

a) Transporteffekte (vergleiche Abschnitt 3.2)
b) Speichereffekte (vergleiche Abschnitt 3.3)
c) Umwandlungseffekte (vergleiche Abschnitt 3.4).

Bei der Bilanzierung eines offenen oder geschlossenen Systems kommen alle in Kapitel 3.0 erwähnten Effekte vor und sind deshalb auch in der Bilanzgleichung zu berücksichtigen.

Die allgemeine Bilanzgleichung der einzelnen Austauschgrößen läßt sich im Fall eines offenen Systems in nachstehender Weise formulieren[1]

$$\begin{bmatrix} \text{Zunahme der} \\ \text{im System} \\ \text{gespeicherten Mengen} \end{bmatrix} + \begin{bmatrix} \text{Summe der} \\ \text{aus dem System} \\ \text{austretenden Mengen} \end{bmatrix} - \begin{bmatrix} \text{Summe der} \\ \text{in das System} \\ \text{eintretenden Mengen} \end{bmatrix} = \begin{bmatrix} \text{Summe der} \\ \text{im System} \\ \text{durch Umwandlung} \\ \text{gebildeten Mengen} \end{bmatrix} \qquad (4.1)$$

Bei einem geschlossenen System entfällt der zweite und dritte Term des Erhaltungssatzes.

[1] Unter einer „Menge“ wird hierbei die Menge der betreffenden Austauschgröße verstanden.

4.1 Bilanzgebiet

Die praktische Anwendung der im Abschnitt 4.0 erörterten Erhaltungssätze auf die Problemstellung der Verfahrenstechnik besteht in der Bilanzierung der verschiedenen Austauschgrößen. Das System, auf das sich die Bilanz bezieht, wird als Bilanzgebiet bezeichnet, die Grenzen desselben stellen die Bilanzgrenzen dar.

Je nach Problemstellung unterscheidet man zwischen der Bilanz über

- ein differentielles Volumsteilchen dV
- ein endliches Volumen V
- oder eine Verfahrensstufe bzw. ein gesamtes Verfahren.

Wählt man ein differentielles Volumselement als Bilanzgebiet, so führt die Bilanzierung der Austauschgrößen auf Differentialgleichungen, durch deren Lösung das zeit- und ortsabhängige Verhalten der zu bilanzierenden Austauschgröße innerhalb der vorgegebenen Grenzen beschrieben wird. Die differentielle Darstellung kommt deshalb immer dann zur Anwendung, wenn man die zeitlichen und örtlichen Änderungen einer Austauschgröße zufolge der einzelnen im System ablaufenden Austauschvorgänge genau beschreiben und Kenntnis über die Konzentrations-, Temperatur- und Geschwindigkeitsprofile in einem Apparat erhalten will.

Die Integration der Differentialgleichung ist allerdings vielfach mit großen Schwierigkeiten verbunden, so daß Aussagen über die Vorgänge im Apparat oft auf empirischem Wege, insbesondere unter Heranziehung der Ähnlichkeitstheorie, ermittelt werden müssen[1].

Bei der Bilanzierung über ein endliches Volumen ΔV werden die innerhalb des Systems ablaufenden Vorgänge als volumsgemittelte Größen in die Bilanzgleichungen eingeführt, und als solche erfassen sie lediglich die in das betreffende Kontrollvolumen ein- und austretenden Transportgrößen. Über die Austauschvorgänge innerhalb des Systems besagen derartige *integrale* Bilanzgleichungen nichts.

4.2 Begriffe zur Bilanzierung der Austauschgrößen

4.2.1 Charakterisierung ein- und mehrphasiger Systeme

Als *Phase* wird in diesem Zusammenhang ein Raumgebiet definiert, in dem die makroskopischen Eigenschaften des Systems, beschrieben durch die Zustandsgrößen, wie z. B. die quantitative Zusammensetzung, die Temperatur oder den Druck, eine stetige Funktion der Raumkoordinaten sind und von anderen Raumgebieten des Systems durch definierte Grenzen (Phasengrenze = Unstetigkeitsstelle) abgetrennt sind. Die einzelne Phase kann dabei ein zusammenhängendes Ganzes bilden oder, wie z. B. bei Tröpfchen in einem Gas, in einzelnen, voneinander getrennten Partikeln vorliegen. Bei dieser Art von Stoffsystemen unterscheidet man zwischen einer *dispersen* und einer *kontinuierlichen* Phase.

Ein System, in dem zwei oder mehrere Phasen nebeneinander vorliegen, bezeichnet man als *Mehrphasen-* oder *heterogenes System.* Beispiele dafür sind unter anderem zwei nicht oder nur beschränkt mischbare Flüssigkeiten, da diese bei

[1] Vergleiche dazu auch Kapitel 5.0.

gegenseitiger Sättigung ihrer Lösungen zwei durch eine Phasengrenzfläche voneinander getrennte flüssige Phasen bilden. Ähnlich verhält es sich mit einer gesättigten Lösung eines Feststoffes.

Eine einzelne Phase kann entweder aus gleichartigen oder auch aus verschiedenartigen Elementarpartikeln, wie sie beispielsweise die Moleküle oder Ionen darstellen, aufgebaut sein. Im Fall, daß es sich um ein verschiedenartiges Gemisch handelt, bildet die Gesamtheit aller gleichartigen Partikel eine *Komponente* der betreffenden Phase.

4.2.2 Zusammensetzung von Mehrstoffsystemen

Der thermodynamische Zustand einer einzelnen Phase eines Mehrstoffsystems kann mittels nachstehender Bestimmungsgrößen gekennzeichnet werden

- Druck
- Temperatur
- Zusammensetzung.

Als letztere dienen z. B. Verhältnisse einzelner Komponentenmengen zu einer Bezugsmenge[1].

Für die Zusammensetzung eines Mehrkomponentensystems gilt

$$\text{Konzentrationsmaß} = \frac{\text{Menge der betreffenden Komponente}}{\text{Bezugsmenge}} \tag{4.2}$$

Als Mengenmaße kommen dabei verschiedene Größen zur Anwendung. Die wichtigsten sind:

a) für die Menge der betrachteten Komponente:

- die Masse
- die Molmenge,

Tabelle 4.1. *Bezeichnungsformen der Konzentrationsmaße*

Bezugsmenge	Mengenmaß	
	Masse [kg]	Molmenge [kmol]
Gesamtmenge	Massenbruch	Molenbruch
Menge einer Bezugskomponente	Massenverhältnis	Molverhältnis
Volumen	Massenkonzentration	Molkonzentration

[1] Im Gegensatz zu den Mengen stellen die Mengenverhältnisse, ebenso wie die Temperatur und der Druck, intensive Größen dar. Darunter versteht man Zustandsgrößen eines Systems, die nicht von der betreffenden Menge abhängen. Das Gegenteil dazu bilden die extensiven Größen. Ein Beispiel dafür ist die Gesamtenthalpie H eines Systems. Für diese gilt $H = m \cdot h$. Während die spezifische Enthalpie h nur vom thermodynamischen Zustand des Systems abhängt, ist die Gesamtenthalpie H auch eine Funktion der Masse M und somit von einer Menge abhängig.

b) für die Bezugsmenge (Gesamtmenge, Menge einer Bezugskomponente):

- die Masse
- die Molmenge
- das Volumen.

Daraus leiten sich sechs Möglichkeiten zur Beschreibung der Zusammensetzung eines aus mehreren Komponenten bestehenden Gemisches ab (vergleiche Tab. 4.1).

Nachstehend sind die verschiedenen Konzentrationsmaße formelmäßig dargestellt:

a) Massenbruch (Massenanteil)[1].

$$x_i = \frac{M_i}{M_1 + M_2 + M_3 + \cdots} = \frac{M_i}{\sum_{j=1}^{k} M_j} \tag{4.3}$$

bzw. mit 100 multipliziert in Prozenten (Massen %)

$$\text{Massen } \% = \frac{M_i}{\sum_{j=1}^{k} M_j} \cdot 100\% \tag{4.4}$$

Für die Summe aller Massenanteile muß somit stets nachstehende Bedingung erfüllt sein

$$x_1 + x_2 + x_3 + \cdots = \sum_{j=1}^{k} x_j = 1 \tag{4.5}$$

Besteht das betrachtete System nicht allein aus einer Mischphase, sondern sind gleichzeitig die Zusammensetzungen mehrerer Gemische zu beschreiben, erweist es sich zur besseren Kennzeichnung der Einzelphasen im allgemeinen als sinnvoll, die Massenbrüche mit unterschiedlichen Buchstaben zu bezeichnen. So ist es beispielsweise üblich, die Massenbrüche der Komponenten zusammengesetzter flüssiger Phasen mit $x_1, x_2, \ldots, x_k$ zu beschreiben, während sie für die gas- bzw. dampfförmige Phase mit $y_1, y_2, \ldots, y_k$ angegeben werden[2].

b) Molenbruch (Molanteil).

$$\tilde{x}_i = \frac{N_i}{N_1 + N_2 + N_3 + \cdots} = \frac{N_i}{\sum_{j=1}^{k} N_j} \tag{4.6}$$

Mit 100 multipliziert erhält man analog zu Gl. (4.4) die entsprechende Darstellung in Prozenten (Mol %)

---

[1] Der Index i bezieht sich in diesem Zusammenhang stets auf eine der Einzelkomponenten, $j = 1, 2, 3, \ldots, k$, und k gibt jeweils die Anzahl der Komponenten wieder.

[2] Da die Unterscheidung der Zusammensetzung verschiedener Phasen nur in der unterschiedlichen Bezeichnung erfolgt, jedoch stets dafür dieselben Bezeichnungen gelten, wird in diesem Zusammenhang für die allgemeine Beschreibung weiterhin die Bezeichnung x beibehalten.

$$\text{Mol}\,\% = \frac{N_i}{\sum\limits_{j=1}^{k} N_j} \cdot 100 \tag{4.7}$$

Die Summe aller Molenbrüche ist analog zu Gl. (4.5)

$$\tilde{x}_1 + \tilde{x}_2 + \tilde{x}_3 + \cdots = \sum_{j=1}^{k} \tilde{x}_j = 1 \tag{4.8}$$

Bei der Beschreibung der Zusammensetzung einer Phase ist es jedoch in manchen Fällen zweckmäßiger, die Menge einer Komponente nicht wie bisher auf die Gesamtmenge zu beziehen, sondern auf die Teilmenge einer einzelnen bzw. mehrerer Bezugskomponenten. Als Bezugsmenge wird dabei bevorzugt diejenige Komponente gewählt, deren Menge während des betreffenden Prozesses stets gleich bleibt. Die betreffenden Verhältnisse werden vielfach auch als Beladungen bezeichnet.

c) Massenbeladung. Die Massenbeladung ist nach Tab. 4.1 definiert als

$$X_i = \frac{M_i}{M_J} \tag{4.9}$$

Der Zusammenhang zwischen Massenbeladung und Massenbruch ist entsprechend den Definitionen beider Größen beim Zweikomponentensystem durch die Beziehung[1]

$$X_i = \frac{x_i}{1 - x_i} \tag{4.10}$$

gegeben. Umgekehrt errechnet sich der Massenbruch aus der betreffenden Massenbeladung nach der Beziehung (ebenfalls nur für zwei Komponenten)

$$x_i = \frac{X_i}{1 + X_i} \tag{4.11}$$

d) Molbeladung. Analog zu Gl. (4.9) gilt

$$\tilde{X}_i = \frac{N_i}{N_J} \tag{4.12}$$

Die Berechnung der Verhältniszahl $\tilde{X}_i$ aus den entsprechenden Molanteilen erfolgt in derselben Weise wie dies unter c) bereits für die betreffenden Massenkonzentrationsmaße erörtert wurde.

e) Konzentration. Bezieht man die Menge einer Komponente auf das von der Gesamtmenge eingenommene Volumen, so erhält man, wie bereits im Abschnitt 3.1.2 beschrieben, als Maß für die Zusammensetzung die partielle Konzentration der betreffenden Komponente.

Wählt man als Maß für die betreffende Menge die Masse M_i, so spricht man im speziellen von der partiellen Massenkonzentration oder Dichte ρ_i

---

[1] Vergleiche Tab. 4.2.

$$\rho_i = \frac{M_i}{V} \tag{4.13}$$

Für das Gesamtsystem muß dabei stets die Bedingung

$$\sum_{j=1}^{k} \rho_j = \frac{1}{V} \sum_{j=1}^{k} M_j = \rho_{Ges} \tag{4.14}$$

erfüllt sein.

Mit ρ_{Ges} ist die Massenkonzentration der Gesamtmasse des betreffenden Volumselementes V bezeichnet.

Analog ergibt sich mit der Molmenge N_i als Mengeneinheit die molare Konzentration c_i zu

$$c_i = \frac{N_i}{V} \tag{4.15}$$

wobei ebenso die Bedingung

$$\sum_{j=1}^{k} c_j = \frac{1}{V} \sum_{j=1}^{k} N_j = c_{Ges} \tag{4.16}$$

erfüllt sein muß.

Entsprechend der Definition des Molenbruches, Gl. (4.6), und der Molbeladung, Gl. (4.12), kann bei der Wahl des Volumens als Mengeneinheit die Zusammensetzung einer Mischphase als Volumsanteil oder Volumsbeladung angegeben werden. Diese sind im einzelnen wie folgt definiert

$$v_i = \frac{V_i}{\sum_{j=1}^{k} V_j} \tag{4.17}$$

bzw. als Verhältniszahl

$$\bar{v}_i = \frac{V_i}{V_J} \tag{4.18}$$

Bei Gemischen in der Gasphase, die dem Verhalten eines idealen Gases nahe kommen und somit weitgehend dem idealen Gasgesetz $p_i V = N_i RT$ genügen, ist der betreffende Volumsanteil bzw. die Volumsbeladung gleich dem entsprechenden Molenbruch bzw. dem Molverhältnis, da unter den genannten Voraussetzungen das Volumen direkt proportional der Molzahl N und unabhängig von der Art der Gaskomponente ist.

Für die unter a) bis d) angeführten Größen zur Beschreibung der Zusammensetzung einer Mischphase in unterschiedlichen Maßeinheiten gibt es eine Vielzahl von Umrechnungsmöglichkeiten. Einen Überblick über die wichtigsten Beziehungen, die zwischen den einzelnen Konzentrationsmaßen bestehen, vermittelt Tab. 4.2. Sofern keine Angaben bezüglich der Umrechnungen darin angeführt sind, lassen sich diese sehr einfach aus den Definitionsgleichungen herleiten. Beispielsweise erhält man den Zusammenhang zwischen dem Massenbruch und dem

Tabelle 4.2. *Zusammenhänge verschiedener Konzentrationsmaße* $a = f(b)$

b		a					
	Definition von b	Massenbruch x_i kg/kg	Molenbruch $\tilde{x}_i$ kmol/kmol	Massenbeladung X_i kg/kg	Molbeladung $\tilde{X}_i$ kmol/kmol	Massen-konzentration ρ_i kg/m³	Molare Konzentration c_i kmol/m³
Massenbruch x_i [kg/kg]	$x_i = \frac{M_i}{\sum M_j}$	–	$\frac{x_i/\tilde{M}_i}{\sum x_j/\tilde{M}_j} = x_i \frac{\tilde{M}_m}{\tilde{M}_i}$	$\frac{x_i \sum(M_j)}{M_J} = \frac{x_i}{x_J}$	$\frac{x_i \sum M_j}{N_J M_J \tilde{M}_J} = \frac{x_i \tilde{M}_J}{x_J M_i}$	$x_i \rho_{Ges}$	$\frac{x_i \sum(M_j)}{V \tilde{M}_i} = x_i \frac{\rho_{Ges}}{\tilde{M}_i}$
Molenbruch $\tilde{x}_i$ [kmol/kmol]	$\tilde{x}_i = \frac{N_i}{\sum N_j}$	$\frac{x'_i \tilde{M}_i}{\sum \tilde{x}_j \tilde{M}_j} = \tilde{x}_i \frac{\tilde{M}_i}{\tilde{M}_m}$	–	$\frac{\tilde{x}_i \tilde{M}_i}{x_J \tilde{M}_J}$	$\frac{\tilde{x}_i \sum(N_j)}{N_J} = \frac{\tilde{x}_i}{\tilde{x}_J}$	$\frac{\tilde{x}_i \tilde{M}_i \sum(N_j)}{V}$	$\frac{\tilde{x}_i \sum(N_j)}{V} = x_i c_{Ges}$
Massenbeladung X_i [kg/kg]	$X_i = \frac{M_i}{M_J}$	$\frac{X_i M_J}{\sum(M_j)}$	$\frac{X_i M_J}{\tilde{M}_i \sum(N_j)}$	–	$X_i \frac{\tilde{M}_J}{\tilde{M}_i}$	$\frac{X_i M_J}{V} = X_i \rho_J$	$\frac{X_i M_J}{\tilde{M}_i V} = \frac{X_i}{\tilde{M}_i} \rho_J$
Molbeladung $\tilde{X}_i$ [kmol/kmol]	$\tilde{X}_i = \frac{N_i}{N_J}$	$\frac{\tilde{X}_i \cdot N_J \tilde{M}_i}{\sum(M_j)}$	$\frac{\tilde{X}_i \cdot N_J}{\sum N_j}$	$\tilde{X}_i \frac{\tilde{M}_i}{\tilde{M}_J}$	–	$\frac{\tilde{X}_i N_J \tilde{M}_i}{V}$	$\frac{\tilde{X}_i N_J}{V} = \tilde{X}_i c_J$
Massen-konzentration ρ_i [kg/m³]	$\rho_i = \frac{M_i}{V}$	$\frac{\rho_i}{\rho_{Ges}}$	$\frac{\rho_i V}{\tilde{M}_i \sum(N_j)}$	$\frac{\rho_i V}{M_J} = \frac{\rho_i}{\rho_J}$	$\frac{\rho_i V}{N_J \tilde{M}_i}$	–	$\frac{\rho_i}{\tilde{M}_i}$
Molare Konzentration C_i [kmol/m³]	$c_i = \frac{N_i}{V}$	$\frac{c_i \tilde{M}_i V}{\sum(M_j)} = \frac{c_i \tilde{M}_i}{\rho_{Ges}}$	$\frac{c_i \cdot V}{\sum(N_j)} = \frac{c_i}{c_{Ges}}$	$\frac{c_i \tilde{M}_i \cdot V}{M_J} = \frac{c_i \tilde{M}_i}{\rho_J}$	$\frac{c_i V}{N_J} = \frac{c_i}{c_J}$	$c_i \tilde{M}_i$	–

Indices: i betrachtete Komponente; j laufender Index bei Summation; J Bezugskomponente.

Molenbruch durch folgende Umrechnung

$$\tilde{x}_i = \frac{N_i}{\sum_{j=1}^{k} N_j} = \frac{M_i/\tilde{M}_i}{\sum_{j=1}^{k} M_j/\tilde{M}_j} = \frac{x_i/\tilde{M}_i}{\sum_{j=1}^{k} M_j/\tilde{M}_j} \tag{4.19}$$

Dabei wurde nachstehender Zusammenhang bei der Umformung berücksichtigt

$$M_i = N_i \tilde{M}_i \tag{4.20}$$

Dabei ist $\tilde{M}_i$ die Molmasse der Komponente i auf die Einheit bezogen, in der auch die Masse M_i angegeben ist.

Alle anderen Umrechnungen der in Tab. 4.2 angeführten Konzentrationsmaße erfolgen in ähnlicher Weise[1].

4.3 Differentielle Bilanzgleichungen

Die Anwendung des allgemeinen Erhaltungssatzes nach Gl. (4.1) auf ein differentielles, ortsfestes Volumsteilchen führt mit der Masse, der Energie und dem Impuls als spezielle Austauschgrößen auf ein System von Differentialgleichungen, bestehend aus Stoff-, Energie- und Impulsbilanzen. Diese erfassen zusammen mit den betreffenden Rand-, Anfangs- und Nebenbedingungen, wie bereits erwähnt, vollständig das zeit- und ortsabhängige Verhalten der Geschwindigkeits-, Temperatur- und Konzentrationsfelder innerhalb des betreffenden Systems. Für jedes System ist die Zahl der Stoffbilanzen gleich jener der Einzelkomponenten k im System. Die partiellen Stoffbilanzen beinhalten außerdem auch die Bilanzgleichung für die Gesamtmasse, da diese aus der Summe der k-Stoffbilanzen für die betreffenden Einzelkomponenten resultiert. Mit der Energie- und Impulsbilanz als zusätzliche Beziehungen ergeben sich damit für ein System insgesamt $(k + 2)$ unabhängige Bilanzgleichungen (vergleiche Abschnitt 2.3).

Der eingangs in Worten formulierte allgemeine Erhaltungssatz macht es im Zusammenhang mit den in Kapitel 3.0 entwickelten allgemeinen Beziehungen möglich, die differentiellen Bilanzgleichungen, unabhängig von der betreffenden Austauschgröße, in einer allgemein gültigen Form darzustellen. Das hat den Vorteil, daß damit, unabhängig von der jeweiligen Problemstellung, die verschiedenen Austauscheffekte in einer einzigen Gleichung Berücksichtigung finden.

4.3.1 Allgemeine Bilanzgleichung

Ausgangspunkt für die Erstellung der allgemeinen Bilanzgleichung ist der bereits erwähnte allgemeine Erhaltungssatz (4.1). Wendet man die dort aufscheinenden Terme auf die allgemeine Austauschgröße Φ an und beachtet, daß die im betreffenden System ein- und austretenden Mengen zusammen den Transporteffekt darstellen, so ergibt sich für die allgemeine Bilanzgleichung folgende Form[2]

---

[1] Vergleiche dazu auch die Darstellungen bei GRASSMANN [4.3].

[2] Im folgenden beziehen sich die Formulierungen ausschließlich auf die skalare Austauschgröße Φ. Für eine vektorielle Austauschgröße gelten analoge Beziehungen, nur daß unter Berücksichtigung der entsprechenden vektoriellen Rechenregeln in den betreffenden Gleichungen jeweils anstelle von Φ die Größe $\mathbf{\Phi}$ tritt.

$$\sum_j \Delta\Phi_{j[Sp]} + \sum_j \Delta\Phi_{j[Tr]} = \sum_j \Delta\Phi_{j[Uw]} \tag{4.21}$$

Dabei bedeuten $\Delta\Phi_{[Sp]}$, $\Delta\Phi_{[Tr]}$ und $\Delta\Phi_{[Uw]}$ die durch Speicherung, Transport bzw. Umwandlung ausgetauschten Mengen der betreffenden Austauschgröße Φ. Das Δ-Zeichen in den einzelnen Termen der Gl. (4.21) weist darauf hin, daß es sich dabei um Änderungen der einzelnen Größen durch die betreffenden Austauscheffekte handelt.

Legt man der allgemeinen Bilanzgleichung (4.21) jeweils nur eine Austauschgröße Φ als Bilanzgröße zugrunde und erfaßt alle anderen Umsetzungen dieser Bilanzgröße ausschließlich mit Hilfe der Umwandlungsterme, so scheinen in der betreffenden Bilanzgleichung jeweils nur ein einziger Speicher- und ein einziger, die Konvektion, Leitung und Turbulenz zusammenfassender Transportterm auf. Damit ergibt sich für die allgemeine Bilanzgleichung (4.21) nachstehende einfachere Darstellung

$$\Delta\Phi_{[Sp]} + \Delta\Phi_{[Tr]} = \sum_j \Delta\Phi_{j[Uw]} \tag{4.22}$$

Bezieht man weiters die einzelnen Größen in Gl. (4.22) auf die Zeit und das Kontrollvolumen ΔV, so treten anstelle der Größen $\Delta\Phi$ jeweils die spezifischen Größen $\Delta\dot{\Phi}/\Delta V$. Führt man diese Überlegung schließlich auf ein differentielles raumfestes Volumsteilchen dV zurück, so ergibt sich für die zu bilanzierende Größe Φ die im Abschnitt 3.1.5 eingeführte Ergiebigkeit $d\dot{\Phi}/dV$. Die allgemeine differentielle Bilanzgleichung (4.22) nimmt damit folgende Form an:

$$\begin{bmatrix}\text{Speicher-}\\ \text{ergiebigkeit}\end{bmatrix} + \begin{bmatrix}\text{Transport-}\\ \text{ergiebigkeit}\end{bmatrix} = \begin{bmatrix}\sum \text{Umwandlungs-}\\ \text{ergiebigkeiten}\end{bmatrix} \tag{4.23}$$

Der entsprechende mathematische Ausdruck dazu lautet

$$\frac{d\dot{\Phi}_{[Sp]}}{dV} + \frac{d\dot{\Phi}_{[Tr]}}{dV} = \sum_j \frac{d\dot{\Phi}_{j[Uw]}}{dV} \tag{4.24}$$

Erweitert man hierin den Transportterm $[Tr]$, indem man die jeweiligen Anteile des konvektiven $[K]$, konduktiven $[L]$ und turbulenten $[T]$ Transports getrennt anführt, so ergibt sich für die allgemeine Bilanzgleichung die nachstehend weiter aufgegliederte Darstellung

$$\begin{bmatrix}\text{Speicher-}\\ \text{ergiebigkeit}\end{bmatrix} + \begin{bmatrix}\text{konvektive}\\ \text{Transport-}\\ \text{ergiebigkeit}\end{bmatrix} + \begin{bmatrix}\text{konduktive}\\ \text{Transport-}\\ \text{ergiebigkeit}\end{bmatrix} + \begin{bmatrix}\text{turbulente}\\ \text{Transport-}\\ \text{ergiebigkeit}\end{bmatrix} = \begin{bmatrix}\sum \text{Umwandlungs-}\\ \text{ergiebigkeiten}\end{bmatrix} \tag{4.25}$$

Ersetzt man in Gl. (4.25) die allgemeinen Terme der einzelnen Ergiebigkeiten durch die zugehörigen Beziehungen (3.27), (3.23) und (3.29), so ergibt sich als differentielle Bilanzgleichung

$$\frac{\partial \varphi_{(v)}}{\partial t} + \operatorname{div} \dot{\boldsymbol{\varphi}}_{[K]} + \operatorname{div} \dot{\boldsymbol{\varphi}}_{[L]} + \operatorname{div} \dot{\boldsymbol{\varphi}}_{[T]} = \sum_j \frac{d\dot{\Phi}_{j[Uw]}}{dV} \tag{4.26}$$

Für eine vektorielle Austauschgröße ergibt sich in entsprechender Weise

$$\frac{\partial \boldsymbol{\varphi}_{(v)}}{\partial t} + \operatorname{Div} \dot{\bar{\bar{\varphi}}}_{[K]} + \operatorname{Div} \dot{\bar{\bar{\varphi}}}_{[L]} + \operatorname{Div} \dot{\bar{\bar{\varphi}}}_{[T]} = \sum_j \frac{d\dot{\boldsymbol{\Phi}}_{j[Uw]}}{dV} \tag{4.27}$$

Eine noch weiter aufgegliederte Darstellung der allgemeinen Bilanzgleichung erhält man, wenn man dann für den konvektiven, konduktiven und turbulenten Transportterm die entsprechenden Beziehungen nach Abschnitt 3.2 einsetzt. Im einzelnen gelten dafür folgende Ausdrücke

$$\begin{aligned} \operatorname{div} \dot{\boldsymbol{\varphi}}_{[K]} &= \operatorname{div}(\varphi_{(v)} \cdot \mathbf{v}) \\ \operatorname{div} \dot{\boldsymbol{\varphi}}_{[L]} &= -\operatorname{div}[\Lambda \operatorname{grad} \varphi_{(v)}] \\ \operatorname{div} \dot{\boldsymbol{\varphi}}_{[T]} &= -\operatorname{div}[\varepsilon \operatorname{grad} \varphi_{(v)}] \end{aligned} \tag{4.28}$$

Damit nimmt die Bilanzgleichung die nachstehende Form an

$$\frac{\partial \varphi_{(v)}}{\partial t} + \operatorname{div}(\varphi_{(v)}\mathbf{v}) + \operatorname{div}[-\Lambda \operatorname{grad} \varphi_{(v)}] + \operatorname{div}[-\varepsilon \operatorname{grad} \varphi_{(v)}] = \sum_j \frac{d\dot{\Phi}_{j[Uw]}}{dV} \tag{4.29}$$

Die entsprechende Darstellung für eine vektorielle Austauschgröße $\mathbf{\Phi}$ lautet

$$\frac{\partial \boldsymbol{\varphi}_{(v)}}{dt} + \operatorname{Div}[\boldsymbol{\varphi}_{(v)} \circ \mathbf{v}] + \operatorname{Div}[-\Lambda \operatorname{Grad} \boldsymbol{\varphi}_{(v)}] + \operatorname{Div}[-\varepsilon \operatorname{Grad} \boldsymbol{\varphi}_{(v)}] =$$

$$= \sum_j \frac{d\dot{\mathbf{\Phi}}_{j[Uw]}}{dV} \tag{4.30}$$

Hierin bedeuten Λ den allgemeinen Leitkoeffizienten (konduktiver Austauschkoeffizient) und ε den allgemeinen turbulenten Austauschkoeffizienten.

Sieht man von den Umwandlungstermen in Gln. (4.29) und (4.30) ab, so weisen unter Berücksichtigung der vereinfachenden Annahmen dieser Darstellung sämtliche übrigen Terme der Bilanzgleichungen eine formale Analogie auf. Damit liegt diesen aber auch eine entsprechende Analogie der Mechanismen der einzelnen Austauscheffekte zugrunde. Auf weitere Einzelheiten dieser Analogie wird noch ausführlich in Kapitel 6.0 eingegangen. In den folgenden Abschnitten werden vorerst die speziellen Formulierungen der Bilanzgleichungen für die verschiedenen Austauschgrößen behandelt.

4.3.2 Differentielle Stoffbilanzen

Die Stoffbilanzen können auf die partiellen Molmengen N_i, die partiellen Massen M_i, die Gesamtmolmenge N oder die Gesamtmasse M bezogen werden. Die betreffende Bilanzgleichung ergibt sich, wenn man in der allgemeinen Bilanzgleichung (4.26) die dort angeführten allgemeinen Größen $\dot{\varphi}_{(v)}$, φ und $\dot{\Phi}$ durch die betreffenden speziellen Größen ersetzt und außerdem die im Kapitel 3.0 angeführten speziellen Gesetzmäßigkeiten für die Ergiebigkeiten der einzelnen Arten von Austauschströmen heranzieht.

4.3.2.1 Bilanz auf Basis der partiellen Molmenge

Die maßgeblichen Größen sind im vorliegenden Fall die Molmenge N_i als spezielle Austauschgröße, die molare Konzentration c_i, der Molmengenstrom $\dot{N}_i$ und die Stoffstromdichte $\dot{n}_i$.

Damit nimmt die allgemeine Bilanzgleichung (4.26) zunächst folgende Form an

$$\frac{\partial c_i}{\partial t} + \operatorname{div} \dot{\mathbf{n}}_{i[K]} + \operatorname{div} \dot{\mathbf{n}}_{i[L]} + \operatorname{div} \dot{\mathbf{n}}_{i[T]} = \sum_U \frac{dN_{i[Uw]}}{dV} \tag{4.31}$$

Für die Ergiebigkeit des konvektiven Stoffstromes gilt nach der Beziehung (3.97)

$$\operatorname{div} \dot{\mathbf{n}}_{i[K]} = \operatorname{div}(c_i \mathbf{v}) \tag{4.32}$$

Da nukleare Reaktionen nicht berücksichtigt werden, kommen für die Stoffumwandlung nur chemische Reaktionen in Betracht. Wird weiter angenommen, daß die Stoffkomponente i bei dem betreffenden Prozeß nur an einer einzigen chemischen Umwandlung beteiligt ist, so liegt nur ein einziger Umwandlungsterm ($U = 1$) vor. Für diesen gilt gemäß den Beziehungen (3.121) und (3.123) der Ausdruck

$$\frac{d\dot{N}_{i[Uw]}}{dV} = \dot{r}_i = \dot{r}\nu_i \tag{4.33}$$

Auf diese Weise erhält man für die Bilanzgleichung (4.31) die weitere Formulierung

$$\frac{\partial c_i}{\partial t} + \operatorname{div}(c_i \mathbf{v}) + \operatorname{div} \dot{\mathbf{n}}_{i[L]} + \operatorname{div} \dot{\mathbf{n}}_{i[T]} = \dot{r}\nu_i \tag{4.34}$$

Für die Ergiebigkeit des turbulenten Transportstromes soll die Darstellung des Abschnittes 3.2.3 verwendet werden. Nach dieser gilt

$$\dot{\mathbf{n}}_{i[T]} = -\varepsilon_i \operatorname{grad} c_i \tag{4.35}$$

Daraus folgt für den betreffenden Divergenz-Term

$$\operatorname{div} \dot{\mathbf{n}}_{i[T]} = \operatorname{div}[-\varepsilon_i \operatorname{grad} c_i] \tag{4.36}$$

Dabei bedeutet ε_i den turbulenten Stoffaustauschkoeffizienten[1].

Bei der Formulierung der Ergiebigkeit des konduktiven Stoffstromes ist entsprechend den Ausführungen in Abschnitt 3.2.1.2 zu beachten, ob eine äquimolare, eine einseitige oder eine allgemeine Diffusion vorliegt (vergleiche auch Abschnitt 7.2). Es sei hier zunächst der allgemeine Fall einer allgemeinen Diffusion zugrundegelegt. Hiefür erhält man entsprechend der Beziehung (3.55) für den Sonderfall eines Zweikomponentensystems die Gleichung[2]

$$\operatorname{div} \dot{\mathbf{n}}_{i[L]} = \operatorname{div}\left[-D_i \frac{c}{c - c_i} \operatorname{grad} c_i\right] - \operatorname{div}\left[\frac{c_i}{c - c_i} \dot{\mathbf{n}}_{j[L]}\right] \tag{4.37}$$

Für den Sonderfall der einseitigen Diffusion gilt $\dot{\mathbf{n}}_{j[L]} = 0$ und damit

$$\operatorname{div} \dot{\mathbf{n}}_{i[L]} = -\operatorname{div}\left[D_i \frac{c}{c - c_i} \operatorname{grad} c_i\right] \tag{4.38}$$

---

[1] Entsprechend den Erörterungen des früheren Abschnittes 3.2.4 werden die verschiedenen turbulenten Austauschkoeffizienten häufig näherungsweise einander gleich gesetzt. Hier wird jedoch von dieser Näherung nicht Gebrauch gemacht.

[2] Dabei wurden noch folgende Vereinfachungen gemacht $D_i = D_j$; $c = c_i + c_j \simeq$ konst.

sowie für die äquimolare Diffusion mit $\dot{\mathbf{n}}_{i[L]} = \dot{\mathbf{n}}_{j[L]}$ und $c - c_i \simeq c$, das heißt bei geringen Konzentrationen c_i

$$\operatorname{div} \dot{\mathbf{n}}_{i[L]} = \operatorname{div}[-D_i \operatorname{grad} c_i] \tag{4.39}$$

Um die weiteren Ausführungen zu vereinfachen, beschränkt man sich entweder auf den Sonderfall der äquimolaren Diffusion oder andernfalls auf eine Diffusion bei sehr niedriger Konzentration c_i. In all diesen Fällen gilt ebenfalls die Beziehung (4.39). Unter diesen Voraussetzungen nimmt die differentielle Stoffbilanz schließlich nachstehende Form an

$$\frac{\partial c_i}{\partial t} + \operatorname{div}(c_i \mathbf{v}) + \operatorname{div}[-D_i \operatorname{grad} c_i] + \operatorname{div}[-\varepsilon_i \operatorname{grad} c_i] = \dot{r} v_i \tag{4.40}$$

Für den Sonderfall, daß der Diffusionskoeffizient D_i im betrachteten Bereich annähernd konstant ist, nimmt der konduktive Transportterm folgende noch weiter vereinfachte Form an:

$$\operatorname{div} \dot{\mathbf{n}}_{i[L]} = \operatorname{div}[-D_i \operatorname{grad} c_i] = -D_i \operatorname{div} \operatorname{grad} c_i \tag{4.41}$$

Treffen die erwähnten vereinfachenden Voraussetzungen nicht zu, so muß die Ergiebigkeit des konduktiven Stoffstromes in Gl. (4.34) mit Hilfe der allgemeinen Beziehung (3.55) berechnet werden.

Betrachtet man den Sonderfall, daß nur ein Speicherstrom und ein konduktiver Transportstrom vorliegen, und legt man ferner einen konstanten Diffusionskoeffizienten zugrunde, so vereinfacht sich die frühere Beziehung auf das sogenannte 2. Ficksche Gesetz

$$\frac{\partial c_i}{\partial t} = -D_i \operatorname{div} \operatorname{grad} c_i \tag{4.42}$$

Beachtet man, daß Speicher-Effekte immer mit instationären Vorgängen verbunden sind, so kann das 2. Ficksche Gesetz auch als Gesetz der äquimolaren Diffusion bzw. der allgemeinen Diffusion bei sehr geringer Konzentration c_i im Fall instationärer Verhältnisse interpretiert werden.

4.3.2.2 Bilanz auf Basis der partiellen Masse

Die betreffenden Beziehungen ergeben sich aus den für die partielle Molmenge beschriebenen Bilanzgleichungen durch Umrechnung mit Hilfe der molaren Masse $\tilde{M}_i$. Die Umrechnungsgleichung dazu lautet

$$M_i = \tilde{M}_i N_i \tag{4.43}$$

Daraus leitet sich die Konzentration (partielle Dichte ρ_i), die Stromdichte $\dot{m}_i$ und die Umwandlungsergiebigkeit $d\dot{M}_{i[Uw]}/dV$ der partiellen Masse wie folgt ab

$$\rho_i = \tilde{M}_i c_i; \qquad \dot{\mathbf{m}}_i = \tilde{M}_i \dot{\mathbf{n}}_i \tag{4.44}$$

$$\frac{d\dot{M}_{i[Uw]}}{dV} = \tilde{M}_i \frac{d\dot{N}_{i[Uw]}}{dV} = \tilde{M}_i \dot{r} v_i \tag{4.45}$$

Damit geht die Bilanzgleichung (4.34) über in[1]

$$\frac{\partial \rho_i}{\partial t} + \operatorname{div}(\rho_i \mathbf{v}) + \operatorname{div} \dot{\mathbf{m}}_{i[L]} + \operatorname{div} \dot{\mathbf{m}}_{i[T]} = \tilde{M}_i \dot{r} v_i \tag{4.46}$$

Beschränkt man sich auch hier auf den Sonderfall einer äquimolaren Diffusion oder einer Diffusion bei sehr niedriger Konzentration c_i, so kann von der Beziehung (4.40) ausgegangen werden, und man erhält mit (4.36) nach entsprechender Umformung

$$\frac{\partial \rho_i}{\partial t} + \operatorname{div}(\rho_i \mathbf{v}) + \operatorname{div}[-D_i \operatorname{grad} \rho_i] + \operatorname{div}[-\varepsilon_i \operatorname{grad} \rho_i] = \tilde{M}_i \dot{r} v_i \tag{4.47}$$

Treffen obige vereinfachende Voraussetzungen nicht zu, so ist die allgemeine Beziehung (3.57) heranzuziehen und bezüglich der Umrechnung in oben gezeigter Weise zu verfahren.

4.3.2.3 Bilanz auf Basis der Gesamtmasse

Als Ausgangspunkt wird die frühere allgemeine Bilanzgleichung (4.29) des Abschnittes 4.3.1 verwendet. Die den derartigen allgemeinen Größen entsprechenden speziellen Größen sind

M – Gesamtmasse
ρ – Gesamtmassenkonzentration (Dichte)
$\dot{m}$ – gesamte Massenstromdichte
$\dot{M}$ – Massenstrom
D_M – Koeffizient der *Selbstdiffusion* der Gesamtmasse
ε_M – turbulenter Austauschkoeffizient der Gesamtmasse.

Damit erhält man[2]

$$\frac{\partial \rho}{\partial t} + \operatorname{div}(\rho \mathbf{v}) + \operatorname{div}[-D_M \operatorname{grad} \rho] + \operatorname{div}[-\varepsilon_M \operatorname{grad} \rho] = \sum_U \frac{d\dot{M}_U}{dV} \tag{4.48}$$

Läßt man nukleare Reaktionen außer acht, so ist der auf der rechten Seite von (4.48) aufscheinende Umwandlungsterm hier gleich null. Ferner sind die innerhalb einer Phase auftretenden Dichteunterschiede und damit der Dichtegradient vielfach so gering, daß im allgemeinen sowohl der konduktive als auch der turbulente Transport der Gesamtmasse gegenüber dem konvektiven vernachlässigt werden können[3]. Damit reduziert sich die Gl. (4.48) auf die beiden ersten Terme und nimmt damit die bekannte Form der sogenannten Kontinuitätsgleichung an

$$\frac{\partial \rho}{\partial t} + \operatorname{div}(\rho \mathbf{v}) = 0 \tag{4.49}$$

---

[1] Man vergleiche hiezu auch die betreffenden Ausführungen der früheren Abschnitte 3.2.1.2, 3.2.3 und 3.4.1.2.

[2] Man vergleiche hiezu auch die betreffenden Ausführungen der früheren Abschnitte 3.2.1.2, 3.2.3 und 3.4.1.4.

[3] Man vergleiche hiezu die Ausführungen in Abschnitt 3.2.

In dieser Form findet die differentielle Bilanzgleichung der Gesamtmasse ihre häufigste Anwendung.

4.3.2.4 Bilanz auf Basis der Gesamt-Molmenge

Es wird wiederum von der allgemeinen Bilanzgleichung (4.26) des Abschnittes 4.3.1 ausgegangen. Die betreffenden speziellen Größen sind in diesem Fall die Gesamt-Molmenge N, die gesamte molare Konzentration c, die Stromdichte der Gesamt-Molmenge $\dot{n}$ sowie der Strom der Gesamt-Molmenge $\dot{N}$.

Dabei wird ebenso wie bei der Bilanz der Gesamtmasse der konduktive und turbulente Transport gegenüber dem konvektiven vernachlässigt[1]. Für den betreffenden Umwandlungsterm gilt gemäß Abschnitt 3.4.1.3

$$\frac{d\dot{N}_{[Uw]}}{dV} = \sum_{i=1}^{k} \frac{d\dot{N}_{i[Uw]}}{dV} = \sum_{i=1}^{k} \dot{r}\nu_i = \dot{r} \sum_{i=1}^{k} \nu_i \tag{4.50}$$

Damit nimmt die Bilanzgleichung der Gesamt-Molmenge nachstehende Form an[2]

$$\frac{\partial c}{\partial t} + \operatorname{div}(c\mathbf{v}) = \dot{r} \sum_{i=1}^{k} \nu_i \tag{4.51}$$

4.3.3 Differentielle Energiebilanzen

Am Energieumsatz eines Austauschvorganges sind zumeist verschiedene Energiearten beteiligt. Im Falle eines strömenden Mediums kommen hiefür insbesondere die innere Energie U, die kinetische Energie E_{kin} und die potentielle Energie E_{pot} in Betracht. Sollen beispielsweise diese drei Energiearten gemeinsam bilanziert werden, so wird es im allgemeinen für die weitere Berechnung zweckmäßig sein, diese zu einer Gesamt-Energie E zusammenzufassen

$$E = U + E_{\text{kin}} + E_{\text{pot}} = Mu + M\frac{v^2}{2} + Mgz \tag{4.52}$$

bzw. im Fall eines differentiellen Massenteilchens dM

$$dE = dMu + dM\frac{v^2}{2} + dMgz \tag{4.53}$$

Für die zu bilanzierende volumsbezogene Energiekonzentration $e_{(v)}$ erhält man den Ausdruck

$$e_{(V)} = \frac{dE}{dV} = \frac{dM}{dV}\frac{dE}{dM} = \rho\frac{dE}{dM} = \rho u + \rho\frac{v^2}{2} + \rho gz \tag{4.54}$$

Führt man die Größe $e_{(V)}$ in die allgemeine Bilanzgleichung (4.26) ein, so nimmt die differentielle Energiebilanz vorerst nachstehende Form an

$$\frac{\partial e_{(V)}}{\partial t} + \operatorname{div}\dot{\mathbf{e}}_{[K]} + \operatorname{div}\dot{\mathbf{e}}_{[L]} + \operatorname{div}\dot{\mathbf{e}}_{[T]} = \sum_j \frac{d\dot{E}_{j[Uw]}}{dV} \tag{4.55}$$

---

[1] Man vergleiche Abschnitt 3.2.1.2.

[2] Man vergleiche hiezu auch die früheren Abschnitte 3.2.1.2, 3.2.3 und 3.4.1.3.

Hierin kennzeichnen $\partial e_{(V)}/\partial t$ die auf die Volumseinheit bezogene zeitliche Zu- oder Abnahme der Energie E, $\operatorname{div}\dot{\mathbf{e}}_{[K]}$ die Ergiebigkeit des Energietransportes zufolge Konvektion und $\operatorname{div}\dot{\mathbf{e}}_{[L]}$ sowie $\operatorname{div}\dot{\mathbf{e}}_{[T]}$ diejenigen zeitlichen Änderungen des Energietransportes zufolge Konduktion und Turbulenz. Der Term $\sum d\dot{E}_{j[U_W]}/dV$ beschreibt schließlich die Ergiebigkeit der Energieumwandlung im Inneren oder an der Oberfläche des betreffenden Volumselements dV. Führt man anstelle der einzelnen Glieder die dafür maßgebenden Beziehungen nach Kapitel 3.0 ein, so läßt sich die Energiebilanz in eine für die Berechnung des Temperaturprofils erweiterte Form bringen.

Für den konvektiven Term des Energietransportes gilt nach Gl. (3.92) die Beziehung

$$\operatorname{div}\dot{\mathbf{e}}_{[K]} = \operatorname{div}(e_{(V)}\cdot\mathbf{v}) \tag{4.56}$$

Ähnlich lassen sich auch der konduktive und turbulente Transportterm in Gl. (4.55) aus den entsprechenden allgemeinen Beziehungen der Abschnitte 3.2.1.3 und 3.2.3 herleiten. Unter der Annahme, daß der molekulare Energietransport ausschließlich in Form eines Wärmestromes erfolgt, ergibt sich für die Ergiebigkeit des konduktiven Wärmetransportes nach Tab. 3.4 der Ausdruck

$$\operatorname{div}\dot{\mathbf{e}}_{[L]} = \operatorname{div}\dot{\mathbf{q}}_{[L]} = \operatorname{div}[-\lambda \operatorname{grad} T] \tag{4.57}$$

Ferner folgt für den betreffenden turbulenten Term gemäß Tab. 3.6

$$\operatorname{div}\dot{\mathbf{e}}_{[T]} = \operatorname{div}\dot{\mathbf{q}}_{[T]} = \operatorname{div}[-\varepsilon_Q \operatorname{grad}(\rho c_p T)] \tag{4.58}$$

Wählt man ausschließlich die innere Energie U als Bilanzgröße, so wird die Reaktionswärme in der Größe U implizit miterfaßt und muß daher auch nicht in Form eines Umwandlungs-Termes berücksichtigt werden. In diesem Fall tritt nur ein einziger Umwandlungseffekt formal in Erscheinung. Es ist jener, der durch die Umwandlung von Verdrängungsarbeit zufolge des Druckfeldes in eine andere Energieart bedingt ist. Für die betreffende Umwandlungsergiebigkeit gilt nach Gl. (3.162)

$$\frac{d\dot{E}_p}{dV} = -\operatorname{div}(p\mathbf{v}) \tag{4.59}$$

Damit folgt aus Gl. (4.55) für die differentielle Energiebilanz die Beziehung

$$\frac{\partial e_{(V)}}{\partial t} + \operatorname{div}(e_{(V)}\mathbf{v}) + \operatorname{div}[-\lambda \operatorname{grad} T] + \operatorname{div}[-\varepsilon_Q \operatorname{grad}(\rho c_p T)] = -\operatorname{div}(pV) \tag{4.60}$$

Setzt man darin für die allgemeine Energiekonzentration $e_{(V)}$ den Ausdruck (4.54) ein, so ergibt sich dafür die weitere Beziehung

$$\frac{\partial(\rho u + (v^2/2) + g\rho z)}{\partial t} + \operatorname{div}\left[\left(\rho u + \frac{\rho v^2}{2} + g\rho z\right)\mathbf{v}\right] + \operatorname{div}[-\lambda \operatorname{grad} T] + \operatorname{div}[-\varepsilon_Q \operatorname{grad}(\rho c_p T)] = -\operatorname{div}(p\mathbf{v}) \tag{4.61}$$

Häufig kann jedoch die kinetische Energie $M(v^2/2)$ und die potentielle Energie

Mgz gegenüber der inneren Energie U vernachlässigt werden[1]. In diesem Fall sind für die Bilanzgröße E und für die Energiekonzentration $e_{(V)}$ folgende Ausdrücke einzusetzen

$$E = U = Mu \tag{4.62}$$

und

$$e_{(V)} = \rho u \tag{4.63}$$

Damit kann die obige Energiebilanz in nachstehender Weise vereinfacht werden

$$\frac{\partial(\rho u)}{\partial t} + \operatorname{div}(\rho u \mathbf{v}) + \operatorname{div}(-\lambda \operatorname{grad} T) + \operatorname{div}[-\varepsilon_Q \operatorname{grad}(\rho c_p T)] = -\operatorname{div}(p\mathbf{v}) \tag{4.64}$$

Erweist es sich als vorteilhaft, die innere Energie u durch die Enthalpie h zu ersetzen, so lassen sich mittels des nachstehenden Zusammenhanges

$$h = u + p/\rho \tag{4.65}$$

folgende Umformungen durchführen

$$\frac{\partial(\rho u)}{\partial t} = \frac{\partial(\rho h)}{\partial t} - \frac{\partial p}{\partial t} \tag{4.66}$$

$$\operatorname{div}(\rho u \mathbf{v}) + \operatorname{div}(p\mathbf{v}) = \operatorname{div}(\rho h \mathbf{v}) \tag{4.67}$$

Damit geht die auf Basis der inneren Energie u erstellte Bilanzgleichung (4.64) über in folgende Beziehung

$$\frac{\partial(\rho h)}{\partial t} + \operatorname{div}(\rho h \mathbf{v}) + \operatorname{div}[-\lambda \operatorname{grad} T] + \operatorname{div}[-\varepsilon_Q \operatorname{grad} \rho c_p T] = +\frac{\partial p}{\partial t} \tag{4.68}$$

Die Größe $\partial p/\partial t$ fungiert dabei als formale Umwandlungs-Ergiebigkeit bezüglich der Enthalpie h als Bilanzgröße.

Um zu einer expliziten Darstellung der Reaktionswärme zu gelangen, ist gemäß den Ausführungen des Abschnittes 3.4.2 die Enthalpie in entsprechender Weise aufzuspalten. Dazu sind eine Reihe von Umformungen durchzuführen. Eine solche führt unter anderem auf den Zusammenhang[2]

$$\frac{\partial(\rho h)}{\partial t} + \operatorname{div}(\rho h \mathbf{v}) = \rho \frac{dh}{dt} \tag{4.69}$$

Der auf der rechten Seite aufscheinende Ausdruck dh/dt stellt dabei eine sogenannte substantielle, das heißt auf ein bewegtes Teilchen bezogene Ableitung[3] dar. Dabei hat man jedoch zu beachten, daß jede Zustandsgröße eines Systems in folgender funktioneller Abhängigkeit vorliegt

---

[1] Man vergleiche hiezu die Darstellungen in Abschnitt 3.2.2.3.

[2] Die eingehende mathematische Ableitung dieser Beziehung findet sich bei [4.4].

[3] Man vergleiche hiezu Brauer [4.4] oder Gröber, Erk, Grigull [4.5]. Die angeführten Autoren verwenden für die Ableitungen dh/dt, dH/dt in diesem Zusammenhang auch die Schreibweise Dh/dt bzw. DH/dt.

$$h = h(t, \mathbf{x}) \tag{4.70}$$

wenn $\mathbf{x}$ den momentanen Ortsvektor eines bewegten Teilchens bedeutet. Daraus folgt für die zeitliche Ableitung des entsprechenden Enthalpie-Wertes

$$\frac{dh}{dt} = \frac{\partial h}{\partial t} + \frac{\partial h}{\partial \mathbf{x}} \cdot \frac{d\mathbf{x}}{dt} = \frac{\partial h}{\partial t} + (\operatorname{grad} h) \cdot \mathbf{v} = \frac{\partial h}{\partial t} + \mathbf{v} \cdot \operatorname{grad} h \tag{4.71}$$

Ferner gilt bei konstanter Masse M des Teilchens

$$\frac{dh}{dt} = \frac{d(H/M)}{dt} = \frac{1}{M}\frac{dH}{dt} \tag{4.72}$$

Setzt man hierin für dH gemäß Gl. (3.146) bis (3.151) die Beziehung

$$dH = Mc_p dT + M\left(\frac{\partial h}{\partial p}\right)_{T, x_i} dp + \Delta H_R \frac{dN_i}{\nu_i} \tag{4.73}$$

ein, so erhält man für die auf die Zeiteinheit bezogene Enthalpie nach Gl. (4.69) nachstehenden Zusammenhang

$$\rho \frac{dh}{dt} = \frac{\rho}{M}\frac{dH}{dt} = \rho c_p \frac{dT}{dt} + \rho\left(\frac{\partial h}{\partial p}\right)_{T, x_i} \frac{dp}{dt} + \frac{\rho}{M}\Delta H_R \frac{1}{\nu_i}\frac{dN_i}{dt} \tag{4.74}$$

Die Größe $(1/\nu_i)(dN_i/dt)$ steht dabei gemäß Gl. (3.123) in nachstehendem Zusammenhang mit der Reaktionsgeschwindigkeit $\dot{r}$

$$\nu_i \dot{r} = \dot{r}_i = \frac{1}{V}\frac{dN_i}{dt} \tag{4.75}$$

Dabei bedeutet V ein raumfestes Volumen, das sich analog den Ausführungen in Abschnitt 3.4 auch auf ein kleines Volumsteilchen ($V \rightarrow dV$) reduzieren läßt. Damit erhält man den weiteren Zusammenhang

$$\frac{\rho}{M}\Delta H_R \frac{1}{\nu_i}\frac{dN_i}{dt} = \Delta H_R \frac{\rho V}{M}\dot{r} = \Delta H_R \dot{r} \tag{4.76}$$

Mit Gln. (4.76) und (4.74) läßt sich der Ausdruck (4.69) wie folgt darstellen

$$\frac{\partial(\rho h)}{\partial t} + \operatorname{div}(\rho h \mathbf{v}) = \rho \frac{dh}{dt} = \rho c_p \frac{dT}{dt} + \rho\left(\frac{\partial h}{\partial p}\right)_{T, x_i} \frac{dp}{dt} + \Delta H_R \dot{r} \tag{4.77}$$

Die in Gl. (4.69) angegebene Beziehung für die Ableitung dh/dt gilt in analoger Weise auch für die Zustandsgrößen T und p. Diese sind

$$\rho \frac{dT}{dt} = \frac{\partial(\rho T)}{\partial t} + \operatorname{div}(\rho T \mathbf{v}) \tag{4.78}$$

und

$$\rho \frac{dp}{dt} = \frac{\partial(\rho p)}{\partial t} + \operatorname{div}(\rho p \mathbf{v}) \tag{4.79}$$

Damit ergibt sich nach Umformung der Beziehung (4.68) für die differentielle

Energiebilanz

$$c_p \frac{\partial(\rho T)}{\partial t} + \left(\frac{\partial h}{\partial p}\right)_{T,x_i} \frac{\partial(\rho p)}{\partial t} + c_p \operatorname{div}(\rho T \mathbf{v}) + \left(\frac{\partial h}{\partial p}\right)_{T,x_i} \cdot \operatorname{div}(\rho p \mathbf{v}) +$$

$$+ \operatorname{div}[-\lambda \operatorname{grad} T] + \operatorname{div}[-\varepsilon_Q \operatorname{grad}(\rho c_p T)] = -\Delta H_R \dot{r} + \frac{\partial p}{\partial t} \qquad (4.80)$$

Für den Sonderfall konstanter spezifischer Wärme und Dichte ($\rho c_p = \text{const.}$) ergibt sich daraus nach entsprechender Umstellung mit $\lambda = a\rho c_p$ folgende Form der differentiellen Energiebilanzgleichung mit $\rho c_p T$ als Bilanzgröße

$$\frac{\partial(\rho c_p T)}{\partial t} + \operatorname{div}(\rho c_p T \mathbf{v}) + \operatorname{div}[-a \operatorname{grad}(\rho c_p T)] + \operatorname{div}[-\varepsilon_Q \operatorname{grad}(\rho c_p T)]$$

$$= -\Delta H_R \dot{r} + \frac{\partial p}{\partial t} - \left(\frac{\partial h}{\partial p}\right)_{T,x_i} \left[\frac{\partial(\rho p)}{\partial t} + \operatorname{div}(\rho p \mathbf{v})\right] \qquad (4.81)$$

Dabei stellen die auf der rechten Seite der Gleichung angeführten Ausdrücke die der Bilanzgröße $\rho c_p T$ entsprechenden Umwandlungsergiebigkeiten dar. Im besonderen bedeutet die Größe

$$-\Delta H_R \dot{r} = \frac{d\dot{E}_{[Uw]}}{dV} = \frac{d\dot{Q}_R}{dV} \qquad (4.82)$$

gemäß Beziehung (3.157) die Ergiebigkeit der Reaktionswärme (die Umwandlungsergiebigkeit der Wärme zufolge der chemischen Reaktion). Treten bei dem betreffenden Vorgang nur geringfügige Druckänderungen auf, so können die Größen

$$\frac{\partial p}{\partial t} \quad \text{sowie} \quad \frac{\partial \rho p}{\partial t} + \operatorname{div}(\rho p \mathbf{v}) \qquad (4.83)$$

in Gl. (4.81) vernachlässigt werden. Damit ergibt sich schließlich nachstehende vereinfachte Form der differentiellen Energiebilanzgleichung

$$\frac{\partial(\rho c_p T)}{\partial t} + \operatorname{div}(\rho c_p T \mathbf{v}) + \operatorname{div}[-a \operatorname{grad}(\rho c_p T)]$$

$$+ \operatorname{div}[-\varepsilon_Q \operatorname{grad}(\rho c_p T)] = -\Delta H_R \dot{r} \qquad (4.84)$$

Diese Beziehung entspricht, wie ersichtlich, vollständig der allgemeinen Formulierung der Bilanzgleichung, wenn man die allgemeine Austauschgröße durch die „fühlbare Wärme" $E = Mc_p T$ und die allgemeine Konzentration $\varphi_{(v)}$ durch die betreffende Konzentration $e_{(v)} = \rho c_p T$ der fühlbaren Wärme ersetzt. Ferner stellt die Größe $-\Delta H_R \dot{r}$ die betreffende Umwandlungsergiebigkeit der Wärme dar.

Einen Sonderfall von Energiebilanzen stellen die Exergie- und Anergiebilanzen dar. Dabei ist jede Umwandlung von Exergie in Anergie mit einer negativen Umwandlungsergiebigkeit bezüglich der Exergie und mit einer positiven Umwandlungsergiebigkeit bezüglich der Anergie verbunden. Die Exergiebilanzen sind von Bedeutung, wenn der betreffende Prozeß in thermodynamischer Hinsicht optimiert werden soll.

4.3.4 *Differentielle Impulsbilanzen*

Als Basis für die Aufstellung der differentiellen Impulsbilanzen wird von der auf eine vektorielle Austauschgröße $\mathbf{\Phi}$ bezogenen allgemeinen Bilanzgleichung (4.27) ausgegangen. Ersetzt man hierin die allgemeinen Größen durch die in den Abschnitten 3.3, 3.2 und 3.4 speziell für den Impuls $\mathbf{I}$ angeführten Speicher-, Transport- und Umwandlungsgrößen, so läßt sich Gl. (4.27) in nachstehende differentielle Form der Impulsbilanzgleichung überführen

$$\frac{\partial(\rho\mathbf{v})}{\partial t} + \operatorname{Div}\overset{*}{i}_{[K]} + \operatorname{Div}\overset{*}{i}_{[L]} + \operatorname{Div}\overset{*}{i}_{[T]} = \sum_j \frac{d\mathbf{I}_{j[Uw]}}{dV} \tag{4.85}$$

Dabei entsprechen auf der linken Seite der erste Term der Speicherung, der zweite der Konvektion [K], der dritte der Leitung [L] und der vierte der Turbulenz [T].

Der Term auf der rechten Seite der Gleichung erfaßt schließlich alle Vorgänge, bei denen zufolge eines Umwandlungseffektes an der Oberfläche oder im Inneren des betreffenden Volumselementes dV Impulsmengen entstehen. Von den verschiedenen Möglichkeiten sollen im weiteren nur einige berücksichtigt werden, nämlich einerseits die zufolge der an der Oberfläche des Volumselementes auftretenden Druckkraft $\mathbf{p}$ sowie andererseits die auf Grund der von außen auf das Volumselement wirkenden Trägheits- bzw. Schwerkräfte. Kommt dafür allein die Schwerkraft in Frage, so genügt zur Beschreibung des betreffenden Impulsumwandlungseffektes die Beziehung

$$\frac{d\mathbf{I}_g}{dV} = \rho\mathbf{g} \tag{4.86}$$

Ansonsten ist dafür der allgemeine Ausdruck $\sum(\rho_i\mathbf{b}_i)$ mit $\mathbf{b}_i$ als spezifische Beschleunigung der Komponente i, beispielsweise hervorgerufen durch Zentrifugalkräfte etc., zu setzen [4.4].

Für die Impulsumwandlungsergiebigkeit infolge des statischen Druckes p gilt nach Abschnitt 3.4.3[1]

$$\frac{d\mathbf{I}_p}{dV} = -\operatorname{grad} p \tag{4.87}$$

Die Ergiebigkeit $\operatorname{Div}\overset{*}{i}_{[K]}$ des konvektiven Impulsstromes ist nach Tab. 3.3 gegeben durch die Beziehung

$$\operatorname{Div}\overset{*}{i}_{[K]} = \operatorname{Div}(\rho\mathbf{v}\circ\mathbf{v}) \tag{4.88}$$

Im Gegensatz zur konvektiven Impulsstromdichte lassen sich sowohl der konduktiven Impulsstromdichte $\overset{*}{i}_{[L]}$ wie auch dem entsprechenden turbulenten Term $\overset{*}{i}_{[T]}$ sogenannte Spannungstensoren $\bar{\tau}$ zuordnen. Es sind dies die Tensoren der konduktiven und turbulenten Schubspannung der Strömung, wobei nachstehende

---

[1] Die Größe grad p kann formal auch als Divergenz-Größe dargestellt werden, wobei unter Berücksichtigung des Kroneckerschen Einheitstensors $\bar{\delta}$ dafür nachstehender Zusammenhang gilt [4.6]

$$\operatorname{grad} p = \operatorname{div}(p\bar{\delta})$$

Zusammenhänge gelten

$$\dot{\bar{i}}_{[L]} = \bar{\bar{\tau}}_{[L]} \qquad (4.89)$$

bzw.

$$\dot{\bar{i}}_{[T]} = \bar{\bar{\tau}}_{[T]} \qquad (4.90)$$

Solange für die durch die Zähigkeit des Mediums bedingten Schubspannungen $\bar{\bar{\tau}}_{[L]}$ keine speziellen Gesetzmäßigkeiten eingeführt werden, gilt die allgemeine Impulsbilanzgleichung (4.85) uneingeschränkt für alle Newtonschen und auch Nicht-Newtonschen Fluide. Bei Medien, die ihrem Strömungsverhalten nach Newtonsche Eigenschaften besitzen, läßt sich die Ergiebigkeit des konduktiven Impulsstromes nach Abschnitt 3.2.1.4 wie folgt darstellen

$$\operatorname{Div} \dot{\bar{i}}_{[L]} = \operatorname{Div} \bar{\bar{\tau}}_{[L]} = \operatorname{Div}[-\eta(\operatorname{Grad} \mathbf{v}) - \eta(\operatorname{Grad} \mathbf{v})^{+}] \qquad (4.91)$$

Für Nicht-Newtonsche Fluide gibt es, wie bereits in Abschnitt 3.3.2.4 erwähnt, keinen derartigen einheitlichen Zusammenhang. Analog läßt sich für die Ergiebigkeit des turbulenten Impulsstromes nachstehender Zusammenhang angeben

$$\operatorname{Div} \dot{\bar{i}}_{[T]} = \operatorname{Div} \tau_{[T]} = \operatorname{Div}[-\varepsilon(\operatorname{Grad} \rho\mathbf{v}) - \varepsilon(\operatorname{Grad} \rho\mathbf{v})^{+}] \qquad (4.92)$$

Unter Berücksichtigung oben angeführter Zusammenhänge nimmt die Impulsbilanz (4.85) folgende konkrete Form an

$$\frac{\partial(\rho\mathbf{v})}{\partial t} + \operatorname{Div}(\rho\mathbf{v} \circ \mathbf{v}) + \operatorname{Div}[-\eta(\operatorname{Grad} \mathbf{v}) - \eta(\operatorname{Grad} \mathbf{v})^{+}]$$

$$+ \operatorname{Div}[-\varepsilon(\operatorname{Grad} \rho\mathbf{v}) - \varepsilon(\operatorname{Grad} \rho\mathbf{v})^{+}] = -\operatorname{grad} p + \rho\mathbf{g} \qquad (4.93)$$

In der hier beschriebenen allgemeingültigen Form bildet die Impulsbilanzgleichung zusammen mit den durch das System festgelegten Anfangs- und Randbedingungen die Grundlage für die Berechnung der zeit- und ortsveränderlichen Geschwindigkeiten in einem Strömungsfeld. In der Darstellung, wie sie durch Gl. (4.85) gegeben ist, ist die Impulsbilanzgleichung voraussetzungslos gültig. Oft genügt aber auch nur eine systemspezifische vereinfachte Darstellung, wodurch nämlich der Lösungsaufwand zur Berechnung des betreffenden Geschwindigkeitsfeldes wesentlich geringer wird. Einige derartige Sonderfälle sind im folgenden angeführt:

Fall A. Medium mit konstanter Zähigkeit und Dichte. Betrachtet man den Sonderfall eines Mediums mit annähernd konstanter Zähigkeit ($\eta = \text{const.}$) und auch annähernd konstanter Dichte ($\rho = \text{const.}$), so vereinfacht sich der Ausdruck für die konduktive Transportergiebigkeit gemäß Gl. (3.81) zu

$$\operatorname{Div} \dot{\bar{i}}_{[L]} = -\nu \operatorname{Div} \operatorname{Grad}(\rho\mathbf{v}) = -\nu \Delta(\rho\mathbf{v}) \qquad (4.94)$$

Für die turbulente Transportergiebigkeit ergibt sich im vorliegenden Sonderfall bei formal analoger Entwicklung zu der in Abschnitt 3.2.3 angegebenen Beziehung nachstehender Ausdruck[1]

---

[1] Dabei gilt die formale Identität

$$\operatorname{Div} \operatorname{Grad}(\rho\mathbf{v}) = \Delta(\rho\mathbf{v})$$

$$\operatorname{Div} \dot{\mathfrak{t}}_{[T]} = -\varepsilon \operatorname{Div} \operatorname{Grad}(\rho \mathbf{v}) = -\varepsilon \Delta(\rho \mathbf{v}) \tag{4.95}$$

Zusammen mit Gl. (4.94) erhält man somit für den Sonderfall eines annähernd inkompressiblen und reibungsfreien Mediums nachstehend vereinfachte Form der differentiellen Impulsbilanzgleichung

$$\frac{\partial(\rho \mathbf{v})}{\partial t} + \operatorname{Div}(\rho \mathbf{v} \circ \mathbf{v}) - \nu \operatorname{Div} \operatorname{Grad}(\rho \mathbf{v})$$

$$- \varepsilon \operatorname{Div} \operatorname{Grad}(\rho \mathbf{v}) = -\operatorname{grad} p + \rho \mathbf{g} \tag{4.96}$$

Erfaßt man die im Strömungsfeld auftretenden Turbulenzeffekte nicht, wie oben dargestellt, explizit mittels der turbulenten Transportergiebigkeit $\dot{\mathfrak{t}}_{[T]}$, sondern berücksichtigt sie in der Form, daß man in Gl. (4.88) anstelle der lokalen mittleren Geschwindigkeit $\mathbf{v}$ jeweils die resultierende mittlere Geschwindigkeit $\mathbf{v}_{res}$ gemäß der Beziehung[1]

$$\mathbf{v}_{res} = \mathbf{v} + \mathbf{v}^* \tag{4.97}$$

setzt, dann wird in diesem Fall der Einfluß der Turbulenz in der resultierenden Geschwindigkeit $\mathbf{v}_{res}$ implizit mitberücksichtigt, wodurch sich ein gesonderter Turbulenzterm in der Impulsbilanzgleichung erübrigt und sich diese damit in nachstehend vereinfachter Form darstellen läßt

$$\frac{\partial(\rho \mathbf{v})}{\partial t} + \operatorname{Div}(\rho \mathbf{v} \circ \mathbf{v}) - \nu \operatorname{Div} \operatorname{Grad}(\rho \mathbf{v}) = -\operatorname{grad} p + \rho \mathbf{g} \tag{4.98}$$

Wendet man auf die ersten beiden Terme der Gl. (4.98) formal die der Beziehung (4.71) zugrundeliegenden analogen Umformungen an, so nimmt die Impulsbilanz unter Berücksichtigung der entsprechenden vektoriellen Rechenregeln die spezielle Form der sogenannten Navier-Stokesschen Differentialgleichung für Medien mit konstanter Dichte ρ und Zähigkeit η an

$$\rho \frac{d\mathbf{v}}{dt} = \rho \frac{\partial \mathbf{v}}{\partial t} + \rho \mathbf{v} \circ \nabla \mathbf{v} = -\operatorname{grad} p + \rho \mathbf{g} + \nu \Delta(\rho \mathbf{v}) \tag{4.99}$$

Fall B. Ideales reibungsfreies, inkompressibles Medium. Für den Sonderfall eines idealen reibungsfreien ($\eta = 0$), inkompressiblen ($\rho = \text{const.}$) Mediums ergibt sich die differentielle Impulsbilanzgleichung in nachstehend vereinfachter Form

$$\rho \frac{d\mathbf{v}}{dt} = \rho \frac{\partial \mathbf{v}}{\partial t} + \rho \mathbf{v} \cdot \nabla \mathbf{v} = -\operatorname{grad} p + \rho \mathbf{g} \tag{4.100}$$

Diese Beziehung wurde erstmals von EULER [4.7] beschrieben und wird deshalb vielfach auch als Eulersche Gleichung bezeichnet. Zusammen mit der Kontinuitätsbedingung bildet sie die Grundlage einer Vielzahl von Strömungsproblemen, bei denen die Zähigkeitskräfte von untergeordneter Bedeutung sind.

[1] Wobei $\mathbf{v}^*$ die lokale Geschwindigkeitsschwankung darstellt.

Tabelle 4.3. *Bilanzgleichungen in verschiedenen Koordinatensystemen*

a) Differentielle Stoffbilanzgleichung mit der Annahme $D_{ij} = \text{konst.}$

Kartesische Koordinaten (x, y, z):

$$\frac{\partial \rho_i}{\partial t} + u\frac{\partial \rho_i}{\partial x} + v\frac{\partial \rho_i}{\partial y} + w\frac{\partial \rho_i}{\partial z} = D_{ij}\left(\frac{\partial^2 \rho_i}{\partial x^2} + \frac{\partial^2 \rho_i}{\partial y^2} + \frac{\partial^2 \rho_i}{\partial z^2}\right) + r_A \qquad (4.101)$$

u, v, w Geschwindigkeitskomponenten in x-, y- und z-Richtung.

Zylinderkoordinaten (r, ϕ, z):

$$\frac{\partial \rho_i}{\partial t} + u\frac{\partial \rho_i}{\partial r} + v\frac{1}{r}\frac{\partial \rho_i}{\partial \phi} + w\frac{\partial \rho_i}{\partial z} = D_{ij}\left[\frac{1}{r}\frac{\partial}{\partial r}\left(r\frac{\partial \rho_i}{\partial r}\right) + \frac{1}{r^2}\frac{\partial^2 \rho_i}{\partial \phi^2} + \frac{\partial^2 \rho_i}{\partial z^2}\right] + r_A \qquad (4.102)$$

u, v, w Geschwindigkeitskomponenten in radialer (r), tangentieller (ϕ) bzw. senkrechter (z) Richtung.

Kugelkoordinaten (r, Θ, ϕ):

$$\frac{\partial \rho_i}{\partial t} + u\frac{\partial \rho_i}{\partial r} + v\frac{1}{r}\frac{\partial \rho_i}{\partial \Theta} + w\frac{1}{r\sin\Theta}\frac{\partial \rho_i}{\partial \phi}$$

$$= D_{ij}\left[\frac{1}{r^2}\frac{\partial}{\partial r}\left(r^2\frac{\partial \rho_i}{\partial r}\right) + \frac{1}{r^2\sin\Theta}\frac{\partial}{\partial \Theta}\left(\sin\Theta\frac{\partial \rho_i}{\Theta}\right) + \frac{1}{r^2\sin^2\Theta}\left(\frac{\partial \rho_i}{\partial \varphi^2}\right)\right] + r_A \qquad (4.103)$$

b) Differentielle Kontinuitätsgleichung.

Kartesische Koordinaten (x, y, z):

$$\frac{\partial \rho}{\partial t} + \frac{\partial}{\partial x}(\rho u) + \frac{\partial}{\partial y}(\rho v) + \frac{\partial}{\partial z}(\rho w) = 0 \qquad (4.104)$$

Zylinderkoordinaten (r, ϕ, z):

$$\frac{\partial \rho}{\partial t} + \frac{1}{r}\frac{\partial}{\partial r}(\rho r u) + \frac{1}{r}\frac{\partial}{\partial \phi}(\rho v) + \frac{\partial}{\partial z}(\rho v) = 0 \qquad (4.105)$$

Kugelkoordinaten (r, ϕ, Θ):

$$\frac{\partial \rho}{\partial t} + \frac{1}{r^2}\frac{\partial}{\partial r}(\rho r^2 u) + \frac{1}{r\sin\Theta}\frac{\partial}{\partial \Theta}(\rho v\sin\Theta) + \frac{1}{r\sin\Theta}\frac{\partial}{\partial \phi}(\rho w) = 0 \qquad (4.106)$$

u Geschwindigkeitskomponenten in r-Richtung, v Geschwindigkeitskomponenten in Θ-Richtung, w Geschwindigkeitskomponenten in ϕ-Richtung.

c) Differentielle Impulsbilanzgleichung (Navier-Stokessche Gleichung), vereinfachende Annahme $\rho = \text{const.}$, Newtonsche Fluide.

Kartesische Koordinaten (x, y, z):

$$\rho\left(\frac{\partial u}{\partial t} + u\frac{\partial u}{\partial x} + v\frac{\partial u}{\partial y} + w\frac{\partial u}{\partial z}\right) = -\frac{\partial p}{\partial x} + \eta\left(\frac{\partial^2 u}{\partial x^2} + \frac{\partial^2 u}{\partial y^2} + \frac{\partial^2 u}{\partial z^2}\right) + \rho g_x \qquad (4.107)$$

$$\rho\left(\frac{\partial v}{\partial t} + u\frac{\partial v}{\partial x} + v\frac{\partial v}{\partial y} + w\frac{\partial v}{\partial z}\right) = -\frac{\partial p}{\partial y} + \eta\left(\frac{\partial^2 v}{\partial x^2} + \frac{\partial^2 v}{\partial y^2} + \frac{\partial^2 v}{\partial z^2}\right) + \rho g_y \qquad (4.108)$$

$$\rho\left(\frac{\partial w}{\partial t} + u\frac{\partial w}{\partial x} + v\frac{\partial w}{\partial y} + w\frac{\partial w}{\partial z}\right) = -\frac{\partial p}{\partial z} + \eta\left(\frac{\partial^2 w}{\partial x^2} + \frac{\partial^2 w}{\partial y^2} + \frac{\partial^2 w}{\partial z^2}\right) + \rho g_z \qquad (4.109)$$

Tabelle 4.3 (Fortsetzung)

Zylinderkoordinaten (r, ϕ, z):

$$\rho\left(\frac{\partial u}{\partial t} + u\frac{\partial u}{\partial r} + \frac{v}{r}\frac{\partial u}{\partial \phi} - \frac{v^2}{r} + w\frac{\partial u}{\partial z}\right)$$

$$= -\frac{\partial p}{\partial r} + \eta\left[\frac{\partial}{\partial r}\left(\frac{1}{r}\frac{\partial}{\partial r}(ru)\right) + \frac{1}{r^2}\frac{\partial^2 u}{\partial \phi^2} - \frac{2}{r^2}\frac{\partial v}{\partial \phi} + \frac{\partial^2 u}{\partial z^2}\right] + \rho g_r \qquad (4.110)$$

$$\rho\left(\frac{\partial v}{\partial t} + u\frac{\partial v}{\partial r} + \frac{v}{r}\frac{\partial v}{\partial \phi} + w\frac{\partial v}{\partial z} + \frac{uv}{r}\right)$$

$$= -\frac{1}{r}\frac{\partial p}{\partial \phi} + \eta\left[\frac{\partial}{\partial r}\left(\frac{1}{r}\frac{\partial}{\partial r}(rv)\right) + \frac{1}{r^2}\frac{\partial^2 v}{\partial \phi^2} + \frac{2}{r^2}\frac{\partial u}{\partial \phi} + \frac{\partial^2 v}{\partial z^2}\right] + \rho g_\phi \qquad (4.111)$$

$$\rho\left(\frac{\partial w}{\partial t} + u\frac{Q w}{\partial r} + \frac{v}{r}\frac{\partial w}{\partial \phi} + w\frac{\partial w}{\partial z}\right)$$

$$= -\frac{\partial p}{\partial z} + \eta\left[\frac{1}{r}\frac{\partial}{\partial r}\left(r\frac{\partial w}{\partial r}\right) + \frac{1}{r^2}\frac{\partial^2 w}{\partial \phi^2} + \frac{\partial^2 w}{\partial z^2}\right] + \rho g_z \qquad (4.112)$$

u Geschwindigkeitskomponenten in r-Richtung, v Geschwindigkeitskomponenten in ϕ-Richtung, w Geschwindigkeitskomponenten in z-Richtung.

Kugelkoordinaten (r, Θ, ϕ):

$$\rho\left(\frac{\partial u}{\partial t} + u\frac{\partial u}{\partial r} + \frac{v}{r}\frac{\partial u}{\partial \Theta} + \frac{w}{r\sin\Theta}\frac{\partial u}{\partial \phi} - \frac{v^2 - w^2}{r}\right)$$

$$= -\frac{\partial p}{\partial r} + \eta\left[\frac{1}{r^2}\frac{\partial}{\partial r}\left(r^2\frac{\partial u}{\partial r}\right) + \frac{1}{r^2\sin\Theta}\frac{\partial}{\partial \Theta}\left(\sin\Theta\frac{\partial u}{\partial \Theta}\right)\right.$$

$$+ \frac{1}{r^2\sin^2\Theta}\left(\frac{\partial^2 u}{\partial \phi^2}\right) - \frac{2}{r^2}u - \frac{2}{r^2}\frac{\partial v}{\partial \Theta} - \frac{2}{r^2}v\cot\Theta$$

$$\left.- \frac{2}{r^2\sin\Theta}\frac{\partial w}{\partial \phi}\right] + \rho g_r \qquad (4.113)$$

$$\rho\left(\frac{\partial v}{\partial t} + u\frac{\partial v}{\partial r} + \frac{v}{r}\frac{\partial v}{\partial \Theta} + \frac{w}{r\sin\Theta}\frac{\partial v}{\partial \phi} + \frac{uv}{r} - \frac{w^2\cot\Theta}{r}\right)$$

$$= \frac{1}{r}\frac{\partial p}{\partial \Theta} + \eta\left[\frac{1}{r^2}\frac{\partial}{\partial r}\left(r^2\frac{\partial v}{\partial r}\right) + \frac{1}{r^2\sin\Theta}\frac{\partial}{\partial \Theta}\left(\sin\Theta\frac{\partial v}{\partial \Theta}\right)\right.$$

$$\left.+ \frac{1}{r^2\sin^2\Theta}\left(\frac{\partial^2 v}{\partial \phi^2}\right) + \frac{2}{r^2}\frac{\partial u}{\partial \Theta} - \frac{v}{r^2\sin^2\Theta} - \frac{2\cos\Theta}{r^2\sin^2\Theta}\frac{\partial w}{\partial \phi}\right] + \rho g_\Theta \qquad (4.114)$$

$$\rho\left(\frac{\partial w}{\partial t} + u\frac{\partial w}{\partial r} + \frac{v}{r}\frac{\partial w}{\partial \Theta} + \frac{w}{r\sin\Theta}\frac{\partial w}{\partial \phi} + \frac{wu}{r} + \frac{vw}{r}\cot\Theta\right)$$

$$= -\frac{1}{r\sin\Theta}\frac{\partial p}{\partial \phi} + \eta\left[\frac{1}{r^2}\frac{\partial}{\partial r}\left(r^2\frac{\partial w}{\partial r}\right) + \frac{1}{r^2\sin\Theta}\frac{\partial}{\partial \Theta}\right.$$

$$\cdot\left(\sin\Theta\frac{\partial v}{\partial \Theta}\right) + \frac{1}{r^2\sin^2\Theta}\left(\frac{\partial^2 w}{\partial \phi^2}\right) - \frac{w}{r^2\sin^2\Theta} + \frac{2}{r^2\sin^2\Theta}$$

$$\left.\cdot\frac{\partial u}{\partial \phi} + \frac{2\cos\Theta}{r^2\sin^2\Theta}\frac{\partial v}{\partial \phi}\right] + \rho g_\phi \qquad (4.115)$$

u Geschwindigkeitskomponenten in r-Richtung, v Geschwindigkeitskomponenten in Θ-Richtung, w Geschwindigkeitskomponenten in ϕ-Richtung.

Mit den Stoff-, Energie- und Impulsbilanzen ist das System der Bilanzgleichungen somit weitgehend vollständig. Sie bilden, wie bereits erwähnt, ein Fundament zur Berechnung der Grundoperationen, im besonderen der thermischen Grundoperationen der Verfahrenstechnik. Sie gestatten einerseits einen weitgehend exakten Einblick in den Mechanismus der Austauschvorgänge, und zum anderen bilden sie gleichzeitig den Ausgangspunkt für die Erstellung der integralen Bilanzgleichungen. Dies gilt auch dann, wenn letztere nicht durch unmittelbare Integration, sondern mit Hilfe von Mittelwertsbeziehungen gewonnen werden. Des weiteren bilden die differentiellen Bilanzgleichungen eine wichtige Grundlage für die Analogiebeziehungen der Austauscheffekte. Die in dieser Weise dargestellten Zusammenhänge bilden die theoretische Basis für die in den Kapiteln 7.0 bis 12.0 aufgezeigten praktischen Anwendungen des Stoffaustausches.

4.3.5 Die Bilanzgleichungen in verschiedenen Koordinatensystemen

Die in den vorangegangenen Abschnitten entwickelten Bilanzgleichungen gelten in der dort behandelten Form nur für rechtwinkelige Koordinatensysteme. Bei der mathematischen Behandlung von Austauschvorgängen, sofern es sich um ein kurvenlineares System handelt, erweist es sich jedoch oft als zweckmäßig, die Konzentrations-, Temperatur- und Geschwindigkeitsfelder nicht in kartesischen, sondern je nach Problemstellung entweder für ein zylindrisches oder ein sphärisches Koordinatensystem zu berechnen. Dadurch sind sehr oft wesentliche Vereinfachungen (in der Darstellung der Anfangs- und Randbedingungen) im mathematischen Aufwand bei der Lösung des differentiellen Bilanzgleichungssystems möglich. Der Grad der Vereinfachung hängt vor allem von der jeweiligen Problemstellung und damit von den Anfangs- und Randbedingungen des betrachteten Systems ab.

Die verschiedenen Koordinatensysteme führen, abgesehen von den in Abhängigkeit der jeweiligen Problemstellung sich ergebenden Vereinfachungen, bei den Bilanzgleichungen zu einer Vielzahl von möglichen Darstellungen. Nachstehend ist deshalb in Form einer tabellarischen Zusammenstellung eine Auswahl der häufigst vorkommenden Formen problemspezifischer Bilanzgleichungen für kartesische, für zylindrische und für sphärische Koordinaten (Tab. 4.3) angeführt. Die Bezeichnung der rechtwinkeligen Koordinaten ist x, y und z, während die in kurvenlinearen Systemen vorgegebenen Darstellungen durch den Polradius r, den Umfangswinkel Θ und die Höhe z, die bei sphärischen Koordinaten durch den Azimutwinkel ϕ ersetzt wird, festgelegt sind. Der Übergang von einem Koordinatensystem in ein anderes erfolgt durch die in Tab. 4.4 dargestellten Transformationsgleichungen bzw. ihre Umkehrungen[1].

4.4 Integrale Bilanzgleichungen

Den Ausgangspunkt für die folgenden Überlegungen bilden die differentiellen Bilanzgleichungen. Diese beschrieben die Änderungen der einzelnen Transportgrößen bzw. deren Konzentrationen innerhalb eines differentiellen Bereiches. Die angeführten Differentialgleichungen gestatten dabei grundsätzlich verschiedene

---

[1] Bezüglich der Ableitungen der Beziehungen wird auf [4.8] verwiesen.

Arten der Integration. Eine davon führt auf die sogenannten Konzentrations-, Temperatur- und Geschwindigkeits-*Feldgleichungen*, eine weitere auf die *integralen Bilanzgleichungen*.

Die *Feldgleichungen* beschreiben demnach das orts- und zeitabhängige Verhalten der Transportgrößen und deren Konzentrationen für das gesamte System. Die allgemeine Formulierung einer derartigen Feldgleichung lautet

$$\varphi_{(v)} = f(x, y, z, t) \tag{4.116}$$

Im speziellen gilt z. B. für das Konzentrationsfeld (vergleiche Abschnitt 3.1.2)

$$c = f(x, y, z, t) \tag{4.117}$$

Im nachstehenden wird in erster Linie die zweite Form der Integration, die integrale Bilanzgleichung, behandelt.

Geht man von der differentiellen Bilanzgleichung (4.26) aus, so folgt bei der Integration über ein Volumen V des betreffenden Systems

$$\iiint\limits_V \frac{\partial \varphi_{(v)}}{\partial t} dV + \iiint\limits_V \operatorname{div} \dot{\boldsymbol{\varphi}}\, dV = \iiint\limits_V \sum_j \frac{d\Phi_{j[Uw]}}{dV} dV \tag{4.118}$$

Dabei stellt der erste in Gl. (4.118) aufscheinende Term den gesamten Speicherstrom, der zweite den aus Konvektion, Leitung und Turbulenz resultierenden Transportstrom und der auf der rechten Seite angeführte Term die im Volumen V auftretenden Umwandlungsströme dar.

Für das Volumsintegral einer Divergenzgröße kann mit Hilfe des Gaußschen Satzes folgende Vereinfachung angeführt werden

$$\iiint\limits_V \operatorname{div} \dot{\boldsymbol{\varphi}}\, dV = \oint\!\!\oint \dot{\boldsymbol{\varphi}} \circ \mathbf{dA} \tag{4.119}$$

Die Größe $\mathbf{dA}$ stellt dabei den nach außen gerichteten Vektor des betreffenden Oberflächenteilchens dar. Das zuletzt angeführte Integral entspricht der Differenz der aus der Umrandungsfläche des Volumens ΔV ein- und austretenden Transportströme, entsprechend der Beziehung

$$\oint\!\!\oint \dot{\boldsymbol{\varphi}} \circ \mathbf{dA} = \sum_{\text{Aus}} \dot{\Phi}_{[Tr]\,\text{Aus}} - \sum_{\text{Ein}} \dot{\Phi}_{[Tr]\,\text{Ein}} = \Delta\dot{\Phi}|_{\text{Aus-Ein}} \tag{4.120}$$

Als Umrandung des Volumens ΔV werden dabei einerseits die Wandflächen der Apparate und zum anderen *Durchflußflächen* an den Bilanzgrenzen des Systems verstanden. An den Durchflußflächen fallen vor allem die konvektiven Transportströme ins Gewicht, während die Transportströme zufolge Leitung hier im allgemeinen vernachlässigbar sind. Ebenso nehmen die Transportströme auf Grund der Turbulenz den Wert Null an, wenn nur deren zeitliche Mittelwerte erfaßt werden. An den festen Wandflächen hingegen verschwinden die konvektiven Transportströme.

Für den Speicher- und Umwandlungsterm in Gl. (4.118) werden die vereinfachten Ausdrücke nach Abschnitt 3.1.5 eingeführt

$$\iiint \frac{\partial \varphi_{(v)}}{\partial t} dV = \left(\frac{\partial \varphi_{(v)}}{\partial t}\right)_m V = \frac{d\Phi_{[Sp]}}{dt} \tag{4.121}$$

$$\iiint \frac{d\dot{\Phi}}{dV} dV = \left(\frac{d\dot{\Phi}}{dV}\right)_m V = \frac{d\Phi_{j[Uw]}}{dt} \tag{4.122}$$

Dabei zeigt der Index m die betreffenden Mittelwerte an.

Mit Gln. (4.121) und (4.122) ergibt sich für die integrale Bilanzgleichung die weitere Form

$$\frac{d\Phi_{[Sp]}}{dt} + \sum_{\text{Aus}} \dot{\Phi}_{[Tr]\text{Aus}} - \sum_{\text{Ein}} \dot{\Phi}_{[Tr]\text{Ein}} = \sum_j \frac{d\Phi_{j[Uw]}}{dt} \tag{4.123}$$

Die Auswertung der Integralterme (4.121) und (4.122) kann grundsätzlich mit Hilfe der früher angeführten Feldgleichungen erfolgen. Diese stehen jedoch im allgemeinen nicht zur Verfügung, da die betreffenden Integrationen meist zu kompliziert sind. Es werden daher diese Integralterme in pauschaler Form mit Hilfe von Mittelwerten erfaßt.

Läßt man der Einfachheit halber die zur Kennzeichnung der verschiedenen Austauschvorgänge eingeführten Indizes entfallen, so erhält man schließlich folgende allgemeine Formulierung der integralen Bilanzgleichungen

$$\frac{d\Phi}{dt} = \sum_{\text{Ein}} \dot{\Phi}_{\text{Ein}} - \sum_{\text{Aus}} \dot{\Phi}_{\text{Aus}} + \sum_j \frac{d\Phi_j}{dt} \equiv \Delta\dot{\Phi}|_{\text{Ein-Aus}} + \sum_j \frac{d\Phi_j}{dt} \tag{4.124}$$

Die durch die Beziehungen (4.123) bzw. (4.124) dargestellten Bilanzgleichungen unterscheiden sich einmal durch die Art der jeweiligen Transportgröße Φ, im speziellen kann es sich dabei um eine Bilanz der Komponentenmasse M_i, der Gesamtmasse M, der Komponentenmolmengen N_i, der Gesamtmolmenge N, der Energie E, der Exergie E_{Ex} und des Impulses **I** handeln, und zum anderen in der Festlegung des jeweiligen Bilanzgebietes. Schließlich können noch zwischen den ein System beschreibenden integralen Bilanzgleichungen sowohl formale als auch funktionelle Abhängigkeiten bestehen. Es sind daher aus der Vielfalt der betreffenden Bilanzgleichungen mit Hilfe der Freiheitsgrad-Theorie nach Abschnitt 2.3 jeweils solche auszuwählen, die voneinander unabhängig sind.

Die endgültige Auswertung der integralen Bilanzgleichungen wird vor allem bei komplizierten Fällen die Heranziehung zusätzlicher Angaben über die im Inneren des Systems auftretenden Umwandlungs- und Speichereffekte erfordern.

Zusammenfassend kann festgestellt werden, daß die differentiellen Bilanzgleichungen, von Sonderfällen abgesehen, in erster Linie nur in theoretischer Hinsicht interessieren. Im Gegensatz dazu stützt sich die praktische Anwendung auf die integralen Bilanzgleichungen. Ein besonderes Merkmal derselben besteht darin, daß bei den inneren Austauschvorgängen des Systems nur die Speicher- und Umwandlungseffekte berücksichtigt werden müssen. Dagegen brauchen die Transporteffekte nur an den Bilanzgrenzen erfaßt zu werden. Das bedingt eine erhebliche Vereinfachung der rechnerischen Auswertung, worauf die große praktische Bedeutung dieser Gleichungen beruht.

Die Lösung der integralen Bilanzgleichungen liefert somit keine unmittelbare Information über die Vorgänge im Inneren des Systems. Die Genauigkeit der

Aussage integraler Bilanzgleichungen hängt somit davon ab, inwieweit die Vorgänge innerhalb des Systems durch geeignete Ansätze annähernd exakt beschrieben werden.

Im folgenden wird neben der integralen Darstellung der Bilanzgleichungen für die Masse, die Teilmasse und die Energie eine Auswahl spezieller Beispiele behandelt, die für die praktische Anwendung typisch sind und zugleich die Vielfalt der unterschiedlichen Probleme aufzeigen.

4.4.1 Integrale Stoffbilanzgleichungen

Bei der Bilanzierung einer Stoffmenge kommt als Transportgröße entweder die Komponentenmasse M_i, die Gesamtmasse M, die Komponentenmolmenge N_i oder die Gesamtmolmenge N in Betracht[1]. Was die zugehörigen Austauscheffekte, insbesondere die Umwandlungseffekte, anbelangt, so ist von besonderer Bedeutung, ob der jeweilige Vorgang mit chemischen Reaktionen verbunden ist oder nicht. Des weiteren werden in einem gesonderten Abschnitt, ihrer besonderen Bedeutung in der Verfahrenstechnik wegen, Stoffbilanzgleichungen für Systeme, bei denen eine teilweise Produktrück- oder Umlaufführung stattfindet, behandelt.

a) Stoffbilanzgleichungen auf Basis der Komponentenmasse M_i. Ausgehend von der allgemeinen integralen Bilanzgleichung erhält man für die Komponentenmasse M_i unter Berücksichtigung der Gl. (3.137) für die Reaktionsgeschwindigkeit nachstehende integrale Bilanzgleichung der partiellen Masse M_i

$$\frac{dM_i}{dt} = \Delta \dot{M}_i|_{\text{Ein-Aus}} + \sum_j (V_{\text{Ges}} \dot{r} \nu_i \tilde{M}_i)_j \tag{4.125}$$

Dabei ist der allgemeine Fall zugrundegelegt, daß im betreffenden Bilanzgebiet mehrere Reaktionen (angezeigt durch den laufenden Index j) vorhanden sein können. Im Fall, daß nur eine Umwandlung vorliegt, ist $j = 1$, und es gilt

$$\frac{dM_i}{dt} = \Delta \dot{M}_i|_{\text{Ein-Aus}} + V_{\text{Ges}}(\dot{r} \nu_i \tilde{M}_i) \tag{4.126}$$

Im einzelnen bedeuten dM_i/dt den Speicherterm, $\Delta \dot{M}_i|_{\text{Ein-Aus}}$ den Nettotransportstrom und $V_{\text{Ges}}(\dot{r}\nu_i\tilde{M}_i)$ den Umwandlungsterm der Komponente i, wobei V_{Ges} das betreffende Reaktionsvolumen, $\dot{r}$ die mittlere Reaktionsgeschwindigkeit und ν_i den stöchiometrischen Koeffizienten bezeichnen (vergleiche Abschnitt 3.4.1).

b) Stoffbilanzgleichungen auf Basis der Komponenten-Molmenge N_i. Ersetzt man in Gl. (4.126) unter Berücksichtigung des Zusammenhanges (3.135) die partielle Masse M_i durch die betreffende Molmenge N_i, so ergibt sich für die Stoffbilanzgleichung nachstehende Beziehung

---

[1] Man wird sich im allgemeinen entweder auf die Masse oder die Molmenge beschränken und dabei jene dieser beiden Größen heranziehen, die für den betreffenden Fall am zweckmäßigsten ist. Die Molmenge wird insbesondere dann von Vorteil sein, wenn die genauen stöchiometrischen Verhältnisse der betreffenden chemischen Reaktion bekannt sind.

$$\frac{d\dot{M}_i}{dt} = \Delta \dot{M}_i|_{\text{Ein-Aus}} + V_{\text{Ges}}(\dot{r}\nu_i) \tag{4.127}$$

c) Stoffbilanzgleichungen auf Basis der Gesamtmasse M bzw. der Gesamtmolmenge N. Bei der Bilanzierung der Gesamtmasse M bzw. der Gesamtmolmenge N lassen sich, ausgehend von der allgemeinen Bilanzgleichung (4.124), die betreffenden Stoffbilanzen wie folgt darstellen

$$\frac{dM}{dt} = \Delta \dot{M}|_{\text{Ein-Aus}} \tag{4.128}$$

bzw.

$$\frac{dN}{dt} = \Delta \dot{N}|_{\text{Ein-Aus}} + V_{\text{Ges}}\left(\dot{r}\sum \nu_i\right) \tag{4.129}$$

Bei den letzten Gleichungen wird die vereinfachende Annahme getroffen, daß nur ein einzelner Umwandlungseffekt in Form einer chemischen Reaktion zu berücksichtigen ist.

Im folgenden werden Sonderfälle mit und ohne chemische Reaktionen bei stationären bzw. instationären Verhältnissen behandelt.

Stoffbilanzen für Verfahren ohne chemische Reaktion

Treten bei den betreffenden Prozessen keine chemischen Reaktionen auf ($\dot{r} = 0$), so genügt es im allgemeinen, den einzelnen Stoffkomponenten die jeweiligen Molekülarten zugrunde zu legen. Je nachdem, ob stationäre oder instationäre Verhältnisse vorliegen, erhält man folgende Bilanzgleichungen[1]

a) Stationäre Verhältnisse ($dM/dt = 0$; $dM_i/dt = 0$):

Komponentenbilanz:

$$- \Delta \dot{M}_i|_{\text{Aus-Ein}} = 0 \rightarrow \dot{M}_{i\,\text{Aus}} = \dot{M}_{i\,\text{Ein}} \tag{4.130}$$

Gesamtbilanz:

$$- \Delta \dot{M}_i|_{\text{Ein-Aus}} = 0 \rightarrow \dot{M}_{\text{Aus}} = \dot{M}_{\text{Ein}} \tag{4.131}$$

b) Instationäre Verhältnisse ($dM/dt \neq 0$; $dM_i/dt \neq 0$):

Komponentenbilanz:

$$\frac{dM_i}{dt} = - \Delta \dot{M}_i|_{\text{Aus-Ein}} = \dot{M}_{i\,\text{Ein}} - \dot{M}_{i\,\text{Aus}} \tag{4.132}$$

Gesamtbilanz:

$$\frac{dM_i}{dt} = - \Delta \dot{M}|_{\text{Aus-Ein}} = \dot{M}_{\text{Ein}} - \dot{M}_{\text{Aus}} \tag{4.133}$$

---

[1] Der Einfachheit halber wurden nur die Formulierungen für die Masse M bzw. M_i angeführt. Diejenigen für die Molmenge N bzw. N_i lauten vollkommen analog dazu.

Stoffbilanzen für Systeme mit chemischer Reaktion

Bei den Stoffbilanzen für Systeme mit chemischer Reaktion hat man zu unterscheiden zwischen

1) stöchiometrischen Bilanzen
2) kinetischen Bilanzen

Ausgangsgleichung für beide Arten von Berechnungen ist die Grundbeziehung (4.126) bzw. (4.127), die jedoch im Falle der stöchiometrischen Bilanzen eine einfache Form annimmt.

Stöchiometrische Bilanzen

Hierunter sollen Bilanzen verstanden werden, die auf Grund der „chemischen Gleichungen" berechnet werden können, wobei angenommen wird, daß diese Gleichungen das chemische Gleichgewicht angeben. Es sind also zum Unterschied von den kinetischen Gleichungen Beziehungen, die für einen Gleichgewichtszustand gültig sind, der sowohl reversibel als auch irreversibel sein kann. Daher vereinfacht sich die Grundbeziehung (4.126) mit

$$r_i = 0$$

da im Gleichgewicht die Reaktionsgeschwindigkeiten Null sind[1], und

$$\frac{dM_i}{dt} = 0$$

da ein stationärer Zustand gegeben ist, zu

$$\dot{M}_{i,\mathrm{Ein}} = \dot{M}_{i,\mathrm{Aus}}.$$

Diese einfache Beziehung wird nun auf die Berechnung der Zusammensetzung der Reaktionspartner bzw. Reaktionsprodukte angewandt, wobei die Wahl der Bezugsbasis zu beachten ist. Für stöchiometrische Gleichungen wird man zumeist die kleinste Einheit – das Atom – als Bezugsbasis wählen. Mitunter kann man auch Atomgruppen bzw. Radikale als Bezugsbasis nehmen.

Kinetische Bilanzen

Kinetische Stoffbilanzen für Systeme mit chemischer Reaktion dienen dazu, den Umsatz einer chemischen Reaktion in einem Reaktor zu berechnen. Wesentlich ist in diesem Falle die Kenntnis der chemischen Reaktionsgeschwindigkeit.

Diese erlaubt es, zusammen mit der allgemeinen Stoffbilanz (Gl. (4.126) bzw. (4.127)) das Ausmaß der chemischen Umsetzung in einem Reaktor zu ermitteln, wobei man zwischen stationären und instationären Bedingungen unterscheidet.

a) Stationäre Bedingungen ($dM/dt = 0$; $dM_i/dt = 0$):

Komponentenbilanz:

$$-\Delta\dot{M}_i|_{\mathrm{Aus\text{-}Ein}} + V_{\mathrm{Ges}}(\dot{r}_i \nu_i \tilde{M}_i) = 0 \tag{4.134}$$

---

[1] Bzw. die Netto-Reaktionsgeschwindigkeit der individuellen Reaktionsgeschwindigkeiten.

Gesamtbilanz:

$$-\Delta \dot{M}|_{\text{Aus-Ein}} = 0 \tag{4.135}$$

b) Instationäre Bedingungen ($dM/dt \neq 0$; $dM_i/dt \neq 0$): Hier gelten die allgemeinen, für die Komponenten und Gesamtmasse angeführten Bilanzgleichungen (4.126) und (4.128).

Bilanzen für Verfahren mit Rücklaufführung (Recycle)

In der Praxis findet man häufig Prozesse, in denen ein Teilstrom rückgeführt wird. Das allgemeine Fließschema für solche Prozesse zeigt Abb. 4.1.

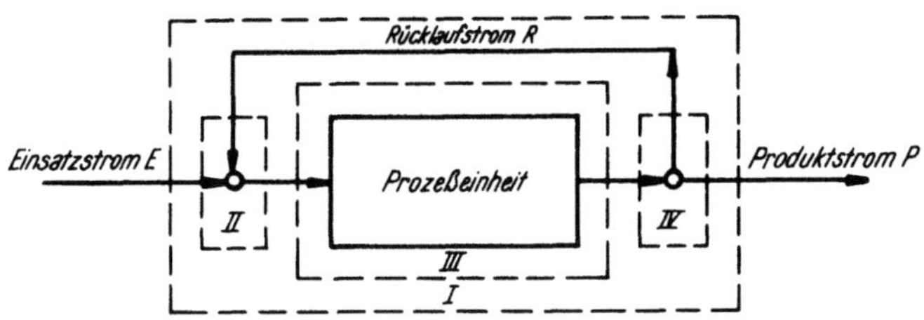

Abb. 4.1. Verfahren mit Rücklaufführung (Recycle)

Die häufigsten Gründe, die eine teilweise Produktrückführung verlangen, sind:

a) Wenn bei einem einmaligen Stoffdurchgang durch den Reaktionsapparat der Umsatz[1] der jeweiligen Reaktanten in das betreffende Produkt begrenzt ist. In diesem Fall trennt man das Reaktionsprodukt von dem nicht umgesetzten Ausgangsstoff ab und leitet diesen erneut den Reaktionen zu. Dadurch lassen sich auch chemische Umwandlungsvorgänge, bei denen ansonsten, bedingt durch das Gleichgewicht, eine geringe Ausbeute[2] an Reaktionsprodukten auftreten würde, wirtschaftlich gestalten. Dies trifft beispielsweise bei der Ammoniaksynthese zu, wo durch Rückführung des nicht in Ammoniak umgesetzten Gasgemisches (N_2, H_2) Gesamtausbeuten bis zu 99% erreicht werden, obwohl der reaktionstechnische Umsetzungsgrad bei einem einfachen Durchgang durch den Reaktor nur bei ca. 20% liegt. Ähnlich verhält es sich auch mit anderen Synthesen.

b) Wenn ein Reaktant bei einer chemischen Reaktion im Überschuß über das stöchiometrische Verhältnis verwendet wird. Auch in diesem Fall ist es zumeist wirtschaftlich, den Überschuß an Reaktanten vom Reaktionsprodukt abzutrennen und der Umwandlung mit den frischen Einsatzstoffen der chemischen Reaktion zuzuführen.

c) Wenn die chemische Reaktion in einer Inertphase abläuft und die Inertstoffe, vom Reaktionsprodukt abgetrennt, wieder dem Umwandlungsvorgang zugeführt werden.

---

[1] Der Umsatz ist der im Reaktor umgesetzte Anteil eines oder mehrerer Reaktanten.

[2] Unter Ausbeute versteht man hier den prozentuellen Anteil des betreffenden Produktes zum eingesetzten Ausgangsstoff.

d) Wenn bei einer chemischen Umwandlung Nebenreaktionen auftreten, die einen Teil der Reaktionsprodukte verbrauchen. In diesem Fall wird ein Teil des Produktstromes rückgeführt, um die Konzentration der Ausgangsstoffe im Reaktor zu erniedrigen. Dadurch wird die Reaktionsgeschwindigkeit herabgesetzt und auch in weiterer Folge die pro Zeiteinheit anfallende Reaktionswärme.

e) Wenn bei kleinen Produktionsmengen die Strömungsgeschwindigkeit im Reaktor erhöht werden soll. Durch die Beimischung von Produkt zum Ausgangsstoff wird der Durchsatz und damit die Strömungsgeschwindigkeit im Reaktor erhöht. Dies verbessert den Stoff- und Wärmeaustausch und damit auch die Ergiebigkeit der chemischen Umwandlung.

f) Wenn bei autokatalytischen Reaktionen ein Teil des Produktes als Katalysator benötigt wird. Durch eine teilweise Rückführung des Produktstromes in den Strom der Ausgangsstoffe wird somit fortlaufend frischer Katalysator dem Reaktor zugeführt. Die angereicherte Produktmenge wird als Produktstrom abgeführt.

Bilanzen für Verfahren mit Umlaufführung (Bypass)

Darunter versteht man im folgenden ein Verfahren oder eine Verfahrensstufe, bei der nur ein Teil der insgesamt eingesetzten Stoffmenge der Prozeßeinheit zur Umwandlung zugeführt wird, während der andere Teil über einen „Umlauf"[1] geleitet und nach der Prozeßeinheit mit dem austretenden Produktstrom vermischt wird. In Abb. 4.2 ist schematisch eine solche Umlaufführung dargestellt. Diese besteht aus mindestens drei Elementen, nämlich

1. Verzweigung
2. Prozeßeinheit (Umwandlungsstufe)
3. Vermischung.

Es sind somit dieselben Elemente wie bei den Systemen mit Rücklaufführung, nur in umgekehrter Reihenfolge. Da dieser Umstand keinen Einfluß auf die Wahl des Bilanzgebietes und auf die grundsätzlichen Formulierungen der Bilanzgleichungen hat, sind hier dieselben Überlegungen maßgebend, die den Verfahren mit Rücklaufschaltung zugrundegelegt wurden.

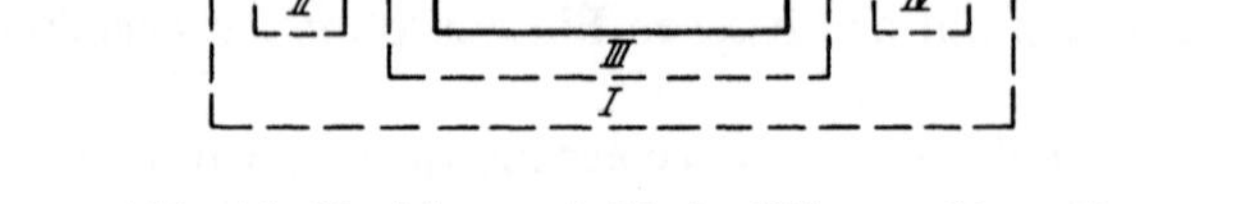

Abb. 4.2. Verfahren mit Umlaufführung (Bypass)

Entsprechend den dortigen Ausführungen sind auch hier zwei Arten von Stoffbilanzen möglich:

[1] Dafür verwendet man häufig auch den Begriff „Bypass".

a) Gesamtstoffbilanz
b) Komponentenbilanz.

Bei der Wahl der Bilanzgebiete ist jeweils darauf zu achten, daß unter anderem auch der *Umlaufstrom* miterfaßt wird. Um dies zu gewährleisten, zieht man neben dem äußeren Bilanzgebiet I der Abb. 4.2 ein oder mehrere innere Bilanzgebiete von der Art II, III oder IV heran.

Die Umlaufführung gestattet, das Mengenverhältnis von Umlauf- und Umwandlungsstrom und damit die Konzentration des Produktstromes in weiten Grenzen zu verändern. Diese Vorgangsweise wird sich deshalb unter folgenden Bedingungen als zweckmäßig erweisen:

a) Wenn z. B., wie bei der Lufttrocknung durch andauernd wechselnde Bedingungen der Einsatzstoffe, die Qualität der Produkte fortlaufenden Schwankungen unterworfen ist.

b) Wenn aus regeltechnischen Gründen nur ein Teil der eingesetzten Stoffmenge einem Umwandlungs- oder Austauschvorgang zugeführt wird. Durch Veränderung der Umlaufmenge lassen sich die Stoffeigenschaften relativ einfach und in einem sehr weiten Bereich regeln.

4.4.2 Integrale Energiebilanzgleichungen

Ausgangspunkt für die Erstellung der integralen Energiebilanz ist die allgemeine Bilanzgleichung (4.124). Ersetzt man hierin die allgemeine Transportgröße Φ durch die Energie E, so erhält man nachstehende Beziehung

$$\frac{dE}{dt} = -\Delta\dot{E}|_{\text{Aus-Ein}} + \sum_j \frac{dE_{j[UW]}}{dt} \tag{4.136}$$

Der Term auf der linken Seite von Gl. (4.136) erfaßt die Speicherung, während die beiden anderen Terme den Nettotransportstrom und die Umwandlungsergiebigkeit der zu bilanzierenden Energie beschreiben. Die Energie E kann dabei folgende Größen umfassen

$$E = U + E_k + E_p = Mu + \frac{Mv^2}{2} + Mgz \tag{4.137}$$

Hierin bedeuten U die innere Energie, $E_k = Mv^2/2$ die kinetische Energie, $E_p = Mgz$ die potentielle Energie und z die geodätische Höhe.

Erfaßt man die an den Bilanzgrenzen des Systems umgesetzte Verdrängungsarbeit

$$W_{VD} = pV = M\frac{p}{\rho} \tag{4.138}$$

nicht im Umwandlungsterm, sondern wie dies üblich ist, gemeinsam mit den ein- und austretenden Energieströmen, so ist der Energie E anstelle des Ausdrucks (4.138) nachstehende Definition zugrunde zu legen

$$E = Mu + M\frac{p}{\rho} + \frac{Mv^2}{2} + Mgz \tag{4.139}$$

bzw. unter Berücksichtigung von Gl. (4.65)

$$E = Mh + \frac{Mv^2}{2} + Mgz = M\left(h + \frac{v^2}{2} + gz\right) \tag{4.140}$$

Für den betreffenden Energiestrom gilt

$$\dot{E} = \dot{M}h + \frac{\dot{M}v^2}{2} + \dot{M}gz = \dot{M}\left(h + \frac{v^2}{2} + gz\right) \tag{4.141}$$

Außerdem sind bei den Energieströmen noch die mit der Umgebung umgesetzten Wärmeströme $\dot{Q}$ und die Energieströme mechanischer und elektrischer Art $\dot{W}_t$ zu berücksichtigen[1].

Unter diesen Voraussetzungen nimmt die Energiebilanz (4.136) folgende Form an

$$\frac{dE}{dt} = -\Delta\left[\dot{M}\left(h + \frac{v^2}{2} + gz\right)\right]\Bigg|_{\text{Aus-Ein}} + \dot{Q} + \dot{W}_t + \sum_j \frac{d[M(h + v^2/2 + gz)]_{j[UW]}}{dt} \tag{4.142}$$

Geht man davon aus, daß analog zu den Ausführungen in Abschnitt 4.3.3 bei vielen Bilanzierungsaufgaben von thermischen Anlagen die potentielle und die kinetische Energie vernachlässigt werden dürfen, dann vereinfacht sich obige Energiebilanzgleichung in nachstehender Weise[2]

$$\frac{dE}{dt} = -\Delta(\dot{M}h)|_{\text{Aus-Ein}} + \dot{Q} + \dot{W}_t \tag{4.143}$$

bzw. nach Aufteilung in die einzelnen Enthalpieströme

$$\frac{dE}{dt} = -\Delta\sum_{i=1}^{k} (\dot{M}_i h_i)|_{\text{Aus-Ein}} + \dot{Q} + \dot{W}_t \tag{4.144}$$

Sie beinhaltet bei exakter Darstellung auch die partielle Mischungsenthalpie, die bei technischen Berechnungen meist unberücksichtigt bleibt.

Sonderfälle der integralen Energiebilanz

Nachstehend werden einige praktisch bedeutsame Sonderfälle der integralen Energiebilanz für stationäre und instationäre Bedingungen angeführt.

a) Stationäre Verhältnisse ($dE/dt = 0$):

$$0 = -\Delta(\dot{M}_i h_i)|_{\text{Aus-Ein}} + \dot{Q} + \dot{W}_t \tag{4.145}$$

---

[1] Die mit der Umgebung ausgetauschten mechanischen und elektrischen Energieströme stellen ausgetauschte Leistungen dar. Diese treten als Ströme der sogenannten „technischen Arbeit" auf. Es gilt somit $E = \pm \dot{W}_t$. Das Vorzeichen gibt an, ob die Arbeit vom System verbraucht (+) oder vom System geleistet wurde (−).

[2] Bei der Formulierung (4.143) wird vorausgesetzt, daß sämtliche innerhalb des Systems stattfindenden Energieumwandlungen, soweit sie hier von Bedeutung sind, in den Ausdrücken für die spezifische Enthalpie h bzw. h_i miterfaßt werden. Andernfalls müßten auf der rechten Seite der Gl. (4.143) noch entsprechende Umwandlungsterme, wie z. B. $\sum_j d(Mh)_{j[UW]}/dt$, angeschrieben werden.

Kann ferner vorausgesetzt werden, daß mit der Umgebung keine technische Arbeit stattfindet, wie es beispielsweise in Apparaten ohne bewegte Teile zutrifft, so geht Gl. (4.145) über in

$$\dot{Q} = \Delta(\dot{M}_i h_i)|_{\text{Aus-Ein}} \tag{4.146}$$

Bilanzen dieser Art ergeben sich bei einer Vielzahl thermischer Prozesse, wie z. B. Destillationen, Verdampfungsvorgängen, Trocknungsvorgängen und ferner bei chemischen Reaktionen.

b) Instationäre Verhältnisse ($dE/dt \neq 0$): Im allgemeinen Fall gilt dafür Gl. (4.143). Liegt aber beispielsweise eine diskontinuierliche Betriebsweise vor, wie z. B. bei periodisch betriebenen Rührkesseln oder Rührkesselautoklaven etc., bei der während des betrachteten Zeitintervalles die an den Stofftransport gebundenen Energieströme ausscheiden, dann lautet die Energiebilanz

$$\frac{dE}{dt} = \dot{Q} + \dot{W}_t \tag{4.147}$$

Findet in einem System der äußere Energieumsatz ausschließlich in Form von Wärme statt und treten keine Umwandlungen von thermischer Energie in eine andere Energieart oder umgekehrt auf, so nimmt die Energiebilanz die Form einer Wärmebilanz an. Im stationären Fall gilt

$$\begin{aligned}\dot{Q} &= \sum_{i=1}^{k} \Delta(\dot{M}_i h_i)|_{\text{Aus-Ein}} \\ &= \sum_{i=1}^{k} \dot{M}_i(h_i^T - h_i^0)|_{\text{Aus}} - \sum_{i=1}^{k} \dot{M}_i(h_i^T - h_i^0)|_{\text{Ein}}\end{aligned} \tag{4.148}$$

Die beiden Terme auf der rechten Seite von Gl. (4.148) geben die Summe der Enthalpien aller aus dem Bilanzgebiet ein- und austretenden Stoffströme, bezogen auf einen Standardzustand 0, an[1].

Wenn innerhalb des betreffenden Systems eine chemische Umwandlung erfolgt, läßt sich der Enthalpiewert der austretenden Stoffmenge weiter aufgliedern. Es gilt

$$\sum_{j=1}^{n} \dot{M}_j h_j|_{\text{Aus}} = \dot{M}_j(h_j^T - h_j^0)|_{\text{Aus}} + \Delta H_R^0 \tag{4.149}$$

Mit j sind hier die Komponenten des Reaktionsproduktes bezeichnet, deren Gesamtzahl n beträgt, während i die einzelnen Ausgangsstoffe erfaßt, deren Anzahl k beträgt.

Kombiniert man die Gln. (4.148) und (4.149), so ergibt sich nachstehende Form der Wärmebilanz

---

[1] Diese Schreibweise hat den Vorteil, daß damit die Enthalpie in Form von Differenzwerten ausgedrückt werden kann. Diese lassen sich unter anderem experimentell bestimmen, während Absolutwerte ausschließlich statistisch zu ermitteln sind. Als Bezugszustand wird nach internationaler Konvention der Zustand der Elemente, bei dem sich diese unter Standardbedingungen (1 atm und 25°C) in stabiler Form befinden, gewählt [4.9].

$$\dot{Q} = \sum_{j=1}^{n} \dot{M}_j(h_j^T - h_j^0)|_{\text{Aus}} + \Delta H_R^0 - \sum_{i=1}^{k} \dot{M}_i(h_i^T - h_i^0)|_{\text{Ein}} \tag{4.150}$$

Für die Reaktionsenthalpie ΔH_R^0 bei Standardbedingungen läßt sich unter anderem über die Standardbildungsenthalpie folgender Zusammenhang angeben[1]

$$\Delta H_R^0 = \sum_{j=1}^{n} \dot{M}_j \nu_j \, \Delta h_{Bj}^0|_{\text{Aus}} - \sum_{j=1}^{n} \dot{M}_i \nu_i \, \Delta h_{Bi}^0|_{\text{Ein}} \tag{4.151}$$

Ersetzt man die Reaktionsenthalpie ΔH_R^0 in Gl. (4.150) durch den Ausdruck (4.151), so folgt für die Wärmebilanz

$$\dot{Q} = \left[\sum_{j=1}^{n} \dot{M}_j(h_j^T - h_j^0) + \sum_{j=1}^{n} \dot{M}_j \nu_j \, \Delta h_{Bj}^0 \right]_{\text{Aus}} - \left[\sum_{i=1}^{k} \dot{M}_i(h_i^T - h_i^0) + \sum_{i=1}^{k} \dot{M}_i \nu_i \, \Delta h_{Bi}^0 \right]_{\text{Ein}} \tag{4.152}$$

$\dot{Q}$ stellt in Gl. (4.152) die dem System insgesamt zu- oder abgeführte Wärmemenge dar. Eine Wärmezufuhr kann z. B. über eine Dampfbeheizung oder eine elektrische Heizung erfolgen, während die abgeführten Wärmemengen im allgemeinen durch Kühlung oder aus Wärmeverlusten herrühren.

Man unterscheidet dabei

1. $\dot{Q} = 0$ adiabatische Vorgänge (kein äußerer Wärmeumsatz, dem System wird weder Wärme zu- noch abgeführt)
2. $\dot{Q} \neq 0$ nichtadiabatische Vorgänge (es erfolgt ein äußerer Wärmeumsatz).

Dementsprechend lassen sich die Wärmebilanzen in nachstehender Weise einteilen:

a) Wärmebilanz eines nichtadiabaten Systems bei chemischer Reaktion: Es gilt die allgemeine Beziehung (4.152).

b) Wärmebilanz eines adiabaten Systems ($\dot{Q} = 0$) bei chemischer Reaktion:

$$\left[\sum_{j=1}^{n} \dot{M}_j(h_j^T - h_j^0) + \sum_{j=1}^{n} \dot{M}_j \, \Delta h_{Bj}^0 \right]_{\text{Aus}} = \left[\sum_{i=1}^{k} \dot{M}_i(h_i^T - h_i^0) + \sum_{i=1}^{k} \dot{M}_i \, \Delta h_{Bi}^0 \right]_{\text{Ein}} \tag{4.153}$$

c) Wärmebilanz eines nichtadiabaten Systems ohne chemische Reaktion:

$$\dot{Q} = \sum_{j=1}^{n} \dot{M}_j(h_j^T - h_j^0)|_{\text{Aus}} - \sum_{i=1}^{k} \dot{M}_i(h_i^T - h_i^0)|_{\text{Ein}} \tag{4.154}$$

d) Wärmebilanz eines adiabaten Systems ($\dot{Q} = 0$) ohne chemische Reaktion:

$$\sum_{j=1}^{n} \dot{M}_j(h_j^T - h_j^0)|_{\text{Aus}} = \sum_{i=1}^{k} \dot{M}_i(h_i^T - h_i^0)|_{\text{Ein}} \tag{4.155}$$

wobei in Gln. (4.154) und (4.155) $k \equiv n$ ist.

---

[1] Wobei angenommen wird, daß die Bildungsenthalpie auf die Masse bezogen ist.

Als Beispiel zur Handhabung von Enthalpie- und Massenbilanzen soll die adiabatische Flammentemperatur bei der partiellen Oxidation von Benzin mit Dampf (SHELL-TEXACO-Druckverfahren) errechnet werden. Dazu sei folgendes Reaktionsschema gegeben:

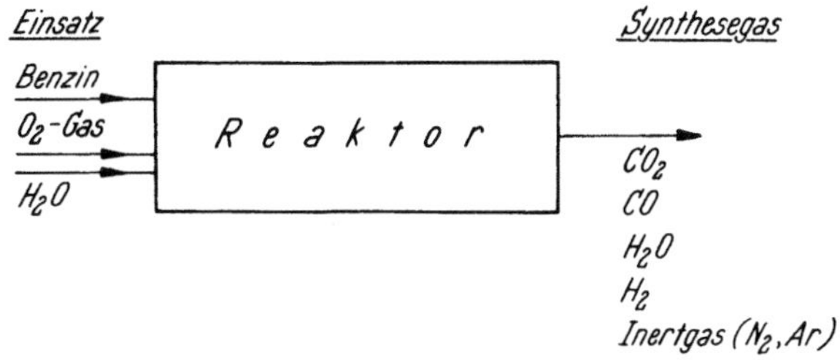

Abb. 4.3. Reaktionsschema des SHELL-TEXACO-Druckverfahrens

Es wird von folgender Einsatzzusammensetzung ausgegangen:

Benzin	C	84,0 Gew. %
	H	15,97 Gew. %
	S	0,03 Gew. %

Der Einfachheit halber sei der Schwefelgehalt in der Rechnung vernachlässigt.

O_2 (technisch rein)	O_2	95,00 Vol. %
	N_2	1,99 Vol. %
	Ar	3,00 Vol. %
Dampf	H_2O	100,00 %

Zur Berechnung der Einsatzmenge werden auf Grund experimenteller Ergebnisse die folgenden Annahmen getroffen:

O_2-Bedarf je kg Benzin	0,88 Nm^3 (bezogen auf 100 % O_2)
Dampfzugabe je kg Benzin	0,35 kg

Zur besseren Übersicht empfiehlt es sich, bei der Lösung des Problems schrittweise vorzugehen:

1. Schritt: *Wahl der Basiseinheit.* Da alle Angaben zu diesem Problem auf kg Benzin bezogen sind, wird als Basiseinheit das kg gewählt.

2. Schritt: *Wahl der Basisgröße.* Als Basisgröße werden 100 kg Benzin gewählt.

3. Schritt: Auf Basis der getroffenen Annahmen ergeben sich nun folgende Einsatz-Stoffmengen

Stoff	Menge/kg Benzin	kmol/100 kg Benzin
C	0,84 kg	7,00
H_2	0,1597 kg (aus Benzin) 0,0194 kmol (aus H_2O)	9,925
O_2	0,0097 kmol (aus H_2O) 0,88 Nm^3 (aus O_2-Gas)	4,007

Da eine chemische Reaktion vorliegt, werden vorteilhafterweise Bilanzen über Atomspezies vorgenommen. Es entstehen somit folgende Bilanzgleichungen:

C-Bilanz $$C_{(\text{verfügbar})} = (CO + CO_2)_{(\text{Synthesegas})} \tag{4.156}$$

H-Bilanz $$H_{(\text{verfügbar})} = (2H_2 + 2H_2O)_{(\text{Synthesegas})} \tag{4.157}$$

O-Bilanz $$O_{(\text{verfügbar})} = (H_2O + CO + 2CO_2)_{(\text{Synthesegas})} \tag{4.158}$$

In diesem Gleichungssystem sind die Mengen

$$C_{(\text{verfügbar})}, O_{(\text{verfügbar})}, H_{(\text{verfügbar})}$$

aus der Einsatzzusammensetzung bekannt, unbekannt hingegen sind die Mengen von

$$CO, CO_2, H_2, H_2O.$$

Da vier unbekannte Größen zu berechnen sind, aber nur drei Gleichungen zur Verfügung stehen, muß eine weitere Beziehung gefunden werden. Als vierte Beziehung kann eine Gleichgewichtsbeziehung verwendet werden. Empirisch fand man, daß sich die Gleichgewichtsbeziehung des Wassergases am besten dazu eignet:

$$K = \frac{[CO_2][H_2]}{[CO][H_2O]} \tag{4.159}$$

[ ] bedeutet hier die Konzentration der betreffenden Komponente. Da in diesem Falle keine Änderung der Gesamtmolzahl durch die Reaktion bewirkt wird, und daher keine Druckabhängigkeit der Gleichgewichtskonstanten gegeben ist, kann die Konzentration durch die Anzahl der kmol der Komponenten ersetzt werden. Aus diesem Grunde kann für dieses System auf die Erstellung einer Gesamtbilanz verzichtet werden.

Die Gleichgewichtskonstante ist temperaturabhängig, die tatsächliche Flammentemperatur ist jedoch unbekannt. Es muß daher ein Schätzwert für die Temperatur angenommen werden, bei welcher sich das Gleichgewicht einstellt.

Schätzwert $T_S = 1000°C$

$K_{1000°C} = 0{,}44$[1]

---

[1] Vergleiche dazu Edmister, W. C., Applied Hydrocarbon Thermodynamics II, Gulf Publishing Company 1974

Mit diesem Schätzwert wird das Gleichungssystem gelöst, das Ergebnis wird sodann iterativ mit einer Energiebilanz überprüft.

Berechnung der gesuchten Konzentrationen bei $T_S = 1000°C$: Die Menge an CO wird explizit aus Gl. (4.156) errechnet zu

$$CO = C_{(verf)} - CO_2 \tag{4.156a}$$

Ebenso wird die Menge an H_2 aus Gl. (4.157) gefunden

$$2H_2 = H_{(verf)} - 2H_2O \tag{4.157a}$$

Die Menge an H_2O wird durch Umformung von Gl. (4.158) zu

$$H_2O = O_{(verf)} - CO - 2CO_2 \tag{4.158a}$$

Durch Umformung und Einsetzen von Gl. (4.156a) und Gl. (4.158a) in Gl. (4.157a) erhält man

$$H_2 = \tfrac{1}{2}H_{(verf)} - O_{(verf)} + C_{(verf)} + CO_2 \tag{4.157b}$$

und weiter mit

$$A = \tfrac{1}{2}H_{(verf)} - O_{(verf)} + C_{(verf)}$$

$$H_2 = A + CO_2 \tag{4.157c}$$

Einsetzen von (4.157c) in (4.157a) ergibt

$$H_2O = \tfrac{1}{2}H_{(verf)} - A - CO_2 \tag{4.158b}$$

und mit der Vereinfachung

$$B = \tfrac{1}{2}H_{(verf)} - A$$

$$H_2O = B - CO_2 \tag{4.158c}$$

Damit nimmt Gl. (4.159) durch Einsetzen von Gl. (4.156a), (4.157c) und (4.158c) folgende Form an:

$$K = \frac{CO_2(A + CO_2)}{(C_{(verf)} - CO_2)(B - CO_2)} \tag{4.159a}$$

Hieraus ist die Menge an CO_2 und damit weiters auch CO, H_2 und H_2O zu berechnen. Die Ergebnisse sind im folgenden zusammengefaßt:

Stoff	Menge kmol/100 kg Benzin
CO_2	0,2483
CO	6,7517
H_2	9,1593
H_2O	0,7657

5. Schritt: Iterative Überprüfung des Ergebnisses mit Hilfe der Energiebilanz. Bei den folgenden Berechnungen wurde C_6H_{14} als charakteristische Verbindung des Benzins angenommen.

5a) Enthalpie des Einsatzes (Temperatur 25°C)[1]

Stoff	Menge kmol/100 kg Benzin	Bildungswärme ΔH_B kJ/100 kg Benzin	Wärmeinhalt $\Delta H_{25°C}$ kJ/100 kg Benzin
Benzin	1,163	– 231.205	5.515
O_2	4.007	0	2.957
N_2	0.084	0	61
Ar	0,127	0	66
H_2O	1,944	– 470.424	1.693
Summe		– 701.629	10.238
Gesamtenthalpie			– 691.391

5b) Enthalpie der Produkte

1. Versuch: Enthalpie der Produkte bei 800°C

Stoff	Menge kmol/100 kg Benzin	Bildungswärme ΔH_B kJ/100 kg Benzin	Wärmeinhalt $\Delta H_{800°C}$ kJ/100 kg Benzin
CO_2	0,2483	– 97.774	9.487
CO	6,7517	– 746.724	167.827
H_2	9,1593	0	216.287
H_2O	0,7657	– 360.203	22.905
N_2	0,084	0	2.066
Ar	0,127	0	2.478
Summe		– 1.204.701	421.050
Gesamtenthalpie			– 783.651

2. Versuch: Enthalpie der Produkte bei 1200°C

Stoff	Menge kmol/100 kg Benzin	Bildungswärme ΔH_B kJ/100 kg Benzin	Wärmeinhalt $\Delta H_{1200°C}$ kJ/100 kg Benzin
CO_2	0,2483	– 97.774	15.115
CO	6,7517	– 746.724	260.831
H_2	9,1593	0	330.907
H_2O	0,7657	– 360.203	36.578
N_2	0,084	0	3.208
Ar	0,127	0	3.717
Summe		– 1.204.701	650.356
Gesamtenthalpie			– 554.345

[1] Die Enthalpiedaten wurden aus Raznjevic, K., Thermodynamische Tabellen, VDI Verlag, Düsseldorf, 1977, entnommen.

Die Lösung der Energiebilanz erfolgt graphisch in Abb. 4.4. Es wird dabei die Gesamtenthalpie über die Temperatur aufgetragen und zwischen den beiden angenommenen Temperaturwerten linear interpoliert.

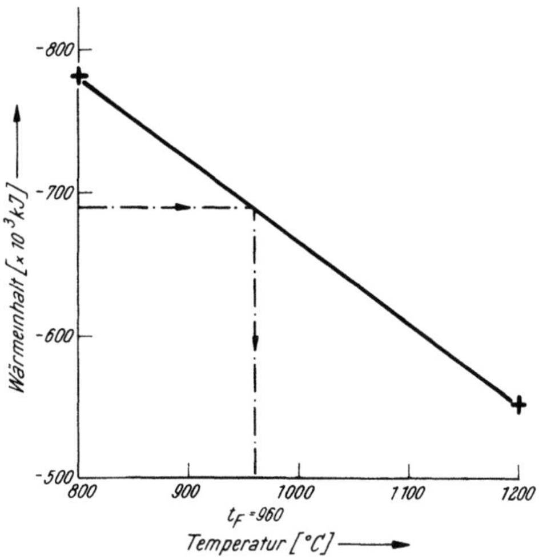

Abb. 4.4. Graphische Lösung der Energiebilanz

Da es sich um einen adiabatischen Vorgang handelt, muß die Gesamtenthalpie konstant bleiben. Man findet daher die gesuchte Flammentemperatur, indem man die zur Einsatzgesamtenthalpie gehörende Temperatur aufsucht. Ist, wie in diesem Beispiel, die so gefundene Temperatur nicht identisch mit der anfangs geschätzten Reaktionstemperatur, so ist die Stoffbilanz mit der der neuen Temperatur zugeordneten Gleichgewichtskonstanten erneut zu lösen. Dieser Vorgang ist so lange zu wiederholen, bis geschätzter und berechneter Temperaturwert hinreichend genau übereinstimmen.

Schrifttum zu Kapitel 4.0

[4.1] Benedek, P., László, A.: Grundlagen des Chemieingenieurwesens. Leipzig: VEB Deutscher Verlag für Grundstoffindustrie 1965.

[4.2] Szabo, I.: Höhere Technische Mechanik, 5. Aufl. Berlin-Heidelberg-New York: Springer 1977.

[4.3] Grassmann, P.: Physikalische Grundlagen der Verfahrenstechnik, 2. Aufl. Aarau und Frankfurt/Main: Sauerländer 1970.

[4.4] Brauer, H.: Stoffaustausch einschließlich chemischer Reaktionen. Aarau und Frankfurt/Main: Sauerländer 1971.

[4.5] Gröber, H., Erk, S., Grigull, U.: Grundgesetze der Wärmeübertragung, 3. Aufl. Berlin-Heidelberg-New York: Springer 1963.

[4.6] Duschek, A., Hochrainer, A.: Grundzüge der Tensorrechnung in analytischer Darstellung, Teil 1, 5. Aufl. Wien-New York: Springer 1968.

[4.7] Prandtl, L.: Führer durch die Strömungslehre, 3. Aufl. Braunschweig: Vieweg 1949.

[4.8] Baule, B.: Die Mathematik des Naturforschers und Ingenieurs, Bd. I, Differential- und Integralrechnung. Leipzig: Hirzel-Verlag 1966.

[4.9] Barrow, G. M.: Physikalische Chemie, Teil 1. Heidelberg-Wien: Bohmann-Verlag 1969.

5.0 Ähnlichkeitstheorie

J. PAWLOWSKI; Die Ähnlichkeitstheorie in der physikalisch-technischen Forschung, Berlin-Heidelberg-New York: Springer 1971.

S. KATTANEK; R. GRÖGER; C. BODE; Ähnlichkeitstheorie, Leipzig: VEB Deutscher Verlag für Grundstoffindustrie 1967.

Die Ähnlichkeitstheorie hat prinzipiell zwei Zielsetzungen, einerseits die Verringerung des Dokumentationsaufwandes zur Darstellung eines physikalisch-technischen Sachverhaltes und andererseits die Verringerung des Versuchsaufwandes für die empirische Ermittlung der betreffenden Zusammenhänge.

Den Ausgangspunkt der Ähnlichkeitsphysik bildete die geometrische Ähnlichkeit. Die Argumente derselben sind gewisse Größen-Zusammenfassungen, z. B. dimensionslose Längenverhältnisse[1].

Während das Prinzip der geometrischen Ähnlichkeit bereits im Altertum bekannt war, ist die Ähnlichkeits-Physik viel jüngeren Datums. Als ihre Begründer gelten GALILEI und NEWTON. Die nächste Entwicklung setzte erst im vorigen Jahrhundert ein. FOURIER führte 1822 den Dimensionsbegriff ein. FROUDE bediente sich 1869 der Ähnlichkeit, um den Wellenwiderstand von Schiffen zu bestimmen. Er wurde damit zum Begründer sowohl der modernen Ähnlichkeitsphysik als auch des Modellversuchswesens. HELMHOLTZ wandte bereits 1873 die Ähnlichkeitstheorie auf die Hydromechanik an. REYNOLDS untersuchte 1883 spezielle Strömungsvorgänge in dieser Hinsicht. VASCHY entwickelte 1890 Ansätze für eine allgemeine Theorie der Ähnlichkeit. Lord RAYLEIGH [5.1], [5.6] veröffentlichte ab 1892 unter anderem die Grundzüge seiner in der Zwischenzeit klassisch gewordenen Exponenten-Methode der Dimensionsanalyse und zeigte prinzipielle Anwendungsmöglichkeiten auf. NUSSELT [5.2], [5.5] erschloß ab 1910 hiefür das Gebiet der Wärmeübertragung. Andere Beiträge stammen von JEANS (1905), V. L. KIRPITSCHEW (1907), FEDERMANN (1911), RIABOUCHINSKY (1911), BLASIUS (1913) [5.3], BUCKINGHAM (1914) [5.4], [5.7], TOLMAN (1914), EHRENFEST-AFANASSJEWA (1916), GRÖBER (1921), BRIDGMAN (1922), F. LONDON (1922), GIBSON (1924), KNOBLAUCH und REIHER (1929), M. WEBER (1930) [5.8]. 1936 zeigte DAMKÖHLER [5.9] die Möglichkeit auf, die Ähnlichkeitstheorie auf chemische Reaktionen anzuwenden. In der Zwischenzeit hat diese Entwicklung zahlreiche Sondergebiete der Technik erfaßt, wobei die Strömungstechnik, die Wärmetechnik und die Verfahrenstechnik eine besondere Stellung einnehmen.

Eine Schlüsselstelle für die Übertragung des Ähnlichkeitsprinzips von der Geometrie auf die allgemeine Physik bildet die Erkenntnis, daß es dabei unter

---

[1] Ein Beispiel hiefür sind die in den trigonometrischen Tabellenwerken zusammengefaßten Daten des rechtwinkeligen Einheits-Modelldreieckes.

anderem auf die Verringerung der Anzahl der Argumente ankommt. Diese wiederum wird durch die Ermittlung gewisser Teilzusammenhänge des betreffenden Sachverhaltes in Form von charakteristischen Größen-Zusammenfassungen, sogenannten Ähnlichkeits-Kenngrößen, ermöglicht. Eine wichtige Informationsquelle hiefür sind die Dimensionsbeziehungen. Sie liefern insbesondere dimensionslose Kenngrößen. Letztere werden im weiteren als Kennzahlen bezeichnet.

Eine typische Größe für die Erfassung des Stoffaustausches in einem Apparat der thermischen Stofftrennung bzw. -vereinigung ist die Stoffübergangszahl β_i. Diese hängt im allgemeinen von mehreren Einflußgrößen ab. Als Beispiel wird eine Füllkörper-Absorptionskolonne nach Abb. 5.8 betrachtet (siehe Abschnitt 5.6.1 bis 5.6.3). Für die mittlere gasseitige Stoffübergangszahl β_i kann folgende grundsätzliche Abhängigkeit angenommen werden[1]

$$\beta_i = f\left(D_i, \eta, \rho, \frac{\dot{V}_G}{A_S}, d_F\right) \tag{5.1}$$

Die Ähnlichkeitstheorie gestattet, wie später noch gezeigt wird, die Transformation der Größen-Beziehung (5.1) in nachstehende Kennzahlen-Beziehung

$$\frac{\beta_i d_F}{D_i} = \psi\left(\frac{\rho \dot{V}_G d_F}{\eta A_S}, \frac{\eta}{\rho D_i}\right) \tag{5.2}$$

Damit wurde die Anzahl der Argumente von ursprünglich $n_1 = 6$ auf $n_2 = 3$ verringert. Dieser Zusammenhang soll des weiteren auf empirischem Wege untersucht werden. Würde man dabei von der Größenbeziehung (5.1) ausgehen

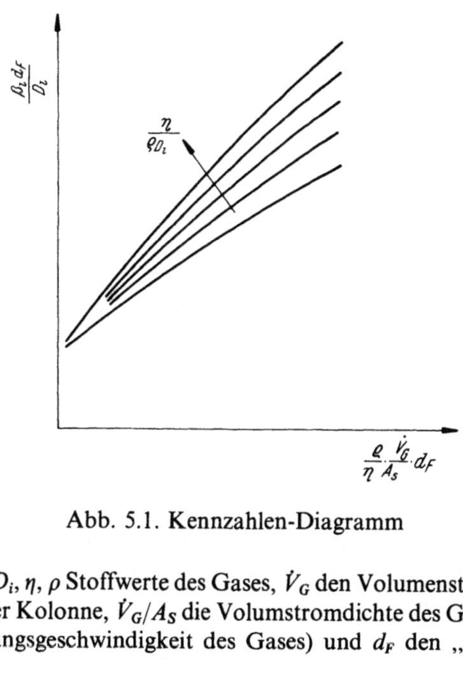

Abb. 5.1. Kennzahlen-Diagramm

[1] Dabei bedeuten D_i, η, ρ Stoffwerte des Gases, $\dot{V}_G$ den Volumenstrom des Gases, A_S den lichten Querschnitt der Kolonne, $\dot{V}_G/A_S$ die Volumstromdichte des Gases (= Bezugswert v_B der mittleren Strömungsgeschwindigkeit des Gases) und d_F den „Bezugs-Durchmesser“ eines Füllkörpers.

und – um eine Größenordnung festzulegen – jedes der $n_1 - 1 = 6 - 1 = 5$ funktionell unabhängigen Argumente 10fach variieren, so wären 10^5 Einzelversuche nötig. Legt man dagegen die Kennzahlenbeziehung (5.2) zugrunde, so sind bei etwa gleichem Aussagewert der Versuche $n_2 - 1 = 3 - 1 = 2$ funktionell unabhängige Argumente jeweils 10fach zu variieren. Das ergibt 10^2 Einzelversuche. Das heißt, die Ähnlichkeitstheorie gestattet unter den gegebenen Bedingungen größenordnungsmäßig eine Senkung der Versuchsanzahl von 10^5 auf 10^2, das heißt auf 1‰! Dazu kommt der weitere Vorteil, daß diese Versuche unter entsprechenden Voraussetzungen an verkleinerten Modellen vorgenommen werden können. Man erkennt daraus, daß experimentelle Untersuchungen in vielen Fällen ohne Heranziehung der Ähnlichkeitstheorie nicht auf wirtschaftliche Weise durchführbar wären. Ein entsprechender Vorteil ergibt sich auch für die Dokumentation. Zur Darstellung auf Basis von (5.2) genügt ein einziges Blatt für das betreffende Kennzahlen-Diagramm der Abb. 5.1.

Wollte man dagegen den gleichen Zusammenhang auf Basis der 6 Argumente der Beziehung (5.1) darstellen, so bräuchte man entsprechend den jeweils 3 konstant zu haltenden Größen d_F, η, ρ ein Paket von Diagrammblättern von einer dreifachen Mannigfaltigkeit nach Art von Abb. 5.2.

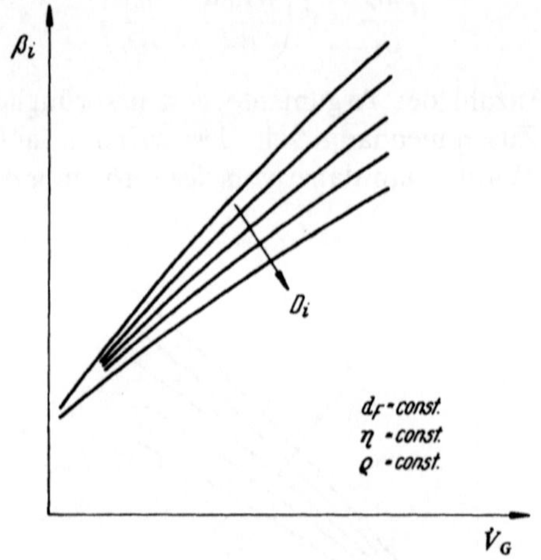

Abb. 5.2. Größen-Diagramm

Die wichtigsten Kennzahlen wurden nach bekannten Forschern benannt. So haben z. B. obige Ausdrücke die nachstehenden Bezeichnungen erhalten

$$\frac{\beta_i d_F}{D_i} = \text{Sh}, \qquad \frac{\rho \dot{V}_G d_F}{\eta A_S} = \text{Re}, \qquad \frac{\eta}{\rho D_i} = \frac{\nu}{D_i} = \text{Sc}$$

Sh Sherwood-Zahl, Re Reynolds-Zahl (in abgewandelter Form), Sc Schmidt-Zahl.

Dementsprechend wird für den Zusammenhang (5.2) häufig auch nachstehende Formulierung angewandt

$$\text{Sh} = \psi(\text{Re}, \text{Sc}) \tag{5.3}$$

Beachtet man, daß der Ausdruck $\dot{V}_G/A_S$ die Bedeutung einer *Bezugsgeschwindigkeit* v_B des Gases hat, und berücksichtigt man die Definition der kinematischen Zähigkeit gemäß $\nu = \eta/\rho$, so erhält man die geläufigere Formulierung

$$\mathrm{Re} = \frac{\rho v_B d_F}{\eta} = \frac{v_B d_F}{\nu} \tag{5.4}$$

In den folgenden Abschnitten werden neben den Grundbegriffen und grundlegenden Lehrsätzen der Ähnlichkeitstheorie die Methoden zur Ermittlung von Kennzahlen, insbesondere die mittels Dimensionsanalyse, die Transformation von Größenbeziehungen in Kennzahlenbeziehungen sowie die Bedingungen für die Durchführung und Auswertung von Modellversuchen behandelt.

5.1 Kenngrößen der physikalischen Ähnlichkeit

Zwei Systeme werden als physikalisch ähnlich bezeichnet, wenn alle analogen Größen derselben einander proportional sind. Die mathematische Formulierung dieser Forderung lautet

$$a_x = \frac{x_G}{x_M} = \text{const.} \tag{5.5}$$

Im weiteren bedeuten:

x_G eine physikalische Größe der Großanlage
x_M eine physikalische Größe des Modells
a_x den Maßstabsfaktor der Ähnlichkeit bezüglich der Größe x
x_{0G}, x_{1G} individuelle Vertreter der Größe x bei der Großausführung
x_{0M}, x_{1M} individuelle Vertreter der Größe x beim Modell.

Daraus folgt

$$x_{1G} = a_x \cdot x_{1M} \tag{5.6}$$

$$x_{0G} = a_x \cdot x_{0M} \tag{5.7}$$

$$\frac{x_{1G}}{x_{0G}} = \frac{x_{1M}}{x_{0M}} \tag{5.8}$$

Derartige Verhältnisse von gleichartigen Größen *desselben* Systems werden in der Ähnlichkeitstheorie als *Simplexe* S_i bezeichnet

$$S_x = \frac{x_1}{x_0} \tag{5.9}$$

Damit geht (5.8) über in

$$S_{xG} = S_{xM} \tag{5.10}$$

Für die durch die Beziehungen (5.8) bzw. (5.10) ausgedrückte *Invarianz* von analogen Größen verschiedener Systeme wird auch folgende mathematische Formulierung verwendet[1]

[1] Das Invarianz-Symbol „idem“ bedeutet „das Gleiche“.

$$\frac{x_1}{x_0} = \text{idem} \tag{5.11}$$

bzw.

$$S_x = \text{idem} \tag{5.12}$$

Diese Beziehungen stellen gleichwertige Formulierungen der Definition der physikalischen Ähnlichkeit dar.

Beispiele für Simplexe sind:

a) geometrische Simplexe, sogenannte Geometriezahlen

$$\Gamma_l = \frac{l}{l_0} \tag{5.13}$$

Dazu zählen insbesondere der Winkel und die Winkelfunktionen.

b) Simplexe der Arbeit und Leistung, z. B. verschiedene Wirkungsgrade

$$\eta = \frac{W}{W_0} = \frac{P}{P_0} \tag{5.14}$$

c) Verhältnisse von Geschwindigkeiten, Temperaturen, Drücken, Konzentrationen usw.

$$\frac{v}{v_0}, \frac{T}{T_0}, \frac{p}{p_0}, \frac{c_i}{c_{i0}} \tag{5.15}$$

Analoge Größen, die bei ähnlichen Systemen gleiche Werte haben, heißen *Invarianten* oder *Kenngrößen* der Ähnlichkeit. Sie stellen, wie bereits erwähnt wurde, charakteristische Größen-Zusammenfassungen des betreffenden Sachverhaltes dar. Zu denselben zählen neben den Simplexen S_i noch die später behandelten Komplexe K_j.

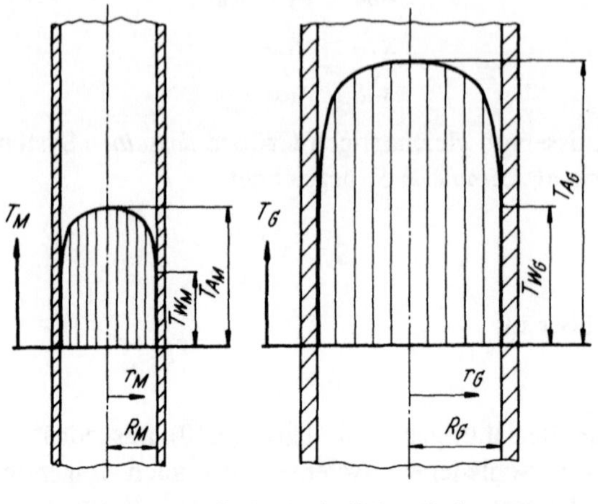

Abb. 5.3. Temperaturprofile von physikalisch ähnlichen Rohrströmungen. Hierin bedeuten T_A die Temperaturen in der Rohrachse bzw. T_W die Wandtemperatur. Die Indizes M und G beschreiben jeweils die Zustände in der Modell- bzw. Großausführung

Im folgenden wird ein Beispiel für physikalisch ähnliche Systeme gebracht. Es werden die Temperaturprofile zweier in Rohren verschiedenen Durchmessers strömender Medien miteinander verglichen. Herrscht eine totale physikalische Ähnlichkeit zwischen beiden Systemen, so müssen die in Abb. 5.3 wiedergegebenen graphischen Darstellungen der betreffenden Temperaturprofile zueinander geometrisch affin sein. Ähnlichkeit bzw. Affinität der beiden Temperaturprofile bedeutet ferner Gleichheit der Darstellungen derselben mit Hilfe der Kennzahlen T/T_A und r/R gemäß Abb. 5.4. Aus den obigen Darlegungen folgt ferner, daß der physikalischen Ähnlichkeit zweier Systeme eine bestimmte geometrische Affinität der geometrischen Bilder, z. B. der graphischen Darstellungen der betreffenden Zusammenhänge, entspricht.

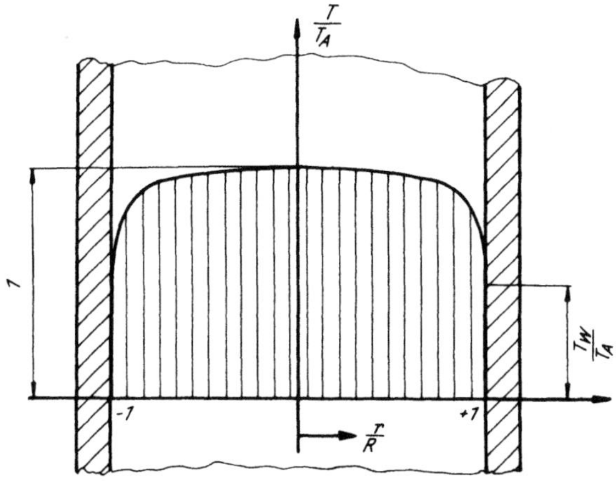

Abb. 5.4. Kennzahlen-Diagramm des Temperaturprofiles

Während die Bildung der Simplexe S_i, die lediglich Verhältnisse artgleicher Größen darstellen, entsprechend einfach ist, kann die Entwicklung der Komplexe K_j, welche dimensionslose Verhältnisse verschiedenartiger Größen angeben, fallweise gewisse Schwierigkeiten bereiten. Hiefür stehen, wie im Abschnitt 5.3 erörtert wird, mehrere grundsätzliche Methoden zur Verfügung.

Als Beispiel für die Bildung von Invarianten der Ähnlichkeit wird eine instationäre Wärmeleitung und Wärmespeicherung in einer ebenen Wand (vergleiche Abb. 5.5) betrachtet. Dieser Vorgang wird durch nachstehende drei Beziehungen bestimmt:

a) Fouriersches Gesetz der Wärmeleitung

$$\dot{Q} = -\lambda A \frac{\partial T}{\partial x} \tag{5.16}$$

b) Erster Hauptsatz der Wärmelehre, angewandt auf die isobare Erwärmung eines Festkörpers

$$Q = m \cdot \Delta h \tag{5.17}$$

c) Kalorische Zustandsgleichung des Festkörpers in der Formulierung

$$\Delta h = c_p \cdot \Delta T \tag{5.18}$$

Daraus folgt

$$Q = mc_p \Delta T = \rho V c_p \Delta T \tag{5.19}$$

Dabei bedeuten A eine Fläche normal zum Wärmestrom $\dot{Q}$ und $\Delta T = f(t)$ die Temperaturänderung eines Wandteilchens während des Vorganges.

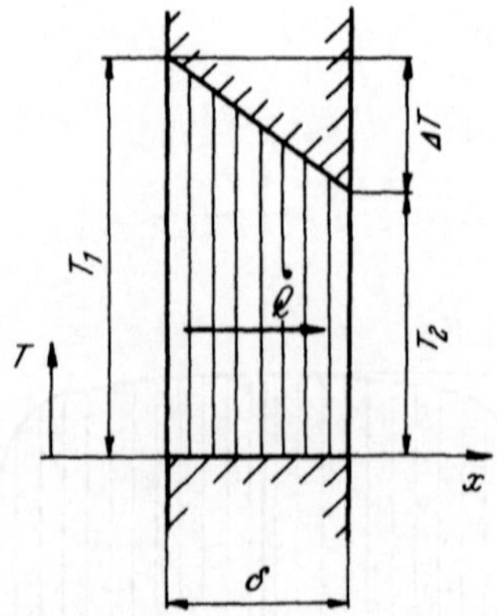

Abb. 5.5. Temperaturprofil einer ebenen Wand

Die in der Großanlage zu erwartenden Betriebsverhältnisse sollen mittels eines verkleinerten Modells untersucht werden. Wird totale physikalische Ähnlichkeit beider Systeme gefordert, so gilt

$$a_x = \frac{x_G}{x_M} = \text{const.} \tag{5.20}$$

für alle maßgeblichen Größen. Folgerung:

$$\begin{aligned} \dot{Q}_G &= a_Q \cdot \dot{Q}_M \\ \lambda_G &= a_\lambda \cdot \lambda_M \\ x_G &= a_L \cdot x_M \quad \text{usw.} \end{aligned} \tag{5.21}$$

Setzt man diese Ausdrücke z. B. in Gleichung (5.16) ein, so erhält man[1]

$$a_Q \cdot \dot{Q}_M = -\frac{a_\lambda a_A a_T}{a_L} \lambda_M A_M \frac{\partial T_M}{\partial x_M} \tag{5.22}$$

Andererseits gilt das Fouriersche Gesetz (5.16) auch für das Modell. Daraus folgt die weitere Beziehung

[1] Bezüglich der hier angewandten Methode der Entwicklung von Kennzahlen mit Hilfe der Maßstabfaktoren wird unter anderem auf GRÖBER, ERK, GRIGULL [5.21] verwiesen.

$$\dot{Q}_M = -\lambda_M A_M \frac{\partial T_M}{\partial x_M} \tag{5.23}$$

Aus der Gegenüberstellung der beiden letzten Gleichungen folgt schließlich eine Beziehung von Maßstabfaktoren, das heißt ein *Modellgesetz*, nämlich

$$a_{\dot{Q}} = \frac{a_\lambda a_A a_T}{a_L} \tag{5.24}$$

In analoger Weise leitet sich aus der Beziehung (5.19) das weitere Modellgesetz ab

$$a_Q = a_\rho a_V a_{c_p} a_T \tag{5.25}$$

Weitere Umformungen ergeben sich mit Hilfe der nachstehenden Definitions-Beziehungen

$$dA = dy \cdot dz \tag{5.26}$$

$$dV = dx \cdot dy \cdot dz \tag{5.27}$$

$$\dot{Q} = \frac{dQ}{dt} \tag{5.28}$$

Die entsprechenden zusätzlichen Modellgesetze lauten in analoger Weise

$$a_A = a_L^2 \tag{5.29}$$

$$a_V = a_L^3 \tag{5.30}$$

$$a_{\dot{Q}} = \frac{a_Q}{a_t} \tag{5.31}$$

Setzt man diese Ausdrücke in die beiden früheren Modellgesetze (5.24) und (5.25) ein, so ergeben sich nachstehende Umformungen

$$\frac{a_Q}{a_t} = \frac{a_\lambda a_L^2 a_T}{a_L} \tag{5.32}$$

$$a_Q = a_\rho a_L^3 a_{c_p} a_T \tag{5.33}$$

Eliminiert man aus den beiden letzten Beziehungen den Maßstabfaktor a_Q, so erhält man nachstehendes umgeformtes Modellgesetz

$$\frac{a_\lambda a_t}{a_\rho a_{c_p} a_L^2} = 1 \tag{5.34}$$

Hieraus ergeben sich mit Hilfe von (5.21) schließlich die weiteren Aussagen

$$\frac{\lambda_G}{\lambda_M} \frac{t_G}{t_M} \frac{\rho_M}{\rho_G} \frac{c_{pM}}{c_{pG}} \left(\frac{l_M}{l_G}\right)^2 = 1 \tag{5.35}$$

$$\frac{\lambda_G t_G}{\rho_G c_{pG} l_G^2} = \frac{\lambda_M t_M}{\rho_M c_{p_M} l_M^2} \tag{5.36}$$

$$\frac{\lambda t}{\rho c_p l^2} = \text{idem} \tag{5.37}$$

Die Invarianz-Aussagen (5.34) bis (5.37) stellen verschiedene Formulierungen des gleichen Gesetzes, nämlich des Fourierschen Modellgesetzes, dar. Der auf diese Weise erhaltene Ausdruck $\lambda t/\rho c_p l^2$ ist auf Grund seiner Invarianz eine Kennzahl. Diese hat die Struktur eines dimensionslosen Potenzproduktes von artverschiedenen Größen. Derartige Ausdrücke werden in diesem Zusammenhang, wie bereits erwähnt, als *Komplexe* K_j bezeichnet. Zur besonderen Kennzeichnung werden diese Komplexe vielfach mittels der betreffenden charakteristischen Größen indiziert. Das sind hier insbesondere die Größen λ und ρc_p. Daraus folgt nachstehende spezielle Bezeichnung des obigen Komplexes[1]

$$K_{\lambda(\rho c_p)} = \frac{\lambda t}{\rho c_p l^2} = \frac{at}{l^2} = \mathrm{Fo} \tag{5.38}$$

Der vorliegende Ausdruck trägt den Namen Fourier-Zahl.

Es ergibt sich somit folgende weitere Formulierung für das obige Modellgesetz

$$\mathrm{Fo} = \text{idem} \qquad \text{bzw.} \qquad \mathrm{Fo}_G = \mathrm{Fo}_M \tag{5.39}$$

Dieses Modellgesetz gestattet es, soferne auch die übrigen maßgeblichen Ähnlichkeitsbedingungen eingehalten werden, aus den Ergebnissen des Modellversuches auf die zu erwartenden Verhältnisse der Großanlage zu schließen. So folgt z. B. aus der Formulierung (5.34) die weitere Aussage bezüglich des Maßstabfaktors a_t der Zeit

$$a_t = \frac{a_\rho a_{c_p} a_L^2}{a_\lambda} \tag{5.40}$$

Verwendet man z. B. in beiden Systemen gleiche Materialien, so wird

$$\lambda_G = \lambda_M, \qquad \rho_G = \rho_M, \qquad c_{pG} = c_{pM}$$

und damit

$$a_\lambda = \frac{\lambda_G}{\lambda_M} = 1, \qquad a_\rho = 1, \qquad a_{c_p} = 1 \tag{5.41}$$

Damit nimmt obiges Modellgesetz die weitere Form an

$$a_t = a_l^2 \tag{5.42}$$

$$t_G = a_t t_M = a_l^2 t_M \tag{5.43}$$

Wird z. B. das Modell 5fach verkleinert ausgeführt, so ist

$$a_l = \frac{l_G}{l_M} = 5$$

$$a_t = a_l^2 = 25 \tag{5.44}$$

Das bedeutet, daß der analoge Vorgang bei der Großausführung einen fünfundzwanzigmal größeren Zeitraum als beim Modell erfordert.

---

[1] Die Größe $a = \lambda/\rho c_p$ wird als Temperaturleitzahl bezeichnet.

Sowohl die obigen Komplexe K_j als auch die Simplexe S_i stellen dimensionslose Potenz-Produkte dar. Diese werden in der Ähnlichkeitstheorie auch als Π-Produkte oder auch als Π-Größen bezeichnet[1].

Neben den dimensionslosen Kenngrößen spielen auch die dimensionsbehafteten eine Rolle (vergleiche [5.29]). Letztere ergeben sich aus zusätzlichen Nebenbedingungen. So wurde bei obigem Beispiel gemäß (5.41) vorausgesetzt, daß in beiden Systemen gleiche Werkstoffe für die Austauscherwand und damit auch gleiche Stoffwerte λ, ρ, c_p vorliegen. Der vorliegende Sachverhalt ist daher durch nachstehende Beziehungen gekennzeichnet

$$\mathrm{Fo} = \frac{\lambda t}{\rho c_p l^2} = \text{idem} \tag{5.45}$$

$$\lambda = \text{idem}, \qquad \rho = \text{idem}, \qquad c_p = \text{idem} \tag{5.46}$$

Auf Grund dieser Invarianz-Aussagen stellen hier neben der dimensionslosen Kenngröße $\mathrm{Fo} = \lambda t/\rho c_p l^2$ die Größen λ, ρ, c_p noch weitere Kenngrößen, eben dimensionsbehaftete, dar.

Die dimensionslosen Ähnlichkeits-Invarianten weisen in ihrer Struktur notwendigerweise eine Analogie zu den zugehörigen Dimensionsbeziehungen auf. So lautet z. B. das früher erörterte Fouriersche Modellgesetz gemäß (5.34) bzw. (5.38)

$$\mathrm{Fo} = \frac{\lambda t}{\rho c_p l^2} = \text{idem} \tag{5.47}$$

$$\frac{a_\lambda a_t}{a_\rho a_{c_p} a_l^2} = 1 \tag{5.48}$$

Die zugehörige Dimensionsbeziehung hat die Form[2]

$$\frac{\langle\lambda\rangle\langle t\rangle}{\langle\rho\rangle\langle c_p\rangle\langle l\rangle^2} = 1 \tag{5.49}$$

Die derart gekennzeichnete formale Analogie ist eine der wichtigsten Grundlagen der Ähnlichkeitstheorie. Sie gestattet es, Kennzahlen auch dann aufzufinden, wenn die speziellen physikalischen Gesetze des betreffenden Vorganges nicht in konkreter Form bekannt sind und lediglich Informationen über die maßgeblichen Einflußgrößen vorliegen. Auf Grund dieser Analogie bieten die Dimensionsbeziehungen eine der bedeutendsten Informationsquellen für die Auffindung von charakteristischen Größenzusammenfassungen, das heißt von Kenngrößen. Das Verfahren, Kenngrößen mit Hilfe von Dimensionsbeziehungen zu entwickeln, bezeichnet man als Dimensionsanalyse. Hierauf wird im Abschnitt 5.3.3 noch eingegangen.

---

[1] Das von BUCKINGHAM [5.4] hierfür eingeführte Symbol „Π“ steht für das Wort „Potenzprodukt“.

[2] Es werden hier folgende Symbole verwendet: $\langle x\rangle = \dim(x)$ für die Dimension der Größe x, $[x]$ für die Einheit der Größe x, $\{x\}$ für den Zahlenwert der Größe x gemäß der Beziehung $x = \{x\} \cdot [x]$. Man vergleiche hiezu auch die neuen Normen über das SI-System und die betreffenden Darstellungen bei OBERDORFER [5.31].

Eine Aufgabe der Ähnlichkeitstheorie besteht darin, aus einem Größensatz[1] dimensionslose Ausdrücke zu bilden. Die Aufgabe ist einfach, wenn in dem betrachteten Satz sämtliche maßgeblichen dimensionsmäßigen *Basisgrößen*[2] vertreten sind, wie z. B. l, t, m, T. Dies soll am Beispiel einer instationären Wärmeleitung und Wärmespeicherung in einer ebenen Wand (vergleiche Abb. 5.5) erläutert werden. Das Problem wird in dem Fall durch nachstehende 7 Einflußgrößen erfaßt

$$\delta, \Delta t, m_0, \Delta T, \dot{Q}, c_p, T_1 \tag{5.50}$$

Dabei bedeuten δ die Dicke, m_0 die Masse und c_p die spezifische Wärme der Wand, ferner Δt ein charakteristisches Zeitintervall, $\dot{Q}$ den betreffenden Wärmestrom und ΔT, T_1 Temperaturgrößen gemäß Abb. 5.5. Im Größensatz zu (5.50) stellen die 5 Argumente δ, Δt, m_0, ΔT, T_1 individuelle Vertreter von dimensionsmäßigen Basisgrößen und die weiteren 2 Argumente $\dot{Q}$, c_p individuelle Vertreter von dimensionsmäßig abgeleiteten Größen dar[3]. Es wird nun von jeder aufscheinenden Basisgröße je ein Vertreter abgesondert, z. B.

$$\delta, \Delta t, m_0, \Delta T \tag{5.51}$$

Mit Hilfe dieses Teilsatzes[4] von individuellen Basisgrößen lassen sich die restlichen Größen des Satzes (5.50) zu dimensionslosen Ausdrücken ergänzen. Die im Teilsatz (5.51) angeführten 4 Größen werden als dimensionsmäßige *Ergänzungsgrößen* E_k [5.40] bezeichnet. Die übrigen 7 – 4 = 3 Größen des Satzes (5.50) werden als dimensionsmäßige *Leitgrößen* L_j bezeichnet [5.19], da jede derselben zu einem Π-Produkt hinleitet[5]. So folgt z. B. aus der Dimension von $\dot{Q}$ gemäß

$$\langle \dot{Q} \rangle = \frac{\langle m \rangle \langle L \rangle^2}{\langle t \rangle^3} \tag{5.52}$$

die spezielle Dimensionsbeziehung hinsichtlich der Argumente $\dot{Q}$, δ, Δt, m_0

$$\frac{\langle \dot{Q} \rangle \langle \Delta t \rangle^3}{\langle m_0 \rangle \langle \delta \rangle^2} = 1 \tag{5.53}$$

und damit auf Grund der oben erwähnten Analogie nachstehendes dimensionsloses Π-Produkt

$$\Pi_{\dot{Q}} = \frac{\dot{Q}\, \Delta t^3}{m_0 \delta^2} \tag{5.54}$$

In entsprechender Weise erhält man das weitere Π-Produkt

---

[1] Unter einem Größensatz wird hier ein Satz von Einflußgrößen x_i verstanden.

[2] Eine dimensionsmäßige Basisgröße ist eine Größe, deren Dimension nur eine einzige Basisdimension, und zwar in der ersten Potenz, aufweist.

[3] Es wird dabei das SI-System zugrundegelegt.

[4] Unter Teilsatz wird hier ein Teil eines Satzes verstanden.

[5] Matz hatte seinerzeit hiefür die Bezeichnungen „Leit-“ und „Bestimmungsgrößen“ gewählt, vergleiche [5.19].

$$\Pi_{c_p} = \frac{c_p \Delta T \Delta t^2}{\delta^2} \tag{5.55}$$

Für die verbleibende Größe T_1 ergibt sich schließlich der Simplex

$$\Pi_{T_1} = \frac{T_1}{\Delta T} \tag{5.56}$$

Die auf diese Weise erzielte Transformation des Größensatzes (5.50) in einen Satz von dimensionslosen Π-Produkten[1] gemäß (5.54) bis (5.56) kann durch folgendes Transformations-Schema [5.40] dargestellt werden

$$\begin{array}{ccccc} \overbrace{\delta, \Delta t, m_0, \Delta T}^{E_k} & - & \overbrace{\dot{Q}, \quad c_p, \quad T_1}^{L_j} \\ & & \downarrow \quad \downarrow \quad \downarrow \\ & & \underbrace{\Pi_{\dot{Q}} \quad \Pi_{c_p} \quad \Pi_{T_1}}_{\Pi_j} \end{array} \tag{5.57}$$

E_k Ergänzungsgrößen, L_j Leitgrößen, Π_j Π-Produkte. Die speziellen Formulierungen der angeführten Π-Produkte sind durch die Ausdrücke (5.54) bis (5.56) gegeben.

In diesem Schema sind oben links die betreffenden Ergänzungsgrößen E_k angeordnet. Man erkennt, daß jeder Leitgröße L_j ein eigenes Π-Produkt Π_j entspricht. Die Leitgrößen L_j umfassen dabei neben den dimensionsmäßig abgeleiteten Größen $\dot{Q}$, c_p auch die überzählige dimensionsmäßige Basisgröße T_1.

Schwierigkeiten bei der Π-Produkt-Bildung entstehen fallweise erst dann, wenn in dem betreffenden Größensatz, wie häufig, nicht alle aufscheinenden Basisdimensionen durch entsprechende Basisgrößen unmittelbar vertreten sind[2].

Bezeichnet man mit

$$n = \text{Anzahl der Einflußgrößen} \tag{5.58}$$

$$b = \text{Anzahl der vertretenen Basisdimensionen} \tag{5.59}$$

$$e = \text{Anzahl der Ergänzungsgrößen} \tag{5.60}$$

$$p = \text{Anzahl der } \Pi\text{-Produkte } (= \text{Anzahl der Leitgrößen}) \tag{5.61}$$

so ergeben sich hier nachstehende Werte

$$n = 7, \qquad b = 4\,^{3}, \qquad e = 4 \tag{5.62}$$

$$p = n - e = 7 - 4 = 3 \tag{5.63}$$

Eine Kernfrage besteht nun darin, die oben durch Probieren gefundenen Π-

[1] Ein derartiger Satz wird kurz auch als „Π-Satz" bezeichnet.
[2] Auf dieses Problem wird in Abschnitt 5.3.3 näher eingegangen.
[3] Entsprechend den 4 Basisdimensionen $\langle L \rangle$, $\langle t \rangle$, $\langle m \rangle$, $\langle T \rangle$.

Produkte auf systematischem und streng exaktem Wege zu entwickeln. Dabei ist zu beachten, daß die Anzahl e der Ergänzungsgrößen auch kleiner als die Anzahl b der betreffenden Basisgrößen sein kann. Als Beispiel hiefür wird nachstehender Größensatz betrachtet

$$v, \rho, p_1, p_2 \tag{5.64}$$

Das betreffende vorerst wieder durch Probieren aufzufindende Transformationsschema lautet z. B.

$$\begin{array}{ccc} \overbrace{v, \; \rho}^{E_k} & - & \overbrace{p_1, \quad p_2}^{L_j} \\ & & \downarrow \qquad \downarrow \\ & & \underbrace{\Pi_{p_1} \quad \Pi_{p_2}}_{\Pi_j} \end{array} \tag{5.65}$$

Die zugehörigen Π-Produkte sind

$$\Pi_{p_1} = \frac{p_1}{\rho v^2}, \qquad \Pi_{p_2} = \frac{p_2}{\rho v^2} \tag{5.66}$$

In den Größen des Satzes (5.64) scheinen $b = 3$ Basisdimensionen auf, nämlich $\langle L \rangle, \langle t \rangle, \langle m \rangle$. Im Transformationsschema (5.65) treten jedoch nur 2 Ergänzungsgrößen auf, nämlich v, ρ. Somit gilt hier

$$e = 2 < b = 3 \tag{5.67}$$

Daraus folgt nachstehende *Ungleichung der Dimensionsanalyse* [5.40]

$$e \leqslant b \tag{5.68}$$

Die Nichtbeachtung dieser Ungleichung hat gelegentlich zu unvollständigen Π-Sätzen und damit zu falschen Lösungen geführt. Die betreffenden Widersprüche wurden erstmalig von Bridgman aufgezeigt[1]. Der Umstand, daß $e < b$ sein kann, liegt in der speziellen Art, wie die jeweiligen Basisdimensionen in den Dimensionen der betreffenden Größen miteinander verknüpft sind, begründet. Die Beantwortung dieser Fragen ist unter anderem Gegenstand der folgenden Abschnitte.

5.2 Van Driestsche Regel und Π-Theorem

Die Anwendung der Dimensionsanalyse erfordert, wie aus obigen Darlegungen ersichtlich ist, eine Trennung der Einflußgrößen in Ergänzungs- und Leitgrößen. Die van Driestsche Regel besagt, daß die Anzahl der Ergänzungsgrößen eines vollständigen Satzes gleich der maximalen Anzahl derjenigen Größen eines Größensatzes ist, aus denen sich kein dimensionsloses Π-Produkt bilden läßt.

Aufbauend auf diese Überlegungen von van Driest [5.10] werden hier folgende Kriterien aufgestellt

[1] Man vergleiche auch die betreffenden Hinweise bei Focken [5.17] und Görtler [5.38].

1. Kriterium. Ein Teilsatz eines Größensatzes stellt einen Satz von dimensionsmäßigen Ergänzungsgrößen dar, wenn sich aus dessen einzelnen Größen kein einziges dimensionsloses Π-Produkt bilden läßt.

2. Kriterium. Ein Satz von Ergänzungsgrößen ist vollständig, wenn er die Umwandlung sämtlicher übriger Größen des zugehörigen Größensatzes in dimensionslose Π-Produkte gestattet.

Zur Erläuterung der van Driestschen Regel wird das Transformationsschema (5.65) betrachtet. Dementsprechend bilden die Größen v, ρ einen vollständigen Satz von Ergänzungsgrößen. Die Dimensionen dieser 2 Größen lauten

$$\langle v \rangle = \frac{\langle L \rangle}{\langle t \rangle}, \qquad \langle \rho \rangle = \frac{\langle m \rangle}{\langle L \rangle^3} \tag{5.69}$$

Man kann sich z. B. durch Probieren davon überzeugen, daß sich aus diesen Größen kein dimensionsloser Ausdruck bilden läßt[1]. Damit erfüllen diese 2 Größen das 1. Kriterium. Das Schema (5.65) zeigt weiter im Verein mit (5.66), daß *jede* der betreffenden übrigen Größen mit Hilfe dieser Ergänzungsgrößen in ein dimensionsloses Π-Produkt umgewandelt werden kann. Damit ist auch das 2. Kriterium und damit die van Driestsche Regel erfüllt, womit nachgewiesen ist, daß die Größen v, ρ einen vollständigen Satz von Ergänzungsgrößen bilden. Auf Grund der van Driestschen Regel ist insbesondere die Anzahl e der Ergänzungsgrößen definiert. Diese Anzahl e bildet eine wesentliche Grundlage des folgenden Π-Theorems.

Das Theorem der Π-Produkte wurde in seinen wesentlichen Grundzügen bereits von VASCHY 1890 und von FEDERMAN 1911, andeutungsweise auch von JEANS 1905, erkannt. Die prinzipielle Bedeutung dieses Theorems wurde jedoch erst durch BUCKINGHAM [5.4] 1914, der auch die Bezeichnung *Π-Produkte* einführte, allgemein bekannt gemacht[2]. In der Folgezeit wurde es auch *Buckinghamsches Theorem* genannt. Spätere Erkenntnisse, insbesondere von BRIDGMAN[3], VAN DRIEST [5.10] und LANGHAAR [5.13] haben zu einer nachträglichen strengeren Formulierung desselben geführt.

Das Theorem umfaßt mehrere Teilaussagen

1. Teilaussage. Jede dimensionsmäßig exakt formulierte Beziehung von physikalischen Größen x_i kann in eine weitere Beziehung transformiert werden, die ausschließlich dimensionslose Π-Produkte aufweist.

Mathematische Formulierung dieser Aussage:

$$F(x_1, x_2, \ldots, x_n) = 0 \tag{5.70}$$

$$\Downarrow$$

$$\Phi(\Pi_1, \Pi_2, \ldots, \Pi_p) = 0 \tag{5.71}$$

---

[1] Ein exakter Beweis hiefür läßt sich z. B. mit Hilfe der im Abschnitt 5.3.3 behandelten Dimensionsanalyse erbringen.

[2] Man vergleiche hiezu auch GÖRTLER [5.38] und [5.39].

[3] Man vergleiche hiezu unter anderem GÖRTLER [5.38].

2. Teilaussage[1]. Die bei dieser Transformation entstehenden Π-Produkte Π_j bilden einen vollständigen[2] Satz derselben bezüglich der Größen x_i. Die Anzahl p dieser Π-Produkte ist gleich der Anzahl n der Größen x_i vermindert um die Anzahl e der zugehörigen dimensionsmäßigen Ergänzungsgrößen E_k.

$$x_i \Rightarrow \Pi_j \tag{5.72}$$

$$i = 1, 2, \ldots, n, \qquad j = 1, 2, \ldots, p$$

mit

$$p = n - e \tag{5.73}$$

3. Teilaussage. Die Anzahl e der dimensionsmäßigen Ergänzungsgrößen E_k, die bei dieser Transformation den betreffenden Größen x_i entsprechen, ist gleich dem Rang r der zugehörigen Dimensions-Matrix[3] und ist daher bei Zugrundelegung eines bestimmten Maßsystems eine Invariante. Ihr Wert kann kleiner oder gleich der Anzahl b der in den Größen x_i aufscheinenden Basisdimensionen sein.

Mathematische Formulierung dieser Aussage:

$$e = r = \text{invar.} \tag{5.74}$$

$$e \leqslant b \tag{5.75}$$

Die Beziehung (5.75) wird als Ungleichung der Dimensionsanalyse [5.40] bezeichnet.

Da jedem Π-Produkt eine eigene Leitgröße entspricht, gilt außerdem

$$p = l \tag{5.76}$$

l Anzahl der Leitgrößen.

Die ursprüngliche weniger strenge Formulierung der 2. Teilaussage lautete

$$p = n - b \tag{5.77}$$

Diese Formulierung hatte seinerzeit zu Widersprüchen geführt. Die Klärung der Zusammenhänge gelang erst durch die strengere wissenschaftliche Fundierung der Dimensionstheorie[4].

Buckingham selbst hat das Π-Theorem nur in einfacher Weise plausibel gemacht. Einen ersten vereinfachten Beweis hiefür hat Bridgman erbracht. Den ersten strengen Beweis hat später Langhaar [5.13] entwickelt. Eine weitere sehr interessante Beweisführung stammt von Brand [5.24]. Auf eine Wiedergabe dieser Beweise wird hier verzichtet. An dieser Stelle soll die Aussage des Π-Theorems lediglich an Hand eines einfachen Beispieles erläutert werden. Dazu wird die

---

[1] Die vorliegende modifizierte Formulierung der 2. Teilaussage wurde von Pointner [5.40] angegeben. Es wird dabei die besondere Bedeutung der Ergänzungsgrößen für das Π-Theorem zum Ausdruck gebracht.

[2] Unter einem „vollständigen" Satz von Π-Produkten wird ein solcher verstanden, aus dessen einzelnen Π-Produkten sich auch sämtliche weiteren den betreffenden Größen x_i entsprechenden Π-Produkte bilden lassen.

[3] Bezüglich Einzelheiten über die Dimensions-Matrix wird unter anderem auf [5.13], [5.32] und [5.38] verwiesen.

[4] Man vergleiche Görtler [5.38] und [5.39].

verlustfreie stationäre Strömung einer idealen, reibungsfreien Flüssigkeit in einer Rohrleitung betrachtet. Dieser Vorgang wird durch die bekannte Bernoullische Gleichung beschrieben

$$p_1 + \frac{\rho v_1^2}{2} + g\rho h_1 = p_2 + \frac{\rho v_2^2}{2} + g\rho h_2 \tag{5.78}$$

Dividiert man diese Gleichung durch irgendeinen der einzelnen Terme, so erhält man eine dimensionslose Formulierung, z. B.

$$\frac{p_1}{\rho v_1^2} + \frac{1}{2} + \frac{g h_1}{v_1^2} = \frac{p_2}{\rho v_1^2} + \frac{1}{2}\left(\frac{v_2}{v_1}\right)^2 + \frac{g h_2}{v_1^2} \tag{5.79}$$

In dieser Form ist die Anwendung des Π-Theorems trivial. Anders ist es, wenn die konkrete Form der Beziehung (5.78) vorerst nicht bekannt ist und nur die Aussage zur Verfügung steht, daß zwischen den Größen p_1, ρ, v_1 usw. ein prinzipieller Zusammenhang besteht, z. B.

$$F(p_1, \rho, v_1, g, h_1, p_2, v_2, h_2) = 0 \tag{5.80}$$

Dabei wird vorausgesetzt, daß die Darstellung (5.80) einer – zwar vorerst unbekannten – dimensionsmäßig exakten Formulierung entspricht. Unter dieser Bedingung ist die durch das Π-Theorem gegebene Transformationsmöglichkeit keine Selbstverständlichkeit mehr. Entsprechend diesem Theorem muß sich die Darstellung (5.80) in nachstehender Weise transformieren lassen

$$\Phi(\Pi_1, \Pi_2, \ldots, \Pi_p) = 0 \tag{5.81}$$

Die konkrete Ermittlung der einzelnen Π-Produkte kann mittels der im späteren Abschnitt 5.3.3 behandelten Methoden der Dimensionsanalyse erfolgen. Diese führen z. B. zu den in der Darstellung (5.79) angeführten Ausdrücken. Damit läßt sich die gegebene Beziehung (5.80) schließlich ebenfalls in folgender spezieller Weise transformieren

$$\Phi\left(\frac{p_1}{\rho v_1^2}, \frac{g h_1}{v_1^2}, \frac{p_2}{\rho v_1^2}, \frac{v_2}{v_1}, \frac{g h_2}{v_1^2}\right) = 0 \tag{5.82}$$

Das entspricht einer Umwandlung des Größensatzes

$$p_1, \rho, v_1, g, h_1, p_2, v_2, h_2 \tag{5.83}$$

in nachstehenden Kennzahlensatz

$$\frac{p_1}{\rho v_1^2}, \frac{g h_1}{v_1^2}, \frac{p_2}{\rho v_1^2}, \frac{v_2}{v_1}, \frac{g h_2}{v_1^2} \tag{5.84}$$

Es wurde dabei die Anzahl der Argumente von ursprünglich $n = 8$ auf nunmehr $p = 5$ reduziert. Daraus folgt für die Anzahl e der Ergänzungsgrößen: $e = n - p = 3$. Andererseits scheinen in den Größen des Satzes (5.83) die Basisdimensionen $\langle l \rangle$, $\langle t \rangle$, $\langle m \rangle$ auf. Daher ist $b = 3$. Es liegt somit der Fall $e = b$ (und nicht $e < b$) vor.

Bemerkenswert ist des weiteren, daß das Π-Theorem nur eine Aussage über die *Anzahl p* und nicht über die spezielle Art der betreffenden Π-Produkte macht. Da sich aus gegebenen Π-Produkten durch entsprechende mathematische Kombinationen unendlich viele abgewandelte Π-Produkte bilden lassen, gibt es zu jedem Größensatz x_i unendlich viele Π-Sätze Π_j. Ferner ist von Bedeutung, daß das Π-Theorem sogenannte vollständige Π-Sätze vermittelt. Darunter werden Sätze verstanden, die genau $p = n - e$ Π-Produkte aufweisen, und zwar derart, daß sich aus diesen auch alle übrigen dem betreffenden Größensatz entsprechenden Π-Produkte bilden lassen. Spezielle Methoden zur praktischen Anwendung des Π-Theorems werden in den nächsten Abschnitten besprochen.

5.3 Entwicklung von Kennzahlen

Kennzahlen können aus verschiedenen Informationsquellen abgeleitet werden[1]. Hierfür kommen abgestuft nach Aussagewert in Betracht:

a) „unmittelbare" physikalische Beziehungen[2]

b) „mittelbare" physikalische Beziehungen[2], wie spezielle Differentialgleichungen, spezielle Integral- oder Integro-Differentialgleichungen, Funktionalgleichungen allgemeiner Art, allgemeine Grundbeziehungen der Physik

c) Sätze von Einflußgrößen sowie deren „prinzipielle" Beziehungen[3]

d) Kombinationen der Informationsquellen a) bis c).

5.3.1 Entwicklung aus unmittelbaren physikalischen Beziehungen

Bezüglich eines Beispiels für eine unmittelbare physikalische Beziehung wird wieder auf die im Abschnitt 5.2 angeführte Bernoullische Gleichung (5.78) verwiesen. Eine einfache Division ermöglichte dort die Umwandlung in eine Kennzahlenbeziehung von der Art (5.79). In diesem Fall vermittelt die Anwendung von Kennzahlen zwar keine neuen Erkenntnisse, wohl aber den Vorteil der einfacheren Dokumentation. Diese beruht auf der Verringerung der Zahl der Argumente von ursprünglich $n = 8$ auf $p = 5$ (siehe früher). Damit konnte gleichzeitig der Größensatz (5.83) in den Kennzahlen-Satz (5.84) transformiert werden.

5.3.2 Entwicklung aus Differentialgleichungen oder anderen mittelbaren Beziehungen

Die Anwendung der Ähnlichkeitstheorie ist besonders wichtig, wenn keine unmittelbaren Beziehungen zur Verfügung stehen. In gewissen Fällen sind jedoch z. B. die betreffenden Differentialgleichungen bekannt. Diese sind bei

---

[1] Grundlegende Darstellungen hierüber sind unter anderem bei Langhaar [5.13], Kassatkin [5.16], Gröber, Erk und Grigull [5.21], Matz [5.19], Grassmann [5.25], Benedek und Laszlo [5.27], Kattanek, Gröger und Bode [5.29], Brauer [5.34], Pawlowski [5.32], Taylor [5.36], Görtler [5.38] zu finden.

[2] Unter „unmittelbaren" Beziehungen werden hier solche verstanden, in denen die interessierenden Größen nur in ihrer unmittelbaren Form und nicht in Form spezieller Verknüpfungen, wie Differentialquotienten, Integralen usw., auftreten. Trifft letzteres zu, so liegen in diesem Sinne „mittelbare" Beziehungen vor.

[3] Es wird hier zwischen „prinzipiellen" und „konkreten" Beziehungen unterschieden. Letztere sind solche, bei denen die konkrete mathematische Form der Beziehung bekannt ist. Trifft das nicht zu, so liegt lediglich eine prinzipielle Beziehung vor.

komplizierten Rand- und Anfangsbedingungen häufig nicht auf einfache Weise lösbar. In solchen Fällen ist nachstehende Erkenntnis von Nutzen:

Physikalisch ähnlichen Systemen entsprechen gleiche Kennzahlen, dementsprechend auch identische Kennzahlen-Gleichungen, im besonderen auch identische Kennzahlen-Differentialgleichungen.

Steht nun eine Differentialgleichung zur Verfügung, so besteht die Aufgabe darin, diese in eine Kennzahlen-Differentialgleichung umzuwandeln. Die Argumente derselben stellen dann gesuchte Kennzahlen des betreffenden Sachverhaltes dar. In Anlehnung an die seinerzeitigen klassichen Ähnlichkeits-Untersuchungen von NUSSELT hinsichtlich des Wärmeaustausches [5.2], [5.5] soll hier ein Problem dieses Gebietes betrachtet werden. Die Differentialgleichung für den Wärmeaustausch innerhalb eines strömenden Mediums unter stationären Bedingungen lautet, wenn nur die Effekte der Konvektion und der molekularen Wärmeleitung berücksichtigt werden[1],

$$\operatorname{div}(\rho c_p T\mathbf{v}) - \operatorname{div}(\lambda \operatorname{grad} T) = 0 \tag{5.85}$$

Können die Stoffwerte ρ, c_p und λ innerhalb des betreffenden Bereiches näherungsweise als konstant angenommen werden, so vereinfacht sich obige Gleichung zu

$$\rho c_p \operatorname{div}(T\mathbf{v}) - \lambda \operatorname{div} \operatorname{grad} T = 0 \tag{5.86}$$

Weitere Formulierung:

$$\rho c_p \left[\frac{\partial(Tv_x)}{\partial x} + \frac{\partial(Tv_y)}{\partial y} + \frac{\partial(Tv_z)}{\partial z}\right] = \lambda \left[\frac{\partial^2 T}{\partial x^2} + \frac{\partial^2 T}{\partial y^2} + \frac{\partial^2 T}{\partial z^2}\right] \tag{5.87}$$

Um die gewünschte Transformation zu erzielen, werden zunächst einzelne der in obiger Differentialgleichung aufscheinenden Variablen durch geeignete Simplexe S_i (allenfalls auch durch leicht entwickelbare Komplexe K_j) substituiert. Dazu wird angenommen, daß der betreffende Vorgang noch durch zusätzliche spezielle Größen[2] charakterisiert werde, z. B.

$$l_0, v_0, \Delta T = T_2 - T_1 \tag{5.88}$$

Dabei bedeuten l_0 eine charakteristische Länge, v_0 eine charakteristische Geschwindigkeit und ΔT eine charakteristische Temperaturdifferenz. Damit lassen sich z. B. nachstehende primäre Kennzahlen bilden

$$S_x = \frac{x}{l_0}, \qquad S_y = \frac{y}{l_0} \tag{5.89}$$

$$S_z = \frac{z}{l_0}, \qquad S_T = \frac{T}{\Delta T}, \qquad S_{vx} = \frac{v_x}{v_0}$$

$$S_{vy} = \frac{v_y}{v_0}, \qquad S_{vz} = \frac{v_z}{v_0}$$

---

[1] Man vergleiche hiezu die betreffenden Ausführungen in den früheren Kapiteln 3.0 und 4.0.

[2] Solche Größen können sich insbesondere aus Rand-, Anfangs- und Nebenbedingungen ergeben.

Die Einsetzung obiger Kennzahlen in die Differentialgleichung (5.87) ergibt

$$\rho c_p \left[\frac{\partial\left(\frac{T}{\Delta T}\frac{v_x}{v_0}\right)}{\partial\left(\frac{x}{l_0}\right)} + \cdots \right] \frac{\Delta T v_0}{l_0} = \lambda \left[\frac{\partial^2\left(\frac{T}{\Delta T}\right)}{\left(\partial\frac{x}{l_0}\right)^2} + \cdots \right] \frac{\Delta T}{l_0^2} \tag{5.90}$$

Diese Beziehung wird nun derart umgeformt, daß auch sämtliche übrigen Größen zu dimensionslosen Π-Produkten zusammengefaßt werden. Das kann hier z. B. auf einfache Weise dadurch erreicht werden, daß man obige Gleichung durch den Ausdruck $(\Delta T/l_0^2)\lambda$ dividiert. Man erhält

$$\frac{\rho c_p v_0 l_0}{\lambda} \left[\frac{\partial\left(\frac{T}{\Delta T}\frac{v_x}{v_0}\right)}{\partial\left(\frac{x}{l_0}\right)} + \cdots \right] = \frac{\partial^2\left(\frac{T}{\Delta T}\right)}{\left(\partial\frac{x}{l_0}\right)^2} + \cdots \tag{5.91}$$

Um eine vollständige Kennzahlen-Differentialgleichung zu erhalten, müssen, wie bereits erwähnt, auch alle übrigen Argumente derselben Kennzahlen sein. Aus dieser Forderung folgt, daß auch der Ausdruck $\rho c_p v_0 l_0/\lambda$ eine Invariante sein muß. Diese spezielle Kennzahl hat den Namen Péclet-Zahl Pe erhalten

$$\mathrm{Pe} = \frac{\rho c_p v_0 l_0}{\lambda} \tag{5.92}$$

Die betreffende vollständige Kennzahlen-Differentialgleichung lautet demnach

$$\mathrm{Pe}\left[\frac{\partial(S_T S_{vx})}{\partial S_x} + \cdots\right] = \frac{\partial^2 S_T}{(\partial S_x)^2} + \cdots \tag{5.93}$$

Auf diese Weise konnte somit aus der Differentialgleichung (5.85) eine Kennzahl dieses Vorganges abgeleitet werden.

Eine weitere Kennzahl ergibt sich z. B. aus der Beziehung für den Wärmeübergang an der Wand

$$\dot{q}_{ü} = -\alpha(T_B - T_W) = -\lambda\left(\frac{\partial T}{\partial y}\right)_W \tag{5.94}$$

Dabei bedeuten T_B eine Bezugstemperatur für den Wärmeübergang (hiefür wird häufig eine mittlere Temperatur des betreffenden Strömungsbereiches herangezogen) und T_W die betreffende Wandtemperatur.

Wandelt man obige Differentialgleichung (5.94) in ähnlicher Weise in eine Kennzahlen-Differentialgleichung um, so erhält man

$$\frac{\alpha l_0}{\lambda} = \frac{1}{\frac{T_B}{\Delta T} - \frac{T_W}{\Delta T}} \left(\frac{\partial \frac{T}{\Delta T}}{\partial \frac{y}{l_0}} \right)_W \tag{5.95}$$

Auf der rechten Seite scheinen nur mehr Simplexe und damit Kennzahlen auf. Bei vorausgesetzter Ähnlichkeit ist somit der Ausdruck auf der rechten Seite von (5.95) eine Invariante. Demgemäß muß das gleiche auch für den auf der linken Seite stehenden Ausdruck gelten. Damit hat sich die gesuchte weitere Kennzahl ergeben. Sie hat den Namen Nußeltsche Kennzahl Nu erhalten

$$\mathrm{Nu} = \frac{\alpha l_0}{\lambda} \tag{5.96}$$

Berücksichtigt man außerdem noch die Differentialgleichung für den Impulsaustausch der Strömung[1], so erhält man unter anderem als weitere Invariante die bereits früher[2] erwähnte Re-Zahl in der Form[3]

$$\mathrm{Re} = \frac{\rho v_0 l_0}{\eta} = \frac{v_0 l_0}{\nu} \tag{5.97}$$

Schließlich interessieren noch die funktionelle Zuordnung dieser Kennzahlen sowie allfällige weitere Kennzahlen, insbesondere spezielle Simplexe. Dazu ist auf Grund der gegebenen Differentialgleichungen, Rand-, Anfangs- und Nebenbedingungen die prinzipielle Form der Lösungen dieser Differentialgleichungen zu ermitteln. Auf diese Weise findet man z. B., daß im vorliegenden Fall die Wärmeübergangszahl α von nachstehenden Argumenten abhängt

$$\alpha = f(\lambda, \rho c_p, \eta, \rho, v_0, l_0, l_1) \tag{5.98}$$

wobei l_1 eine weitere charakteristische Länge bedeutet. Die Einflußgrößen η und ρ ergeben sich, wenn man auch die Differentialgleichung für den Impulsaustausch und damit den Einfluß des Geschwindigkeitsfeldes auf das Temperaturfeld sowie auf den turbulenten Wärmeaustausch berücksichtigt. Dem prinzipiellen Zusammenhang (5.98) entspricht nachstehender Größensatz

$$l_0, v_0, \rho, \lambda, \rho c_p, \alpha, \eta, l_1 \tag{5.99}$$

Drei der diesen Einflußgrößen entsprechenden Kennzahlen wurden bereits oben angegeben, nämlich Pe, Nu und Re. Es ist nun festzustellen, wieviele und welche allfälligen weiteren Kennzahlen dem Größensatz (5.99) auf Grund des Π-Theorems noch entsprechen. Die Lösung dieser noch offenen Frage liefert die im nächsten Abschnitt behandelte Dimensionsanalyse. Mit ihrer Hilfe folgt, daß dem Größensatz (5.99) bei Zugrundelegung des SI-Systems 4 Π-Produkte entsprechen, wobei die noch fehlende 4. Kennzahl der nachstehende Simplex in Form der Geometrie-Zahl Γ ist

$$\Gamma = \frac{l_1}{l_0} \tag{5.100}$$

Der betreffende vollständige Kennzahlensatz lautet somit

$$\mathrm{Pe}, \mathrm{Nu}, \mathrm{Re}, \Gamma \tag{5.101}$$

---

[1] Man vergleiche die Beziehungen (4.99) und (4.100).

[2] Siehe Gleichung (5.4).

[3] Bezüglich einer ausführlichen Darstellung der Entwicklung der Kennzahlen Pe, Nu, Re aus den angeführten Differentialgleichungen wird z. B. auf Gröber, Erk und Grigull [5.21] verwiesen.

Damit läßt sich die prinzipielle Größenbeziehung (5.98) entsprechend dem Π-Theorem in nachstehende prinzipielle Kennzahlen-Beziehung transformieren

$$\mathrm{Nu} = \psi(\mathrm{Pe}, \mathrm{Re}, \Gamma) \tag{5.102}$$

Die konkrete Form einer solchen Beziehung muß vielfach auf experimentellem Weg ermittelt werden.

Wie aus obigem Beispiel hervorgeht, erfordert die Entwicklung von Kennzahlen aus Differentialgleichungen vielfach die zusätzliche Heranziehung der Dimensionsanalyse. Diese beiden Methoden ergänzen einander daher in gewisser Weise[1]. Stehen mittelbare Beziehungen anderer Art, z. B. Integralgleichungen etc., zur Verfügung, so ist in analoger Weise vorzugehen.

5.3.3 Entwicklung aus Einflußgrößen mittels Dimensionsanalyse

Bei theoretisch noch weitgehend ungeklärten Problemen sind manchmal nur die betreffenden *Einflußgrößen* x_i bekannt. Diese können durch anderweitige Überlegungen, insbesondere auch intuitiv, gefunden worden sein. Wesentlich ist hier der Umstand, daß die fallweise mit großen Schwierigkeiten verbundene Ermittlung der Einflußgrößen keine *Aufgabe* sondern eine *Voraussetzung* für die Anwendung der Ähnlichkeitstheorie ist. Das heißt: Vor der Anwendung einer Dimensionsanalyse hat eine Problemanalyse zu erfolgen.

Für die Durchführung der Dimensionsanalyse, das heißt für die Transformation von Einflußgrößen in dimensionslose Π-Produkte, wurden im Laufe der Zeit verschiedene Methoden entwickelt. Die wichtigsten derselben werden im folgenden erörtert. Der Schwerpunkt wird jedoch bei den späteren Anwendungen vor allem auf die sogenannte Signifikanz-Methode, ein neues Verfahren, das verschiedene Vorteile bietet, gelegt werden.

Wie aus den Erläuterungen des im früheren Abschnitt 5.1 behandelten Transformations-Schemas der Dimensionsanalyse (5.65) hervorgeht, besteht eines der grundlegenden Probleme der Dimensionsanalyse darin, einen gegebenen Größensatz in einen Teilsatz von Leitgrößen und in einen solchen von Ergänzungsgrößen aufzuspalten. Je nach der Art, welche der betreffenden Größen x_i als Leitgrößen L_j bzw. als Ergänzungsgrößen E_K herangezogen werden, ergeben sich verschiedene Kennzahlen Π_j. Daraus folgt die grundlegende Erkenntnis, daß die Lösung einer Dimensionsanalyse im allgemeinen nicht eindeutig sondern mehrdeutig ist.

5.3.3.1 Die Exponenten-Methode von Rayleigh

Diese Methode stellt eines der ältesten der bekanntgewordenen Verfahren der Dimensionsanalyse dar und hat in der Literatur einen ausgiebigen Niederschlag gefunden. Lord Rayleigh hat die Grundzüge seiner Methode bereits 1892 in einer Abhandlung über das in der Zwischenzeit klassisch gewordene Problem des Druckverlustes einer Rohrströmung bekanntgegeben [5.1]. Eine ausführliche Darstellung wurde 1915 veröffentlicht [5.6].

[1] Bezüglich weiterer Einzelheiten über die Entwicklung von Kennzahlen aus Differentialgleichungen wird insbesondere wieder auf die betreffende Darstellung bei Gröber, Erk, Grigull [5.21] verwiesen.

Die Rayleighsche *Exponenten-Methode* beruht auf folgenden Überlegungen:

Bildet man aus n Größen x_i p dimensionslose Π-Produkte Π_j, so ist jedes beliebige weitere Potenzprodukt der letzteren in der Form

$$\Pi_1^\alpha \cdot \Pi_2^\beta \cdot \dots \cdot \Pi_p^\sigma \tag{5.103}$$

ebenfalls dimensionslos. Aus der Struktur der einzelnen Π-Produkte gemäß

$$\Pi_j = x_1^{m_{1j}} \cdot x_2^{m_{2j}} \cdot \dots \cdot x_n^{m_{nj}} \tag{5.104}$$

folgt, daß auch ein bestimmtes *zusammengefaßtes Potenzprodukt* sämtlicher Größen x_i von der Art

$$x_1^a \cdot x_2^b \cdot \dots \cdot x_n^t \tag{5.105}$$

existieren muß, welches dimensionslos ist. Für das entsprechende Potenzprodukt der Dimensionen gilt

$$\langle x_1 \rangle^a \cdot \langle x_2 \rangle^b \cdot \dots \cdot \langle x_n \rangle^t = 1 \tag{5.106}$$

Eine formale Vereinfachung ergibt sich, wenn man anstelle der Dimensionen $\langle x_i \rangle$ der Größen x_i deren Einheiten $[x_i]$ heranzieht. Die entsprechende Einheiten-Beziehung lautet

$$[x_1]^a \cdot [x_2]^b \cdot \dots \cdot [x_n]^t = 1 \tag{5.107}$$

Aus den Beziehungen (5.106) bzw. (5.107) lassen sich, wie weiter unten an Hand eines konkreten Beispieles gezeigt wird, weitere Beziehungen der Dimensions-Exponenten

$$a, b, \dots, t \tag{5.108}$$

ableiten, aus denen sich schließlich die gesuchten Exponenten m_{ij} der einzelnen Π-Produkte (5.104) ergeben.

Zur Illustration wird wieder das im früheren Abschnitt 5.3.2 untersuchte allgemeine Problem des Wärmeaustausches in einem strömenden Medium diskutiert. Der betreffende Größensatz lautet gemäß (5.99), wenn man die zusätzliche mit l_0 dimensionsgleiche Größe l_1 streicht,

$$l_0, v_0, \rho, \eta, \lambda, \rho c_p, \alpha \tag{5.109}$$

Hieraus läßt sich im Sinne der Darstellung (5.105) nachstehendes „zusammengefaßtes" Potenzprodukt bilden

$$l_0^a v_0^b \rho^c \eta^d \lambda^e (\rho c_p)^f \alpha^g \tag{5.110}$$

Die zugehörige Einheitenbeziehung gemäß (5.107) lautet

$$\mathrm{m}^a \left(\frac{\mathrm{m}}{\mathrm{s}}\right)^b \left(\frac{\mathrm{kg}}{\mathrm{m}^3}\right)^c \left(\frac{\mathrm{kg}}{\mathrm{ms}}\right)^d \left(\frac{\mathrm{kg\,m}}{\mathrm{s}^3\mathrm{K}}\right)^e \left(\frac{\mathrm{kg}}{\mathrm{ms}^2\mathrm{K}}\right)^f \left(\frac{\mathrm{kg}}{\mathrm{s}^3\mathrm{K}}\right)^g = 1 = \mathrm{m}^0\,\mathrm{s}^0\,\mathrm{kg}^0\,\mathrm{K}^0 \tag{5.111}$$

Hieraus ergeben sich nachstehende weitere Beziehungen für die einzelnen Basis-Einheiten m, s, kg, K

$$\mathrm{m}^{a+b-3c-d+e-f} = 1 = \mathrm{m}^0 \tag{5.112a}$$

$$\mathrm{s}^{-b-d-3e-2f-3g} = 1 = \mathrm{s}^0 \tag{5.112b}$$

$$\mathrm{kg}^{c+d+e+f+g} = 1 = \mathrm{kg}^0 \tag{5.112c}$$

$$\mathrm{K}^{-e-f-g} = 1 = \mathrm{K}^0 \tag{5.112d}$$

Daraus folgen schließlich die Exponenten-Gleichungen des Rayleighschen Algorithmus

$$a + b - 3c - d + e - f = 0 \tag{5.113a}$$

$$-b - d - 3e - 2f - 3g = 0 \tag{5.113b}$$

$$+ c + d + e + f + g = 0 \tag{5.113c}$$

$$- e - f - g = 0 \tag{5.113d}$$

Es liegt somit ein System von 4 linearen Gleichungen für die 7 Exponenten

$$a, b, c, d, e, f, g \tag{5.114}$$

vor. Demgemäß lassen sich 4 dieser Exponenten in Abhängigkeit von den $7 - 4 = 3$ übrigen Exponenten darstellen.

Eine grundlegende Frage lautet nun: Welche 4 Exponenten des Satzes (5.114) können als abhängige ausgewählt werden. Die richtige Lösung dieser Frage ist eine wesentliche Voraussetzung für die erfolgreiche Anwendung der Rayleighschen Methode und zugleich eines der Kernprobleme der Dimensionsanalyse. Die Auswahl hat entsprechend der Theorie der linearen Algebra so zu erfolgen, daß die Gleichungen (5.113a) bis (5.113d) voneinander linear unabhängig bezüglich der ausgewählten 4 Exponenten sind. Andernfalls ergibt sich kein brauchbares Resultat[1]. Die *exakte* Lösung dieser Aufgabe kann entsprechend der Theorie der linearen Algebra mit Hilfe der Matrizen-Rechnung unter Heranziehung des Gaußschen Algorithmus erfolgen. Die betreffenden Operationen sind jedoch fallweise aufwändig. Die Anwendung dieser zusätzlichen Operationen kennzeichnet die betreffende Abwandlung der Rayleighschen Methode nach LANGHAAR [5.13] (vergleiche hiezu die diesbezüglichen Ausführungen des nächsten Abschnittes). Man trachtet daher vielfach, geeignete derartige Exponenten durch *Probieren* zu finden. Diese Vorgangsweise wird erleichtert, wenn man beachtet, daß die den erwähnten 4 abhängigen Exponenten entsprechenden Größen x_i nichts anderes als einen vollständigen Satz von dimensionsmäßigen „Ergänzungsgrößen" im Sinne des früheren Abschnittes 5.1 darstellen [5.40]. Dazu hat man vorher aus dem Größensatz (5.109) durch Probieren geeignete Ergänzungsgrößen auszusondern. Das sind Größen, aus denen sich entsprechend der Van Driestschen Regel kein dimensionsloses Π-Produkt bilden läßt. Man wählt zunächst aus dem Satz (5.109) eine Größe aus, die möglichst wenig Basisdimensionen bzw. Basisein-

[1] Komplikationen treten unter anderem auf, wenn, was fallweise vorkommt, gar kein derartiges Größen-Quadrupel etc. existiert, das obige Bedingung erfüllt, wenn nämlich $e < b$ ist (vergleiche die Ungleichung (5.75) der Dimensionsanalyse). In diesem Fall ist es ratsam, eine der strengeren Methoden der Dimensionsanalyse heranzuziehen, wie die Matrizen-Methode von LANGHAAR oder die Signifikanz-Methode.

heiten aufweist, z. B. l_0. Diese enthält nur die Basiseinheit m. Anschließend wird, so vorhanden, eine weitere Größe ausgesondert, die nur eine einzige zusätzliche Basiseinheit aufweist, z. B. v_0. Zusätzliche Basiseinheit ist s. So fortfahrend wird als nächste Größe z. B. ρ ausgewählt (zusätzliche Basiseinheit kg) und als 4. und letzte Größe z. B. λ (zusätzliche Basiseinheit K)[1].

Dem derart gewonnenen Satz von Ergänzungsgrößen

$$l_0, v_0, \rho, \lambda \tag{5.115}$$

entsprechen nach (5.110) die Exponenten

$$a, b, c, e \tag{5.116}$$

Nun ist das Gleichungssystem (5.113a) bis (5.113d) nach den 4 Größen a, b, c, e aufzulösen. Die Durchführung dieser Operationen liefert die 4 Lösungen[2]

$$a = -d + f + g \tag{5.117a}$$

$$b = -d + f \tag{5.117b}$$

$$c = -d \tag{5.117c}$$

$$e = -f - g \tag{5.117d}$$

Damit ergibt sich nachstehende Formulierung für die Dimensionsbeziehung (5.106) bzw. die Einheiten-Beziehung (5.107)

$$\begin{aligned}[l_0]^{-d+f+g}[v_0]^{-d+f}[\rho]^{-d}[\eta]^{d}[\lambda]^{-f-g}[\rho c_p]^{f}[\alpha]^{g} \\ = [l_0^{-d} v_0^{-d} \rho^{-d} \eta^{d}][l_0^{f} v_0^{f} \lambda^{-f} (\rho c_p)^{f}][l_0^{g} \lambda^{-g} \alpha^{g}] = 1\end{aligned} \tag{5.118}$$

Die Umformung der Beziehung (5.118) ergibt

$$\left[\frac{\eta}{\rho v_0 l_0}\right]^{d} \left[\frac{\rho c_p v_0 l_0}{\lambda}\right]^{f} \left[\frac{\alpha l_0}{\lambda}\right]^{g} = 1 \tag{5.119}$$

Für die 3 Exponenten d, f, g liegen keine weiteren Vorschriften vor. Es können daher für diese beliebige Werte zugrundegelegt werden. Das bedeutet, daß nicht nur der Ausdruck (5.119) als Ganzes sondern auch jeder der dort aufscheinenden 3 Terme für sich allein dimensionslos sein muß. Die gesuchten dimensionslosen Π-Größen lauten somit

$$\Pi_1 = \frac{\rho v_0 l_0}{\eta} = \mathrm{Re}^{3} \tag{5.120}$$

$$\Pi_2 = \frac{\rho c_p v_0 l_0}{\lambda} = \mathrm{Pe} \tag{5.121}$$

---

[1] Diese Vorgangsweise entspricht dem systematischen Auswahl-Verfahren für Ergänzungsgrößen nach der im späteren Abschnitt 5.3.3.3 behandelten Signifikanz-Methode. Bedingung für eine derartige einfache Auswahl ist, daß sogenannte dimensionsmäßig „signifikante" Ergänzungsgrößen vorliegen. Andernfalls kann das probeweise Aussuchen von geeigneten Ergänzungsgrößen eine weitere Schwierigkeit der Rayleighschen Methode bilden.

[2] Die betreffenden Nebenrechnungen wurden hier weggelassen.

[3] Die Größe Π_1 wurde als Reziprokwert in Form der bekannten Re-Zahl angeschrieben.

$$\Pi_3 = \frac{\alpha l_0}{\lambda} = \mathrm{Nu} \tag{5.122}$$

Es sind wieder die gleichen Kenngrößen, die sich bereits im Abschnitt 5.3.2 bei (5.92), (5.96) und (5.97) ergeben haben.

Würde man z. B. versuchen, das Gleichungssystem (5.113a) bis (5.113d) nach den Exponenten a, b, c, d anstatt a, b, c, e aufzulösen, so käme man zu keinem Resultat. Der Grund hiefür liegt darin, daß dieses Gleichungssystem nicht linear unabhängig bezüglich der Exponenten a, b, c, d ist. Das bedeutet des weiteren, daß die denselben entsprechenden Größen d, v_0, ρ, η keinen Satz von Ergänzungsgrößen bilden. Wohl aber gibt es außer dem Quadrupel a, b, c, e noch andere geeignete. Das entspricht der Erkenntnis, daß sich aus einem Größensatz mehrere verschiedene Sätze von Ergänzungsgrößen aussondern lassen, hier z. B. noch die Sätze $l_0, v_0, \rho, \rho c_p$ oder l_0, v_0, η, α usw.

Die jeweils restlichen, im obigen Sinne unabhängigen Exponenten entsprechen den sogenannten Leitgrößen. Das sind im vorliegenden Beispiel die Exponenten d, f, g. Die zugehörigen Leitgrößen lauten gemäß (5.109): η, ρc_p, α. (Man vergleiche hiezu auch die betreffenden Ausführungen des früheren Abschnittes 5.1.)

Bei Aufgabenstellungen aus der chemischen Reaktionstechnik treten 5 Basisdimensionen bzw. Basiseinheiten auf, nämlich m, s, kg, K, kmol. Hier erfordert die Anwendung der Rayleighschen Methode die Auflösung eines Systems von 5 Gleichungen[1].

Die Rayleighsche Methode hat schließlich noch mehrere Modifikationen erfahren. Die bekanntesten davon werden im nächsten Abschnitt erwähnt.

5.3.3.2 Weitere Methoden der Dimensionsanalyse

Eine erste Abwandlung der Rayleighschen Methode wurde von Buckingham [5.4] in Verbindung mit der Publikation seines Theorems angegeben[2].

Weitere bedeutende Fortschritte brachte später die Heranziehung der Matrizen-Rechnung für gewisse Fragen der Dimensionsanalyse durch Bridgman und van Driest [5.10]. Der weitere Ausbau dieser Ansätze ist vor allem Langhaar [5.13] zu verdanken[3]. Er vervollständigte unter anderem die *Matrizen-Methode* der Dimensionsanalyse. Diese stellt ebenfalls eine Modifikation der Rayleighschen Exponenten-Methode dar. Sie bietet vor allem eine verbesserte Exaktheit und Systematik. Die zusätzliche Heranziehung des Gaußschen Algorithmus im Rahmen der Matrizen-Methode macht letztere zu einem vollkommen systematischen Verfahren. Man vergleiche hiezu die betreffende Darstellung von Pawlowski [5.32].

---

[1] Ein Beispiel für eine Aufgabenstellung der Dimensionsanalyse wird im Abschnitt 5.3.3.3 „Signifikanz-Methode" beim „Fall B" behandelt.

[2] Eine Beschreibung dieser Methode findet sich unter anderem bei Silberberg und McKetta [5.18]. Sehr vorteilhafte Anwendungen dieser Methode hat unter anderem Matz [5.19] angegeben.

[3] Man vergleiche hiezu auch Silberberg und McKetta [5.18] und Görtler [5.38] und [5.39].

Mit der Entwicklung obiger Methoden standen schließlich einwandfreie Hilfsmittel für die Dimensionsanalyse zur Verfügung. Die verbesserte Exaktheit und Systematik mußte dabei jedoch zum Teil mit einem erheblichen mathematischen Aufwand erkauft werden. Es war daher das Interesse auch auf die Entwicklung einfacherer Methoden gerichtet, die für den Praktiker rascher zu handhaben sind. Es sei diesbezüglich auch auf die Darstellungen von WEBER [5.8], KLINKENBERG und MOOY [5.11], SILBERBERG und MCKETTA [5.18], MATZ [5.19] verwiesen.

Einen weiteren Fortschritt in dieser Richtung stellt die von KATTANEK, GRÖGER und BODE [5.29], [5.30] angegebene Methode des systematischen Probierens dar. Diese vermittelt für viele praktische Fälle eine vorteilhafte Lösungsmöglichkeit der Dimensionsanalyse. Sie kann jedoch ebenso wie die Methode von RAYLEIGH in gewissen Fällen Schwierigkeiten bereiten[1].

Zusammenfassend können die angeführten Methoden dadurch gekennzeichnet werden, daß sie eine erhöhte Exaktheit und Systematik nur bei einer zum Teil erheblichen mathematischen Aufwendigkeit bieten. Eine diesbezügliche Abhilfe schafft die im nächsten Kapitel behandelte Methode.

5.3.3.3 Die Signifikanz-Methode

Erst kürzlich hat BRAUER [5.34] mit Nachdruck darauf hingewiesen, daß „die Bedeutung der Kennzahlen und insbesondere die Verfahren zu ihrer Herleitung keineswegs so bekannt sind, wie es für Ingenieure eigentlich vorausgesetzt werden sollte“. Die damit aufgezeigte Situation mag mehrere Gründe haben. Einer davon liegt sicherlich darin, daß es bisher kein Verfahren der Dimensionsanalyse gab, das gleichzeitig vollkommen systematisch sowie einfach in der Handhabung war. Es erscheint daher von Interesse, insbesondere dem Praktiker ein Verfahren zur Verfügung zu stellen, das diese Vorzüge in sich vereinigt. In dieser Absicht wird hier die von POINTNER [5.42] entwickelte *Signifikanz-Methode*[2] wiedergegeben. Den Kernpunkt dieser Methode bildet der Begriff der dimensionsmäßigen Signifikanz der Ergänzungsgrößen.

Zur Erläuterung dieses Begriffes wird die Reynolds-Zahl herangezogen

$$\mathrm{Re} = \frac{\rho v d}{\eta} \tag{5.123}$$

Betrachtet man die dynamische Zähigkeit η als dimensionsmäßige Leitgröße L_j, so werden die drei übrigen Größen zu dimensionsmäßigen Ergänzungsgrößen E_k (vergleiche Abschnitt 5.1) mit den folgenden Einheiten

$$\begin{aligned} [E_1] &= [d] = \mathrm{m} \Leftarrow \mathrm{m} \\ [E_2] &= [v] = \frac{\mathrm{m}}{\mathrm{s}} \leftarrow \mathrm{s} \\ [E_3] &= [\rho] = \frac{\mathrm{kg}}{\mathrm{m}^3} \leftarrow \mathrm{kg} \end{aligned} \tag{5.124}$$

---

[1] Man vergleiche hiezu Abschnitt 5.3.3.1.

[2] Diese Bezeichnung ist eine Abkürzung für „Methode der dimensionsmäßig signifikanten Ergänzungsgrößen“.

Nimmt man nun an, daß die durch (5.123) gegebene Struktur der Kennzahl Re noch unbekannt sei, so besteht die Aufgabe der Dimensionsanalyse darin, die Größe η als Leitgröße mit den Ergänzungsgrößen E_1, E_2, E_3 zu einem dimensionslosen Π-Produkt zu ergänzen. Das Wesentliche der Signifikanz-Methode besteht darin, bei dem erforderlichen Rechnungsgang die Ergänzungsgrößen in einer ganz bestimmten Reihenfolge heranzuziehen. Die Grundlage zur Bestimmung dieser Reihenfolge bildet die *Signifikanz-Ordnung*, die mit Hilfe des *Signifikanz-Kriteriums* bestimmt wird.

Signifikanz-Kriterium. Eine einzelne Ergänzungsgröße E_k ist innerhalb eines Satzes von Ergänzungsgrößen „in 1. Ordnung dimensionsmäßig signifikant" für eine bestimmte Basisdimension bzw. Basiseinheit, wenn diese nur in der angeführten Ergänzungsgröße E_k aufscheint.

In entsprechender Verallgemeinerung ist eine andere Ergänzungsgröße E_l in x-ter Ordnung dimensionsmäßig signifikant für eine weitere Basisdimension bzw. Basiseinheit, wenn diese – nach Streichung aller Ergänzungsgrößen von niedrigerer Signifikanzordnung – nur mehr in der betreffenden Ergänzungsgröße E_l aufscheint.

Betrachtet man die bei (5.124) angeführten Ergänzungsgrößen, so erkennt man, daß dort die Basiseinheiten s und kg nur in jeweils einer einzigen Ergänzungsgröße aufscheinen. Daher ist die Größe v in 1. Ordnung signifikant für die Basiseinheit s und die Größe ρ in gleicher Weise für die Basiseinheit kg. Nach Streichung der beiden Ergänzungsgrößen v und ρ der 1. Signifikanz-Ordnung scheint die Basiseinheit m nur mehr in einer einzigen Ergänzungsgröße, nämlich in d, auf. Somit ist die Größe d von 2. Ordnung signifikant für die Basiseinheit m. Die so ermittelte Signifikanz-Ordnung wird durch die im Schema (5.124) eingetragenen Signifikanz-Pfeile zum Ausdruck gebracht.

In analoger Weise ergibt sich die Signifikanzordnung eines beliebigen anderen Satzes von Ergänzungsgrößen, soferne dieselben, wie oben, alle dimensionsmäßig signifikant sind[1]. Trifft letzteres nicht zu, so läßt sich mit Hilfe der im nachstehenden beschriebenen Methode ein Satz von zum Teil nicht-signifikanten Ergänzungsgrößen auffinden und dieser anschließend in einen solchen von signifikanten Ergänzungsgrößen transformieren.

Bezeichnet man die Anzahl der in einem Größensatz vorhandenen zusammenpassenden *signifikanten* Ergänzungsgrößen mit e_s, so besteht zwischen derselben und der Anzahl e der vorhandenen Ergänzungsgrößen sowie der Anzahl b der betreffenden Basisdimensionen nachstehende erweiterte Ungleichung der Dimensionsanalyse

$$e_s \leqslant e \leqslant b \tag{5.125}$$

Es kommen demnach hier vier Fälle der Dimensionsanalyse in Betracht[2]

Fall A: $$e_s < e = b \tag{5.126a}$$

Fall B: $$e_s = e = b \tag{5.126b}$$

---

[1] Das ist der Fall, wenn sich den betreffenden Größen eine Signifikanz-Ordnung auf Grund des Signifikanz-Kriteriums zuordnen läßt.

[2] Die Anzahl e_s ist im Gegensatz zu e im allgemeinen keine Invariante eines Größensatzes. Sie hängt unter anderem von der Reihung (siehe später) der Einflußgrößen ab.

Fall C: $$e_s = e < b \tag{5.126c}$$

Fall D: $$e_s < e < b \tag{5.126d}$$

Am häufigsten tritt hiervon der Fall B auf, der zugleich die einfachste Dimensionsanalyse gestattet. Aus methodischen Gründen wird im nachstehenden ein allgemeines Konzept der Methode entwickelt, das die obigen 4 Möglichkeiten als Sonderfälle mit einschließt. Es wird dabei zunächst ein Beispiel des Falles A herangezogen.

Allgemeines Konzept der Methode. Das Konzept soll an Hand eines konkreten Beispieles aus der Wärmeübertragung entwickelt werden. Es ist die Wärmeübergangszahl α zufolge der freien Konvektion durch einen Gasstrom für die Außenseite eines einzelnen Rohres vom Außendurchmesser d und der Länge L, das gegenüber der Horizontalen um den Winkel φ geneigt ist, zu ermitteln. Dabei wird angenommen, daß α von den in der nachstehenden Beziehung angeführten Einflußgrößen abhänge

$$\alpha = f(\lambda, \rho c_p, \eta, g\,\Delta\rho_T, d, l, \varphi) \tag{5.127}$$

Hierin bedeuten λ, ρc_p, η Stoffwerte des das Rohr umströmenden Gases und $\Delta\rho_T$ die Änderung der Dichte zufolge eines lokalen Temperaturunterschiedes ΔT. Diese Größe läßt sich mit Hilfe des kubischen Ausdehnungskoeffizienten β auch in folgender Weise ausdrücken

$$\Delta\rho_T \approx \rho\beta\,\Delta T \tag{5.128}$$

Die Aufgabe der Dimensionsanalyse besteht nun darin, den in der Beziehung (5.127) aufscheinenden Größensatz in einen Satz von Π-Produkten zu transformieren.

1. Schritt[1]. Aufstellung des Satzes der maßgeblichen Einflußgrößen x_i (x_i-Größen). Dieser lautet hier gemäß der Beziehung (5.127)

$$d, \eta, \lambda; \alpha, \rho c_p, g\,\Delta\rho_T; l; \varphi \tag{5.129}$$

2. Schritt. Feststellung der Anzahl n der Einflußgrößen und der Anzahl b der in denselben aufscheinenden Basiseinheiten. Aus (5.129) folgt

$$n = 8 \qquad \text{und} \qquad b = 4$$

Die aufscheinenden Basiseinheiten sind

$$[l] = \text{m}; \qquad [t] = \text{s}; \qquad [m] = \text{kg}; \qquad [T] = \text{K}$$

Daraus ergibt sich hier nachstehende Form der erweiterten Ungleichung der Dimensionsanalyse

$$e_s \leqslant e \leqslant b = 4 \tag{5.130}$$

Es ist also mit höchstens 4 Ergänzungsgrößen E_k zu rechnen.

---

[1] Vergleiche dazu Abb. 5.6, in der die angegebenen Schrittfolgen dem Text gemäß numeriert sind.

3. Schritt. Reihung der Einflußgrößen x_i. Diese Reihung ist in der Darstellung (5.129) bereits vorweggenommen. Sie ist grundsätzlich nicht notwendig, jedoch vorteilhaft, da sie sowohl die Auswertung als auch die Gewinnung von Kennzahlen „nach Maß" erleichtert.

Schema der Größen-Reihung: a) Es wird zunächst eine vorläufige Reihung vorgenommen. Dabei werden, so vorhanden, solche Größen, deren Dimensionen nur je eine Basisdimension aufweisen, an den vorderen Stellen des Satzes angeschrieben (hier d). Anschließend werden, so vorhanden, Größen mit 2 Basisdimensionen (hier keine), hierauf solche mit 3 Basisdimensionen (hier η) und so fort angeschrieben. Man wird dabei im allgemeinen jeweils nur eine einzige Größe der gleichen Dimension einsetzen (z. B. hier nur d und nicht d, l).

b) Anschließend erfolgt, wenn „maßgerechte" Kennzahlen angestrebt werden sollen, noch eine Umreihung. Dabei werden solche x-Größen, die nach Möglichkeit als Ergänzungsgrößen E_k dienen sollen, etwas weiter vorne eingereiht und solche, die möglichst als Leitgrößen L_j verwendet werden sollen, etwas weiter rückwärts. Im vorliegenden Fall wurde z. B. bei den nach dem ersten Strichpunkt angeführten Größen α, ρc_p, $g \Delta \rho_T$ eine derartige Umreihung nach rückwärts durchgeführt. Häufig wird man so mit den Haupt-Variablen des Größensatzes, im besonderen mit stärker variierenden bzw. einer komplizierteren Gesetzmäßigkeit unterliegenden Größen, verfahren. Da eine Leitgröße im Gegensatz zu den Ergänzungsgrößen jeweils nur in einer einzigen Π-Größe aufscheint, so erreicht man dadurch, daß jeder der als Leitgrößen reservierten x-Größen jeweils nur eine einzige Π-Größe entspricht.

c) Anschließend werden allfällige zusätzliche dimensionsgleiche Größen angeschrieben (hier die nach dem zweiten Strichpunkt stehende Länge l).

d) Am Ende des Satzes werden allfällige dimensionslose Größen angeordnet (hier φ).

4. Schritt. Überprüfung, ob einzelne der zugehörigen Π-Produkte bereits bekannt sind. Das wird häufig zutreffen und erspart Arbeit. Wäre z. B. im vorliegenden Fall bereits die Nu-Zahl in der Form[1]

$$\mathrm{Nu} = \frac{\alpha d}{\lambda} \tag{5.131}$$

bekannt, so würde man sich deren Entwicklung ersparen und die Größe α aus dem Größensatz streichen. Außerdem könnten aus der betreffenden Π-Größe auch einzelne Ergänzungsgrößen abgelesen werden, z. B. hier d, λ. Es wird hier angenommen, daß das nicht zutreffe, so daß sämtliche Π-Produkte systematisch zu entwickeln sind.

5. Schritt. Ermittlung der signifikanten Ergänzungsgrößen und deren Anzahl e_s. Auf Grund der Beziehung (5.130) werden in der Liste der Ergänzungsgrößen hiefür vorerst $b = 4$ Plätze reserviert. Als erste signifikante Ergänzungsgröße E_1 kann grundsätzlich jede beliebige dimensionsbehaftete Größe des Satzes ausgewählt werden. Wurden die x-Größen jedoch im Sinne des 4. Schrittes gereiht, so ist es

---

[1] Vergleiche dazu Abschnitt 5.3.2, Beziehung (5.96).

zweckmäßig, dafür die erste Größe dieses Satzes heranzuziehen. Es ergibt sich somit hier

$$E_1 = d \tag{5.132}$$

Anschließend werden die übrigen Größen des Größensatzes der Reihe nach im Sinne des Signifikanz-Kriteriums auf ihre Eignung als weitere *signifikante* Ergänzungsgrößen überprüft. Das geht in folgender Weise vor sich: Die nächste Größe des Größensatzes, die eine in der ersten Ergänzungsgröße E_1 nicht aufscheinende weitere Basiseinheit aufweist, ist eine zweite geeignete signifikante Ergänzungsgröße. Das trifft hier für die Größe η zu. Die in derselben aufscheinenden weiteren Basiseinheiten $[t] = \mathrm{s}$ und $[m] = \mathrm{kg}$ sind in der Größe $E_1 = d$ nicht vorhanden. Somit wird gewählt

$$E_2 = \eta \tag{5.133}$$

Die nächste Größe des Satzes, die eine zusätzliche, das heißt weder in E_1 noch in E_2 aufscheinende Basiseinheit besitzt, ist eine dritte geeignete signifikante Ergänzungsgröße. Das trifft gemäß (5.129) für λ zu. Die betreffende weitere Basiseinheit ist $[T] = \mathrm{K}$. Gewählt wird

$$E_3 = \lambda \tag{5.134}$$

In diesen drei Ergänzungsgrößen scheinen sämtliche vier Basiseinheiten m, s, kg, K auf. Es existiert daher im Satz (5.129) keine weitere Größe mehr, die im Vergleich zu den Größen E_1, E_2 und E_3 eine zusätzliche Basisdimension aufweist.

Damit erhält man für die Anzahl e_s der vorhandenen signifikanten Ergänzungsgrößen den Wert

$$e_s = 3 \tag{5.135}$$

Ob noch eine allfällige vierte, und zwar eine nicht-signifikante, Ergänzungsgröße vorliegt, muß erst die weitere Untersuchung zeigen.

6. Schritt. Feststellung des vorläufigen Satzes der Ergänzungsgrößen E_k bzw. ihrer signifikanten Formen E_k^* sowie deren Signifikanz-Ordnung. Die vorläufigen Ergänzungsgrößen E_k sind nachstehend zusammengefaßt:

$$\begin{aligned}
[E_1] &= [d] = \mathrm{m} && \Leftarrow \mathrm{m} \\
[E_2] &= [\eta] = \frac{\mathrm{kg}}{\mathrm{ms}} && \Leftarrow \mathrm{s}, (\mathrm{kg}) \\
[E_3] &= [\lambda] = \frac{\mathrm{kg\,m}}{\mathrm{s^3K}} && \leftarrow \mathrm{K} \\
[E_4] &= \cdots
\end{aligned} \tag{5.136}$$

Dabei kann die Größe $E_2 = \eta$ zunächst entweder für die Basiseinheit s oder für die Basiseinheit kg als signifikant, und zwar jeweils in 2. Ordnung, betrachtet werden. Für welche dieser Basiseinheiten das zutreffen soll, ist willkürlich festzulegen. Es wurde z. B. η als signifikant für die Einheit s angesehen. Die Einheit kg wird daher eingeklammert. Wie aus dem Flußdiagramm in Abb. 5.6 hervorgeht, wird Schritt 6 auch im Verlaufe einer allfälligen späteren Schleife des Rechnungsganges wirksam, wenn sich eine nichtsignifikante (in diesem Falle vierte) Ergänzungsgröße E_4 ergeben sollte.

7. Schritt. Streichung der vorläufigen Ergänzungsgrößen E_k bzw. der abgefragten Leitgrößen L_j aus dem Satz der x-Größen. Entfernt man aus dem Größensatz (5.129) die vorläufigen Ergänzungsgrößen d, η, λ, so erhält man als restliche x-Größen

$$\alpha, \rho c_p, g\,\Delta\rho_T, l, \varphi \tag{5.137}$$

Eine Streichung einer abgefragten Leitgröße L_j wird, wie aus dem Flußdiagramm der Abb. 5.6 zu ersehen ist, erst im Zuge einer weiteren Rechnungs-Schleife aktuell. Eine solche ergibt sich im Anschluß an die Entwicklung eines Π-Produktes beim Teilschritt 8. Liegt nach einer derartigen Streichung noch eine weitere x-Größe vor, dann ist der Algorithmus nach Schritt 8 anzuwenden, andernfalls erfolgt Rechnungsabschluß nach Schritt 9.

8. Schritt. Anwendung des Algorithmus der Signifikanz-Methode auf die nächste X-Größe. Der im folgenden beschriebene Algorithmus hat den Zweck, jede weitere Größe x_i des restlichen Größensatzes mit Hilfe der vorhandenen Ergänzungsgrößen in einen dimensionsmäßig maximal reduzierten Term R_i zu transformieren. Der dabei erhaltene Reduktions-Term R_i kann entweder dimensionslos oder „dimensionsärmer" als die betreffende Größe x_i sein. Im ersten Fall hat man eines der gesuchten Π-Produkte erhalten, die x-Größe ist dann eine Leitgröße. Im zweiten Fall stellt die x-Größe eine weitere, und zwar eine nicht-signifikante, Ergänzungsgröße E_K und der dimensionsärmere Reduktions-Term R_i eine zugehörige signifikante Form E_K^* dieser Ergänzungsgröße dar. Auf diese Weise erhält man schließlich sukzessive die vollständige Liste der Π-Produkte Π_j und die vollständige Liste der Ergänzungsgrößen E_K, und zwar deren signifikante Formen E_K^*. Dabei sind die in dieser Liste angeführten früheren signifikanten Ergänzungsgrößen E_1, E_2, E_3 mit ihren eigenen signifikanten Formen E_1^*, E_2^*, E_3^* identisch.

Bei Anwendung des Algorithmus werden aus der *Einheit* der jeweiligen x-Größe schrittweise die einzelnen Basiseinheiten mit Hilfe der Einheiten der Ergänzungsgrößen E_K bzw. deren signifikanten Formen E_K^* eliminiert. Hiefür müssen zuerst die Ergänzungsgrößen der ersten Signifikanzordnung und dann die der zweiten herangezogen werden und so fort.

Dieser Vorgang wird an Hand eines Beispieles erläutert.

Anwendung des Algorithmus auf die Größe α:

$$[\alpha] = \frac{\mathrm{kg}}{\mathrm{s}^3 \not{\mathrm{K}}} \Bigg| \times \frac{\mathrm{s}^3 \not{\mathrm{K}}}{\mathrm{kg\,m}} \rightarrow \frac{1}{\not{\mathrm{m}}} \Bigg| \times \not{\mathrm{m}} \rightarrow 1 \tag{5.138}$$

Folgerung:

$$[R_\alpha] = \left[\alpha \frac{1}{\lambda} d\right] = 1$$

Der erhaltene Reduktions-Term R_α ist somit dimensionslos und stellt eine Π-Größe dar. Es ist die bereits früher erwähnte Nußelt-Zahl Nu

$$\Pi_\alpha = \frac{\alpha d}{\lambda} = \mathrm{Nu} \tag{5.139}$$

Man beachte, daß bei der Anwendung des Algorithmus bei (5.138) zuerst die gemäß (5.136) in 1. Ordnung signifikante Ergänzungsgröße $E_3 = \lambda$ für die Elimination der Basiseinheit K und erst dann die in 3. Ordnung signifikante Ergänzungsgröße $E_1 = d$ für die Elimination der Basiseinheit m herangezogen wurde. Der Einsatz der Ergänzungsgröße $E_2 = \eta$ erübrigt sich, da bei der Elimination der Einheit K mit Hilfe der Einheit $[\lambda]$ die Einheiten s und kg gleichzeitig mit eliminiert wurden und nur mehr die Einheit m verblieb. Hält man die durch die Signifikanz-Ordnung von (5.136) gegebene Reihenfolge nicht ein, so kommt man entweder erst nach einem Umweg zum Ziel, oder es nimmt der Rechnungsgang die Form einer kurzgeschlossenen Schleife an, die kein Resultat liefert.

Nach der Entwicklung eines Π-Produktes kommt (vergleiche Abb. 5.6) die zum Schritt 7 zurückführende Schleife zur Anwendung. Nun wird die Leitgröße α aus dem restlichen Größensatz gestrichen, worauf die Anwendung des Algorithmus auf die Größe ρc_p erfolgt

$$[\rho c_p] = \frac{\mathrm{kg}}{\mathrm{ms^2}\cancel{\mathrm{K}}} \Bigg| \times \frac{\mathrm{s^3}\cancel{\mathrm{K}}}{\mathrm{kg\,m}} \to \frac{\cancel{\mathrm{s}}}{\mathrm{m^2}} \Bigg| \times \frac{\mathrm{kg}}{\mathrm{m}\cancel{\mathrm{s}}} \to \frac{\mathrm{kg}}{\cancel{\mathrm{m}}^{3}} \Bigg| \times \cancel{\mathrm{m}}^{3} \to \mathrm{kg} \neq 1 \tag{5.140}$$

Folgerung:

$$[R_{\rho c_p}] = \left[\rho c_p \frac{1}{\lambda} \eta d^3\right] = \mathrm{kg} \neq 1$$

Der sich hier ergebende Reduktions-Term $R_{\rho c_p}$ ist dimensionsbehaftet. Es stellt demgemäß die Größe ρc_p eine vierte, und zwar eine nicht-signifikante, Ergänzungsgröße E_4 und der obige Reduktions-Term $R_{\rho c_p}$ die zugehörige signifikante Form E_4^* derselben dar

$$E_4 = \rho c_p \tag{5.141}$$

$$E_4^* = R_{\rho c_p} = \frac{\rho c_p \eta d^3}{\lambda} \tag{5.142}$$

Mit der Auffindung einer derartigen nicht-signifikanten Ergänzungsgröße kommt (vergleiche Abb. 5.6) die zum Schritt 6 zurückführende Schleife in Anwendung.

Damit wird die Liste (5.136) der vorläufigen Ergänzungsgrößen entsprechend erweitert. Da außerdem gemäß der früheren Relation (5.130) die Anzahl e der Ergänzungsgrößen im vorliegenden Fall höchstens den Wert $b = 4$ erreichen kann, so ist mit der Kenntnis der vierten Ergänzungsgröße die Liste der Ergänzungsgrößen nunmehr auch komplett. Sie lautet

$$[E_1] = [d] \qquad = \mathrm{m} \quad \Leftarrow \mathrm{m}$$

$$[E_2] = [\eta] \qquad = \frac{\mathrm{kg}}{\mathrm{m\,s}} \quad \Leftarrow \mathrm{s}$$

$$[E_3] = [\lambda] \qquad = \frac{\mathrm{kg\,m}}{\mathrm{s^3\,K}} \leftarrow \mathrm{K}$$

$$[E_4^*] = \left[\frac{\rho c_p \eta d^3}{\lambda}\right] = \text{kg} \quad \Lleftarrow \text{kg} \tag{5.143}$$

Die eingetragenen Signifikanz-Pfeile zeigen die endgültige Signifikanz-Ordnung dieses endgültigen Satzes der Ergänzungsgrößen an.

Nunmehr kommt neuerdings Schritt 7 zur Anwendung. Dabei wird die nicht-signifikante Ergänzungsgröße ρc_p aus dem x-Satz gestrichen. Hierauf ist wieder der Algorithmus (Schritt 8) auf die nächste x-Größe, hier $g\,\Delta\rho_T$, anzuwenden

$$[g\,\Delta\rho_T] = \frac{\text{kg}}{\text{m}^2\,\cancel{\text{s}}^{\,2}} \,\Bigg|\, \times \frac{\text{m}^2\,\cancel{\text{s}}^{\,2}}{\text{kg}^2} \to \frac{1}{\cancel{\text{kg}}} \,\Bigg|\, \times \cancel{\text{kg}} \to 1 \tag{5.144}$$

Folgerung:

$$[R_{g\Delta\rho_T}] = \left[g\,\Delta\rho_T \frac{1}{\eta^2} E_4^*\right] = \left[g\,\Delta\rho_T \frac{1}{\eta^2} \frac{\rho c_p \eta d^3}{\lambda}\right]$$

$$= \left[\frac{g\,\Delta\rho_T \rho c_p d^3}{\eta\lambda}\right] = 1$$

Der erhaltene Reduktions-Term $R_{g\Delta\rho_T}$ ist wieder dimensionslos und damit eine weitere Π-Größe. Sie wird Rayleigh-Zahl, wobei sie auch in der Form Gr · Pr angeschrieben werden kann.

Nach der Entwicklung jeder weiteren Kennzahl wird immer die zum Schritt 7 zurückführende Rechnungsschleife durchlaufen und der Algorithmus nach Schritt 8 wiederholt, solange noch x-Größen vorhanden sind. Man erhält dabei für die Leitgröße l den Simplex

$$\Pi_l = l/d \tag{5.144a}$$

9. Schritt. Rechnungsabschluß. Erstellung des Satzes der Π-Produkte. Die auf diese Weise bewerkstelligte Π-Produkt-Bildung wird übersichtlich durch folgendes Schema dargestellt

Allgemeines Transformationsschema der Dimensionsanalyse:

$$\begin{array}{ccccccccc}
E_1, & E_2, & E_3, & E_4 & & & & & \\
\downarrow & \downarrow & \downarrow & \downarrow & & & & & \\
E_1 & E_2 & E_3 & E_4^* & - & L_1, & L_2, & L_3, & L_4 \\
 & & & & & \downarrow & \downarrow & \downarrow & \downarrow \\
 & & & & & \Pi_1 & \Pi_2 & \Pi_3 & \Pi_4
\end{array} \tag{5.145a}$$

Spezielles Transformationsschema:

$$\begin{array}{ccccccccc}
d, & \eta, & \lambda, & \rho c_p & & & & & \\
\downarrow & \downarrow & \downarrow & \downarrow & & & & & \\
d & \eta & \lambda & E_4^* & - & \alpha, & g\,\Delta\rho_T, & l, & \varphi \\
\Uparrow & \Uparrow & \uparrow & \Uparrow & & \downarrow & \downarrow & \downarrow & \downarrow \\
\text{m} & \text{s} & \text{K} & \text{kg} & & \Pi_\alpha & \Pi_{g\Delta\rho_T} & \Pi_l & \Pi_\varphi
\end{array} \tag{5.145b}$$

mit

$$E_4^* = \rho c_p \eta \, d^3/\lambda$$

Zugehöriges Zahlenschema:

$$n = 8, \qquad e_s = 3 < e = b = 4, \qquad p = n - e = 4 \tag{5.146}$$

Aus dem Zahlenschema (5.146) erkennt man, daß der Fall A der Einteilung (5.126a) vorliegt. Diese Feststellung kann vielfach so wie hier erst nachträglich getroffen werden.

Von den, gemäß Punkt b des 4. Schrittes der Reihung der x-Größen, vorerst als gewünschte Leitgrößen reservierten Größen α, ρc_p, $g\,\Delta\rho_T$ konnten, wie sich nun gezeigt hat, nur zwei dieser Größen, nämlich α und $g\,\Delta\rho_T$ als Leitgrößen eingesetzt werden, während ρc_p als weitere Ergänzungsgröße heranzuziehen war. Die Verwendung von α und $g\,\Delta\rho_T$ als Leitgrößen hat jedoch zu den für das Problem sehr vorteilhaften und bewährten Π-Größen Nu und Gr·Pr geführt. Damit kann schließlich die als Ausgangspunkt benützte Größen-Beziehung (5.127) in nachstehende Kenngrößen-Beziehung transformiert werden

$$\mathrm{Nu} = \psi\left(\mathrm{Gr} \cdot \mathrm{Pr}, \frac{l}{d}, \varphi\right) \tag{5.147}$$

Im Sonderfall eines horizontal angeordneten Rohres entfällt der Einfluß des Winkels φ und kann außerdem vielfach auch der Einfluß des Längenverhältnisses l/d unberücksichtigt bleiben. Damit ergibt sich eine noch stärkere Verringerung der Anzahl der Argumente in Form der bekannten Beziehung

$$\mathrm{Nu} = \psi(\mathrm{Gr} \cdot \mathrm{Pr}) \tag{5.148}$$

Haben die bei der Dimensionsanalyse zunächst erhaltenen primären Π-Größen noch nicht die günstigste Form, so lassen sich hieraus durch entsprechende Kombination derselben zahlreiche transformierte Kenngrößen gewinnen. Eine praktische Anwendung hiefür wird beim nächsten Beispiel gezeigt.

Der Rechnungsgang der Signifikanz-Methode wird in übersichtlicher Weise durch das in Abb. 5.6 wiedergegebene Flußdiagramm dargestellt.

Beispiel für den Fall B. In den meisten Fällen der Dimensionsanalyse liegt der methodisch einfachere Fall B vor. Hier geht die Ungleichung (5.125) der Dimensionsanalyse gemäß (5.126b) in nachstehende Gleichung über

$$e_s = b \tag{5.149}$$

Diese schließt gemäß (5.126b) die weitere Beziehung

$$e_s = e = b \tag{5.150}$$

mit ein.

Das bedeutet, daß eine genügende Anzahl e_s von dimensionsmäßig signifikanten Ergänzungsgrößen E_K vorhanden ist, die außerdem gleich der Anzahl b der betreffenden Basisdimensionen ist. Das Vorliegen des Falles B stellt sich bereits im Verlaufe des früher beschriebenen 5. Schrittes heraus. Es braucht dabei nur überprüft zu werden, ob die Gleichung (5.149) erfüllt ist. Der Rechnungsvorgang

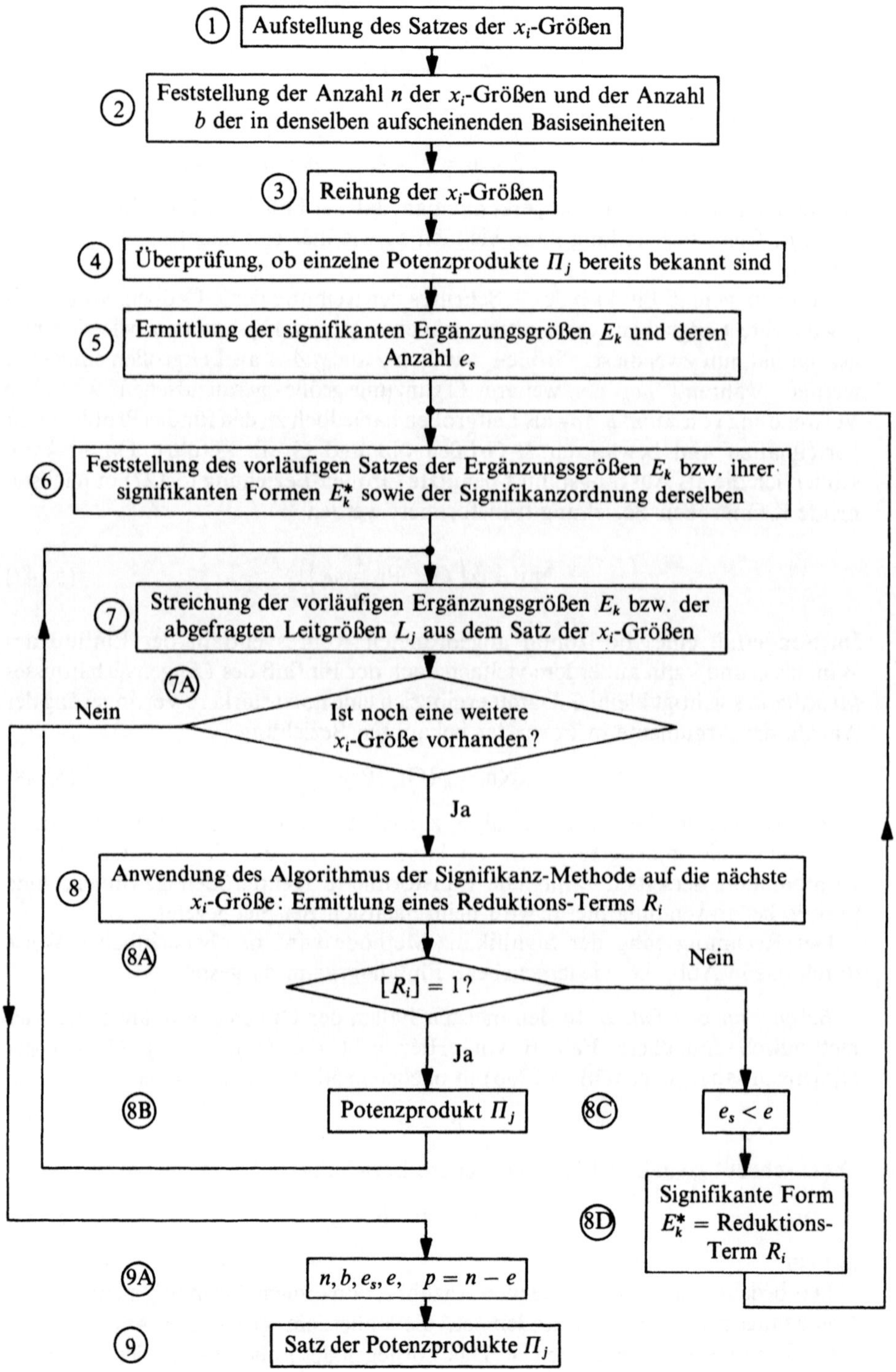

Abb. 5.6. Flußdiagramm der Signifikanz-Methode der Dimensionsanalyse

ist analog zu dem des vorherigen Beispieles, nur entsprechend einfacher. So erweisen sich hier z. B. die im Flußdiagramm angeführte Abfrage $[R_i] = 1$? und die damit verbundene Nein-Schleife als gegenstandslos. Es liefert hier der Algorithmus einfach fortlaufend die einzelnen Π-Produkte. Aus diesem Grunde wird hier auf eine detaillierte Darstellung verzichtet und wird der betreffende Rechnungsvorgang im folgenden nur angedeutet.

Zur Erläuterung wird eine typische Aufgabenstellung aus der Verfahrenstechnik, und zwar aus dem Gebiet der Reaktionstechnik, gewählt.

Es ist der Prozeßverlauf einer chemischen Reaktion zu untersuchen. Dabei wird angenommen, daß diese in der Gasphase einer Füllkörper-Absorptionskolonne nach Abb. 5.8 (siehe Abschnitt 5.6.1) stattfindet. Als maßgebliche Einflußgrößen werden hiefür nachstehende Argumente zugrundegelegt

$$l_0, \Delta T; v_0, D_i, \rho, c_i, \beta_i;$$
$$\eta, \Delta p, \rho c_p, \alpha, \dot{r} v_i, \dot{r}\,\Delta H_R;$$
$$\lambda; l_1, l_2, \Delta T_1, \Delta p_1; \varepsilon \qquad (5.151)$$

Dabei bedeuten ΔT, ΔT_1 charakteristische Temperaturdifferenzen, v_0 die Bezugsgeschwindigkeit des Gases an einer definierten Stelle; ρ, c_p, D_i, η, λ Stoffwerte des Gases; Δp, Δp_1 charakteristische Druckdifferenzen, β_i die gasseitige Stoffübergangszahl, α die gasseitige Wärmeübergangszahl, $\dot{r}$ die Reaktionsgeschwindigkeit, ΔH_R die Reaktionsenthalpie und ε die Porösität der Füllkörperschüttung.

Die x-Größen des Satzes (5.151) wurden bereits einer vorläufigen Reihung im Sinne von Punkt a) des früher beschriebenen 3. Schrittes unterzogen. Um möglichst wieder „Kennzahlen nach Maß" zu erhalten, wird im Sinne des Punktes b) des erwähnten 3. Schrittes noch eine Umreihung vorgenommen. Dazu werden jene x-Größen, die nach Möglichkeit als Ergänzungsgrößen dienen sollen, etwas weiter vorne eingereiht. Von dieser Möglichkeit wird hier bei der Größe λ Gebrauch gemacht. Andererseits wird man Größen, die möglichst als Leitgrößen fungieren sollen, etwas weiter rückwärts einreihen. Das wird hier bei den Größen ΔT und β_i getan. Damit ergibt sich nachstehende endgültige Reihung

$$l_0, v_0, D_i, \rho, c_i, \eta, \Delta p, \rho c_p, \lambda, \beta_i, \alpha,$$
$$\dot{r} v_i, \dot{r}\,\Delta H_R, \Delta T; l_1, l_2, \Delta T_1, \Delta p_1; \varepsilon \qquad (5.152)$$

Obiger Satz weist $n = 19$ x-Größen auf, in denen $b = 5$ Basiseinheiten aufscheinen, nämlich

$$\mathrm{m, s, kg, K, kmol} \qquad (5.153)$$

Die Ermittlung der signifikanten Ergänzungsgrößen E_K ergibt den nachstehenden Satz derselben. Die eingetragenen Signifikanz-Pfeile zeigen wieder die Signifikanz-Ordnung an.

$$[E_1] = [l_0] \quad = \mathrm{m} \qquad \Leftarrow \mathrm{m}$$

$$[E_2] = [v_0] \quad = \frac{\mathrm{m}}{\mathrm{s}} \qquad \Leftarrow \mathrm{s}$$

$$[E_3] = [\rho] \quad = \frac{\text{kg}}{\text{m}^3} \quad \Leftarrow \text{kg}$$

$$[E_4] = [c_i] \quad = \frac{\text{kmol}}{\text{m}^3} \quad \leftarrow \text{kmol}$$

$$[E_5] = [\rho c_p] = \frac{\text{kg}}{\text{m s}^2\,\text{K}} \leftarrow \text{K} \tag{5.154}$$

Es gilt somit hier $e_s = e = b = 5$. Obiger Satz von Ergänzungsgrößen ist daher zugleich ein vollständiger. Nach Streichung der oben angeführten Ergänzungsgrößen E_K verbleiben nachstehende x-Größen

$$D_i, \eta, \Delta p, \lambda, \beta_i, \alpha, \dot{r}v_i, \dot{r}\,\Delta H_R, \Delta T; l_1, l_2, \Delta T_1, \Delta p_1; \varepsilon \tag{5.155}$$

Da die Anwendung des Algorithmus der Signifikanz-Methode vollkommen analog zu der im vorherigen Beispiel ist, genügt es, wenn sie nur für einige der betreffenden Π-Produkte gezeigt wird.

Anwendung des Algorithmus auf die Größe D_i:

$$[D_i] = \frac{\text{m}^2}{\not{\text{s}}} \Bigg| \times \frac{\not{\text{s}}}{\text{m}} \to \not{\text{m}} \Bigg| \times \frac{1}{\not{\text{m}}} \to 1 \tag{5.156}$$

Folgerung:

$$[R_{D_i}] = \left[D_i \frac{1}{v_0} \frac{1}{l_0} \right] = 1$$

Das betreffende Π-Produkt lautet somit

$$\Pi^*_{D_i} = \frac{D_i}{v_0 l_0} \tag{5.157}$$

Der Reziprokwert dieser Größe hat die Bezeichnung Pécletsche Kennzahl Pe′ des Stoffaustausches erhalten

$$\Pi_{D_i} = \frac{v_0 l_0}{D_i} = \text{Pe}' \tag{5.157a}$$

Anwendung des Algorithmus auf die Größe η:

$$[\eta] = \frac{\not{\text{kg}}}{\text{m s}} \Bigg| \times \frac{\text{m}^3}{\not{\text{kg}}} \to \frac{\text{m}^2}{\not{\text{s}}} \Bigg| \times \frac{\not{\text{s}}}{\text{m}} \to \not{\text{m}} \Bigg| \times \frac{1}{\not{\text{m}}} \to 1 \tag{5.158}$$

Folgerung:

$$[R_\eta] = \left[\eta \frac{1}{\rho} \frac{1}{v_0} \frac{1}{l_0} \right] = 1$$

$$\Pi^*_\eta = \frac{\eta}{\rho v_0 l_0} \tag{5.159}$$

Der Reziprokwert ist die bekannte Reynolds-Zahl Re. Diese lautet, wenn man die weitere Beziehung $\nu = \eta/\rho$ berücksichtigt,

$$\Pi_\eta = \mathrm{Re} = \frac{\rho v_0 l_0}{\eta} = \frac{v_0 l_0}{\nu} \tag{5.159a}$$

Bei der Anwendung des Algorithmus bei (5.158) wurde zuerst die Basiseinheit kg und dann die Basiseinheit s eliminiert. Da gemäß (5.154) sowohl die Größe ρ als auch die Größe v_0 jeweils in gleicher, nämlich in zweiter Ordnung signifikant für die betreffende Basiseinheit ist, ist in diesem Fall selbstverständlich auch die umgekehrte Reihenfolge richtig, wie es bei (5.160) gezeigt wird. In jedem Fall muß jedoch die erst in 3. Ordnung signifikante Ergänzungsgröße l_0 nach den Ergänzungsgrößen der 2. Signifikanz-Ordnung zum Einsatz kommen

$$[\eta] = \frac{\mathrm{kg}}{\mathrm{m}\,\cancel{\mathrm{s}}} \left| \times \frac{\cancel{\mathrm{s}}}{\mathrm{m}} \to \frac{\cancel{\mathrm{kg}}}{\mathrm{m}^2} \right| \times \frac{\mathrm{m}^3}{\cancel{\mathrm{kg}}} \to \cancel{\mathrm{m}} \left| \times \frac{1}{\cancel{\mathrm{m}}} \to 1 \right. \tag{5.160}$$

Die weiteren Π-Produkte ergeben sich in entsprechender Weise. Der Gesamt-Verlauf der gegenständlichen Dimensionsanalyse wird wieder durch nachstehendes Schema (5.161) zum Ausdruck gebracht. In diesem entfällt im Vergleich zum früheren Schema (5.145) die Transformation der teilweise nicht-signifikanten Ergänzungsgrößen in deren signifikante Formen.

Transformationsschema der Dimensionsanalyse:

Ergänzungsgrößen				Leitgrößen			Π-Produkte
				L_1	D_i	$\to$	Π_{D_i}
				L_2	η	$\to$	Π_η
				L_3	Δp	$\to$	$\Pi_{\Delta p}$
				L_4	λ	$\to$	Π_λ
m	$\Rrightarrow l_0$	E_1		L_5	β_i	$\to$	Π_{β_i}
s	$\Rightarrow v_0$	E_2		L_6	α	$\to$	Π_α
kg	$\Rightarrow \rho$	E_3	$-$	L_7	$\dot{r}\nu_i$	$\to$	$\Pi_{\dot{r}\nu_i}$
kmol	$\to c_i$	E_4		L_8	$\dot{r}\Delta H_R$	$\to$	$\Pi_{\dot{r}\Delta H_R}$
K	$\to \rho c_p$	E_5		L_9	ΔT	$\to$	$\Pi_{\Delta T}$
				L_{10}	l_1	$\to$	Π_{l_1}
				L_{11}	l_2	$\to$	Π_{l_2}
				L_{12}	ΔT_1	$\to$	$\Pi_{\Delta T_1}$
				L_{13}	ΔT_2	$\to$	$\Pi_{\Delta T_2}$
				L_{14}	ε	$\to$	Π_ε (5.161)

Zugehöriges Zahlenschema:

$$n = 19, \qquad e_s = e = b = 5, \qquad p = n - e = 14 \tag{5.162}$$

Der große Umfang des obigen Transformationsschemas (5.161) entspricht dem großen Ausmaß dieser Aufgabe der Dimensionsanalyse. Es waren aus $n = 19$ Größen $p = 14$ Kennzahlen zu bilden. Die Entwicklung der einzelnen Π-Produkte mittels der Signifikanz-Methode ist jedoch einfach. Dabei ist zu beachten, daß diese

Entwicklung keinerlei zusätzliche Nebenrechnungen oder Probieransätze etc. erfordert[1].

Die konkreten Ausdrücke für die beiden ersten Potenzprodukte Π_{D_i} und Π_η wurden bereits oben bei (5.157a) und (5.159a) angegeben. Die weiteren Potenzprodukte Π_j ergeben sich in analoger Weise. Zu diesen zählen die Euler-Zahl Eu, die Péclet-Zahl Pe des Wärmeaustausches, die Stanton-Zahl St′ des Stoffaustausches, die Stanton-Zahl St des Wärmeaustausches, die erste Damköhler-Zahl $\mathrm{Da_I}$ sowie die beiden Größen $\Pi_{\dot{r}\Delta H_R}$ und $\Pi_{\Delta T}$, denen keine gebräuchlichen Bezeichnungen zugeordnet sind. Die konkreten Ausdrücke dieser Größen sind nachstehend angeführt

$$\Pi_{\Delta p} = \mathrm{Eu} = \frac{\Delta p}{\rho v_0^2} \tag{5.163}$$

$$\Pi_\lambda = \mathrm{Pe} = \frac{\rho c_p v_0 l_0}{\lambda} = \frac{v_0 l_0}{a} \tag{5.164}$$

$$\Pi_{\beta_i} = \mathrm{St'} = \frac{\beta_i}{v_0} \tag{5.165}$$

$$\Pi_\alpha = \mathrm{St} = \frac{\alpha}{\rho c_p v_0} \tag{5.166}$$

$$\Pi_{\dot{r}v_i} = \mathrm{Da_I} = \frac{\dot{r}v_i l_0}{c_i v_0} \tag{5.167}$$

$$\Pi_{\dot{r}\Delta H_R} = \frac{\dot{r}\,\Delta H_R\, l_0}{\rho v_0^3} \tag{5.168}$$

$$\Pi_{\Delta T} = \frac{\rho c_p\, \Delta T}{\rho v_0^2} = \frac{c_p\, \Delta T}{v_0^2} \tag{5.169}$$

Die den zusätzlichen dimensionsgleichen Größen l_1, l_2 entsprechenden Π-Produkte sind einfache Simplexe

$$\Pi_{l_1} = \frac{l_1}{l_0}, \qquad \Pi_{l_2} = \frac{l_2}{l_0} \tag{5.170}$$

Die systematische Entwicklung der Π-Produkte $\Pi_{\Delta T_1}$ und $\Pi_{\Delta p_1}$ ergibt zunächst Komplexe, die analog zu $\Pi_{\Delta T}$ und $\Pi_{\Delta p}$ sind

$$\Pi_{\Delta T_1} = \frac{c_p\, \Delta T_1}{v_0^2} \tag{5.171}$$

$$\Pi_{\Delta p_1} = \frac{\Delta p_1}{\rho v_0^2} = \mathrm{Eu_1} \tag{5.172}$$

---

[1] Bei den in der Literatur dargestellten Anwendungen der Rayleighschen Methode bzw. deren Abwandlung in Form der Matrizen-Methode werden im allgemeinen eine Reihe von Nebenrechnungen sowie erforderliche Wiederholungen der Rechnung, wenn ungünstige Ansätze verwendet worden waren, im Text nicht wiedergegeben.

Da jedoch im Größensatz die dimensionsgleichen Größen ΔT und Δp vorliegen, so können auch hier einfache Simplexe verwendet werden

$$\Pi^*_{\Delta T_1} = \frac{\Delta T_1}{\Delta T} \tag{5.171a}$$

$$\Pi^*_{\Delta p_1} = \frac{\Delta p_1}{\Delta p} \tag{5.172a}$$

Diese Ausdrücke stellen lediglich transformierte Π-Größen nachstehender Art dar

$$\Pi^*_{\Delta T_1} = \frac{\Pi_{\Delta T_1}}{\Pi_{\Delta T}} \tag{5.171b}$$

$$\Pi^*_{\Delta p_1} = \frac{\Pi_{\Delta p_1}}{\Pi_{\Delta p}} \tag{5.172b}$$

Die am Ende des Satzes (5.155) aufscheinende dimensionslose Größe ε schließlich ist wieder mit ihrem zugehörigen Π-Produkt identisch

$$\Pi_\varepsilon = \varepsilon \tag{5.173}$$

Ein und demselben Größensatz entsprechen, wie bereits erwähnt wurde, unendlich viele verschiedene Π-Sätze. Derartige weitere Sätze findet man, wenn man die primär erhaltenen Π-Produkte durch Kombinationen derselben entsprechend abwandelt. Einen speziellen Anlaß hiefür bietet im vorliegenden Fall die weniger übliche Π-Größe $\Pi_{\dot{r}\Sigma H_R}$ gemäß (5.168).

Wie aus der Tab. 5.1 der charakteristischen Einflußgrößen des Abschnittes 5.5 hervorgeht, wäre hier eine Kenngröße, die z. B. die Größenkombination $\dot{r}\,\Delta H_R/\rho c_p$ anstelle von $\dot{r}\,\Delta H_R/\rho v_0^3$ aufweist, interessanter. Eine derartig transformierte Π-Größe erhält man, wenn man die beiden Kennzahlen $\Pi_{\dot{r}\Delta H_R}$ und $\Pi_{\Delta T}$ von (5.168) und (5.169) dividiert. Es ergibt sich dabei die sogenannte dritte Damköhler-Zahl $\mathrm{Da_{III}}$

$$\Pi^*_{\dot{r}\Delta H_R} = \mathrm{Da_{III}} = \frac{\Pi_{\dot{r}\Delta H_R}}{\Pi_{\Delta T}} = \frac{\dot{r}\,\Delta H_R\, l_0}{\rho c_p\, \Delta T\, v_0} \tag{5.168a}$$

In entsprechender Weise lassen sich bei Bedarf auch die übrigen Kennzahlen dieses Systems weiter transformieren. Hierauf wird in den späteren Abschnitten 5.4 und 5.5 noch näher eingegangen.

Beispiel für den Fall C. Dieser Fall ist gemäß (5.126c) durch die Ungleichung

$$e_s = e < b \tag{5.174}$$

gekennzeichnet, das heißt es ist die Anzahl e der Ergänzungsgrößen zwar gleich der Anzahl e_s der signifikanten Ergänzungsgrößen, aber geringer als die Anzahl b der Basiseinheiten. Dieser Fall war bereits seinerzeit die Ursache von fehlerhaften Anwendungen der Dimensionsanalyse und ist es gelegentlich heute noch.

Als Beispiel hiefür wird wieder der bereits im Abschnitt 5.1 untersuchte Größensatz (5.64) herangezogen

$$v, \rho, p_1, p_2 \tag{5.175}$$

Die Dimensionsanalyse ergibt hier, daß einerseits $b = 3$ Basiseinheiten vorliegen, nämlich m, s, kg, daß jedoch andererseits nur $e = 2$ Ergänzungsgrößen, und zwar signifikante, vorhanden sind, z. B. v, ρ. Daraus folgt nachstehender Satz derselben mit der angezeigten Signifikanzordnung

$$[E_1] = [v] = \frac{\mathrm{m}}{\mathrm{s}} \leftarrow \mathrm{s}$$

$$[E_2] = [\rho] = \frac{\mathrm{kg}}{\mathrm{m}^3} \leftarrow \mathrm{kg} \tag{5.176}$$

Entwicklung des Π-Produktes für p_1:

$$[p_1] = \frac{\not{\mathrm{kg}}}{\mathrm{ms}^2}\Bigg| \times \frac{\mathrm{m}^3}{\not{\mathrm{kg}}} \to \frac{\mathrm{m}^2}{\not{\mathrm{s}}^2}\Bigg| \times \frac{\not{\mathrm{s}}^2}{\mathrm{m}^2} \to 1$$

$$[R_{p_1}] = \left[p_1 \frac{1}{\rho} \frac{1}{v^2}\right] = 1 \tag{5.177}$$

$$\Pi_{p_1} = \frac{p_1}{\rho v^2} = \mathrm{Eu}_1 \tag{5.178}$$

Für die weitere Leitgröße p_2 kann man wahlweise eine zweite Euler-Zahl

$$\Pi_{p_2} = \frac{p_2}{\rho v^2} = \mathrm{Eu}_2 \tag{5.179}$$

oder einen Simplex verwenden

$$\Pi_{p_2} = \frac{p_2}{p_1} = \frac{\mathrm{Eu}_2}{\mathrm{Eu}_1} \tag{5.180}$$

Das betreffende Transformations-Schema lautet

$$\begin{array}{cccccc} v, & \rho & - & p_1, & p_2 \\ \uparrow & \uparrow & & \downarrow & \downarrow \\ \mathrm{s} & \mathrm{kg} & & \Pi_{p_1} & \Pi_{p_2} \end{array} \tag{5.181}$$

Zugehöriges Zahlenschema:

$$n = 4, \qquad e_s = e = 2 < b = 3, \qquad p = n - e = 2 \tag{5.182}$$

Auf ein spezielles Beispiel für den weiteren Fall D gemäß (5.126d) wird verzichtet, da dieser Fall sehr selten vorkommt. Er läßt sich jedoch ebenfalls mühelos mittels des allgemeinen Konzeptes der Signifikanz-Methode lösen.

5.4 Physikalische Bedeutung von Kennzahlen

Kennzahlen haben häufig eine sehr allgemeine Form, aus der zunächst auch nur eine entsprechend allgemeine Bedeutung abgelesen werden kann. Die Klärung des speziellen Sinnes einer Kennzahl erfordert vielfach eine eingehende physikalische Analyse des betreffenden Problems.

Als konkretes Beispiel soll die Bedeutung der bereits im Abschnitt 5.3.3.3 bei (5.157a) erwähnten Pécletschen Zahl Pe′ des Stoffaustausches untersucht werden. Zu diesem Zweck wird ein Trocknungsvorgang betrachtet.

An einem Feuchtgut tritt durch Verdunstung Wasserdampf in die vorbeiströmende Luft über. Abb. 5.7 zeigt ein Konzentrationsprofil dieser Luftströmung.

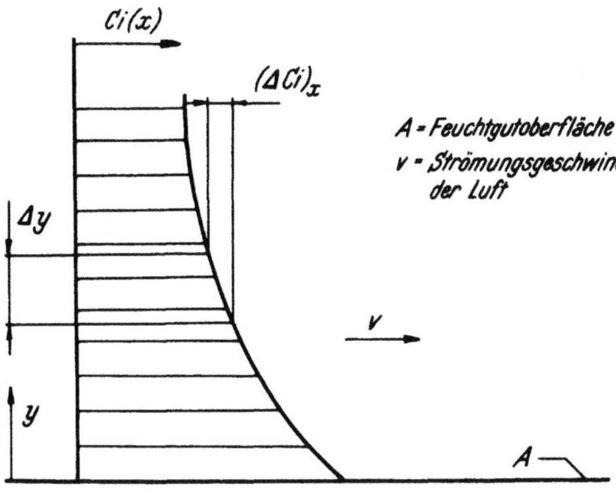

Abb. 5.7. Konzentrationsprofil in der Umgebung eines Feuchtgutes

Für die Stoffstromdichte $\dot{n}_{i[L]}$ des molekularen Leitstromes des Wasserdampfes in der y-Richtung an der betreffenden Stelle gilt gemäß der Beziehung (3.49a) des Abschnittes 3.2.1.2, wenn man den Differentialquotienten näherungsweise durch einen Differenzenquotienten ersetzt,

$$\dot{n}_{i[L]} = -D_i \frac{(\Delta c_i)_x}{\Delta y} \tag{5.183}$$

wobei $(\Delta c_i)_x$ die Änderung von c_i in der y-Richtung, das heißt bei konstantem x, bedeutet.

Für die Stoffstromdichte $\dot{n}_{i[K]}$ des konvektiven Stromes an dieser Stelle in x-Richtung gilt gemäß Beziehung (3.96) des Abschnittes 3.2.2.1

$$\dot{n}_{i[K]} = c_i v \tag{5.184}$$

Sieht man vom Vorzeichen ab, so ergibt sich für das Verhältnis der beiden Stoffstromdichten folgender Ausdruck

$$\frac{\dot{n}_{i[K]}}{\dot{n}_{i[L]}} = \frac{v\,\Delta y}{D_i} \frac{c_i}{(\Delta c_i)_x} = \frac{v l_0}{D_i} \frac{\Delta y}{l_0} \frac{c_i}{(\Delta c_i)_x} \tag{5.185}$$

Der erste Term stellt die erwähnte Péclet-Zahl Pe′ dar. Damit ergibt sich

$$\frac{\dot{n}_{i[K]}}{\dot{n}_{i[L]}} = \mathrm{Pe}' \frac{\Delta y}{l_0} \frac{c_i}{(\Delta c_i)_x} \tag{5.186}$$

Die beiden rechten Terme sind Simplexe. Ersetzt man diese durch einen Proportionalitätsfaktor ξ, so folgt [5.40]

$$\mathrm{Pe}' = \frac{l_0}{\Delta y} \frac{(\Delta c_i)_x}{c_i} \frac{\dot{n}_{i[K]}}{\dot{n}_{i[L]}} = \xi \frac{\dot{n}_{i[K]}}{\dot{n}_{i[L]}} \tag{5.187}$$

Aus (5.187) folgt, daß die Pe'-Zahl proportional dem Verhältnis der konvektiven Stoffstromdichte zur molekularen Stoffstromdichte ist. Dieser Sachverhalt wird durch nachstehende vereinfachte Schreibweise ausgedrückt[1]

$$\mathrm{Pe}' \mathrel{\hat{=}} \frac{\dot{n}_{i[K]}}{\dot{n}_{i[L]}} \mathrel{\hat{=}} \frac{\dot{N}_{i[K]}}{\dot{N}_{i[L]}} \tag{5.188}$$

Anstelle der Stromdichte $\dot{n}_i$ können dabei auch andere einschlägige Argumente verwendet werden, z. B. der Strom $\dot{N}_i$ usw. Will man die genaue Bedeutung der Pe'-Zahl erfassen, so muß die spezielle Bedeutung des Proportionalitätsfaktors untersucht werden, wie es z. B. bei Gl. (5.186) geschehen ist. Im allgemeinen genügt jedoch die vereinfachte Aussage in der Form von (5.188). Die physikalische Bedeutung der Péclet-Zahl wird noch deutlicher, wenn man den Ausdruck $1/D_i$ durch c_i/D_ic_i ersetzt [5.40]

$$\mathrm{Pe}' = \frac{c_i}{D_i c_i} vl \tag{5.189}$$

In der Darstellung (5.189) weist die Größe c_i im Zähler auf den konvektiven Stoffstrom (K) und die Größe D_ic_i im Nenner auf den molekularen Leitstrom (L) des Stoffes hin.

Wie aus dieser Erörterung hervorgeht, sind Kennzahlen jeweils durch *charakteristische Größen*, im obigen Fall durch

$$c_i,\ D_ic_i \tag{5.190}$$

und durch *allgemeine Größen*, die keinen besonderen Bezug auf die der betreffenden Kennzahl entsprechenden Effekte haben, gekennzeichnet. Letztere sind hier die Größen

$$v,\ l \tag{5.191}$$

In diesem Sinne kann der in (5.189) aufscheinende Teilausdruck $c_i/D_ic_i = 1/D_i$ als „charakteristischer Teil" und der restliche Ausdruck vl als „allgemeiner Teil" der Kennzahl Pe' aufgefaßt werden. In entsprechender Weise kann auch jede weitere Kennzahl in nachstehender Art dargestellt werden [5.40]

$$\text{Kennzahl} = \text{Charakteristischer Teil} \times \text{Allgemeiner Teil} \tag{5.192}$$

Dabei ist jedoch zu beachten, daß die charakteristischen Größen manchmal von den üblichen Argumenten abweichen. So war z. B. im obigen Fall anstelle der Größe D_i die Größe D_ic_i heranzuziehen. Hierauf wird im Abschnitt 5.5 in Zusammenhang mit der Tab. 5.1 noch näher eingegangen.

Da die „charakteristischen Größen" eine Kennzahl in besonderer Weise kennzeichnen, so eignen sie sich auch, um Kennzahlen oder andere einschlägige

[1] In der Literatur wird bei derartigen Darstellungen vielfach in nicht ganz exakter Weise der Proportionalitätsfaktor ξ weggelassen, das heißt das Entspricht-Zeichen $\hat{=}$ durch das Ist-gleich-Zeichen $=$ ersetzt.

Größen eingehender zu indizieren. Diese Vorgangsweise führt z. B. im Falle der Péclet-Zahl Pe′ zu folgender weiterer Schreibweise

$$\mathrm{Pe}' = K_{cD} \mathrel{\hat{=}} \frac{\dot{N}_{i[K]}}{\dot{N}_{i[L]}} = \frac{\dot{N}_{ic}}{\dot{N}_{iD}} \tag{5.193}$$

Dabei wurden die charakteristischen Größen c_i und $D_i c_i$ durch die Kurzzeichen c und D ersetzt.

Als weiteres Beispiel wird die im Abschnitt 5.3.3.3 bei (5.165) angeführte Stanton-Zahl St′ des Stoffaustausches in diesem Sinne diskutiert. Man erhält hiefür analog

$$\mathrm{St}' = \beta_i \frac{1}{v} = \frac{\beta_i c_i}{c_i} \frac{1}{v} = K_{\beta c} \mathrel{\hat{=}} \frac{\dot{N}_{i\beta}}{\dot{N}_{ic}} = \frac{\dot{N}_{i[\ddot{U}]}}{\dot{N}_{i[K]}} \tag{5.194}$$

Dabei sind β und c Kurzzeichen für die charakteristischen Größen $\beta_i c_i$ und c_i. Aus der Darstellung (5.194) folgt, daß die Stanton-Zahl St′ ein Maß für das Verhältnis eines bei dem betreffenden Vorgang auftretenden Übergangsstromes ($\ddot{U}$) zu einem konvektiven Strom (K) ist.

Wie bereits im Abschnitt 5.1 erwähnt wurde, lassen sich aus gegebenen Π-Größen durch Kombination derselben zahlreiche weitere ableiten. Man gelangt auf diese Weise zu transformierten Kennzahlen. So erhält man z. B. durch Multiplikation der oben angeführten Kennzahlen St′ und Pe′ als weitere Kenngröße die sogenannte Sherwood-Zahl Sh. Es gilt nachstehender Zusammenhang

$$\mathrm{Sh} = \mathrm{St}' \cdot \mathrm{Pe}' = \frac{\beta_i c_i}{D_i c_i} L = \frac{\beta_i}{D_i} L \tag{5.195}$$

Der physikalische Sinn dieser Größe ergibt sich aus der Darstellung

$$\mathrm{Sh} \mathrel{\hat{=}} \frac{\dot{N}_{i[\ddot{U}]}}{\dot{N}_{i[K]}} \frac{\dot{N}_{i[K]}}{\dot{N}_{i[L]}} = \frac{\dot{N}_{i[\ddot{U}]}}{\dot{N}_{i[L]}} \tag{5.196}$$

Eine weitere häufig verwendete transformierte Kennzahl ist die sogenannte Schmidt-Zahl Sc. Diese ist definiert durch die Beziehung

$$\mathrm{Sc} = \frac{\mathrm{Pe}'}{\mathrm{Re}} = \frac{v}{D} \tag{5.197}$$

Diese Kenngröße bietet den besonderen Vorteil, daß sie einen reinen Stoffwert darstellt und demgemäß aus allgemeinen Tabellen oder Diagrammen entnommen werden kann. Sie dient häufig als Ersatzgröße für die Pe′-Zahl.

Der physikalische Sinn der Sc-Zahl ergibt sich aus dem physikalischen Sinn der Pe′-Zahl und dem der Re-Zahl. Die Sc-Zahl ist, wie im Kapitel 6.0 noch erörtert wird, auch als Analogie-Kennzahl von Bedeutung.

In entsprechender Weise lassen sich zahlreiche weitere Kennzahlen beurteilen. Von dieser Möglichkeit wird im folgenden Abschnitt noch weiter Gebrauch gemacht werden.

5.5 Wichtige Kennzahlen der Verfahrenstechnik

Die nachstehenden Erörterungen sollen eine Übersicht über die Vielfalt der in der Verfahrenstechnik besonders interessierenden Kennzahlen der Austauscheffekte des Impulses, der Wärme und des Stoffes vermitteln. Die betreffenden Effekte werden durch das im Kapitel 4.0 behandelte System der differentiellen Bilanzgleichungen beschrieben. Man kann die betreffenden Kennzahlen entweder gemäß Abschnitt 5.3.2 aus diesen Differentialgleichungen oder gemäß Abschnitt 5.3.3 aus den in diesen aufscheinenden Einflußgrößen x_i ableiten. Da der letztere Weg der kürzere ist, soll dieser hier angewandt werden.

Kennzahlen sind durch charakteristische Größen und durch zusätzliche allgemeine Größen gekennzeichnet. Für letztere sollen hier die Argumente l, v, ΔT herangezogen werden. Das sind Größen, die keinen besonderen Bezug auf einen bestimmten Austauscheffekt haben, sondern mehrere davon betreffen.

In der Tab. 5.1 sind die der Kennzahlen-Tabelle (Tab. 5.2) zugrundeliegenden charakteristischen Einflußgrößen angeführt. Diese sind aus dem im Kapitel 3.0 angeführten Grundvorgängen der Leitung, der Konvektion, des Überganges und der Umwandlung abzuleiten.

Tabelle 5.1. *Charakteristische Einflußgrößen der Austauscheffekte*

Austauschgröße	Stromform			
	Konvektion K	Leitung L	Übergang $Ü$	Umwandlung Uw
Impuls	ρ	η	γ^*	Δp $g\rho$
Wärme	ρc_p	λ	α	$\dot{r}\,\Delta H_R$
Stoffmenge	c_i	$D_i c_i$	$\beta_i c_i$	$\dot{r}\nu_i$

Die Tab. 5.2 wurde in Anlehnung an die betreffenden Tabellen von Klinkenburg und Mooy [5.11, S. 19], Benedek und Laszlo [5.27, S. 97] und Pawlowski [5.32, S. 54], aufgebaut.

Die in dieser Tabelle bei jeder Kennzahl vorangestellten charakteristischen Teile gestatten, ebenso wie die in der Kopfzeile enthaltenen Angaben, eine rasche Interpretation der betreffenden Kennzahl. Dabei können, entsprechend den Erörterungen der Kapitel 3.0 und 4.0, die Kenngrößen der Zeile 1 in Tab. 5.2 als Verhältnisse von Impulsströmen $\dot{I}$, die der Zeile 2 als Verhältnisse von Wärmeströmen $\dot{Q}$ und die der Zeile 3 als Verhältnisse von Stoffströmen $\dot{N}_i$ aufgefaßt werden. Damit ergeben sich z. B. für die 3 in der Spalte A von Tab. 5.2 angeführten, zueinander analogen Kennzahlen Re, Pe, Pe' in Anlehnung an die Formulierung (5.188) des vorherigen Abschnittes nachstehende Darstellungen

$$\mathrm{Re} = K_{\rho\eta} \mathrel{\hat{=}} \frac{\dot{I}_{[K]}}{\dot{I}_{[L]}} \tag{5.198}$$

Tabelle 5.2. *Ordnung wichtiger Kennzahlen der Austauscheffekte nach Austauschgröße und Stromform*[1]

Transportgröße	Stromform					
	Konvektion Leitung *A*	Übergang Konvektion *B*	Umwandlung Konvektion *C*	Übergang Leitung *D*	Umwandlung Leitung *E*	Umwandlung Übergang *F*
Impuls 1	$\mathrm{Re} = \frac{\rho}{\eta} vL$	$\frac{f}{2} = \frac{\gamma^*}{\rho} \frac{1}{v}$	$\mathrm{Eu} = \frac{\Delta p}{\rho} \frac{1}{v^2}$ $\frac{1}{\mathrm{Fr}} = \frac{g\rho}{\rho} \frac{L}{v^2}$	$K_{\gamma^*\eta} = \frac{\gamma^*}{\eta} L$	$K_{\Delta p\eta} = \frac{\Delta p}{\eta} \frac{L}{v}$ $K_{g\eta} = \frac{g\rho}{\eta} \frac{L^2}{v}$	$K_{\Delta p\gamma^*} = \frac{\Delta p}{\gamma^*} \frac{1}{v}$ $K_{g\gamma^*} = \frac{g\rho}{\gamma^*} \frac{L}{v}$
Wärme 2	$\mathrm{Pe} = \frac{\rho c_p}{\lambda} vL$	$\mathrm{St} = \frac{\alpha}{\rho c_p} \frac{1}{v}$	$\mathrm{Da_{III}} = \frac{\dot{r}\,\Delta H_R}{\rho c_p \Delta T} \frac{L}{v}$	$\mathrm{Nu} = \frac{\alpha}{\lambda} L$	$\mathrm{Da_{IV}} = \frac{\dot{r}\,\Delta H_R}{\lambda \Delta T} L^2$	$K_{\Delta H\alpha} = \frac{\dot{r}\,\Delta H_R}{\alpha \Delta T} L$
Stoffmenge 3	$\mathrm{Pe}' = \frac{c_i}{D_i c_i} vL$	$\mathrm{St}' = \frac{\beta_i c_i}{c_i} \frac{1}{v}$	$\mathrm{Da_I} = \frac{\dot{r} v_i}{c_i} \frac{L}{v}$	$\mathrm{Sh} = \frac{\beta_i c_i}{D_i c_i} L$	$\mathrm{Da_{II}} = \frac{\dot{r} v_i}{D_i c_i} L^2$	$K_{r\beta} = \frac{\dot{r} v_i}{\beta_i c_i} L$

[1] Die Größen α, β, γ^* bedeuten hier die in Kapitel 3.0 eingeführten Übergangskoeffizienten des Wärme-, Stoff- und Impulsaustausches. Die Größe f stellt den sogenannten Fanningschen Reibungsfaktor der Rohrströmung dar. (Zur näheren Erläuterung vergleiche Benedek und László [5.27, S. 113].)

$$\mathrm{Pe} = K_{c_p\lambda} \mathrel{\hat{=}} \frac{\dot{Q}_{[K]}}{\dot{Q}_{[L]}} \tag{5.199}$$

$$\mathrm{Pe}' = K_{cD} \mathrel{\hat{=}} \frac{\dot{N}_{i[K]}}{\dot{N}_{i[L]}} \tag{5.200}$$

Die Größen Re, Pe, Pe' entsprechen also jeweils dem Verhältnis eines konvektiven Stromes (K) zu einem Leitstrom (L), und zwar im ersten Fall bezüglich des Impulses, im zweiten bezüglich der Wärme und im dritten bezüglich des Stoffes.

Mit dieser Übersicht kann eine klare Orientierung bezüglich der wichtigsten Komplex-Kennzahlen der Verfahrenstechnik gewonnen werden.

5.6 Modellversuche

Modellversuche sind Versuche an verkleinerten Ausführungen des untersuchten Objektes. Dadurch können die Kosten für die Versuchsanlage gesenkt werden. Eine derartige Vorgangsweise ist jedoch nur möglich, wenn Methoden zur Verfügung stehen, die eine Umrechnung der Versuchsergebnisse der Modellanlage auf die Großanlage gestatten. Die Lösung dieser Aufgabe wird mit Hilfe der Ähnlichkeitstheorie erzielt. Diese liefert mit den bereits in Abschnitt 5.1 erwähnten Ähnlichkeitsbeziehungen in Form der sogenannten Modellgesetze Aussagen über die für die Umrechnung erforderlichen Maßstabfaktoren a_x.

5.6.1 Modellversuche bei totaler Ähnlichkeit

Totale Ähnlichkeit bedeutet, daß sämtliche maßgeblichen Modellgesetze eingehalten werden. Das ist nur in einfachen Fällen möglich. Dabei soll ein bestimmter

Abb. 5.8. Füllkörper-Absorptionskolonne

Betriebszustand der betreffenden Großanlage an Hand eines einzigen Modellversuches vorausbestimmt werden. Das heißt, sind nur wenige Bedingungen in Form von Modellgesetzen etc. zu beachten, so kann die betreffende Frage auch mit einem minimalen Versuchsaufwand geklärt werden.

Zur Illustration wird nachstehende Aufgabenstellung diskutiert: Es ist die Stoffübergangszahl β_L für den flüssigkeitsseitigen Stoffübergang einer Füllkörper-Absorptionskolonne nach Abb. 5.8 mittels Modellversuches bei Zugrundelegung einer totalen Ähnlichkeit zu ermitteln.

Als Ausgangspunkt hiefür wird nachstehender Ansatz verwendet

$$\beta_L = f(D, c_i, \eta, \rho, g\rho, v_0, d_F, d)^{1} \tag{5.201}$$

Dabei bedeuten β_L eine Stoffübergangszahl bezüglich der Flüssigkeitsseite, D, η und ρ Stoffwerte der Flüssigkeit, c_i die Konzentration der betrachteten Komponente, d_F den äquivalenten Durchmesser der Füllkörper, d den lichten Kolonnendurchmesser und v_0 die Bezugsgeschwindigkeit der Flüssigkeit gemäß der Definition

$$v_0 = \frac{\dot{V}_L}{A_S} \tag{5.202}$$

wenn unter $\dot{V}_L$ der Volumenstrom der Flüssigkeit und unter A_S die Querschnittsfläche der Kolonne verstanden wird.

Für die anschließende Dimensionsanalyse ist es hier vorteilhaft, wenn im Sinne der Einflußgrößen-Tabelle 5.1 des vorherigen Abschnittes die Argumente β_L und D durch die charakteristischen Größen Dc_i und $\beta_L c_i$ ersetzt werden. Andernfalls würde die Dimensionsanalyse die scheinbar widersprüchliche Aussage liefern, daß die den konvektiven Stofftransport kennzeichnende Einflußgröße c_i formal in keiner Kenngröße aufschiene und sich damit als irrelevant erwiese.

Die im Ansatz (5.201) angeführten Größen berücksichtigen im Sinne der Tab. 5.1 des Abschnittes 5.5 nachstehende Effekte:

a) $\beta_L c_i$ den Stoffübergang
b) Dc_i den molekularen Stoffaustausch
c) c_i den konvektiven Stoffaustausch
d) η den molekularen Impulsaustausch
e) ρ den konvektiven Impulsaustausch
f) $g\rho$ den Einfluß der Schwerkraft auf die Flüssigkeitsbewegung, das heißt den Impulsaustausch zufolge der Schwerkraft.

Den im Ansatz (5.201) aufscheinenden 9 Einflußgrößen entspricht gemäß Abschnitt 5.3.3.3 nachstehendes *vereinfachtes* Transformations-Schema der Dimensionsanalyse[2]

$$d_F, v_0, \rho, c_i - \beta_L c_i, Dc_i, \eta, g\rho, d \rightarrow \Pi_\beta, \Pi_D, \Pi_\eta, \Pi_{g\rho}, \Pi_d \tag{5.203}$$

---

[1] Das Produkt $g \cdot \rho$ steht hier anstelle des spezifischen Gewichtes und soll den Einfluß der Schwerkraft berücksichtigen.

[2] Die am Anfang angeführten Größen d_F, v_0, ρ, c_i stellen dimensionsmäßige Ergänzungsgrößen im Sinne der Signifikanz-Methode dar; vergleiche Kapitel 5.3.3.3.

Die Dimensionsanalyse liefert für die angeführten Π-Größen nachstehende Ausdrücke

$$\Pi_\beta = \frac{\beta_L c_i}{c_i v_0} = \frac{\beta_L}{v_0} = \mathrm{St}' \tag{5.204}$$

$$\Pi_D = \frac{c_i v_0 d_F}{D c_i} = \frac{v_0 d_F}{D} = \mathrm{Pe}' \tag{5.205}$$

$$\Pi_\eta = \frac{\rho v_0 d_F}{\eta} = \frac{v_0 d_F}{\nu} = \mathrm{Re} \tag{5.206}$$

$$\Pi_{g\rho} = \frac{\rho v_0^2}{g\rho d_F} = \frac{v_0^2}{g d_F} = \mathrm{Fr} \tag{5.207}$$

$$\Pi_d = \frac{d_F}{d} = \Gamma \text{ eine Geometriezahl} \tag{5.208}$$

Der Größenbeziehung (5.201) entspricht nachstehende Kenngrößen-Beziehung

$$\mathrm{St}' = \psi^*(\mathrm{Pe}', \mathrm{Re}, \mathrm{Fr}, \Gamma) \tag{5.209}$$

Entsprechend den Ausführungen des Abschnittes 5.4 lassen sich obige Kennzahlen noch in vielfacher Weise transformieren, z. B.

$$\mathrm{St}' \cdot \mathrm{Pe}' = \frac{\beta_L d_F}{D} = \mathrm{Sh} \tag{5.210}$$

$$\frac{\mathrm{Pe}'}{\mathrm{Re}} = \frac{\eta}{\rho D} = \frac{\nu}{D} = \mathrm{Sc} \tag{5.211}$$

$$\frac{1}{\mathrm{Fr}}\mathrm{Re}^2 = \frac{g\rho^2 d_F^3}{\eta^2} = \frac{g d_F^3}{\nu^2} = \mathrm{Ga} \tag{5.212}$$

Damit ergibt sich die umgeformte Kennzahlenbeziehung

$$\mathrm{Sh} = \psi(\mathrm{Re}, \mathrm{Sc}, \mathrm{Ga}, \Gamma) \tag{5.213}$$

Die *Durchführung* von Modellversuchen bei totaler Ähnlichkeit würde so gemäß (5.213) die Einhaltung nachstehender 4 Modellgesetze erfordern

$$\mathrm{Re} = \frac{v_0 d_F}{\nu} = \text{idem} \tag{5.214}$$

$$\mathrm{Sc} = \frac{\nu}{D} = \text{idem} \tag{5.215}$$

$$\mathrm{Ga} = \frac{g d_F^3}{\nu^2} = \text{idem} \tag{5.216}$$

$$\Gamma = \frac{d_F}{d} = \text{idem} \tag{5.217}$$

Dabei wird außerdem auch geometrische Ähnlichkeit bezüglich aller übrigen geometrischen Abmessungen vorausgesetzt.

Gelingt es, diese Modellgesetze einzuhalten, so gilt gemäß (5.213) auch die für die *Auswertung* des Versuches maßgebliche Invarianzaussage

$$\mathrm{Sh} = \frac{\beta_L d_F}{D} = \text{idem} \tag{5.218}$$

Als zusätzliche Nebenbedingung ist hier noch die Beziehung

$$g = \text{idem} \tag{5.219}$$

zu beachten.

Damit geht das Modellgesetz (5.216) über in

$$\frac{d_F^3}{\nu^2} = \text{idem} \tag{5.220}$$

Daraus folgt[1]

$$\nu_M = \nu_G \left(\frac{d_{FM}}{d_{FG}} \right)^{3/2} \tag{5.220a}$$

Wird z. B. ein bestimmter Längenmaßstabfaktor a_L

$$a_L = \frac{d_G}{d_M} = \frac{d_{FG}}{d_{FM}} \tag{5.221}$$

für die Modellanlage zugrundegelegt, so erfordert das Modellgesetz (5.220a) die von Vorgängen des Stoffaustausches die Anwendung eines unterschiedlichen Mediums sehr problematisch ist. Es entstehen dadurch zusätzliche Fehler, die kaum mehr eine verläßliche Übertragung der Versuchsergebnisse vom Modell auf die Großanlage gestatten.

Will man jedoch in der Modellanlage das gleiche Medium anwenden wie in der Großausführung, so ergibt das die weiteren Nebenbedingungen

$$\nu = \text{idem}, \qquad D = \text{idem} \tag{5.222}$$

Damit geht das Modellgesetz (5.216) bzw. (5.220) über in

$$d_F = \text{idem} = d_{FM} \tag{5.223}$$

Daraus folgt nach (5.217) schließlich die weitere Forderung

$$d = \text{idem} \tag{5.224}$$

Das heißt, der Freiheitsgrad[1] des Modellversuches ist unter den gegebenen Bedingungen so gering, daß ein Versuch im Maßstab 1:1 notwendig wäre.

Man sieht sich daher in solchen Fällen genötigt, zu anderen Methoden Zuflucht zu nehmen, nämlich zur partiellen Ähnlichkeit oder zur Ermittlung umfassender Kennzahlen-Beziehungen mittels Modellversuchs-Reihen. Diese Möglichkeiten werden in den nächsten Abschnitten erörtert.

5.6.2 Modellversuche bei nicht kompensierter partieller Ähnlichkeit

In diesem Fall werden ein oder mehrere Modellgesetze vernachlässigt. Zur Erläuterung wird erneut das im vorherigen Abschnitt diskutierte Beispiel des Stoffaustausches einer Füllkörper-Absorptionskolonne herangezogen. Als Grundlage dient wieder die Größenbeziehung (5.201) bzw. die zugehörige Kenngrößenbeziehung (5.213).

Entsprechend den früheren Überlegungen sollen nur Versuche unter Anwendung des gleichen Mediums in Betracht gezogen werden. Zunächst gelten wieder die einen Modellversuch im Maßstab $\neq$ 1:1 ausschließenden zusätzlichen Forderungen

$$d_F = \text{idem}$$

$$d = \text{idem}$$

Es ist nun zu untersuchen, welche der im Ansatz (5.201) aufscheinenden Einflußgrößen dominierend und welche vernachlässigbar sind[2]. Besteht z. B. die Gewähr, daß sowohl in der Großanlage als auch im Modell derartige Verhältnisse eingehalten werden können, daß keine nennenswerte Randgängigkeit[3] in der

---

[1] Bezüglich weiterer Angaben über den Freiheitsgrad von Modellversuchen wird unter anderem auf Matz [5.19] und Pointner [5.40], [5.41] verwiesen.

[2] Diese Art der Feststellung der wesentlichen Einflußgrößen wird nach Johnstone und Thring [5.23] als Regime-Konzept bezeichnet.

[3] Unter Randgängigkeiten wird der Umstand verstanden, daß die Verhältnisse am Rand des Kolonnen-Querschnittes erheblich von denen im mittleren Teil des Querschnittes abweichen.

Kolonne auftritt, so kann der Kolonnendurchmesser d als zusätzlicher Parameter außer acht gelassen werden. Damit vereinfacht sich der frühere Ansatz (5.201) in nachstehender Weise

$$\beta_L \approx f(D, c_i, \eta, \rho, g\rho, v_0, d_F) \neq f(d) \quad (5.225)$$

Die Kennzahlenbeziehung (5.213) wird auf den Zusammenhang reduziert

$$\mathrm{Sh} \approx \psi(\mathrm{Re}, \mathrm{Sc}, \mathrm{Ga}) \neq f(\Gamma) \quad (5.226)$$

Mit den Nebenbedingungen $g = \text{idem}$ und $\nu_L = \text{idem}$ ergäbe sich aus dem Modellgesetz (5.212) wieder die weitere Forderung

$$d_F = \text{idem} \quad (5.227)$$

und demzufolge aus dem Modellgesetz (5.214) die Bedingung

$$v_0 = \text{idem} \quad (5.228)$$

Das bedeutet, daß die Vernachlässigung der Einflußgröße d bzw. der zugehörigen Kenngröße Γ noch nicht ausreicht, um einen Modellversuch im Maßstab $\neq 1:1$ zu ermöglichen. Es müssen somit noch weitere Vernachlässigungen in Kauf genommen werden, etwa in der Weise, daß man zusätzlich noch den Einfluß der Schwerkraft und damit die Kenngröße Ga außer acht läßt. Anstelle der Beziehungen (5.213) bzw. (5.226) tritt die vereinfachte Darstellung

$$\mathrm{Sh} \approx \psi(\mathrm{Re}, \mathrm{Sc}) \neq f(\mathrm{Ga}, \Gamma) \quad (5.229)$$

Nunmehr sind lediglich die beiden Modellgesetze

$$\mathrm{Re} = \frac{v_0 d_F}{\nu} = \text{idem} \quad (5.230)$$

$$\mathrm{Sc}_L = \frac{\nu_L}{D_L} = \text{idem} \quad (5.231)$$

zu berücksichtigen. Die Anwendung gleicher Medien in beiden Systemen bedeutet bereits von vorneherein die Einhaltung der Gleichung (5.231). Aus der weiteren Nebenbedingung $\nu_L = \text{idem}$ folgt gemäß (5.230) die abgewandelte Forderung

$$v_0 d_F = \text{idem} \quad (5.232)$$

Das bedeutet

$$v_{0M} = v_{0G} \frac{d_{FG}}{d_{FM}}$$

Die gesuchte Stoffübergangszahl β_{LG} der Großanlage ergibt sich wieder analog aus der früheren Beziehung (5.218a).

Bei der Anwendung einer partiellen Ähnlichkeit unter derartigen Vernachlässigungen hat man zu versuchen, die dadurch bedingten Abweichungen auf andere Weise zu berücksichtigen. Darauf wird im nächsten Abschnitt eingegangen.

5.6.3 Modellversuche bei kompensierter partieller Ähnlichkeit

Ist damit zu rechnen, daß die Anwendung einer nicht-kompensierten partiellen Ähnlichkeit zu größeren Fehlern führt, so wird man versuchen, diese abzuschätzen oder zu korrigieren. Eine grundlegende Möglichkeit hiefür bietet die auf Potenzansätzen basierende Extrapolations-Methode von J. H. RUSHTON (vgl. [5.23]), die von JOHNSTONE und THRING [5.23] in Form der *Methode der erweiterten Ähnlichkeit* und des ebenfalls von ihnen entwickelten *Regime-Konzeptes* verallgemeinert wurde.

Weitere Extrapolations-Verfahren haben HORVATH [5.28] in Form der *Theorie der invarianten Funktionen* und PAWLOWSKI (vgl. [5.23]) in Form einer auf alternierenden Arbeitshypothesen basierenden Methode aufgezeigt. Weitere Arbeiten bezüglich chemischer Reaktoren stammen von KORACH [5.26] sowie BENEDEK und LASZLO [5.27]. POINTNER [5.40], [5.41] hat eine Zusammenfassung und Weiterentwicklung dieser Verfahren in Form der *Methode der kompensierten partiellen Ähnlichkeit* angegeben.

Eine Anwendung der zuletzt angeführten Methode wird an einem Modell-Versuchskonzept erläutert. Ausgangspunkt ist die Kennzahlenbeziehung (5.213). Wieder wird vorausgesetzt, daß gleiche Medien angewandt werden und daß von den bei (5.214) bis (5.217) angeführten Modellgesetzen lediglich das Galileische Modellgesetz nicht einhaltbar ist. Daraus ergibt sich folgendes Konzept für den Modellversuch

$$\mathrm{Sh} = \psi(\mathrm{Re}, \mathrm{Sc}, \mathrm{Ga}, \Gamma) \tag{5.233}$$

$$\mathrm{Re} = \mathrm{idem}, \qquad \mathrm{Sc} = \mathrm{idem}, \qquad \Gamma = \mathrm{idem}$$

$$\mathrm{Ga} \neq \mathrm{idem}$$

Daraus folgt die reduzierte Kennzahlen-Beziehung

$$\mathrm{Sh} = \psi_1(\mathrm{Ga}) \tag{5.234}$$

Es ist also eine Extrapolation auf Basis der Ga-Zahl durchzuführen. Bei Verwendung gleicher Medien bedeutet eine Variation der Ga-Zahl (vergleiche (5.216))

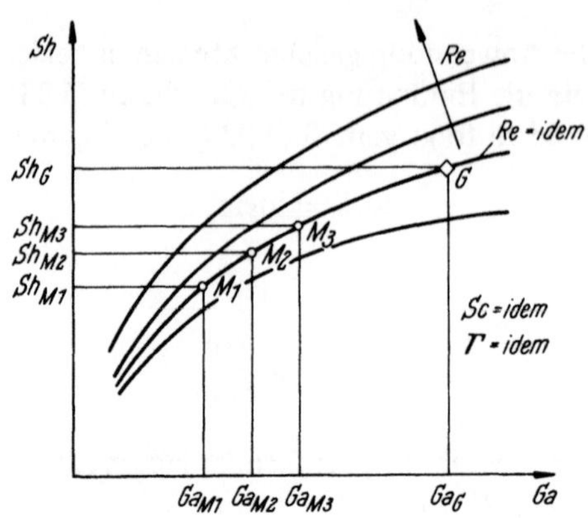

Abb. 5.9. Auslegung von Modellversuchen bei kompensierter partieller Ähnlichkeit. ◇ Betriebspunkt der Großausführung (G), M_1, M_2, M_3 Betriebspunkte der Modellanlagen

eine Variation von d_F und wegen $\Gamma = d_F/d \doteq$ idem (vergleiche (5.217)) auch eine Variation von d, des Durchmessers der Versuchskolonne. Der grundsätzliche Verlauf einer derartigen Extrapolation ist aus Abb. 5.9 zu ersehen.

Zusammenfassend kann man feststellen: Bei totaler oder nichtkompensierter partieller Ähnlichkeit würde die Erstellung einer einzigen Modell-Versuchsanlage genügen. Im Falle einer kompensierten partiellen Ähnlichkeit ist dagegen die Erstellung von zwei oder mehreren Modellanlagen notwendig. Bei der Auswertung der Ergebnisse der Modellversuche M_1, M_2, M_3 hat man zu versuchen, den Verlauf der Kurve Re = idem (vergleiche Abb. 5.9) näherungsweise zu erfassen und damit den gesuchten Wert Sh_G der Großanlage zu extrapolieren. Die Extrapolation kann vereinfacht werden, wenn z. B. bekannt ist, daß innerhalb eines beschränkten Bereiches eine Potenzproduktbeziehung zulässig ist, z. B. in Anlehnung an die Methoden von Johnstone und Thring und Horvath der spezielle Ansatz [5.40] auf Basis der Kennzahlenbeziehung (5.234)

$$\mathrm{Sh} = C \cdot \mathrm{Ga}^m \qquad (5.235)$$

In diesem Fall könnte man sich auf zwei Modellanlagen M_1 und M_2 beschränken, da aus den Daten Sh_{M_1} und Sh_{M_2} die Parameter C und m ermittelt werden können.

Da jede Extrapolation mit einem Risiko verbunden ist, sollte insbesondere überprüft werden, ob bei der Extrapolation die Grenze eines Regime-Wechsels[1] überschritten wird.

5.6.4 Ermittlung umfassender Kennzahlen-Beziehungen mittels Modellversuchsreihen

Liegen sehr komplexe Aufgabenstellungen vor, dann führen einzelne Modellversuche auf Basis einer totalen oder partiellen Ähnlichkeit oft nicht mehr zum Ziel. Das trifft insbesondere für viele Vorgänge der Verfahrenstechnik zu, die vom gleichzeitigen Zusammenwirken der Austauscheffekte des Stoffes, der Wärme und des Impulses bestimmt werden. In solchen Fällen muß ein entsprechend erhöhter Versuchsaufwand in Kauf genommen werden. Es sind anstelle von Einzelversuchen ausgedehnte Versuchs-Reihen durchzuführen und dabei umfassende Kennzahlen-Beziehungen zu ermitteln. Die gleiche Aufgabe ergibt sich, wenn grundsätzlich ein größerer Betriebsbereich des betreffenden Systems untersucht werden soll.

Als Beispiel wird wieder der in den beiden vorherigen Kapiteln behandelte Stoffaustausch in einer Füllkörper-Absorptionskolonne betrachtet. Als Ausgangspunkt wird ebenfalls die früher entwickelte Kennzahlen-Beziehung (5.226) gewählt[2]

$$\mathrm{Sh}_{fl} = \psi(\mathrm{Re}_{fl}, \mathrm{Sc}_{fl}, \mathrm{Ga}_{fl}) \qquad (5.236)$$

Das Ergebnis der erwähnten Versuchsserie besteht in der Ermittlung der konkreten Form der ψ-Funktion dieser Darstellung. Die derart gekennzeichnete Anwendung der Ähnlichkeitstheorie geht bereits auf grundlegende Ansätze von Froude, Helmholtz, Reynolds, Rayleigh [5.1], [5.6] und andere zurück. Einen besonderen Fortschritt in dieser Hinsicht stellten dabei die insbesondere von Nusselt als

[1] Bezüglich des Begriffes „Regime“ vergleiche Fußnote [2] auf S. 170.

[2] Der Index *fl* bezeichnet die Flüssig-Phase.

vereinfachte Näherungsansätze im Sinne der Ausgleichsrechnung angewandten Potenzansätze und deren Abwandlungen dar[1].

Ein derartiger abgewandelter Potenzansatz lautet im Fall des Stoffaustausches für die Flüssigseite der Grenzfläche Gas/Flüssigkeit

$$\mathrm{Sh}_{fl} = C + A\,\mathrm{Re}_{fl}^{m}\mathrm{Sc}_{fl}^{n}\mathrm{Ga}_{fl}^{p} \qquad (5.237)$$

In diesem Fall besteht die Versuchsauswertung in der zahlenmäßigen Ermittlung der Parameter C, A, m, n, p.

Ein analoger Zusammenhang ergibt sich für die gasseitige Stoffübergangszahl β_g. Ein wesentlicher Unterschied liegt dabei darin, daß bei der Strömung des Gases hier die Schwerkraft und damit die entsprechende Galileische Zahl Ga_g keine nennenswerte Rolle spielen. Die betreffende Beziehung lautet demgemäß, wenn sämtliche Größen auf die Gasseite bezogen werden[2],

$$\mathrm{Sh}_g = C' + A'\,\mathrm{Re}_g^{m'}\mathrm{Sc}_g^{n'} \qquad (5.238)$$

Dieser Zusammenhang ist im Diagramm der früheren Abb. 5.1 des Abschnittes 5.1 dargestellt.

Horvath [5.28], [5.37] hat darauf hingewiesen, daß bei der Erfassung größerer Betriebsbereiche eines Systems mit Hilfe umfassender Kennzahlenbeziehungen eine abgewandelte Form der Ähnlichkeit vorliegt, indem anstelle der Invarianz der einzelnen Kenngrößen der invariante funktionelle Zusammenhang derselben tritt. Er bezeichnete diese Vorgangsweise als Methode der *invarianten Funktionen*, wobei er ebenfalls Potenzansätze heranzog.

Werden noch genauere Aussagen gewünscht, so muß die Zahl der zu berücksichtigenden Parameter entsprechend erhöht werden. Das bedingt unter anderem die Berücksichtigung weiterer Simplexe, insbesondere spezieller Geometrie-Zahlen. Auch solche differenzierteren Ansätze werden in der Literatur angegeben. Derartige Kennzahlen-Beziehungen, basierend auf experimentellen oder theoretischen Untersuchungen, wurden auch für zahlreiche andere Probleme der Technik, insbesondere für solche aus dem Gebiet des Impuls-, Wärme- und Stoffaustausches, aufgestellt[3]. Wenn in diesen Fällen auch anstelle von einzelnen Modellversuchen umfangreiche Modellversuchsreihen erforderlich sind, so ermöglicht die Ähnlichkeitstheorie auch hier eine Senkung des Versuchsaufwandes. Da sie nämlich eine Verringerung der Anzahl der Parameter erbringt, indem eben n Einflußgrößen durch p Π-Produkte ersetzt werden, so ergibt sich damit auch eine bedeutende Verringerung der Anzahl der Versuche.

Mit der Gewinnung derartiger umfassender Kennzahlen-Beziehungen hat die mathematische Beschreibung des jeweiligen Sachverhaltes ein gesteigertes Ausmaß und damit die betreffende Forschungsrichtung einen gewissen Höhepunkt erreicht. In diesem Sinne stellen umfassende Kennzahlenbeziehungen der obigen Art einen Ausdruck des wissenschaftlichen Fortschrittes des betreffenden Gebietes dar.

---

[1] Siehe Nusselt [5.2], [5.5] und Gröber, Erk, Grigull [5.21].

[2] Der Index g zeigt die auf die Gasseite bezogenen Größen an. Die Werte der Parameter C', A', m', n' weichen im allgemeinen von denen der Parameter C, A, m, n, p der Beziehung (5.237) ab.

[3] Ausführliche Angaben hierüber finden sich in den späteren Abschnitten, ferner bei Treybal [5.22], Brauer [5.33], [5.34] und anderen.

5.7 Grenzen und Kritik der Ähnlichkeitsphysik

Die praktische Anwendung der Ähnlichkeitstheorie kann fallweise mit erheblichen Schwierigkeiten verbunden sein. Eine solche liegt z. B. darin, daß die Ähnlichkeitstheorie vielfach bei Problemen eingesetzt wird, die theoretisch noch ungeklärt sind. Das damit verbundene erschwerte Verständnis des betreffenden Sachverhaltes erschwert zwangsläufig auch das Verständnis der betreffenden ähnlichkeitstheoretischen Zusammenhänge. Eine Stärke der Ähnlichkeitstheorie liegt in der Möglichkeit, gerade derart wenig durchsichtige Fragen einer weiteren Klärung zuführen zu können. Andererseits sollte man jedoch trachten, die aus obigen Gründen erschwerte Einsicht in die betreffenden Ähnlichkeitsbeziehungen zu verbessern. Das bedeutet, daß vor jeder Ähnlichkeitsuntersuchung eine entsprechende Problemanalyse erfolgen soll. Diese wird zweckmäßigerweise zunächst darauf abzielen, die betreffenden elementaren Informationsquellen zu erschließen. Dazu zählen geordnet nach steigendem Aussagewert unter anderem:

a) Modellvorstellungen über die betreffenden grundlegenden physikalischen Effekte
b) maßgebliche Einflußgrößen dieser Effekte
c) allgemeine Grundbeziehungen der Physik
d) spezielle „mittelbare" Beziehungen der Physik, insbesondere spezielle Differentialgleichungen
e) „unmittelbare"[1] Beziehungen.

Die Beschaffung dieser Informationen stellt, wie bereits erwähnt wurde, keine Aufgabe sondern eine Voraussetzung der Ähnlichkeitstheorie dar. Die Mißachtung dieses Umstandes bedingt nicht selten eine Überforderung der Ähnlichkeitstheorie.

Eine andere Schwierigkeit kann die Entwicklung der dimensionslosen Π-Produkte aus einem gegebenen Größensatz bilden. Bei Verwendung vereinfachter Probiermethoden der Dimensionsanalyse können sich fallweise unvollständige Kennzahlensätze ergeben. Die Anwendung strengerer systematischer Verfahren kann einen erheblichen Aufwand an Rechenarbeit erfordern. Hier bietet die früher beschriebene Signifikanz-Methode Erleichterungen.

Manchmal erhebt sich die Frage, ob das betreffende Problem mittels Differentialgleichungen oder mittels einer Dimensionsanalyse der betreffenden Einflußgrößen gelöst werden soll. Dazu ist zu sagen, daß in den Differentialgleichungen vielfach nur ein Teil der maßgeblichen Einflußgrößen aufscheint. Die restlichen ergeben sich z. B. aus den betreffenden Rand- und Nebenbedingungen etc. Daher vermitteln Differentialgleichungen häufig auch nur einen Teil der betreffenden Π-Produkte. Die übrigen müssen durch eine zusätzliche Dimensionsanalyse des betreffenden Größensatzes gefunden werden. Umgekehrt stellen Differentialgleichungen etc. vielfach zusätzliche Informationsquellen der betreffenden Problemanalyse dar. Sie erleichtern das Auffinden von möglichst charakteristischen Kennzahlen. In diesem Sinne ergänzen sich die erwähnten beiden Methoden gegenseitig.

---

[1] Man vergleiche hiezu Abschnitt 5.3.

Ist die primäre Aufgabe der Ähnlichkeitstheorie, die Auffindung der Kennzahlen, gelöst, so erhebt sich als nächste Schwierigkeit die experimentelle Auswertung derselben mittels Modellversuchen. Die verläßlichsten Ergebnisse liefern, soferne sie möglich sind, Modellversuche bei totaler Ähnlichkeit. Voraussetzung für deren Durchführung ist ein diesbezüglicher Mindest-Freiheitsgrad. Wie aus den früheren Überlegungen folgt, liegt der häufige Grund für die Unmöglichkeit einer totalen Ähnlichkeit in der Verringerung des Freiheitsgrades zufolge zusätzlicher Nebenbedingungen[1]. Einen Ausweg eröffnet die partielle Ähnlichkeit.

Führt die Anwendung einer partiellen Ähnlichkeit zu keinem Ziel, so muß ein erhöhter Versuchsaufwand in Kauf genommen werden. In diesem Fall sind ausgedehnte Modellversuchs-Reihen anzuwenden, deren Ergebnis in der Entwicklung konkreter Kennzahlen-Beziehungen besteht.

Die Ähnlichkeitstheorie bietet somit eine Vielfalt von Lösungswegen für physikalische und technische Probleme. Je komplizierter dieselben sind, umso größer ist der damit verbundene Aufwand für Modellversuche.

Schrifttum zu Kapitel 5.0

[5.1] Lord Rayleigh: On the Stability of the Flow of Fluids. Phil. Mag. **34**, 59 (1892).

[5.2] Nusselt, W.: Der Wärmeübergang in Rohrleitungen. Mitt. Forsch.-Arb. Ing.-Wes. (VDI Forsch.-Heft) **89**, 1–38, Berlin 1910.

[5.3] Blasius, H.: Das Ähnlichkeitsgesetz bei Reibungsvorgängen in Flüssigkeiten. VDI Forsch.-Heft **131**, 1–39, Berlin 1913.

[5.4] Buckingham, E.: On the Physically Similar Systems; Illustrations of the Use of Dimensional Equations. Phys. Rev. **4**, 345–376 (1914).

[5.5] Nusselt, W.: Das Grundgesetz des Wärmeüberganges. Gesundh.-Ing. **38**, 477–482, 490–496 (1915).

[5.6] Lord Rayleigh: The Principle of Similitude. Nature **95**, 66–68 (1915).

[5.7] Buckingham, E.: The Principle of Similitude. Nature **96**, 396–397 (1915).

[5.8] Weber, M.: Das allgemeine Ähnlichkeitsprinzip der Physik und sein Zusammenhang mit der Dimensionslehre und Modellwissenschaft. Jahrb. Schiffsbautechn. Ges. **31**, 274–354 (1930).

[5.9] Damköhler, G.: Einflüsse der Strömung, Diffusion und des Wärmeüberganges auf die Leistung von Reaktionsöfen. Z. Elektrochem. **42**, 846–862 (1936). (Weitere Literaturangaben über Publikationen von Damköhler siehe bei Klinkenberg und Mooy [5.11], S. 35.)

[5.10] Driest, E. R. van: On Dimensional Analysis and the Presentation of Data in Fluid Flow Problems. J. App. Mech. **68**, A-34 (1946).

[5.11] Klinkenberg, A., Mooy, H.: Dimensional Groups in Fluid Friction, Heat and Material Transfer. Chem. Eng. Progr. **44**, 17–36 (1948).

[5.12] Oberdorfer, G.: Das natürliche Maßsystem. Wien: Springer 1949.

[5.13] Langhaar, H. L.: Dimensional Analysis and Theory of Models. New York-London: J. Wiley & Sons 1964 (1. Aufl. 1951).

[5.14] Fleischmann, R.: Die Struktur des physikalischen Begriffssystems. Z. Phys. **129**, 377–400 (1951).

[5.15] Metzmeier, E.: Ähnlichkeitslehre, Kapitel in Dubbels Taschenbuch für den Maschinenbau. Berlin-Heidelberg-New York: Springer 1970.

[1] Man vergleiche hiezu die Abschnitte 5.6.1 und 5.6.2.

[5.16] KASSATKIN, A. G.: Chemische Verfahrenstechnik, Bd. I. Leipzig: VEB Deutscher Verlag für Grundstoffindustrie 1966.
[5.17] FOCKEN, C. M.: Dimensional Methods and Their Applications. London: Edward Arnold & Co. 1953.
[5.18] SILBERBERG, L. H., MCKETTA, J. J.: Learning How to Use Dimensional Analysis. Petrol Refiner **32**, No. 4, 179–183, No. 5, 147–150, No. 6, 101–103, No. 7, 129–133 (1953).
[5.19] MATZ, W.: Anwendungen des Ähnlichkeitsgrundsatzes in der Verfahrenstechnik. Berlin-Göttingen-Heidelberg: Springer 1954.
[5.20] BRÖTZ, W.: Ähnlichkeitslehre und Modellgesetze. Essen: Vulkan-Verlag 1954.
[5.21] GRÖBER, H., ERK, S., GRIGULL, W.: Die Grundgesetze der Wärmeübertragung. Berlin-Göttingen-Heidelberg: Springer 1963.
[5.22] TREYBAL, R. E.: Mass Transfer Operations. New York: McGraw-Hill 1968 (1. Aufl. 1955).
[5.23] JOHNSTONE, R. E., THRING, M. W.: Pilot Plants, Models, and Scale-Up Methods in Chemical Engineering. New York: McGraw-Hill 1957.
[5.24] BRAND, L.: The Pi-Theorem of Dimensional Analysis. Arch. Rat. Mech. Anal. **1**, 35–45 (1957).
[5.25] GRASSMANN, P.: Physikalische Grundlagen der Verfahrenstechnik. Aarau und Frankfurt/Main: Sauerländer 1970 (1. Aufl. 1961).
[5.26] KORACH, M.: Ausdehnung des Modellbegriffes und dessen wärmetechnische Anwendung. Acta Technica **23**, 351–357 (1961).
[5.27] BENEDEK, P., LÁSZLÓ, A.: Grundlagen des Chemieingenieurwesens. Leipzig: VEB Deutscher Verlag für Grundstoffindustrie 1967 (1. Aufl. 1964).
[5.28] HORVATH, I.: Die Modelldarstellung der Sauerstoffaufnahme in Belüftungsbecken. gwf-Wasser/Abwasser **107**, 34, 946–952 (1966).
[5.29] KATTANEK, S., GRÖGER, R., BODE, C.: Ähnlichkeitstheorie. Leipzig: VEB Deutscher Verlag für Grundstoffindustrie 1967.
[5.30] KATTANEK, S.: Übungsaufgaben zur Ähnlichkeitstheorie. Leipzig: VEB Deutscher Verlag für Grundstoffindustrie 1970.
[5.31] OBERDORFER, G.: Das internationale Maßsystem und die Kritik seines Aufbaues. Leipzig: VEB Fachbuchverlag 1970.
[5.32] PAWLOWSKI, J.: Die Ähnlichkeitstheorie in der physikalisch-technischen Forschung. Berlin-Heidelberg-New York: Springer 1971.
[5.33] BRAUER, H.: Stoffaustausch. Aarau und Frankfurt/Main: Sauerländer 1971.
[5.34] BRAUER, H.: Grundlagen der Ein- und Mehrphasenströmungen. Aarau und Frankfurt/Main: Sauerländer 1971.
[5.35] ZIEREP, J.: Ähnlichkeitsgesetze und Modellregeln der Strömungslehre. Karlsruhe: Braun 1972.
[5.36] TAYLOR, E. S.: Dimensional Analysis for Engineers. Oxford: Oxford University Press 1974.
[5.37] HORVATH, I.: Anwendung der Ähnlichkeit und Modellierung in der Abwasser-Technologie. gwf-Wasser/Abwasser **115**, Heft 3, 128–136 (1974).
[5.38] GÖRTLER, H.: Dimensionsanalyse. Berlin-Heidelberg-New York: Springer 1975.
[5.39] GÖRTLER, H.: Zur Geschichte des Π-Theorems. Z. angew. Math. Mech. **55**, 3–8 (1975).
[5.40] POINTNER, H.: Beiträge zu den Grundlagen der Ähnlichkeitstheorie und der Modelltechnik und deren Anwendungen in der Verfahrenstechnik. Habilitationsschrift, eingereicht an der Technischen Universität Graz 1979. (Die im vorliegenden Buch angeführten diesbezüglichen Angaben entstammen den Entwürfen zu dieser Habilitationsschrift von 1974–1979.)

[5.41] Pointner, H.: Vortrag „Spezielle Methoden der Ähnlichkeitstheorie und der Modelltechnik“ am 17. Oktober 1978 im Rahmen des von der Österreichischen Arbeitsgruppe Chemisches Apparatewesen und Verfahrenstechnik vom 16. bis 20. Oktober 1978 in Graz veranstalteten Grundlagenseminars „Extraktion“.
[5.42] Pointner, H.: Die Signifikanz-Methode, ein einfaches Verfahren zur Entwicklung von Ähnlichkeits-Kennzahlen. vt „Verfahrenstechnik“ **13**, 6, 532–534 (1979).

6.0 Analogie der Austauscheffekte

H. Brauer; Stoffaustausch, Aarau und Frankfurt/Main: Sauerländer 1971.
H. Gröber; S. Erk; W. Grigull; Die Grundgesetze der Wärmeübertragung, Springer 1963.

Eine wichtige Rationalisierungsmöglichkeit der Forschung besteht im Vergleichen von verschiedenen Systemen. Dadurch können Ergebnisse, die an einem System gewonnen wurden, auf andere übertragen und wenigstens teilweise gesonderte Untersuchungen an letzteren erübrigt werden. Eine grundsätzliche Anwendungsmöglichkeit hiefür wurde bereits im vorherigen Abschnitt behandelt, nämlich der Vergleich von physikalisch ähnlichen Systemen.

Eine weitere derartige Möglichkeit liegt vor, wenn physikalisch verschiedenartige Vorgänge gleichartigen mathematischen Gesetzen gehorchen. Es handelt sich dann um eine mathematische Analogie.

In gewissen Fällen kann die mathematische Analogie auch der formale Ausdruck für eine Analogie der physikalischen Vorgänge selbst sein. Das trifft z. B. bis zu einem gewissen Grad für die in der Verfahrenstechnik besonders interessierenden Austauschvorgänge des Stoffes, der Wärme und des Impulses zu. Auf Grund dieses Umstandes besteht, soferne bestimmte Voraussetzungen der Analogie auch bezüglich der betreffenden Rand-, Anfangs- und Nebenbedingungen gegeben sind, z. B. die prinzipielle Möglichkeit, aus bekannten Wärmeübergangszahlen eines Systems auf die betreffenden Stoff- bzw. Impulsübergangszahlen bzw. Wandschubspannungen zu schließen und umgekehrt. Das ist insbesondere wieder für die Verfahrenstechnik von großer Bedeutung, da seinerzeit in erster Linie nur die Vorgänge des Impulsaustausches und später die des Wärmeaustausches unmittelbar untersucht wurden. Dementsprechend standen lange Zeit nur wenige unmittelbare Versuchsergebnisse des Stoffaustausches zur Verfügung, und so boten die angeführten Analogiebeziehungen eine wertvolle Hilfe. Es ist jedoch zu beachten, daß nur in gewissen Sonderfällen eine strenge Analogie vorliegt. Im allgemeinen handelt es sich lediglich um eine solche angenäherter Art. Die betreffenden Analogie-Aussagen sind dementsprechend häufig nur als vorläufige Näherungsbeziehungen[1] zu betrachten, solange keine unmittelbaren Versuchsergebnisse oder theoretischen Entwicklungen für den betreffenden Fall zur Verfügung stehen. Von diesem Standpunkt aus gesehen kann die Anwendung der Analogie auf die Austauscheffekte in folgender Weise gekennzeichnet werden: In der Anfangsphase der Untersuchung eines derartigen Vorganges wird man in Ermangelung anderer Informationen die betreffenden Analogie-Beziehungen heranziehen. Mit fort-

---

[1] Man vergleiche hiezu auch Brauer [6.34].

schreitender Erforschung des Sachverhaltes werden genauere Zusammenhänge zugänglich. Diese werden fallweise in zunehmendem Maße von den Forderungen der Analogie abweichen. In diesem Sinne soll hier zwischen folgenden Arten der Analogie der Austauscheffekte unterschieden werden [6.39]:

a) *strenge* Analogie
b) *erweiterte* Analogie[1]
c) *allgemeine* Analogie.

Die Untersuchung der Analogien richtete sich zunächst auf die klassischen Probleme der Austauschvorgänge bei Strömungen in Rohren und längs ebener Platten. In späterer Folge wurden auch zahlreiche weitere Fragen dieser Art untersucht, wie z. B. Umströmungen von Zylindern bzw. Rohren, von Rohrbündeln, von Körpern beliebiger Form, von Kugeln, Tropfen und Blasen; ferner Prallströmungen, Rieselfilme an Wänden, Sprühnebel, Strömungen in Füllkörperschichten usw.

Im nachstehenden werden die Grundzüge der Analogie an Hand charakteristischer Aufgabenstellungen entwickelt.

6.1 Strenge Analogie

Gewisse grundlegende Beziehungen des Impuls-, Wärme- und Stoffaustausches weisen einen analogen Formalismus auf. Der erste bekannte Hinweis auf diesen Sachverhalt ist FICK zu verdanken. Er veröffentlichte 1855 grundlegende Beziehungen der Diffusion, die später nach ihm benannten Fickschen Gesetze. Dabei wies er auch auf die formale *Analogie* zum Fourierschen Gesetz der Wärmeleitung hin. Später hat REYNOLDS die formale Analogie zwischen dem Fourierschen Gesetz der Wärmeleitung und dem Newtonschen Gesetz der Flüssigkeitsreibung erkannt. Er hat daraus auch grundlegende weitere Folgerungen bezüglich der Analogie der Austauscheffekte abgeleitet. Man vergleiche diesbezüglich auch die betreffenden Darstellungen bei GRÖBER, ERK, GRIGULL [6.17], BRAUER [6.34] und SKELLAND [6.37].

6.1.1 Analogie des Impuls- und Wärmeaustausches nach Reynolds

REYNOLDS hat, wie oben erwähnt, nicht nur in der Ähnlichkeitstheorie, sondern auch bezüglich der Analogie der Austauscheffekte Pionierarbeit geleistet. Im nachstehenden wird der seinerzeitige Gedankengang von REYNOLDS in heutiger Sicht skizziert.

Im besonderen untersuchte REYNOLDS turbulente Rohrströmungen. Abb. 6.1 zeigt das Geschwindigkeitsprofil und zwei Temperatur-Profile einer gekühlten turbulenten Rohrströmung.

Als Ausgangspunkt benützte REYNOLDS folgende Beziehungen für die molekularen und turbulenten Leitströme des Impulses und der Wärme

---

[1] Die Bezeichnung „erweiterte Analogie" wurde in Anlehnung an die von GRASSMANN [6.29] verwendete Bezeichnung „erweiterte Lewissche Beziehung" für die dort angegebene Formulierung gewählt.

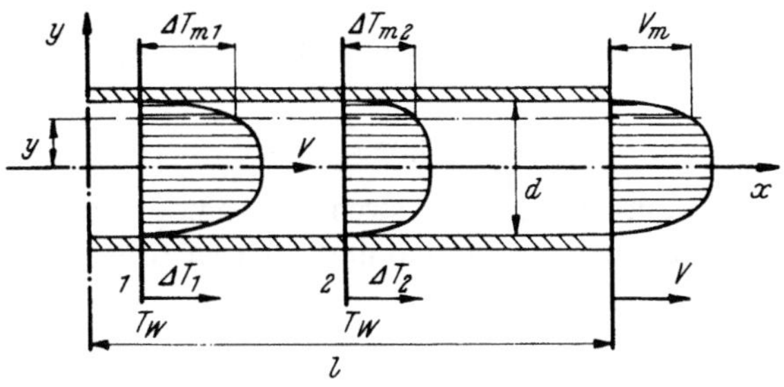

Abb. 6.1. Geschwindigkeits- und Temperaturprofile einer gekühlten turbulenten Rohrströmung. Dabei bedeuten ΔT die Temperaturdifferenz gegenüber der Wandtemperatur gemäß der Beziehung $\Delta T = T - T_W$, T die örtliche Temperatur, T_W die betreffende Wandtemperatur, ΔT_1 und ΔT_2 Temperaturdifferenzen in den Querschnitten 1 und 2, ΔT_{m1} und ΔT_{m2} mittlere Temperaturdifferenzen

$$\tau = -(\eta + \rho\varepsilon_\tau)\frac{\partial v}{\partial y}$$

$$= -(\nu + \varepsilon_\tau)\frac{\partial(\rho v)}{\partial y} \qquad (6.1)$$

$$\dot{q} = -(\lambda + \rho c_p \varepsilon_q)\frac{\partial T}{\partial y}$$

$$= -(a + \varepsilon_q)\frac{\partial(\rho c_p T)}{\partial y} \qquad (6.2)$$

Dabei wurde der Sonderfall

$$\rho \approx \text{const.} \qquad \text{und} \qquad c_p \approx \text{const.} \qquad (6.3)$$

zugrundegelegt.

Als weitere Aussage dienten die Beziehungen für die betreffenden Übergangsströme (vergleiche Abb. 6.1 sowie Abschnitt 3.2.1.3)

$$\dot{i}_{[\ddot{U}]} = \tau_W = \gamma^* \Delta v_m = \gamma^*(v_m - v_W) = \gamma^* v_m \qquad (6.4)$$

mit

$$v_W = 0$$

$$\dot{q}_{[\ddot{U}]} = \dot{q}_W = \alpha\,\Delta T_m = \alpha(T_m - T_W) \qquad (6.5)$$

Hierin bedeuten ε_q den turbulenten Austauschkoeffizienten der Wärme, ε_τ den des Impulses, $\nu = \eta/\rho$ die kinematische Zähigkeit, $a = \lambda/\rho c_p$ die Temperaturleitzahl, $\ddot{U}$ einen Index für Übergangsstrom, W einen Index für Wand, γ^* die Impulsübergangszahl (vergleiche Abschnitt 3.1.1), α die Wärmeübergangszahl, $\dot{i}$ die Impulsstromdichte, τ die Schubspannung, $\dot{q}$ die Wärmestromdichte (vergleiche Kapitel 3.0).

Aus der formalen Analogie dieser Beziehungen folgerte Reynolds nun, daß auch die betreffenden Mechanismen des Impuls- und Wärmeaustausches selbst analog sein müßten. Auf Grund dessen nahm er ferner an, daß die sogenannten „effektiven" Austauschkoeffizienten der beiden Vorgänge gleiche Werte haben müßten

$$\nu + \varepsilon_\tau = a + \varepsilon_q \tag{6.6}$$

Bei den späteren Formulierungen der strengen Analogie wurde noch zusätzlich postuliert, daß auch die turbulenten und molekularen Austauschkoeffizienten für sich allein einander gleich seien

$$\varepsilon_\tau = \varepsilon_q, \qquad \nu = a \tag{6.7}$$

Daraus folgt

$$\frac{\eta}{\rho} = \frac{\lambda}{\rho c_p} \tag{6.8}$$

Aus dieser Aussage leitete Reynolds des weiteren, unter Anwendung der früheren Überlegungen auf eine turbulente Strömung, einen analogen Zusammenhang zwischen dem Impuls- und Wärmeübergang ab. Dieser lautet, wenn man zu seiner Formulierung den sogenannten Impulsübergangskoeffizienten γ^* heranzieht

$$\frac{\gamma^*}{\rho} = \frac{\alpha}{\rho c_p} \tag{6.9}$$

Aus der Definitionsbeziehung von γ^*

$$\tau_W = \gamma^* \Delta v = \gamma^*(v_m - v_W) = \gamma^* v_m \tag{6.10}$$

mit

$$v_W = 0$$

ergibt sich schließlich das Reynoldssche Postulat

$$\frac{\alpha}{c_p} = \frac{\tau_W}{v_m} \tag{6.11}$$

Dabei bedeuten τ_W die Wandschubspannung, v_W die Strömungsgeschwindigkeit an der Wand, v_m die für den Impulsübergang maßgebliche mittlere Geschwindigkeit.

Damit war erstmals eine Möglichkeit aufgezeigt, unter den gegebenen Voraussetzungen die Wärmeübergangszahl α aus der Wandschubspannung τ_W oder umgekehrt abzuleiten.

Aus den Beziehungen (6.7) und (6.11) folgen durch Hinzufügung einer charakteristischen Geschwindigkeit v und einer charakteristischen Länge l des weiteren nachstehende Kennzahlen-Beziehungen

$$\frac{vl}{\varepsilon_q} = \frac{vl}{\varepsilon_\tau} \tag{6.12}$$

$$\frac{vl}{a} = \frac{vl}{\nu} \tag{6.13}$$

$$\frac{\alpha}{\rho c_p v} = \frac{\tau_W}{\rho v_m} \tag{6.14}$$

Die in (6.13) und (6.14) aufscheinenden Ausdrücke entsprechen den bereits in der Tab. 5.2 des Abschnittes 5.5 angeführten Kennzahlen Pe, Re, St und $f/2$. Daraus ergibt sich die weitere Formulierung des Reynoldsschen Postulates

$$\mathrm{Pe} = \mathrm{Re}, \qquad \mathrm{St} = \frac{f}{2} \tag{6.15}$$

Dabei wird zusätzlich noch die Gültigkeit der den turbulenten Austauschkoeffizienten ε_q und ε_τ entsprechenden Beziehung (6.12) vorausgesetzt.

Beim Sonderfall einer Rohrströmung besteht zwischen der Kennzahl f, dem sogenannten Fanningschen Faktor des Strömungswiderstandes, und der Rohrreibungszahl λ^* folgender Zusammenhang

$$\frac{f}{2} = \frac{\lambda^*}{8}, \qquad \lambda^* = \frac{\Delta p}{\rho v^2/2} \frac{d}{l} \tag{6.16}$$

Δp Druckverlust einer Rohrströmung. Beachtet man die weiteren Relationen (vergleiche Abschnitt 5.5)

$$\mathrm{Nu} = \frac{\alpha L}{\lambda} = \mathrm{St} \cdot \mathrm{Pe}; \qquad K_{\gamma^*\eta} = \frac{\gamma^* L}{\eta} = \frac{f}{2} \mathrm{Re} \tag{6.17}$$

so erhält man die mit (6.15) gleichwertigen Formulierungen

$$\mathrm{Pe} = \mathrm{Re} \qquad \text{und} \qquad \mathrm{Nu} = K_{\gamma^*\eta} \tag{6.18}$$

Die Verhältnisse der analogen Kennzahlen werden auch als Analogie-Kennzahlen[1] bezeichnet, z. B. Pr = Pe/Re. Die strenge Analogie nach REYNOLDS ist auch dadurch gekennzeichnet, daß sämtliche maßgeblichen Analogie-Kennzahlen den Wert 1 haben, z. B.

$$\mathrm{Pr} = \mathrm{Pe}/\mathrm{Re} = 1, \qquad \mathrm{St}/(f/2) = 1, \qquad \mathrm{Nu}/K_{\gamma^*\eta} = 1 \qquad \text{usw.} \tag{6.19}$$

In der Folgezeit wurde das Reynoldssche Analogieprinzip von zahlreichen Wissenschaftlern aufgegriffen, eingehend untersucht und entsprechend modifiziert. Nach Jahrzehnten intensiver Forschung kann heute die Reynoldssche Analogie in folgender Weise interpretiert werden: Die ursprüngliche Annahme, daß die Mechanismen der Austauscheffekte des Impulses und der Wärme so weit analog seien, daß grundsätzlich

$$\mathrm{Pr} = \frac{v}{a} = 1 \qquad \text{und} \qquad \frac{\varepsilon_\tau}{\varepsilon_q} = 1$$

ist, hat sich im allgemeinen nicht bewahrheitet. Die Werte der Pr-Zahl können bekanntlich fallweise erheblich vom Wert Eins abweichen. Das heißt, die Mechanismen der *molekularen* Leitströme des Impulses und der Wärme weisen unter Umständen nur eine sehr beschränkte Analogie auf.

Wesentlich günstiger ist das Verhältnis $\varepsilon_\tau/\varepsilon_q$. Dieses hat zwar im allgemeinen auch nicht den Wert 1, liegt jedoch häufig im Bereich[2]

---

[1] Vergleiche KATTANEK, GRÖGER und BODE [6.32].

[2] Man vergleiche hiezu die Angaben bei SKELLAND [6.37].

$$\frac{\varepsilon_\tau}{\varepsilon_q} = \frac{1}{2} \div \frac{1}{1{,}4} = 0{,}5 \div \text{ca.}\,0{,}7. \tag{6.20}$$

Daraus kann gefolgert werden, daß die *turbulenten* Austauschströme im allgemeinen dem Analogiepostulat besser entsprechen als die *molekularen* Leitströme.

Zusammenfassend kann gesagt werden: Die Reynoldssche Analogie ist keine grundsätzliche Gegebenheit, sondern trifft nur fallweise mehr oder weniger genau zu. Dieser Fall liegt unter anderem dann vor, wenn unter Wahrung der betreffenden analogen Rand- und Nebenbedingungen ein Medium angewandt wird, für das in dem betreffenden Zustandsbereich folgende Bedingungen zutreffen

$$\mathrm{Pr} = \frac{\nu}{a} = \frac{\mathrm{Pe}}{\mathrm{Re}} = 1 \quad \text{und} \quad \frac{\varepsilon_\tau}{\varepsilon_q} = 1 \tag{6.21}$$

6.1.2 Analogie des Wärme- und Stoffaustausches nach Lewis

Im Jahre 1855 veröffentlichte FICK, wie bereits erwähnt, die grundlegenden Beziehungen der Diffusion. Er wies bereits damals auf die formale Analogie zum Fourierschen Gesetz der Wärmeleitung hin. Die erste praktische Auswertung dieser speziellen Analogie ist NUSSELT [6.2] zu verdanken. Er benützte die Analogie zwischen dem Stoff- und Wärmeaustausch bei einer 1916 durchgeführten Untersuchung, um die bei der Verbrennung von Kohle stattfindende Diffusion des Luft-Sauerstoffes zur Oberfläche eines Kohlenstückes hin mit Hilfe bereits bekannter Daten des analogen Vorganges der Wärmeleitung bzw. des Wärmeüberganges zu berechnen.

THOMA (vgl. [6.17]) hat 1921 den umgekehrten Weg eingeschlagen. Er benützte Diffusionsversuche zur Ermittlung von Wärmeübergangszahlen. LOHRISCH (vgl. [6.17]) hat diese Methode 1928 noch weiter ausgebaut.

Einen entscheidenden Schritt in dieser Hinsicht hat LEWIS [6.4] 1922 getan. Er untersuchte die in Gaswäschern, Kühltürmen, Befeuchtungs- und Trocknungsanlagen usw. auftretenden Vorgänge des Stoffüberganges durch Verdunstung und des Wärmeüberganges und hat dabei die Reynoldssche Analogie auf den Stoffübergang übertragen. Weitere bedeutende Arbeiten im Zusammenhang mit der Anwendung der strengen Analogie für die Berechnung von Kühltürmen haben später unter anderem ROBINSON, MERKEL und WOLFF durchgeführt[1]. Auf die späteren einschlägigen Arbeiten weiterer Autoren im Hinblick auf die sogenannte erweiterte Analogie wird in anschließenden Abschnitten eingegangen werden.

Bei seinen Überlegungen ging LEWIS von den den früheren Beziehungen (6.2) für den molekularen und turbulenten Leitstrom und (6.5) für den Übergangsstrom der Wärme analogen Beziehungen des Stoffstromes aus. Diese lauten (vergleiche Abschnitt 3.1.1)

$$\dot{n}_i = -\,(D_i + \varepsilon_n)\frac{\partial c_i}{\partial y} \tag{6.22}$$

[1] Man vergleiche hiezu auch E. SCHMIDT [6.5] und W. NUSSELT [6.6], GRÖBER, ERK, GRIGULL [6.17], BRAUER [6.34], SKELLAND [6.37].

$$[\dot{n}_i]_U = \beta_i \Delta c_i = -D_i\left(\frac{\partial c_i}{\partial y}\right)_I \qquad (6.23)$$

Dabei bedeuten ε_n den turbulenten Austauschkoeffizienten des Stoffstromes, β_i den Stoffübergangskoeffizienten, Δc_i das treibende Konzentrationsgefälle und I den Index für Phasengrenzfläche (interface).

Des weiteren legte auch LEWIS die zu (6.7) analogen Annahmen zugrunde

$$\varepsilon_n = \varepsilon_q, \qquad D_i = a \qquad (6.24)$$

Auf dieser Basis entwickelte er schließlich mit Hilfe ähnlicher Gedankengänge wie REYNOLDS die Lewissche Analogiebeziehung

$$\beta_i = \frac{\alpha}{\rho c_p} \qquad (6.25)$$

Auf Grund dieses Zusammenhanges konnte nunmehr unter den gegebenen Voraussetzungen die Stoffübergangszahl β_i aus der Wärmeübergangszahl α oder umgekehrt abgeleitet werden.

Unter Heranziehung der Kennzahlen[1]

$$\mathrm{Pe}' = \frac{vl}{D_i}, \qquad \mathrm{St}' = \frac{\beta_i}{v_m}, \qquad \mathrm{Sh} = \beta_i \frac{L}{D_i} \quad \text{und} \quad \mathrm{Le} = \frac{a}{D_i} = \frac{\mathrm{Pe}'}{\mathrm{Pe}}$$

ergeben sich schließlich nachstehende Kennzahlen-Formulierungen des Lewisschen Postulates

$$\mathrm{Pe}' = \mathrm{Pe}, \qquad \mathrm{St}' = \mathrm{St}, \quad \text{bzw.} \quad \mathrm{Sh} = \mathrm{Nu} \qquad (6.26)$$

Dabei wird zusätzlich auch die Gültigkeit der Beziehung

$$\frac{vl}{\varepsilon_n} = \frac{vL}{\varepsilon_q} \qquad (6.27)$$

vorausgesetzt.

Für die betreffenden Analogie-Kennzahlen gilt in entsprechender Weise

$$\mathrm{Le} = \frac{\mathrm{Pe}'}{\mathrm{Pe}} = 1, \qquad \frac{\mathrm{St}'}{\mathrm{St}} = 1, \qquad \frac{\mathrm{Sh}}{\mathrm{Nu}} = 1 \qquad (6.28)$$

Bezüglich der vom heutigen Standpunkt aus möglichen Interpretation der Lewisschen Analogie gelten ähnliche Überlegungen, wie sie im vorherigen Kapitel angestellt wurden. Ein Unterschied besteht allerdings insoferne, als die Analogie zwischen Stoff- und Wärmeaustausch in vielen Fällen wesentlich besser gegeben ist als die zwischen Wärme- und Impulsaustausch (vergleiche Abschnitt 6.2).

6.1.3 Die dreifache strenge Analogie

Im Sinne der früher gegebenen Definition liegt eine 3fache strenge Analogie des Impuls-, Wärme- und Stoffaustausches dann vor, wenn alle maßgeblichen ana-

---

[1] Man vergleiche hiezu Abschnitt 5.5, Tab. 5.2.

logen Kennzahlen innerhalb des betreffenden Systems, in dem sich die Austauschvorgänge abspielen, die gleichen Beträge haben.

Das bedeutet folgendes: Haben für das betreffende System bei Wahrung analoger Rand-, Anfangs- und Nebenbedingungen die Größen D_i, a, ν sowie ε_n, ε_q, ε_τ *gleiche* Werte, so gilt

$$\mathrm{Pe}' = \mathrm{Pe} = \mathrm{Re} \tag{6.29}$$

und

$$\frac{\varepsilon_n}{D_i} = \frac{\varepsilon_q}{a} = \frac{\varepsilon_\tau}{\nu} \tag{6.30}$$

Werden nun z. B. in Ermangelung anderer Informationen näherungsweise die Aussagen der strengen Analogie herangezogen, so ergibt das die weitere Folgerung

$$\mathrm{St}' = \mathrm{St} = \frac{f}{2} \tag{6.31}$$

bzw.

$$\mathrm{Sh} = \mathrm{Nu} = K_{\gamma * \eta} \tag{6.31a}$$

Diesen Aussagen lassen sich gemäß den Erörterungen der beiden vorherigen Abschnitte noch entsprechende Beziehungen der zugehörigen Analogie-Kennzahlen Pr, Sc, Le usw. zur Seite stellen.

Die 3fache Analogie schließt, wie ersichtlich, auch den Fall der 2fachen Analogie zwischen Stoff- und Impulsaustausch mit ein.

Zusammenfassend ist zu sagen: Die *strenge* Analogie gilt in ausreichendem Maße nur in wenigen Fällen. Bedingung hiefür ist, daß einerseits die Bedingungen der *erweiterten Analogie* erfüllt sind (vergleiche Abschnitt 6.2.1), andererseits bei dem betreffenden Medium die Stoffwerte ν, a und D gleiche Beträge aufweisen, oder, was dasselbe bedeutet, es müssen die Analogie-Kennzahlen Pr, Sc und Le den Wert 1 haben. Einen Überblick, wie weit die zuletzt genannte Bedingung für Pr und Sc zutrifft, gibt Tab. 6.1 [6.28].

Tabelle 6.1. *Pr- und Sc-Zahlen verschiedener Stoffgruppen*

	Pr	Sc
Ideales Gas	1	1
Verschiedene reale Gase bei mäßigen Drücken 6,28	0,67 – 1,1	0,6 – 1,1
Wasser	7	1200
organische Flüssigkeiten	10 – 1000	300 – 2000
Flüssige Metalle	0,001 – 0,1	–

Die Gültigkeitsbereiche der strengen und erweiterten Analogie sind in einer Übersicht in Tab. 6.2 gegeben.

Tabelle 6.2. *Anhalt für die Gültigkeitsbereiche der strengen und erweiterten Analogie*[1,2]

Art der Medien	Art der analogen Austauscheffekte	Strömungen mit sehr geringem Druckgefälle		Strömungen mit erhöhtem Druckgefälle	
		laminar	turbulent	laminar	turbulent
Medien mit $Pr = 1, Sc = 1, Le = 1$	Wärme/Stoff	S	S	S	S
	Impuls/Wärme Impuls/Stoff	S	S	$\approx S$	$\sim S$
Medien mit $Pr \neq 1, Sc \neq 1$ $Le \neq 1$	Wärme/Stoff	E	E	E	E
	Impuls/Stoff Impuls/Wärme	E	E	$\approx E$	$\sim E$

Zeichenerklärung: S strenge Analogie in vielfach gutem Ausmaß; E erweiterte Analogie in vielfach gutem Ausmaß; $\sim S$, $\sim E$ strenge bzw. erweiterte Analogie in vielfach mäßigem Ausmaß; $\approx S$, $\approx E$ strenge bzw. erweiterte Analogie in vielfach geringem Ausmaß.

6.2 Erweiterte Analogie

Im Verlauf der Untersuchungen der Analogie war, wie bereits erwähnt wurde, erkannt worden, daß eine strenge Analogie nur in Sonderfällen vorliegt. Daher konzentrierte sich das weitere Interesse auf die Entwicklung von Analogiebeziehungen für den allgemeineren Fall, der durch nachstehende Bedingungen gekennzeichnet ist

$$Pr \neq 1, \qquad Sc \neq 1, \qquad Le \neq 1 \quad \text{usw.} \tag{6.32}$$

Dieser Fall soll hier als erweiterte Analogie [6.39] bezeichnet werden. Eine eingehende Definition der erweiterten Analogie wird in Abschnitt 6.2.4 angegeben.

Die bahnbrechenden Arbeiten in dieser Richtung waren seinerzeit PRANDTL [6.1] gelungen. Er hat zunächst entsprechend erweiterte Ansätze für die Analogie des Impuls- und Wärmeaustausches einer turbulenten Rohrströmung entwickelt. Einzelheiten hiezu werden im Abschnitt 6.2.2 behandelt.

Die Grundlage für die Entwicklung der Beziehungen zur Beschreibung der Austauscheffekte bilden die betreffenden differentiellen Bilanzgleichungen. Diese werden im nächsten Abschnitt vom Standpunkt der Analogie aus betrachtet.

---

[1] Eine Voraussetzung dieser Tabelle ist, daß keine nennenswerten Umwandlungseffekte zufolge chemischer Reaktionen auftreten.

[2] Voraussetzung bezüglich des Stoffaustausches ist, daß die ausgetauschten Komponenten nur in sehr geringen Konzentrationen c_i aufscheinen oder daß eine äquimolare Diffusion vorliegt. Andernfalls kann nur mit einer allgemeinen Analogie des Stoffaustausches gerechnet werden.

6.2.1 Differentielle Analogiebeziehungen

Sollen die zu vergleichenden Austauscheffekte in analoger Weise verlaufen, so müssen sowohl die betreffenden Differentialgleichungen als auch die zugehörigen Rand-, Anfangs- und Nebenbedingungen analog sein.

Die analogen Differentialgleichungen wurden bereits in Abschnitt 4.3 behandelt. Es sind die verallgemeinerten differentiellen Bilanzgleichungen in der Form (4.29) bzw. (4.30).

Der Einfachheit halber wird im weiteren in erster Linie nur der auf skalare Austauschgrößen Φ bezogene Formalismus herangezogen, wie er in der Darstellung (4.29) vorliegt. Für eine vektorielle Austauschgröße $\mathbf{\Phi}$ gelten entsprechende Formulierungen im Sinne der betreffenden Überlegungen der Kapitel 3.0 und 4.0.

Wesentlich ist der Umstand, daß die differentielle Analogiebeziehung (4.29) verschiedene Vereinfachungen voraussetzt, unter anderem den durch die Beziehungen

$$\rho \approx \text{const.}, \qquad c_p \approx \text{const.} \tag{6.33}$$

gegebenen Sonderfall.

Aus der Beziehung (4.29) ergeben sich folgende Aussagen: Der erste Term auf der linken Seite repräsentiert die lokale Speicherung, der zweite den konvektiven Strom. Sie weisen beide eine vollkommene formale Analogie bezüglich der Dichte $\varphi_{(v)}$ der jeweiligen Transportgröße auf.

Der dritte Term entspricht dem molekularen Leitstrom, der vierte Term dem turbulenten Austauschstrom. Hier läge eine strenge Analogie nur dann vor, wenn die einzelnen molekularen Leitkoeffizienten und turbulenten Austauschkoeffizienten jeweils gleiche Werte hätten. Es müßte somit gelten

$$\nu = a = D_i \tag{6.34}$$

das heißt

$$\text{Pr} = \text{Sc} = \text{Le} = 1 \tag{6.35}$$

und

$$\varepsilon_\tau = \varepsilon_q = \varepsilon_n \tag{6.36}$$

Außerdem müßten die Voraussetzungen (6.33) zumindest näherungsweise gewahrt sein, damit nachstehende, der Darstellung (4.29) zugrundeliegenden Umformungen anwendbar sind

$$\rho\,\text{Grad}(\mathbf{v}) = \text{Grad}(\rho\mathbf{v}) \tag{6.37}$$

$$\rho c_p \,\text{grad}\, T = \text{grad}(\rho c_p T) \tag{6.38}$$

Diese Voraussetzungen treffen jedoch im allgemeinen nicht zu. Es kann daher bezüglich der Effekte der molekularen Leitströme und der turbulenten Austauschströme nur selten eine strenge Analogie, wohl aber fallweise eine erweiterte Analogie erwartet werden.

Im Gegensatz zu den auf der linken Seite der Gl. (4.29) stehenden Termen der Speicherung, der Konvektion, der Leitung und der Turbulenz weisen die auf der rechten Seite aufscheinenden Umwandlungs-Terme

$$\frac{d\Phi_{j[Uw]}}{dV}$$

bereits formal beträchtliche Unterschiede auf[1]. Hieraus kann nachstehender Schluß gezogen werden.

Eine erweiterte Analogie bezüglich des Impuls-, Wärme- und Stoffaustausches kann in erster Linie nur dann erwartet werden, wenn insbesondere die verschiedenen *Umwandlungsvorgänge*, wie chemische Reaktionen, Einwirkungen des Druckfeldes, des Schwerkraftfeldes usw., nicht ins Gewicht fallen. Der Einfluß des Druckfeldes ist z. B. dann vernachlässigbar, wenn einerseits die betreffende Druckdifferenz geringfügig ist und diese andererseits vorwiegend nur von der Wandreibung der Oberflächenwiderstände und nicht von Formwiderständen bzw. starken Geschwindigkeitsänderungen herrührt. Es dürfen auch die Wandrauhigkeiten keine Rolle spielen, das heißt es müssen für die betreffenden Vergleiche „hydraulisch glatte" Strömungen zugrundegelegt werden. Was insbesondere den Stoffaustausch betrifft, so müssen, falls Leitvorgänge eine dominierende Rolle spielen, die Diffusionsvorgänge dem Fickschen Gesetz gehorchen[2]. Andernfalls muß damit gerechnet werden, daß der Stoffaustausch im besten Fall einer allgemeinen Analogie gehorcht.

6.2.2 Die Prandtlsche Analogie des Impuls- und Wärmeaustausches und deren Abwandlungen

Nachdem die Aussagen der strengen Analogie von Reynolds vielfach auf Widersprüche gestoßen waren, hat Prandtl [6.1] seinerzeit als erster die Aufgabe gelöst, Analogie-Beziehungen für den Impuls- und Wärmeaustausch auch für den allgemeinen Fall, daß

$$\mathrm{Pr} \neq 1 \tag{6.39}$$

ist, zu entwickeln. Er untersuchte in diesem Zusammenhang, wie bereits erwähnt, zunächst die turbulente Rohrströmung. Dabei baute er die Rechnung auf seine grundlegende Vorstellung über die Unterteilung der Strömung in zwei Zonen, nämlich in eine turbulente Kernströmung und in eine laminare Grenzschichtströmung, auf. Er berücksichtigte des weiteren auch den Druckabfall Δp. Unter Zuhilfenahme zusätzlicher Annahmen erzielte er ebenfalls eine formale Analogie der Differentialgleichungen des Impulses und der Wärme für die Rohrströmung. Hieraus leitete er schließlich nachstehende Beziehung ab[3]

$$\mathrm{St} = \frac{f/2}{1 + 1{,}74(\mathrm{Pr} - 1)\,\mathrm{Re}^{-1/8}} \tag{6.40}$$

mit

---

[1] Vergleiche Umwandlungsterme in Kapitel 3.0 und 4.0.

[2] Vergleiche dazu die Bedingungen in Kapitel 7.0.

[3] Man vergleiche hiezu auch die betreffenden Darstellungen bei Gröber, Erk, Grigull [6.17], Grassmann [6.29] und Brauer [6.34].

$$\mathrm{St} = \frac{\alpha}{\rho c_p v} \tag{6.41}$$

$$\frac{f}{2} = \frac{\gamma^*}{\rho v} = \frac{\tau_W}{\rho v^2} = \frac{\lambda^*}{8} \tag{6.42}$$

Dabei hängt die Rohrreibungszahl λ^* ihrerseits im Falle einer „hydraulisch glatten" Strömung nur von Re ab gemäß

$$\lambda^* = \Lambda^{**}(\mathrm{Re}) \tag{6.43}$$

Damit wird

$$\frac{f}{2} = \frac{1}{8}\Lambda^{**}(\mathrm{Re}) = \Lambda^*(\mathrm{Re}) \tag{6.44}$$

$$\mathrm{St} = \frac{\Lambda^*(\mathrm{Re})}{1 + 1{,}74(\mathrm{Pr} - 1)\mathrm{Re}^{-1/8}} \tag{6.45}$$

Zieht man z. B. hiefür nachstehende Näherungsformel von Colebrook [6.24] heran

$$\lambda^* = \frac{0{,}309}{[\lg(\mathrm{Re}/7)]^2} = 8\Lambda^*(\mathrm{Re}) \tag{6.46}$$

so erhält man

$$\frac{f}{2} = \frac{\lambda^*}{8} = \Lambda^*(\mathrm{Re}) = \frac{0{,}0386}{[\lg(\mathrm{Re}/7)]^2} \tag{6.47}$$

$$\mathrm{St} = \frac{0{,}0386}{[1 + 1{,}74(\mathrm{Pr} - 1)(\mathrm{Re}^{-1/8}][\lg(\mathrm{Re}/7)]^2} \tag{6.48}$$

Die Prandtlschen Analogiegleichungen wurden später von Taylor [6.3] unabhängig ein zweites Mal entdeckt.

Prandtl hat mit seinem grundlegenden Ansatz erstmals einen Weg aufgezeigt, aus einer gegebenen Impulsbeziehung die analoge Beziehung des Wärmeüberganges für den allgemeinen Fall $\mathrm{Pr} \neq 1$ abzuleiten. Er hat damit eine Entwicklung eröffnet, die seither von zahlreichen anderen Forschern noch weiter ausgebaut wurde. Darauf wird im folgenden noch eingegangen werden.

Nach der Entwicklung der grundlegenden erweiterten Analogieansätze durch Prandtl konzentrierte sich das Interesse der Forschung auf die weitere Verfeinerung derselben. Von den zahlreichen diesbezüglichen Arbeiten sei zunächst der abgewandelte Analogie-Ansatz von von Kármán [6.10] erwähnt. Der wesentliche Unterschied liegt darin, daß von Kármán erstmals ein differenzierteres Geschwindigkeitsprofil zugrundelegte, indem er statt der zwei Zonen von Prandtl drei Zonen annahm, nämlich eine laminare Randschicht, eine Pufferzone mit nennenswerten gleichzeitigen molekularen und turbulenten Austauscheffekten und eine turbulente Kernströmung.

Einen weiteren großen Fortschritt erzielte Reichardt [6.12], indem er im Gegensatz zu Prandtl das Verhältnis der turbulenten Austauschkoeffizienten

$$\frac{\varepsilon_q}{\varepsilon_\tau} \neq 1 \tag{6.49}$$

setzte und außerdem anstelle einzelner diskreter Strömungsschichten einen kontinuierlichen Übergang innerhalb der Strömung von vorwiegend turbulenten Zonen im Kernbereich zu den vorwiegend laminaren Zonen in Wandnähe annahm. Dieser Ansatz bringt eine entsprechend verbesserte Anpassung an die Wirklichkeit und demgemäß eine stärkere Abweichung auch von der erweiterten Analogie mit sich (vergleiche Abschnitt 6.3). Der Ansatz von Reichardt erfaßte außerdem auch Plattenströmungen.

Auch etliche der von weiteren Autoren veröffentlichten Abwandlungen der Prandtl-Analogie erfüllen nur zum Teil die Forderungen der erweiterten Analogie. Vielfach liegt nur mehr eine allgemeine Analogie vor in Übereinstimmung mit der Erkenntnis, daß nicht nur die Ansätze der strengen Analogie, sondern auch die der erweiterten Analogie im allgemeinen lediglich den Charakter von Näherungsansätzen haben.

6.2.3 Die Colburnsche Analogie

Colburn erkannte seinerzeit, daß in gewissen Fällen der Wärme- und der Impulsaustausch nachstehender Analogie-Beziehung gehorchen [6.7]

$$\mathrm{St} \cdot \mathrm{Pr}^{2/3} = \frac{f}{2} \tag{6.50}$$

Dementsprechend schlug Colburn vor, die Formulierung (6.50) als grundlegenden Analogieansatz für gewisse Austauschvorgänge heranzuziehen.

Chilton und Colburn [6.8] haben diesen Ansatz auch auf den Stoffaustausch übertragen. Die Beziehung der betreffenden 3fachen Analogie lautet

$$\mathrm{St} \cdot \mathrm{Sc}^{2/3} = \mathrm{St} \cdot \mathrm{Pr}^{2/3} = \frac{f}{2} \tag{6.51}$$

Die auf diese Weise eingeführten speziellen Potenzprodukte von Kennzahlen haben die Bezeichnung „Colburnsche j-Faktoren“ erhalten

$$j_q = \mathrm{St} \cdot \mathrm{Pr}^{2/3} \tag{6.52}$$

$$j_m = \mathrm{St}' \cdot \mathrm{Sc}^{2/3} \tag{6.53}$$

j_q, j_m stellen darin den j-Faktor bezüglich des Wärme- bzw. des Stoffaustausches dar.

Damit ergibt sich die weitere Formulierung

$$j_m = j_q = \frac{f}{2} \tag{6.54}$$

Die Colburnsche Analogie ist entsprechend ihres einfachen Aufbaues, wie erwähnt, nur für Sonderfälle anwendbar. Ein derartiges Beispiel, das zugleich auch einer der ersten Ausgangspunkte für Colburns Überlegungen war, sind die Austauschvorgänge an einer längs angeströmten Platte. Dieser Fall wird in Abschnitt 6.3 behandelt.

Die Colburnsche Analogie fand schließlich auch noch eine gewisse Bestätigung bei verschiedenen approximativen Potenzansätzen der Analogie.

6.2.4 Allgemeines Postulat der erweiterten Analogie des Impuls- und Wärmeaustausches

Eine ganze Reihe von Analogieansätzen für den Impuls- und Wärmeaustausch lassen sich in einer einheitlichen Gruppe zusammenfassen, wenn man nachstehende Definition der erweiterten Analogie zugrundelegt:

Eine *erweiterte* Analogie der Austauscheffekte des Impulses, der Wärme und des Stoffes liegt dann vor, wenn die betreffenden analogen Beziehungen einen *analogen* Formalismus aufweisen und dabei die *strenge* Analogie als Grenzfall mit einschließen.

Auf Grund dieser Definition entwickelte POINTNER [6.39] des weiteren ein allgemeines Postulat der erweiterten Analogie des Impuls- und Wärmeaustausches. Dieses ist durch die Gültigkeit der nachstehenden Beziehungen gekennzeichnet

$$\mathrm{St} = \Theta^*(\mathrm{Re}, \mathrm{Pe}) = \psi^*(\mathrm{Re}, \mathrm{Pr}) \tag{6.55}$$

$$\frac{f}{2} = \Theta^*(\mathrm{Re}, \mathrm{Re}) = \psi^*(\mathrm{Re}, 1) = \Lambda^*(\mathrm{Re}) \tag{6.56}$$

Das Wesentliche liegt dabei darin, daß die Θ^*-Funktion in den beiden Beziehungen (6.55) und (6.56) die gleiche ist, ebenso die ψ^*-Funktion[1]. Die Beziehung (6.56) für den Impulsaustausch bezieht sich dabei auf „hydraulisch glatte" Strömungen (vergleiche Abschnitt 6.2.1). Obige beiden Beziehungen schließen, wie ersichtlich, auch den Grenzfall der strengen Analogie mit ein. Für letztere gilt

$$\mathrm{Pr} = 1 \tag{6.57}$$

Daraus folgt nach (6.55) und (6.56):

$$\mathrm{St} = \psi^*(\mathrm{Re}, 1) = \frac{f}{2} \tag{6.58}$$

in Übereinstimmung mit dem Reynoldsschen Postulat (siehe Abschnitt 6.1.1). Mit Hilfe der in Abschnitt 5.5 angeführten Beziehungen

$$\mathrm{Nu} = \frac{\alpha L}{\lambda} = \mathrm{St} \cdot \mathrm{Pe} = \mathrm{St} \cdot \mathrm{Re} \cdot \mathrm{Pr} \tag{6.59}$$

$$K_{\gamma^*\eta} = \frac{\gamma^* L}{\eta} = \frac{f}{2} \cdot \mathrm{Re} \tag{6.60}$$

[1] In den Θ^*- und ψ^*-Funktionen erfaßt jeweils das erste Argument mittelbar den Einfluß der Strömungsform, das zweite Argument unmittelbar den speziellen Austauschvorgang. Demgemäß scheint in der Θ^*-Funktion der Impuls-Beziehung (6.56) das Argument Re zweimal auf. In der ψ^*-Funktion ist das Argument 1 (= Re/Re) bei (6.56) analog zum Argument Pr (= Pe/Re) bei (6.55). Das Entsprechende gilt für die Θ- und ψ-Funktionen bei (6.61) und (6.62).

erhält man noch folgende abgewandelte Formulierungen des allgemeinen Postulates der erweiterten Analogie [6.39]

$$\mathrm{Nu} = \Theta(\mathrm{Re}, \mathrm{Pe}) = \psi(\mathrm{Re}, \mathrm{Pr}) \tag{6.61}$$

$$K_{\gamma^*\eta} = \Theta(\mathrm{Re}, \mathrm{Re}) = \psi(\mathrm{Re}, 1) = \Lambda(\mathrm{Re}) \tag{6.62}$$

Dabei ist wieder in beiden Beziehungen die Θ-Funktion die gleiche, ebenso die ψ-Funktion.

Dieses Postulat gestattet eine einfache Ordnung zahlreicher bisheriger Analogieansätze.

Betrachtet man z. B. die im vorherigen Kapitel erörterte Colburnsche Analogie, so folgt aus (6.50), unter Beachtung der allgemeinen Beziehung (6.44) des Impulsaustausches[1], nachstehende Formulierung

$$\mathrm{St} = \Lambda^*(\mathrm{Re}) \cdot \mathrm{Pr}^{-2/3} \tag{6.63}$$

$$\frac{f}{2} = \Lambda^*(\mathrm{Re}) = \Lambda^*(\mathrm{Re}) \cdot (1)^{-2/3} \tag{6.64}$$

im Einklang mit den Darstellungen (6.55) und (6.56).

Ebenso erkennt man, daß auch die Prandtlsche Analogiebeziehung (6.45) bzw. (6.48) des Abschnittes 6.2.2 dem Postulat (6.55), (6.56) genügt. Das gleiche trifft für die in Abschnitt 6.2.3 zitierten Analogiebeziehungen von von Karman und verschiedenen anderen Autoren zu. Das hier wiedergegebene allgemeine Postulat des Impuls- und Wärmeaustausches stellt das bislang fehlende Gegenstück zu dem von Schmidt [6.5] und Nusselt [6.6] seinerzeit angegebenen allgemeinen Postulat der erweiterten Analogie des Wärme- und Stoffaustausches dar. Dieses wird im nächsten Kapitel behandelt.

6.2.5 Allgemeines Postulat der erweiterten Analogie des Stoff- und Wärmeaustausches

Eine besonders wichtige Anwendung für die Verfahrenstechnik hat die Analogie bei der Entwicklung von Beziehungen des Stoffaustausches aus solchen des Wärmeaustausches gefunden.

Der erste diesbezügliche Hinweis stammt, wie bereits früher erwähnt wurde, von Fick aus dem Jahre 1855 (vergleiche Abschnitt 6.1). Weiters sind insbesondere die Arbeiten von Nusselt [6.2], Lewis [6.4] sowie von Robinson, Merkel, Wolff und Lohrisch (vergleiche hiezu [6.5], [6.6] und [6.17]) zu erwähnen.

Schließlich entwickelten in den Jahren 1929 und 1930 Schmidt [6.5] und Nusselt [6.6] voneinander unabhängig ein allgemeines Postulat der erweiterten Analogie des Stoff- und Wärmeaustausches. Die Formulierung desselben lautet

$$\mathrm{Sh} = \Theta(\mathrm{Re}, \mathrm{Pe}') = \psi(\mathrm{Re}, \mathrm{Sc}) \tag{6.65}$$

$$\mathrm{Nu} = \Theta(\mathrm{Re}, \mathrm{Pe}) = \psi(\mathrm{Re}, \mathrm{Pr}) \tag{6.66}$$

---

[1] Ein konkretes Beispiel für die den Impulsaustausch einer „hydraulisch glatten“ Strömung kennzeichnende Λ^*-Funktion für den Sonderfall einer Rohrströmung stellt die Beziehung (6.47) des Kapitels 6.2.2 dar.

Das Wesentliche liegt dabei wieder darin, daß die Θ-Funktion in den beiden Beziehungen die gleiche ist, ebenso die ψ-Funktion. Die entsprechenden Beziehungen für die Größen St' und St lauten

$$\mathrm{St}' = \Theta^*(\mathrm{Re}, \mathrm{Pe}') = \psi^*(\mathrm{Re}, \mathrm{Sc}) \tag{6.67}$$

$$\mathrm{St} = \Theta^*(\mathrm{Re}, \mathrm{Pe}) = \psi^*(\mathrm{Re}, \mathrm{Pr}) \tag{6.68}$$

Die Formulierungen (6.65), (6.66) bzw. (6.67), (6.68) entsprechen ebenfalls der im Abschnitt 6.2 angeführten Definition der *erweiterten* Analogie. Für den Grenzfall

$$\mathrm{Sc} = \mathrm{Pr} = 1 \tag{6.69}$$

wird

$$\mathrm{St}' = \psi^*(\mathrm{Re}, 1) = \mathrm{St} \tag{6.70}$$

in Übereinstimmung mit dem Lewisschen Postulat der betreffenden strengen Analogie (vergleiche Beziehung (6.26) des Abschnittes 6.1.2).

In seiner oben angeführten Arbeit [6.6] hat Nusselt gleichzeitig auch wieder seine bekannten Potenzansätze als Näherungsbeziehungen für Analogiebetrachtungen herangezogen in der Form

$$\mathrm{Sh} = C \cdot \mathrm{Re}^m \mathrm{Sc}^n \tag{6.71}$$

$$\mathrm{Nu} = C \cdot \mathrm{Re}^m \mathrm{Pr}^n \tag{6.72}$$

Dabei wird wieder vorausgesetzt, daß die Parameter C, m, n in beiden Beziehungen gleiche Werte haben. Letztere müssen im allgemeinen empirisch ermittelt werden, und zwar entweder für den betreffenden Vorgang des Wärmeaustausches oder für den des Stoffaustausches. Zahlenwerte für diese Parameter sind in der umfangreichen Literatur des Stoffaustausches und des Wärmeaustausches zu finden[1].

Als typisches Beispiel hiefür soll im nachstehenden der Wärme- und Stoffübergang an Kugelpartikeln diskutiert werden.

Zunächst wird der Wärmeübergang an kleinen Kugelpartikeln vom Durchmesser d, die in einem Fluid sedimentieren, untersucht. Dabei wird vorerst der Grenzfall einer sehr niedrigen Sedimentationsgeschwindigkeit v betrachtet. In diesem Fall wird die Wärmeübergangszahl α nur von der Wärmeleitung, nicht jedoch von einem konvektiven oder turbulenten Wärmeaustausch abhängen. Ebenso wird nur der molekulare, nicht jedoch der konvektive bzw. turbulente Impulsaustausch von Bedeutung sein. Unter dieser Voraussetzung kann folgender Ansatz gemacht werden

$$\alpha = f_1(\lambda, \eta, d, v, \Delta T) \neq f(\rho c_p, \rho) \tag{6.73}$$

Dabei bedeuten ΔT eine charakteristische Temperaturdifferenz, λ, η Einflußgrößen des molekularen Austausches der Wärme bzw. des Impulses und ρc_p, ρ Einflußgrößen des konvektiven bzw. turbulenten Austausches der Wärme bzw. des Impulses.

[1] Es wird wieder auf die am Ende des Kapitels 6 angeführte Literatur, ferner auf Johnstone und Thring [6.25] verwiesen.

Mit Hilfe der Dimensionsanalyse läßt sich die Größenbeziehung (6.73) z. B. in nachstehende Kenngrößenbeziehung transformieren

$$\frac{\alpha d}{\lambda} = \psi_1\left(\frac{\eta v^2}{\lambda \Delta T}\right) \tag{6.74}$$

Die auf der rechten Seite stehende Kennzahl ist die sogenannte Brinkman-Zahl Br

$$\mathrm{Br} = \frac{\eta v^2}{\lambda \Delta T} \tag{6.74a}$$

Damit ergibt sich

$$\mathrm{Nu} = \psi_1(\mathrm{Br}) \tag{6.75}$$

Die Br-Zahl erfaßt die Dissipation[1]. Diese kann bei der vorausgesetzten niedrigen Sedimentationsgeschwindigkeit v ebenfalls vernachlässigt werden. Damit folgt aus (6.75)

$$\mathrm{Nu} = \frac{\alpha d}{\lambda} = \text{const.} = C_1 \tag{6.76}$$

Der Zahlenwert der Konstanten C_1 kann nicht aus der Ähnlichkeitstheorie abgeleitet werden. Die betreffende theoretische Untersuchung liefert hiefür den Wert $C_1 = 2$ [6.29]. Dementsprechend gilt

$$\mathrm{Nu} = 2 \tag{6.77}$$

Wird nun der allgemeinere Fall betrachtet, daß die Sedimentationsgeschwindigkeit v so groß ist, daß auch konvektive bzw. turbulente Austauscheffekte eine Rolle spielen, so sind im Ansatz für α auch die betreffenden Einflußgrößen ρc_p und ρ zu berücksichtigen

$$\alpha = f_2(\lambda, \rho c_p, \eta, \rho, d, v, \Delta T) \tag{6.78}$$

Die zugehörige Kennzahlenbeziehung lautet z. B.

$$\frac{\alpha d}{\lambda} = \psi_2\left(\frac{\rho c_p v d}{\lambda}, \frac{\rho v d}{\eta}, \frac{\eta v^2}{\lambda \Delta T}\right) \tag{6.79}$$

Dem entspricht die weitere Formulierung

$$\mathrm{Nu} = \psi_2(\mathrm{Pe}, \mathrm{Re}, \mathrm{Br}) \tag{6.79a}$$

Vernachlässigt man trotz der nunmehr höheren Sedimentationsgeschwindigkeit wieder die Dissipation und damit die Dissipations-Kennzahl Br, so ergibt sich

$$\mathrm{Nu} = \psi_3(\mathrm{Pe}, \mathrm{Re}) \tag{6.80}$$

Mit Hilfe der weiteren Beziehung $\mathrm{Pe} = \mathrm{Re} \cdot \mathrm{Pr}$ erhält man schließlich

---

[1] Unter Dissipation („Zerstreuung") von Energie versteht man im engeren Sinne die irreversible Umwandlung von mechanischer Energie in innere Energie, im besonderen in kinetische Energie der ungeordneten Wärmebewegung der Moleküle. Es erfolgt dabei die einen irreversiblen Prozeß kennzeichnende Umwandlung von Exergie in Anergie.

$$\mathrm{Nu} = \psi_4(\mathrm{Re}, \mathrm{Pr}) \tag{6.81}$$

Neben den einfachen Nußeltschen Potenzansätzen der Art (6.71), (6.72) sind auch entsprechende Abwandlungen in Verwendung. Eine solche stellt z. B. nachstehende 2gliedrige Potenzreihe dar

$$\mathrm{Nu} = C_1 + C_2\,\mathrm{Re}^m\mathrm{Pr}^n \tag{6.82}$$

Diese Formulierung schließt auch den Zusammenhang (6.76) als Grenzfall ein. Für diesen ist $v \approx 0$ und damit $\mathrm{Re} \approx 0$, das heißt $\mathrm{Nu} \approx C_1$.

Für C_1 war oben bereits der Wert $C_1 = 2$ angegeben worden. Die weiteren Parameter C_2, m, n wurden auf empirische Weise ermittelt. Das Ergebnis ist schließlich die nachstehende Formulierung[1]

$$\mathrm{Nu} = 2 + 0{,}6\mathrm{Re}^{1/2}\mathrm{Pr}^{1/3} \tag{6.83}$$

Die Anwendung der erweiterten Analogie liefert eine entsprechende Beziehung für den Stoffübergang an Kugelpartikeln, z. B. Tropfen oder Blasen bei näherungsweise angenommener Kugelgestalt[2],

$$\mathrm{Sh} = 2 + 0{,}6\mathrm{Re}^{1/2}\mathrm{Sc}^{1/3} \tag{6.84}$$

mit

$$\mathrm{Sh} = \frac{\beta_i d}{D_i}, \qquad \mathrm{Sc} = \frac{\nu}{D_i} \tag{6.85}$$

Im Falle von Tropfen oder Blasen müssen bei genaueren Berechnungen allerdings noch die Abweichungen von der Kugelgestalt sowie die gegenseitige Beeinflussung der Partikeln innerhalb eines Schwarmes usw. berücksichtigt werden. Vielfach wird auch hier näherungsweise ein Ansatz von der Art (6.82) verwendet, wobei jedoch andere Zahlenwerte für die Parameter C_2, m, n gelten.

Bei höheren Sedimentationsgeschwindigkeiten v kann der Zahlenwert $C_1 = 2$ in (6.83) bzw. (6.84) vernachlässigt werden. Damit ergibt sich wieder die Colburnsche Analogie für den Wärme- und Stoffaustausch

$$\mathrm{St} \cdot \mathrm{Pr}^{2/3} = \frac{\mathrm{Nu}}{\mathrm{Re} \cdot \mathrm{Pr}^{1/3}} = \frac{0{,}6}{\mathrm{Re}^{1/2}} = \mathrm{St} \cdot \mathrm{Sc}^{2/3} \tag{6.86}$$

In entsprechender Weise werden Ansätze einer erweiterten bzw. allgemeinen Analogie auch für den Wärme- und Stoffübergang bei Strömungen in Rohren, bei Strömungen längs ebener Wände, bei Umströmungen von Rohren oder Rohrbündeln, bei Strömungen in Füllkörperschüttungen usw. herangezogen.

6.2.6 Allgemeines Postulat der dreifachen erweiterten Analogie

Wie bereits in Abschnitt 6.2.1 diskutiert worden war, kann bei Wegfall gewisser zusätzlicher Effekte in vielen Fällen zumindest näherungsweise mit einer erweiterten Analogie zwischen Stoff- und Wärmeaustausch gerechnet werden. Im Falle des

---

[1] Man vergleiche hiezu auch die betreffenden Angaben bei GRÖBER, ERK, GRIGULL [6.17], GRASSMANN [6.29].

[2] Man vergleiche hiezu GRASSMANN [6.29] sowie BRAUER [6.34].

Impulsaustausches ist eine derartige erweiterte Analogie jedoch nur dann zu erwarten, wenn das Druckgefälle sehr niedrig ist, das heißt wenn der überwiegende Teil des durch Wandreibung übergehenden Impulses durch konvektive bzw. turbulente Austauschvorgänge und nicht durch das Druckfeld bestritten wird. Ebenso kann approximativ mit einer gewissen Analogie gerechnet werden, wenn der betreffende Vorgang von der Turbulenz bestimmt wird.

Als grundlegendes Beispiel einer 3fachen Analogie wird der Impuls-, Wärme- und Stoffaustausch in einem vertikalen Rieselrohr nach Abb. 6.2 besprochen. Die Untersuchung wird dabei auf den gasseitigen Stoff- und Wärmeübergang beschränkt.

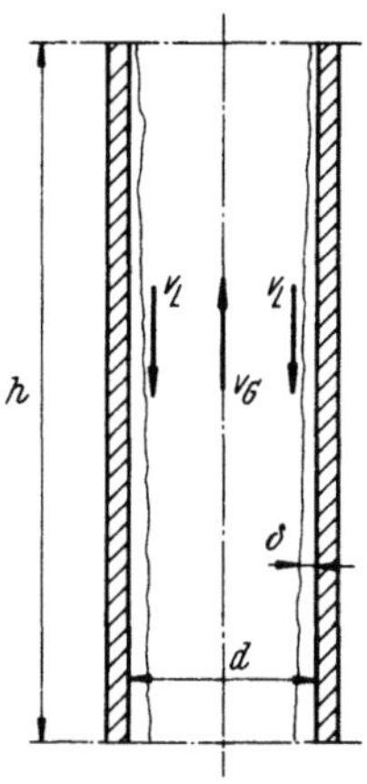

Abb. 6.2. Rieselrohr. Es bedeuten v_G die Geschwindigkeit des Gases, v_L die Flüssigkeitsgeschwindigkeit und δ die örtliche Dicke des Flüssigkeitsfilmes

Die betreffende 2fache Analogie des Impuls- und Wärmeaustausches wurde bereits mit Hilfe des früher erwähnten Prandtlschen Ansatzes (6.40) bzw. mit Hilfe der späteren Abwandlungen desselben gelöst.

Colburn hat seinerzeit die Prandtl-Analogie auf den Stoffübergang übertragen. Transformiert man die Prandtlsche Gleichung (6.40) bzw. (6.45) des Abschnittes 6.2.2 in diesem Sinne, so erhält man die analoge Formulierung

$$\mathrm{St}' = \frac{f/2}{1 + 1{,}74(\mathrm{Sc} - 1)\mathrm{Re}^{-1/8}} = \frac{\Lambda^*(\mathrm{Re})}{1 + 1{,}74(\mathrm{Sc} - 1)\mathrm{Re}^{-1/8}} \tag{6.87}$$

mit

$$\frac{f}{2} = \frac{\gamma^*}{\rho v} = \Lambda^*(\mathrm{Re})\ ^{1} \tag{6.88}$$

[1] Vergleiche Abschnitt 6.2.2, Gl. (6.44).

$$\mathrm{Re} = \frac{vd}{\nu}, \qquad \mathrm{St}' = \frac{\beta_i}{v}, \qquad \mathrm{Sc} = \frac{\nu}{D_i} \tag{6.89}$$

wobei die Stoffwerte ν, D_i und die Stoffübergangszahl β_i auf die Gasseite zu beziehen sind. Ferner stellt v die mittlere Geschwindigkeit des Gases dar

$$\nu = \nu_G, \qquad D_i = D_{i,G}$$

$$\beta_i = \beta_{i,G}, \qquad v = v_{G,m} \tag{6.90}$$

SHERWOOD hat vergleichende Untersuchungen verschiedener Analogie-Ansätze für das gegenständliche Problem durchgeführt (vgl. [6.31]). Er hat dabei Meßwerte von GILLILAND [6.9] herangezogen und auf Basis derselben eine abgewandelte empirische Gleichung für den vorliegenden Fall entwickelt. Weitere Untersuchungen dieser sowie verschiedener anderer Analogieansätze von anderen Autoren wurden außerdem von GRÖBER, ERK, GRIGULL [6.17], BENEDEK und LASZLO [6.31], SKELLAND [6.37] und anderen durchgeführt. Zahlreiche dieser Ansätze gehorchen wieder den Bedingungen der erweiterten Analogie.

Das allgemeine Postulat der erweiterten 3fachen Analogie ergibt sich aus der Zusammenfassung der früheren Postulate der betreffenden 2fachen Analogien gemäß den Abschnitten 6.2.4 und 6.2.5. Es lautet demgemäß in der von POINTNER [6.39] angegebenen erweiterten Formulierung

$$\mathrm{Sh} = \Theta(\mathrm{Re}, \mathrm{Pe}') = \psi(\mathrm{Re}, \mathrm{Sc}) \tag{6.91}$$

$$\mathrm{Nu} = \Theta(\mathrm{Re}, \mathrm{Pe}) = \psi(\mathrm{Re}, \mathrm{Pr}) \tag{6.92}$$

$$K_{\gamma^*\eta} = \Theta(\mathrm{Re}, \mathrm{Re}) = \psi(\mathrm{Re}, 1) = \Lambda(\mathrm{Re}) \tag{6.93}$$

Wesentlich ist dabei wieder der Umstand, daß die Θ-Funktion in allen 3 Beziehungen die gleiche ist, ebenso die ψ-Funktion[1].

Ersetzt man die Größen Sh, Nu, $K_{\gamma^*\eta}$ durch St′, St, $f/2$, so erhält man eine entsprechende weitere Formulierung dieses Postulates [6.39]. Man vergleiche hiezu die Beziehungen (6.55), (6.56) und (6.67), (6.68).

Eines der zahlreichen konkreten Anwendungsbeispiele dieses Postulates stellen z. B. die früher angegebenen Beziehungen der Prandtlschen Analogie und der Colburnschen Analogie dar. Ein spezielles Beispiel der letzteren wird im nächsten Kapitel behandelt.

Die 3fache erweiterte Analogie schließt, wie ersichtlich, auch den Sonderfall der 2fachen erweiterten Analogie zwischen Stoff- und Impulsaustausch mit ein [6.39].

Außer den Analogieansätzen der angeführten Art finden sich, wie bereits erwähnt, auch viele andere, die dem Postulat der erweiterten Analogie nur mit gewissen Abweichungen entsprechen. In diesem Fall liegt nur mehr eine „allgemeine Analogie" vor.

6.3 Allgemeine Analogie

Darunter wird hier eine Analogie verstanden, deren Beziehungen mehr oder weniger von denen der erweiterten Analogie abweichen und insbesondere die

[1] Bezüglich der speziellen Bedeutungen der Argumente Re und 1 in der Impulsbeziehung (6.93) wird auf die Fußnote [1] von S. 192 verwiesen.

strenge Analogie nicht mehr als Grenzfall umfassen [6.39]. Solche Beziehungen entstehen, wie bereits erwähnt wurde, dann, wenn es gelingt, mit Hilfe von fortschreitenden Untersuchungen Zusammenhänge zu finden, die sich immer besser den wirklichen Gegebenheiten anpassen. Da letztere häufig von den Analogieverhältnissen abweichen, gilt dasselbe auch für die im Laufe der Zeit gewonnenen genaueren Beziehungen. Die zunächst herangezogenen Analogieansätze sind demgemäß in vielen Fällen nur als erste Näherung aufzufassen.

Als typisches Beispiel hiefür werden die im späteren Abschnitt 8.1.3 behandelten Austauschvorgänge in einer erzwungenen laminaren Strömung längs einer ebenen Platte kurz diskutiert.

Im Falle des Stoffaustausches wird dabei ein längs einer befeuchteten Platte vorbeiströmendes Gas ins Auge gefaßt. Hier gehorchen der Impuls- und Wärmeaustausch sehr gut der erweiterten Analogie, der Stoffaustausch jedoch nur dann, wenn es sich entweder um eine äquimolare Diffusion oder um eine allgemeine Diffusion bei sehr niedrigen Konzentrationen c_i der diffundierenden Komponente handelt. Unter diesen Voraussetzungen gilt hier für die Mittelwerte der betreffenden Größen[1]

$$\mathrm{St}' \cdot \mathrm{Sc}^{2/3} = \mathrm{St} \cdot \mathrm{Pr}^{2/3} = \frac{f}{2} = \frac{0{,}664}{\mathrm{Re}^{1/2}} \tag{6.94}$$

Obige Beziehung entspricht, wie ersichtlich, der 3fachen Colburnschen Analogie und damit auch dem Postulat der 3fachen erweiterten Analogie[2]. Liegt dagegen eine einseitige Diffusion bei einem idealen Gas mit hohem Partialdruck p_i der diffundierenden Komponente i vor, so ergibt sich (vergleiche Abschnitt 7.2.2) nachstehende Gleichung

$$\frac{p - p_{iw}}{p} \frac{0{,}664}{F^*\left(\dfrac{p - p_{iw}}{p_i - p_{iw}}\right)} \mathrm{St}' \cdot \mathrm{Sc}^{2/3} = \mathrm{St} \cdot \mathrm{Pr}^{2/3} = \frac{f}{2} = \frac{0{,}664}{\mathrm{Re}^{1/2}} \tag{6.95}$$

Dabei bedeuten p_i den Partialdruck der Komponente i in der ungestörten Strömung und p_{iw} den betreffenden Partialdruck an der Wand.

Die Funktion

$$F^*\left(\frac{p - p_{iw}}{p_i - p_{iw}}\right)$$

heißt „Partialdruck-Funktion". Der Verlauf dieser Funktion wird im späteren Abschnitt 7.2.2 dargestellt. Diese Funktion strebt für den Grenzfall niedriger Partialdrücke p_i gegen den Wert 0,664. In diesem Fall nimmt somit die Beziehung (6.95) nachstehende Form einer *allgemeinen* Analogie an

$$\frac{p - p_{iw}}{p} \mathrm{St}' \cdot \mathrm{Sc}^{2/3} = \mathrm{St} \cdot \mathrm{Pr}^{2/3} = \frac{f}{2} = \frac{0{,}664}{\mathrm{Re}^{1/2}} \tag{6.96}$$

---

[1] Vergleiche Brauer [6.34], sowie Gröber, Erk, Grigull [6.17]. Dabei ist zu beachten, daß im vorliegenden Fall die betreffenden Mittelwerte den Faktor 0,664 im Gegensatz zum Faktor 0,332 der lokalen Werte aufweisen.

[2] Man vergleiche hiezu Abschnitt 6.2.3, Beziehung (6.51), und Abschnitt 6.2.6.

Diese Formulierung geht, wie früher erwähnt, für den Grenzfall $p_i \to 0$ wieder in die bei (6.94) angegebene Beziehung einer *erweiterten* Analogie über.

Im Falle hoher Partialdrücke p_i zeigt die Partialdruck-Funktion F^* hingegen ein stark variierendes Verhalten und nimmt dabei Werte an, die weit vom „Idealwert" 0,664 abweichen können.

An Hand dieses Beispieles kann man somit erkennen, daß im Falle des Stoffaustausches mit einer erweiterten Analogie überhaupt nur dann gerechnet werden kann, wenn es sich entweder um eine äquimolare Diffusion bzw. um eine Diffusion bei sehr niedrigen Konzentrationen handelt. Andernfalls liegt nur eine allgemeine Analogie vor.

6.4 Grenzen und Kritik der Analogie

Aus den früheren Darlegungen erkennt man, daß die Analogie der Austauscheffekte keinen allgemein gültigen Charakter hat, sondern nur in gewissen Sonderfällen mit mehr oder weniger großer Genauigkeit zutrifft. Dieser Umstand erklärt sich aus der Tatsache, daß der Gesamtumsatz des Impulses, der Wärme bzw. des Stoffes aus einer Vielfalt einzelner Austauscheffekte resultiert.

Nur einige dieser Einzeleffekte gehorchen streng oder teilweise analogen Gesetzmäßigkeiten, wie z. B. die zufolge der konvektiven Ströme, der molekularen Leitströme, der turbulenten Austauschströme oder der lokalen Speicherwirkung. Dagegen zeigen die Effekte der sogenannten Umwandlung zum Teil erhebliche Abweichungen vom Analogieprinzip. Hierher zählen z. B. die Austauscheffekte zufolge chemischer Reaktionen, zufolge des Druckfeldes, zufolge der Felder der Schwerkraft, der d'Alembertschen Scheinkräfte beschleunigter Systeme, z. B. der Fliehkräfte, ferner zufolge der Felder der Elektrostatik, der Magnetostatik usw.[1].

Wird nun der betreffende Gesamtvorgang von solchen Einzeleffekten bestimmt, die dem Analogieprinzip mehr oder weniger gehorchen, so kann dasselbe auch bezüglich des Gesamtvorganges erwartet werden. Dabei wird natürlich die zusätzliche Wahrung analoger Rand-, Anfangs- und Nebenbedingungen vorausgesetzt[2]. Es ist somit in jedem Fall eine eingehende Problemanalyse erforderlich, um beurteilen zu können, wie weit überhaupt analoge Verhältnisse vorliegen.

Im allgemeinen stellen die mit Hilfe des Analogieprinzips gewonnenen Gleichungen nur vorläufige Näherungsbeziehungen des betreffenden Zusammenhanges dar[3]. In diesem Sinne bieten sie jedoch eine wertvolle Hilfe, solange keine genaueren speziellen Angaben zur Verfügung stehen, was nach wie vor häufig zutrifft.

Auf diese Weise gestattet das Analogieprinzip einerseits und das Ähnlichkeitsprinzip andererseits die Übertragung von Ergebnissen eines Systems auf andere. Der derart gekennzeichnete Standort dieser beiden Prinzipien im Rahmen der Wissenschaft, im besonderen derjenigen der Verfahrenstechnik, wird in dem in Abb. 6.3 wiedergegebenen Schema von GRASSMANN[4] illustriert.

---

[1] Man vergleiche hiezu insbesondere die Ausführungen des Abschnittes 6.2.1.

[2] Man vergleiche hiezu auch die betreffenden Darstellungen bei GRÖBER, ERK, GRIGULL [6.17] und BRAUER [6.34].

[3] Man vergleiche hiezu auch BRAUER [6.34].

[4] Siehe GRASSMANN [6.29].

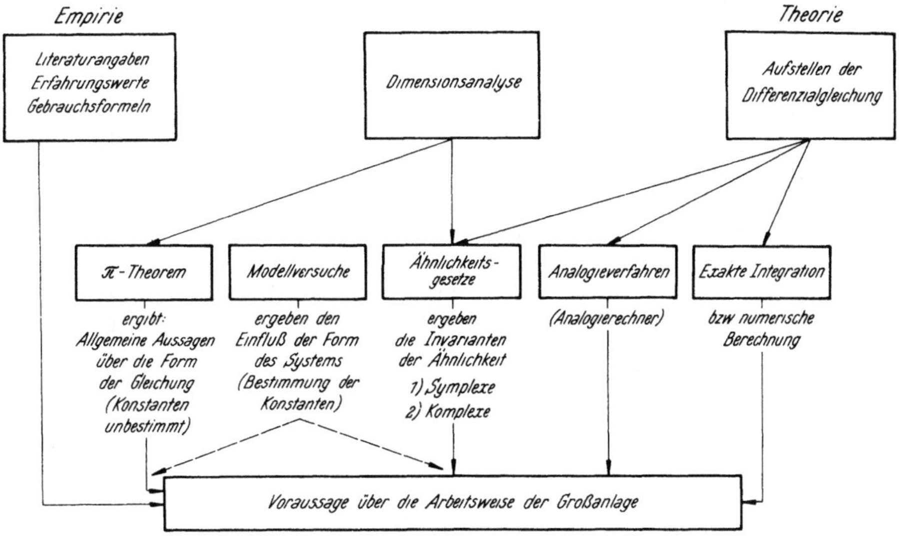

Abb. 6.3. Schema der Arbeitsmethoden der Verfahrenstechnik nach Grassmann [6.29]

Schrifttum zu Kapitel 6.0

[6.1] Prandtl, L.: Eine Beziehung zwischen Wärmeaustausch und Strömungswiderstand der Flüssigkeiten. Phys. Z. **11**, 1072 – 1078 (1910).

[6.2] Nusselt, W.: Die Verbrennung und die Vergasung der Kohle auf dem Rost. Z. VDI **60**, 102 – 107 (1916).

[6.3] Taylor, G. J.: Conditions at the Surface of a Hot Body Exposed to the Wind. Techn. Rep. Adv. Comm. Aer., Bd. II, Rep. Mem. No. 272, 423 – 429, London 1916/17.

[6.4] Lewis, W. K.: The Evaporation of a Liquid into a Gas. Mech. Eng. **44**, 445 – 446 (1922).

[6.5] Schmidt, E.: Verdunstung und Wärmeübergang. Gesundh.-Ing. **52**, 525 – 529 (1929).

[6.6] Nusselt, W.: Wärmeübergang, Diffusion und Verdunstung. Z. f. angew. Math. Mech. **10**, 105 – 121 (1930).

[6.7] Colburn, A. P.: A Method of Correlating Forced Convection Heat Transfer Data and a Comparison with Fluid Friction. Trans. Amer. Inst. Chem. Engrs. **29**, 174 – 210 (1933).

[6.8] Chilton, T. H., Colburn, A. P.: Mass Transfer (Absorption) Coefficients. Industr. Eng. Chem. **26**, 1183 – 1187 (1934).

[6.9] Gilliland, E. R., Sherwood, T. K.: Ind. Eng. Chem. **26**, 516 (1934).

[6.10] Kármán, Th. v.: Analogy between Fluid Friction and Heat Transfer. Engineering **148**, 210 – 213 (1939).

[6.11] Hoffmann, E.: Über die Gesetzmäßigkeiten der Wärme- und Stoffübertragung auf Grund des Strömungsvorganges im Rohr. Forsch. Ing. Wes. **11**, 159 – 169 (1940).

[6.12] Reichardt, H.: Die Wärmeübertragung in turbulenten Reibungsschichten. Z. angew. Math. Mech. **20**, 297 – 328 (1940).

[6.13] Eckert, E.: Wärmeübertragung bei turbulenter Strömung. Z. VDI **85**, 581 – 583 (1941).

[6.14] Eckert, E., Lieblein, V.: Berechnung des Stoffüberganges an einer ebenen, längs angeströmten Oberfläche bei großem Teildruckgefälle. Forsch. Gebiete Ingenieurwes. **16**, 2, 33 – 42 (1949).

[6.15] Perry, J. H.: Chemical Engineers Handbook. New York: McGraw-Hill (3. Aufl. 1950).

[6.16] Koch, B.: Turbulenter Wärmeaustausch im Rohr. Arch. ges. Wärmetechn. **1**, 2–8 (1950).

[6.17] Gröber, H., Erk, S., Grigull, U.: Die Grundgesetze der Wärmeübertragung. 1963.

[6.18] Schlünder, E. U.: Stoffübergang bei Verdunstungs- und Absorptionsvorgängen an einer ebenen, überströmten Platte. Chemie-Ing.-Techn. **36**, 5, 484–492 (1964).

[6.19] Brauner, H., Mühle, J.: Stoffübergang bei laminarer Grenzschichtströmung an ebenen Platten. Chemie-Ing.-Techn. **39**, 5/6, 326–334 (1967).

[6.20] Schlünder, E. U., Gnielinski, V.: Wärme- und Stoffübertragung zwischen Gut und aufprallendem Düsenstrahl. Chemie-Ing.-Techn. **39**, 9/10, 578–584 (1967).

[6.21] Treybal, R. E.: Mass Transfer Operations. New York: McGraw-Hill 1968 (1. Aufl. 1955).

[6.22] Schlünder, E. U., Krötzsch, P., Hennecke, Fr. W.: Gesetzmäßigkeit der Wärme- und Stoffübertragung bei der Prallströmung aus Rund- und Schlitzdüsen. Chemie-Ing.-Techn. **40**, 6, 333–338 (1970).

[6.23] Kottke, V., Blenke, H.: Meßmethoden konvektiver Stoffübertragung. Chemie-Ing.-Techn. **50**, 2, 81–90 (1978).

[6.24] Colebrook, C. F.: Turbulent Flow in Pipes with Particular Reference to the Transition Region between the Smooth and Rough Pipe Laws. J. Instn. Civ. Engrs. **11**, 133 (1938/39).

[6.25] Johnstone, K. E., Thring, M. W.: Pilot Plants, Models and Scale-Up Methods in Chemical Engineering. New York: McGraw-Hill 1957.

[6.26] VDI-Wärmeatlas. Düsseldorf: VDI-Verlag 1974 (1. Aufl. 1957).

[6.27] Knudsen, J. G., Katz, D. L.: Fluid Dynamics and Heat Transfer. New York: McGraw-Hill 1958.

[6.28] Foust, A. S., Wenzel, L. A., Clump, C. W., Maus, L., Andersen, L. B.: Principles of Unit Operations. New York: John Wiley & Sons 1966 (frühere Aufl. 1960).

[6.29] Grassmann, P.: Physikalische Grundlagen der Verfahrenstechnik. Aarau und Frankfurt/Main: Sauerländer 1970 (1. Aufl. 1961).

[6.30] Vauck, W. R. A., Müller, H. A.: Grundoperationen chemischer Verfahrenstechnik. Dresden: Th. Steinkopf 1966 (1. Aufl. 1962).

[6.31] Benedek, P., László, A.: Grundlagen des Chemieingenieurwesens. Leipzig: VEB Deutscher Verlag für Grundstoffindustrie 1967 (1. Aufl. 1964).

[6.32] Kattanek, S., Gröger, R., Bode, C.: Ähnlichkeitstheorie. Leipzig: VEB Deutscher Verlag für Grundstoffindustrie 1967.

[6.33] Welty, J. R., Wicks, Ch. E., Wilson, R. E.: Fundamentals of Momentum, Heat and Mass Transfer. New York: John Wiley & Sons 1969.

[6.34] Brauer, H.: Stoffaustausch. Aarau und Frankfurt/Main: Sauerländer 1971.

[6.35] Brauer, H.: Grundlagen der Ein- und Mehrphasenströmungen. Aarau und Frankfurt/Main: Sauerländer 1971.

[6.36] Sissom, L. E., Pitts, D. R.: Elements of Transport Phenomena. New York: McGraw-Hill 1972.

[6.37] Skelland, A. H. P.: Diffusional Mass Transfer. New York: John Wiley & Sons 1974.

[6.38] Beek, W. J., Muttzall, K. M. K.: Transport Phenomena. London: John Wiley & Sons 1975.

[6.39] Pointner, H.: Beiträge zu den Grundlagen der Ähnlichkeitstheorie und der Modelltechnik und deren Anwendung in der Verfahrenstechnik. Habilitationsschrift, eingereicht an der Technischen Universität Graz, 1979. (Die im vorliegenden Buch angeführten diesbezüglichen Angaben entstammen den Entwürfen zu dieser Habilitationsschrift von 1974–1979).

7.0 Stoffaustausch in einphasigen Systemen

T. Sherwood; R. Pigford; C. R. Wilke; Mass Transfer, New York: McGraw-Hill 1975.

A. H. P. Skelland; Diffusional Mass Transfer, New York: John Wiley & Sons 1974.

Zu einem Stoffaustausch in einphasigen Systemen[1] kommt es, wenn Unterschiede in den Konzentrationen der einzelnen Komponenten an verschiedenen Orten des Systems vorliegen. In diesem Fall führt der Konzentrationsgradient zu einem Transport von Stoff (Masse, Molmenge) vom Ort höherer Konzentration zu dem niedrigerer Konzentration.

Es lassen sich dabei, entsprechend den Ausführungen in Abschnitt 3.2, verschiedene Transportmechanismen unterscheiden, je nachdem, ob das System ruhend oder strömend ist. In ruhenden Systemen tritt ein Stofftransport bei vorhandenen Konzentrationsunterschieden ausschließlich durch molekularen Austausch auf. Diesen Vorgang nennt man *Diffusion*. Er kann sowohl in Gasen, Flüssigkeiten und auch Feststoffen auftreten. In bewegten einphasigen Systemen wird ein Ausgleich von Konzentrationsunterschieden sowohl durch Diffusion als auch durch Konvektion herbeigeführt.

Im folgenden wird zunächst eine Übersicht der Stofftransportvorgänge in einphasigen ruhenden und bewegten Systemen gegeben (Abschnitt 7.1), und danach werden die verschiedenen Mechanismen der Diffusion (Abschnitt 7.2) besprochen.

7.1 Stoffaustauschvorgänge in einphasigen Systemen

Wie bereits erwähnt, unterscheidet man zwischen dem Stofftransport in ruhenden und bewegten Systemen. In beiden Fällen kann man zur Beschreibung der Vorgänge von der allgemeinen Stofftransportgleichung ausgehen und diese entsprechend den gegebenen Voraussetzungen auf die betreffenden vereinfachten Berechnungsgleichungen reduzieren.

Ausgangspunkt für die weiteren Überlegungen ist Gl. (4.34). Für den Sonderfall eines inkompressiblen Mediums nimmt dabei die Kontinuitätsgleichung (4.49) folgende Form an

$$\operatorname{div}(\rho \mathbf{v}) = \rho \operatorname{div} \mathbf{v} = 0 \tag{7.1}$$

Daraus folgt

---

[1] Einphasige Systeme sind solche, in denen nur eine Phase, die entweder gasförmig, flüssig oder fest sein kann, vorkommt (vergleiche Abschnitt 4.2.1). Dafür wird auch die Bezeichnung „homogenes System“ verwendet.

$$\operatorname{div} \mathbf{v} = 0 \tag{7.2}$$

Damit ergibt sich für den Konvektions-Term der Gl. (4.34) nachstehende Vereinfachung

$$\operatorname{div}(c_i \mathbf{v}) = c_i \operatorname{div} \mathbf{v} + \mathbf{v} \operatorname{grad} c_i = \mathbf{v} \operatorname{grad} c_i \tag{7.3}$$

Ist der betreffende Stofftransport instationär und findet ein Austausch nur in x-Richtung statt, so geht Gl. (7.3) schließlich in folgende Beziehung über[1]

$$\frac{\partial c_i}{\partial t} = -u\frac{\partial c_i}{\partial x} - \frac{\partial \dot{n}_{i[L]}}{\partial x} + \dot{r}v_i \tag{7.4}$$

Hierin ist im Gegensatz zu Gl. (4.40) der Leitstromterm $\dot{n}_{i[L]}$ nicht durch das 1. Ficksche Gesetz ersetzt, da dieses, wie bereits in Abschnitt 3.2.1.2 erwähnt wurde, einen Spezialfall der Diffusion darstellt. Es zeigt sich aber, daß die Lösung dieser Differentialgleichung nur in Fällen möglich ist, bei denen man für den Leitstromterm das Ficksche Gesetz bzw. das Stefansche Gesetz (Abschnitt 3.2.1.2) einführt, da für komplexere Konduktionsterme Gl. (7.4) bis jetzt noch nicht geschlossen gelöst werden konnte.

Nach Einsetzen des Fickschen Ansatzes in Gl. (7.4) folgt

$$\frac{\partial c_i}{\partial t} = -u\frac{\partial c_i}{\partial x} + D_{ij}\frac{\partial^2 c_i}{\partial x^2} + \dot{r}v_i \tag{7.5}$$

Diese Beziehung kann als Ausgangsgleichung zur Berechnung des Stofftransportes in einphasigen ruhenden und auch bewegten Systemen verwendet werden, wobei im gegebenen Fall angenommen werden soll, daß keine chemische Reaktion im betreffenden System stattfindet ($\dot{r} = 0$).

a) Ruhende Systeme: In diesem Fall ist $u = 0$, so daß gilt:

– für stationäre Zustände

$$0 = D_{ij}\frac{\partial^2 c_i}{\partial x^2} \tag{7.6}$$

– für instationäre Zustände

$$\frac{\partial c_i}{\partial t} = D_{ij}\frac{\partial^2 c_i}{\partial x^2} \tag{7.7}$$

Gl. (7.6) ist die Basis zur Berechnung von stationären Diffusionsvorgängen in ruhenden Systemen, die in Abschnitt 7.2.1 besprochen werden, während Gl. (7.7) die Grundlage zur Berechnung von instationären Diffusionsvorgängen in ruhenden Systemen darstellt (vergleiche Abschnitt 7.2.4).

b) Strömende Systeme: Dabei unterscheidet man zwischen Systemen mit laminarem bzw. turbulentem Strömungsverhalten. Zu einem laminar strömenden Zustand kommt es beispielsweise, wenn sich eine Grenzschicht (laminare Unterschicht) in einem turbulent strömenden Medium ausbildet. Will man z. B. das

---

[1] Dabei wird der Turbulenz-Term im allgemeinen Konvektions-Term $u(\partial c_i/\partial x)$ miterfaßt.

Konzentrationsprofil in der laminaren Unterschicht berechnen, so lassen sich im eindimensionalen Fall folgende Berechnungsgleichungen ansetzen, die sich aus der allgemeinen Beziehung (7.5) ableiten:

– stationärer Zustand

$$0 = -u\frac{\partial c_i}{\partial x} + D_{ij}\frac{\partial^2 c_i}{\partial x^2} \tag{7.8}$$

– instationärer Zustand

$$\frac{\partial c_i}{\partial t} = -u\frac{\partial c_i}{\partial x} + D_{ij}\frac{\partial^2 c_i}{\partial x^2} \tag{7.9}$$

In beiden Fällen führt die Lösung auf Beziehungen, aus denen sich das betreffende Konzentrationsprofil berechnen läßt.

In turbulent strömenden Systemen treten folgende Austauschvorgänge auf:

a) Taylor-Diffusion
b) turbulente Konvektionsströme.

Diese Austauschvorgänge sind durch die Diffusionskoeffizienten D_{ij} bzw. den turbulenten Austauschkoeffizienten ε_t gekennzeichnet. Da es experimentell im allgemeinen aufwendig ist, beide Koeffizienten getrennt zu bestimmen, faßt man diese zumeist zu einer Berechnungsgröße, dem sogenannten effektiven Diffusionskoeffizienten, zusammen

$$(D_{ij} + \varepsilon_t) = D_{\text{eff}} \tag{7.10}$$

Bezieht man die betreffende Darstellung auf das sogenannte *Dispersionsmodell* [7.1], so wird die Größe D_{eff} als *Dispersionskoeffizient* D^* bezeichnet. Diese hat dieselbe Dimension wie der Diffusionskoeffizient und der turbulente Austauschkoeffizient m^2/s. Bei den Dispersionskoeffizienten unterscheidet man solche, die in Strömungsrichtung bzw. quer zur Strömungsrichtung auftreten. Man definiert demgemäß axiale (longitudinale) bzw. radiale (transversale) Dispersionskoeffizienten D^*_{ax} und D^*_{rad}. Zur Berechnung bzw. Bestimmung von D^*_{ax} und D^*_{rad} vergleiche [7.2], [7.3].

Die Stoffaustauschgleichung, mit deren Hilfe man Transportvorgänge in turbulent strömenden Systemen beschreibt, kann wiederum aus der allgemeinen Beziehung (7.4) abgeleitet werden:

– stationärer Zustand

$$0 = -u\frac{\partial c_i}{\partial x} + D^*_{\text{ax}}\frac{\partial^2 c_i}{\partial x^2} \tag{7.11}$$

– instationärer Zustand

$$\frac{\partial c_i}{\partial t} = -u\frac{\partial c_i}{\partial x} + D^*_{\text{ax}}\frac{\partial^2 c_i}{\partial x_2} \tag{7.12}$$

Selbstverständlich handelt es sich bei der Beschreibung turbulenter Austauschvorgänge mit Hilfe der Beziehungen (7.11) bzw. (7.12) nur um ein mathematisches

Modell, und zwar dem oben erwähnten Dispersionsmodell. Dieses dient zur Berechnung von Konzentrationsprofilen turbulent strömender Systeme, bei denen die Strömungsverhältnisse zumindest näherungsweise denen einer Rohrströmung entsprechen. Dieses Modell hat sich in der praktischen Anwendung bereits bewährt [7.4].

7.2 Die Diffusion

Der durch Diffusion innerhalb einer Phase bewirkte Ausgleichsvorgang beruht, wie bereits erwähnt, auf dem Austausch von Stoff (Masse, Molmenge) durch die thermische Molekularbewegung. Diese ist bei Gasen relativ groß – im Mittel etwa 50 bis 70 m/sec – während sie bei Flüssigkeiten und Feststoffen bedeutend geringer ist. Daraus folgt, daß die Diffusionsvorgänge je nach Art der Phase, in der sie stattfinden, recht unterschiedlich sind. Bei turbulenten Strömungen fluider Systeme wird der laminare molekulare Austausch außerdem durch den turbulenten verstärkt (vergleiche Abschnitt 3.2.4).

Abhängig von den Bedingungen, unter denen der Diffusionsvorgang stattfindet, kann er nach verschiedenen Mechanismen ablaufen. Man unterscheidet dabei zwischen:

a) der allgemeinen zweiseitigen Diffusion
b) der zweiseitigen äquimolaren Diffusion
c) der einseitigen Diffusion.

Zur Veranschaulichung des allgemeinen Falles der zweiseitigen nichtäquimolaren Diffusion soll an Hand von Abb. 7.1 ein Gas/Flüssig-System betrachtet werden, bei dem zu einem bestimmten Zeitpunkt zwei Moleküle einer Komponente *B* verdampfen und gleichzeitig ein Molekül einer Komponente *A* kondensiert. Ein derartiger Vorgang ist gegeben, wenn die Verdampungsenthalpien der Einzelkomponenten, wie beispielsweise bei Wasser (ca. 2310 kJ/kg) und verschiedenen Kohlenwasserstoffen (ca. 420 kJ/kg), unterschiedlich sind. Innerhalb der Dampfphase ist dadurch ein örtlicher Konzentrationsunterschied gegeben, der in weiterer Folge durch die molekulare Diffusion ausgeglichen wird.

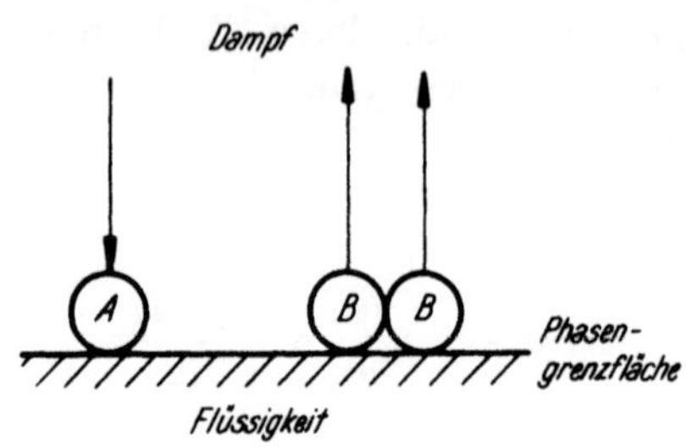

Abb. 7.1. Zur Erläuterung der allgemeinen zweiseitigen Diffusion

Stimmt die Zahl der sich in entgegengesetzter Richtung bewegenden Moleküle überein, dann handelt es sich um eine *äquimolare Diffusion*. Dazu müßten im gegebenen Fall die Verdampfungs- und Kondensationswärmen der am Vorgang beteiligten Stoffe gleich groß sein, was beispielsweise im Fall der Destillation von Kohlenwasserstoffen annähernd zutrifft.

Ein weiterer Sonderfall der nichtäquimolaren Diffusion ist die *einseitige Diffusion*, bei der ein Austausch der Komponenten nur in einer Richtung erfolgt, wie dies etwa bei einem Absorptionsvorgang eines Gases aus einer Mischung verschiedener Einzelkomponenten der Fall ist, wenn die übrigen Komponenten der Gasmischung nicht von der betreffenden Flüssigkeit absorbiert werden.

Im folgenden wird für die angeführten Fälle die Berechnungsmöglichkeit der einzelnen Stoffstromdichten $\dot{n}_{i[L]}$ sowie die Bestimmung des zugehörigen Konzentrationsprofiles aufgezeigt, wobei zunächst die äquimolare und einseitige Diffusion und anschließend daran der allgemeine Fall der zweiseitigen Diffusion behandelt wird.

7.2.1 Äquimolare oder molengleiche Diffusion

Zu deren Beschreibung wird der Diffusionsvorgang an Hand des in Abb. 7.2 dargestellten Modellbeispieles, einem Verbindungsrohr zweier geschlossener Behälter, betrachtet. In dem System sei ein gasförmiges Zweistoffgemisch, bestehend aus den Komponenten A und B, wobei angenommen wird, daß Konzentrationsunterschiede ausschließlich in x-Richtung gegeben seien.

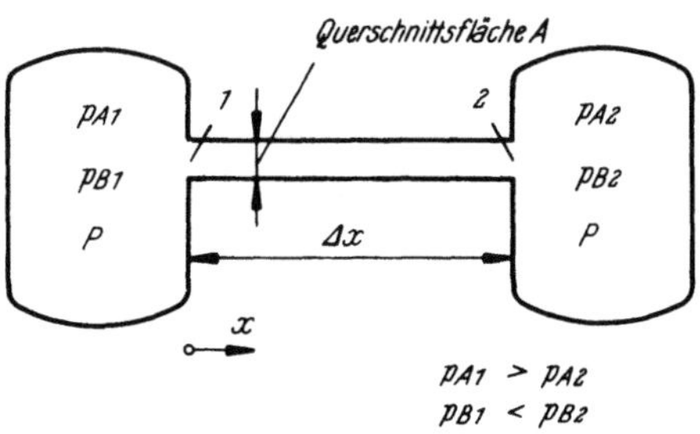

Abb. 7.2. Zur Erklärung der äquimolaren Diffusion

Unter den gegebenen Voraussetzungen wird auf Grund des bestehenden Konzentrationsgefälles die Komponente A aus dem Behälter 1 in den Behälter 2 und die Komponente B in der Gegenrichtung durch das Verbindungsrohr diffundieren. Die dadurch bedingten Stoffstromdichten $\dot{n}_{A[L]}$ bzw. $\dot{n}_{B[L]}$ lassen sich aus der Stoffaustauschgleichung (7.4) nach Wegfall aller Glieder, ausgenommen des Konduktionstermes, mittels des Fickschen Gesetzes beschreiben. Für die Komponente A gilt im eindimensionalen Fall[1] (vergleiche Abschnitt 3.2.1.2)

$$\dot{n}_{A[L]} = -D_{AB}\frac{dc_A}{dx} \tag{7.13}$$

[1] Um nicht durch zusätzliche Indizes die Gleichungen zu komplizieren, wird der den molekularen Transport kennzeichnende Index [L] jeweils nur in den erstmals angeführten Berechnungsgleichungen verwendet. Bei den weiteren Beziehungen soll aber der Index jeweils dort weggelassen werden, wo dies, ohne die Exaktheit der Darstellung zu beeinträchtigen, möglich ist.

Hierin bedeutet c_A die molare Konzentration der Komponente A, sowie D_{AB} den binären Diffusionskoeffizienten. Dieser stellt eine für jede Komponente und seine Umgebung charakteristische Größe dar und ist damit allgemein eine Funktion der intensiven Zustandsgrößen, wie Druck, Temperatur und Zusammensetzung (vergleiche Abschnitt 7.3.2).

Bei Gasgemischen ist es im allgemeinen vorteilhafter, in Gl. (7.13) die molare Konzentration c_i der diffundierenden Komponente durch deren Partialdruck p_i zu ersetzen. Bei Annahme idealen Verhaltens der Gasphase gilt entsprechend dem idealen Gasgesetz $pV = NRT$ die Beziehung

$$c_i = \frac{N_i}{V} = \frac{p_i}{RT} \tag{7.14}$$

Damit ergibt sich für das Ficksche Gesetz die weitere Darstellung[1]

$$\dot{n}_A = -\frac{D_{AB}}{RT}\frac{dp_A}{dx} \tag{7.15}$$

Hierin bedeuten R die universelle Gaskonstante ($R = 8314$ J/kmol K) und T die absolute Temperatur.

In seiner allgemeinen Anwendung konnte das Ficksche Gesetz bisher nur experimentell bestätigt werden [7.5]. Eine theoretische Ableitung war bisher nur unter gewissen vereinfachenden Annahmen möglich (vergleiche Abschnitt 3.2.1).

Für die Stromdichte der Komponente B, die aus Kontinuitätsgründen der Komponente A entgegengerichtet ist, gilt eine der Gl. (7.15) analoge Beziehung

$$\dot{n}_B = -\frac{D_{BA}}{RT}\frac{dp_A}{dx} \tag{7.16}$$

Bleibt der Gesamtdruck in beiden Behältern gleich, dann muß der Molstrom der Komponente A gleich dem der Komponente B sein. Es gilt demzufolge

$$\dot{n}_A = -\dot{n}_B \tag{7.17}$$

Setzt man weiters die Gültigkeit des Daltonschen Gesetzes, das den additiven Zusammenhang zwischen dem Gesamtdruck und den Partialdrücken der Einzelkomponenten eines Gasgemisches gemäß der Beziehung

$$p = p_A + p_B \tag{7.18}$$

beschreibt, voraus, so kann für ein binäres Stoffgemisch nach Differenzierung obiger Gleichung nachstehender Zusammenhang abgeleitet werden

$$\frac{dp_A}{dx} = -\frac{dp_B}{dx} \tag{7.19}$$

Dies bedeutet, daß in einem binären Gemisch unter stationären Bedingungen dem Partialdruckgradienten einer Komponente stets ein gleich großer, aber entgegengesetzter Gradient der zweiten Komponente zugeordnet ist.

---

[1] Der Doppelindex AB deutet darauf hin, daß die Diffusion in einem aus den Komponenten A und B bestehenden Stoffgemisch stattfindet. Der erste Buchstabe gibt ferner die in diesem Zusammenhang betrachtete Austauschkomponente an.

Setzt man das Ergebnis der Bedingung (7.19) in Gln. (7.15) und (7.16) ein, so zeigt sich, daß die Diffusionskoeffizienten für beide Komponenten unter den genannten Voraussetzungen übereinstimmen. Im folgenden werden deshalb bei der äquimolaren Diffusion die Indizes für die einzelnen Komponenten nicht angeführt und der Diffusionskoeffizient, unabhängig von der Transportkomponente, mit D bezeichnet. Somit gilt

$$D_{AB} = D_{BA} = D \tag{7.20}$$

Der Ficksche Ansatz nach Gl. (7.13) stellt zugleich auch die Definitionsgleichung für den Diffusionskoeffizienten dar, der als rein stoffspezifische Größe ausschließlich eine Funktion der das System beschreibenden intensiven Zustandsgrößen ist.

Die Berechnung der für eine endliche Diffusionsstrecke $\Delta x = x_2 - x_1$ maßgebenden Stoffstromdichte $\dot{n}_A$ erfolgt mittels der integralen Darstellung des Fickschen Ansatzes für die örtliche Stromdichte nach Gl. (7.15)

$$\int_{x=x_1}^{x_2} dx = -\frac{D}{\dot{n}_A RT} \int_{p=p_{A_1}}^{p_{A_2}} dp \tag{7.21}$$

Mit $p_A = p_{A_1}$ bei $x = x_1$ und $p_A = p_{A_2}$ bei $x = x_2$ erhält man nach Integration für die molare Stoffstromdichte die integrale Darstellung

$$\dot{n}_A = -\frac{D}{RT}\frac{(p_{A_2} - p_{A_1})}{(x_2 - x_1)} \tag{7.22}$$

Analoge Darstellungen ergeben sich für alle anderen Konzentrationsmaße. Ersetzt man beispielsweise den Partialdruck durch die partielle molare Konzentration $c_A = p_A/RT$, dann lautet die integrierte Form des Fickschen Gesetzes

$$\dot{n}_A = -\frac{D}{\Delta x}(c_{A_2} - c_{A_1}) \tag{7.23}$$

Führt man hingegen den Molenbruch y_i als Konzentrationsmaß ein, so erhält man unter Berücksichtigung des Zusammenhanges

$$y_A = \frac{c_A}{c_A + c_B} = \frac{c_A}{c_{\mathrm{Ges}}} \tag{7.24}$$

für die Stoffstromdichte die Beziehung

$$\dot{n}_A = -\frac{D c_{\mathrm{Ges}}}{\Delta x}(y_{A_2} - y_{A_1}) \tag{7.25}$$

wobei c_{Ges} die Konzentration des Gasgemisches im betreffenden System darstellt.

Konzentrationsverlauf bei stationärer äquimolarer Diffusion

Die Berechnung des mit der Ortskoordinate x veränderlichen Partialdruckes p_A erfolgt im Falle der äquimolaren Diffusion mittels der für stationäre Austauschvorgänge maßgebenden Bedingung bei konstanter Querschnittsfläche:

$$\frac{d}{dx}(\dot{n}_A) = 0 \tag{7.26}$$

Gl. (7.26) besagt, daß die Diffusionsstromdichte $\dot{n}_A$ der Komponente A unter den genannten Voraussetzungen von der Ortskoordinate unabhängig ist. Ersetzt man hierin die Stoffstromdichte durch das für die äquimolare Diffusion maßgebende Ficksche Gesetz gemäß Gl. (7.15), ergibt sich für den Verlauf des Partialdruckes nachstehender Zusammenhang

$$\frac{d^2 p_A}{dx^2} = 0 \tag{7.27}$$

Unter Berücksichtigung der bereits genannten Randbedingungen

$$x = x_1, \qquad p_A = p_{A_1} \tag{7.28}$$

$$x = x_2, \qquad p_A = p_{A_2} \tag{7.29}$$

lautet die Lösung der Differentialgleichung

$$\frac{p_{A_1} - p_A}{p_{A_1} - p_{A_2}} = \frac{x - x_1}{x_2 - x_1} \tag{7.30}$$

Analog gilt für die zweite Komponente

$$\frac{p_{B_1} - p_B}{p_{B_1} - p_{B_2}} = \frac{x - x_2}{x_1 - x_2} \tag{7.31}$$

Die nach Gln. (7.30) bzw. (7.31) beschriebene lineare Änderung des Partialdruckes bzw. allgemein der Konzentration der Einzelkomponenten setzt allerdings voraus, daß der Diffusionskoeffizient innerhalb des betrachteten Austauschbereiches konstant und damit druck- und temperaturunabhängig ist.

7.2.2 Einseitige Diffusion

Zu einseitiger Diffusion kommt es, wenn in einem mehrphasigen System eine Wand bzw. Phasengrenzfläche nur in einer Richtung für eine beschränkte Anzahl von Komponenten des vorliegenden Stoffgemisches durchlässig ist, den Durchtritt der anderen jedoch verhindert. Eine Wand, die eine solche Eigenschaft besitzt, nennt man halbdurchlässig oder semipermeabel. Als Beispiel einer einseitigen Diffusion sei z. B. die Absorption und die Teilkondensation in einem Gas-Flüssigsystem angeführt. Die Vorstellung, daß dabei für alle Molekülarten die Grenzfläche nur in einer Richtung durchlässig ist, kann natürlich nur annähernd gültig sein, da stets Moleküle von der Flüssigkeit in den Gasraum gelangen. Ihre Zahl ist jedoch gegenüber dem entgegengerichteten Stoffstrom so gering, daß sie im Vergleich zum Austauschstrom im allgemeinen vernachlässigt werden kann.

Ähnliche Vorgänge liegen bei der Verdunstung, der Trocknung bzw. der Desorption vor. In diesen Fällen verläßt ein molekularer Stoffstrom eine Flüssigkeits- bzw. Feststoffoberfläche, welche für die Moleküle der daran angrenzenden Gasphase undurchlässig ist. Abb. 7.3 zeigt die hier beschriebenen Beispiele einseitiger Diffusionsströme schematisch dargestellt.

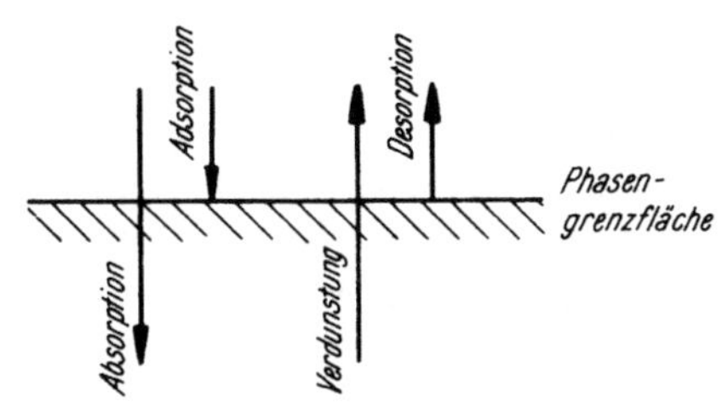

Abb. 7.3. Beispiele der einseitigen Diffusion

Im folgenden sollen die bei der einseitigen Diffusion auftretenden Stoffströme sowie der dazugehörige Konzentrationsverlauf erörtert werden. Zu diesem Zweck wird als Beispiel die selektive Absorption[1] eines Gases in einer Flüssigkeit untersucht, deren Oberfläche nur für eine bzw. eine beschränkte Anzahl von Molekülarten durchlässig ist. Zur Vereinfachung der Betrachtungen wird dabei angenommen, daß sich die für den einseitigen Stofftransport maßgebende Gasphase in Ruhe befindet. Damit ergibt sich für die am Austauschvorgang beteiligten Stoffkomponenten A und B eine Konzentrationsverteilung gemäß Abb. 7.4.

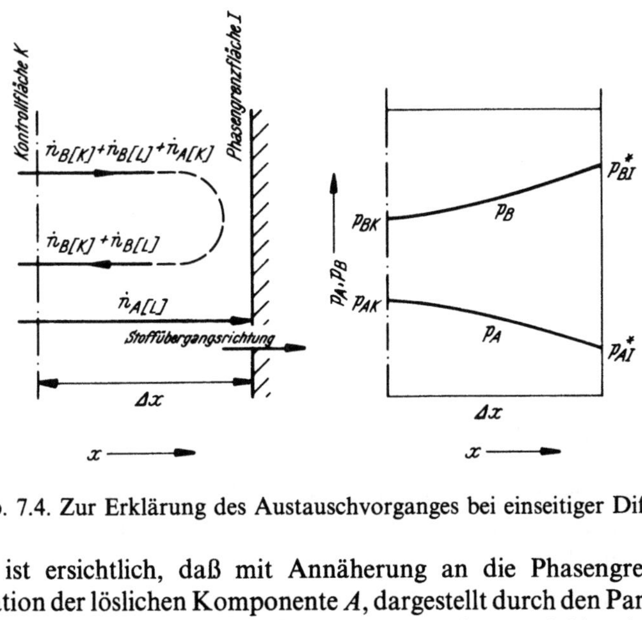

Abb. 7.4. Zur Erklärung des Austauschvorganges bei einseitiger Diffusion

Daraus ist ersichtlich, daß mit Annäherung an die Phasengrenzfläche die Konzentration der löslichen Komponente A, dargestellt durch den Partialdruck p_A, merklich abnimmt. An der Grenzfläche herrscht der Partialdruck p_{AI}^* [2]. Man nimmt im allgemeinen an, daß es sich dabei um den Gleichgewichtswert (Sättigungsdruck) bezüglich der Konzentration der Flüssigphase nahe der Grenzfläche

[1] Darunter versteht man die spezifische Absorption einzelner Komponenten aus einem Gemisch.

[2] Mit * wird jeweils der Gleichgewichtszustand, im gegebenen Fall an der Phasengrenzfläche I, bezeichnet.

handelt; er ist allein eine Funktion der in der Grenzfläche herrschenden Temperatur T_I und der Konzentration c_{AI}^*.

Ferner soll der Anteil der übergehenden Komponente so gering sein, daß sich die Zusammensetzung in der Hauptmasse der Gasphase nicht oder nur unwesentlich ändert. Die für die Diffusion der Komponente A maßgebende Konzentrationsdifferenz $p_{AK} - p_{AI}^*$ bleibt damit während des gesamten Austauschvorganges konstant und gleich groß.

Umgekehrt verhält es sich in einem binären System mit der Verteilung der Stoffkomponente B. Da der Gesamtdruck, der sich additiv aus den beiden Partialdrücken p_A und p_B zusammensetzt, vom Austauschweg x unabhängig ist, entspricht somit dem mit abnehmender Entfernung von der Phasengrenzfläche sinkenden Partialdruck der Komponente A ein zunehmender Partialdruck der Komponente B. Dies bedingt einen molekularen Stoffstrom der Komponente B von der Phasengrenzfläche in Richtung der Hauptmasse der Gasphase. Unter Voraussetzung stationärer Bedingungen erzwingt dieser Stoffstrom aber auch eine Rückstromung, die das gesamte Gemischvolumen oberhalb der Flüssigkeitsoberfläche erfaßt. Dieser Ausgleich besteht nach STEFAN [7.6] in einem konvektiven Verdrängungsstrom, der sich entsprechend dem Aufbau des Gasgemisches aus den Stoffkomponenten A und B zusammensetzt. Er besitzt die Geschwindigkeit v_v und ist analog dem Diffusionsstrom der Komponente A zur Flüssigkeitsoberfläche gerichtet.

Wählt man an einer beliebigen Stelle innerhalb der Gasphase des in Abb. 7.4 dargestellten Gas/Flüssig-Systems eine parallel zur Grenzfläche verlaufende Kontrollfläche K und bestimmt darin die je Zeit und Flächeneinheit durchtretenden Stoffmengen, so ergeben sich unter Berücksichtigung des für die äquimolare Diffusion gültigen Fickschen Gesetzes für die Komponenten A und B nachstehende Zusammenhänge

$$\dot{n}_A = \dot{n}_{A[L]} + \dot{n}_{A[K]} \tag{7.32}$$

bzw.

$$\dot{n}_B = \dot{n}_{B[L]} + \dot{n}_{B[K]} \tag{7.33}$$

Der zweite Term in den Gln. (7.32) und (7.33) berücksichtigt den Stofftransport auf Grund der bei einseitiger Diffusion auftretenden Verdrängungsströmung. Es handelt sich dabei um einen konvektiven Stoffstrom, weshalb auch zu dessen Kennzeichnung der Index $[K]$ eingeführt wurde. Dieser läßt sich entsprechend der Definitionsgleichung (3.96) für den konvektiven Transportstrom durch nachstehende Beziehung darstellen

$$\dot{n}_{A[K]} = c_A v_v \tag{7.34}$$

bzw. für die Komponente B

$$\dot{n}_{B[K]} = c_B v_v \tag{7.35}$$

Die in den Gln. (7.34) und (7.35) mit c_A und c_B bezeichneten partiellen molaren Konzentrationen beschreiben die örtliche Zusammensetzung in der Gasphase. Weiters ist mit v_v die Geschwindigkeit des Stefanschen Verdrängungsstromes bestimmt. Diese ist im Fall stationärer Austauschbedingungen für beide Komponentenströme gleich groß.

Ersetzt man in den einzelnen Gleichungen die molare Konzentration c_i jeweils durch den betreffenden Partialdruck p_i, so gelten bei Annahme idealer Gasbedingungen nachstehende Zusammenhänge

$$c_A = \frac{p_A}{RT} \quad \text{bzw.} \quad c_B = \frac{p_B}{RT} \tag{7.36}$$

Für die Stoffstromdichten $\dot{n}_A$ bzw. $\dot{n}_B$ der diffundierenden Komponenten A und B ergeben sich damit nach den Gln. (7.32) und (7.33) folgende Beziehungen

$$\dot{n}_A = -\frac{D}{RT}\frac{dp_A}{dx} + v_v\frac{p_A}{RT} \tag{7.37}$$

$$\dot{n}_B = -\frac{D}{RT}\frac{dp_B}{dx} + v_v\frac{p_B}{RT} \tag{7.38}$$

Hierin sind der Partialdruck p_A und der Diffusionskoeffizient D im allgemeinen bekannte Größen. Lediglich die Geschwindigkeit v_v des Stefanschen Verdrängungsstromes ist in den meisten Fällen vorerst unbekannt. Zu ihrer Berechnung wird von der Annahme ausgegangen, derzufolge sich die entgegengerichteten Stoffstromdichten $\dot{n}_{B[K]}$ und $\dot{n}_{B[L]}$ aufheben, da der Nettotransportstrom der Komponente B bei einseitiger Diffusion gleich Null ist.

Mit der Bedingung $\dot{n}_B = 0$ ergibt sich aus Gl. (7.38) für die Geschwindigkeit v_v der Verdrängungsströmung die Beziehung

$$v_v = \frac{D}{p_B}\frac{dp_B}{dx} \tag{7.39}$$

Ersetzt man in Gl. (7.39) den Partialdruckgradienten der Komponente B durch den äquivalenten Wert der Komponente A, dann gilt unter Berücksichtigung von Gl. (7.19) nachstehender Zusammenhang

$$v_v = -\frac{D}{p_B}\frac{dp_A}{dx} \tag{7.40}$$

Führt man diesen Ausdruck in Gl. (7.37) ein, so erhält man nach Umformung für die Stoffstromdichte der Komponente A folgende Beziehung

$$\dot{n}_A = -\frac{D}{RT}\frac{dp_A}{dx} - \frac{D}{RT}\frac{p_A}{p_B}\frac{dp_A}{dx} = -\frac{D}{RT}\frac{P}{P - p_A}\frac{dp_A}{dx} \tag{7.41}$$

Dieser Ansatz zur Berechnung der Stoffstromdichte einseitiger Diffusionsvorgänge wurde erstmals von STEFAN [7.6] beschrieben und wird deshalb auch nach ihm Stefansches Gesetz benannt. Es unterscheidet sich vom Fickschen Gesetz nach Gl. (7.15) durch den zusätzlichen Faktor $P/(P - p_A)$.

Die Geschwindigkeit des Verdrängungsstromes und damit dessen Einfluß auf den Austauschvorgang ist umso größer, je kleiner die Druckdifferenz $P - p_A$ ist, das heißt je geringer der Anteil der inerten Komponente ist. Im Falle $p_B = 0$ geht der einseitige Austauschvorgang in die reine Kondensation bzw. im umgekehrten Fall in die Verdampfung über.

Bei kleinen Partialdrücken der diffundierenden Komponente ist dagegen der Unterschied zwischen äquimolarer und einseitiger Diffusion zumeist derart unbedeutend, daß vielfach auch das Ficksche Gesetz zur Berechnung der Stoffstromdichte einseitiger Diffusionsvorgänge genügt [7.5].

Zur Berechnung der mittleren molaren Stoffstromdichte $\dot{n}_A$ geht man von der örtlichen Diffusionsstromdichte nach Gl. (7.41) aus und integriert diese über den Diffusionsweg $\Delta x = x_2 - x_1$. Dabei ist aber zu beachten, daß bei der einseitigen Diffusion die integrierte Form der Stoffstromdichte nicht nur vom Partialdruck bzw. dessen Gradienten, sondern auch von der Austauschrichtung abhängt.

Ist der Diffusionskoeffizient D weitgehend konzentrationsunabhängig und die Temperatur während des Diffusionsvorganges konstant, erhält man nach Integration von Gl. (7.41)

$$\int_{p_A = p_{A1}}^{p_{A2}} \frac{dp_A}{P - p_A} = -\frac{\dot{n}_A}{D}\frac{RT}{P} \int_{x = x_1}^{x_2} dx \tag{7.42}$$

Unter Beachtung der Randbedingungen $p_A = p_{A_1}$ bei $x = x_1$ und $p_A = p_{A_2}$ bei $x = x_2$ lautet die vollständige Lösung

$$\ln \frac{P - p_{A_2}}{P - p_{A_1}} = -\frac{\dot{n}_A}{D}\frac{RT}{P}(x_2 - x_1) \tag{7.43}$$

Nach Umformung und Vereinfachung des Ausdruckes (7.43), in dem für $(x_2 - x_1)$ in weiterer Folge nur mehr Δx geschrieben wird, ergibt sich für die molare Stoffstromdichte $\dot{n}_A$ folgender Zusammenhang

$$\dot{n}_A = -\frac{DP}{\Delta x\, RT} \ln \frac{p_{B_2}}{p_{B_1}} \tag{7.44}$$

Gl. (7.44) stellt die integrierte Form des Stefanschen Gesetzes für die Stoffstromdichte bei einseitiger Diffusion dar.

Um eine dem 1. Fickschen Gesetz nach Gl. (7.22) analoge Darstellung zu erhalten, führt man für die Partialdruckverteilung der Komponente B über die Diffusionslänge Δx einen logarithmischen Mittelwert ein. Dieser ist definiert als (vergleiche Kapitel 9.0)

$$p_{B_{lm}} = \frac{p_{B_2} - p_{B_1}}{\ln \dfrac{p_{B_2}}{p_{B_1}}} \tag{7.45}$$

Mit Gl. (7.45) erhält man nach Umformung und unter Berücksichtigung des Daltonschen Gesetzes $p_B = P - p_A$ die integrale Stefansche Diffusionsgleichung der Form

$$\dot{n}_A = \frac{DP}{\Delta x\, RT p_{B_{lm}}}(p_{A_2} - p_{A_1}) \tag{7.46}$$

Der Unterschied zur analogen Darstellung des Fickschen Gesetzes für die molarengleiche zweiseitige Diffusion besteht in der Erweiterung $P/p_{B_{lm}}$, die abgesehen vom Grenzfall $P = p_{B_{lm}}$ stets einen Wert größer als Eins annimmt.

Konzentrationsverlauf bei einseitiger Diffusion in Gasen

Zur Beschreibung des bei einseitiger Diffusion in Gasgemischen auftretenden Partialdruckverlaufes wird von der Annahme ausgegangen, daß es sich um einen stationären Austauschvorgang handelt. Für die Stromdichte der diffundierenden Komponente muß bei konstanter Querschnittsfläche somit stets die dafür gültige Bedingung

$$\frac{d\dot{n}_A}{dx} = 0 \tag{7.47}$$

erfüllt sein.

Setzt man hierin für $\dot{n}_A$ das Stefansche Diffusionsgesetz nach Gl. (7.41) ein, so wird der mit der Ortskoordinate x veränderliche Partialdruck p_A durch nachstehende Differentialgleichung beschrieben

$$\frac{d}{dx}\left[-\frac{D}{RT}\left(\frac{P}{P-p_A}\right)\frac{dp_A}{dx}\right] = 0 \tag{7.48}$$

Unter Berücksichtigung der dafür gültigen Randbedingungen $p_A = p_{A_1}$ bei $x = x_1$ und $p_A = p_{A_2}$ bei $x = x_2$ erhält man nach zweimaliger Integration von Gl. (7.48) für den Partialdruckverlauf der Komponente A

$$\frac{P - p_A}{P - p_{A_1}} = \left[\frac{P - p_{A_2}}{P - p_{A_1}}\right]^{x/\Delta x} \tag{7.49}$$

Zur Vereinfachung der Schreibweise wurde in Gl. (7.49) für den Diffusionsweg $x_2 - x_1$ der Ausdruck Δx eingeführt.

Unter Beachtung des Zusammenhanges $P = p_A + p_B$ läßt sich Gl. (7.49) noch weiter vereinfachen und durch folgende Form ausdrücken

$$\frac{p_B}{p_{B_1}} = \left[\frac{p_{B_2}}{p_{B_1}}\right]^{x/\Delta x} \tag{7.50}$$

Abb. 7.5 zeigt den durch Gl. (7.30) bzw. Gl. (7.50) beschriebenen Partialdruckverlauf der Komponenten A und B in Abhängigkeit der bezogenen Höhe $x/\Delta x$ über dem Flüssigkeitsspiegel.

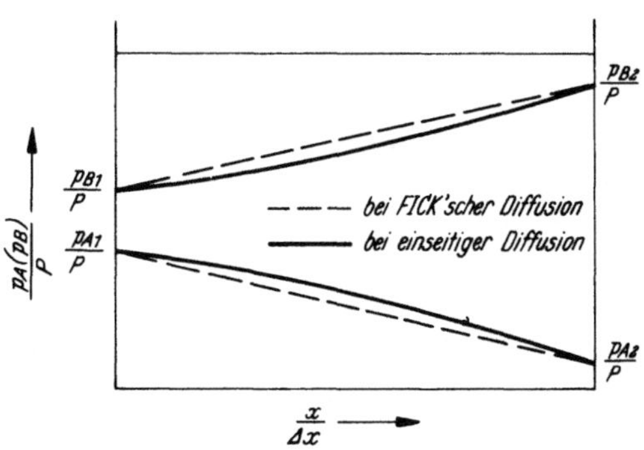

Abb. 7.5. Partialdruckverlauf bei äquimolarer und einseitiger Diffusion in einem Gasgemisch

Eine vergleichende Gegenüberstellung der äquimolaren Diffusion und der einseitigen Diffusion zeigt Tab. 7.1. Daraus ist ersichtlich, daß die Stoffstromdichte bei der Stefan-Diffusion um den Faktor $P/(P - p_A)$ größer ist als die Stoffstromdichte nach Fick für die äquimolare Gegendiffusion. Dieser Unterschied macht sich entscheidend bemerkbar, wenn der Partialdruck der Komponente A zum Gesamtdruck größer als $p_A/P > 0{,}1$ ist [7.5]. In vielen praktischen Fällen, wenn die obige Bedingung nicht erfüllt ist, wird man deshalb bei der einseitigen Diffusion die Stoffstromdichte ebenso nach dem Fickschen Gesetz berechnen dürfen.

Tabelle 7.1. *Vergleichende Gegenüberstellung der äquimolaren Diffusion und der einseitigen Diffusion*

	Äquimolare Gegendiffusion	Einseitige Diffusion
Berechnungsgleichung für stationären Fall	$\dot{n}_A = -\frac{D}{RT}\frac{dp_A}{dx}$	$\dot{n}_A = -\frac{D}{RT}\frac{P}{(P - p_A)}\frac{dp_A}{dx}$
	$\dot{n}_A = -\dot{n}_B$	$\dot{n}_B = 0$
Konzentrationsverlauf	$\frac{d^2p_A}{dx^2} = 0$	$\frac{dp_A}{dx} = -\mathrm{const}(P - p_A)/P$
	$\frac{d^2p_B}{dx^2} = 0$	$\frac{dp_B}{dx} = -\mathrm{const}(P - p_B)/P$

7.2.3 Nichtäquimolare zweiseitige Diffusion

Die nichtäquimolare zweiseitige Diffusion stellt den allgemeinen Fall des molekularen Stofftransportes in einem einphasigen System dar. Ist die unterschiedliche Zusammensetzung der betreffenden Phase allein Ursache des molekularen nichtäquimolaren Austauschvorganges, treten auf Grund der Konzentrationsgradienten entgegengerichtete Diffusionsströme auf, die im allgemeinen Fall unterschiedlich groß sind. Man spricht deshalb oft auch von *allgemeiner zweiseitiger* (gewöhnlicher) Diffusion [7.7]. Mit deren Auftreten ist insbesondere dann zu rechnen, wenn ein molekularer Transportvorgang mit einem Quellen- bzw. Senkeneffekt verbunden ist. Beispiele dafür sind unter anderem die Diffusionsvorgänge, die mit einer chemischen Reaktion gekoppelt sind, oder auch die Transportvorgänge, die mit einer Phasenänderung verbunden sind.

Zur Beschreibung der allgemeinen zweiseitigen Diffusion geht man von der Annahme aus, daß sich die beiden entgegengerichteten unterschiedlich großen Diffusionströme analog dem Ansatz für die einseitige Diffusion aus einem molekularen Anteil und einem durch den Stefanschen Verdrängungsstrom hervorgerufenen konvektiven Anteil zusammensetzen. Die Gültigkeit dieser Annahme kann damit erklärt werden, daß im allgemeinen einseitigen Fall beide Komponenten in ihrem Austauschvermögen eingeschränkt sind. Die dadurch bedingte Diffusionshemmung ist in der Berechnungsgleichung für die Stoffstromdichte analog den Anführungen bei der einseitigen Diffusion im Abschnitt 7.2.2 durch den zusätzlichen Konvektionsterm für die Verdrängungsströmung berücksichtigt.

Unter Beachtung der daran gebundenen Voraussetzungen lassen sich die Stoffstromdichten der Komponenten A und B wie folgt anschreiben

$$\dot{n}_A = -\frac{D}{RT}\frac{dp_A}{dx} + v_v \frac{p_A}{TR} \tag{7.51}$$

$$\dot{n}_B = -\frac{D}{RT}\frac{dp_B}{dx} + v_v \frac{p_B}{TR} \tag{7.52}$$

Um die in ihrem Zahlenwert vorerst unbekannte Strömungsgeschwindigkeit v_v aus den Gln. (7.51) und (7.52) zu eliminieren, wird bei stationären Austauschbedingungen unter Berücksichtigung der Gleichheit der Partialdruckgradienten gemäß Gl. (7.19) die Geschwindigkeit durch Umformung einer der beiden Gleichungen explizit bestimmt und in die zweite Gleichung eingesetzt. Auf diese Weise erhält man für die Komponente A folgende Beziehung

$$\dot{n}_A = -\frac{D}{RT}\frac{P}{P - p_A}\frac{dp_A}{dx} + \frac{p_A}{P - p_A}\dot{n}_B \tag{7.53}$$

Der für die allgemeine nichtäquimolare Diffusion entwickelte Ansatz enthält als Sonderfälle die für äquimolare und die einseitige Diffusion gültigen Gesetzmäßigkeiten (vergleiche Abschnitte 7.2.1 und 7.2.2). Unter Berücksichtigung der dafür geltenden Voraussetzungen ergeben sich nachstehend vereinfachte Beziehungen:

– äquimolare Diffusion ($v_v = 0$)

$$\dot{n}_A = -\dot{n}_B = -\frac{D}{RT}\frac{dp_A}{dx} \tag{7.54}$$

– einseitige Diffusion ($\dot{n}_B = 0$)

$$\dot{n}_A = -\frac{D}{RT}\frac{P}{P - p_A}\frac{dp_A}{dx} \tag{7.55}$$

Vielfach erweist es sich als vorteilhaft, die molaren Stoffstromdichten $\dot{n}_A$ und $\dot{n}_B$ in Gl. (7.53) durch eine Verhältniszahl auszudrücken. Setzt man dafür beispielsweise den Ausdruck

$$\gamma = \frac{\dot{n}_B}{\dot{n}_A} \tag{7.56}$$

in Gl. (7.53) ein, ergibt sich für die allgemeine Stoffstromdichte der Komponente A

$$\dot{n}_A = -\frac{D}{RT}\frac{P}{P - p_A}\frac{dp_A}{dx} + \frac{p_A}{P - p_A}(\gamma \dot{n}_A) \tag{7.57}$$

bzw. nach Umformung

$$\dot{n}_A = -\frac{PD}{RT[P - p_A(1 + \gamma)]}\frac{dp_A}{dx} \tag{7.58}$$

In den Sonderfällen der äquimolaren und einseitigen Diffusion läßt sich Gl. (7.58) wiederum auf die dafür bekannten Gesetzmäßigkeiten zurückführen. Für $\gamma = -1$ ($\dot{n}_A \triangleq \dot{n}_B$) erhält man unmittelbar das Ficksche Gesetz gemäß Gl. (7.54), während bei $\gamma = 0$ ($\dot{n}_B = 0$) sich Gl. (7.55) auf das Stefansche Gesetz reduziert. Ansonsten erfordert die Berechnung der Stoffstromdichte mittels Gl. (7.57) immer eine zusätzliche Bedingung für $\dot{n}_B/\dot{n}_A$. In manchen Fällen ist eine solche durch eine systemgebundene Voraussetzung bereits vorgegeben. Als Beispiel sei hier die Molstromdichte der Ausgangssubstanz CO_2 bei der Reaktion mit Kohlenstoff angegeben. Entsprechend der Bruttoreaktionsgleichung

$$C + CO_2 = 2\,CO \tag{7.59}$$

läßt sich γ zu

$$\gamma = \frac{\dot{n}_B}{\dot{n}_A} = \frac{\nu_{CO_2}}{\nu_{CO}} = -\frac{1}{2} \tag{7.60}$$

ermitteln, und man erhält somit für die Diffusionsstromdichte der Komponente CO_2 die Beziehung

$$\dot{n}_{CO_2} = -\frac{PD}{RT[P - (p_A/2)]}\frac{dp_A}{dx} \tag{7.61}$$

7.2.4 Instationäre Diffusion

Bei einer umfassenderen Betrachtung ist stets sowohl die zeitliche als auch die örtliche Abhängigkeit der Diffusion zu prüfen. Liegt eine zweifache Abhängigkeit vor, muß das instationäre Verhalten in der betreffenden Austauschgleichung mitberücksichtigt werden. Dazu wird von der allgemeinen differentiellen Bilanzgleichung (4.1) ausgegangen. Diese lautet für den vorliegenden Fall

[Eintretende Menge] = [Austretende Menge] + [Zunahme im Bilanzgebiet]

Auf ein differentielles ortsfestes Volumselement $dV = dx\,dy\,dz$ entsprechend Abb. 7.6 angewandt, bedeutet dies, daß die am Kontrollvolumen durch die

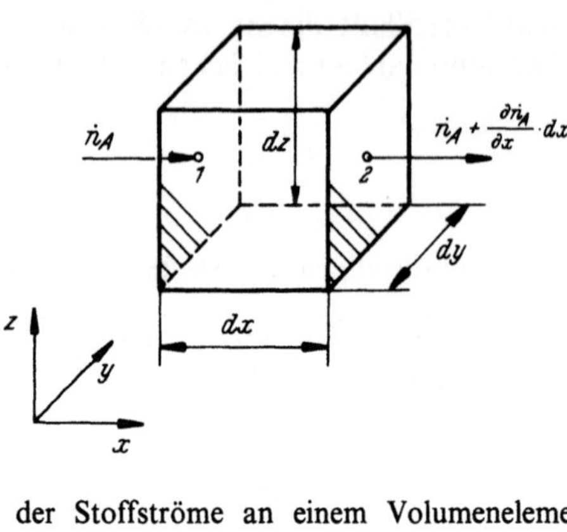

Abb. 7.6. Änderung der Stoffströme an einem Volumenelement in x-Richtung bei instationärer Diffusion

Flächenelemente 1 und 2 ein- bzw. austretenden Diffusionsströme bei eindimensionaler Betrachtungsweise durch den nachfolgenden Zusammenhang beschrieben werden

$$\left[\dot{n}_{1_{A[L]}} - \left(\dot{n}_{1_{A[L]}} + \frac{\partial \dot{n}_A}{\partial x} dx\right)\right] dy\, dz = \frac{\partial c_A}{\partial t}\, dx\, dy\, dz \tag{7.62}$$

Ersetzt man in Gl. (7.62) die Stoffstromdichte durch das Ficksche Gesetz, ergibt sich nach Umformung für die Definitionsgleichung instationärer Diffusionsvorgänge nachstehende Beziehung

$$\frac{\partial c_A}{\partial t} = D \frac{\partial^2 c_A}{\partial x^2} \tag{7.63}$$

Gl. (7.63) wurde erstmals von FICK [7.8] beschrieben und wird zur Unterscheidung des Fickschen Gesetzes für die stationäre Diffusion auch als 2. Ficksche Gesetz bezeichnet. Die Lösung der oben angeführten partiellen Differentialgleichung unter Berücksichtigung der entsprechenden Anfangs- und Randbedingungen ist in den meisten Fällen sehr aufwendig. Nur für die einfachsten geometrischen Fälle, wie Platte, Zylinder und Kugel, sind beide Lösungen bekannt. Eine zusammenfassende Darstellung der bekannten Lösungen instationärer Diffusionsvorgänge findet sich in [7.9] und [7.10].

7.3 Berechnung von Diffusionskoeffizienten

Die wichtigste, den Diffusionsvorgang beschreibende, Größe ist der Diffusionskoeffizient. Dieser kann auf Grund theoretischer (Abschnitt 7.3.1) bzw. empirischer (Abschnitt 7.3.2) Beziehungen für Gase berechnet werden. Die Druck- und Temperaturabhängigkeit des Diffusionskoeffizienten wird in den Abschnitten 7.3.3 und 7.3.4, der Einfluß der Konzentration in Abschnitt 7.3.5 beschrieben. Die Diffusionskoeffizienten für Flüssigkeiten und Feststoffe werden zumeist nur aus empirischen Formeln bestimmt (vergleiche Abschnitte 7.3.6 und 7.3.7).

7.3.1 Molekularkinetische Berechnung des Diffusionskoeffizienten

Bei der theoretischen Berechnung von Diffusionskoeffizienten geht man im allgemeinen von den molekularen Eigenschaften des betreffenden Systems aus. Schwierigkeiten bestehen dabei vielfach in der noch unvollständigen Kenntnis über die intermolekularen Wechselwirkungen der Bindungskräfte sowie deren Auswirkungen auf den molekularen Transport. Nur für vergleichsweise einfache Fälle ist daher eine Berechnung des Diffusionskoeffizienten aus theoretischen Gleichungen allein möglich. Dies gilt z. B. für ideale Gase, deren molekulare Eigenschaften sich mit Hilfe der kinetischen Gastheorie beschreiben lassen. Diese ermöglicht die Ableitung theoretischer Ansätze unter Zugrundelegung eines sehr einfachen Modells (vergleiche Abschnitt 3.2.1.1). Für kompliziertere Anwendungsbereiche liefert die molekularkinetische Betrachtungsweise die Aufbaustruktur empirischer Beziehungen und erlaubt eine Interpretation der betreffenden physikalischen Vorgänge [7.11].

Der Modellvorstellung idealer Gase liegt die Annahme zugrunde, daß zwischen den Molekülen eines Gases weder Anziehungs- noch Abstoßungskräfte wirksam sind. Die Bewegung der Moleküle ist geradlinig und wird nur durch die Zusammenstöße mit anderen Molekülen oder mit einer Begrenzungswand des Gasraumes unterbrochen[1]. Unter den genannten Voraussetzungen liefert die kinetische Gastheorie einen einfachen Zusammenhang zwischen dem Diffusionskoeffizienten und den für den molekularen Austausch kennzeichnenden Eigenschaften des betreffenden Gas-Moleküles. Es sind dies die mittlere Geschwindigkeit $\bar{u}$ der Moleküle, sowie deren mittlere freie Weglänge l. Der Zusammenhang ist aus dem Ausdruck für den allgemeinen Transportkoeffizienten Λ zu ermitteln[2]

$$\Lambda = D_e = a = \nu = \tfrac{1}{6} l\bar{u} \tag{7.64}$$

Damit ist es möglich, den Diffusionskoeffizienten in Gasen auf Basis rein molekularkinetischer Überlegungen theoretisch zu ermitteln, sofern die Geschwindigkeit $\bar{u}$ und die mittlere freie Weglänge λ bekannt sind. Zu deren Bestimmung gibt es eine Vielzahl theoretischer und halbempirischer Ansätze [7.11].

Im Fall des idealen Gases lassen sich $\bar{u}$ und l auf Grund der Modellvorstellung aus grundlegenden Eigenschaften der Moleküle berechnen. Im einzelnen gelten für die mittlere Molekülgeschwindigkeit und die mittlere freie Weglänge nachstehende Beziehungen [7.5]

$$\bar{u} = \sqrt{\frac{8RT}{\pi\tilde{M}}} \quad \left[\frac{\text{m}}{\text{sec}}\right] \tag{7.65}$$

bzw.

$$l = \frac{RT}{4,44 N_L \sigma^2 P} \quad [\text{m}] \tag{7.66}$$

Hierin wird mit N_L die Loschmidtsche Konstante[3], mit R ($R = 8314{,}3$ J/kmol K) die universelle Gaskonstante und mit σ der Moleküldurchmesser in m bezeichnet. Dieser läßt sich näherungsweise aus der nachstehenden empirischen Beziehung berechnen [7.5]

$$\sigma = 2{,}44 \cdot 10^{-10} \left(\frac{T_c}{p_c}\right) \quad [\text{m}] \tag{7.67}$$

Mit T_c und p_c werden die Temperatur und der Druck am kritischen Punkt des betreffenden Stoffes bezeichnet.

---

[1] Man vergleiche dazu die Ausführungen in Abschnitt 3.2.1 sowie die ausführlichen Darstellungen bei BARROW [7.12] und BIRD, STEWART und LIGHTFOOT [7.13].

[2] Der Index e weist darauf hin, daß es sich um einen „Eigendiffusionskoeffizienten" für ein Gemisch „ähnlicher Moleküle" handelt. Dies ist z. B. näherungsweise dann erfüllt, wenn es sich um die Diffusion in Isotopengemischen handelt.

[3] Die Loschmidtsche Zahl (Avogadro-Zahl) ist eine Naturkonstante, die für alle chemisch einheitlichen Stoffe gleich groß ist und die Zahl der Moleküle pro kmol der betreffenden Materie beschreibt

$$N_L = 6{,}02309 \cdot 10^{26} \quad [1/\text{kmol}]$$

In Tab. 7.2 sind für einige Gase bei einem Druck von 1 bar und einer Temperatur von 300 K die mittlere Molekülgeschwindigkeit $\bar{u}$, der Moleküldurchmesser σ und die mittlere frei Weglänge l angegeben.

Tabelle 7.2. *Zusammenstellung einiger molekularkinetischer Daten für Gase bei einem Druck von 1 bar und einer Temperatur $T = 300\,K$ nach* Brauer [7.5]

Gas	Molmasse $\tilde{M}$ [kg, kmol]	Molekül-durchmesser σ [m]	Molekül-geschwindigkeit $\bar{u}$ [m/s]	Mittlere freie Weglänge l [m]
H_2	2,016	$2{,}92 \cdot 10^{-10}$	1773	$10{,}27 \cdot 10^{-8}$
Ar	39,944	$3{,}47 \cdot 10^{-10}$	402	$7{,}12 \cdot 10^{-8}$
Ne	20,183	$2{,}42 \cdot 10^{-10}$	562	$14{,}71 \cdot 10^{-8}$
N_2	28,016	$3{,}48 \cdot 10^{-10}$	475	$7{,}11 \cdot 10^{-8}$
Luft	28,97	$3{,}62 \cdot 10^{-10}$	468	$6{,}56 \cdot 10^{-8}$
O_2	32,000	$3{,}35 \cdot 10^{-10}$	445	$7{,}65 \cdot 10^{-8}$
CH_4	16,043	$3{,}79 \cdot 10^{-10}$	628	$6{,}24 \cdot 10^{-8}$
CO_2	44,011	$4{,}28 \cdot 10^{-10}$	379	$4{,}68 \cdot 10^{-8}$

Führt man die Ausdrücke (7.65) und (7.66) in Gl. (7.64) ein, so erhält man unter den gegebenen Voraussetzungen für den Diffusionskoeffizienten D_e nachstehende Berechnungsgleichung

$$D_e = \frac{1}{6} \cdot \frac{0{,}36\,\tilde{M}}{N_L \sigma^2 P} \left(\frac{RT}{\tilde{M}} \right)^{3/2} \quad \left[\frac{\mathrm{m}^2}{\mathrm{s}} \right] \tag{7.68}$$

Nach Gl. (7.68) ist der Diffusionskoeffizient eines Gases druck- und temperaturabhängig, wobei D_e proportional mit dem Druck abnimmt sowie mit dem Quadrat der dritten Wurzel aus der absoluten Temperatur ansteigt. Die aus den theoretischen Gleichungen folgende Temperatur- und Druckabhängigkeit wurde erstmals von Maxwell (vergleiche [7.14]) auf Grund gaskinetischer Überlegungen vorausgesagt und später auch experimentell bestätigt. Dazu muß jedoch einschränkend festgestellt werden, daß die den obigen Überlegungen zugrundeliegende Modellvorstellung auf einen engen mittleren Temperatur- und Druckbereich beschränkt ist. Bei hohen und auch bei niedrigen Temperatur- und Druckbedingungen versagt das gaskinetische Modell der Diffusion. So liefern beispielsweise die nach Gl. (7.68) berechneten Werte für tiefe Temperaturen zu große, bzw. für hohe Temperaturen zu kleine Werte des Diffusionskoeffizienten. Dies ist dadurch zu erklären, daß der Diffusionsvorgang bei tiefen Temperaturen langsamer abläuft, als dies durch die Beziehung (7.65), welche ein ideales Gas voraussetzt, angegeben wird.

Die Abweichung der tatsächlichen Werte von den nach Gl. (7.68) theoretisch ermittelten kann bis zu 100% und mehr betragen [7.15]. Eine wesentlich bessere Übereinstimmung läßt sich dadurch erreichen, daß man den Einfluß der zwischenmolekularen Kräfte auf das Diffusionsvermögen mit in die Modellvorstellung aufnimmt.

Dieser Tatsache trägt die verfeinerte kinetische Gastheorie von Chapman und Enskong (vergleiche [7.11]) Rechnung. Mit der Weiterentwicklung und Verallgemeinerung dieser Theorie beschäftigten sich in der Folge vor allem HIRSCHFELDER, CURTIS und BIRD [7.11], die zur Berechnung des binären Diffusionskoeffizienten in einem nichtpolaren Gasgemisch die folgende Berechnungsgleichung angeben

$$D_{AB} = 6{,}603 \cdot 10^{-4} \cdot \frac{T^{3/2}\sqrt{(\tilde{M}_A + \tilde{M}_B)/\tilde{M}_A\tilde{M}_B}}{P\sigma_{AB}^2\Omega_{AB}} \quad [\mathrm{m}] \qquad (7.69)$$

Hierin bedeuten D_{AB} den binären Diffusionskoeffizienten in cm^2/sec, T die absolute Temperatur in K, P den Gesamtdruck in bar, $\tilde{M}_{AB}$ die Molmasse der Komponenten A und B und σ_{AB} einen vom Potentialverlauf der Moleküle abhängigen Molekül-Parameter („Kollisionsabstand") in Angström (Å), sowie Ω_{AB} das sogenannte Stoßintegral. Dieses berücksichtigt den Einfluß der zwischenmolekularen Kräfte und ist allein eine Funktion der Temperatur. Um die Berechnung von Ω_{AB} zu

Tabelle 7.3. *Funktionswerte des Stoßintegrals Ω in Abhängigkeit der Potentialgröße kT/ε_{AB} nach* SKELLAND [7.17]

kT/ε_{AB}	Ω	kT/ε_{AB}	Ω	kT/ε_{AB}	Ω
0.30	2.662	1.65	1.153	4.0	0.8836
0.35	2.476	1.70	1.140	4.1	0.8788
0.40	2.318	1.75	1.128	4.2	0.8740
0.45	2.184	1.80	1.116	4.3	0.8694
0.50	2.066	1.85	1.105	4.4	0.8652
0.55	1.966	1.90	1.094	4.5	0.8610
0.60	1.877	1.95	1.084	4.6	0.8568
0.65	1.798	2.00	1.075	4.7	0.8530
0.70	1.729	2.1	1.057	4.8	0.8492
0.75	1.667	2.2	1.041	4.9	0.8456
0.80	1.612	2.3	1.026	5.0	0.8422
0.85	1.562	2.4	1.012	6	0.8124
0.90	1.517	2.5	0.9996	7	0.7896
0.95	1.476	2.6	0.9878	8	0.7712
1.00	1.439	2.7	0.9770	9	0.7556
1.05	1.406	2.8	0.9672	10	0.7424
1.10	1.375	2.9	0.9576	20	0.6640
1.15	1.346	3.0	0.9490	30	0.6232
1.20	1.320	3.1	0.9406	40	0.5960
1.25	1.296	3.2	0.9328	50	0.5756
1.30	1.273	3.3	0.9256	60	0.5596
1.35	1.253	3.4	0.9186	70	0.5464
1.40	1.233	3.5	0.9120	80	0.5352
1.45	1.215	3.6	0.9058	90	0.5256
1.50	1.198	3.7	0.8998	100	0.5130
1.55	1.182	3.8	0.8942	200	0.4644
1.60	1.167	3.9	0.8888	400	0.4170

erleichtern, ist das Stoßintegral in Abhängigkeit der Temperatur und der Potential-Größe k/ε_{AB} tabellarisch (Tab. 7.3) angegeben. Mit k wird die Boltzmann-Konstante ($k = 1{,}3803 \cdot 10^{-23}$ J/K) und mit ε_{AB} die Energie zufolge der Wechselwirkungen der betreffenden Moleküle bezeichnet.

Die Größen σ_{AB} und ε_{AB} sind aus den jeweiligen Einzelkomponenten zu berechnen. HIRSCHFELDER, BIRD und SPOTZ [7.16] geben dafür die Zusammenhänge wie folgt an

$$\sigma_{AB} = \tfrac{1}{2}(\sigma_A + \sigma_B) \tag{7.70}$$

und

$$\varepsilon_{AB} = \sqrt{\varepsilon_A \varepsilon_B} \tag{7.71}$$

σ und ε/k der reinen Komponenten sind für die wichtigsten Stoffe bzw. Stoffgruppen in Tab. 7.4 zusammengefaßt. Eine ausführliche Darstellung darüber findet man bei HIRSCHFELDER, CURTIS und BIRD [7.11] sowie bei REID und SHERWOOD [7.15].

Tabelle 7.4. *Moleküldurchmesser und Funktionswerte der Potentialgröße ε/k für verschiedene Einzelkomponenten nach* FOUST *u. a.* [7.18]

Gas	ε/k, [°K]	σ, [Å]	Gas	ε/k, [°K]	σ, [Å]
Luft	97	3.617	$CHCl_3$	327	5.430
Ar	124	3.418	CO	110	3.590
Br_2	520	4.268	CO_2	190	3.996
CCl_4	327	5.881	CS_2	488	4.438
CH_4	137	3.882	D_2	39.3	2.948
C_2H_2	185	4.221	F_2	112	3.653
C_2H_4	205	4.232	H_2	38	2.915
C_2H_6	230	4.418	HCl	360	3.305
C_3H_8	254	5.061	HI	324	4.123
n-C_4H_{10}	410	4.997	He	10.22	2.576
i-C_4H_{10}	313	5.341	Hg	851	2.898
n-C_5H_{12}	345	5.769	I_2	550	4.982
n-C_6H_{14}	413	5.909	Kr	190	3.61
n-C_8H_{18}	320	7.451	N_2	79.8	3.749
n-C_9H_{20}	240	8.448	NO	91.0	3.599
Cyclohexan	324	6.093	N_2O	237	3.816
C_6H_6	440	5.270	Ne	27.5	2.858
CH_3OH	507	3.585	O_2	88.0	3.541
C_2H_5OH	391	4.455	SO_2	252	4.290
CH_2Cl	855	3.375	$SnCl_4$	1550	4.540
CH_2Cl_2	406	4.759			

Die Bestimmung der Potentialgröße ε/k für Gase, die nicht in Tab. 7.4 angeführt sind, läßt sich mittels nachstehender Berechnungsgleichungen durchführen [7.19]

$$\varepsilon/k = 0{,}77 T_c \tag{7.72}$$

Mit T_c ist die kritische Temperatur in K bezeichnet.

Tabelle 7.5. *Empirische und halbempirische Gleichung zur Berechnung des Diffusionskoeffizienten in Gasen*

Methode	Gleichung	Gl. Nr.	mittlere Abweichung [%]	maximale Abweichung [%]
GILLILAND [7.23]	$D_{AB} = \dfrac{0{,}424 \cdot 10^{-4} T^{3/2}}{P(v_{cA}^{1/3} + v_{cB}^{1/3})^2} \left(\dfrac{\tilde{M}_A + \tilde{M}_B}{\tilde{M}_A \cdot \tilde{M}_B} \right)^{0,5}$	(7.73)	± 16,8	60
CHEN und OTHMAR [7.25]	$D_{AB} = \dfrac{0{,}37 \cdot 10^{-3} T^{1,81}}{P(T_{cA} T_{cB})^{0,1405} (v_{cA}^{0,4} + v_{cB}^{0,4})^2} \left(\dfrac{\tilde{M}_A + \tilde{M}_B}{\tilde{M}_A + \tilde{M}_B} \right)^{0,5}$	(7.74)	± 5,6	25
CHEN und OTHMAR [7.25]	$D_{AB} = \dfrac{1{,}36 \cdot 10^2 \eta}{P} \left[\dfrac{\left(\dfrac{\tilde{M}_A + \tilde{M}_B}{\tilde{M}_A \tilde{M}_B} \right)^{0,5}}{(v_{cA}^{0,4} + v_{cB}^{0,4})^2} \right]^{1,23}$	(7.75)	± 12,6	–
SLATTERY und BIRD [7.26]	$D_{AB} = a \dfrac{\left(\dfrac{\tilde{M}_A + \tilde{M}_B}{\tilde{M}_A M_B} \right)^{0,5} T_r^b}{P(p_{cA} p_{cB})^{-1/3} (T_{cA} T_{cB})^{-8/12}}$ nichtpolare Gase $a = 2{,}7 \cdot 10^{-8}$, $b = 1{,}823$ nichtpolare Gase und Wasser $a = 3{,}58 \cdot 10^{-8}$, $b = 2{,}334$	(7.76)	± 8,0	137

v_{cA}, v_{cB} kritisches Volumen der Komponenten A und B in cm^3/g mole.
T_{cA}, T_{cB} kritische Temperatur der Komponenten A und B in K.
p_{cA}, p_{cB} kritischer Druck der Komponenten A und B in bar.
P Gesamtdruck in bar.
T absolute Temperatur in K.
$T_r = T/\sqrt{T_{cA} \cdot T_{cB}}$ reduzierte Temperatur.

7.3.2 Empirische und halbempirische Gleichungen zur Berechnung des Diffusionskoeffizienten von Gasen

Die vielfach auftretenden Abweichungen von theoretisch ermittelten Diffusionskoeffizienten zu experimentell bestimmten Werten sind im allgemeinen durch die realen Eigenschaften der Gase bedingt und treten vor allem bei solchen Gemischpaaren auf, die polare Einzelkomponenten enthalten, sowie bei Stoffsystemen mit sehr großen Molekülen. In solchen Fällen ist entweder nach entsprechenden empirischen Werten in einschlägigen Tabellenwerken[1] zu suchen, oder, falls sie noch nicht bestimmt sind, ist der Diffusionskoeffizient aus halbempirischen bzw. empirischen Beziehungen zu ermitteln. Grundsätzlich sollte aber immer versucht werden, vorerst auf bekannte Meßergebnisse zurückzugreifen, und nur wenn solche nicht zur Verfügung stehen, sind für die Bestimmung der Diffusionskoeffizienten halbempirische oder empirische Beziehungen anzuwenden, denn der dabei auftretende Fehler kann, wie bereits erwähnt, in manchen Fällen bis zu 100% und mehr betragen.

In Tab. 7.5 sind für unterschiedliche Anwendungsbereiche vier solcher halbempirischer Berechnungsgleichungen zusammengestellt. Aufgenommen in die Tabelle wurde ferner auch die mittlere und maximale Abweichung zu bekannten experimentell ermittelten Größen.

Die den Gln. (7.73) bis (7.76) zugrundeliegenden Beziehungen und Einheiten sind dem Verzeichnis am Ende der Tabelle zu entnehmen.

7.3.3 Temperaturabhängigkeit des Diffusionskoeffizienten

Die für den Diffusionskoeffizienten in Abschnitt 7.3.1 mit Hilfe der kinetischen Gastheorie gewonnenen Berechnungsgleichungen zeigen eine exponentielle Änderung des Diffusionskoeffizienten mit der Temperatur. Die funktionelle Abhängigkeit ist durch Gl. (7.69) festgelegt. Danach gilt

$$D_{T_2} = D_{T_1}\left(\frac{T_2}{T_1}\right)^{3/2} \tag{7.77}$$

Mit steigender Temperatur ($T_2 > T_1$) und gleichbleibendem Druck nimmt nach Gl. (7.83) der Diffusionskoeffizient mit dem Quadrat der dritten Wurzel aus der absoluten Temperatur zu. Dieselbe Abhängigkeit wurde auch bei den realen Gasen festgestellt, wenn man die Temperaturabhängigkeit der intermolekularen Wechselbeziehungen nicht in die Betrachtungen einbezieht. Eine exaktere Berechnung, die auch den Einfluß der intermolekularen Effekte berücksichtigt, ist mit Hilfe der von SUTHERLAND (vgl. [7.10]) angegebenen Beziehung

$$D_{T_2} = D_{T_1}\left(\frac{T_2}{T_1}\right)^{3/2} \frac{\Omega_{T_1}}{\Omega_{T_2}} \tag{7.78}$$

möglich.

---

[1] Die bekanntesten einschlägigen Tabellenwerke dafür sind PERRY [7.20], GMELIN [7.21], LANDOLT-BÖRNSTEIN [7.22].

Die in Gl. (7.78) aufscheinende Größe $\Omega_{T_1}/\Omega_{T_2}$ stellt eine Verhältniszahl bei der Temperatur T_1 und T_2 dar. Ω_T ist in Abhängigkeit vom Verhältnis kT/ε aus Tab. 7.3 zu entnehmen.

7.3.4 Druckabhängigkeit des Diffusionskoeffizienten

Solange ideales Verhalten der Gase vorliegt, ist der Diffusionskoeffizient D nach Gl. (7.64) der freien Weglänge l direkt und damit dem Druck P indirekt proportional. Die aus den theoretischen Gleichungen folgende Druckabhängigkeit wurde prinzipiell auch bei den realen Gasen bzw. Gasgemischen festgestellt. Die genaue Abhängigkeit läßt sich vor allem bei höheren Drücken aber nur noch mit einem verhältnismäßig großen Unsicherheitsfaktor voraussagen. Zur Berechnung der Druckabhängigkeit des Diffusionskoeffizienten geht man von einem Diffusionskoeffizienten bei niedrigem Druck (z. B. 1 bar) aus und führt eine auf das reale Verhalten komprimierter Gase bezogene Korrektur durch. Dafür liefert die Enskong-Theorie unter anderem folgende Beziehung [7.11]

$$\frac{D_2\rho_2}{D_1\rho_1} = \frac{D_2P_2}{zD_1P_1} \tag{7.79}$$

Hierin stellen die mit $_1$ bezeichneten Größen einen Standardzustand bei niedrigem Druck (z. B. 1 bar) und einer Temperatur T dar. Das Produkt $(D\rho)$ ist im mittleren Druckbereich (1 bis 10 bar) weitgehend druckunabhängig, so daß sich aus Gl. (7.79) bei Kenntnis des Kompressibilitätsfaktors z der Diffusionskoeffizient bei einem Druck P_2 $(P_2 > P_1)$ berechnen läßt.

Wesentlich einfacher gestaltet sich die Bestimmung der Druckabhängigkeit nach einem von SLATTERY und BIRD [7.26] angegebenen Zusammenhang, der in Form

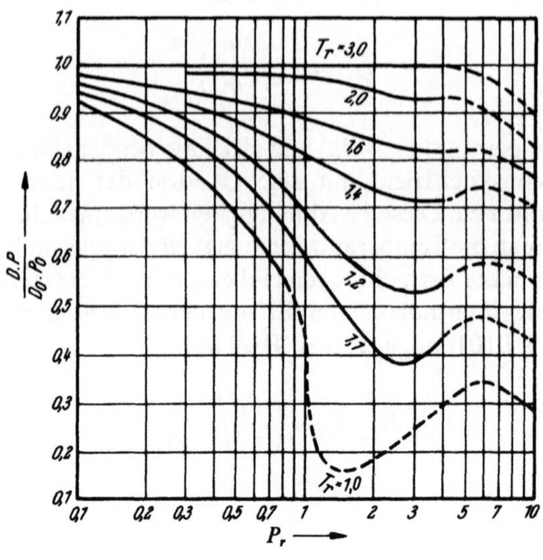

Abb. 7.7. Diagramm zur Bestimmung des Diffusionskoeffizienten in Abhängigkeit von Druck und Temperatur [7.26]

einer graphischen Darstellung in Abb. 7.7 angeführt ist. Auf die funktionelle Darstellung sowie deren physikalische Deutung wird bei REID und SHERWOOD [7.15] ausführlich eingegangen.

In Abb. 7.7 ist der dimensionslose Ausdruck $P_2 D_2$ zu $P_1 D_1$ über der reduzierten Temperatur T_r und als Funktion des reduzierten Druckes P_r dargestellt. Hierin bedeuten die mit dem Index 1 bezeichneten Größen die auf einen niedrigen Druck, beispielsweise 1 bar, und einer definierten Temperatur T bezogenen Werte. D_2 entspricht dem Diffusionskoeffizienten bei derselben Temperatur T, aber einem höheren Druck P_2.

Ist ρ_2, ρ_1 und D_1 bekannt, so läßt sich mit Hilfe von Abb. 7.7 der Diffusionskoeffizient bei einem Druck P_2 aus der Beziehung

$$D_2 = \frac{\rho_1 D_1}{\rho_2} \left(\frac{\rho_2 D_2}{\rho_1 D_1} \right) \tag{7.80}$$

berechnen[1].

Wie aus Abb. 7.7 ferner hervorgeht, ist der Einfluß des Drucks auf den Diffusionskoeffizienten in der Nähe des kritischen Punktes am größten. In Übereinstimmung mit den mittels der Gastheorie bestimmten Werten für den Diffusionskoeffizienten D ergibt sich bei etwa $P_r = 1{,}0$ bis $P_r = 3{,}0$ das Maximum der Druckabhängigkeit. Dieses Maximum ist außerdem noch von der Temperatur abhängig.

Der von SLATTERY und BIRD angegebene Zusammenhang war ursprünglich nur zur Bestimmung der Druckabhängigkeit des Eigendiffusionskoeffizienten bestimmt. Abb. 7.7 läßt sich jedoch weitgehend auch zur näherungsweisen Bestimmung binärer Diffusionskoeffizienten verwenden, wenn man darin die kritischen Daten für Druck und Temperatur durch die betreffenden pseudokritischen Größen für das binäre Gemisch ersetzt. Damit gilt

$$P'_{Kr} = y_A P_{A_{Kr}} + y_B P_{B_{Kr}} \tag{7.81}$$

$$T'_{Kr} = y_A T_{A_{Kr}} + y_B T_{B_{Kr}} \tag{7.82}$$

Hierin bedeuten P_{Kr} und T_{Kr} die kritischen Größen für Druck und Temperatur der reinen Komponenten sowie die mit ' bezeichneten Werte die entsprechenden pseudokritischen Größen für das durch die Molenbrüche y_A bzw. y_B definierte Gemisch.

Bei Eigendiffusionskoeffizienten beträgt die Abweichung der nach Abb. 7.7 bestimmten gegenüber experimentell gemessenen Werten im Mittel unter 8%. Dieser Wert erhöht sich jedoch, wenn der Zusammenhang auf binäre Diffusionskoeffizienten angewendet wird.

7.3.5 Der Einfluß der Konzentration auf den Diffusionskoeffizienten in Mehrstoffgemischen

Der Einfluß der Konzentration auf den Diffusionskoeffizienten in Mehrstoffgemischen wird bei Gasen hinreichend genau durch die auf Basis der Mo-

---

[1] Der Diffusionskoeffizient D_1 bei einem niedrigeren Druck kann z. B. mittels Gl. (7.69) bestimmt werden.

lekulartheorie entwickelten Maxwell-Stefanschen Diffusionsgleichungen beschrieben [7.10]. So fanden beispielsweise DUNCAN und TORR [7.27], daß mit Hilfe dieser Gleichungen der Diffusionskoeffizient für jede einzelne Komponente in der Mischung für eine Vielzahl von Stoffsystemen mit einem mittleren Fehler von nur 0,4% berechnet werden kann. Die exakte Beschreibung der Maxwell-Stefanschen Gleichungen würde in ihrem Umfang jedoch über den Rahmen dieses Buches hinausgehen, weshalb hier nur auf eine von WILKE [7.28] beschriebene Näherungslösung zur Ermittlung von Diffusionskoeffizienten in Mehrkomponentengasgemischen eingegangen wird.

Die Berechnungsgleichung nach WILKE lautet

$$D_{AM} = \frac{(1 - y_A)}{\dfrac{y_B}{D_{AB}} + \dfrac{y_C}{D_{AC}} + \dfrac{y_D}{D_{AD}} + \dots} = \frac{(1 - y_A)}{\sum\limits_{i=2}^{n} (y_i/D_{Ai})} \tag{7.83}$$

Hierin stellt D_{AM} den Diffusionskoeffizienten der Komponente A in einem Gemisch aus den Komponenten $B, C, D, \dots$ dar, und y_i gibt den Molenbruch der betreffenden Komponente i in der Mischung wieder. D_{Ai} ist der binäre Diffusionskoeffizient der Komponente A in einem Zweistoffgemisch, bestehend aus Komponenten A und i.

7.3.6 Empirische und halbempirische Gleichungen zur Berechnung des Diffusionskoeffizienten von Flüssigkeiten

Im Gegensatz zur Diffusion in Gasen bzw. Gasgemischen, wo man eine genauere Vorstellung über die Bewegung der Moleküle hat (vergleiche Abschnitt 7.3.1), ist es bei Flüssigkeiten nicht möglich, eine genaue Angabe über die Struktur der Flüssigkeit und ihre Transporteigenschaften zu geben. Die Mehrheit der dafür erstellten empirischen und halbempirischen Gleichungen läßt sich auf 2 Methoden zurückführen, und zwar die „hydrodynamische Theorie“ und die „Eyring-Theorie“. Die hydrodynamische Theorie geht von der Nernst-Einstein-Gleichung [7.29]

$$D_{AB} = \frac{kT}{6\pi r \eta_{fl}} \tag{7.84}$$

aus, während die „Eyring-Theorie“ quasi-kristalline Molekül-Struktur mit Fehlstellen annimmt. Der daraus abgeleitete Ausdruck für den „Eigendiffusionskoeffizienten“ lautet [7.30]

$$D_{AA} = \frac{kT}{\eta_{fl}}\left(\frac{N_L}{V}\right)^{1/3} \tag{7.85}$$

Im einzelnen bedeuten k die Boltzmann-Konstante, T die absolute Temperatur in K, r den Partikelradius, η_{fl} die dynamische Viskosität der Lösung in cP, N_L die Loschmidtsche Zahl und V das Molvolumen der betreffenden Lösung.

In Tab. 7.6 sind für verdünnte Lösungen bzw. binäre Gemische beliebiger Zusammensetzung halbempirische Berechnungsgleichungen zusammengestellt. Es wurden darin auch die maximalen und mittleren Abweichungen der Gleichungen

Tabelle 7.6. *Empirische Berechnungsgleichungen für den binären Diffusionskoeffizienten in Flüssigkeitsgemischen*

		mittlere Abweichung (%)	maximale Abweichung (%)	Gl. Nr.
	Verdünnte Lösungen			
Wilke und Chang [7.31]	$D_{AB}^0 = 7{,}4 \cdot 10^{-6} \frac{(a\tilde{M}_B)^{0,5} T}{\eta_B V_{bA}}$	10%	200 – 500% bei Wasser als Lösungsmittel	(7.86)
Sitaraman, Ibrahim und Kuloor [7.32]	$D_{AB}^0 = 11{,}2 \cdot 10^{-8} \left(\frac{\tilde{M}_B^{2,5} \Delta h_{LG,B}^{0,33} T}{\eta_B V_{bA} \Delta h_{LG,A}^{0,3}} \right)^{0,93}$	13%	42%	(7.87)
Scheibel [7.33]	$D_{AB}^0 = 8{,}2 \cdot 10^{-4} \frac{T}{\eta_B V_{bA}^{0,33}} \left[1 + \left(\frac{3 V_{bB}}{V_{bA}} \right) \right]$	10%	bis 200% bei Wasser als Lösungsmittel	(7.88)
Reddy und Doraiswamy [7.34]	$D_{AB}^0 = 1 \cdot 10^{-8} \frac{T M_B^{0,5}}{\eta_B V_{bA}^{0,33} V_{bB}^{0,33}}$ bei $\frac{V_{bB}}{V_{bA}} \leqslant 1{,}5$	13%	60%	(7.89)
	Binäre Gemische beliebiger Zusammensetzung			
Powell u. a. Wilke vgl. [7.17]	$\left(\frac{D_{AB}\eta_{AB}}{T} \right) = \left(\frac{D_{BA}^0 \eta_A}{T} - \frac{D_{AB}^0 \eta_B}{T} \right) x_A + \left(\frac{D_{AB}^0 \eta_B}{T} \right)$ $\left(\frac{D_{AB}\eta_{AB}}{T} \right) = \left[\left(\frac{D_{BA}^0 \eta_A}{T} - \frac{D_{AB}^0 \eta_B}{T} \right) x_A + \frac{D_{AB}^0 \eta_B}{T} \right] \left(1 + \frac{d \ln \gamma_A}{d \ln x_A} \right)$	–	–	(7.90)
Vignes, Leffler und Culliman vgl. [7.17]	$D_A = (D_{AB}^0)^{x_B} (D_{BA}^0)^{x_A} \left(1 + \frac{d \ln \gamma}{d \ln x_A} \right)$ $D_A \mu_{AB} = (D_A^0 \mu_{AB})^{x_B} (D_{BA}^0 \mu_A)^{x_A} \left(1 + \frac{d \ln \gamma_A}{d \ln x_A} \right)$	–	–	(7.91)

von bekannten Meßwerten aufgenommen. Die in den Gleichungen einzusetzenden Größen und Dimensionen sind dem folgenden Verzeichnis zu entnehmen.

Verwendete Formelzeichen und Einheiten

D_{AB}	m^2/s	binärer Diffusionskoeffizient
D^0_{AB}	m^2/s	binärer Diffusionskoeffizient in verdünnten Lösungen
a	–	Assoziationsfaktor
$\tilde{M}$	kg/kmol	molare Masse (Molekulargewicht)
η	Pa s	dynamische Viskosität
T	K	absolute Temperatur
V_b	m^3/kmol	Molvolumen der reinen Flüssigkeit am Siedepunkt
Δh	J/kg	Verdampfungswärme bei Siedetemperatur
γ	–	Aktivitätskoeffizient
x_i	–	Molenbruch

Indizes

A, B	Komponenten des Gemisches

7.3.7 Diffusionskoeffizient von Flüssigkeiten und Gasen in Feststoffen

Bei der Beschreibung des Diffusionskoeffizienten in Flüssigkeiten bzw. Gasen wurde vorausgesetzt, daß der molekulare Transport durch die Bewegung der Moleküle der Flüssig- bzw. Gasphase beeinflußt wird. Dies ist im Inneren einer Phase auch zutreffend. Betrachtet man jedoch Gebiete nahe von Grenz- bzw. Oberflächen, so tritt eine zusätzliche Behinderung durch Potentiale, die von der Grenzfläche ausgehen, auf. Die Diffusion von Gasen bzw. Flüssigkeiten in Feststoffen ist von solchen Grenzflächenbeeinflussungen gekennzeichnet [7.35].

Legt man den Betrachtungen wieder das 1. Ficksche Gesetz nach Gl. (7.13) zugrunde und nimmt für den Feststoff eine poröse Struktur an, so sind für den Diffusionskoeffizienten D_{AB} vier Diffusionsarten zu unterscheiden:

a) freie Diffusion
b) Kapillar-Diffusion
c) Oberflächendiffusion
d) Festkörperdiffusion.

Diese Diffusionsarten treten parallel auf und haben in einem bestimmten Porengrößenbereich geschwindigkeitsbestimmenden Charakter. In Abb. 7.8 werden

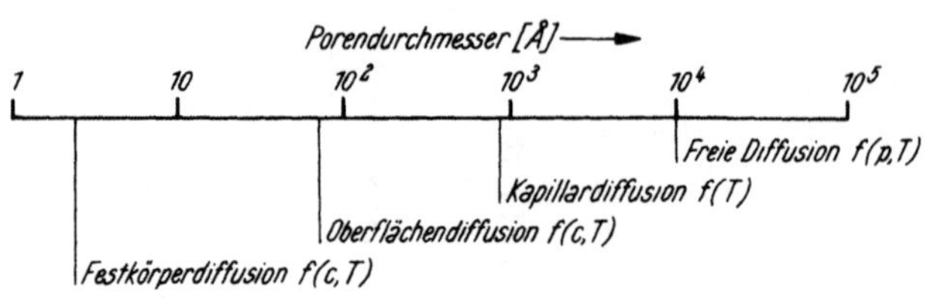

Abb. 7.8. Auftreten von verschiedenen Diffusionsarten in Abhängigkeit der Porengröße

diese Bereiche angegeben [7.36]. Da der Diffusionskoeffizient für Gase bzw. Flüssigkeiten nicht nur von Druck und Temperatur, sondern auch von der Konzentration des zu diffundierenden Stoffes abhängig ist, wurde diese auch in die Abbildung aufgenommen.

Der Diffusionskoeffizient für die „freie Diffusion" wurde bereits in den Abschnitten 7.3.6 bzw. 7.3.7 beschrieben.

Tritt das Gas bzw. die Flüssigkeit in Poren ein, deren Durchmesser kleiner als die mittlere freie Weglänge der Moleküle ist, stoßen sie häufiger an die Porenwände und unterliegen so einer Grenzflächenbeeinflussung. Der nach KNUDSEN benannte Diffusionskoeffizient der „Kapillar-Diffusion" errechnet sich wie folgt [7.37]

$$D_k = \frac{1}{3} d_p \sqrt{\frac{8RT}{\pi \tilde{M}}} \tag{7.92}$$

worin für die freie mittlere Weglänge der Moleküle der Porendurchmesser d_p steht.

Sind die Poren noch enger (10 bis 100 Å), so tritt die von VOLMER erstmals nachgewiesene „Oberflächendiffusion" auf [7.39], deren Diffusionskoeffizient sich aus der Beziehung

$$D_V = \text{const}\, f(T) \exp\left(\frac{E_{\text{Ad}} - E_{\text{Akt}}}{RT}\right) \tag{7.93}$$

errechnet.

Bei dieser Diffusionsart diffundieren die Moleküle im adsorbierten Zustand entlang der Porenwandung aufgrund eines Konzentrationsgradienten. $f(T)$ stellt dabei eine von der Temperatur abhängige Funktion dar, E_{Akt} die für die Diffusion benötigte Aktivierungsenergie und E_{Ad} die Adsorptionsenergie. Dieser Diffusionskoeffizient hat im Gegensatz zu den anderen molekularen Transportkoeffizienten die Eigenschaft, daß er mit der Temperatur abnimmt.

Bei feinsten Poren und Spalten, in denen sich die Felder der Adsorptionskräfte benachbarter Wände überschneiden, tritt zusätzlich eine „Festkörperdiffusion" auf. Der Ansatz für den Diffusionskoeffizienten ist ähnlich dem der Oberflächendiffusion. Es gilt [7.38]

$$D_F = \text{const} \exp\left(-\frac{EF}{RT}\right) \tag{7.94}$$

Die Temperaturabhängigkeit ist jedoch der des Oberflächendiffusionskoeffizienten gegenläufig, das heißt, während der Oberflächendiffusionskoeffizient durch die verminderte Adsorption mit steigender Temperatur abnimmt, wird die Festkörperdiffusion stark beschleunigt.

Schrifttum zu Kapitel 7.0

[7.1] MIYAUCHI, T.: USAEC Report, UCRL-3911, 1957.

[7.2] LEVENSPIEL, O.: Chemical Reaction Engineering. New York: John Wiley & Sons 1962.

[7.3] MARR, R., SOMMEREGGER, E., MOSER, F.: Meßtechnische und rechnerische Erfassung der Längsvermischung in gerührten Flüssig/Flüssig-Extraktionskolonnen. Chemie Technik 7, 6, 263–267 (1978).

[7.4] Wolfbauer, O., Moser, F.: Längsvermischung in einem begasten Rohrreaktor und Maßnahmen zu ihrer Verminderung. Chemie-Ing.-Techn. **46**, 21, 19 (1974).

[7.5] Brauer, H.: Stoffaustausch einschließlich chemischer Reaktionen. Aarau und Frankfurt/Main: Sauerländer 1971.

[7.6] Stefan, A.: Sitzungsbericht, Wiener Akad. Wissenschaften, II, 68, 55 (1873).

[7.7] Rennhack, R.: Der allgemeine Ansatz für gewöhnliche Diffusion im binären Gemisch. Verfahrenstechnik **1**, 10, 437–439 (1967).

[7.8] Fick, A.: Über Diffusion. Ann. Physik (Poggendorffs Annalen) **94**, 59–86 (1855).

[7.9] Crank, J.: The Mathematics of Diffusion. Oxford: Clarendon Press 1956.

[7.10] Jost, W.: Diffusion in Solids, Liquids and Gases, 3. Aufl. New York: Academic Press 1960.

[7.11] Hirschfelder, I. O., Curtiss, Ch., Bird, R. B.: Molecular Theory of Gases and Liquids. New York: John Wiley & Sons 1954.

[7.12] Barrow, G. M.: Physikalische Chemie. Heidelberg-Wien: Bachmann-Vieweg Verlag 1969.

[7.13] Bird, RR B., Stewart, W. E., Lightfoot, E. N.: Transport Phenomena. New York: John Wiley & Sons 1960.

[7.14] Grassmann, P.: Physikalische Grundlagen der Verfahrenstechnik. Aarau und Frankfurt/Main: Sauerländer 1960.

[7.15] Reid, R. C., Sherwood, T. K.: The Properties of Gases and Liquids. New York: McGraw-Hill 1958.

[7.16] Hirschfelder, I. O., Bird, R. B., Spotz, E. L.: The Transport Properties for Non Polar Gases. J. chem. Physics **16**, 968–981 (1948).

[7.17] Skelland, A. H. P.: Diffusional Mass Transfer. New York: John Wiley & Sons 1974.

[7.18] Foust, A. S., Wenzel, L. A., Clump, C. W., Maus, L., Andersen, L. B.: Principles of Unit Operations. New York: John Wiley & Sons 1960.

[7.19] International Critical Tables. New York: McGraw-Hill 1929.

[7.20] Perry, I. H.: Chemical Engineers' Handbook. New York: McGraw-Hill 1963.

[7.21] Gmelin: Handbuch der Anorganischen Chemie. Berlin-Heidelberg-New York: Springer.

[7.22] Landolt-Börnstein: Zahlenwerte und Funktionen aus Physik, Chemie, Astronomie, Geophysik und Technik. Berlin-Heidelberg-New York: Springer.

[7.23] Gilliland, E. R., Robinson, C. S.: Elements of Fractional Destillation. 4th Ed. London: McGraw-Hill 1950.

[7.24] Chen, N. H., Othmer, D. F.: J. Chem. Eng. Data **7**, 37 (1962).

[7.25] Othmer, D. F., Chen, U. T.: Correlating Diffusion Coefficients in Binary Gas Systems. Ind. Eng. Chem. **54**, 249–254 (1962).

[7.26] Slattery, I. C., Bird, R. B.: Calculation of the Diffusion Coefficient of Dilute Gases and of the Self-Diffusion Coefficient of Dense Gases. AICHE-J. **4**, 2, 137–142 (1958).

[7.27] Duncan, I. B., Toor, H. L.: An Experimental Study of Three Component Gas Diffusion. AICHE-J. **8**, 38 (1962).

[7.28] Wilke, C. R.: Chem. Eng. Progr. **46**, 95 (1950).

[7.29] Daniels, F., Alberty, R. A.: Physical Chemistry. New York: John Wiley & Sons 1955.

[7.30] Glastone, S., Laidler, K. I., Eyrnig, H.: Theory of Rate Processes. New York: McGraw-Hill 1941.

[7.31] Wilke, C. R., Chang, P.: Correlation of Diffusion Coefficients in Dilute Solutions. AICHE-J. **1**, 264 (1955).

[7.32] Sitaraman, R., Ibrahim, S. H., Kuloor, N. R.: J. Chem. Eng. Data **8**, 198–201 (1963).

[7.33] SCHEIBEL, E. G.: Liquid Diffusitives. Ind. Eng. Chem. **46**, 2007 (1954).

[7.34] REDDY, K. A., DORAISWAMY, L. K.: Estimating Liquid Diffusivity. Ind. Eng. Chem. Fundam. **6**, 77–79 (1967).

[7.35] EUCKEN, A.: Lehrbuch der chemischen Physik. Leipzig: Akad. Verlagsgesellschaft 1944.

[7.36] PETERS, U.: Theoretische und experimentelle Untersuchungen zur Diffusion von Gasen in porösen und nichtporösen Stoffen. Diss. TU Berlin, 1969.

[7.37] SATTERFIELD, CH. M.: Mass Transfer in Heterogeneous Catalysis. Cambridge: MIT Press 1970.

[7.38] RUTHVEN, D. M., LONGHLIM, K. F.: Correlation and Interpretation of Zeolitic Diffusion Coefficients. Trans. Farad. Soc. **67**, 1661–1671 (1971).

8.0 Stoffübergang an festen Grenzflächen

W. J. BEEK; K. M. K. MUTTZALL; Transport Phenomena, London: John Wiley & Sons 1975.
H. BRAUER; Stoffaustausch einschließlich chemischer Reaktion, Aarau und Frankfurt/Main: Sauerländer 1971.

Bereits in Kapitel 1.0 wurde darauf hingewiesen, daß eine systematische Darstellung der Stoffübergangsvorgänge nur möglich ist, wenn man, unter vereinfachenden Annahmen, Modellvorstellungen entwickelt und an Hand derer die verschiedenen praktisch vorkommenden Vorgänge studiert. Das vorliegende Kapitel, in welchem die Stoffaustauschvorgänge an festen Grenzflächen besprochen werden, ist hierfür ein gutes Beispiel. Ausgehend von den geometrisch einfachsten Fällen der ebenen Platte (Abschnitt 8.1) und der Kugel (Abschnitt 8.2) werden die verschiedenen Fälle des Stoffüberganges bei laminarer und turbulenter Strömung entwickelt. Darauf aufbauend wird schließlich in Abschnitt 8.3 der Stoffübergang an den Grenzflächen umströmter Einzelkörper unterschiedlicher Form besprochen.

Der Stoffübergang an den Grenzflächen fester Körper ist unter anderem bei folgenden Grundoperationen von Bedeutung: Adsorption, Trocknung, Auflösen eines Feststoffes und anderen. Die Zahl der praktischen Anwendungsfälle der hier abgeleiteten Beziehungen ist aber noch größer, da sich auch fluide Phasen (z. B. Flüssigkeitsstrahlen, laminare Flüssigkeitsfilme, starre Blasen, starre Tropfen) unter bestimmten hydrodynamischen Bedingungen wie feste Grenzflächen verhalten. Daher sind die in diesem Kapitel für feste Grenzflächen abgeleiteten Beziehungen auch auf fluide Phasen, unter eingeschränkten Bedingungen, anwendbar.

8.1 Stoffübergang an ebenen Grenzflächen

Die zur Beschreibung des vorliegenden Stoffübergangsproblems erforderlichen Berechnungsgleichungen, wie Bewegungsgleichung (Impulsbilanz), Kontinuitätsgleichung (Massenbilanz) und Stoffaustauschgleichung (Stoffbilanz), wurden bereits in Kapitel 4.0 in allgemeiner Form hergeleitet und können deshalb als bekannt vorausgesetzt werden.

Beschränkt man die Ableitungen auf den Fall der parallel angeströmten, ebenen Platte und setzt dabei voraus, daß die in unmittelbarer Wandnähe befindliche fluiddynamische Grenzschicht den Charakter einer ebenen Strömung besitzt, so entfallen in den betreffenden Bilanzgleichungen die auf die z-Richtung bezogenen Terme. Zu einer weiteren Vereinfachung gelangt man, wenn die Ausdrücke, die den konduktiven Transport berücksichtigen, auf einen einzigen Term, nämlich den in

y-Richtung ($\partial^2 c/\partial y^2 \gg \partial^2 c/\partial x^2$), reduziert werden. Im folgenden wird außerdem davon ausgegangen, daß es sich um ein weitgehend inkompressibles Medium handelt und stationäre Verhältnisse vorliegen.

Unter diesen Voraussetzungen kann die Kontinuitätsgleichung (4.49) wie folgt vereinfacht werden

$$\operatorname{div}(\rho \mathbf{v}) \approx \rho \operatorname{div} \mathbf{v} = 0 \tag{8.1}$$

Daraus folgt weiters

$$\operatorname{div} \mathbf{v} = 0 \tag{8.2}$$

Unter Berücksichtigung von Gl. (8.2) geht der Konvektionsterm der allgemeinen Bilanzgleichung (4.29) in folgende Form über

$$\operatorname{div}(\varphi_{(v)}\mathbf{v}) = \varphi_{(v)} \operatorname{div} \mathbf{v} + \mathbf{v} \operatorname{grad} \varphi_{(v)} = \mathbf{v} \operatorname{grad} \varphi_{(v)} \tag{8.3}$$

Für die allgemeine Bilanzgleichung (4.29) ergibt sich somit, vorausgesetzt, es scheiden Umwandlungs- und Speichereffekte aus und die Turbulenz wird im Konvektionsterm miterfaßt, nachstehende Darstellung

$$\mathbf{v} \operatorname{grad} \varphi_v + \operatorname{div} \dot{\boldsymbol{\varphi}}_{[L]} = 0 \tag{8.4}$$

Der erste Ausdruck stellt dabei den allgemeinen Konvektionsterm einschließlich der Turbulenz und der zweite Ausdruck den Konduktionsterm dar.

Berücksichtigt man die weiteren Vereinfachungen, wonach die Strömungsgeschwindigkeit nur in den beiden Richtungen x und y zu betrachten ist und andererseits ein Austausch zufolge Konduktion lediglich normal zur Wandfläche (das heißt in y-Richtung) angenommen wird, so erhält man folgende spezielle Formulierung der allgemeinen Bilanzgleichung

$$u\frac{\partial \varphi_{(v)}}{\partial x} + v\frac{\partial \varphi_{(v)}}{\partial y} = -\frac{\partial \dot{\varphi}_{y[L]}}{\partial y} \tag{8.5}$$

Die Anwendung dieser Gleichung auf den Impuls- und Stoffaustausch ergibt unter Beachtung der betreffenden in Kapitel 3.0 und 4.0 behandelten Beziehungen[1]:

Bewegungsgleichung

$$u\frac{\partial u}{\partial x} + v\frac{\partial u}{\partial y} = \nu\frac{\partial^2 u}{\partial y^2} \tag{8.6}$$

Stoffaustauschgleichung

$$u\frac{\partial c_i}{\partial x} + v\frac{\partial c_i}{\partial y} = D\frac{\partial^2 c_i}{\partial y^2} \tag{8.7}$$

Kontinuitätsgleichung

$$\frac{\partial u}{\partial x} + \frac{\partial v}{\partial y} = 0 \tag{8.8}$$

[1] Dabei wurde vorausgesetzt, daß der Impulsstrom nur in x-Richtung ins Gewicht fällt. Dementsprechend wurde von den drei Komponentengleichungen der Impulsbilanz nur die auf die x-Richtung (das heißt auf die u-Komponente der Geschwindigkeit) bezogene Darstellung angeführt.

Die Beziehungen (8.6), (8.7) und (8.8) stellen die um die Stoffaustauschgleichung erweiterten Prandtlschen Grenzschichtgleichungen dar [8.1].

8.1.1 Reibungsfreie Strömung

Bei vernachlässigbarer Reibung innerhalb des Strömungsfeldes wird sich keine Grenzschicht ausbilden. Damit kann auch in der Umgebung der Wandfläche mit der der reibungsfreien Hauptströmung entsprechenden Lösung des Geschwindigkeitsfeldes gerechnet werden. Das bedeutet, daß in der Umgebung der Wandfläche eine nahezu konstante Strömungsgeschwindigkeit $u = u_\infty$ angenommen werden kann, während dort die Vertikalkomponente v annähernd Null ist. Damit läßt sich die differentielle Stoffbilanz nach Gl. (8.7) in nachstehender Weise vereinfachen

$$u_\infty \frac{\partial c_i}{\partial x} = D \frac{\partial^2 c_i}{\partial y^2} \tag{8.9}$$

Im gegebenen Fall lauten die zugehörigen Randbedingungen

$$\begin{aligned} &y = 0, \quad c_i = c_{iW} \quad \text{ausgenommen } x = 0 \\ &y = \infty, \quad c_i = c_{i\infty} \quad \text{für alle } x \end{aligned} \tag{8.10}$$

Die Lösung der Diffusionsgleichung erfolgt in Anlehnung an eine von Higbie [8.3] angegebene Methode, worauf noch speziell im Abschnitt 9.6 im Zusammenhang mit der Behandlung der Stoffaustauschtheorien eingegangen wird. Das Ergebnis der numerischen Lösung ermöglicht die Bestimmung der von den Koordinaten x und y abhängigen örtlichen Konzentrationsverteilung, für die nachstehende Beziehung gilt (vergleiche Abschnitt 9.6.2):

$$\frac{c_i - c_{i\infty}}{c_{iW} - c_{i\infty}} = \operatorname{erf} c \frac{y}{\sqrt{4Dx/u_\infty}} \tag{8.11}$$

Zur vereinfachten Darstellung der Lösungsergebnisse ist mit erf $c(y/(4Dx/u_\infty))$ die Komplementärfunktion der Fehlerfunktion

$$\operatorname{erf} z = \frac{2}{\sqrt{\pi}} \int_0^z e^{-z^2} dz \tag{8.12}$$

mit

$$z = \frac{y}{4Dt}$$

eingeführt. Die entsprechenden Funktionswerte sind in mathematischen Tabellenwerken angegeben und diesen zu entnehmen (vergleiche Abschnitt 9.6.2).

In Abb. 8.1 ist die bezogene Konzentrationsdifferenz $(c_i - c_{i\infty})/(c_{iW} - c_{i\infty})$ für verschiedene Werte der Austauschzeit $t = x/u_\infty$ in Abhängigkeit von der Ortskoordinate y dargestellt. Es zeigt sich dabei deutlich, daß die Konzentration mit zunehmender Entfernung von der Oberfläche bei gleichbleibender Austauschzeit abnimmt. Umgekehrt nimmt aber die Konzentration bei größeren Kontaktzeiten für ein und dieselbe Entfernung zu.

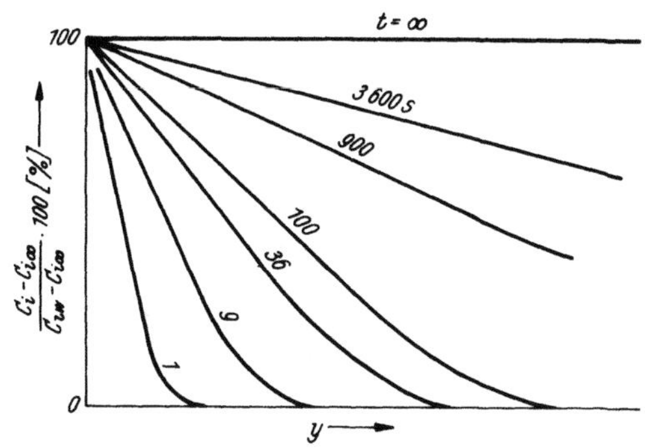

Abb. 8.1. Konzentrationsprofil in einer reibungsfreien Strömung an einer ebenen Platte beim Übergang einer Komponente i aus dem Feststoff in das Fluid (nach [8.29])

Praktische Verwendbarkeit dieser Gleichung, die zuerst von Stefan (1878), später von Boussinesq (1913) und schließlich von Higbie (1935) angegeben wurde, ist neben dem Stoffübergang an festen Grenzflächen für folgende Fälle gegeben:

1. Gasabsorption in Flüssigkeitsstrahlen [8.2]
2. Gasabsorption in laminar strömenden Filmen [8.2]
3. Stoffübergang an Blasen mittlerer Größe [8.4] (vergleiche Abb. 11.4 in Abschnitt 11.2)
4. Stoffübergang an Tropfen, wenn die Viskosität der dispersen Phase niedrig ist [8.4].

In allen diesen Fällen verhält sich die Oberfläche, auch der fluiden Phase, wie eine feste Oberfläche.

Zur Berechnung der auf die Flächen- und Zeiteinheit bezogenen Austauschmenge $\dot{n}$ einer im folgenden mit A bezeichneten Komponente folgt unter Beibehaltung der in diesem Abschnitt grundsätzlich vorausgesetzten Gültigkeit des Fickschen Diffusionsgesetzes (7.13)

$$\dot{n}_A = -D_A \left(\frac{\partial c_A}{\partial y}\right)\bigg|_{y=0} \tag{8.13}$$

Führt man hierin für $(\partial c_A/\partial y)|_{y=0}$ den aus Gl. (8.11) abzuleitenden Ausdruck ein, so gilt (vergleiche Abschnitt 9.6.2)

$$\dot{n}_A = (c_{AW} - c_{A\infty})\sqrt{\frac{D}{\pi t}} \tag{8.14}$$

Nach der im Abschnitt 3.1.3 definierten Stoffübergangsgleichung gilt weiters für die molare Stoffstromdichte

$$\dot{n}_A = \beta_x (c_{AW} - c_{A\infty}) \tag{8.15}$$

Die hierin auftretenden Größen bedeuten im einzelnen: β_x den örtlich veränderlichen Stoffübergangskoeffizienten sowie $c_{AW} - c_{A\infty}$ die Konzentration der übergehenden Stoffkomponente an der Plattenoberfläche und in großem Abstand davon. Ferner wird mit x die laufende Ortskoordinate mit ihrem Ursprung an der Plattenvorderkante bezeichnet.

Nach Gleichsetzen der Gln. (8.14) und (8.15) erhält man für den Stoffübergangskoeffizienten

$$\beta_x = \sqrt{\frac{D}{\pi t}} \tag{8.16}$$

Erweitert man Gl. (8.16) mit dem Faktor x/D und führt außerdem die aus Abschnitt 5.4 bekannten dimensionslosen Kenngrößen Sh und Pe ein, so erhält man mit $t = x/u_\infty$

$$\frac{\beta_x x}{D} = \frac{1}{\sqrt{\pi}} \sqrt{\frac{x u_\infty}{D}} \tag{8.17}$$

bzw.

$$\mathrm{Sh}_x = \frac{1}{\sqrt{\pi}} \mathrm{Pe}_x^{0,5} \tag{8.18}$$

Mit Sh und Pe sind hierin die mit der Lauflänge x gebildete örtliche Sherwood- bzw. Peclet-Zahl bezeichnet.

Bei der Berechnung von Stoffaustauschvorgängen interessiert im allgemeinen nicht die örtliche, sondern die über die gesamte Austauschfläche gemittelte molare Stoffstromdichte

$$\dot{n}_A = \beta(c_A - c_{A\infty}) \tag{8.19}$$

Hierin ist β der mittlere Stoffübergangskoeffizient, der sich aus dem integralen Mittelwert des örtlichen Koeffizienten wie folgt berechnet

$$\beta = \frac{1}{L} \int_{x=0}^{L} \beta_x \, dx \tag{8.20}$$

Setzt man darin für β_x den errechneten Wert aus Gl. (8.16) ein, dann erhält man nach Integration der Gl. (8.20),

$$\beta = 2\beta_x \tag{8.21}$$

Damit ergibt sich für die mittlere Sherwood-Zahl Sh der Ausdruck

$$\mathrm{Sh} = \frac{2}{\sqrt{\pi}} \mathrm{Pe}^{0,5} = 1{,}13\ \mathrm{Re}^{0,5} \cdot \mathrm{Sc}^{0,5} \tag{8.22}$$

Wenn auch durch die Annahme einer reibungsfreien Strömung der Stoffaustauschvorgang stark idealisiert wurde, gibt Gl. (8.22) die Abhängigkeit des Stoffübergangskoeffizienten von den Strömungsgeschwindigkeiten und der Lauflänge bei vielen Problemstellungen mit einer für die stark vereinfachte Betrachtungsweise zufriedenstellenden Genauigkeit wieder.

8.1.2 Strömung mit einem konstanten Geschwindigkeitsgradienten

Beschränkt man die Untersuchungen der Grenzschichtströmung auf einen Bereich mit einem konstanten Geschwindigkeitsgradienten und nimmt ferner an, daß in dem betreffenden Bereich die Dicke δ der fluiddynamischen Grenzschicht nahezu unveränderlich bleibt, so kann die Komponente v der Strömungsgeschwindigkeit normal zur Wandfläche innerhalb der Grenzschicht Null gesetzt werden. Damit vereinfacht sich Gl. (8.7) zu

$$u\frac{\partial c_i}{\partial x} = D\frac{\partial^2 c_i}{\partial y^2} \tag{8.23}$$

wobei im gegebenen Fall die Geschwindigkeitskomponente in Richtung der x-Achse durch $u = ay$ ersetzt werden kann.

Hierzu gehören folgende Randbedingungen

$$\begin{aligned} &y = 0, \quad c_i = c_{iW} \quad \text{(ausgenommen } x = 0) \\ &y = \infty, \quad c_i = c_{i\infty} \end{aligned} \tag{8.24}$$

Die Lösung der Stoffaustauschgleichung wurde unter Beachtung der oben definierten Randbedingungen von LEVEQUE [8.5] mittels eines Produktansatzes bestimmt. Für die ortsabhängige Konzentration $c(y)$ ergibt sich daraus folgende Abhängigkeit

$$c(y) = \frac{1 - c_{iW}}{0{,}89}\int_0^z e^{-z^2}\,dz + c_{iW} \tag{8.25}$$

mit

$$z = \frac{ay}{(\rho x)^{1/3}} \tag{8.26}$$

In Anlehnung an die bereits für den Fall der reibungsfreien Strömung angegebenen Berechnungsgleichungen (8.14) und (8.15) erhält man für die örtliche Sh-Zahl nachstehende Beziehung

$$\mathrm{Sh}_x = 0{,}539\left(\frac{ax^2}{D}\right)^{1/3} \tag{8.27}$$

Integriert über die Plattenlänge L folgt unter Beachtung der Gl. (8.20) für die mittlere Sh-Zahl Sh

$$\mathrm{Sh} = 1{,}078\left(\frac{aL^2}{D}\right)^{1/3} \tag{8.28}$$

Ist der mittlere Stoffübergangskoeffizient β bzw. Sh nach Gl. (8.28) bekannt, so folgt für die mittlere Molstromdichte $\dot{n}_A$ einer Komponente A durch Substitution des errechneten Wertes in Gl. (8.19)

$$\dot{n}_A = 1{,}078\;D^{2/3}\left(\frac{a}{L}\right)^{1/3}(c_{AW} - c_{A\infty}) \tag{8.29}$$

8.1.3 Laminare Grenzschichtströmung

Ein weiterer spezieller Fall an Austauschbedingungen liegt vor, wenn sich, wie in Abb. 8.2 angedeutet, in der Nähe der Wand eine Geschwindigkeitsgrenzschicht ausbildet. An der Oberfläche selbst muß auf Grund der Haftbedingung die Geschwindigkeit Null sein. Innerhalb der Grenzschicht bildet sich ein Geschwindigkeitsgradient aus, der mit zunehmendem Abstand von der Wand kleiner wird, bis die Geschwindigkeit am Übergang zur ungestörten Hauptströmung den Wert $u = u_\infty$ annimmt.

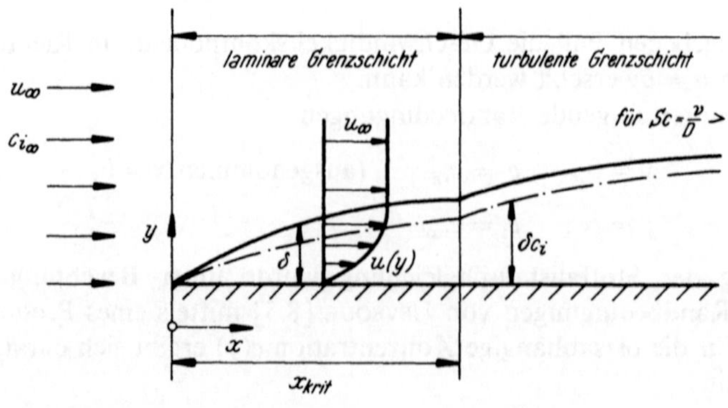

Abb. 8.2. Geschwindigkeits- und Konzentrationsgrenzschicht an einer ebenen Platte

Durch die Verzögerung im Inneren der Grenzschicht bildet sich auch eine Geschwindigkeitskomponente senkrecht zur Plattenoberfläche aus, da aus Kontinuitätsgründen ein Teil des zugeführten Fluids aus der Unterschicht wieder nach außen abgeführt werden muß. An der Wand selbst wird diese Geschwindigkeit Null sein und ihren größten Wert am äußeren Rand der Grenzschicht bei $y = \delta$ erreichen.

Unter den gegebenen Voraussetzungen gelten für das Geschwindigkeits- und Konzentrationsfeld wieder die früher bei (8.6), (8.7) und (8.8) angeführten Differentialgleichungen.

Die zugehörigen Randbedingungen lauten in diesem Fall

$$\begin{aligned} y = 0, \quad & u = 0 \\ & v = 0 \\ & c_i = c_{iW} \\ y = \infty, \quad & u = u_\infty \\ & c_i = c_{i\infty} \end{aligned} \tag{8.30}$$

Ein analoges System von nichtlinearen partiellen Differentialgleichungen mit den dazugehörigen Randbedingungen wurde bereits von Pohlhausen [8.6] zur Untersuchung des Wärmeüberganges an einer ebenen, laminar überströmten Platte theoretisch vollständig gelöst. Der Aufwand einer exakten Berechnung ist aber selbst für diesen verhältnismäßig einfachen Fall so erheblich, daß in diesem

Zusammenhang von einer Darstellung der Lösungsmethode abgesehen wird und die von POHLHAUSEN für den Fall der Wärmeübertragung gewonnenen Ergebnisse direkt übernommen werden[1]. Ersetzt man die in den Berechnungsgleichungen für den Wärmeübergang charakteristischen Kenngrößen durch die betreffenden Kennzahlen für den Stoffaustausch, so läßt sich die für den Bereich der laminaren Grenzschicht maßgebende Stoffübergangsgleichung in der Form

$$\mathrm{Sh}_x = 0{,}332\ \mathrm{Re}_x^{1/2}\,\mathrm{Sc}^{1/3} \tag{8.31}$$

angeben.

Die dimensionslosen Kenngrößen sind hierin wie folgt definiert (vergleiche Abschnitt 5.4)

$$\mathrm{Sh}_x = \frac{\beta_x x}{D}\,, \qquad \mathrm{Re}_x = \frac{u_\infty x}{\nu}\,, \qquad \mathrm{Sc} = \frac{\nu}{D} \tag{8.32}$$

Die in den Kennzahlen angeführten Größen bedeuten: β_x lokaler Stoffübergangskoeffizient, x Lauflänge, u_∞ Anströmgeschwindigkeit, D Diffusionskoeffizient der auszutauschenden Komponente und ν die Viskosität des Fluids.

Zur Berechnung der örtlichen Stoffstromdichte wird von der Definitionsgleichung für den örtlichen Stoffübergangskoeffizienten

$$\dot{n}_i = \beta_x (c_{iW} - c_{i\infty}) \tag{8.33}$$

ausgegangen.

Damit läßt sich bei Kenntnis der Konzentrationswerte der auszutauschenden Komponente i die von der Plattenoberfläche an das Fluid abgegebene Stoffmenge je Einheit der Plattenlänge berechnen. Der Stoffübergangskoeffizient β_x ist aus Gl. (8.31) zu berechnen.

Die mittlere, über die Plattenlänge L ausgetauschte Stoffmenge erhält man, indem man in Gl. (8.33) den örtlichen Stoffaustauschkoeffizienten durch den über die betrachtete Plattenoberfläche gemittelten Wert ersetzt

$$\beta = \frac{1}{L} \int\limits_{x=0}^{x=L} \beta_x \, dx \tag{8.34}$$

Führt man hierin für β_x den örtlichen Stoffübergangskoeffizienten nach Gl. (8.31) ein, so folgt nach Integration über die Plattenlänge L

$$\beta = 2\beta_x \tag{8.35}$$

Demzufolge lautet die mittlere Sherwoodzahl

$$\mathrm{Sh} = 0{,}664\ \mathrm{Re}^{1/2}\,\mathrm{Sc}^{1/3} \tag{8.36}$$

Erweitert man die Stoffübergangs-Betrachtungen auf die Berechnung des ortsabhängigen Konzentrationsverlaufes, so erfordert dies die vollkommene Lösung des Gleichungssystems (8.6), (8.7) und (8.8).

---

[1] Dies stellt ein Beispiel für die Anwendung der im Kapitel 6.0 gebrachten Analogie-Beziehungen dar.

Abb. 8.3 zeigt für verschiedene Werte der Sc-Zahl berechnete Konzentrationsprofile in Abhängigkeit von der bezogenen Ortskoordinate

$$y^* = \frac{y}{2}\sqrt{\frac{v}{\nu x}}$$

Daraus erkennt man, daß mit zunehmendem Wandabstand die bezogene Konzentrationsdifferenz $(c_i - c_{i\infty})/(c_{iW} - c_{i\infty})$ zunächst kleiner wird und sich dann einem Endwert nähert, der nur noch vom Wandabstand abhängt. Dies ist dadurch begründet, daß an der Wand ($y = 0$) die beiden Geschwindigkeitskomponenten u und v verschwinden und damit nach Gl. (8.7) $\partial^2 c_i/\partial y^2 = 0$ sein muß, was einem geradlinigen Konzentrationsverlauf entspricht.

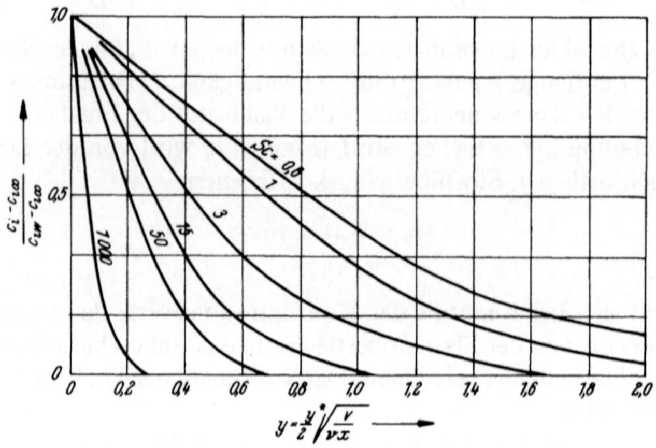

Abb. 8.3. Konzentrationsverteilung in der laminaren Grenzschicht einer längs angeströmten ebenen Platte

Gl. (8.36) ist vielfach auch für Fälle, die nicht der Situation der ebenen Platte, wie sie in der Ableitung verwendet wurde, entsprechen, anwendbar. So weist Beek [8.2] darauf hin, daß eine experimentelle Überprüfung in folgenden Fällen gute Übereinstimmmung zeigt:

1. Isolierte feste Teilchen, z. B. in einem lockeren Wirbelschichtbett [8.9]
2. Nicht zu dicht auftretender Schwarm starrer Flüssigkeitstropfen, z. B. starre Tropfen in einer Emulsion
3. Feste Teilchen in einer Suspension. In diesem Falle stimmen die experimentellen Ergebnisse von Middleman [8.8] mit Gl. (8.36) sehr gut überein.

Die Schwierigkeit in den meisten dieser Fälle ist es, die relative Geschwindigkeit der Teilchen hinsichtlich des sie umgebenden Fluidums vorauszusagen. Aber auch hierfür gibt Beek Beziehungen an [8.2]. Als charakteristische Länge in der Berechnung der Reynoldszahl wird zumeist der Teilchendurchmesser d_p angenommen, vorausgesetzt, daß Sc $\ll$ 1 ist.

8.1.4 Einfluß der turbulenten Strömung auf den Stoffaustausch

Der Umschlagpunkt von der laminaren in die turbulente Strömung ist durch die „kritische Reynoldszahl“ Re_{kr} definiert. Deren Zahlenwert ist stark von äußeren Einflüssen abhängig. Bei störungsfreier Strömung an Platten beginnt der Umschlag in die turbulente Form bei einer Reynoldszahl von $Re_{kr} = 3 \cdot 10^6$ [8.10]. Dieser Wert wird jedoch mit fortschreitender Zunahme von Störungen immer kleiner, bis er bei $Re_{kr} = 3 \cdot 10^5$ die untere Grenze erreicht hat, unterhalb der auch bei starken Störungen keine turbulente Grenzschicht mehr existiert, unabhängig davon, ob die Außenströmung laminar oder turbulent ist [8.10].

Auch bei turbulenter Außenströmung wird sich zunächst an der Plattenoberfläche eine laminare Grenzschicht ausbilden, die erst nach Erreichen einer kritischen Lauflänge x_{kr} – entspricht der kritischen Reynoldszahl $x_{kr} = Re_{kr}\nu/u_\infty$ – in die turbulente Grenzschicht umschlägt. Der Übergang am Umschlagspunkt findet dabei aber nicht sprungartig, sondern innerhalb einer Übergangszone, etwa in der Art, wie dies Abb. 8.4 zeigt, statt.

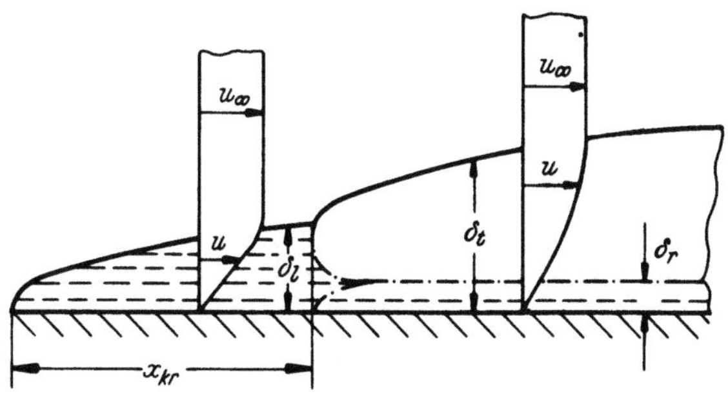

Abb. 8.4. Schematische Darstellung einer Grenzschicht bei turbulenter Strömung. δ_l laminare Grenzschicht, δ_t turbulente Grenzschicht, δ_r laminare Restgrenzschicht

Abb. 8.4 zeigt ferner, daß im Bereich der turbulenten Grenzschicht eine dünne, wandnahe laminare Schicht zurückbleibt, die sogenannte „laminare Unterschicht“. Die Strömung in unmittelbarer Wandnähe besitzt demnach auch bei turbulenter Grenzschichtströmung einen laminaren Charakter.

Bei der Behandlung von praktisch bedeutsamen Stoffaustauschvorgängen hat sich eine derart genaue Unterscheidung der Grenzschichtströmungen jedoch nur in den seltensten Fällen als notwendig erwiesen [8.11]. Bei der überwiegenden Zahl der turbulenten Grenzschichtprobleme genügt es, wenn man vereinfachend annimmt, daß die kritische Lauflänge im Vergleich zur Plattenlänge vernachlässigbar klein ist, und damit festlegt, daß die Grenzschicht bereits von der Plattenvorderkante an turbulent sei.

Für die örtliche und mittlere Sh-Zahl einer turbulenten Grenzschichtströmung gibt Colburn [8.28] nachstehende Beziehung an

$$Sh_x = 0{,}0296\ Re_x^{4/5} Sc^{1/3} \tag{8.37}$$

bzw.

$$Sh = 0{,}037\ Re^{4/5} Sc^{1/3} \tag{8.38}$$

Der Gültigkeitsbereich der obigen Gleichungen beschränkt sich jedoch auf Sc-Zahlen, die kleiner als Vier sind.

Um die Aufstellung eines Stoffübergangsgesetzes mit einem möglichst großen Gültigkeitsbereich haben sich ZHUKAUSKAS und AMBRAZYAVICHYUS bemüht. Sie stellten nachfolgende empirische Gleichung auf [8.13]

$$Sh_x = 0{,}0296\, Re_x^{0{,}8}\, Sc^{0{,}43} \tag{8.39}$$

Gl. (8.39) erlaubt die Berechnung des örtlichen Stoffübergangskoeffizienten für einen sehr großen Bereich der turbulenten Grenzschichtströmung. Die obere Grenze ist praktisch nur im Hinblick auf den oberen Grenzwert der Sc-Zahl mit etwa 380 interessant. Die untere Grenze von Gl. (8.39) ist durch die kritische Reynoldszahl bestimmt.

Für die über die gesamte Plattenlänge gemittelte Sherwood-Zahl Sh ergibt sich unter Beachtung der Gl. (8.21)

$$Sh = 0{,}037\, Re^{0{,}8}\, Sc^{0{,}43} \tag{8.40}$$

Abb. 8.5 zeigt schematisch die nach Gln. (8.36) und (8.40) für die laminare bzw. turbulente Grenzschichtströmung berechneten mittleren Sherwoodzahlen als Funktion von Re bei einem konstanten Wert der Sc-Zahl. Im Übergangsbereich zwischen der laminaren und der turbulenten Strömung erfolgt eine nahezu sprunghafte Erhöhung des Stoffaustausches. Der für eine Sc-Zahl von Sc = 0,72 (Luft) in Abb. 8.5 dargestellte Verlauf der Übergangskurven weist darauf hin, daß die Änderung umso ausgeprägter ist und der laminare Strömungszustand bei umso größeren Werten der kritischen Reynoldszahl in den turbulenten übergeht, je geringer die Störungen von außen sind. Dies ist dadurch bedingt, daß bei geringeren Anfangsstörungen die Turbulenz erst bei höheren Re-Zahlen einsetzt.

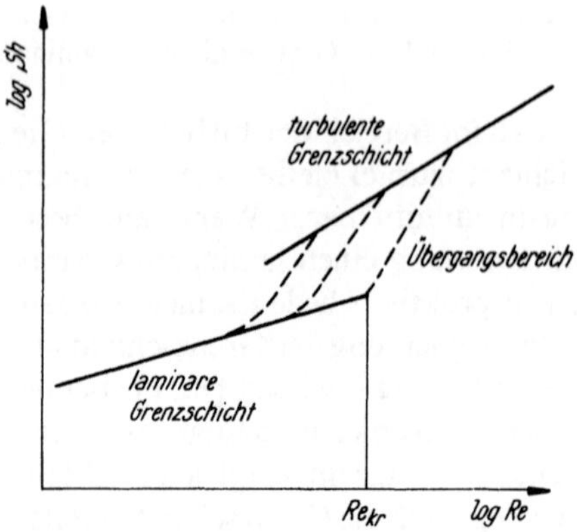

Abb. 8.5. Schematische Darstellung der Stoffübergangsgleichung für den laminaren, den turbulenten und den Übergangsbereich bei einer ebenen Platte

Die Berechnung des innerhalb des Übergangsgebietes angegebenen Kurvenverlaufes erfolgte nach einer von BOSCH (vergleiche [8.14]) angegebenen Beziehung

$$Sh = 0{,}002\, Re\, Sc \tag{8.41}$$

8.2 Stoffübergang an festen kugelförmigen Partikeln

Der vorliegende Abschnitt beschäftigt sich mit den Gesetzmäßigkeiten des Stoffaustausches, die sich auf kugelförmige Partikel mit einer festen Oberfläche und auf solche fluide kugelförmige Körper, bei denen die Beweglichkeit der Phasengrenzfläche, beispielsweise durch den Einfluß grenzflächenaktiver Stoffe, unberücksichtigt bleiben kann, beziehen. Für den letzteren Fall lassen sich die für feste Kugeln geltenden Gesetzmäßigkeiten auch auf fluide Partikel übertragen [8.1].

Zur Vereinfachung der im vorliegenden Abschnitt angestellten Betrachtungen sei angenommen, daß die Umströmung des Partikels nur durch eine erzwungene Konvektionsströmung hervorgerufen wird, wobei der Einfluß beider möglicher Strömungsformen, nämlich der des laminaren und der des turbulenten Zustandes, auf den Stoffaustausch untersucht wird. Speziell bei turbulenten Strömungsverhältnissen können sehr komplizierte Strömungszustände auftreten. Dies ist darauf zurückzuführen, daß die Strömung bei großen Umströmungsgeschwindigkeiten sich von der Körper-Oberfläche ablöst. An der Vorderseite wird sich in diesem Zusammenhang im allgemeinen eine Grenzschichtströmung ausbilden, deren Zustand laminar ist, an der Rückseite dagegen kommt es infolge der Ablösung zu Wirbelbildungen.

Diese bei höheren Austauschgeschwindigkeiten auftretenden unterschiedlichen Strömungsverhältnisse entlang des Kugelumfanges werden sich im allgemeinen auch auf den Stoffaustausch auswirken. Eine theoretische Behandlung dieses Zusammenhanges ist bislang aber nur für die Kugel, an der sich eine Grenzschicht ausbildet, möglich. Bei den nachfolgenden Betrachtungen über den Stoffaustausch an der gesamten Kugeloberfläche wird man sich daher dort, wo sich ein instationäres Wirbelfeld ausbildet, auf die Ergebnisse empirischer Untersuchungen stützen müssen.

8.2.1 Stoffübergang für verschiedene Bereiche der Reynoldszahl

Der Stoffaustausch an festen, kugelförmigen Partikeln wurde noch nicht so gründlich untersucht wie der an ebenen Platten[1]. Das ist zum Teil darauf zurückzuführen, daß das Strömungsverhalten bei der Umströmung einer Kugel wesentlich komplizierter ist als das an einer ebenen Platte. Ferner hat sich gezeigt, daß eine analytische Lösung der Stoffaustauschgleichung auch bei einfachen Strömungsverhältnissen infolge der räumlichen Ausdehnung nur in speziellen Fällen möglich ist.

Bei der Berechnung der örtlichen Stoffstromdichte greift man auf die allgemeine Stoffaustauschgleichung (8.15) zurück. Diese ist im gegebenen Fall gleichzeitig die Definitionsgleichung für den über den Kugelumfang örtlich unterschiedlichen Stoffübergangskoeffizienten. Es gilt

$$\dot{n}_{i\theta} = \beta_\theta (c_{iW} - c_{i\infty}) \tag{8.42}$$

---

[1] Von den theoretischen Arbeiten über den Stoffaustausch an der Kugel seien hier vor allem die von Hamielec, Hoffmann und Rosse [8.15] und von Brauer [8.1] genannt. Experimentelle Untersuchungen für unterschiedliche Bereiche der Reynolds-Zahl wurden unter anderm von Ranz und Marshall [8.16], Steinberger und Treybal [8.17], Rowe, Claxton und Lewis [8.18], Galloway und Sage [8.19] durchgeführt.

Darin bedeuten β_Θ den vom Umfangswinkel Θ der Kugel abhängigen örtlichen Stoffübergangskoeffizienten, sowie c_{iW} und $c_{i\infty}$ die Konzentration der übergehenden Komponente i an der Kugeloberfläche und in großem Abstand davon. Für den hier behandelten Fall sei die an der Kugeloberfläche auftretende Konzentration c_{iW} orts- und zeitunabhängig. Ferner wird vorausgesetzt, daß auch die in sehr großem Abstand von der Kugel herrschende Konzentration zeitunabhängig sei. Damit ist die Konzentrationsdifferenz $(c_{iW} - c_{i\infty})$ während des Austauschvorganges konstant.

Bei Anwendung der Gl. (8.42) zur Bestimmung der Stoffübergangsmenge muß somit β_Θ in Abhängigkeit von allen Einflußgrößen bekannt sein.

Im vorliegenden Fall wird der Stoffübergangskoeffizient β_Θ, der in dimensionsloser Form durch die örtliche Sherwood-Zahl $\mathrm{Sh}_\Theta = \beta_\Theta\, d/D$ bestimmt ist, vom Ort sowie von der Reynolds- und Sc-Zahl abhängig sein. In allgemeiner Form gilt

$$\mathrm{Sh}_\Theta = f(\Theta, \mathrm{Re}, \mathrm{Sc}) \tag{8.43}$$

wobei die dimensionslosen Kenngrößen Re und Sc wie folgt definiert sind

$$\mathrm{Re} = \frac{u_\infty d}{\nu}, \qquad \mathrm{Sc} = \frac{\nu}{D} \tag{8.44}$$

Zum Auffinden der speziellen Form der Funktion $f(\Theta, \mathrm{Re}, \mathrm{Sc})$ ist das den Stoffaustauschvorgang beschreibende Differentialgleichungssystem, bestehend aus Kontinuitäts-, Bewegungs- und Stoffaustauschgleichung, zu lösen, bzw. dort, wo keine analytische oder numerische Lösung möglich ist, wird man auf deren experimentelle Bestimmung zurückgreifen müssen. Im folgenden sollen theoretisch und empirisch gewonnene Untersuchungsergebnisse über den Stoffübergang an festen kugelförmigen Körpern erörtert werden.

Einen Einblick in die bei erzwungener Konvektion auftretenden Stoffaustauschvorgänge liefern die theoretischen Untersuchungen von Schmidt und Ihme [8.20]. Mittels analytischer bzw. numerischer Verfahren ist es den beiden gelungen, für unterschiedliche Reynolds-Bereiche das aus Bewegungs-, Kontinuitäts- und Stoffaustauschgleichung gekoppelte System nichtlinearer Gleichungen zu lösen.

Abb. 8.6 zeigt als Beispiel die von Ihme bestimmte Änderung der örtlichen Sh-Zahl in Abhängigkeit des Umfangwinkels Θ für drei verschiedene Re-Zahlen und einer konstanten Sc-Zahl von 10.

Aus dem Verlauf der örtlichen Sherwood-Zahlen über den Kugelumfang innerhalb des Bereiches $\mathrm{Re} < 20$ ist zu entnehmen, daß an der Anströmseite der Kugel ein wesentlich höherer Stoffübergang als an der Rückseite vorliegt. Ausgehend vom vorderen Staupunkt ($\Theta = 0$), wo die größten Werte für die örtliche Sherwood-Zahl Sh_Θ bestimmt wurden – sie ist mehr als doppelt so groß wie die für den rückwärtigen Staupunkt –, nimmt Sh_Θ mit zunehmendem Umfangswinkel Θ ab.

Wesentlich anders verhalten sich jedoch die Kurven bei höheren Werten der Re-Zahl; nach Taenda [8.21] treten bei Re-Zahlen > 24 Wirbelbildungen an der Rückseite der Kugel auf. Die damit verbundene Ablösung der Strömung von der Oberfläche wird sich, mit zunehmender Re-Zahl vom rückwärtigen Staupunkt ausgehend, zu immer kleineren Umfangswinkeln hin verlagern, bis das Wirbelsystem bei einer Re-Zahl von ungefähr 130 in ein instationäres übergeht [8.1]. Unter dem Einfluß der Wirbelströmung wird sich die örtliche Sh-Zahl im allgemeinen wieder erhöhen, wie das auch aus Abb. 8.6 ersichtlich ist.

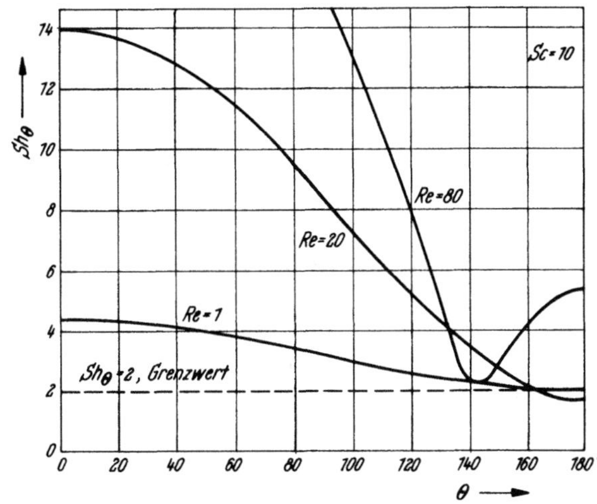

Abb. 8.6. Örtliche Sherwood-Zahl für den Stoffübergang an festen Kugeln in Abhängigkeit des Umfangwinkels Θ für Re = 1, Re = 20, Re = 80 und einer konstanten Schmidt-Zahl Sc = 10

Ab dem Bereich, in welchem die Sherwood-Zahl durch die Einwirkung des instationären Wirbelsystems bedeutend größer wird, läßt sich die Umströmung und damit auch der Stoffaustausch nur mehr im Bereich der Anströmseite der Kugeloberfläche theoretisch vorausberechnen. An der Rückseite, an der sich das Wirbelfeld ausbildet, ist bislang eine theoretische Berechnung noch nicht möglich. Dort ist man auf experimentell zu bestimmende Ergebnisse angewiesen. Dabei ist es vorteilhaft, Gebiete unterschiedlicher Strömungsbedingungen durch getrennte Gesetze für den Stoffübergang zu beschreiben. Zu dem Zweck wurden für die Vorder- bzw. Rückseite Mittelwerte der Sherwood-Zahlen, entsprechend der nachfolgenden Gleichungen

für die Vorderseite

$$\mathrm{Sh}_v = \frac{1}{2} \int_{\Theta=0}^{\Theta} \mathrm{Sh}_\Theta \sin\Theta \, d\Theta \tag{8.45}$$

bzw. für die Rückseite

$$\mathrm{Sh}_r = \frac{1}{2} \int_{\Theta=0}^{\pi} \mathrm{Sh}_\Theta \sin\Theta \, d\Theta \tag{8.46}$$

eingeführt. Mit Θ ist der im Bogenmaß anzugebende Ablösewinkel definiert.

Brauer [8.1] gibt zur Berechnung der über die Vorderseite gemittelten Sherwood-Zahl folgende Beziehung an

$$\mathrm{Sh}_{\Theta_v} = 1{,}02\ \mathrm{Re}^{1/2}\mathrm{Sc}^{1/3} \tag{8.47a}$$

bzw. für die Rückseite der Kugel

$$\mathrm{Sh}_{\Theta_r} = 0{,}0447\ \mathrm{Re}^{0,78}\mathrm{Sc}^{1/3} \tag{8.47b}$$

Der Gültigkeitsbereich der Gln. (8.46) und (8.47) erstreckt sich nach Lee und Barrow [8.22] auf $10^2 \geqslant \mathrm{Re} \geqslant 2 \cdot 10^5$.

Die Berechnung der über den Kugelumfang gemittelten Stoffstromdichte $\dot{n}_i$ erfolgt nach einer analogen Beziehung zu Gl. (8.19). Es gilt

$$\dot{n}_i = \beta(c_{iW} - c_{i\infty}) \tag{8.48}$$

Hierin ist β der mittlere Stoffübergangskoeffizient, der sich aus dem integralen Mittelwert des örtlichen Koeffizienten über den gesamten Kugelumfang ergibt. Die Mehrzahl der für die Berechnung des mittleren Stoffübergangskoeffizienten verfügbaren Berechnungsgleichungen, vor allem die, deren Gültigkeitsbereich bis zu höheren Re-Zahlen hinauf angegeben wird, sind empirisch gewonnen. Nur im Bereich niedriger und mittlerer Reynolds-Zahlen ($1 \leqslant \mathrm{Re} \leqslant 100$) stehen derzeit einige theoretische Untersuchungsergebnisse zur Verfügung [8.1].

Im Fall der dimensionslosen Darstellung hat sich für die Beschreibung der mittleren Sh-Zahl umströmter kugelförmiger Partikel nachstehende allgemeine Beziehung bewährt

$$\mathrm{Sh} = A + B\,f(\mathrm{Re}^m\mathrm{Sc}^n) \tag{8.49}$$

Hierin berücksichtigt der erste Term die radiale Diffusion, die, wie theoretisch abgeleitet werden kann, unabhängig vom konvektiven Anteil immer den Wert 2 annimmt. Der zweite Term erfaßt den Anteil, der durch die erzwungene Konvektion herrührt. Mit den Exponenten m und n werden die unterschiedlichen Strömungsverhältnisse in Abhängigkeit von der Re-Zahl berücksichtigt; sie dürfen somit nicht als konstant angesehen werden.

Bei der Darstellung von Stoffübergangsgleichungen wird in der Literatur der unterschiedlichen Stofftransportbedingung bei veränderten Re-Zahlen in der Weise Rechnung getragen, daß allgemein eine Unterteilung für drei verschiedene Bereiche vorgenommen wird. Diese Unterteilung hat sich als zweckmäßig erwiesen und wird deshalb auch hier beibehalten.

Bereich I: $\mathrm{Re} \leqslant 1$. Im Bereich der schleichenden Strömung ist die Lösung der für den Stoffaustausch maßgebenden Differentialgleichungen möglich. Die daraus abgeleiteten Ergebnisse lassen sich mit guter Näherung (max. Abweichung $\pm$ 3,5%) durch die von Brauer und anderen [8.1] angegebenen Korrelationen

$$\mathrm{Sh} = 2 + \frac{0{,}333(\mathrm{Re}\cdot\mathrm{Sc})^{0,840}}{1 + 0{,}331(\mathrm{Re}\cdot\mathrm{Sc})^{0,507}} \tag{8.50a}$$

beschreiben. Diese Sh-Zahl ist in Abb. 8.7 als Kurve *a* über dem Produkt $\mathrm{Re}\cdot\mathrm{Sc}$ dargestellt. Für $\mathrm{Re}\cdot\mathrm{Sc} \to 0$ gilt als Grenzwert

$$\mathrm{Sh} = 2 \tag{8.50b}$$

Dieser Grenzwert ist durch Kurve *b* angedeutet. Bei $\mathrm{Re}\cdot\mathrm{Sc} \to \infty$ nähert sich Kurve *a* der Kurve *c*, für die folgende Beziehung gilt

$$\mathrm{Sh} = 1{,}007(\mathrm{Re} \cdot \mathrm{Sc})^{1/3} \tag{8.50c}$$

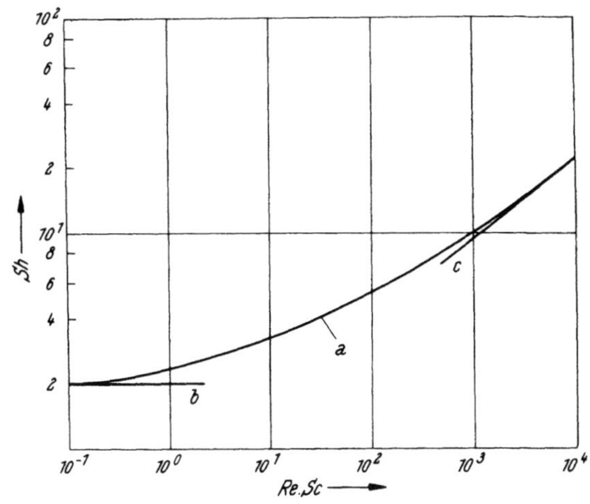

Abb. 8.7. Mittlere Sh-Zahlen für den Stoffübergang an Kugeln im Bereich schleichender Strömung (Re ⩽ 1) nach Brauer [8.1]

Bereich II: $1 \leqslant \mathrm{Re} \leqslant 100$. Wie bereits erwähnt, kommt es im Bereich $1 \leqslant \mathrm{Re} \leqslant 100$ an der Rückseite des Partikels zu Wirbelbildungen. Da diese im Ansatz der Bewegungsgleichung durch Einbeziehung der Trägheitsglieder zu berücksichtigen sind, läßt sich das Strömungsfeld geschlossen nicht mehr darstellen. Die Lösung der Bewegungsgleichung muß entweder auf numerischem Weg oder auf experimentelle Weise erfolgen. Dasselbe gilt auch für die Lösung der Stoffaustauschgleichung.

Ihme [8.23] gibt als Lösung des Gleichungssystems nachstehende Beziehung für die mittlere Sh-Zahl an

$$\mathrm{Sh} = 2 + z_K \frac{(\mathrm{Re} \cdot \mathrm{Sc})^{1,7}}{1 + (\mathrm{Re} \cdot \mathrm{Sc})} \tag{8.51}$$

Mit dem Faktor z_K ist eine reine Funktion der Schmidt-Zahl bezeichnet. Diese lautet

$$z_K = \frac{0{,}66}{1 + \mathrm{Sc}} + \frac{\mathrm{Sc}}{2{,}4 + \mathrm{Sc}} \left(\frac{0{,}79}{\mathrm{Sc}^{1/6}} \right) \tag{8.52}$$

Für $\mathrm{Sc} \to 0$ nähert sich z_K dem konstanten Wert 0,66.

Für große Werte der Sc-Zahl nimmt der Faktor den Grenzwert $z_K = 0{,}79\ \mathrm{Sc}^{1/6}$ an. Nach Einsetzen in Gl. (8.51) wird Sh somit proportional $\mathrm{Sc}^{1/3}$. Man darf daher erwarten, daß der Einfluß der Sc-Zahlen auf Sh mit zunehmenden Werten von Sc abnimmt.

Bereich III: Re ⩾ 100. Diesem Bereich kommt die größte praktische Bedeutung zu. Eine theoretische Behandlung des Stoffüberganges ist dafür bislang aber noch nicht möglich gewesen. Um die Aufstellung empirischer Stoffübergangsgleichungen haben sich vor allem STEINBERGER und TREYBAL [8.17], ROWE, CLAXTON und LEWIS [8.18], KEEY und GLEEN [8.24] sowie HUGHMARK [8.25] verdient gemacht.

Ein Vergleich der von den oben genannten Autoren gefundenen empirischen Beziehungen zeigt, daß die Mehrzahl der Stoff-Übergangsgleichungen in der allgemeinen Form

$$\mathrm{Sh} = 2 + B\,\mathrm{Re}^{1/2}\mathrm{Sc}^{1/3} \tag{8.53}$$

darstellbar ist. Beachtenswert ist hiebei, daß in allen Fällen der Exponent der Re und Sc denselben Wert annimmt. Der Unterschied in den Gleichungen besteht somit nur im Faktor *B* vor der Reynolds-Zahl.

Eine Zusammenstellung der für die praktische Anwendung am bedeutendsten erscheinenden Berechnungsgleichungen ist Tab. 8.1 zu entnehmen, in der auch der von den jeweiligen Autoren angegebene Gültigkeitsbereich, in Form des bei den experimentellen Untersuchungen berücksichtigten Rė- und Sc-Bereiches, aufgenommen wurde.

Tabelle 8.1. *Zusammenstellung von empirischen und halbempirischen Beziehungen zur Bestimmung des Stoffübergangskoeffizienten an festen Kugeln bei höheren Re-Zahlen*

Autor	Re-Bereich	Sc-Bereich	Gleichung
GARNER-SUCKLING vgl. [8.26]	100 – 700	1100 – 2200	$\mathrm{Sh} = 2 + 0{,}95\,\mathrm{Re}^{1/2}\,\mathrm{Sc}^{1/3}$
FRÖSSLING vgl. [8.27]	> 100	1000	$\mathrm{Sh} = 2 + 0{,}552\,\mathrm{Re}^{1/2}\,\mathrm{Sc}^{1/3}$
STEINBERGER-TREYBAL [8.17]	$10 - 17 \cdot 10^3$	1 – 70000	$\mathrm{Sh} = 2 + 0{,}347\,\mathrm{Re}^{0{,}62}\,\mathrm{Sc}^{0{,}31}$
ROWE u. a. [8.18]	25 – 1150	1220	$\mathrm{Sh} = 0{,}79\,\mathrm{Re}^{1/2}\,\mathrm{Sc}^{1/3}$

8.3 Stoffübergang an den Grenzflächen überströmter Einzelkörper unterschiedlicher Form

Da es auf Grund der Vielzahl unterschiedlicher Körperformen nahezu aussichtslos erscheint, den Stoffaustausch für jeden beliebig geformten Körper in der Weise, wie dies für die Platte und die Kugel geschehen ist, zu untersuchen, bemühte man sich um eine einheitliche Darstellung des konvektiven Stoffüberganges, wodurch sich eine möglichst große Zahl von Stoffaustauschvorgängen an verschiedenen Körperformen in ein Berechnungsschema einordnen läßt. Dies gilt vor allem für jene Körper, in deren Umgebung sich komplizierte Strömungsverhältnisse, wie Wirbelbildungen und Totzonen, ausbilden [8.26], [8.27].

Eine weitgehend einheitliche Darstellung des Stoffübergangsverhaltens umströmter Einzelkörper ist zu erreichen, wenn durch Einführung einer von KRISCHER [8.26] definierten charakteristischen Länge L' sowie einer sinnvoll gewählten einheitlichen Definition für die mittlere Geschwindigkeit und die mittlere Konzentrationsdifferenz die stoffaustauschbestimmenden Kenngrößen gemeinsam dargestellt werden können.

Tabelle 8.2. *Charakteristische Anströmlänge L für verschiedene Körperformen* (nach [8.27])

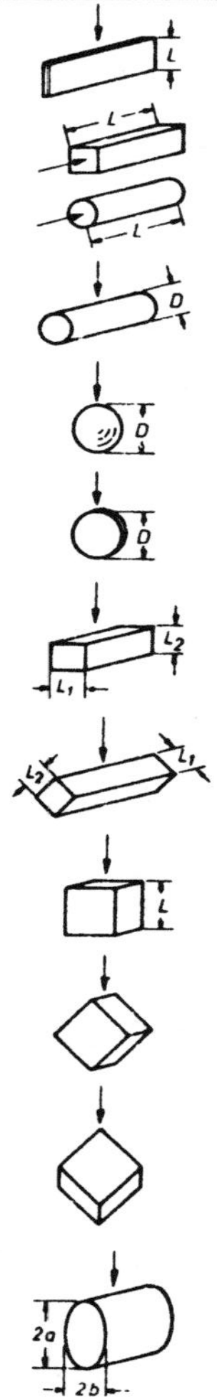

Skizze	Beschreibung	Anströmlänge
	Ebene Platte längs angeströmt	$L' = L$
	Durchströmter Kanal Strömung in Achsrichtung	$L' = L$
	Kreiszylinder quer angeströmt	$L' = \frac{\pi}{2} D$
	Kugel	$L' = D$
	Kreisscheibe in Richtung eines Durchmessers angeströmt	$L' = \frac{\pi}{4} D$
	Rechteckförmiges Prisma quer angeströmt a) Strömung ⊥ auf eine Fläche	$L' = L_1 + L_2$
	b) Strömung ⊥ auf eine Kante	$L' = L_1 + L_2$
	Würfel a) Strömung ⊥ auf eine Fläche	$L' = 1.50\, L$ (in einer ungeordneten Schüttung $L' \approx 1.3\, L$)
	b) Strömung ⊥ auf eine Kante	$L' = 1.24\, L$
	c) Strömung ⊥ auf ein Eck	$L' = 1.16\, L$
	Ellipsenförmiger Zylinder quer angeströmt	$L' = \frac{\pi}{2}\left[1.5(a+b) - \sqrt{ab}\right] \approx \frac{\pi}{2}(a+b)$

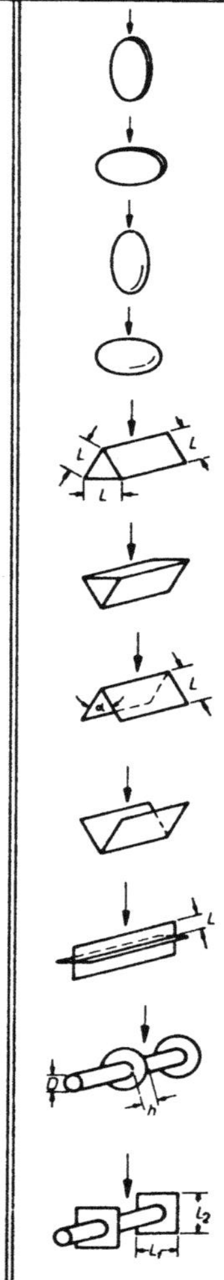

Skizze	Beschreibung	Anströmlänge
	Ellipsenförmige Scheibe a) Strömung ⊥ zur kleinen Halbachse	$L' = \frac{\pi}{2} a$
	b) Strömung ⊥ zur großen Halbachse	$L' = \frac{\pi}{2} b$
	Rotationsellipsoid a) Strömung ⊥ zur kleinen Halbachse	$L' \approx \frac{(a+b)^2}{2b}$
	b) Strömung ⊥ zur großen Halbachse	$L' \approx \frac{(a+b)^2}{2a}$
	Dreieckförmiges Prisma quer angeströmt a) Strömung ⊥ auf eine Kante	$L' = \frac{3}{2} L$
	b) Strömung ⊥ auf eine Fläche	$L' = \frac{3}{2} L$
	Winkelförmiges Prisma quer angeströmt a) Strömung ⊥ auf Winkelkante 1) $\alpha > 60°$ 2) $\alpha < 60°$	$L' = 2L$ $L' = L$
	b) Strömung ⊥ in den Winkel 1) $\alpha > 60°$ 2) $\alpha < 60°$	$L' = 2L$ $L' = L$
	Kreuzförmiges Prisma quer angeströmt Strömung ⊥ auf Kante	$L' = 4L$
	Berippte Rohre quer angeströmt a) kreisförmige Rippe	$L' = \frac{\pi}{2}\sqrt{D^2 + h^2}$
	b) rechteckförmige Rippe	$L' = \frac{\pi}{2}\sqrt{D^2 + h^2}$ mit $h = 0.565 \cdot L_r \sqrt{L_r/L_2} - \frac{D}{2}$

Als charakteristische Länge L' wird dabei definiert

$$L' = \frac{A}{U} \tag{8.54}$$

wobei mit A die gesamte Körperoberfläche und mit U der Umfang der senkrecht zur Anströmrichtung liegenden Projektionsebene bestimmt ist.

In Tab. 8.2 sind für verschiedene Körperformen die zugehörigen Gleichungen zur Bestimmung der Anströmlänge L' dargestellt.

Die von Krischer und anderen bei ihren Untersuchungen [8.26] ermittelten Ergebnisse ließen sich durch eine gemeinsame Ausgleichskurve weitgehend annähern. Diese ist in Abb. 8.8 graphisch dargestellt. Der durch die Kurven a und b angeführte Streubereich läßt die betreffenden Grenzwerte nach oben und unten hin erkennen; ihre Maximalwerte liegen, auf die Mittellinie bezogen, bei ± 20% [8.27].

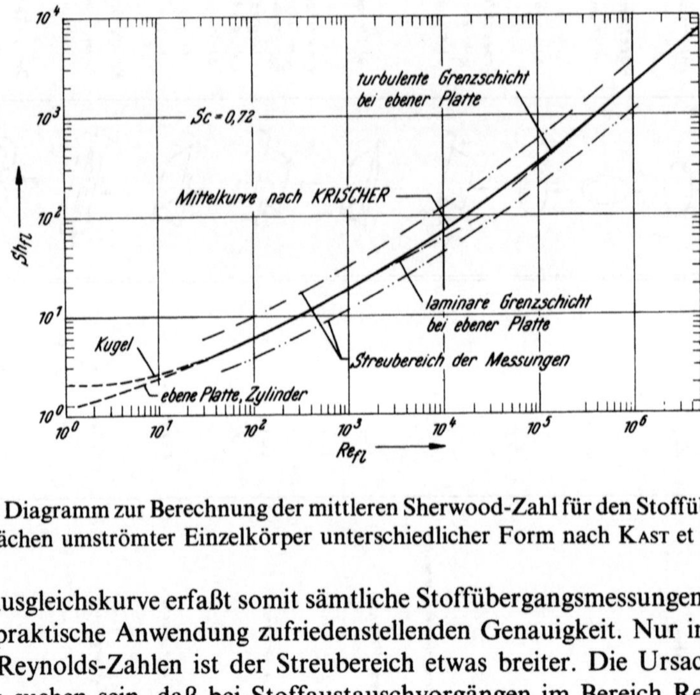

Abb. 8.8. Diagramm zur Berechnung der mittleren Sherwood-Zahl für den Stoffübergang an Grenzflächen umströmter Einzelkörper unterschiedlicher Form nach Kast et al. [8.27]

Die Ausgleichskurve erfaßt somit sämtliche Stoffübergangsmessungen mit einer für die praktische Anwendung zufriedenstellenden Genauigkeit. Nur im Bereich kleiner Reynolds-Zahlen ist der Streubereich etwas breiter. Die Ursache dürfte darin zu suchen sein, daß bei Stoffaustauschvorgängen im Bereich Re < 20 die Diffusion einen maßgebenden Anteil am Gesamtaustausch besitzt.

Für größere Reynolds-Zahlen, etwa ab 10^3, treten zusätzlich zur Laminarströmung Turbulenzerscheinungen bei der Umströmung des betreffenden Körpers auf. Man erkennt dies daraus, daß die Kurve steiler wird und nicht mehr, wie es die Lösung für die laminare, ebene Grenzschichtströmung verlangt, mit der Wurzel aus der Reynolds-Zahl ansteigt (vergleiche Gl. (8.36)). In ihrem oberen Bereich folgt die Mittelkurve, von einem Zwischenbereich abgesehen, der Lösung für die turbulente Grenzschichtströmung (Gl. (8.40)).

Eine Übertragung der in Abb. 8.8 für eine konstante Sc-Zahl dargestellten Mittelkurve gegen höhere bzw. niedrigere Sc-Zahlen hin ist unter Berücksichtigung des Einflusses der Sc-Zahl auf den Stoffaustausch nach Gln. (8.36) bzw. (8.40) möglich. Dabei ist aber zu beachten, daß für den Zwischenbereich ($10^3 \leqslant Re \leqslant 5 \cdot 10^5$), wo der Kurvenverlauf durch keine analytische Beziehung beschrieben werden kann, in Anlehnung an die in Abb. 8.8 dargestellte Mittellinie extrapoliert wird.

Diese einheitliche Darstellung soll aber nicht ausschließen, daß bei einfachen Stoffübergangsproblemen die bekannten Gesetzmäßigkeiten für die Platte und Kugel nicht einfachere und meist auch genauere Ergebnisse liefern. Sie bietet aber den Vorteil, daß damit bei technisch komplexen Problemen eine Einordnung vieler Anwendungsfälle in die bekannten Zusammenhänge möglich ist.

Schrifttum zu Kapitel 8.0

[8.1] Brauer, H.: Stoffaustausch einschließlich chemischer Reaktionen. Aarau und Frankfurt/Main: Sauerländer 1971.

[8.2] Beek, W. J., Muttzall, K. M. K.: Transport Phenomena. London: John Wiley & Sons 1975.

[8.3] Higbie, R.: The Rate of Absorptions of a Pure Gas into a Still Liquid during Short Periods of Exposure. Trans. Amer. Inst. Chem. Engrs. **31**, 365–389 (1935).

[8.4] Asterita, G.: Mass Transfer with Chemical Reaction. Elsevier 1967.

[8.5] Leveque, M. A.: Les lois de la transmission de chaleur par convection. Ann. Mines **12**, 201–299 (1928).

[8.6] Pohlhausen, E.: Der Wärmeaustausch zwischen festen Körpern und Flüssigkeiten mit kleiner Reibung und Wärmeleitung. Z. angew. Math. Mech. **1**, 115–121 (1921).

[8.7] Gröber, H., Erk, S., Grigull, U.: Grundgesetze der Wärmeübertragung. Berlin-Heidelberg-New York: Springer 1963.

[8.8] Middleman, R.: Mass Transfer from Particles in Agitated Systems: Application of the Kolmogoroff Theory. AICHE-J. **2**, 750 (1965).

[8.9] Beek, W. J.: Proceedings Int. Symp. on Fluidisation, Eindhoven, June 1967.

[8.10] Sisson, L. E., Pitts, D.: Elements of Transport Phenomena. New York: McGraw-Hill 1972.

[8.11] Skelland, A. W. P.: Diffusional Mass Transfer. New York: John Wiley & Sons 1974.

[8.12] Kestin, J., Richardson, P. D.: Heat Transfer Across Turbulent, Incompressible Boundary Layers. Int. J. Heat Mass Transfer **6**, 147–189 (1963).

[8.13] Zhukauskas, A. A., Ambrazyavichyus, A. B.: Heat Transfer of a Plate in a Liquid Flow. Int. J. Heat Mass Transfer **3**, 305–309 (1961).

[8.14] Gröber, H., Erk, S., Grigull, U.: Grundgesetze der Wärmeübertragung. Berlin-Göttingen-Heidelberg: Springer 1963.

[8.15] Hamielec, A. E., Hoffmann, T. W., Ross, L. L.: Numerical Solution of the Navier-Stokes Equations for Flow Past Spheres. AICHE-J. **13**, 212–224 (1967).

[8.16] Ranz, W. E., Marshall, W. R.: Evaporations from Drops. Chem. Eng. Progr. **48**, 3, 141–146; 4, 173–180 (1952).

[8.17] Steinberger, R. L., Treybal, R. E.: Mass Transfer from a Solid Soluble Sphere to a Flowing Liquid Stream. AICHE-J. **6**, 2, 227–232 (1960).

[8.18] Rowe, P. N., Claxton, K. T., Lewis, J. B.: Heat and Mass Transfer from a Single Sphere in an Extensive Flowing Fluid. Trans. Inst. Chem. Engrs. **43**, 14–31 (1965).

[8.19] Galloway, T. R., Sage, B. H.: Thermal and Material Transport from Sphere. Int. J. Heat Mass Transfer **10**, 1195–1210 (1967).

[8.20] Schmidt, H., Ihme, F.: Theoretische Untersuchungen über die Umströmung und den Stoffübergang an Kugeln. Chemie-Ing.-Techn. **44**, 5, 306–313 (1972).

[8.21] Taenda, S.: Studies on Wake Vortices; Experimental Investigation of the Wake behind a Sphere at Low Reynolds Numbers. Report of Research Institute for Applied Mechanics **4**, 16, 99 – 105 (1956).

[8.22] Lee, K., Barrow, H.: Transport Processes in Flow Around a Sphere with Particular Reference to the Transfer of Mass. Int. J. Heat Mass Transfer **11**, 1013 – 1026 (1968).

[8.23] Ihme, F.: Impuls und Stoffaustausch an umströmten Kugeln für Re = 80 und Sc = 100. Diplomarbeit, TU Berlin, 1970.

[8.24] Keey, R. B., Glenn, J. B.: Mass Transfer from Solid Spheres. Can. J. Chem. Eng. **42**, 5, 149 – 155 (1964).

[8.25] Hughmark, G. A.: Mass and Heat Transfer from Rigid Spheres. AICHE-J. **13**, 6, 1219 – 1221 (1967).

[8.26] Krischer, O., Loss, G.: Wärme- und Stoffaustausch bei erzwungener Strömung an Körpern verschiedener Form. Chemie-Ing.-Techn. **30**, 1, 31 – 39; 2, 69 – 74 (1958).

[8.27] Kast, W., Krischer, O., Reinicke, H., Wintermantel, K.: Konvektive Wärme- und Stoffübertragung. Berlin-Heidelberg-New York: Springer 1974.

[8.28] Colburn, A. P.: A Method of Correlating Forced Convection Heat Transfer Data and Comparison with Fluid Friction. AICHE-J. **29**, 174 – 209 (1933).

[8.29] Coulson, J. M., Richardson, J. F.: Chemical Engineering, Vol. 1: Fluid, Flow, Heat Transfer and Mass Transfer. London: Pergamon Press 1965.

9.0 Stoffaustausch durch Grenzflächen

H. Brauer; Stoffaustausch einschließlich chemischer Reaktionen, Aarau und Frankfurt am Main: Sauerländer 1971.

Mit dem Begriff Stoffaustausch über oder durch eine Grenzfläche verbindet man die Vorstellung des Transportes einer (oder mehrerer) Komponenten aus einer Phase I über eine Grenzfläche hinweg in eine Phase II. Als Phasenkombinationen können vorkommen: Gas/Flüssig- (Absorption, Desorption), Flüssig/Flüssig- (Extraktion) und Dampf/Flüssig-Systeme (Destillation). Der Stofftransport der Komponenten zur Grenzfläche in Phase I und von der Grenzfläche in das Innere der Phase II wird dabei durch die in Kapitel 7.0 beschriebenen Gesetzmäßigkeiten des Stofftransportes in einer homogenen Phase bestimmt. In diesem Kapitel werden die Zusammenhänge zwischen den Transportgeschwindigkeiten in den beiden Phasen und an der Grenzfläche behandelt. Grundlegend ist dabei die Annahme, daß an der Phasengrenzfläche jeweils thermodynamisches Gleichgewicht zwischen den Phasen besteht. Diese Annahme wurde mehrfach geprüft und bestätigt gefunden [9.1], [9.2]. Nur bei sehr hohen Stoffübergangsgeschwindigkeiten fand man Abweichungen vom Gleichgewichtszustand an der Grenzfläche.

Die Kenntnis des thermodynamischen Gleichgewichtes ist also eine Voraussetzung für die Modellvorstellung des Stoffüberganges durch Grenzflächen sowie die sich auf diesen Modellvorstellungen gründenden Berechnungsmethoden. Die Grundlagen zur Berechnung von Phasengleichgewichten werden deshalb auch in Abschnitt 9.1 gebracht.

Anschließend wird der Stoffübergang durch Grenzflächen bei ruhenden oder laminar strömenden (Abschnitt 9.2) bzw. turbulent strömenden Medien (Abschnitt 9.3) beschrieben, welche die Basis der Überlegungen zu Ermittlung des Stoffdurchgangskoeffizienten bilden, auf dessen Berechnung in Abschnitt 9.4 eingegangen wird.

Grundlegend für die Berechnung des Stoffdurchgangskoeffizienten aus den Stoffübergangskoeffizienten der Phase I und II ist die Vorstellung eines Stofftransportwiderstandes. Sind Widerstände in Serie angeordnet, so folgt:

$$\dot{N}_i = \dot{N}_{i,1} = \dot{N}_{i,2}$$

$$R_{\text{Ges}} = R_1 + R_2 \qquad \text{bzw. allgemein} \qquad R_{\text{Ges}} = \sum_{j=1}^{n} R_j \tag{9.1}$$

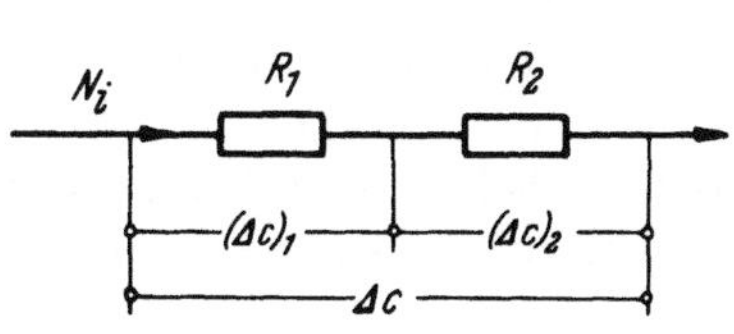

Sind Widerstände parallel angeordnet, so folgt:

$$\dot{N}_{i,\text{ges}} = \dot{N}_{i,1} + \dot{N}_{i,2}$$

bzw.

$$\frac{1}{R_1} + \frac{1}{R_2} = \left(\frac{1}{R_1} + \frac{1}{R_2}\right) = \frac{1}{R_{\text{ges}}}, \qquad \text{allgemein} \qquad \frac{1}{R_{\text{ges}}} = \sum_{j=1}^{n} \frac{1}{R_j} \tag{9.2}$$

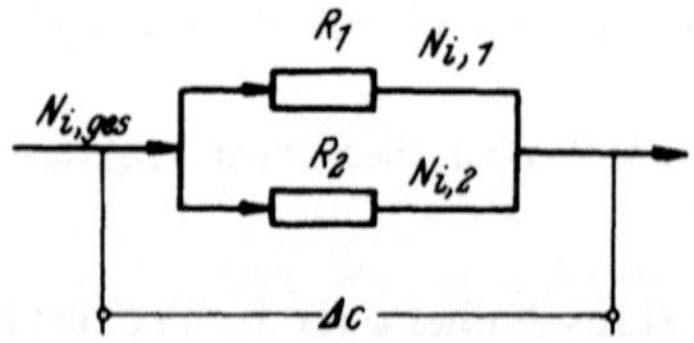

Beim Stoffdurchgang über Grenzflächen wird angenommen, daß die Stoffübergangswiderstände hintereinander angeordnet sind. Daher bestimmt der jeweils größte Widerstand die Gesamt-Stofftransportgeschwindigkeit.

Der Abschnitt 9.5 behandelt einige grundsätzliche Schwierigkeiten bei der Bestimmung bzw. der Berechnung von Stoffübergangskoeffizienten, welche bisher in der Literatur vielfach zu wenig berücksichtigt wurden.

In Abschnitt 9.6 werden schließlich die wichtigsten der bisher entwickelten Modell-Theorien des Stoffaustausches durch Grenzflächen behandelt. Diese Modell-Theorien geben die allgemeine Vorstellung der Vorgänge, welche beim Stoffaustausch über Grenzflächen fluider Phasen vor sich gehen, wieder. Sie eignen sich im allgemeinen aber nicht zur Berechnung von Stoffübergangs- bzw. Stoffdurchgangskoeffizienten, wie dies manchmal angenommen wird. Dazu sind diese Vorstellungen zu ungenau. Sie können jedoch die allgemeinen Einflußgrößen angeben, die den Stoffaustausch durch Grenzflächen bestimmen und in einigen Fällen Maximal- bzw. Minimalwerte für den Stoffaustauschkoeffizienten festlegen. In diesem Sinne ist ihr Wert bedeutend, und daher stellen diese Modell-Theorien auch den Kern jeder Stoffaustausch-Theorie dar.

Abschließend werden in Abschnitt 9.7 die verschiedenen Einflußfaktoren auf die Stoffübergangskoeffizienten, wie Temperatur, Druck, geometrische Bedingungen und Grenzflächeneffekte, behandelt. Vor allem letztere sind von entscheidender Bedeutung auf den Stoffaustausch und letzten Endes die Ursache der großen Unsicherheiten, die mit der Bestimmung bzw. Berechnung von Stoffdurchgangsgeschwindigkeiten verbunden sind. Diese wiederum beeinflussen die Abmessungen der Apparate, so daß Fehler in der Auslegung von Stoffaustauschapparaten vielfach auf diese Ursachen zurückführbar sind.

9.1 Gleichgewichtsbedingungen zwischen zwei Phasen

Bestehen innerhalb eines abgeschlossenen, mehrphasigen Systems örtliche Konzentrationsunterschiede, so entstehen Stoffströme, die auf einen Ausgleich der Differenzen hinwirken. Dieser Stofftransport hält so lange an, bis die Konzentrationen in allen Phasen zeitlich und örtlich konstante Werte angenommen haben. Der so erreichte Gleichgewichtszustand ist dadurch gekennzeichnet, daß die

Konzentrationen der einzelnen Komponenten in den Phasen funktionale Abhängigkeiten untereinander aufweisen.

Es gilt allgemein für den Gleichgewichtszustand eines 2-Phasensystems:

$$c_i^{\mathrm{I}} = f(c_j^{\mathrm{I}}, c_j^{\mathrm{II}}, P, T), \qquad j = 1, \ldots, k \tag{9.3}$$

wobei i und j die Komponenten sowie I und II die betreffenden Phasen beschreiben.

Die Art der funktionalen Zusammenhänge ist im allgemeinen kompliziert und wird durch die Mischphasenthermodynamik beschrieben. Bezüglich einer eingehenderen Behandlung wird auf die einschlägige Literatur [9.3], [9.4] sowie auf die Lehrbücher der physikalischen Chemie verwiesen.

In einigen Fällen lassen sich Vereinfachungen vornehmen, die zu Grenzgesetzen führen, praktisch jedoch häufig zur Anwendung kommen.

Für binäre Gas/Flüssig-Systeme ist der Zusammenhang zwischen dem Partialdruck einer Komponente und ihrer Konzentration in der Flüssigphase im Gleichgewichtszustand vielfach durch einen, der Abb. 9.1 analogen Kurvenverlauf gegeben.

Bei kleinen Konzentrationen läßt sich nach Abb. 9.1 die Kurve durch eine Gerade annähern, die durch das Henrysche Gesetz beschrieben wird. Je nach Wahl der Konzentrationseinheit in der Flüssigphase unterscheidet man[1]:

$$p_i^* = H_x x_i \tag{9.4}$$

bzw.

$$p_i^* = H_c c_i \tag{9.5}$$

Die Dimensionen der Henry-Konstanten H sind somit für

$$p_i^* = H_c c_i \rightarrow H_c \quad [\mathrm{m^3\ bar/kmol}]$$

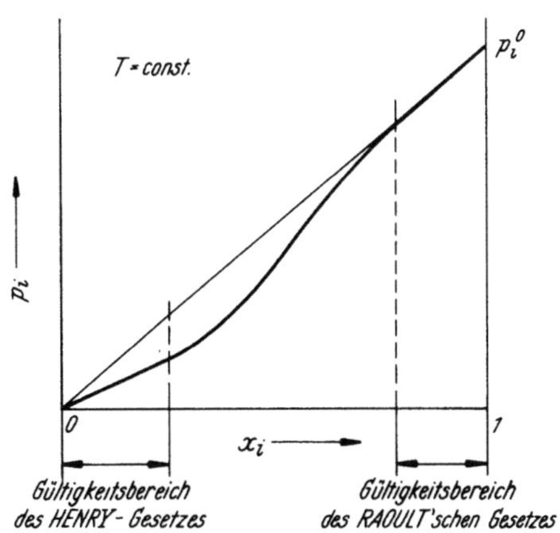

Abb. 9.1. Zusammenhang zwischen Partialdruck und Konzentration in der Flüssigphase für binäre Gas/Flüssig-Systeme

[1] Der Gleichgewichtswert ist im folgenden jeweils mit * gekennzeichnet.

und für

$$p_i^* = H_x x_i \rightarrow H_x \quad [\text{bar}]$$

Die Henry-Konstante ist ein systemspezifischer Parameter, dessen Größe von der Art des Gases und des Lösungsmittels abhängt.

Für große Konzentrationen läßt sich der Partialdruckverlauf ebenfalls durch eine Gerade beschreiben, die dem Raoultschen Gesetz entspricht

$$p_i = P_i^0 x_i \tag{9.6}$$

Mit P_i^0 ist hierin der Dampfdruck der reinen Komponente bezeichnet.

Eine ähnliche einfache Beschreibung des Gleichgewichtes ist auch bei ternären Flüssig-Flüssig-Gemischen in speziellen Fällen möglich. Für die Verteilung einer Komponente zwischen zwei Flüssigphasen gilt bei kleinen Konzentrationen bzw. für kleine Konzentrationsbereiche das Nernstsche Verteilungsgesetz

$$K = \frac{c_i^{\mathrm{I}}}{c_i^{\mathrm{II}}} \tag{9.7}$$

Hierin bedeuten c_i^{I} bzw. c_i^{II} die Konzentrationen der auszutauschenden Komponenten in den beiden Lösungsmittelphasen I und II.

9.2 Stoffübergang bei ruhenden oder laminar strömenden Medien

Für die Berechnung der übergehenden Stoffmenge in einem ruhenden oder laminar[1] strömenden System sind die Gesetzmäßigkeiten der molekularen Diffusion maßgebend. In Anlehnung an die Darstellungen des Kapitels 7.0 erfolgt die Berechnung eines durch eine Flächeneinheit senkrecht zur Stofftransportrichtung gerichteten Diffusionsstromes nach dem 1. Fickschen Gesetz

$$\dot{n}_{ix} = D_{ij} \left(\frac{\partial c_i}{\partial x} \right) \Big|_x \tag{9.8}$$

Die Berechnung der Stoffstromdichte $\dot{n}_{ix}$ nach Gl. (9.8) verlangt somit die Kenntnis des Konzentrationsverlaufes als Funktion von Ort und Zeit. Dieser ergibt sich aus der Lösung der betreffenden Bewegungs- und Stoffaustauschgleichung unter Berücksichtigung der zugehörigen Anfangs- und Randbedingungen (vergleiche Abschnitt 7.1).

Von praktischem Interesse ist vielfach nicht die örtliche sondern die über die Austauschfläche gemittelte Stoffstromdichte $\dot{n}_i$. Diese ergibt sich durch Integration von Gl. (9.8)

$$\dot{n}_i = \frac{1}{A} \int_A \dot{n}_{ix} \, dA \tag{9.9}$$

[1] Das laminar strömende System kann für den Stoffaustauschvorgang als ruhendes System aufgefaßt werden, vorausgesetzt, der Stofftransportvorgang tritt senkrecht zur Strömungsrichtung auf, da dann in dieser Richtung analog zum ruhenden System kein Konvektionsstrom zu berücksichtigen ist.

9.3 Stoffübergang bei turbulent strömenden Medien

Die Strömungsvorgänge in technischen Stoffaustauschapparaten sind zumeist turbulent, so daß für den Stofftransport in diesen Apparaten im allgemeinen nicht nur Diffusions- sondern auch Konvektionsvorgänge bestimmend sind.

Turbulente Strömungen sind durch unregelmäßige Schwankungen der örtlichen Strömungsgeschwindigkeit gekennzeichnet (vergleiche Abschnitt 3.2.3). Diese zeitlichen Schwankungen des Geschwindigkeitsfeldes beeinflussen den lokalen und zeitlichen Konzentrationsverlauf, der wiederum für die verschiedenen Stoffaustauschvorgänge im Apparat maßgebend ist. Da das Geschwindigkeitsfeld bei turbulenter Strömung mathematisch nicht exakt erfaßbar ist, läßt sich auch der Stoffaustausch im allgemeinen nicht mit Hilfe vereinfachter differentieller Bilanzgleichungen, wie dies für viele Fälle der laminaren Strömung möglich ist (vergleiche Abschnitt 7.1 und 8.1), streng beschreiben.

Im folgenden wird der allgemeine Fall des Stoffüberganges in turbulent strömenden Medien am Beispiel der Gasabsorption mit einem nach Abb. 9.2 vom Gas in die Flüssigkeit gerichteten Austauschstrom erörtert.

Mit Hilfe der in Abschnitt 3.1.1 eingeführten allgemeinen Stoffaustauschgleichung

$$\dot{N}_i = \beta_i A \, \Delta c_i \left[\frac{\text{kmol}}{\text{h}}\right]$$

bzw.

$$\dot{n}_i = \beta_i \, \Delta c_i \left[\frac{\text{kmol}}{\text{m}^2\text{h}}\right]$$

läßt sich die örtliche Stoffstromdichte $\dot{n}_i$ zu einem bestimmten Zeitpunkt auf der Flüssigseite des zweiphasigen Systems wie folgt beschreiben:

$$\dot{n}_{i,fl} = \beta_{fl}(c_{iI}^* - c_{i\infty}) \tag{9.10}$$

wobei mit c_{iI}^* und $c_{i\infty}$ die molaren Flüssigphasenkonzentrationen an der Grenzfläche bzw. in großem Abstand davon bezeichnet sind. Ferner stellt β_{fl} den flüssigseitigen Stoffübergangskoeffizienten dar.

In analoger Weise gilt für den gasseitigen Stofftransport:

$$\dot{n}_{i,g} = \frac{\beta_g}{RT}(p_{i\infty} - p_{iI}^*) \tag{9.11}$$

wobei die Konzentration c_i üblicherweise durch den Partialdruck ersetzt wird. In diesem Falle ist eine Umrechnung mit Hilfe des idealen Gasgesetzes

$$pV = nRT \qquad \text{mit} \qquad n/V = c$$

notwendig.

Im einzelnen bedeuten β_g den Stoffübergangskoeffizienten für die Gasphase, p_{iI}^* den Partialdruck auf der Gasseite der Phasengrenzfläche und $p_{i\infty}$ den Partialdruck in großem Abstand von der Phasengrenzfläche.

Die in den Gln. (9.10) und (9.11) auftretenden Partialdruck- bzw. Konzentrationsdifferenzen $(p_{i\infty} - p_{iI}^*)$ und $(c_{iI}^* - c_{i\infty})$ sind der besseren Anschaulich-

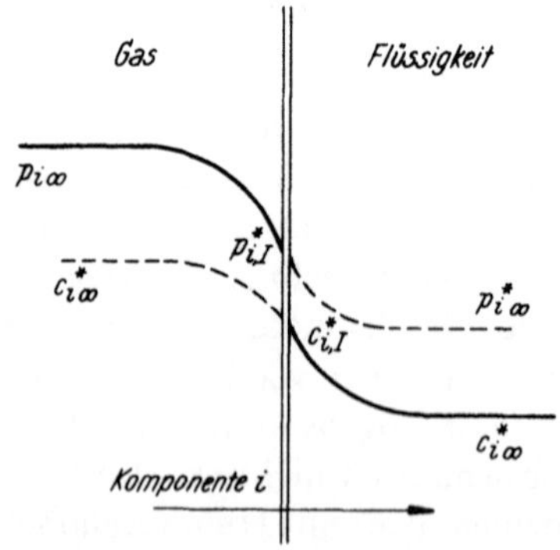

Abb. 9.2. Konzentrationsverlauf bei Absorption aus dem Gas in eine Flüssigkeit

keit wegen auch im Gleichgewichtsdiagramm graphisch dargestellt. Abb. 9.3 zeigt die für das betreffende Stoffsystem gültige Gleichgewichtskurve (*GK*), beschrieben durch das Henrysche Gesetz nach Gl. (9.5), sowie einen Punkt *A* mit den Koordinaten $p_{i\infty}$ und $c_{i\infty}$, der einen gegebenen Betriebszustand des betreffenden Stoffaustauschsystems wiedergibt. Der Punkt *B* auf der Gleichgewichtskurve entspricht dem Zustand an der Phasengrenzfläche, wo die Konzentration c_{iI}^* der gelösten Komponente in der Flüssigkeit im Phasengleichgewicht mit dem zugehörigen gasseitigen Grenzflächenpartialdruck p_{iI}^* steht. Das treibende Gefälle (Konzentrationsdifferenz) für den Stoffaustausch in beiden Phasen ist somit durch die Koordinaten der zwei Punkte festgelegt.

Da unter stationären Bedingungen der an der Phasengrenzfläche übergehende Stoffstrom in beiden Phasen gleich groß ist, muß aus Kontinuitätsgründen weiters gelten:

$$\dot{n}_i = \dot{n}_{i,g} = \dot{n}_{i,fl} \tag{9.12}$$

Daraus ergibt sich mit Gln. (9.10) und (9.11) die Beziehung:

$$\frac{(p_{i\infty} - p_{iI}^*)}{(c_{i\infty} - c_{iI}^*)} = -RT\frac{\beta_{fl}}{\beta_g} \tag{9.13}$$

Diese beschreibt die Neigung der Verbindungslinie zwischen den Punkten *A* und *B* (vergleiche Abb. 9.3).

Sind somit die Koordinaten des Punktes *A* sowie die beiden Stoffübergangskoeffizienten β_g und β_{fl} bekannt, läßt sich aus Gl. (9.13) der Punkt *B* auf der Gleichgewichtskurve bestimmen. Entscheidende Bedeutung kommt dabei der Kenntnis der Stoffübergangskoeffizienten zu, da deren zeitliche Abhängigkeit zufolge der turbulenten Schwankungsbewegungen, sowohl theoretisch als auch experimentell nur sehr schwer zu ermitteln ist. Da es außerdem in vielen Fällen schwierig ist, den Stoffübergangskoeffizienten als Funktion des Ortes zu erfassen, erfolgt deren Bestimmung vielfach mittels empirischer Berechnungsgleichungen. Für eine Reihe von technisch interessanten Anwendungsfällen werden solche Beziehungen unter anderem in den folgenden Kapiteln 10.0 und 11.0 behandelt.

Ist eine Ermittlung der Stoffübergangskoeffizienten mittels theoretischer oder empirischer Beziehungen für beide Phasen nicht möglich bzw. der Zustand an der

Phasengrenzfläche, gekennzeichnet durch einen Punkt der Gleichgewichtskurve $p_{iI}^* = H_c c_{iI}^*$, nicht zu erfassen, läßt sich die übergehende Stoffmenge auch mit Hilfe von Stoffdurchgangskoeffizienten berechnen, durch die der Gesamtvorgang entweder nur auf die Gas- oder Flüssigseite bezogen wird, wodurch eine wesentliche Vereinfachung der Berechnung möglich ist. Der Zusammenhang mit dem Stoffübergangskoeffizienten und die Bedeutung des Stoffdurchgangskoeffizienten im Hinblick auf die Beschreibung von Stoffaustauschvorgängen in mehrphasigen Systemen sollen im folgenden Abschnitt erörtert werden.

9.4 Berechnung des Stoffaustausches mit Hilfe von Stoffdurchgangskoeffizienten

Der Stoffdurchgangskoeffizient stellt im wesentlichen eine Verknüpfung der beiden Stoffübergangskoeffizienten und der Gleichgewichtskonstanten dar. Die dazu notwendige Umformung der Gln. (9.10) und (9.11) beruht auf der Elimination der Unbekannten p_{iI}^* und c_{iI}^* mit Hilfe der Gleichgewichtsbeziehung (9.5). Bezieht man dabei die gesamttreibende Kraft auf die Gasseite des Systems, dann führt dies zu folgendem Ausdruck für die Stoffstromdichte

$$\dot{n}_i = \frac{1}{RT\left(\frac{1}{\beta_g} + \frac{H_c}{RT\beta_{fl}}\right)}(p_{i\infty} - H_c c_{i\infty}) \tag{9.14}$$

Das für den Stoffaustausch maßgebende Partialdruckgefälle ist hierin durch die Differenz des Partialdruckes $p_{i\infty}$ der auszutauschenden Stoffkomponente im Kern der Gasphase und einem Gleichgewichtspartialdruck, welcher im Phasengleichgewicht mit der Konzentration $c_{i\infty}$ in der Hauptmasse der Flüssigkeit steht, dargestellt. Zur Konzentration $c_{i\infty}$ gehört somit im Gleichgewicht ein fiktiver Partialdruck auf der Gasseite, der mit $p_{i\infty}^*$ bezeichnet wird (vergleiche Abb. 9.2). Für obige Gleichung läßt sich damit auch schreiben:

$$\dot{n}_i = \frac{1}{RT\left(\frac{1}{\beta_g} + \frac{H_c}{RT\beta_{fl}}\right)}(p_{i\infty} - p_{i\infty}^*) \tag{9.15}$$

mit

$$p_{i\infty}^* = H_c c_{i\infty} \tag{9.16}$$

Der Ausdruck $1/(1/\beta_g + H_c/RT\beta_{fl})$ stellt hierin den auf die Gasphase bezogenen Stoffdurchgangskoeffizienten K_g dar. Dieser setzt sich somit additiv aus den Reziprokwerten der beiden Stoffübergangskoeffizienten sowie dem Produkt H_c/RT zusammen. Häufig wird die zur Umrechnung eingeführte Größe H_c/RT auch in einem Term mit dem Stoffübergangskoeffizienten β_{fl} angegeben. Dies vereinfacht zwar die Schreibweise von Gl. (9.15), hat aber den Nachteil, daß damit die beiden Stoffübergangskoeffizienten für Gas- und Flüssigphase verschiedene Dimensionen besitzen[1].

---

[1] Man vergleiche dazu die ausführlichen Darstellungen bei Brötz [9.5] und Treybal [9.6].

Verlegt man die gesamttreibende Kraft jedoch auf die Flüssigseite (vergleiche Abb. 9.3), so ergibt sich für die Stoffstromdichte aus Gl. (9.11) durch Elimination von c_{il}^* mit Hilfe von Gl. (9.5) der Ausdruck

$$\dot{n}_i = \frac{1}{\dfrac{1}{\beta_{fl}} + \dfrac{RT}{H_c}\dfrac{1}{\beta_g}}\left(\frac{p_{i\infty}}{H_c} - c_{i\infty}\right) \tag{9.17}$$

Den Term $p_{i\infty}/H_c$ kann man wiederum als fiktive Konzentration, im gegebenen Fall auf der Flüssigseite des Systems ansehen, wobei folgende Gleichgewichtsbedingung gilt

$$c_{i\infty}^* = \frac{p_{i\infty}}{H_c} \tag{9.18}$$

Die Stoffstromdichte $\dot{n}$ nimmt damit folgende weitere Form an

$$\dot{n}_i = \frac{1}{\dfrac{1}{\beta_{fl}} + \dfrac{RT}{H_c}\dfrac{1}{\beta_g}}(c_{i\infty}^* - c_{i\infty}) \tag{9.19}$$

Die Differenz $(c_{i\infty}^* - c_{i\infty})$ entspricht dem auf die Flüssigseite des Systems verlegten Gesamtkonzentrationsgefälle[1]. Der auf die Flüssigkeit bezogene Stoffdurchgangskoeffizient K_{fl} ist damit durch den Ausdruck $1/(1/\beta_{fl} + RT/H_c\beta_g)$ festgelegt.

Auf diese Weise erhält man als allgemeine Definitionsgleichung für den gas- bzw. flüssigkeitsbezogenen Stoffdurchgangskoeffizienten K_g und K_{fl} nachstehende Beziehung

$$\dot{n}_A = \frac{K_g}{RT}(p_{i\infty} - p_{i\infty}^*) = K_{fl}(c_{i\infty}^* - c_{i\infty}) \tag{9.20}$$

Dem Gesamtstoffaustausch ist dabei, wie bereits einleitend zu diesem Kapitel erwähnt, in jeder Phase ein Teilwiderstand entgegengerichtet, wobei dieser proportional dem reziproken Wert des betreffenden partiellen Stoffübergangskoeffizienten ist (vergleiche Abschnitt 9.0). Der auf eine Phase bezogene Gesamtwiderstand setzt sich schließlich gemäß Gln. (9.15) und (9.19) additiv aus den beiden Einzelwiderständen zusammen[2]. Ist R_g der Widerstand auf der Gasseite und R_{fl} der Widerstand auf der Flüssigseite, so folgt daraus für den auf die Gasphase bezogenen Gesamtwiderstand[3]

$$R_{\text{ges},g} = R_g + R_{fl} = \frac{1}{K_g} = \frac{1}{\beta_g} + \frac{H_c}{\beta_{fl}RT} \tag{9.21}$$

---

[1] Wird ein derart definiertes Konzentrationsgefälle in einer einzelnen Phase angenommen, so ist dieses in Wirklichkeit nicht vorhanden und wird deshalb auch „scheinbares Konzentrationsgefälle“ genannt.

[2] Der Transportwiderstand durch die Phasengrenzfläche kann dabei gegenüber den Stofftransportwiderständen in den beiden Einzelphasen vernachlässigt werden [9.7].

[3] Das Additivitätsprinzip der Widerstände wurde für das Problem des Stoffaustausches an einer Grenzfläche zum erstenmal von Lewis und Whitman [9.8] am Beispiel der Zweifilmtheorie angewendet (vergleiche Abschnitt 9.6.1).

Analog dazu gilt für den auf die Flüssigphase bezogenen Gesamtwiderstand

$$R_{\mathrm{ges},fl} = R_g + R_{fl} = \frac{1}{K_{fl}} = \frac{1}{\beta_{fl}} + \frac{RT}{\beta_g H_c} \tag{9.22}$$

Die Bedeutung des Stoffübergangswiderstandes im Hinblick auf die Berechnung des Stoffaustausches in zweiphasigen Systemen soll zur besseren Veranschaulichung außerdem auch an Hand des Gleichgewichtsdiagrammes erläutert werden. Dazu ist in Abb. 9.3 die Gleichgewichtskurve (*GK*) gemäß dem Henryschen Gesetz (9.5) sowie die in Gln. (9.15) und (9.19) für beide Phasen angegebenen Konzentrations- bzw. Partialdruckgefälle dargestellt.

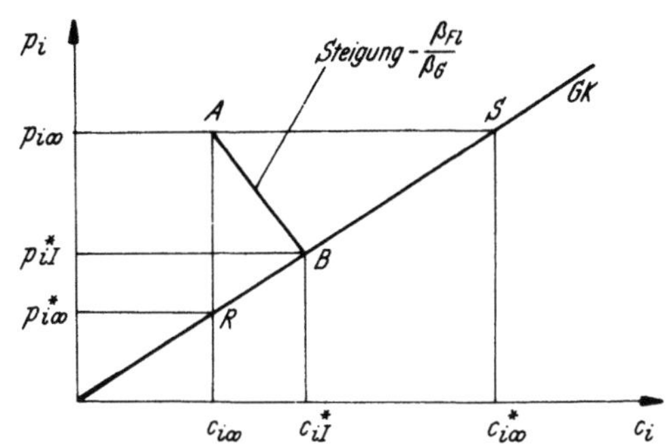

Abb. 9.3. Treibendes Konzentrations- und Partialdruckgefälle für ein Zweiphasensystem bei Gültigkeit des Henry-Gesetzes

Die Zustände im Inneren der Gas- und Flüssigphase sind dabei durch den Punkt *A* charakterisiert. *B* entspricht dem Gleichgewichtszustand an der Phasengrenzfläche der durch die Koordinaten p_{iI}^* und c_{iI}^* festgelegt ist. Mit $p_{i\infty}^*$ und $c_{i\infty}^*$ sind in Abb. 9.3 ferner die fiktiven Gleichgewichtswerte auf der Gas- und Flüssigseite dargestellt. Das treibende Konzentrationsgefälle im Fall der Verwendung von Stoffdurchgangskoeffizienten ist demzufolge durch den Abstand $\overline{AR}$ für die Partialdruckdifferenz $(p_{i\infty} - p_{i\infty}^*)$ bzw. durch den Abstand $\overline{AS}$ für die Konzentrationsdifferenz $(c_{i\infty}^* - c_{i\infty})$ gegeben.

Da die übergehende Stoffstromdichte in beiden Phasen gleich groß ist, erhält man mittels der Gln. (9.10), (9.11) und (9.20) sowie die durch (9.5) beschriebene Abhängigkeit der Gleichgewichtszusammensetzung folgende Zusammenhänge für die Gas- bzw. Flüssigseite

$$\frac{p_{i\infty} - p_{iI}^*}{p_{i\infty} - p_{i\infty}^*} = \frac{1/\beta_g}{1/K_g} \tag{9.23}$$

und

$$\frac{c_{iI}^* - c_{i\infty}}{c_{i\infty}^* - c_{i\infty}} = \frac{1/\beta_{fl}}{1/K_{fl}} \tag{9.24}$$

Aus diesen beiden Beziehungen lassen sich unter anderem nachstehende Folgerungen bezüglich des Einflusses der Übergangswiderstände auf den Stofftransport in zweiphasigen Systemen ableiten:

a) Bei guter Löslichkeit der auszutauschenden Gaskomponente in der Flüssigkeit ($H_c \to 0$) gleicht sich nach Abb. 9.3 das treibende Partialdruckgefälle ($p_{i\infty} - p_{iI}^*$) der fiktiven Partialdruckdifferenz ($p_{i\infty} - p_{i\infty}^*$) an.

Für ein leicht lösliches Gas folgt damit aus Gl. (9.23) die vereinfachte Beziehung

$$\frac{1}{\beta_g} \approx \frac{1}{K_g} \tag{9.25}$$

Daraus ist ersichtlich, daß bei kleinen Werten der Henry-Konstanten ($H_c \to 0$) das Verhältnis des Stoffübergangskoeffizienten β_g zum gasphasenbezogenen Stoffdurchgangskoeffizienten K_g annähernd Eins ist. In diesem Fall kann im allgemeinen der Widerstand in der Flüssigphase im Vergleich zu dem in der Gasphase vernachlässigt werden, da unter den gegebenen Voraussetzungen bereits kleine Partialdruckänderungen in der Gasphase große Konzentrationsänderungen in der Flüssigkeit zur Folge haben[1] (vergleiche Abb. 9.4). Man spricht deshalb dann auch von einem *gasphasenkontrollierenden Einfluß* auf den Stofftransport.

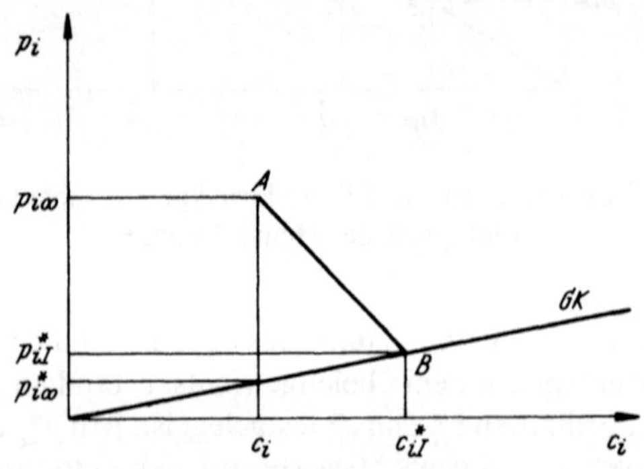

Abb. 9.4. Gleichgewichtskurve bei guter Löslichkeit ($H_c \to 0$) der Komponente i in der Flüssigkeit

b) Ist hingegen die Löslichkeit der auszutauschenden Komponente in der Flüssigkeit sehr gering ($H_c \to \infty$), dann beschränkt sich das gesamttreibende Konzentrationsgefälle weitgehend auf die Flüssigseite des Systems, so daß unter den gegebenen Voraussetzungen im allgemeinen nachstehende Bedingung erfüllt ist

$$(c_{iI}^* - c_{i\infty}) \to (c_{i\infty}^* - c_{i\infty}) \tag{9.26}$$

[1] Von entscheidender Bedeutung für die Größe des flüssigseitigen Stoffübergangswiderstandes ist nach Gl. (9.21) allein das Verhältnis H_c/β_{fl}, wobei die Henry-Konstante H_c aufgrund ihrer großen Varianz von etwa vier Zehnerpotenzen für diesen Ausdruck im allgemeinen als bestimmend anzusehen ist. Deshalb werden zumeist auch kleine Werte von H_c zu vernachlässigbar kleinen Stoffübergangswiderständen in der Flüssigphase führen [9.9].

Das treibende Gefälle für den Stoffaustausch beschränkt sich im gegebenen Fall somit auf die Konzentrationsdifferenz $(c^*_{i\infty} - c_{i\infty})$, die dem fiktiven Konzentrationsgefälle nach Gl. (9.19) identisch ist. Der Zustand an der Grenzfläche wird unter diesen Umständen im Gleichgewichtsdiagramm durch den Punkt S beschrieben. Das Verhältnis des Stoffübergangskoeffizienten β_{fl} zum Stoffdurchgangskoeffizienten K_{fl} ist damit nach Gl. (9.24) annähernd Eins und es gilt

$$\frac{1}{\beta_{fl}} \approx \frac{1}{K_{fl}} \tag{9.27}$$

Der Gesamtwiderstand ist demnach bei großen Werten der Henry-Konstanten durch den Widerstand auf der Flüssigseite bestimmt, die in dem Fall den für Stofftransport *kontrollierenden Einfluß* ausübt[1]. Dies bewirkt, daß im allgemeinen große Änderungen in der Gasphasenkonzentration nur geringe Änderungen in der Konzentration der Flüssigkeit zur Folge haben (vergleiche Abb. 9.5).

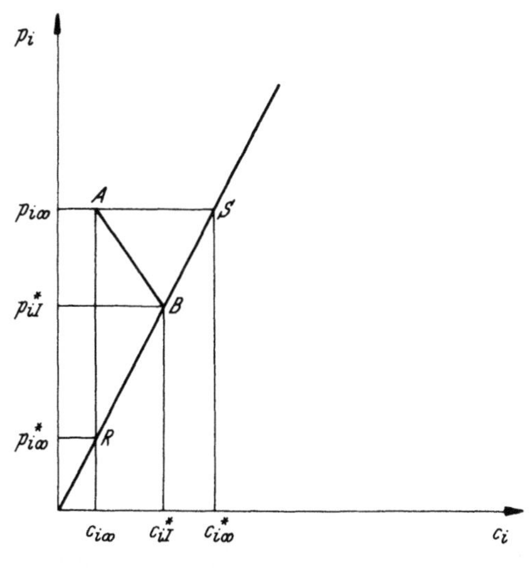

Abb. 9.5. Gleichgewichtskurve bei geringer Löslichkeit ($H_c \to \infty$) der Komponente i in der Flüssigkeit

Normalerweise muß aber sowohl der Widerstand auf der Gas- als auch auf der Flüssigseite berücksichtigt werden. Der Zustand des Phasengleichgewichtes an der Grenzfläche ist in dem Fall durch einen Punkt B, der zwischen den beiden Extremen R und S auf der Gleichgewichtskurve liegt, bestimmt (vergleiche Abb. 9.3). Das für den Stoffaustausch treibende Konzentrationsgefälle ist damit durch die Partialdruckdifferenz $(p_{i\infty} - p^*_{iI})$ in der Gasphase und die Konzentrationsdifferenz $(c^*_{iI} - c_{i\infty})$ in der Flüssigphase festgelegt. Die Steigung der Verbindungslinie $\overline{AB}$ erhält man gemäß Gl. (9.13) durch das Verhältnis β_{fl}/β_g der betreffenden Stoff-

[1] Ist $H_c \gg 1$, so wird der Summand H_c/β_{fl} in Gl. (9.21) sehr groß und übt damit gegenüber dem gasseitigen Widerstand $1/\beta_g$ auf den Gesamtaustausch einen dominierenden Einfluß aus.

übergangskoeffizienten. Ist $\beta_{fl} < \beta_g$, so nähert sich die Strecke $\overline{AB}$ der Geraden $\overline{AR}$ und umgekehrt, für $\beta_{fl} > \beta_g$ der Geraden $\overline{AS}$ im Gleichgewichtsdiagramm (vergleiche Abb. 9.3).

9.5 Die Ermittlung des Stoffübergangskoeffizienten

Für die Ermittlung des Stoffübergangskoeffizienten kommen verschiedene Möglichkeiten in Betracht. Dazu zählen vor allem experimentelle Methoden, die Anwendung von Analogiebeziehungen sowie die auf theoretischen Vorstellungen basierenden Stoffaustauschmodelle.

Die experimentelle Bestimmung von Stoffübergangskoeffizienten ist die häufigste und sicherste Methode der Ermittlung, bietet jedoch einige grundsätzliche Schwierigkeiten, die in der Literatur bisher nur teilweise berücksichtigt wurden. Eine Vielzahl experimentell bestimmter Werte für Stoffübergangskoeffizienten ist daher nur sehr beschränkt verwendbar. Auf diese Problematik soll im folgenden näher eingegangen werden.

Vielfach werden Stoffübergangskoeffizienten an Apparaten bestimmt, die entweder

a) eine typische Oberflächenausbildung zulassen, oder
b) eine Grundoperation simulieren.

Zu den unter a) angeführten Apparatetypen zählen unter anderem die Fallfilmkolonne [9.9], die Strahlapparate [9.10], die Drehwalze [9.11] und die Blasen- bzw. Tropfensäule [9.12].

Als Beispiel für eine Modellapparatur zur experimentellen Bestimmung von Stoffübergangskoeffizienten beim Stoffübergang flüssig/flüssig sei hier die Tropfensäule angeführt, die in Abb. 9.6 gezeigt ist.

Hierbei werden Tropfen mit einer bestimmten Frequenz über eine Düse in eine Flüssigkeit eingebracht, in welcher sie über eine bestimmte Höhe H aufsteigen. Nach Bestimmung der Tropfenform und des Tropfendurchmessers (photographisch) und der Anfangs- und Endkonzentration kann der Stoffübergangskoeffizient mittels der allgemeinen Stoffaustauschgleichung berechnet werden. Es gilt

$$\dot{N}_i = \beta_i A \,\Delta c_i \tag{9.28}$$

wobei $\dot{N}_i$ die übergehende Stoffmenge, A die Austauschfläche der Tropfen und Δc_i das treibende Konzentrationsgefälle bedeuten.

Für den Stoffübergangskoeffizienten folgt daraus

$$\beta_i = \frac{\dot{N}_i}{A\,\Delta c_i} \tag{9.29}$$

Die Bestimmung von $\dot{N}_i$ bereitet im allgemeinen keine Probleme. Schwieriger ist schon die Messung der Austauschfläche A, da physikalische Methoden ungenau sind und chemische auf bestimmte Systeme beschränkt bleiben und in der Handhabung nicht unumstritten sind [9.13]. Die größten Schwierigkeiten verursacht aber die Messung bzw. Bestimmung des mittleren Konzentrationsgefälles.

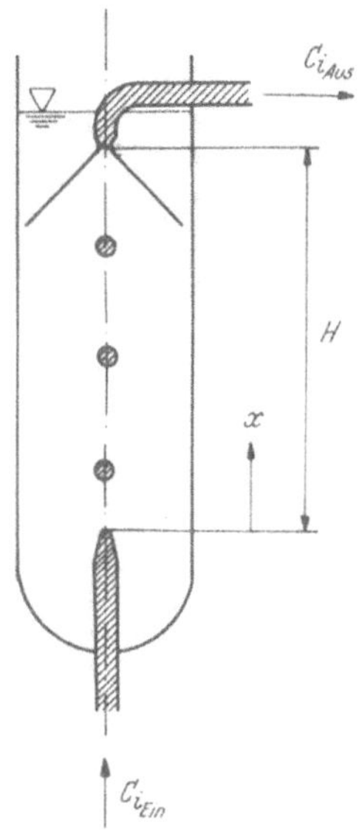

Abb. 9.6. Tropfensäule

Da zumeist nur die Anfangs- und Endwerte der Konzentrationen, im speziellen des Tropfens sowie der aufnehmenden Flüssigkeit, gemessen werden, beschränkt man sich darauf, Mittelwerte über die Anfangs- und Endkonzentrationen zu bilden. Zwei Arten von Mittelwerten sind hier gebräuchlich: der arithmetische Mittelwert und der logarithmische Mittelwert. Diese sind wie folgt definiert:

$$\Delta c_{i\,\mathrm{ar}} = \frac{\Delta c_{i,\mathrm{Aus}} - \Delta c_{i,\mathrm{Ein}}}{2} \tag{9.30}$$

$$\Delta c_{i\,\mathrm{lm}} = \frac{\Delta c_{i,\mathrm{Aus}} - \Delta c_{i,\mathrm{Ein}}}{\ln \dfrac{\Delta c_{i,\mathrm{Ein}}}{\Delta c_{i,\mathrm{Aus}}}} \tag{9.31}$$

Diese Mittelwertbildung ist jedoch nur zutreffend in Sonderfällen, wie z. B. im Falle einer totalen Vermischung im Apparat (in diesem Falle ist $\Delta c_{\mathrm{Aus}} = \Delta c_{\mathrm{Ein}} =$ konst.) und für den Fall der idealen Rohrströmung (vergleiche Abb. 2.4 in Abschnitt 2.1.2). Durch die normalerweise in den Modellapparaten – vor allem jenen, die eine Grundoperation simulieren – vorherrschende Vermischung ist die tatsächlich vorhandene Konzentrationsdifferenz Δc_{eff} nicht bekannt und wird durch einen fiktiven Mittelwert Δc_{ar} oder Δc_{lm} ersetzt. Dies hat zur Folge, daß der so bestimmte Stoffübergangskoeffizient „Vermischungs-Einfluß-behaftet" ist. Es ist daher empfehlenswert, diesen Wert besonders zu kennzeichnen, was hier mit * geschehen soll.

Somit gilt

$$\beta_i^* = \frac{\dot{N}}{A\,\Delta c_{i\,\mathrm{lm}}} \tag{9.32}$$

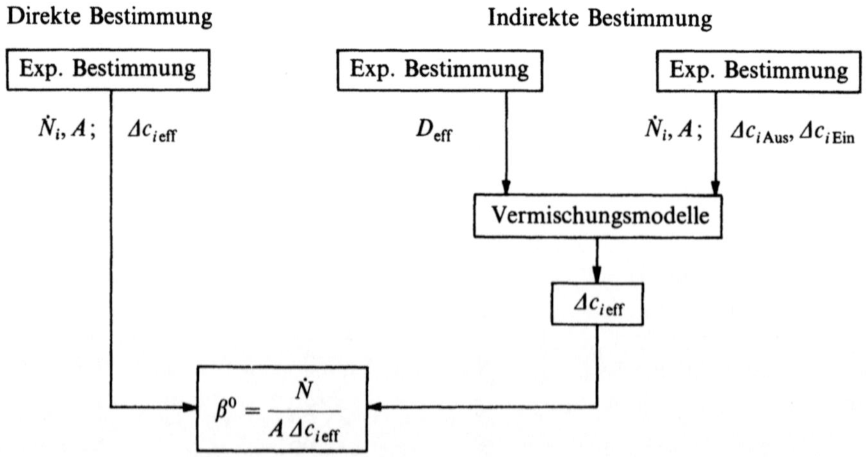

Abb. 9.7. Möglichkeiten zur Bestimmung des Stoffübergangskoeffizienten

Eine Übertragung des so bestimmten Wertes ist nur auf Systeme mit gleichen Betriebsbedingungen (Vermischungszustand, Partikelgröße, Partikelgrößenverteilung) und gleiche Stoffeigenschaften zulässig. Diese Bedingungen beschränken damit die Anwendung von experimentell bestimmten Stoffübergangskoeffizienten.

Um den Einfluß des Vermischungszustandes bei der Bestimmung der β-Werte auszuschalten, sind zwei Möglichkeiten gegeben. In beiden Fällen geht es darum, die tatsächliche Konzentrationsdifferenz $\Delta c_{i\,\text{eff}}$ zu bestimmen.

1. Möglichkeit: Experimentelle Bestimmung aus einer abschnittsweisen Messung der Konzentrationsdifferenz. Daraus wird die tatsächliche Konzentrationsdifferenz wie folgt ermittelt

$$\Delta c_{i\,\text{eff}} = \frac{1}{H} \int\limits_{x=0}^{H} c_i(x)\,dx \tag{9.33}$$

2. Möglichkeit: Mit Hilfe von mathematischen Modellen wie z. B. des bereits in Abschnitt 7.1 erwähnten Dispersionsmodelles und der experimentellen Bestimmung von Dispersionskoeffizienten, die wie folgt definiert sind

$$D_{\text{eff}} = (D + \varepsilon) \tag{9.34}$$

wobei D den Diffusionskoeffizienten und ε den turbulenten Austauschkoeffizienten bedeuten. Bezüglich der experimentellen Bestimmung dieser Werte wird auf Levenspiel [9.33] verwiesen.

Mit Hilfe der ebenfalls experimentell bestimmten Größen $\dot{N}_i A$, $\Delta c_{i,\text{Aus}}$, $\Delta c_{i,\text{Ein}}$ kann dann in beiden Fällen ein „vermischungsfreier" β-Wert β_i^0 wie folgt berechnet werden (vergleiche Abb. 9.7)

$$\beta_i^0 = \frac{N_i}{A \Delta c_{i,\text{eff}}} \tag{9.35}$$

Diese Werte sind unabhängig von der betreffenden Meßapparatur und nur mehr stoffwerteabhängig. Sie können in allen Apparaten zur Auslegung verwendet werden[1].

Von besonderer Bedeutung ist ferner die Ermittlung von Stoffübergangskoeffizienten auf Basis der Analogie der Austauscheffekte. Es werden dabei die Übergangskoeffizienten des Stoffaustausches aus solchen des Wärme- bzw. des Impulsaustausches errechnet.

Die bei der Anwendung der oben angeführten Methoden auf praktische Prozesse auftretenden Schwierigkeiten sind vielfach aber sehr groß. Man hat sich daher bemüht, für die Erfassung der betreffenden Effekte theoretische Stoffaustauschmodelle heranzuziehen. In einfachen Fällen ist es auch gelungen, die betreffenden Größen mit Hilfe von Differentialgleichungen zu ermitteln.

Bereits im Kapitel 8.0 sowie weiters in den Kapiteln 10.0, 11.0 und 12.0 wird die Bestimmung (Berechnung) von Stoffübergangskoeffizienten aus Differentialgleichungen des Impuls- und Stoffaustausches behandelt. Hier soll nur eine zusammenfassende Übersicht der verschiedenen Arten von Stoffübergangskoeffizienten gegeben werden, um eine einheitliche Systematik derselben zu gewährleisten. Diese Systematik soll am Beispiel einer aufsteigenden Blase bzw. eines Tropfens erklärt werden (vergleiche Abb. 9.8).

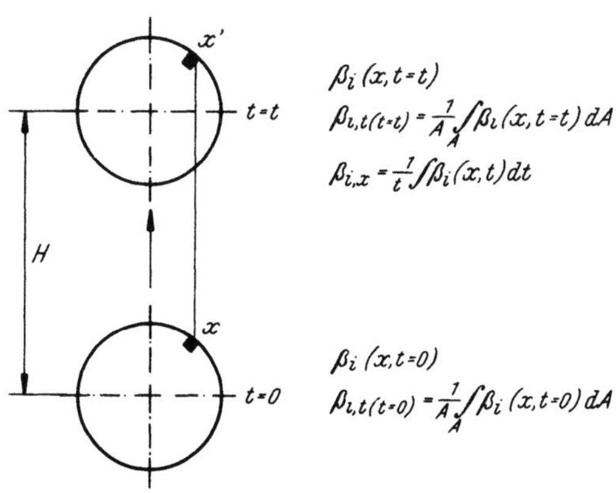

Abb. 9.8. Stoffübergangskoeffizienten an einer aufsteigenden Blase

Aus den Lösungen der Differentialgleichungen für das Geschwindigkeits- und Konzentrationsfeld erhält man (vergleiche Stöber [9.15]) sogenannte *punktuelle* β-Werte $\beta_i(x, t)$; diese geben den Wert an einer bestimmten Stelle x des Partikels und zu einem bestimmten Zeitpunkt t an (vergleiche Abb. 9.8 Stelle x und x').

Wird ein *temporaler* Mittelwert – zu einer bestimmten Zeit über die ganze Fläche – gebildet, so gilt[2]

---

[1] Im übrigen wird auf die ausführliche Darstellung dieser Problematik bei [9.14] verwiesen.

[2] Die Integration über die Ortskoordinaten ergäbe ein Doppelintegral, vereinfacht wird hier aber die Integration über dA geschrieben.

$$\beta_{i,t} = \frac{1}{A} \int_A \beta_i(x, t)\, dA \tag{9.36}$$

Wird hingegen der Stoffübergang nur an der Stelle x über die Höhe H, das heißt von $t = 0$ bis $t = t$, verfolgt, so gilt

$$\beta_{i,x} = \frac{1}{t} \int_t \beta_i(x, t)\, dt \tag{9.37}$$

Dieser Wert wird *lokaler Mittelwert* genannt.

Integration über die Fläche →

Integration über die Zeit ↓

punktuelles	temporales über die Fläche gemitteltes
$\beta_{i(x,t)}$	$\beta_{i,t} = \frac{1}{A}\int_A \beta_{i(x,t)}\, dA$
lokales über die Zeit gemitteltes	**über Zeit und Fläche gemitteltes**
$\beta_{i,x} = \frac{1}{t}\int_{t=0}^{t} \beta_{i(x,t)}\, dt$	$\beta_i = \frac{1}{A}\frac{1}{t}\int_A \int_{t=0}^{t} \beta_{i(x,t)}\, dA\, dt$

Abb. 9.9

Integration über die Fläche →

Integration über die Zeit ↓

punktuelles	temporales über die Fläche gemitteltes
$\dot{n}_{i(x,t)}$	$\dot{n}_{i,t} = \frac{1}{A}\int_A \dot{n}_{i,x,t}\, dA$
lokales über die Zeit gemitteltes	**über Zeit und Fläche gemitteltes**
$\dot{n}_{i,x} = \frac{1}{t}\int_{t=0}^{t} \dot{n}_{i(x,t)}$	$\dot{n}_i = \frac{1}{A}\frac{1}{t}\int_A \int_{t=0}^{t} \dot{n}_{i(x,t)}\, dA\, dt$

Abb. 9.10

Praktisch interessiert aber nur der *integrale Mittelwert*, der wie folgt definiert ist

$$\beta_i = \frac{1}{A}\frac{1}{t}\int_t\int_A \beta_i(x,t)\,dA\,dt \tag{9.38}$$

Dieser Wert muß entweder aus den Konzentrations- und Geschwindigkeitsfeldern berechnet oder experimentell bestimmt werden. Der so erhaltene Wert entspricht jedoch einem „vermischungsfreien“ Stoffübergangskoeffizienten β_i^0.

Eine Übersicht dieser Werte und der daraus resultierenden Stoffstromdichten ist in Abb. 9.9 und Abb. 9.10 gegeben.

9.6 Modelltheorien des Stoffüberganges durch Grenzflächen

Die Vorstellungen über die Vorgänge beim Stoffdurchgang über eine Phasengrenze, bestehend aus dem Stofftransport zur Grenzfläche in der Phase I, den Stoffdurchgang durch die Grenzfläche selbst und den Stofftransport von der Grenzfläche in die Hauptmasse der Phase II, werden in den sogenannten Modell-Theorien des Stoffüberganges durch Grenzflächen zusammengefaßt. Im Laufe der Zeit wurden verschiedene Modell-Theorien entwickelt, von denen die wichtigsten in diesem Abschnitt behandelt werden. Zur Übersicht und zum besseren Vergleich der hier angeführten Modelle werden diese eingangs kurz charakterisiert.

1. Das Zwei-Film-Modell von Lewis und Whitmann [9.8] nimmt eine stationäre Diffusion durch die Grenzschicht zu beiden Seiten der Phasengrenzfläche an (vergleiche Abschnitt 9.6.1).
2. Das Penetrationsmodell von Higbie [9.16] beschreibt die instationäre Diffusion eines zu absorbierenden Gases in einer laminar strömenden Flüssigkeit (vergleiche Abschnitt 9.6.2).
3. Das Oberflächenerneuerungsmodell von Dankwerts [9.17] beschreibt die instationäre Diffusion in Volumselementen unter Berücksichtigung einer Verweilzeitverteilungsfunktion (vergleiche Abschnitt 9.6.3).
4. Das kombinierte Film-Penetrationsmodell von Torr und Marchello [9.18] beschreibt die instationäre Diffusion in einer dünnen, sich erneuernden Oberflächenschicht an der Phasengrenzfläche (vergleiche Abschnitt 9.6.4).

9.6.1 Zweifilmtheorie

Experimentelle Untersuchungen über die Abhängigkeit des Stoffaustausches von der Strömungsgeschwindigkeit und der Art der Austauschfläche führten bereits 1912 in der Arbeit von Jablczynski und Przemyski [9.19] zur Aufstellung der Zwei-Film-Theorie. Eine vollständige Darstellung der Zusammenhänge geben aber erstmals Lewis und Whitmann [9.8] in ihrer Arbeit, in der sie versuchten, den Stoffaustausch in einem zweiphasigen fluiden System an Hand eines Modelles darzustellen, in welchem der gesamte dem Austauschvorgang entgegengebrachte Widerstand durch zwei getrennte Einzel-Widerstände beidseits der Phasengrenzfläche ersetzt wird (vergleiche Abschnitt 9.4).

Bei der praktischen Anwendung der Zwei-Film-Theorie ist aber darauf zu achten, daß sie nur als ein sehr vereinfachtes Modell eines Stoffaustauschvorganges an einer Gas-Flüssigkeitsgrenzschicht dargestellt ist und somit die Beachtung aller ihr zugrunde liegenden Annahmen erfordert. Diese sollen im einzelnen an Hand von Abb. 9.11 besprochen werden.

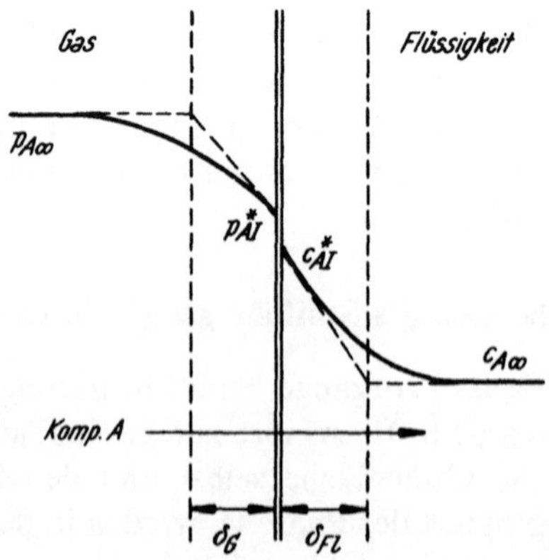

Abb. 9.11. Zwei-Film-Theorie

Abb. 9.11 zeigt den Konzentrationsverlauf an der Phasengrenzfläche eines Gas/Flüssig-Systems, wobei angenommen wird, daß der Stoffaustausch vom Gas in die Flüssigkeit erfolgt. Weiters ist daraus ersichtlich, daß zu beiden Seiten der Grenzfläche eine dünne Grenzschicht existiert. Diese beiden Schichten werden als *stagnierende* oder *laminare Unterschicht* angesehen, während im Inneren der beiden Phasen turbulente Strömungsvorgänge vorherrschen, wodurch sie auch die konstanten Konzentrationen in der Hauptmasse der Phasen erklären.

Innerhalb der beiden Grenzschichten erfolgt der Stofftransport ausschließlich durch Molekulardiffusion, während er im turbulenten Bereich durch die turbulenten Mischbewegungen makroskopischer Flüssigkeitsballen bestimmt ist. Die auftretende Transportgeschwindigkeit innerhalb des turbulenten Phasenkerns liegt im allgemeinen um Größenordnungen über der Diffusionsgeschwindigkeit der auszutauschenden Komponente in der Grenzschicht. Der gesamte Übergangswiderstand beschränkt sich damit auf die Unterschichten zu beiden Seiten der Phasengrenze.

Direkt an der Grenzfläche ist die Relativgeschwindigkeit zwischen den beiden Phasen gleich Null. Die Verweilzeit der Teilchen, die sich direkt an der Oberfläche befinden, ist damit sehr groß, so daß angenommen werden kann, daß Gas und Flüssigkeit direkt an der Phasengrenze stets miteinander im Gleichgewicht stehen.

Zusätzlich zu den genannten Voraussetzungen sind noch folgende weitere Annahmen zu berücksichtigen:

1. Im Hauptstrom besteht kein Konzentrationsgefälle senkrecht zur Phasengrenzfläche, das heißt $p_{i\infty}$ = konst, $c_{i\infty}$ = konst.
2. Im gesamten System herrscht dieselbe Temperatur, T = konst.
3. Die Gültigkeit des Henryschen Gesetzes wird vorausgesetzt (vergleiche Abschnitt 9.2).

4. Auf der Gasseite kann mit dem idealen Gasgesetz gerechnet werden.
5. Chemische Reaktionen werden ausgeschlossen.
6. Es wird stationäres Verhalten angenommen, das heißt $c_i \neq f(t)$.

Durch obige Vereinfachungen errechnet sich der Stoffaustausch in beiden Unterschichten nach den Gesetzmäßigkeiten der stationären Diffusion (vergleiche Abschnitt 7.2). Die übergehende Stoffkomponente erhält zur Kennzeichnung den Index A.

Betrachtet man vorerst nur die flüssigseitige Grenzschicht, so ist der darin auftretende Konzentrationsverlauf im eindimensionalen Fall durch Lösung der vereinfachten differentiellen Bilanzgleichung

$$D_{fl} \frac{d^2 c_A}{dx^2} = 0 \tag{9.39}$$

bestimmt.

Mit den Randbedingungen (vergleiche Abb. 9.11)

$$\begin{aligned} x &= 0, & c_A &= c_{A_I}^* \\ x &= \delta_{fl}, & c_A &= c_{A\infty} \end{aligned} \tag{9.40}$$

ergibt sich folgende Beziehung für die örtliche Konzentration

$$c_A = c_{A_I}^* - \frac{x}{\delta_{fl}} (c_{A_I}^* - c_{A\infty}) \tag{9.41}$$

Zur Berechnung der Diffusionsstromdichte geht man vom 1. Fickschen Gesetz für die Stelle $x = 0$ aus

$$\dot{n}_A = - D_{fl} \left. \frac{dc_A}{dx} \right|_{x=0} \tag{9.42}$$

und führt hierin für den betreffenden Konzentrationsgradienten den aus Gl. (9.41) abgeleiteten Ausdruck ein

$$\dot{n}_A = \left. \frac{D_{fl}}{\delta_{fl}} (c_{A_I}^* - c_A) \right|_{\text{Flüssigphase}} \tag{9.43}$$

In ähnlicher Weise gilt für die gasseitige Grenzschicht

$$\dot{n}_A = \left. \frac{D_g}{\delta_g} (c_{A_I}^* - c_A) \right|_{\text{Gasphase}} \tag{9.44}$$

D_g ist dabei der Diffusionskoeffizient der löslichen Komponente im Gas und D_{fl} die entsprechende Größe in der Flüssigkeit.

Da unter stationären Bedingungen die Stoffstromdichten beider Phasen gleich groß sind, muß ferner gelten[1]

$$\dot{n}_A = \dot{n}_{A_g} = \dot{n}_{A_{fl}} \tag{9.45}$$

[1] Eine besondere Kennzeichnung der Phase durch den Index „g" bzw. „fl" ist somit nicht notwendig.

Vergleicht man die Beziehungen (9.43) und (9.44) mit dem allgemeinen Ansatz für die Stoffstromdichte bei turbulenter Strömung gemäß (9.10) und (9.11), so ergeben sich für die partiellen gas- bzw. flüssigseitigen Stoffübergangskoeffizienten folgende Zusammenhänge:

Gasphase:

$$\beta_g = \frac{D_g}{\delta_g} \tag{9.46}$$

Flüssigphase:

$$\beta_{fl} = \frac{D_{fl}}{\delta_{fl}} \tag{9.47}$$

Aus Gl. (9.46) und (9.47) folgt, daß bei Zugrundelegung der Zweifilmtheorie der Stoffübergangskoeffizient proportional der ersten Potenz des Diffusionskoeffizienten ist und die Dicke der Unterschicht einen maßgeblichen Einfluß auf den Stoffübergangswiderstand ausübt. Die Schichtdicke ist, wie bereits erwähnt, durch den Strömungszustand der betreffenden Phase bestimmt.

Ein Vergleich der nach der Zwei-Film-Theorie abgeleiteten Beziehungen mit experimentellen Ergebnissen (vergleiche [9.7]) zeigt jedoch, daß die beschriebene Abhängigkeit des Stoffübergangskoeffizienten nach Gln. (9.46) bzw. (9.47) im allgemeinen nicht gegeben ist. Treybal [9.6] weist darauf hin, daß auf Grund turbulenter Strömungsvorgänge bis in die Nähe der Phasengrenze der Exponent in den einzelnen Ausdrücken Werte von 0,1 – 0,9 annehmen kann und die angeführte lineare Abhängigkeit nur einen Sonderfall für den Zustand der rein laminaren Grenzschicht darstellt. Darüber hinaus ist es schwer möglich, die Grenzschichtdicke für den Stofftransport experimentell nachzuweisen bzw. zu bestimmen, so daß δ_{fl} und δ_g zumeist nur Rechengrößen darstellen, die erst dann berechenbar sind, wenn β_{fl} und β_g bekannt sind. Es ist somit nur selten möglich, die Stoffübergangskoeffizienten aus den Gln. (9.46) bzw. (9.47) zu ermitteln. Die Bedeutung der Zwei-Film-Theorie liegt damit vornehmlich in seiner Anschaulichkeit und Einfachheit.

Die tatsächlichen Vorgänge beim Austausch einer Komponente zwischen zwei fluiden Phasen werden im allgemeinen besser durch die Turbulenztheorien beschrieben. Die bedeutendsten dieser Theorien sind die *Penetrations-* und *Oberflächenerneuerungstheorie*. Auf beide wird im folgenden näher eingegangen.

9.6.2 Penetrationstheorie

Die Penetrationstheorie wurde 1935 von Higbie [9.16] zur Beschreibung des Stoffaustausches in Gas-Flüssig-Systemen vorgeschlagen. Dabei wird von der Annahme ausgegangen, daß die Oberfläche der Flüssigkeit sich aus mehreren Teilchen zusammensetzt, die während ihrer Verweilzeit an der Grenzfläche sich wie starre Einzelkörper verhalten. Der Kontakt zwischen Gas- und Flüssigkeitsteilchen sei aber nur sehr kurz, so daß die Flüssigkeitsoberfläche einer andauernden Erneuerung durch frische Elemente aus der Hauptmasse der Flüssigkeit unterworfen ist. Während der Zeit, in der sich die einzelnen Flüssigkeitsteilchen an der

Grenzfläche befinden, wird Gas durch instationäre Diffusion von der Flüssigkeit absorbiert, in der Weise, als wären die verschiedenen Flüssigkeitselemente stillstehend und ihre lineare Ausdehnung senkrecht zur Phasengrenzfläche, im Vergleich zur Penetrationstiefe, sehr groß. Ferner müssen noch folgende Voraussetzungen erfüllt sein:

a) Die Verweilzeit τ an der Grenzfläche ist für alle Teilchen gleich groß.

b) Die Konzentration an der Flüssigkeitsoberfläche ist am Beginn der Verweilzeit gleich der Konzentration $c_{i\infty}$ im Flüssigkeitsinneren.

c) Ein Stoffaustausch infolge konvektiver Mischbewegungen innerhalb der betrachteten Phase wird ausgeschlossen, da die sich berührenden Elemente beider Phasen gleichsam als feste Körper betrachtet werden. Das Modell kann sowohl für die Gas- als auch für die Flüssigseite angenommen werden. Higbie [9.16] stellte jedoch seine Betrachtungen für die Flüssigseite an.

Zum besseren Verständnis der der Hypothese zugrundeliegenden Annahmen sei an einer in Abb. 9.12 schematisierten Darstellung der Vorgang des Stoffaustausches bei der Gasabsorption in einem Flüssigkeitsfilm erläutert. Man denkt sich dabei die Flüssigkeitsoberfläche aus zahlreichen Elementen zusammengesetzt, die zum Teil eben erst aus dem Inneren der Flüssigkeit an die Grenzfläche gelangt sind, andere aber schon eine Zeit dort verweilen (in der Abbildung durch die schraffierten Flächen gekennzeichnet). Zu einem bestimmten Zeitpunkt besteht die Oberfläche somit aus einer Anzahl von Teilchen, die unterschiedliche Konzentrationen der übergehenden Stoffkomponente aufweisen. Der auszutauschende Stoff sei im folgenden mit A bezeichnet.

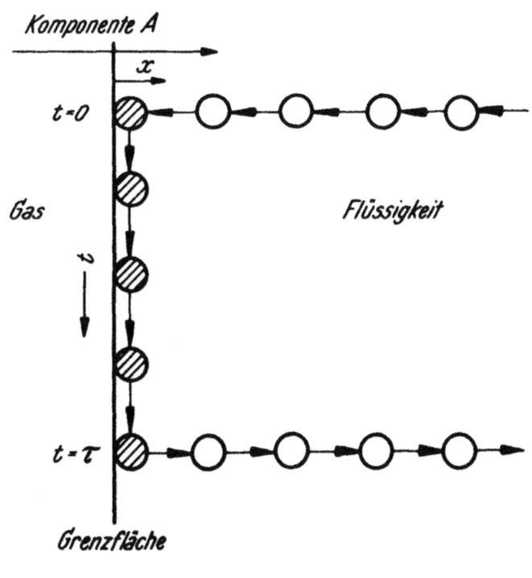

Abb. 9.12. Penetrationstheorie

Die zeitliche Konzentrationsänderung $c_A(t)$ eines Flüssigkeitsteilchens an der Grenzfläche wird nach dieser Modellvorstellung durch das 2. Ficksche Gesetz beschrieben, das im eindimensionalen Fall für die x-Richtung entsprechend Gl. (7.69) wie folgt lautet[1]:

$$\frac{\partial c_A}{\partial t} = D \frac{\partial^2 c_A}{\partial x^2} \tag{9.48}$$

Die zu Gl. (9.48) gehörigen Randbedingungen sind folgende:

$$c_A = c_{A\infty} \qquad \text{für alle } x \text{ bei } t \leqslant t_0 \tag{9.49}$$

(Konzentration des Teilchens an der Komponente A ist bei $t \leqslant t_0$ gleich der Konzentration $c_{A\infty}$ im Flüssigkeitsinneren.)

$$c_A = c^*_{A_l} \qquad \text{für } x = 0 \text{ bei } t > t_0 \tag{9.50}$$

(Das an der Grenzfläche befindliche Flüssigkeitselement ist bei $t > t_0$ im Gleichgewicht mit der Gasphase; $c^*_{A_l}$ bedeutet die Sättigungskonzentration der Komponente A in der Flüssigkeit.)

Die Lösung der obigen Differentialgleichung unter Berücksichtigung der angegebenen Randbedingungen ergibt folgende Beziehung für den Verlauf der Konzentration c_A in Funktion der Zeit t und des Abstandes x von der Grenzfläche:

$$c_A = c_{A\infty} + (c^*_{A_l} - c_{A\infty}) \left(1 - \frac{2}{\sqrt{\pi}} \int\limits_u e^{-u^2} du\right) \tag{9.51}$$

worin u die Integrationsveränderliche

$$u = \frac{x}{2\sqrt{tD}} \tag{9.52}$$

bedeutet.

Unter Berücksichtigung des mathematischen Zusammenhanges

$$\mathrm{erf}(u) = \frac{2}{\sqrt{\pi}} \int\limits_u e^{-u^2} du \tag{9.53}$$

bzw. deren Komplementärfunktion

$$\mathrm{erf}\,c(u) = 1 - \frac{2}{\sqrt{\pi}} \int\limits_u e^{-u^2} du \tag{9.54}$$

folgt für Gl. (9.51) die weitere Form

$$c_A = c_{A\infty} + (c^*_{A_l} - c_{A\infty})\, \mathrm{erf}\,c \left(\frac{x}{4Dt}\right)^{1/2} \tag{9.55}$$

Abb. 9.13 zeigt die dimensionslose Konzentration $(c_A - c_{A\infty})/(c^*_{A_l} - c_{A\infty})$ für

[1] Die dieser Modellvorstellung zugrunde liegende Differentialgleichung kann somit als Sonderfall der allgemeinen differentiellen Bilanzgleichung betrachtet werden (vergleiche Abschnitt 7.1).

verschiedene Werte der Zeit t in Abhängigkeit der Ortskoordinate x. Daraus ist ersichtlich, daß die Konzentration des Teilchens mit größer werdender Kontaktzeit zu und mit zunehmender Entfernung von der Oberfläche abnimmt.

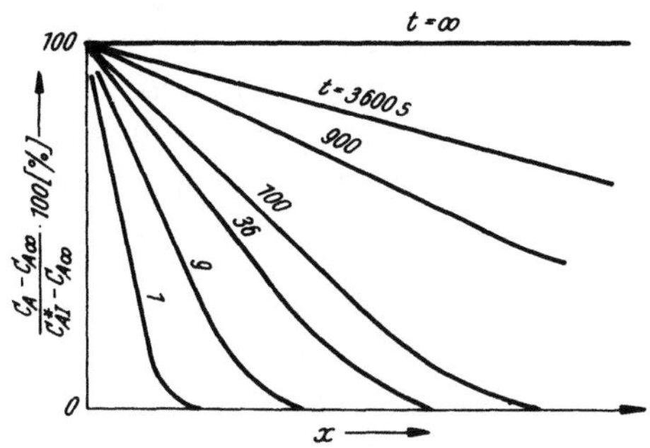

Abb. 9.13. Konzentrationsprofil in einer reibungsfreien Strömung

Die übergehende Stoffstromdichte $\dot{n}_A$ errechnet sich mittels dem 1. Fickschen Gesetz (Gl. (7.13)) für die Stelle $x = 0$

$$\dot{n}_A = -D\left(\frac{\partial c_A}{\partial x}\right)\bigg|_{x=0} \tag{9.56}$$

Der Konzentrationsgradient an der Stelle $x = 0$ ergibt sich durch Differentiation der Gl. (9.55)

$$\left(\frac{\partial c_A}{\partial x}\right)\bigg|_{x=0} = -(c_{A_I}^* - c_{A\infty})\sqrt{\frac{1}{\pi t D}} \tag{9.57}$$

Damit ergibt sich für die Diffusionsstromdichte zur Zeit t die Beziehung

$$\dot{n}_A = (c_{A_I}^* - c_{A\infty})\sqrt{\frac{D}{\pi t}} \tag{9.58}$$

Nach Integration über die Verweilzeit τ erhält man daraus die mittlere Diffusionsstromdichte

$$\bar{\dot{n}}_A = \frac{1}{\tau}\int\limits_{t=0}^{\tau} \dot{n}_A\,dt = \frac{1}{\tau}(c_{A_I}^* - c_{A\infty})\int\limits_{t=0}^{\tau}\sqrt{\frac{D}{\pi t}}\,dt$$

$$= (c_{A_I}^* - c_{A\infty})\cdot 2\sqrt{\frac{D}{\pi\tau}} \tag{9.59}$$

woraus sich zusammen mit der Definitionsgleichung (9.11) folgende Beziehung für den Stoffübergangskoeffizienten ergibt

$$\beta_{fl} = 2\sqrt{\frac{D}{\pi\tau}} \tag{9.60}$$

Dieses Ergebnis steht im Gegensatz zur Zwei-Film-Theorie, nach welcher der Stoffübergangskoeffizient direkt proportional und nicht wie hier proportional der Wurzel aus dem Diffusionskoeffizienten ist. Letzteres entspricht im allgemeinen besser den experimentellen Ergebnissen.

Mit Hilfe der Penetrationstheorie ist es somit möglich, Stoffübergangskoeffizienten zu berechnen, wenn es gelingt, eine Vorhersage über die Kontaktzeit eines Fluidelementes an der Oberfläche der Stoffaustauschfläche zu machen. Dazu ist jedoch eine Annahme über die Strömungszustände im Inneren des Fluids notwendig. Beim Stoffaustausch an kugelförmigen Partikeln, z. B. Blasen oder Tropfen, kann man die Grenzfälle – keine innere Zirkulation (man spricht dann von starren Partikeln) bzw. vollkommen ausgebildete Zirkulation (mobile Partikeln) – unterscheiden. An Hand von Abb. 9.14 am Beispiel einer Blase, die mit konstanter Geschwindigkeit u_B durch eine Flüssigkeit aufsteigt, soll dies näher erläutert werden. Ist keine innere Zirkulation vorhanden, so bleibt das betrachtete Austauschelement beim Aufstieg durch die Flüssigkeit an derselben Stelle (vergleiche Abb. 9.14a). Die Kontaktzeit beträgt dann

$$\tau_{\text{Starr}} = \frac{l}{u_B} \tag{9.61a}$$

Ist dagegen die Blase mobil, so kann man annehmen, daß sich die Oberfläche der Blase innerhalb der Distanz, die dem Blasendurchmesser d_B entspricht, erneuert. Die Kontaktzeit τ beträgt in diesem Falle

$$\tau_{\text{Mobil}} = \frac{d_B}{u_B} \tag{9.61b}$$

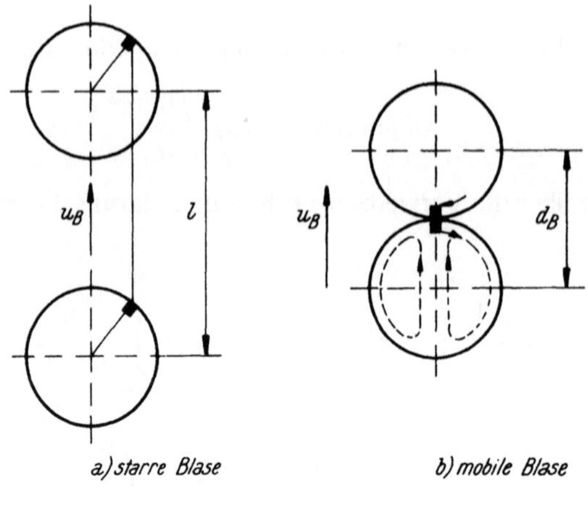

Abb. 9.14. Beispiel verschiedener Kontaktzeiten in Abhängigkeit von der Strömung im Inneren einer Blase

Setzt man Gln. (9.61a) oder (9.61b) in die Beziehung (9.60) ein, so ergibt sich für den flüssigseitigen Stoffübergangskoeffizienten

$$\beta_{fl} = 2\sqrt{\frac{D_A U_B}{\pi L}}$$

Nach Einführen der dimensionslosen Kenngröße

$$\mathrm{Sh}_{fl} = \frac{\beta_{fl} L}{D}, \qquad \mathrm{Re}_{fl} = \frac{L u_B}{\nu_{fl}}, \qquad \mathrm{Sc}_{fl} = \frac{\nu_{fl}}{D_{fl}}$$

ergibt sich daraus die für den Stoffaustausch an starren und mobilen Partikeln wichtige Beziehung

$$\mathrm{Sh}_{fl} = 1{,}13\,\mathrm{Re}_{fl}^{0,5}\,\mathrm{Sc}_{fl}^{0,5} \tag{9.62}$$

Je nachdem, ob für die charakteristische Länge L der Partikeldurchmesser d_B (mobile Partikel) oder die Lauflänge l (starre Partikel) eingesetzt wird.

Im allgemeinen kann die Kontaktzeit τ jedoch nicht als bekannt vorausgesetzt oder experimentell bestimmt werden. In diesen Fällen kann Gl. (9.60) nur verwendet werden, wenn die Bedingungen, die an den Punkten $a-c$ angeführt wurden (das heißt als starres Partikel: $L = 1$), gegeben sind. Die Gl. (9.60) kann aber dazu verwendet werden, um auf Grund experimenteller Bestimmung von Sh-Zahlen auf die Strömungsverhältnisse im Inneren von Partikeln zu schließen. Außerdem entspricht die Annahme einer konstanten Kontaktzeit für die an die Phasengrenzfläche gelangenden Flüssigkeitselemente, sofern dies nicht durch entsprechende Versuchsdurchführungen erzwungen wird, nicht den realen Gegebenheiten (vergleiche Abschnitt 9.5). Nach den Vorstellungen der eigentlichen *Turbulenztheorien* wird diese Annahme auch fallen gelassen und davon ausgegangen, daß sich die Turbulenz bis an die Grenzfläche hin ausbreitet und die fortlaufende Erneuerung der Oberfläche mittels einer Alters-Verteilungsfunktion der einzelnen Elemente erfaßt wird.

9.6.3 Oberflächenerneuerungstheorie

Zur Erklärung des Stoffaustausches an Grenzflächen zweiphasiger Systeme, bei denen die Annahme einer laminaren Strömung in der Nähe der Phasengrenze fallengelassen werden muß, wurde 1951 von Danckwerts [9.17] die sogenannte *Oberflächenerneuerungstheorie* ausgearbeitet. Er ging dabei von der Vorstellung aus, daß durch Turbulenz ununterbrochen Teilchen aus dem Inneren der Gas- bzw. Flüssigkeitsphase mit der dort herrschenden Konzentration an die Grenzfläche gelangen, wo sie am Stoffaustausch teilnehmen. Da die Bewegung der Turbulenzballen grundsätzlich mit zeitlichen Schwankungen der Geschwindigkeiten verbunden ist, mußte in diesem Zusammenhang die Annahme von Higbie, daß die Verweilzeit aller Teilchen in den Phasengrenzflächen dieselbe ist, fallengelassen werden. Danckwerts ergänzte vielmehr die im Abschnitt 9.6.2 angeführten Überlegungen, indem er eine Erneuerung der Grenzfläche entsprechend einer Verteilungsfunktion für die Verweilzeit der einzelnen Teilchen einführt.

Um die Bedeutung der Oberflächenerneuerungstheorie besser herauszustellen, wird, wie schon im Abschnitt 9.6.2 am Beispiel der Gasabsorption, auf sie näher eingegangen. Betrachtet wird zu diesem Zweck die Grenzfläche eines Gas-Flüssigkeitssystemes, wie es in Abb. 9.15 dargestellt ist.

Nach DANCKWERTS setzt sich die Oberfläche der Flüssigkeit in jedem beliebig gewählten Augenblick der Betrachtung aus einzelnen Flüssigkeitsteilchen mit unterschiedlicher Konzentration an gelöstem Stoff der Gaskomponente A zusammen. Hervorgerufen durch die unterschiedliche Zeitdauer, der sie der Gasabsorption ausgesetzt waren, wird die Stoffaustauschgeschwindigkeit für jedes der Teilchen, das einem instationären Diffusionsprozeß unterworfen ist, verschieden groß sein, da die Stoffstromdichte mit der Verweilzeit an der Grenzfläche durch den Abbau der anfänglichen Konzentrationsdifferenz abnimmt.

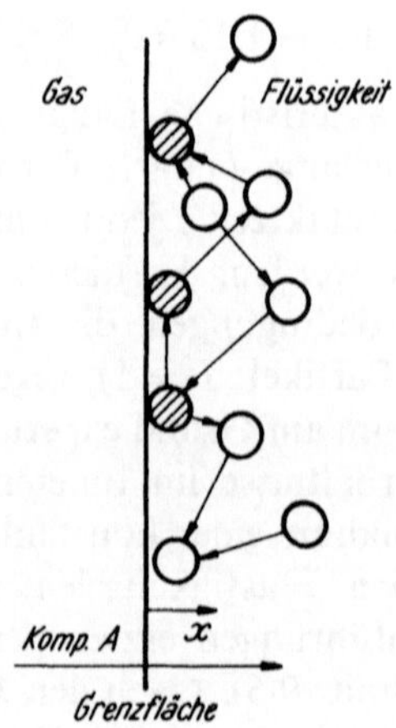

Abb. 9.15. Oberflächenerneuerungsmodell

Für die praktische Bedeutung der Gesamtstoffaustauschgeschwindigkeit geht aber die Bedeutung der Einzelgeschwindigkeiten in der dargestellten Form verloren, da meist nur die auf die Einheit der Austauschfläche bezogene mittlere Molstromdichte $\dot{n}_A$ von Interesse ist. Um sie zu bestimmen, geht man derart vor, daß alle Teilchen mit dem Alter t mit dem Molstrom für Teilchen gleicher Verweilzeit τ multipliziert und die Produkte über alle Altersstufen summiert werden.

Dazu ist es aber notwendig, zur Definition der Zeitabhängigkeit eine Verteilungsfunktion $\phi(\tau)$ einzuführen. Der Anteil der Teilchen an der Grenzfläche wird mit dem Alter zwischen τ und $\tau + d\tau$ durch $\phi(\tau)\,d\tau$ beschrieben und muß außerdem für die Einheitsfläche der Bedingung $\int_{\tau=0}^{\infty} \phi(\tau)\,d\tau = 1$ genügen.

Zur Berechnung der mittleren Diffusionsstromdichte $\dot{n}_A$ geht man von Gl. (9.59) aus. Führt man hierin zur Berücksichtigung der Verweilzeitverteilung die Alters-Verteilungsfunktion $\phi(\tau)$ ein, so ergibt sich

$$\dot{n}_A = (c_{A_I}^* - c_{A_0}) \int_{\tau=0}^{\infty} \sqrt{\frac{D}{\pi\tau}}\,\phi(\tau)\,d\tau \tag{9.63}$$

Gl. (9.63) kann ohne Annahme einer speziellen Alters-Verteilungsfunktion jedoch nicht geschlossen integriert werden. Der Lösungsvorschlag DANKWERTS besteht deshalb in der Annahme, daß die Wahrscheinlichkeit, von der Oberfläche weggetragen zu werden, für ein bestimmtes Oberflächenelement eine Funktion seines Alters ist, das heißt die Geschwindigkeit, mit der die Oberfläche von Oberflächenelementen befreit wird, ist proportional der Anzahl der vorhandenen Elemente dieses Alters

$$-\frac{d\phi(\tau)}{d\tau} = s\phi(\tau) \tag{9.64}$$

Hierin stellt s einen Oberflächenerneuerungsfaktor dar, der als das Verhältnis der erneuerten Fläche pro Zeiteinheit zur Gesamtfläche definiert ist. Der reziproke Wert wird deshalb auch oft als mittlere Lebensdauer eines Oberflächenelementes bezeichnet. Integriert man Gl. (9.64), führt dies zu folgender Lösung:

$$\phi(\tau) = ce^{-s\tau} \tag{9.65}$$

und unter Berücksichtigung der Bedingung $\int_{\tau=0}^{\infty} \phi(\tau)\, d\tau = 1$ folgt

$$\phi(\tau) = se^{-s\tau} \tag{9.66}$$

Wird dies in Gl. (9.63) eingesetzt, so erhält man für die mittlere Stoffstromdichte

$$\dot{n}_A = (c_{A_I}^* - c_{A\infty})\sqrt{Ds} \tag{9.67}$$

Hierin bedeuten D den Diffusionskoeffizienten der Komponente A in der Flüssigphase, $c_{A_I}^*$ deren Moldichte im Gleichgewichtszustand mit der Gasphase und $c_{A\infty}$ die Moldichte im Inneren der Flüssigkeit.

Mit dem Erneuerungsfaktor s ergibt sich damit entsprechend der Definition für den konvektiven Strom nach Gl. (9.11) der flüssigseitige Stoffübergangskoeffizient zu

$$\beta_{fl} = \sqrt{Ds} \tag{9.68}$$

Daraus folgt, daß der Stoffübergangskoeffizient analog zur Penetrationstheorie proportional der Wurzel aus dem Diffusionskoeffizienten ist. Dieses Ergebnis ist vor allem deshalb bedeutend, da auch empirische Untersuchungen die genannte Abhängigkeit aufzeigen (vergleiche (9.20)).

9.6.4 Kombinierte Film-Penetrationstheorie

Torr und Marchello [9.18] untersuchten die von Lewis und Whitmann (vergleiche Abschnitt 9.6.1) bzw. von Higbie und Danckwerts (vergleiche Abschnitte 9.6.2 und 9.6.3) vorgeschlagenen Modelltheorien und stellten fest, daß sowohl die Film- wie auch die Penetrationstheorie nicht als unabhängige Hypothesen sondern eher als Grenzfälle für ein verallgemeinertes Modell anzusehen sind. Die beiden Autoren erörterten das Problem ausführlich am Beispiel der Gasabsorption in einem gerührten Flüssigkeitssystem, dessen Oberfläche, ähnlich der Modellvorstellung von Danckwerts, fortlaufend durch Turbulenzballen aus der Hauptmasse der Flüssigkeit erneuert wird. Unter diesen Voraussetzungen wird bei kurzen Kontaktzeiten zwischen Gas und Flüssigkeit die Annahme eines instationären Diffusionsprozesses aufrechterhalten. Im Falle sehr langer Diffusionszeiten muß jedoch diese Annahme fallengelassen werden. Es wird sich, wie bei der Filmtheorie, in Grenzflächennähe eine stagnierende Schicht mit einem stationären Konzentrationsgradienten aufbauen, durch die die auszutauschende Stoffkomponente hindurch diffundieren muß. Auf diese Weise gehorchen jene Teilchen, die eine sehr lange Verweilzeit an der Flüssigkeitsoberfläche aufweisen, der „Filmtheorie", bzw. solche, die einer andauernden Erneuerung unterworfen sind, der „Penetrationstheorie". Teilchen mit einer Verweilzeit, die zwischen den beiden Extremen liegt, weisen Merkmale beider Mechanismen auf. In diesem Fall dringt das Gas während des Kontaktes mit der Flüssigphase in das Innere der Teilchen ein, ein konstanter Konzentrationsgradient kann sich aufgrund der kurzen Verweilzeit dabei aber nicht aufbauen. Bei einem breiten Verweilzeitspektrum der Teilchen finden somit alle drei beschriebenen Arten des Stoffaustausches gleichzeitig statt. Diese werden einschließlich dem Übergangsbereich, im *kombinierten Film-Penetrationsmodell* berücksichtigt.

Dabei wird angenommen, daß Konzentrationsänderungen nur innerhalb des endlichen Abstandes b von der Grenzfläche (b = Grenzschichtdicke oder Dicke eines Flüssigkeitselementes) erfolgen. Die Randbedingungen der instationären Diffusionsgleichung

$$\frac{\partial c_A}{\partial t} = D\frac{\partial^2 c_A}{\partial x^2} \tag{9.69}$$

lauten somit

$$\begin{aligned} c_A &= c_{A\infty} && \text{für alle } x && \text{und } t \leqslant t_0 \\ c_A &= c^*_{A_I} && \text{für } x = 0 && \text{und } t > t_0 \\ c_A &= c_{A\infty} && \text{für } x = b && \text{und alle } t \end{aligned} \tag{9.70}$$

Die ersten beiden Randbedingungen sind identisch denen der Penetrationstheorie nach Gln. (9.49) und (9.50). Die dritte Bedingung besagt, daß zu jedem Zeitpunkt in einem definierten Abstand b von der Phasengrenzfläche die Konzentration in den einzelnen Teilchen $c = c_{A\infty}$ ist. Das heißt, daß die mit der Konzentration $c_{A\infty}$ an die Grenzfläche gelangenden Teilchen diese erst wieder verlassen, bis die zu absorbierende Komponente in einen Abstand b von der Flüssigkeitsoberfläche eingedrungen ist. Diese Annahme erlaubt es, daß sich auch in einem Element mittlerer Verweilzeit ein stationärer Austauschvorgang einstellen kann, wogegen das Higbiesche „Penetrationsmodell", das eine unendliche Tiefe des Flüssigkeitselementes senkrecht zur Phasengrenzfläche annimmt, diesen Fall ausschließt.

Die Lösung der partiellen Differentialgleichung (9.69) unter Berücksichtigung der angegebenen Rand- und Anfangsbedingungen ergibt für die örtliche Konzentration c_A folgende Beziehung:

$$c_A(x,t) = c^*_{A_I} + \frac{c_{A\infty} - c^*_{A_I}}{b}x + 2\frac{c_{A\infty} - c^*_{A_I}}{\pi}\sum_{n=1}^{\infty}\frac{1}{n}\sin\left(\frac{n\pi}{b}x\right) \cdot \exp\left[-\left(\frac{n\pi}{b}\right)^2 Dt\right] \tag{9.71}$$

Die örtliche Stoffstromdichte $\dot{n}_A$ errechnet sich, ebenso wie bei den vorangegangenen Theorien nach dem 1. Fickschen Gesetz für die Stelle $x = 0$

$$\dot{n}_A = -D\left(\frac{\partial c_A}{\partial x}\right)\bigg|_{x=0} = \frac{D}{b}\left[1 + 2\sum_{n=1}^{\infty}\exp\left(-\frac{n^2\pi^2 Dt}{b^2}\right)\right](c_{A_I}^* - c_{A\infty}) \quad (9.72)$$

oder in anderer Form:

$$\dot{n}_A = \sqrt{\frac{D}{\pi t}}\left[1 + 2\sum_{n=1}^{\infty}\exp\left(-\frac{n^2 b^2}{Dt}\right)\right](c_{A_I}^* - c_{A\infty}) \quad (9.73)$$

Daraus lassen sich folgende Grenzfälle ableiten:

a) Für sehr lange Verweilzeiten ($t \to \infty$) folgt aus Gl. (9.72)

$$\sum_{n=1}^{\infty}\exp\left[-\left(\frac{n\pi}{b}\right)^2 Dt\right] \to 0 \quad (9.74)$$

Damit lautet die örtliche Stoffstromdichte

$$\dot{n}_A = \frac{D}{b}(c_{A_I}^* - c_{A\infty}) \equiv \text{Ergebnis der Zwei-Film-Theorie} \quad (9.75)$$

b) Für kurze Verweilzeiten ($t \to 0$) führt man den Grenzübergang besser in Gl. (9.73) durch und erhält

$$\sum_{n=1}^{\infty}\exp\left(-\frac{n^2 b^2}{Dt}\right) \to 0 \quad (9.76)$$

Die örtliche Stoffstromdichte nach Gl. (9.72) vereinfacht sich damit zu

$$\dot{n}_A = \sqrt{\frac{D}{\pi t}}(c_{A_I}^* - c_{A\infty}) \equiv \text{Ergebnis der Penetrations-Theorie} \quad (9.77)$$

Abb. 9.16 zeigt die Abhängigkeit des Stoffübergangskoeffizienten von der Zeit für das „Film-“, „Penetrations-“ und „kombinierte Film-Penetrationsmodell“.

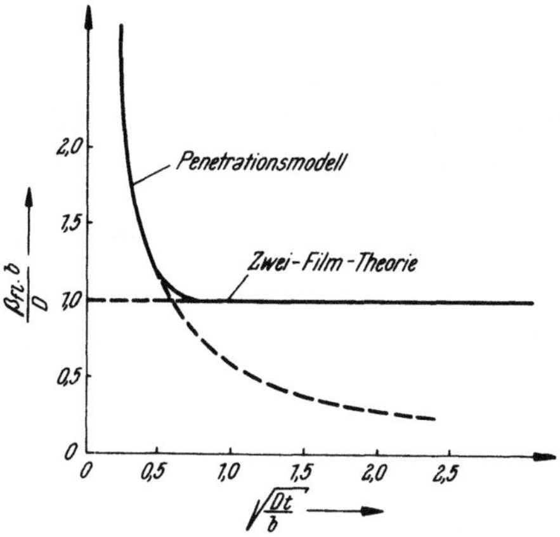

Abb. 9.16. Abhängigkeit des Stoffübergangskoeffizienten β von der Zeit

Die „Filmtheorie" und die „Penetrationstheorie" stellen, wie daraus ersichtlich, Grenzfälle aus „Film-Penetrationsmodelles" dar.

Um von der Beziehung für die örtliche Stoffstromdichte auf diejenige für die mittlere Stoffstromdichte zu gelangen, muß wie bei der Oberflächenerneuerungstheorie eine Altersverteilung eingeführt werden, und anschließend wird Gl. (9.72) bzw. (9.73) über alle Teilchen integriert.

Das wichtigste Ergebnis der beschriebenen Modelltheorie ist zusätzlich die Tatsache, daß man versucht hat, sich von den verschiedenen Theorien, denen stark vereinfachte Modellvorstellungen zugrunde liegen und deshalb auch immer wieder gewisse Bedenken entgegengebracht wurden, zu lösen. In dem verallgemeinerten Modell werden die Zwei-Film- bzw. Penetrationshypothese nur als Grenzfälle angesehen, denen sich dieses für sehr große bzw. sehr kleine Verweilzeiten asymptotisch nähert. Große Verweilzeiten der Teilchen an der Grenzfläche sind im allgemeinen bei ruhenden und laminar strömenden Systemen gegeben. Turbulente Bewegungen sind hingegen grundsätzlich stochastischer Natur, so daß hier die Annahme einer kurzen und unterschiedlichen Verweilzeit für alle Teilchen eher zutrifft. Ob mit dieser Theorie eine entscheidende Verbesserung in der Weiterentwicklung der bekannten Hypothesen von LEWIS und WHITMANN bzw. HIGBIE und DANCKWERTS getroffen wurde, wird sich erst dann erweisen, wenn genügend experimentelle Untersuchungen die beschriebene Abhängigkeit der Stoffstromdichte von der Verweilzeit erklären lassen.

Es ist jedoch kaum zu erwarten, daß selbst die Fortsetzung dieser Arbeiten zu einer vollständigen Beschreibung der turbulenten Transportvorgänge in zweiphasigen Systemen führt, da die verschiedenen Modellvorstellungen entweder auf zu groben Vereinfachungen beruhen oder, soferne sie die hydrodynamischen Vorgänge in Grenzflächennähe durch frei gewählte Parameter zu erfassen versuchen, diese vielfach nur schwer einem physikalischen Effekt zuzuordnen und auch experimentell kaum zu überprüfen sind.

Durch das Fehlen einer universellen Stoffaustauschtheorie werden die Stoffaustauschvorgänge in den technischen Austauschapparaten zumeist mittels experimentell bestimmter Parameter, den Stoffdurchgangskoeffizienten, erfaßt und die betreffende Stoffstromdichte nach Gln. (9.15) bzw. (9.19) bestimmt. Die einzelnen Stoffaustausch-Theorien erweisen sich dabei jedoch oft als äußerst wertvolle Hilfe zur Behandlung und Überprüfung von Versuchsergebnissen sowie auch bei der Übertragung von Versuchsergebnissen auf andere Zustände und Stoffe als jene, welche bei der Versuchsdurchführung Verwendung fanden [9.20].

9.7 Einflußgrößen auf den Stoffübergang

Nachstehend sind die wesentlichen Einflußgrößen auf den Stoffübergang, wie Temperatur, Druck, die geometrischen Bedingungen und Grenzflächeneffekte, behandelt.

9.7.1 Der Einfluß der Temperatur auf den Stoffübergang

Liegt im Bereich, in dem der Stoffaustausch betrachtet wird, ein Temperaturgradient vor, so wirkt sich dieser, da er eine zusätzliche Bewegung durch natürliche Konvektion (vergleiche [9.21]) hervorruft, auch auf den Stoffaustausch aus. Hier soll jedoch nur der Einfluß auf Grund der Temperaturabhängigkeit des Diffusionskoeffizienten berücksichtigt werden. Dabei wird ein linearer Temperaturgradient, wie er in Abb. 9.17 dargestellt ist, angenommen

$$\bar{T} = \frac{T_1 + T_\infty}{2}$$

$$T - \bar{T} = B\left(y - \frac{\delta_c}{2}\right) \qquad \text{mit } B = \tan\phi$$

Nimmt man ferner für die Temperaturabhängigkeit des Diffusionskoeffizienten eine exponentielle Form (vergleiche Abschnitt 7.3.3) an, so ergibt sich unter Berücksichtigung des obigen Temperaturgradienten

$$D_{ij} = \bar{D}_{ij} e^{A(T - \bar{T})} \tag{9.78}$$

Da die allgemeine Form der differentiellen Stoffaustauschgleichung (4.40) für $D_{ij} = \text{konst.}$ abgeleitet wurde, muß man, vorausgesetzt, daß keine chemische Reaktion auftritt und der Stofftransport ausschließlich in y-Richtung erfolgt, von der Stoffbilanzgleichung

$$\dot{n}_{i,y} - \dot{n}_{i,y+dy} = 0 \tag{9.79}$$

sowie dem Fickschen Ansatz nach (7.13) für die Diffusionsstromdichte ausgehen und erhält unter Vernachlässigung Glieder höherer Ordnung die Differentialgleichung

$$\frac{\partial D_{ij}}{\partial y}\frac{\partial c_i}{\partial y} + D_{ij}\frac{\partial^2 c_i}{\partial y^2} = 0 \tag{9.80}$$

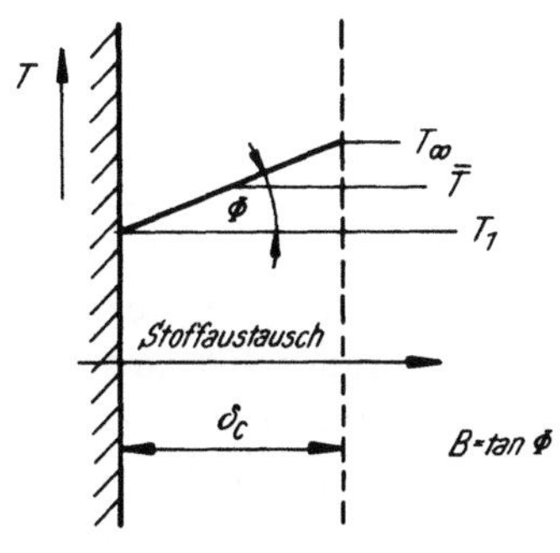

Abb. 9.17. Temperaturprofil in der Grenzschicht

Führt man hierin für den Diffusionskoeffizienten bzw. dessen Ableitungen den Ausdruck nach Gl. (9.78) ein, so ergibt sich für die Stoffbilanzgleichung folgende weitere Form:

$$\frac{\partial^2 c_i}{\partial y^2} + AB\frac{\partial c_i}{\partial y} = 0 \tag{9.81}$$

Unter Berücksichtigung der Randbedingungen

$$y = 0, \qquad c_i = c^*_{i,I}$$
$$y = \delta_c, \qquad c_i = c_{i,\infty} \tag{9.82}$$

lautet die Lösung der Gl. (9.81)

$$\frac{c_i - c_{i,\infty}}{c^*_{i,I} - c_{i,\infty}} = \frac{e^{-ABy} - e^{-AB\delta_c}}{1 - e^{-AB\delta_c}} \tag{9.83}$$

Durch Vergleich der Stoffstromdichte nach dem Fickschen Gesetz (7.13) mit der Stoffaustauschgleichung (3.8) ergibt sich unter Berücksichtigung von Gl. (9.83) für den Stoffübergangskoeffizienten der Ausdruck

$$\beta = \frac{\bar{D}_{ij}}{\delta_c} AB\,\delta_c \frac{\exp\left(-AB\frac{\delta_c}{2}\right)}{1 - e^{-AB\delta_c}} \simeq \frac{\bar{D}_{ij}}{\delta_c}\left[1 - AB^2\frac{\delta_c}{2} \pm \cdots\right] \tag{9.84}$$

Der Korrekturfaktor für den Einfluß der Temperatur auf den Stoffübergang lautet somit

$$1 - AB^2\frac{\delta_c}{2} \tag{9.85}$$

Die Konstanten A und B sind entsprechend Abb. 9.17 und Gl. (9.78) definiert. Sie sind in vielen praktischen Fällen jedoch nur sehr schwer zu bestimmen ($\delta_c \ll$), so daß zumeist der Temperatureinfluß auf den Stoffübergangskoeffizienten nicht berücksichtigt wird.

9.7.2 Der Einfluß des Gesamtdruckes auf den Stoffübergang

Über den Einfluß des Gesamtdruckes auf den Stoffaustausch liegen in der Literatur [9.22], [9.23], [9.24] widersprüchliche Darstellungen vor. Der Unterschied in den gefundenen Abhängigkeiten dürfte dabei aber auf die verschiedenartigen Meßmethoden sowie auf die weitreichenden Schwierigkeiten, die sich allgemein bei der experimentellen Bestimmung der Grenzfläche (Austauschfläche) zweier fluider Phasen einstellen, zurückzuführen sein [9.13].

Geht man von der „Film-" ($\beta \sim D$) bzw. „Penetrationstheorie" ($\beta \sim D^{0,5}$) nach den Gln. (9.47) und (9.60) aus, so zeigt sich, daß für den Einfluß des Druckes auf den Stoffübergangskoeffizienten allein die Druckabhängigkeit des betreffenden Diffusionskoeffizienten maßgebend sein sollte.

Bei Flüssigkeiten kann angenommen werden, daß der Druck auf den Diffusionskoeffizienten und somit auch auf den Stoffübergangskoeffizienten β_{fl} im allgemeinen keinen direkten Einfluß ausübt. Dies wurde auch in verschiedenen experimentellen Arbeiten bestätigt (vergleiche dazu Abb. 9.18).

Der Druckeinfluß auf den gasseitigen Stoffübergangskoeffizienten β_g ist durch die Druckabhängigkeit des Diffusionskoeffizienten in der Gasphase bestimmt. Diese wird nach Abschnitt 7.3.4 aber erst in einem relativ hohen Druckbereich ($p > 25$ bar) entscheidend wirksam.

Da die weiteren stoffaustauschbestimmenden Größen, wie unter anderem die Henry-Konstante H und die Ober- bzw. Grenzflächenspannung σ, in einem weiten Bereich druckunabhängig sind, läßt sich zusammenfassend feststellen, daß der Gesamtdruck auf Stoffaustauschvorgänge in der Flüssigphase weitgehend keinen Einfluß ausübt und auf der Gasseite vor allem die Druckabhängigkeit des Diffusionskoeffizienten dafür maßgebend ist [9.25].

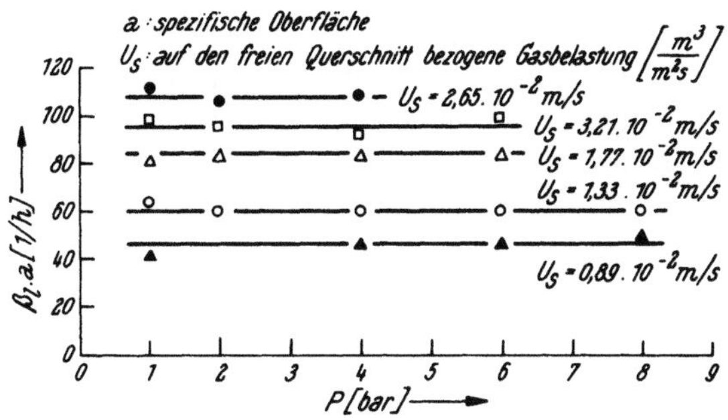

Abb. 9.18. Einfluß des Gesamtdruckes p auf den volumetrischen Stoffübergangskoeffizienten $\beta_L a$ bei Blasensäulen [9.13]

9.7.3 *Der Einfluß des Partialdruckes auf den Stoffübergang*

Bei den bisherigen Betrachtungen zum Stoffaustausch in fluiden zweiphasigen Systemen wurde durchwegs vorausgesetzt, daß für die Beschreibung der molekularen Stofftransportvorgänge das 1. Ficksche Gesetz uneingeschränkt gültig ist. Dieses gilt, wie bereits in Abschnitt 7.2.1 erwähnt, jedoch nur für den Sonderfall der äquimolaren Diffusion. Unter der Voraussetzung, daß der Partialdruck der diffundierenden Komponente im Vergleich zum Gesamtdruck des Systems klein ist, läßt sich allerdings das Ficksche Gesetz mit guter Näherung auch auf den allgemeinen Fall der zweiseitigen Diffusion anwenden (vergleiche Abschnitt 7.2.3).

Die Beschreibung des molekularen Stofftransportes erfolgt dabei mit Hilfe des Stefanschen Gesetzes nach Gl. (7.41). Zusammen mit der Stoffaustauschgleichung läßt sich damit der mittlere Stoffübergangskoeffizient bei einem hohem Partialdruck der diffundierenden Komponente wie folgt definieren[1]:

$$\beta = \frac{D}{\delta} \frac{P}{(P - p_A)_{lm}} \tag{9.86}$$

Daraus folgt, daß der Stoffübergangskoeffizient und demzufolge auch die ausgetauschte Stoffmenge bei einem hohen Partialdruck um den Faktor $P/(P - p_A)_{lm}$ größer ist als im Fall der äquimolaren Gegendiffusion. Außerdem ist der Stoffübergangskoeffizient im gegebenen Fall konzentrationsabhängig.

9.7.4 *Der Einfluß der Konzentration auf den Stoffübergang*

Bei der Untersuchung von Stoffübergangsvorgängen hat man es im allgemeinen mit Mehrstoffkomponentensystemen zu tun. Die Beschreibung der dabei auftretenden Gesetzmäßigkeiten ist aber vielfach sehr schwierig, da aufgrund der

[1] Bei technischen Berechnungen ist diese Abhängigkeit bei Konzentrationen der diffundierenden Komponente etwa über 10 Mol% erforderlich [9.5].

örtlich unterschiedlichen Konzentrationsverhältnisse sich die physikalischen Eigenschaften in jedem Punkt des Stoffsystems ändern (vergleiche Abschnitt 7.3.5). Die Auswirkungen auf den Stoffaustausch sind damit nur sehr schwer zu erfassen. Eine exakte Lösung der ein Multikomponentensystem bescheibenden Stoffaustauschgleichungen ist selbst für ein binäres System nur in den seltensten Fällen möglich, im allgemeinen wird man auf Näherungsmethoden in Form von vereinfachten Stoffübergangsmodellen zurückgreifen müssen.

Einen interessanten Versuch unternahm TORR [9.26], der auf Basis eines thermodynamischen Modells den Stoffübergangsmechanismus in Mehrkomponenten-Gas- bzw. Dampf/Flüssigkeitssystemen darzustellen versuchte.

Ausgehend von der allgemeinen Bilanzgleichung (4.34) erhält man für den Fall eines Multikomponentensystems und unter der Voraussetzung, daß keine chemische Reaktion ($\dot{r} = 0$) auftritt

$$\frac{dc_j}{dt} + \operatorname{div}(\mathbf{v}c_i) = \sum_{j=1}^{n} Di_j \operatorname{div} \operatorname{grad} c_j, \qquad i = 1, \ldots, n-1 \tag{9.87}$$

Nach linearer Transformation gemäß der Beziehung

$$c'_k = \sum_{i=1}^{n-1} a_{ik} c_j \tag{9.88}$$

ergibt sich nachstehende Form der instationären Stofftransportgleichung

$$\frac{dc'_k}{dt} = \operatorname{div}(\mathbf{v}c'_k) = D_k^0 \operatorname{div} \operatorname{grad} c'_k \tag{9.89}$$

Die Größen c'_k stellen hierin die Konzentration von Pseudokomponenten dar, für die die Gleichungen der binären Diffusion (nach Abschnitt 7.2) Gültigkeit haben. Mit D_k^0 sind ferner die betreffenden Diffusionskoeffizienten der Pseudokomponenten bezeichnet.

Die Koeffizienten a_{ik} der linearen Transformation ergeben sich aus der Lösung des Gleichungssystems

$$\sum_{k=1}^{n-1} a_{ik} D_{ij} = a_{jk} D_k^0, \qquad j = 1, \ldots, n-1 \tag{9.90}$$

für verschiedene D_k^0 ($k = 1, \ldots, n-1$).

Für die Pseudokomponenten gelten nun die bekannten binären Stoffübergangsbeziehungen, so daß sich für die Stoffstromdichte $\dot{n}_k$ der Pseudokomponente k nachstehender Ausdruck anschreiben läßt (vergleiche Abschnitt 9.3)

$$\dot{n}_k = \beta_k \Delta c'_k \tag{9.91}$$

Der Stoffübergangskoeffizient stellt hierin die betreffende Größe im binären Gemisch dar. Er hängt vom Diffusionskoeffizienten D_k^0 und den lokalen hydrodynamischen Eigenschaften an der Phasengrenzfläche ab.

Mit Hilfe einer Rück-Transformation ist schließlich die Berechnung der Ströme der eigentlichen Gemischkomponenten aus den Strömen der Pseudokomponenten möglich

$$\dot{n}_i = \sum_{j=1}^{n-1} \beta_{ij} \Delta c_i \tag{9.92}$$

β_{ij} sind die Stoffübergangskoeffizienten des Mehrkomponentenstoffgemisches, und Δc_i ist die treibende Konzentrationsdifferenz der auszutauschenden Komponente.

Auf diese Weise ist es möglich, den Gesamtstoffübergangskoeffizienten eines Mehrstoffkomponentengemisches unter der Voraussetzung, daß diese sich gegenseitig nicht beeinflussen, zu berechnen. Vielfach wird man sich jedoch mit der Berechnung des Stoffübergangskoeffizienten einer Pseudokomponente begnügen[1].

9.7.5 Der Einfluß der Geometrie auf den Stoffübergang

In vielen Fällen erfolgt der Stoffaustausch an Körpern, die annähernd Kugel- oder Zylinderform aufweisen. Diese von der ebenen Platte abweichende Form beeinflußt durch ihre Krümmung das Ausmaß des Stoffüberganges. Geht man von der allgemeinen differentiellen Stoffbilanzgleichung mit den für das Zwei-Film-Modell angegebenen Vereinfachungen in Kugelkoordinaten aus, so erhält man nachstehend vereinfachte Stoffaustauschgleichung (vergleiche Abschnitt 4.3.5)

$$D_{ij} \frac{1}{r^2} \frac{\partial}{\partial r} \left(r^2 \frac{\partial c_i}{\partial r} \right) = 0 \tag{9.93}$$

mit den Randbedingungen (vergleiche Abb. 9.19)

$$\begin{aligned} r &= R + \delta_c, \qquad & c_i &= c_{i,\infty} \\ r &= R, & c_i &= c_{i,I}^* \end{aligned} \tag{9.94}$$

Aus Gl. (9.93) ergibt sich durch zweimalige Integration und Einsetzen der Randbedingung für den Konzentrationsverlauf der Ausdruck

$$\frac{c_i - c_{i,\infty}}{c_{i,I}^* - c_{i,\infty}} = \frac{R}{\delta_c} \left(\frac{R + \delta_c}{r} - 1 \right) \tag{9.95}$$

Führt man für die Stoffstromdichte das 1. Ficksche Gesetz nach Gl. (7.13) an der Stelle $r = R$ ein und vergleicht dieses mit der empirischen Stoffaustauschbeziehung

$$\dot{n}_i = \beta (c_{i,I}^* - c_{i,\infty}) \tag{9.96}$$

erhält man für den Stoffübergangskoeffizienten β nachstehende Beziehung

$$\beta = \frac{D_i}{\delta_c} \left(1 + \frac{\delta_c}{R} \right) \tag{9.97}$$

Gl. (9.97) gilt für die in Abb. 9.19 dargestellte Stoffaustauschrichtung. Führt man dieselben Schritte mit Hilfe der allgemeinen differentiellen Stoffbilanzgleichung in Zylinderkoordinaten durch, so kommt man zu folgendem Ergebnis:

---

[1] Eine andere Art der Berechnung des Stoffübergangs für Multikomponentensysteme erfolgt über die Berechnung der Diffusionskoeffizienten D_{ij} im Mehrstoffsystem (vergleiche Abschnitt 7.3.5 und Bird, Stewart und Lightfoot [9.7]).

$$\beta = \frac{D_i}{\delta_c}\left[1 + \frac{1}{2}\frac{\delta_c}{R}\right], \qquad (\delta_c \ll R) \tag{9.98}$$

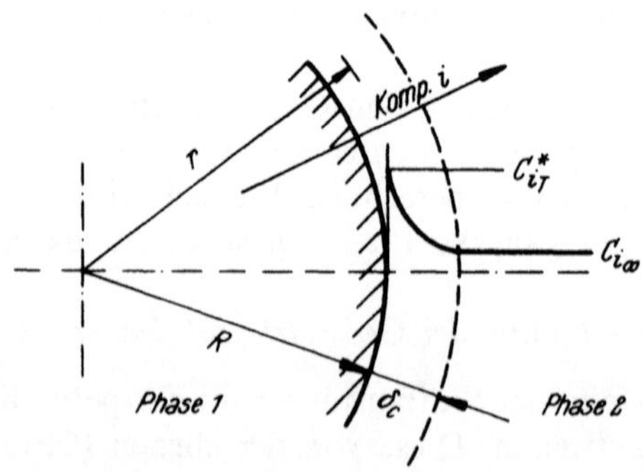

Abb. 9.19. Stoffaustausch an gekrümmten Oberflächen

Aus den Beziehungen für Kugel und Zylinder ergibt sich die allgemeine Gleichung für den Korrekturfaktor des Stoffübergangskoeffizienten bei gekrümmter Stoffaustauschfläche[1]

$$\left(1 \pm \frac{n}{2}\frac{\delta_c}{R}\right) \qquad \begin{array}{ll} n = 0 & \text{flache Platte} \\ n = 1 & \text{Zylinder} \\ n = 2 & \text{Kugel} \\ + \cdots & \text{Stofftransport nach außen} \\ - \cdots & \text{Stofftransport nach innen} \end{array} \tag{9.99}$$

Der Stoffübergangskoeffizient wird bei gekrümmter Oberfläche somit je nach Austauschrichtung vergrößert bzw. verkleinert. Dies ist unter anderem bei der Berechnung des Stoffaustausches an Partikeln zu beachten.

9.7.6 Der Einfluß von Grenzflächeneffekten auf den Stoffaustausch

In den diesem Abschnitt vorangehenden Ausführungen wurden verschiedene Einflußfaktoren auf den Stoffaustausch, insbesondere auf den Stoffaustauschkoeffizienten, besprochen. Im Vergleich zu diesen Einflüssen ist der hier zu besprechende Einfluß der Grenzflächeneffekte auf den Stoffaustausch einerseits wesentlich wichtiger, andererseits bedeutend schwieriger theoretisch und praktisch zu erfassen. Es sind eigentlich diese Effekte dafür verantwortlich, daß dem fernen Ziel der Verfahrenstechnik, Apparate und Anlagen ausschließlich auf Basis theoretischer Grundlagen zu entwerfen, trotz großer Anstrengungen nicht wesentlich näher zu kommen ist.

---

[1] Man berücksichtige dabei, daß Potenzen zweiter und höherer Ordnung von δ_c/R vernachlässigbar klein sind. Somit gilt

$$\left[\left(1 \pm \frac{\delta_c}{R}\right)^{1/2} = 1 \pm \frac{1}{2}\frac{\delta_c}{R} \pm \frac{1}{4}\left(\frac{\delta_c}{R}\right)^2 \pm \cdots\right]$$

Für den Stoffübergang sind – wie aus der allgemeinen Stoffaustauschgleichung hervorgeht – neben dem Konzentrationsgradienten vor allem der Stoffübergangskoeffizient und die Stoffaustauschfläche maßgebend. Beide können durch Strömungen an der Phasengrenzfläche beeinflußt werden. Diese an der Phasengrenzfläche auftretenden Strömungen sind die Folge von Grenzflächenspannungsgradienten[1], die sich direkt an der Grenzfläche aufbauen können.

Diese Grenzflächenspannungsgradienten bewirken ihrerseits Schubspannungen, wodurch Konvektionsströmungen an der Grenzfläche verursacht werden. Nach ihrem Entdecker Carlo Marangoni bezeichnet man diese durch Grenzflächenspannungsgradienten hervorgerufenen Grenzflächenströmungen Marangoni-Effekte[2].

Eine theoretische Analyse [9.27] des Marangoni-Effektes ergab, daß sowohl Konzentrations- als auch Temperaturgradienten, vor allem aber Konzentrationsgradienten die Ursache sind, da die Grenzflächenspannung stark konzentrationsabhängig ist (vergleiche Abb. 9.20) und daher bereits sehr kleine Konzentrationsänderungen zu beträchtlichen Grenzflächenspannungsgradienten führen können. In Abb. 9.20 ist diese Abhängigkeit für das System Toluol-Essigsäure gegen Wasser gezeigt. Eine allgemeine Beziehung, welche die Abhängigkeit der Grenzflächenspannung σ von der Konzentration c, der Temperatur T und der Ortskoordinate x

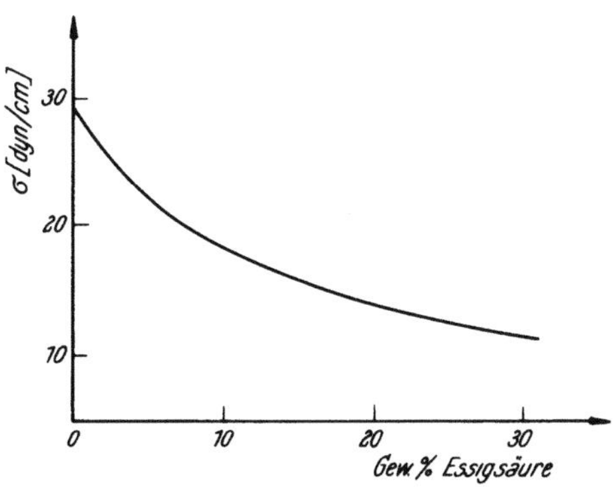

Abb. 9.20. Abhängigkeit der Grenzflächenspannung eines Toluol-Essigsäuregemisches von der Essigsäurekonzentration

[1] Unter der Grenzflächenspannung versteht man die Kraft, welche der Arbeit, die benötigt wird, um eine bestimmte Grenzfläche zu erzeugen, entgegenwirkt. Ihre Einheit ist N/m^2. Von Grenzflächenspannung spricht man, wenn es sich um die Grenzfläche Fl/Fl handelt, von Oberflächenspannung, wenn es sich um die Grenzfläche Gas/Fl, bzw. Gas/Fest handelt.

[2] Ein einfaches Beispiel für den Marangoni-Effekt kann an den Flüssigkeiten n-Heptan (Oberflächenspannung $\sigma = 20{,}3$ dyn/cm) und Benzol (Oberflächenspannung $\sigma = 28{,}8$ dyn/cm) demonstriert werden. Bringt man einen Tropfen Benzol auf einen dünnen Film von n-Heptan, so wird sich der Benzoltropfen nicht ausbreiten, da die Oberflächenspannung von Benzol größer ist als jene von n-Heptan, obwohl beide Flüssigkeiten vollkommen mischbar sind. Wird dagegen ein Tropfen n-Heptan auf einen dünnen Film von Benzol aufgebracht, so erfolgt eine beinahe explosive Ausbreitung des Benzolfilmes durch die Wirkung des sich verteilenden n-Heptan-Tropfens.

beschreibt, kann wie folgt aufgestellt werden:

$$\frac{d\sigma}{dx} = \frac{\partial \sigma}{\partial c}\frac{\partial c}{\partial x} + \frac{\partial \sigma}{\partial T}\frac{\partial T}{\partial x} \tag{9.100}$$

Das Auftreten eines Grenzflächenspannungsgradienten an einer Phasengrenze kann nun zwei Effekte hervorrufen. Die eine Art bewirkt Strömungen an der Oberfläche, die zu einer Oberflächenerneuerung führen. Nach einer systematischen Einteilung, die von SAWISTOWSKI vorgenommen wurde, bezeichnet man diese *Oberflächenerneuerungsphänomene* oder *Mikro-Effekte*, bzw. wenn es zu einer Beeinflussung der Grenzfläche kommt, Grenzflächenphänomene oder Makro-Effekte. Die Mikro-Effekte beeinflussen den Stoffübergangskoeffizienten β, die Makro-Effekte die Grenzfläche A (vergleiche Abb. 9.21).

Oberflächenerneuerungs- oder Mikro-Effekte entstehen, wenn die Tiefe der Flüssigkeitsschicht wesentlich größer ist als die Tiefe, in welcher sich Grenzflächenströmungen abspielen. In dem Fall können sich die Grenzflächenstömungen ungehindert ausbilden. Es kommt dann, wie auch noch später erklärt wird, zur Ausbildung von Rollzellen, die eine Erneuerung der Oberfläche und Vergrößerung des Stoffaustausches bewirken.

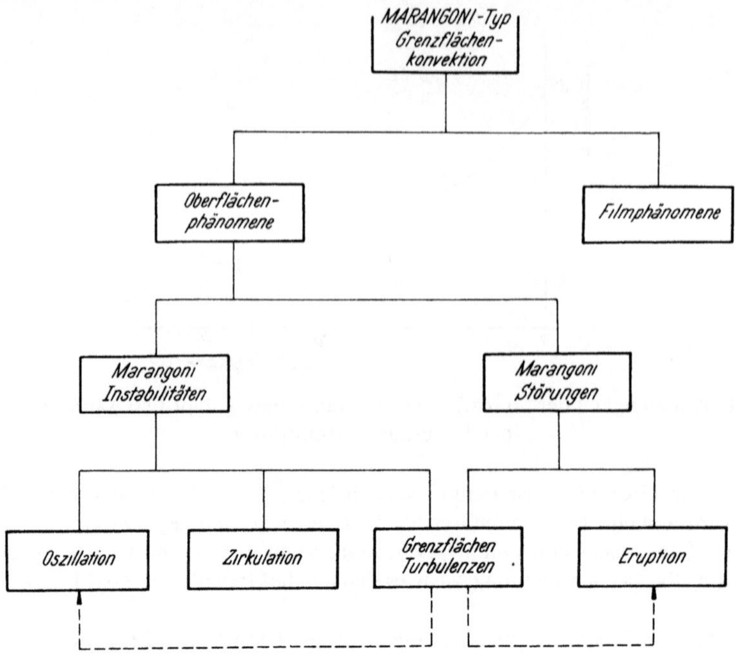

Abb. 9.21. Beinflußung der Oberfläche durch Grenzflächenspannungsgradienten (Makro-Effekte)

Ist jedoch die Eindringtiefe der Grenzflächenbewegung in die Flüssigkeit begrenzt, das heißt die Eindringtiefe der Grenzflächenbewegung nicht wesentlich von der Tiefe der vorhandenen Flüssigkeitsschicht verschieden, so wirken sich die

Grenzflächenspannungsgradienten, da sich keine Flüssigkeitsströmungen ausbilden, auf die Grenzfläche selbst aus. Dies ist z. B. der Fall, wenn der relative Volumenanteil der beiden Phasen voneinander sehr verschieden ist, also in Flüssigkeitsfilmen, Schäumen und dergleichen.

In diesem Abschnitt soll ausschließlich der Einfluß und die Ausbildung der Mikro-Effekte behandelt werden. Bezüglich des Einflusses der Grenzflächeneffekte auf die Ausbildung der Grenzfläche wird auf SAWISTOWSKI [9.27] und SCHWARZ [9.28] verwiesen.

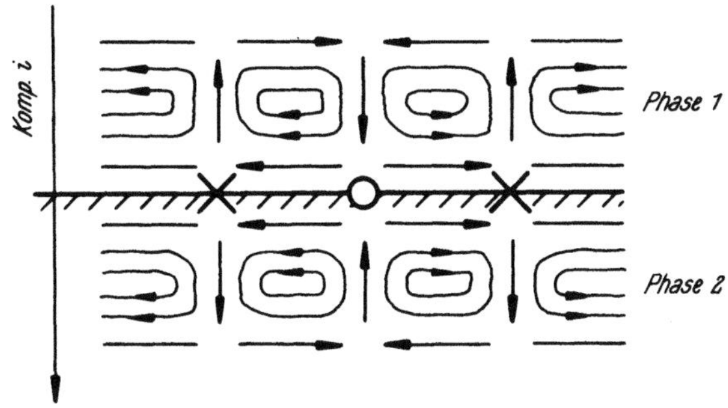

Abb. 9.22. Mikro-Effekte

Dazu wird angenommen, daß, wie in Abb. 9.22 dargestellt, eine Komponente *i* von der Phase 1 nach 2 ausgetauscht werden soll. Weiters wird davon ausgegangen, daß eine hohe Konzentration von *i* an der Grenzfläche die Grenzflächenspannung erniedrigt (vergleiche Abb. 9.20).

An einer Stelle, an der die Grenzflächenspannung niedriger ist, wird die Flüssigkeit versuchen, sich auszudehnen, da die Grenzflächenenergie dort klein ist. Tritt beispielsweise an der in Abb. 9.22 mit 0 gekennzeichneten Stelle eine lokale Veränderung der Konzentration auf, so wird die Flüssigkeit, da $d\sigma/dc < 0$, von dieser Stelle wegströmen. Auf Grund der Kontinuität muß aber fortlaufend frische Flüssigkeit mit höherer Konzentration an diese Stelle nachströmen, so daß sich, wie auch Abb. 9.22 zeigt, eine lokale Strömung ausbildet. Dies führt zur Bildung von sogenannten Rollzellen, die bereits vielfach experimentell nachgewiesen werden konnten[1] [9.28].

Der hier aufgezeigte Weg zur Bildung von Rollzellen ist aber nur eine der Möglichkeiten, welche sich auf Grund von Gl. (9.100) ergeben. Diese beinhaltet mehrere Terme, nach denen sich entweder eine lokale Konvektionsströmung

[1] Das Auftreten einer Rollzellen-Instabilität ist charakteristisch für den Fall einer Instabilität, in welcher die auftretenden Schubspannungen nicht zu groß sind. Es gibt auch Fälle, in welchen die auftretenden Grenzflächenspannungsgradienten so groß sind, daß sie sich nicht mehr durch die Ausbildung von Konvektionsströmungen entladen können, sondern Grenzflächen-Turbulenzen auftreten. In diesem Falle sind die Trägheitskräfte zu groß und die Schubspannungen zu massiv, so daß es zu „Eruptionen" der Oberfläche kommt. Nachdem die Gradienten aber abgebaut wurden, kann es wiederum zur Ausbildung von Rollzellen kommen.

ausbildet oder nicht. Es muß somit nicht in allen Fällen zur Ausbildung von Rollzellen kommen.

Betrachtet man nur Konzentrationsunterschiede, so lautet Gl. (9.100)

$$\frac{d\sigma}{dx} = \frac{d\sigma}{dc}\,\frac{dc}{dx} \tag{9.101}$$

STERLING und SCRIVEN [9.30] versuchten, eine eingehende mathematische Analyse des Problems durchzuführen. Dies ist nur teilweise gelungen. Sie konnten aber Kriterien angeben, nach denen sich ableiten läßt, ob sich in einem System eine lokale Strömung ausbilden wird oder nicht; das heißt, ob ein System instabil oder stabil sein wird. Danach ist das Auftreten von Grenzflächeninstabilitäten durch vier Faktoren bestimmt. Diese sind:

1. Die Richtung des Stoffüberganges (dc/dx).
2. Das Vorzeichen des Grenzflächenspannungsgradienten ($d\sigma/dc$).
3. Das Verhälnis der Diffusionskoeffizienten der übergehenden Komponente in den beiden Phasen.
4. Das Verhältnis der kinematischen Viskositäten der beiden Phasen.

Andere Faktoren, wie die Konzentration und die Stoffwerte, beeinflussen nur die Intensität der Instabilität, nicht aber deren Auftreten.

Durch Analyse der einzelnen Terme in Gl. (9.100) sowie über das Verhältnis von D_{iA}/D_{iB} und ν_A/ν_B läßt sich zusammenfassend nachstehendes Instabilitätskriterium angeben [9.27]:

Ein System mit $d\sigma/dc < 0$ ist *instabil*, wenn der Stoffübergang aus der Phase mit höherer kinematischer Viskosität und niedrigerem Diffusionskoeffizienten stattfindet, bzw. *stabil*, wenn der Stoffübergang in umgekehrter Richtung erfolgt[1].

SCHWARZ [9.29] verallgemeinerte dieses Kriterium in der in Tab. 9.1 dargestellten Form.

Tabelle 9.1. *Kriterien für das Auftreten von Marangoni-Instabilitäten*

		Stoffübergangsrichtung dc/dx	
$\frac{\nu_A}{\nu_B} > 1 > \frac{D_A}{D_B}$	$\frac{d\sigma}{dc} < 0$	$\rightarrow$	Rollzelleninstabilität
		$\leftarrow$	Stabilität
	$\frac{d\sigma}{dc} > 0$	$\rightarrow$	Stabilität
		$\leftarrow$	Rollzelleninstabilität

Abgesehen von den in Tab. 9.1 gegebenen Kriterien über das Auftreten von Instabilitäten ist es bis jetzt nicht möglich, auf Grund theoretischer Berechnungen

[1] Dieses Kriterium wurde wiederholt überprüft und auch experimentell bestätigt [9.31].

den Einfluß von Grenzflächeninstabilitäten auf den Stoffübergang über den ganzen Bereich der möglichen Fälle vorauszusagen. BAKKER, VAN BUYTENEN und BEEK [9.32] haben ein theoretisches Modell für die konvektive Rollzellen-Instabilität bei Flüssig/Flüssig-Systemen aufgestellt, welches mit verschiedenen experimentellen Untersuchungsergebnissen gut übereinstimmt. Daraus kann geschlossen werden, daß das Auftreten von Marangoni-Instabilitäten den Stoffübergangskoeffizienten bei entsprechendem Konzentrations- und Grenzflächenspannungsgefälle um mehrere 100% über jene Werte vergrößern wird, welche sich z. B. auf Grund der Film- oder Penetrationstheorie vorausberechnen lassen. Dies gilt aber vor allem für die Situation einer relativ kurzen Kontaktzeit, die zumeist bei Versuchen im Laboratorium vorherrschend sind. In der Praxis wird in den verschiedenen Kontaktapparaten im allgemeinen aber getrachtet, einen möglichst vollkommenen Abbau der Konzentrationsdifferenzen (entspricht dem Zustand des Phasengleichgewichtes) zu erreichen. Hiezu sind zumeist längere Kontaktzeiten der Phasen notwendig. In diesen Fällen wird die durch die Instabilitäten bewirkte mehrfache Vergrößerung des Stoffaustausches weniger oder kaum in Erscheinung treten, wenn man den Gesamtprozeß im betreffenden Kontaktapparat betrachtet.

Schrifttum zu Kapitel 9.0

[9.1] TUNG, L. N., DRICKAMER, H. G.: J. Chem. Phys. **26**, 6–12 (1952).

[9.2] EMMERT, R. E., PIGFORD, R. L.: Chem. Eng. Prog. **50**, 87–93 (1954).

[9.3] DENBIGH, K.: The Principles of Chemical Equilibrium. London-New York: Cambridge University Press 1968.

[9.4] KING, M. B.: Phase Equilibrium in Mixtures. Oxford-London: Pergamon Press 1969.

[9.5] BRÖTZ, W.: Grundriß der chemischen Reaktionstechnik. Weinheim: Verlag Chemie 1958.

[9.6] TREYBAL, R. E.: Mass Transfer Operations. New York: McGraw-Hill 1968.

[9.7] BIRD, R. B., STEWART, W. E., LIGHTFOOT, E. N.: Transport Phenomena. New York: John Wiley & Sons 1960.

[9.8] LEWIS, W. K., WHITMAN, W. G.: Principles of Gas Absorption. Ind. Eng. Chem. **16**, 12, 1215–1220 (1924).

[9.9] GRASSMANN, P., WIDMER, F.: Einführung in die thermische Verfahrenstechnik. New York: de Gruyter 1974.

[9.10] BEEK, W. J., MUTZALL, K. M. K.: Transport Phenomena. London: John Wiley & Sons 1975.

[9.11] DANCKWERTS, P. V.: Gas Liquid Reactions. New York: McGraw-Hill 1970.

[9.12] MARR, R.: Der Stoffaustausch Flüssig/Flüssig bei Einzeltropfen und Tropfenschwärmen. Dissertation TU Graz, 1973.

[9.13] SZTATECSNY, K.: Stoffaustauschfläche und Stoffübergang in begasten Rührkesselreaktoren. Dissertation TU Graz, 1975.

[9.14] STÖBER, K.: Dissertation TU Graz, 1978.

[9.15] STÖBER, K., MOSER, F.: Beitrag zur Bestimmung und Anwendung von Stoffaustauschkoeffizienten auf die Auslegung von Gas-Flüssig-Reaktoren unter besonderer Berücksichtigung der Vermischung und Koaleszenz.

[9.16] HIGBIE, R.: The Rate of Absorption of a Pure Gas into a Still Liquid during Short Periods of Exposure. Trans. Amer. Inst. Chem. Eng. **31**, 365–369 (1935).

[9.17] DANKWERTS, P. V.: Significance of Liquid Film Coefficients in Gas Absorption. Ind. Eng. Chem. **43**, 6, 1460–1477 (1951).

[9.18] Torr, H. L., Marchello, I. M.: Film-Penetration for Mass and Heat Transfer. AICHE-J. **5**, 97 (1958).

[9.19] Jablczynski, K., Przemyski, S.: Sur les processus des systèmes hétérogènes. J. Chim. Physique **10**, 241–288 (1912).

[9.20] Hude, A., Moser, F.: Die physikalische und chemische Absorption. (In Vorbereitung).

[9.21] Brauer, H.: Stoffaustausch einschließlich chemischer Reaktionen. Aarau und Frankfurt/Main: Sauerländer 1971.

[9.22] Nate, T., Himmelblau, D. M.: Mass Transfer from Large Single Bubbles at High Reynolds Numbers. AICHE-J. **13**, 697 (1967).

[9.23] Murphy, D., Clark, D. S., Leutz, C. P.: Aeration in Tower Type Fermenters. Canad. Journal for Chem. Eng. **8**, 157 (1959).

[9.24] Yoshida, F., Arakawa, S. I.: Pressure Dependence of Liquid Phase Mass Transfer Coefficients. AICHE-J. **14**, 962 (1968).

[9.25] Vafopulos, I., Sztatescny, K., Moser, F.: Der Einfluß des Partial- und Gesamtdruckes auf den Stoffaustausch. Chemie-Ing.-Techn. **47**, 16, 681 (1975).

[9.26] Torr, H. L.: AICHE-J. **10**, 4, 460 (1964).

[9.27] Sawistowski, H.: Surface Tension Induced Interfacial Convection and Its Effect on Rate of Mass Transfer. Chemie-Ing.-Techn. **45**, 18 (1973).

[9.28] Kroepelin, H., Neumann, H. I.: Betrachtungen über inhomogene Grenzflächen (Aktive Grenzschichten), Abhandlung der Braunschweigischen Wissenschaften, Band IX, 1957.

[9.29] Schwarz, E.: Zum Auftreten von Marangoni-Instabilität, Wärme und Stoffübergang **3**, 3, 131–133 (1970).

[9.30] Sterling, Scriven: Interfacial Turbulence: Hydrodynamic Instability and Maragoni Effect. AICHE-J. **5**, 4, 514–523 (1955).

[9.31] Bollenrath, F., Marr, R., Moser, F.: CHISA paper H 2–4, CHISA 1972.

[9.32] Bakker, C. A. P., van Buytemen, P. M., Beek, W. J.: Interfacial Phenomena and Mass Transfer. Chem. Eng. Sci. **21**, 1039–1046. (1966).

[9.33] Levenspiel, O.: Chemical Reaction Engineering. New York-London-Sydney: John Wiley & Sons 1962.

10.0 Stoffübergang am Flüssigkeitsfilm

A. H. P. Skelland; Diffusional Mass Transfer, New York: John Wiley & Sons 1974.
H. Brauer; Stoffaustausch einschließlich chemischer Reaktion, Aarau und Frankfurt/Main: Sauerländer 1971.

Der Stoffübergang durch die Grenzfläche von Flüssigkeitsfilmen findet bei verschiedenen verfahrenstechnischen Grundoperationen Anwendung. Beispiele dafür sind unter anderem die Absorption von Gasen in Flüssigkeiten, die Desorption gelöster Gase und die Verdampfung von Flüssigkeitsgemischen. Dazu werden im allgemeinen Fallfilmkolonnen, bei denen die Flüssigkeit als dünner Film an der Oberfläche ebener Platten bzw. Rohre herabfließt, oder Füllkörperkolonnen, in denen die Flüssigkeit auf zahlreiche geordnete oder regellos geschüttete Füllkörper aufgeteilt ist, verwendet. Beide Arten weisen eine große Gesamtaustauschfläche zwischen der abwärtströmenden Flüssigkeit und dem im Gleich- oder Gegenstrom dazu geführten Gas auf. Die Lauflängen der Flüssigkeitsfilme unterscheiden sich dabei jedoch wesentlich, so daß eine gemeinsame Behandlung der Stoffaustauschvorgänge durch die unterschiedlichen hydrodynamischen Eigenschaften, wie z. B. Wellenstruktur oder Rückvermischung, im allgemeinen nicht möglich ist. Die weiteren Ausführungen beziehen sich nur auf Flüssigkeitsfilme mit einer großen Lauflänge, während zur Beschreibung des Stoffaustausches in Füllkörperkolonnen auf die ausführlichen Darstellungen bei Brauer [10.1] und Sherwood, Pigford und Wilke [10.2] verwiesen wird.

10.1 Gesetzmäßigkeiten der Filmströmung

Im Fall der Filmströmung an der Oberfläche senkrechter, ebener oder gekrümmter Wände lassen sich, wie in Abb. 10.1 schematisiert dargestellt, je nach Flüssigkeitsbelastung verschiedene Strömungsformen unterscheiden. Eine Abgrenzung der einzelnen Strömungsbereiche ist nur schwer möglich. Die von verschiedenen Autoren [10.3], [10.4] und [10.5] angegebenen Bereichsgrenzen unterscheiden sich zum Teil erheblich, da derzeit noch eine Vielzahl von Untersuchungsmethoden auf der Auswertung subjektiver Beobachtungen beruht[1].

---

[1] Die Schwierigkeiten bei der experimentellen Analyse des Rieselfilmverhaltens sind unter anderem durch die geringe Dicke des Filmes (0,05 – 1,0 mm) sowie die relativ hohen Oberflächengeschwindigkeiten (0,5 – 2 m/s) bedingt [10.6]. Die Schwierigkeit bei der theoretischen Lösung beruht auf der Beschreibung der örtlichen und zeitlichen Schwankungen des Strömungsfeldes, die im allgemeinen rein stochastischer Natur und damit analytisch schwer erfaßbar sind.

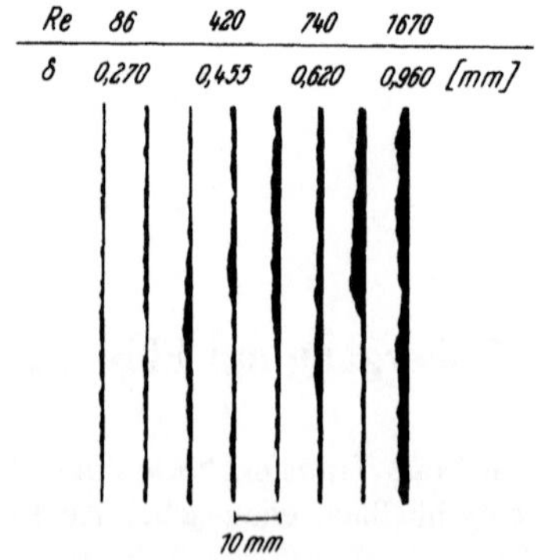

Abb. 10.1. Strömungsprofile eines Flüssigkeitsfilmes in Abhängigkeit der Reynolds-Zahl an einer senkrechten Wand (nach [10.3])

Bei niedriger Flüssigkeitsbelastung (das heißt kleiner Reynolds-Zahl) beobachtet man, abgesehen von der Anlaufstrecke, eine über die gesamte Länge des Filmes gleichmäßige Dicke sowie eine weitgehend glatte Oberfläche der Flüssigkeitsschicht. Im nachfolgenden Bereich etwas größerer Reynolds-Zahlen oder Flüssigkeitsdurchsätze treten erstmals Wellen auf, die aber noch über die gesamte Filmbreite geschlossen sind und sich mit konstanter Wellenlänge abwärts bewegen. Bei weiterer Durchsatzsteigerung lösen sich diese geordneten Wellen in schwallähnliche Einzelwellen auf, die eine starke Durchmischung der Flüssigkeitsschicht bewirken [10.6].

In den einzelnen Strömungsbereichen sind Geschwindigkeitsverteilung und Dicke des Rieselfilmes unterschiedlich. Im Bereich der Filmströmung mit glatter, wellenfreier Oberfläche gelten die Gesetze der laminaren Filmströmung nach NUSSELT [10.7]; vergleiche Abschnitt 10.1.1. Für Fallfilme mit welliger Oberfläche muß im allgemeinen auf empirische Gesetzmäßigkeiten zurückgegriffen werden; auf diese wird in Abschnitt 10.1.2 näher eingegangen.

10.1.1 Rieselfilme mit glatter Oberfläche

Für den glatten, an einer ebenen, senkrechten Wand herabfließenden Flüssigkeitsfilm errechnet sich die Geschwindigkeitsverteilung aus der Gleichgewichtsbedingung der an einem Strömungselement gemäß Abb. 10.2 angreifenden Kräfte.

Bei geringer Dicke der Flüssigkeitsschicht lassen sich die Beschleunigungs- und Druckkräfte im Film vernachlässigen, so daß die Bewegung des Flüssigkeitsfilms ausschließlich durch die Schwerkraft K_g und die Reibungskraft K_η bestimmt wird.

Im stationären Gleichgewicht gilt

$$K_g = \rho g x b \, dy = K_\eta = \tau b \, dy \tag{10.1}$$

Mit dy wird hier die Höhe, mit x die Tiefe und mit b die Breite des Flüssigkeitselementes bezeichnet. Ferner bedeutet τ die an der Seitenfläche $b\,dy$ des Flüssigkeitselementes wirkende Schubspannungskraft, ρ die Dichte der Flüssigkeit und g die Erdbeschleunigung. Führt man für τ den Newtonschen Schubspannungsansatz

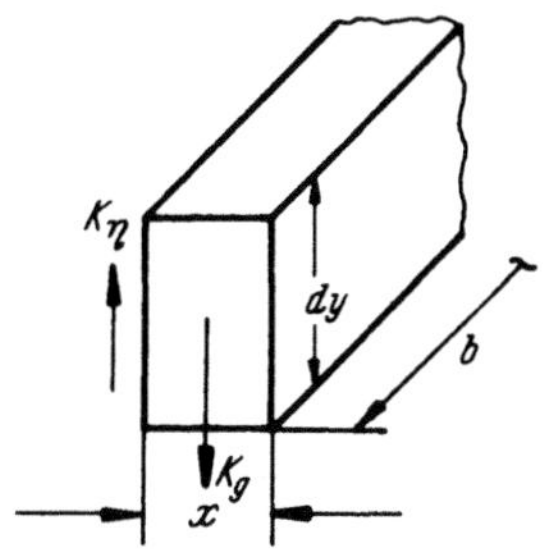

Abb. 10.2. Auftretende Kräfte an einem Flüssigkeitselement

$\tau = -\eta\, du/dx$ ein (worin η die dynamische Viskosität bedeutet), erhält man nach Umformung der Gl. (10.1) für die Geschwindigkeitsverteilung den Ausdruck

$$\frac{du}{dx} = -\frac{\rho g}{\eta} x \tag{10.2}$$

Unter Berücksichtigung der Haftbedingung an der Grenzfläche zur Trägerwand ($u = 0$ für $x = \delta$) lautet die Lösung für die örtliche Geschwindigkeit $u(x)$

$$u(x) = \frac{g\rho\delta^2}{2\eta}\left[1 - \left(\frac{x}{\delta}\right)^2\right] \tag{10.3}$$

Die maximale Geschwindigkeit u_{max} an der Flüssigkeitsoberfläche des Flüssigkeitsfilmes ($x = 0$) errechnet sich daraus zu

$$u_{max} = u = \frac{g\rho\delta^2}{2\eta} \tag{10.4}$$

Die Geschwindigkeitsverteilung über die Dicke δ der Flüssigkeitsschicht entspricht

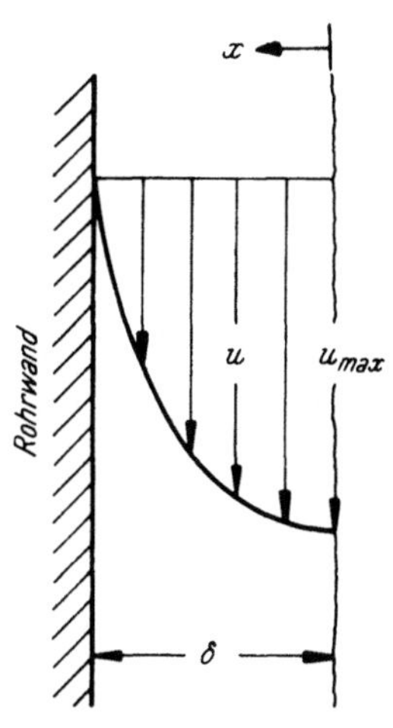

Abb. 10.3. Geschwindigkeitsverteilung in einem laminar strömenden Rieselfilm

damit einer Halbparabel, deren Scheitelpunkt unter der Voraussetzung, daß der Gasstrom auf das Strömungsverhalten der Flüssigkeit keinen direkten Einfluß ausübt, mit der Oberfläche des Flüssigkeitsfilms zusammenfällt (vergleiche dazu Abb. 10.3).

Die über den Filmquerschnitt gemittelte Geschwindigkeit $\bar{u}$ ergibt sich nach integraler Mittelwertbildung aus Gl. (10.3) zu

$$\bar{u} = \frac{1}{\delta} \int_{y=0}^{\delta} u\,dy = \frac{1}{3} \frac{g\rho\delta^2}{\eta} \tag{10.5}$$

Zwischen der Oberflächengeschwindigkeit u_{max} und der mittleren Geschwindigkeit $\bar{u}$ besteht somit nachstehender Zusammenhang

$$\frac{u_{max}}{\bar{u}} = \frac{3}{2} \tag{10.6}$$

Gl. (10.5) stellt zudem auch die Berechnungsgleichung für die Filmdicke δ dar, da im Fall der laminaren Filmströmung jede der beiden darin aufscheinenden Berechnungsgrößen $\bar{u}$ und δ als voneinander unabhängiger Parameter angesehen werden kann. Nach Umformung ergibt sich daraus für die Filmdicke des laminaren Flüssigkeitsfilmes

$$\delta = \left(\frac{3\eta\bar{u}}{g\rho}\right)^{1/2} \tag{10.7}$$

Führt man zur Vereinfachung der weiteren Darstellung eine Reynolds-Zahl der Form

$$\mathrm{Re} = \frac{\bar{u}\delta}{\nu} = \frac{\dot{V}}{b\nu} \tag{10.8}$$

ein, so lassen sich nach Substitution der Gl. (10.8) in (10.5) und (10.4) die Beziehungen für die Filmgeschwindigkeiten $\bar{u}$ und u_{max} wie folgt darstellen:

$$\bar{u} = \left(\frac{g\nu}{3}\right)^{1/3} \mathrm{Re}^{2/3}$$

$$u_{max} = \frac{3}{2}\left(\frac{g\nu}{3}\right)^{1/3} \mathrm{Re}^{2/3} \tag{10.9}$$

Ferner erhält man durch Gleichsetzen der Gln. (10.7) und (10.8) eine vereinfachte Beziehung für die Filmdicke als Funktion der Reynolds-Zahl

$$\delta = \left(\frac{3\nu^2}{g}\right)^{1/3} \mathrm{Re}^{1/3} \tag{10.10}$$

Die einzelnen Berechnungsgleichungen besitzen uneingeschränkte Gültigkeit für den Fall, daß der Flüssigkeitsfilm sich laminar an der Oberfläche einer ebenen, senkrechten Wand bewegt. Sie gelten hinreichend genau aber auch für die Flüssigkeitsströmung an der Außen- oder Innenseite senkrechter Rohre, wenn das

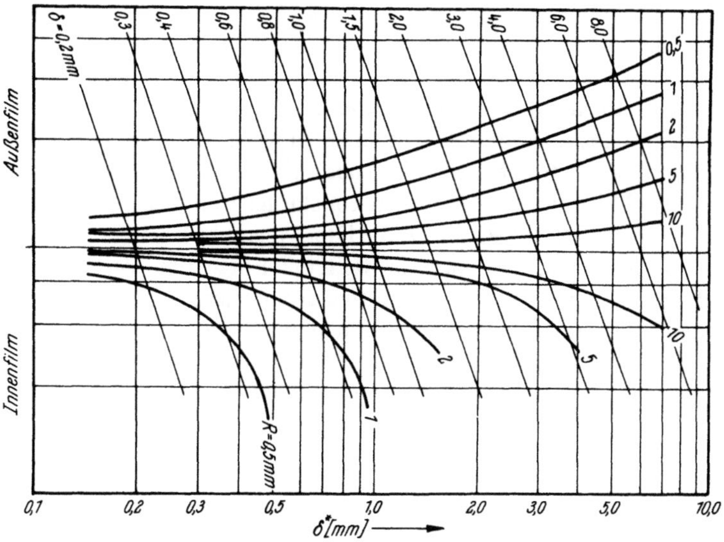

Abb. 10.4. Diagramm zur Bestimmung der Filmdicke δ^* bei stark gekrümmten Rieselfilmen aus der Dicke des ebenen Films δ und dem Radius R

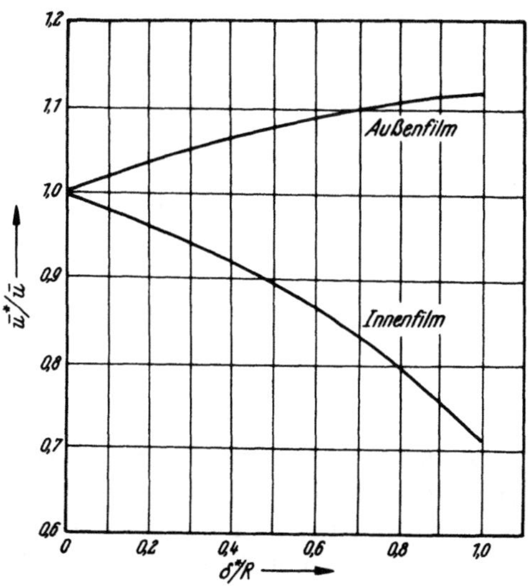

Abb. 10.5. Verhältnis der mittleren Geschwindigkeiten des gekrümmten und ebenen Rieselfilmes in Abhängigkeit der auf den Rohrradius R bezogenen Filmdicke

Verhältnis von Filmdicke zu Rohrradius kleiner als etwa 0,2 ($\delta/R < 0{,}2$) ist [10.6]. Bei Rieselfilmen an oder in engen Rohren, ab einem Verhältnis $\delta/R > 0{,}2$, muß jedoch der Einfluß der Filmkrümmung berücksichtigt werden[1].

[1] Bei Flächen, die unter einem Winkel α gegen die Horizontale geneigt sind, behalten die Gleichungen ihre Gültigkeit, wenn man jeweils nur den in Richtung des Wandgefälles wirksamen Teil der Gewichtskraft berücksichtigt. Diese ist $dG = \rho x\, dA \sin \alpha$.

Die mittlere Geschwindigkeit $\bar{u}$ und die Filmdicke δ^* stark gekrümmter, laminarer Rieselfilme lassen sich in Abhängigkeit von der Dicke und Geschwindigkeit des ebenen Films nach Gleichungen von Grabbert und Wünsch [10.8] iterativ berechnen. Eine entsprechende graphische Lösung ist mittels Abb. 10.4 und 10.5 möglich. Man bestimmt dabei zunächst für eine gegebene Reynolds-Zahl die Filmdicke δ des ebenen Films nach Gl. (10.10) und kann daraufhin aus Abb. 10.4 im Schnittpunkt der Geraden konstanter Filmdicke mit der zugehörigen Kurve für den betreffenden Radius R die Dicke des gekrümmten Flüssigkeitsfilmes ermitteln. Daraus errechnet man in weiterer Folge das Verhältnis δ^*/R, um schließlich mittels Abb. 10.5 das Verhältnis der mittleren Filmgeschwindigkeit bei gekrümmten und ebenen Filmen bestimmen zu können.

10.1.2 Rieselfilme mit welliger Oberfläche

Die in Abschnitt 10.1.1 beschriebenen Gesetzmäßigkeiten setzen für das Strömungsverhalten des Rieselfilmes rein laminare Strömung bis zu einer kritischen Reynolds-Zahl Re_{kr} von etwa 400 – 590 [10.9], [10.10] voraus. Die angeführten Beziehungen für Dicke und Geschwindigkeit der laminaren Flüssigkeitsschicht verlieren aber ihre exakte Gültigkeit, wenn der Flüssigkeitsfilm infolge hydrodynamischer Instabilitäten eine wellige Oberfläche aufweist. So konnte beispielsweise Brauer [10.11] mittels empirischer Untersuchungen nachweisen, daß sich die Filmdicke im Fall einer welligen Oberfläche bereits ab Reynolds-Zahlen zwischen Eins und Vier gegenüber den theoretisch ermittelten Werten ändert. Exakte Werte für die charakteristische Reynolds-Zahl, die den Bereich der wellfreien Filmströmung von der Strömung mit welliger Oberfläche trennt, sind mittels einer von Graef [10.12] aufgestellten Beziehung zu bestimmen. Für die Filmströmung an senkrechten Platten und Rohren gilt

$$\mathrm{Re}_{w_1} = 0{,}261\ K_F^{1/8} \tag{10.11}$$

Hierin ist K_F die Flüssigkeitsfilmkennzahl, definiert durch den Ausdruck

$$K_F = \frac{\rho_{fl}\sigma^3}{g\eta_{fl}^4} \tag{10.12}$$

Dabei bedeuten ρ_{fl} die Dichte, η_{fl} die dynamische Viskosität und σ die Oberflächenspannung der Rieselflüssigkeit.

Auf die Beschreibung von empirischen Berechnungsgleichungen für $\bar{u}$ und δ im laminaren Bereich oberhalb Re_{w_1} wird in diesem Zusammenhang verzichtet, da die Abweichungen gegenüber den Beziehungen (10.9) und (10.10) im allgemeinen zu gering [10.1] sind, um in der technischen Anwendung eine Bedeutung zu erlangen, und mit größer werdenden Reynoldszahlen sogar oft wieder verschwinden [10.11].

Für den turbulenten Strömungsbereich, der eine ausgeprägte Wellenbildung besitzt, sind einige von den zur Berechnung der Filmdicke δ_t bekannten empirischen Beziehungen nachstehend zusammengefaßt:

Brauer [10.11]:

$$\delta_t = 0{,}302\left(\frac{3\nu^2}{g}\right)^{1/3} \mathrm{Re}^{8/15} \tag{10.13}$$

FEIND [10.13]:

$$\delta_t = 0{,}369\left(\frac{3\nu^2}{g}\right)^{1/3} \mathrm{Re}^{1/2} \tag{10.14}$$

ZHIVAIKIN [10.14]:

$$\delta_t = 0{,}435\left(\frac{3\nu^2}{g}\right)^{1/3} \mathrm{Re}^{7/12} \tag{10.15}$$

Innerhalb der technisch üblichen Bedingungen $\mathrm{Re}_{kr} \leqslant \mathrm{Re} \leqslant 10^4$ weichen die danach berechneten Werte nur wenig voneinander ab und können demzufolge ohne Einschränkung innerhalb des angegebenen Gültigkeitsbereiches zur Anwendung empfohlen werden.

Aus den Beziehungen für die mittlere Filmdicke lassen sich gemäß Gl. (10.5) auch die Berechnungsgleichungen für die mittlere Filmgeschwindigkeit angeben. Berücksichtigt man Gl. (10.13), so gilt

$$\bar{u} = 3{,}315\left(\frac{g\nu}{3}\right)^{1/3} \mathrm{Re}^{7/15} \tag{10.16}$$

Analog dazu lassen sich auch aus den Gln. (10.14) und (10.15) die zugehörigen Geschwindigkeiten herleiten. Diese unterscheiden sich innerhalb des angebenen Gültigkeitsbereiches nur unwesentlich in den Zahlenwerten, so daß auf eine vollständige Darstellung aller Beziehungen in diesem Zusammenhang verzichtet wird[1].

10.2 Flüssigseitiger Stofftransport beim Flüssigkeitsfilm

Der Stoffaustausch zwischen einem Flüssigkeitsfilm und einem Gas bzw. Dampf wird im wesentlichen durch das Oberflächenverhalten des Rieselfilmes bestimmt, das seinerseits vor allem durch den Konzentrationsgradienten in Oberflächennähe beeinflußt wird. Bei der Vorausberechnung der Austauschvorgänge kann man in den meisten Anwendungsfällen auf empirische Untersuchungsergebnisse zurückgreifen, die im allgemeinen in Form dimensionsloser Potenzprodukte dargestellt sind. Theoretische Untersuchungen des Stofftransportes wurden bisher nur für den laminaren Flüssigkeitsfilm mit glatter, wellenfreier Oberfläche durchgeführt.

10.2.1 Stoffaustausch beim laminaren, wellenfreien Flüssigkeitsfilm

Im vorliegenden Abschnitt soll versucht werden, den Stofftransport im Flüssigkeitsfilm theoretisch zu beschreiben. Untersucht wird dabei die stationäre Diffusion einer Komponente A mit einem überlagerten konvektiven Stofftransport im Inneren des Flüssigkeitsfilmes. Dazu wird vorausgesetzt, daß die Konzentration in der Phasengrenzfläche konstant sei und damit einen von der Lauflänge des Flüssigkeitsfilmes unabhängigen Wert besitzt. Dies Annahme ist zur Beschreibung

---

[1] Man vergleiche dazu die ausführliche Behandlung der Filmströmung bei BRAUER [10.11].

praktisch bedeutsamer Vorgänge vielfach nicht gerechtfertigt; anhand dieses Beispieles läßt sich aber die Koppelung von Diffusion und Konvektion in einfacher Form erklären. Die Anpassung an praktisch interessante Vorgänge erfolgt in den folgenden Abschnitten.

Im vorliegenden Fall bewegt sich ein Flüssigkeitsfilm mit der Dicke δ und einer der laminaren Filmströmung entsprechenden parabolischen Geschwindigkeitsverteilung $u(x)$ entlang einer ebenen senkrechten Wand. Der Flüssigkeitsfilm ist dabei mit einem Gas, das mit derselben Geschwindigkeit im Gleichstrom zur Flüssigkeit geführt wird, in Berührung. In diesem Fall verschwindet die Schubspannung in der Phasengrenzfläche, und die Oberflächengeschwindigkeit $u(\delta)$ nimmt damit die größte im Film auftretende Geschwindigkeit u_{max} an (vergleiche Abschnitt 10.1.1).

Zur Beschreibung der Stofftransportvorgänge wird die Austauschrichtung von der Gas- in die Flüssigphase angenommen, so daß eine Konzentrationsverteilung gemäß Abb. 10.6 vorliegt. Ferner wird vorausgesetzt, daß die Konzentration auf der Gasseite konstant und damit zeitunabhängig ist. Dies trifft dann zu, wenn die lösliche Komponente in der Gasphase entweder allein vorliegt oder so gering ist, daß eine Änderung der Konzentration im Gas auf Grund des Stoffaustausches vernachlässigt werden kann. Außerdem soll an der Grenzfläche zwischen dem Gas und der Flüssigkeit Lösungsgleichgewicht bestehen. Die an der Berührungsfläche auftretende Konzentration $c^*_{A_I}$ der Flüssigphase ist dabei durch das Henrysche Gesetz nach Gl. (9.5) festgelegt. Es gilt[1]

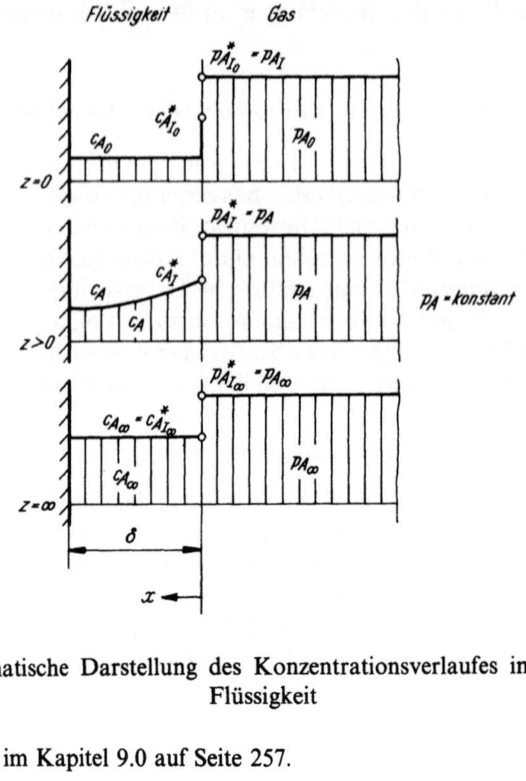

Abb. 10.6. Schematische Darstellung des Konzentrationsverlaufes im Gas und in der Flüssigkeit

[1] Vgl. Fußnote im Kapitel 9.0 auf Seite 257.

$$c_{A_I}^* = \frac{p_A}{H_c} \tag{10.17}$$

wenn p_A der Partialdruck der diffundierenden Komponente A in der Gasphase ist. Ein veränderliches Konzentrationsprofil kann sich unter den gegebenen Voraussetzungen somit nur im Flüssigkeitsfilm einstellen.

Die in der Flüssigkeit lösliche Gaskomponente A gelangt durch Diffusion in das Innere des Flüssigkeitsfilmes, wo auf Grund der erzwungenen Filmströmung der weitere Transport durch Konvektion und Konduktion erfolgt. Zur Ermittlung der Austauschgeschwindigkeit wird von der differentiellen Stoffbilanzgleichung (vergleiche Abschnitt 4.3.2) ausgegangen, die sich im gegebenen Fall analog zu (7.1) in nachstehender Form vereinfacht:

$$u\frac{\partial c_A}{\partial x} = D_{fl}\frac{\partial^2 c_A}{\partial x^2} \tag{10.18}$$

Führt man hierin für die Geschwindigkeit u das der laminaren Filmströmung entsprechende Geschwindigkeitsprofil nach Gl. (10.3) ein und beachtet ferner den Zusammenhang zwischen der örtlichen und der an der Oberfläche des Filmes auftretenden maximalen Geschwindigkeit u_δ gemäß Gl. (10.4), so ergibt sich dafür die Beziehung

$$u_\delta\left[1 - \left(\frac{x}{\delta}\right)^2\right]\frac{\partial c_A}{\partial x} = D_{fl}\frac{\partial^2 c_A}{\partial x^2} \tag{10.19}$$

Die zugehörigen Randbedingungen sind

$$c_A = c_{A_I}^* \quad \text{für } x = 0 \text{ und alle } z\text{-Werte}$$

$$\frac{\partial c_A}{\partial x} = 0 \quad \text{für } x = \delta \text{ und alle } z\text{-Werte}$$

$$c_A = c_{A_0} \quad \text{für } z = 0 \tag{10.20}$$

Hierin bedeutet D_{fl} den flüssigseitigen Diffusionskoeffizienten der Komponente A, δ die mittlere Filmdicke und c_{A_0} die Konzentration im Flüssigkeitsfilm zu Beginn des Austauschvorganges.

Die Lösung der Differentialgleichung wurde erstmals von PIGFORD [10.15] durchgeführt. Sie liefert die örtliche Konzentration innerhalb des Flüssigkeitsfilmes und führt auf die unendliche Reihe

$$\frac{c_{A_I}^* - c_{A_L}}{c_{A_I}^* - c_{A_0}} = 0{,}7857\,e^{-5{,}121a} + 0{,}1001\,e^{-39{,}318a} + 0{,}0360\,e^{-105{,}64a} + 0{,}0181\,e^{-204{,}7a} + \cdots \tag{10.21}$$

worin a vereinfachend für die Beziehung

$$a = \frac{2}{3}D_{fl}\frac{L}{\delta^2 u_{\max}} \tag{10.22}$$

steht. Ferner bedeuten L die Länge des Flüssigkeitsfilmes und c_{A_0} bzw. c_{A_L} die mittleren Konzentrationen der Flüssigphase zu Beginn und am Ende des Austauschvorganges.

Die Berechnung der in den Flüssigkeitsfilm übergehenden Stoffmenge der Komponente A erfolgt mittels der Beziehung (9.11) für die örtliche Molstromdichte. Diese lautet

$$\dot{n}_{Az} = \beta_{fl,z}(c^*_{A_I} - \bar{c}_A) = \beta_{fl,z}\,\Delta c_A \tag{10.23}$$

Mit $\beta_{fl,z}$ wird dabei der örtliche Stoffübergangskoeffizient für die Flüssigphase, mit $\bar{c}_A$ die mittlere Konzentration im Flüssigkeitsfilm sowie mit $c^*_{A_I}$ die molare Konzentration auf der Flüssigseite der Phasengrenzfläche bezeichnet.

Ist der Wert für den örtlichen Stoffübergangskoeffizienten $\beta_{fl,z}$ nicht bekannt, so muß zu dessen Bestimmung eine weitere Beziehung eingeführt werden. Dies ist im allgemeinen das Ficksche Gesetz nach Gl. (7.13):

$$\dot{n}_{Az} = -D_{fl}\left(\frac{\partial c_A}{\partial x}\right)\Bigg|_{x=0} \tag{10.24}$$

Daraus ergibt sich zusammen mit Gl. (10.23) der örtliche Stoffübergangskoeffizient in der Form

$$\beta_{fl,z} = -\frac{D_{fl}}{(c^*_{A_I} - \bar{c}_A)}\left(\frac{\partial c_A}{\partial x}\right)\Bigg|_{x=0} \tag{10.25}$$

Im vorliegenden Fall muß jedoch auf diese Form der Darstellung des Stoffübergangskoeffizienten verzichtet werden, da in Gl. (10.25) der Konzentrationsgradient $\partial c_A/\partial x$ an der Stelle $x = 0$ unbestimmt ist, und damit $\beta_{fl,z}$ zumindest vorläufig keinen realen Wert annimmt.

Führt man statt dessen den mittleren Stoffübergangskoeffizienten gemäß der Definitionsgleichung

$$\dot{n}_{Az} = \beta_{fl}\,\Delta c_{A_m} \tag{10.26}$$

ein, so vereinfacht sich die Berechnung der ausgetauschten Stoffmenge, wenn man Gl. (10.26) mit der Bilanzgleichung für den in den Film eindringenden Stoffstrom der Komponente A gleichsetzt. Für ein differentielles Volumselement nach Abb. 10.7 gilt für die übergehende Stoffkomponente folgende Teilstoffbilanz:

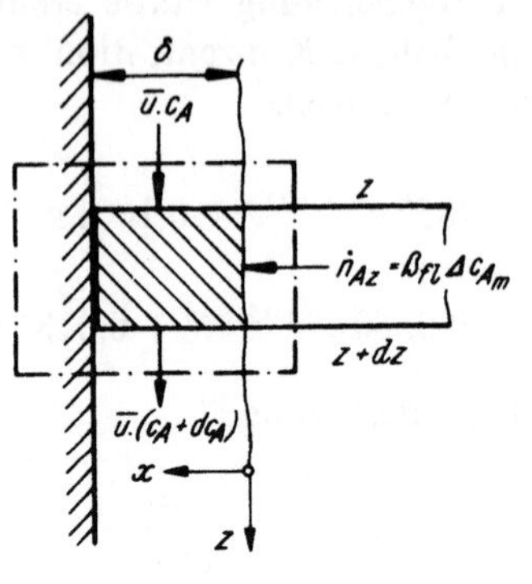

Abb. 10.7. Kontrollelement zur Ermittlung der Massenbilanz an einem Flüssigkeitsfilm

$$\beta_{fl}(c^*_{A_I} - \bar{c}_A)\,dz = \bar{u}\delta\,dc_A \tag{10.27}$$

Gl. (10.27) verknüpft die durch die Phasengrenzfläche übertragene Stoffmenge der Komponente A mit dem in der Zeiteinheit durch Konvektion in Strömungsrichtung des Rieselfilmes weitertransportierten Anteil der betreffenden Komponente.

Integriert man obige Beziehung über die gesamte Lauflänge L des Flüssigkeitsfilmes, so führt dies unter Berücksichtigung der in Gl. (10.20) beschriebenen Randbedingungen

$$\begin{aligned} z &= 0, \qquad c_A = c_{A_0} \\ z &= L, \qquad c_A = c_{A_L} \end{aligned} \tag{10.28}$$

auf nachstehende Beziehung für den mittleren Stoffübergangskoeffizienten

$$\beta_{fl} \int\limits_{z=0}^{L} dz = \bar{u}\delta \int\limits_{c_A = c_{A_0}}^{c_{A_L}} \frac{d\bar{c}_A}{(c^*_{A_I} - \bar{c}_A)} \tag{10.29}$$

bzw. nach Integration

$$\beta_{fl} = \frac{\bar{u}\delta}{L} \ln \frac{c^*_{A_I} - c_{A_0}}{c^*_{A_I} - c_{A_L}} \tag{10.30}$$

Führt man obigen Ausdruck in Gl. (10.26) ein, so erhält man für die mittlere Stoffstromdichte der Komponente A die Beziehung

$$\dot{n}_{A,m} = \frac{\bar{u}\delta}{L} \ln \frac{c^*_{A_I} - c_{A_0}}{c^*_{A_I} - c_{A_L}}\, \Delta c_{A_m} \tag{10.31}$$

Bei kleinen Konzentrationsunterschieden zwischen der Phasengrenzfläche und dem Inneren des Flüssigkeitsfilmes läßt sich der Konzentrationsverlauf innerhalb der Flüssigphase vielfach durch eine Gerade annähern. In dem Fall erscheint es sinnvoll, für Δc_{A_m} einen arithmetischen Mittelwert nach der in Abschnitt 9.5 beschriebenen Form

$$\Delta c_{A_m} = \tfrac{1}{2}[(c^*_{A_I} - c_{A_0}) + (c^*_{A_I} - c_{A_L})] \tag{10.32}$$

einzuführen.

Ist die Konzentrationsdifferenz jedoch verhältnismäßig groß, so wird man für die Beschreibung des Konzentrationsverlaufes besser deren logarithmischen Mittelwert verwenden. Er ist nach Abschnitt 9.5 definiert als das Verhältnis

$$\Delta c_{A_m} = \frac{(c^*_{A_I} - c_{A_0}) - (c^*_{A_I} - c_{A_L})}{\ln \dfrac{(c^*_{A_I} - c_{A_0})}{(c^*_{A_I} - c_{A_L})}} \tag{10.33}$$

Führt man diese Beziehung in Gl. (10.31) ein, so vereinfacht sich die Berechnungsgleichung für die Stoffstromdichte zu:

$$\dot{n}_{A,m} = \frac{\bar{u}\delta}{L}[(c^*_{A_I} - c_{A_0}) - (c^*_{A_I} - c_{A_L})] \tag{10.34}$$

Gl. (10.34) gilt entsprechend der eingangs getroffenen Annahmen uneingeschränkt für alle laminaren Rieselfilme, bei denen der Stoffaustausch zwischen Gas- und Flüssigphase entlang einer wellenfreien Oberfläche des Flüssigkeitsfilmes stattfindet.

Für den Sonderfall sehr langer Austauschzeiten vereinfacht sich obige Beziehung für die mittlere Stoffstromdichte $\dot{n}_{A_m}$ wesentlich, da auf Grund des Zusammenhanges $\bar{u} = L/t$ große Werte der Berührungszeit kleinen Werten der Filmgeschwindigkeit u entsprechen. In diesem Fall braucht man in 1. Näherung nur den ersten Term der unendlichen Reihe von Gl. (10.21) berücksichtigen. Für die Konzentrationsverteilung der Komponente A im Flüssigkeitsfilm gilt damit die einfache Beziehung

$$\frac{c_{A_I}^* - c_{A_L}}{c_{A_I}^* - c_{A_0}} = 0{,}7857\, e^{-5{,}1213a} \tag{10.35}$$

Führt man diesen Ausdruck in Gl. (10.30) ein, so ergibt sich daraus der flüssigseitige Stoffübergangskoeffizient β_{fl} zu

$$\beta_{fl} = \frac{\bar{u}\delta}{L} \ln \frac{e^{5{,}1213a}}{0{,}7857} = \frac{\bar{u}\delta}{L}(0{,}241 + 5{,}1213a) \tag{10.36}$$

Kann zudem das erste Glied im Klammernausdruck gegenüber dem Ausdruck $5{,}1213a$ vernachlässigt werden (dies ist nach Gl. (10.22) der Fall, wenn $L/u \to \infty$ geht), dann reduziert sich obige Beziehung auf folgende Form:

$$\beta_{fl} = 3{,}41 \frac{D}{\delta} \tag{10.37}$$

Multipliziert man schließlich beide Seiten der Gleichung mit δ/D, so erhält man unter Berücksichtigung der Beziehung für die mittlere Sherwood-Zahl $\mathrm{Sh}_m = \beta \cdot \delta/D$ für laminare Flüssigkeitsfilme und unter der Voraussetzung sehr langer Austauschzeiten

$$\mathrm{Sh}_{m(t \to \infty)} = 3{,}41 \tag{10.38}$$

Dieser Wert, abgeleitet für die mittlere Sh-Zahl, gilt auch für die örtliche Sh-Zahl.

Beschränkt man hingegen den Gültigkeitsbereich auf sehr kurze Austauschzeiten ($t \to 0$), womit das Konzentrationsverhältnis $(c_{A_I}^* - c_{A_L})/(c_{A_I}^* - c_{A_0})$ nahezu gleich Eins ist und die Konzentration der Komponente A sich demnach nur in der Nähe der Phasengrenzfläche ändert, vereinfacht sich nach entsprechender Umformung [10.16] Gl. (10.21) zu:

$$\frac{c_{A_I}^* - c_{A_L}}{c_{A_I}^* - c_{A_0}} = 1 - 6\frac{\pi}{4}\sqrt{\frac{2}{3}\frac{D_{fl}L}{\pi\delta^2}} \tag{10.39}$$

Setzt man diesen Ausdruck für die mittlere Konzentrationsdifferenz in Gl. (10.30) ein, so ergibt sich unter Berücksichtigung der betreffenden logarithmischen Konzentrationsdifferenz gemäß Gl. (10.23) für den mittleren Stoffübergangskoeffizienten β_{fl} folgende Beziehung:

$$\beta_{fl} = \frac{6D_{fl}\bar{u}^{1/3}}{\bar{M}^L} \tag{10.40}$$

Nach Einführen dimensionsloser Kenngrößen folgt daraus die Berechnungsgleichung für die mittlere Sh-Zahl bei kurzer Austauschzeit

$$\underset{(t \to 0)}{\mathrm{Sh}_m} = 1{,}38\left(\frac{\delta}{L}\,\mathrm{Re}_{fl}\,\mathrm{Sc}_{fl}\right)^{1/2} \tag{10.41}$$

Abb. 10.8 zeigt in Abhängigkeit der Einlaufkennzahl

$$Z = \frac{1}{\mathrm{Re}_{fl}\,\mathrm{Sc}_{fl}}\left(\frac{z}{\delta}\right) \tag{10.42}$$

die nach Gl. (10.38) zusammen mit (10.21) sowie die nach (10.41) und (10.38) berechnete mittlere Sh-Zahl, dargestellt durch die Kurven *a*, *b* und *c*. Für große Werte von *Z*, dies tritt vor allem bei kleinen Re-Zahlen oder, wenn $z \gg \delta$ ist, auf, nähert sich die allgemeingültige Kurve *a* asymptotisch dem konstanten Grenzwert *c* für sehr lange Austauschzeiten ($t \to \infty$). In Richtung kleiner werdender Werte für *Z* nähert sich die Kurve *a* hingegen der zweiten Grenzkurve. Diese bezieht sich infolge der zugrundeliegenden kurzen Austauschzeiten ($t \to 0$) vor allem auf Rieselfilme mit sehr kleinen Lauflängen bzw. sehr großen Re-Zahlen der Flüssigkeitsströmung. Experimentelle Meßergebnisse zeigen eine befriedigende Übereinstimmung mit den auf theoretischem Wege erzielten Ergebnissen; die maximale Abweichung beträgt ± 15% [10.1].

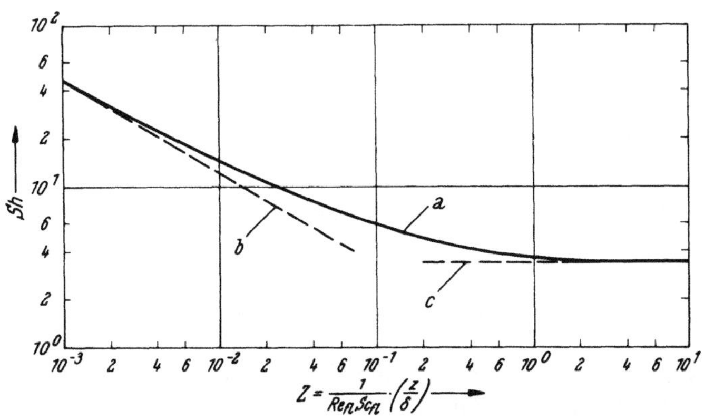

Abb. 10.8. Mittlere Sherwood-Zahl in Abhängigkeit der Einlaufkennzahl *Z*. Kennzahl *b* nach Gl. (10.41), Kurve *c* nach Gl. (10.38)

Neuere Untersuchungen von THIELE [10.17] ließen die von EMMERT und PIGFORD [10.18] getroffene Annahme einer konstanten Konzentration $c^*_{A_i}$ an der Phasengrenzfläche fallen, indem bei der Ableitung von Gl. (10.19) die Bedingungen einer mit der Lauflänge des Filmes veränderlichen Grenzflächenkonzentration eingeführt wurden. Damit sollte eine bessere Anpassung der theoretisch untersuchten zu den praktisch auftretenden Stofftransportvorgängen erreicht werden. Die von THIELE erarbeiteten Ergebnisse zeigten aber, daß, abgesehen von dem Fall mit sehr kleinen Volumsstromverhältnissen $\dot{V}_g/\dot{V}_{fl}$ der beiden Phasen, den in diesem

Abschnitt behandelten Ausführungen, trotz der Annahme einer konstanten Konzentration $c^*_{A_i}$, eine mehr als theoretische Bedeutung zukommt, da die in dieser Arbeit durchgeführten Rechnungen in einem großen Bereich mit denen von EMMERT und PIGFORD übereinstimmen. Deshalb wurde auch in diesem Zusammenhang auf eine ausführliche Darstellung der mathematisch wesentlich aufwendigeren Methode von THIELE verzichtet. Für ein vertieftes Studium sei auf Literatur [10.1] verwiesen.

10.2.2 Stoffaustausch beim Flüssigkeitsfilm mit welliger Oberfläche

Die in technischen Anlagen vorwiegend an der Oberfläche senkrechter Rohre oder ebener Platten herabströmenden Flüssigkeitsfilme besitzen in vielen Fällen eine wellige Oberflächenstruktur. Diese ist, wie bereits in Abschnitt 10.1.2 erwähnt, durch Instabilitäten bedingt und tritt bereits bei kleinen Reynolds-Zahlen ($Re > 4$) auf. Zunächst sind es Oberflächenwellen kleiner Amplitude, die bei größer werdenden Reynolds-Zahlen in Schwallwellen übergehen, bevor bei $Re_{Kr} = 400$ der turbulente Bereich anschließt. Vornehmlich die Schwallwellen bewirken eine starke Durchmischung der Flüssigkeit und verstärken dadurch den Stofftransport vor allem im Bereich $Re < Re_{Kr}$ gegenüber den der laminaren Filmströmung erheblich. In verschiedenen Untersuchungen konnte eine Erhöhung des Stofftransportes bis zu 200% nachgewiesen werden [10.19]. Eine befriedigende theoretische Begründung dafür war bislang noch nicht möglich, da die bisherigen Versuche, den flüssigseitigen Transportmechanismus in einem mathematischen Modell zu erfassen, jeweils aus Unkenntnis der im Flüssigkeitsfilm ablaufenden Einzelvorgänge gescheitert sind. Diese sind auch experimentell äußerst schwierig zu erfassen, da der Stofftransport vorwiegend in Oberflächenschichten von nur wenigen Zehntel Millimetern erfolgt und damit Konzentrationsmessungen mit den herkömmlichen Methoden (Sondenmessung) nur sehr schwer durchzuführen sind. Erst die in neuerer Zeit entwickelten berührungsfreien optischen und chemischen Untersuchungsmethoden ermöglichen eine weitgehend störungsfreie Untersuchung der Stofftransportvorgänge im Flüssigkeitsfilm. Als Beispiele dafür sollen die von JEBSEN [10.20] vorgeschlagene optische Methode sowie die von HIBY [10.21] entwickelte Fluoreszenzmethode angeführt werden.

Ergebnisse experimenteller Untersuchungen über den Stofftransport in welligen Flüssigkeitsfilmen sind vor allem aus den Arbeiten von MALEWSKI [10.19], KAMAI und OISHI [10.22] sowie von OLIVER und ATHERINOS [10.23] bekannt. Besonders erwähnt seien vor allem die Untersuchungen von KAMAI und OISHI, von denen derzeit die umfangreichsten empirischen Daten stammen. BRAUER [10.11] wertete eine Vielzahl dieser Ergebnisse aus und stellte dabei fest, daß sich die einzelnen Meßwerte in Abhängigkeit der Reynolds-Zahl durch einen Kurvenzug, bestehend aus drei linearen Abschnitten, ausgleichen lassen. Dies wird auch durch die Ergebnisse anderer Untersuchungen bestätigt. Die etwa 300 verarbeiteten Meßwerte überdecken einen Bereich von $12 \leqslant Re_{fl} \leqslant 3000$. Die Schmidt-Zahlen variierten bei den Messungen von 200 bis 1100. Die maximale Abweichung gegenüber der Ausgleichskurve beträgt etwa 25–30% [10.1].

Die Übergänge der drei Teilbereiche sind durch die Schnittpunkte der betreffenden Ausgleichskurven eindeutig bestimmt und nach BRAUER durch nachstehende charakteristische Reynolds-Zahlen definiert:

$$\mathrm{Re}_w = 1{,}35\ K_F^{1/10}$$

$$\mathrm{Re}_c = 0{,}0018\ K_F^{1/3}$$

$$\mathrm{Re}_{Kr} = 400 \tag{10.43}$$

Während Re_{Kr} für alle Flüssigkeiten den konstanten Wert 400 besitzt, sind die beiden anderen Grenzwerte veränderlich und eine Funktion der Flüssigkeitskennzahl K_F. Diese lautet (vergleiche Abschnitt 10.1.2)

$$K_F = \frac{\rho_{fl}\sigma^3}{g\eta_{fl}^4} \tag{10.44}$$

Für die einzelnen Teilbereiche gelten nach [10.1] folgenden empirischen Beziehungen für die mittlere Sherwood-Zahl:

a) für den Bereich $\mathrm{Re}_w \leqslant \mathrm{Re} \leqslant \mathrm{Re}_c$

$$\mathrm{Sh}_m = 5{,}37 \cdot 10^{-2}\mathrm{Re}^{0{,}75}\mathrm{Sc}^{0{,}4} \tag{10.45}$$

b) für den Bereich $\mathrm{Re}_c \leqslant \mathrm{Re} \leqslant \mathrm{Re}_{Kr}$

$$\mathrm{Sh}_m = 0{,}126\mathrm{Re}^{0{,}65}\mathrm{Sc}^{0{,}4} \tag{10.46}$$

c) für den Bereich $\mathrm{Re}_{Kr} < \mathrm{Re}$

$$\mathrm{Sh}_m = 3{,}47 \cdot 10^{-3}\mathrm{Re}^{1{,}15}\mathrm{Sc}^{0{,}4} \tag{10.47}$$

Die in den Berechnungsgleichungen auftretenden dimensionslosen Größen sind folgendermaßen definiert:

$$\mathrm{Sh} = \frac{\beta_{fl}}{\delta D_{fl}}, \qquad \mathrm{Re} = \frac{\bar{u}\delta}{\nu_{fl}}, \qquad \mathrm{Sc} = \frac{\nu_{fl}}{D_{fl}} \tag{10.48}$$

Die Stoffwerte in den einzelnen Kenngrößen beziehen sich jeweils auf die Flüssigphase. Im einzelnen bedeuten ν die kinematische Zähigkeit und D den Diffusionskoeffizienten. Ferner wird mit $\bar{u}$ die mittlere Filmgeschwindigkeit nach Gl. (10.16) sowie mit δ die Dicke des Flüssigkeitsfilmes bezeichnet. Die Filmdicke wird im Fall der laminaren Filmströmung ($\mathrm{Re} \leqslant \mathrm{Re}_{Kr}$) nach Gl. (10.10) bzw. bei turbulenter Strömung ($\mathrm{Re} > \mathrm{Re}_{Kr}$) nach Gln. (10.13), (10.14) oder (10.15) berechnet.

Bei Anwendung der empirischen Stofftransportgleichungen (10.45), (10.46) bzw. (10.47) ist jeweils auf den Einfluß bestimmter Faktoren zu achten, die den Stofftransport verändern können, in den einzelnen Beziehungen aber nicht berücksichtigt wurden. Diese sind:

1. Bei jedem Film bildet sich die wellige Oberfläche erst nach einer gewissen Anlaufstrecke aus. Diese Anlaufstrecke ist wellenfrei und somit auch der Stofftransport kleiner. Ist diese Anlaufstrecke im Vergleich zur gesamten Filmlänge relativ groß, so wirkt sich dies in einer Verringerung des gesamten Stofftransportes aus.

2. Oberflächenaktive Stoffe können die Ausbildung einer welligen Oberfläche behindern und somit den Stofftransport verringern.

3. Große Gasgeschwindigkeiten, insbesondere beim Gegenstromverfahren, können ebenfalls zu einer Erniedrigung des theoretisch ermittelten Stofftransportes führen.

Diese Faktoren sind quantitativ oft nur sehr schwer zu erfassen. Um sie bei der Auslegung von technischen Anlagen dennoch berücksichtigen zu können, stellte BRAUER [10.1] folgende Beziehung zur Berechnung eines sogenannten *technischen* Stoffübergangskoeffizienten auf:

$$\beta_{fl} = \beta_{fl_w} - \kappa(\beta_{fl_w} - \beta_{fl_g}) \tag{10.49}$$

Hierin bedeuten β_{fl_w} den Stoffübergangskoeffizienten des welligen Filmes, β_{fl_g} den Stoffübergangskoeffizienten des glatten Filmes sowie κ einen empirischen Korrekturfaktor.

Die mit Hilfe dieser Gleichung ermittelten Stofftransportkoeffizienten liegen zwischen Gl. (10.30) für den Stofftransport in Filmen mit glatter Oberfläche und dem Kurvenzug der Gln. (10.45), (10.46) und (10.47). Den stofftransporthemmenden Einflüssen kann dabei durch geeignete Wahl des betreffenden Korrekturfaktors κ Rechnung getragen werden, er ist jeweils experimentell zu bestimmen und nimmt Werte zwischen 0 und 0,3 an.

Neben den rein empirischen Gleichungen findet man in der Literatur unter anderem auch halbempirische Beziehungen, die auf Basis eines Wirbeldiffusionsmodells erstellt wurden. Man geht dabei von der Vorstellung aus, daß sich bei einem Rieselfilm mit welliger Oberfläche in Grenzflächennähe fortlaufend Wirbel ausbilden. Diesen wird ein eigener Diffusionskoeffizient D_w zugeschrieben, der zusammen mit dem molekularen Diffusionskoeffizienten D_{fl} den totalen Diffusionskoeffizienten D_T des Filmes ergibt

$$D_T = D_{fl} + D_w \tag{10.50}$$

Ohne im Detail auf die hydrodynamischen Vorgänge im Film einzugehen, versucht man nun, mittels experimenteller Ergebnisse eine geeignete Beziehung für D_w in der Abhängigkeit von jenen Faktoren zu finden, die für die Beschreibung der Wirbel charakteristisch sind. LAMOURELLE und SANDALL [10.24] stellten z. B. D_w als eine Funktion der Reynolds-Zahl dar. Auf Basis der oben erwähnten Modellvorstellungen und Ergebnisse experimenteller Untersuchungen entwickelten sie folgende Beziehung für den Stofftransport im turbulenten Bereich:

$$\mathrm{Sh}_m = 1{,}76 \cdot 10^{-5} \mathrm{Re}^{1{,}506} \mathrm{Sc}^{1/2} \qquad \text{für } \mathrm{Re}_{fl} > \mathrm{Re}_{Kr} \tag{10.51}$$

Die in den Kenngrößen Sh und Re aufscheinende Filmdicke errechnet sich im gegebenen Fall aus der Beziehung

$$\delta = 0{,}667 \left(\frac{\nu}{g}\right)^{1/3} \left(\frac{4\dot{V}}{\nu}\right)^{2/3} \tag{10.52}$$

Dabei bedeutet $\dot{V}$ den Flüssigkeitsstrom pro Zeit- und Längeneinheit benetzter Oberfläche.

Weitere Modelle zur Beschreibung des Stofftransportes in Flüssigkeitsfilmen mit welliger Oberfläche sind das in Abschnitt 9.6.2 beschriebene Penetrationsmodell sowie Abwandlungen davon. Dazu gehören vor allem die Vermischungsmodelle von MALEWSKI [10.19] und BANERJEE [10.25]. Sie nehmen eine teilweise Durchmischung des Rieselfilmes mit jedem Durchgang eines Wellenmaximums an, gefolgt von instationärer Diffusion zwischen den einzelnen Vermischungsvorgängen. Die Lösung der Modellgleichungen führt auf den aus der Penetrationstheorie her bekannten Zusammenhang $\beta \sim D^{0,5}$. Dieses Ergebnis wird durch eine Vielzahl experimenteller Meßwerte bestätigt, was beweist, daß der Stofftransport in einem Flüssigkeitsfilm mit welliger Oberfläche durch einen instationären Diffusionstransport, wie dies auch in den einzelnen Modellen vorausgesetzt wird, geprägt ist.

10.3 Gasseitiger Stofftransport beim Rieselfilm

Über den gasseitigen Stofftransport bei Rieselfilmen wurden bisher nur wenige theoretische Untersuchungen durchgeführt. Man ist daher bei der Berechnung des Stofftransportes in der Gasphase, die im Gleich- oder Gegenstrom zur Flüssigkeit geführt wird, vielfach auf empirische Beziehungen angewiesen. Diese resultieren im allgemeinen aus den Ergebnissen experimenteller Untersuchungen unterschiedlicher Stoffsysteme bei verschiedenen Betriebsbedingungen. Derartige empirische Beziehungen wurden unter anderem von GILLILAND und SHERWOOD [10.26], KAST [10.27] und AVDONIN [10.28] aufgestellt. Die bislang umfangreichste Arbeit auf diesem Gebiet stammt von BRAUN und HIBY [10.29], die auch den Einfluß der Phasenführung (Gleich- oder Gegenstrom) auf den Stoffaustausch untersuchten. Danach läßt sich die örtliche Sh-Zahl im Fall der *Gegenstromführung* wie folgt angeben:

$$\mathrm{Sh} = 0{,}015\phi \mathrm{Re}_g^{0,75} \mathrm{Re}_{fl}^{0,16} \mathrm{Sc}_g^{0,44} \left[1 + 1{,}3\left(\frac{z}{d}\right)^{-0,75}\right] \tag{10.53}$$

Integriert über die Lauflänge von $z = 0$ bis $z = L$ ergibt sich daraus die mittlere Sh-Zahl:

$$\mathrm{Sh}_m = 0{,}015\phi \mathrm{Re}_g^{0,75} \mathrm{Re}_{fl}^{0,16} \mathrm{Sc}_g^{0,44} \left[1 + 5{,}2\left(\frac{L}{d}\right)^{-0,75}\right] \tag{10.54}$$

Für den Fall des *Gleichstromes* der beiden Phasen gelten weiters die folgenden Beziehungen

$$\mathrm{Sh}_x = 0{,}18\phi \mathrm{Re}_g^{0,4} \mathrm{Re}_{fl}^{0,16} \mathrm{Sc}^{0,44} \left[1 + 1{,}6\left(\frac{z}{d}\right)^{-0,75}\right] \tag{10.55}$$

bzw. für die mittlere Sh-Zahl bei einer Lauflänge von $x = 0$ bis $x = L$

$$\mathrm{Sh}_n = 0{,}18\phi \mathrm{Re}_g^{0,4} \mathrm{Re}_{fl}^{0,16} \mathrm{Sc}^{0,44} \left[1 + 6{,}4\left(\frac{L}{d}\right)^{-0,75}\right] \tag{10.56}$$

Die einzelnen Kennzahlen hierin sind wie folgt definiert

$$\mathrm{Re}_g = \frac{4\dot{V}_g}{d\pi g}; \qquad \mathrm{Re}_{fl} = \frac{\dot{V}_{fl}}{\pi d \nu_{fl}}; \qquad \mathrm{Sc}_g = \frac{\dot{V}_g}{D_g} \tag{10.57}$$

Dabei bedeuten d den Rohrdurchmesser oder die Breite der benetzten Wand, $\dot{V}_g$ bzw. $\dot{V}_{fl}$ den Volumsstrom der Gas- und Flüssigphase, ν deren kinematische

Viskosität sowie D_g den Diffusionskoeffizienten der betreffenden Komponente im Gasstrom.

Die Größe ϕ in den Stoffübergangsgleichungen berücksichtigt den Einfluß der Sättigung an Lösungsmittel im Gasstrom. Bei nicht gesättigter Gasphase ist dem zur Filmoberfläche gerichteten Austauschstrom ein Dampfstrom der Flüssigphase entgegengerichtet, der den Austauschvorgang beeinträchtigt. Für ϕ geben Braun und Hiby [10.29] folgende empirische Beziehung an

$$\phi = 1 - (1 - \varphi)^a \tag{10.58}$$

Der Exponent a berücksichtigt hierin die Strömungsbedingungen der Gasphase und hat die Form

$$a = 1{,}8\mathrm{Re}_g^{0{,}0625}\left(\frac{L}{d}\right)^{0{,}33} \tag{10.59}$$

Mit φ wird die relative Feuchtigkeit bezeichnet.

Unter technischen Bedingungen kann ϕ vielfach gleich Eins gesetzt werden [10.1].

Weiters läßt sich durch den Faktor $P/(P - p_A)$ in den Stoffübergangsgleichungen die Stefan-Abhängigkeit von der Konzentration der in der Flüssigphase unlöslichen Gaskomponente berücksichtigen. In dem Fall gilt die aus dem Stefan-Gesetz nach Gl. (7.41) abgeleitete Beziehung

$$\mathrm{Sh}' = \mathrm{Sh} \cdot \frac{P}{P - p_A} \tag{10.60}$$

in der Sh′ die Sherwood-Zahl bei niedriger Konzentration für die übergehende Gaskomponente A bedeutet.

Die empirischen Untersuchungen, die den einzelnen Stoffaustauschgleichungen zugrunde liegen, wurden innerhalb folgender Bereiche bei konstanter Sc-Zahl durchgeführt:

$$1000 \leqslant \mathrm{Re}_g \leqslant 14000$$

$$200 \leqslant \mathrm{Re}_{fl} \leqslant 700$$

$$5 \leqslant L/d \leqslant 30$$

Eine Überprüfung der Beziehungen mit experimentellen Ergebnissen anderer Autoren [10.1] bestätigte ihre Gültigkeit; die maximale Abweichung liegt bei etwa 15%.

Ein interessanter Aspekt ergibt sich ferner aus dem Vergleich der Sh-Zahlen bei Gleich- und Gegenstrom. Es zeigt sich, daß für kleine Reynolds-Zahlen die Sh-Zahl bei Gleichstromführung größer ist als bei Gegenstrom. Erst bei turbulenter Gasströmung mit $\mathrm{Re}_g > 5000$ ist der Stofftransport im Gegenstrom größer als im Gleichstrom.

Um den gesamten übergehenden Stoffstrom $\dot{N}$ berechnen zu können, ermittelt man sich vorerst aus Gl. (10.54) oder (10.56) den über die Lauflänge des Flüssigkeitsfilmes gemittelten Stofftransportkoeffizienten β_g. Der Stoffstrom $\dot{N}$ errechnet sich in der Folge aus der Beziehung

$$\dot{N} = \beta_g A \, \Delta c_g \tag{10.62}$$

wobei Δc_g entsprechend Gl. (9.31) die logarithmische Konzentrationsdifferenz in der Gasphase darstellt

$$\Delta c_g = \frac{(c^*_{g_I} - c_{g_L}) - (c^*_{g_I} - c_{g_0})}{\ln \dfrac{c^*_{g_I} - c_{g_L}}{c^*_{g_I} - c_{g_0}}} \tag{10.63}$$

Mit dem Index 0 wird dabei der Beginn bzw. mit L das Ende der für den Austauschvorgang maßgebenden Lauflänge des Filmes bezeichnet. Ferner weist der Index I auf den Zustand an der Phasengrenzfläche hin.

Schrifttum zu Kapitel 10.0

[10.1] Brauer, H.: Stoffaustausch einschließlich chemischer Reaktionen. Aarau und Frankfurt/Main: Sauerländer 1971.

[10.2] Sherwood, T., Pigford, R., Wilke, Ch.: Mass Transfer. New York: McGraw-Hill 1975.

[10.3] Brauer, H.: Stoffaustausch beim Rieselfilm. Chem.-Ing.-Techn. **30**, Nr. 2 (1958).

[10.4] Hiby, J. W.: Transportvorgänge in Rieselfilmen. Chem.-Ing.-Techn. **45**, Nr. 18 (1973).

[10.5] Brötz, W.: Über die Vorausberechnung der Absorptionsgeschwindigkeit von Gasen in strömenden Flüssigkeitsschichten. Chem.-Ing.-Techn. **26**, Nr. 8/9 (1954).

[10.6] Blass, E.: Gas/Filmströmung in Rohren. Chem.-Ing.-Techn. **49**, Nr. 2 (1977).

[10.7] Nusselt, W.: Die Oberflächenkondensation des Wasserdampfes. Z. VDI 60, 1916.

[10.8] Grabbert, G., Wünsch, G.: Freiburger Forschungsheft A 517, Verfahrenstechnik, 1973.

[10.9] Brauer, H.: Strömung und Wärmeübergang bei Rieselfilmen, VDI-Forschungsheft 457, 1956.

[10.10] Brötz, W.: Grundriß der chemischen Reaktionstechnik. Weinheim: Verlag Chemie 1958.

[10.11] Brauer, H.: Grundlagen der Einphasen- und Mehrphasenströmungen. Aarau und Frankfurt/Main: Sauerländer 1971.

[10.12] Graef, M.: Über die Eigenschaften zwei- und dreidimensionaler Störungen in Rieselfilmen an geneigten Wänden. Mitt. des Max-Planck-Institutes für Strömungsforschung, Nr. 36, Göttingen 1966.

[10.13] Feind, K.: Strömungsuntersuchungen bei Gegenstrom von Rieselfilmen und Gas in lotrechten Rohren. VDI-Forschungsheft 481, 1960.

[10.14] Zhivaikin, L. Y.: Liquid Film Thickness in Film Type Units. Int. Chem. Eng. **2**, Nr. 3 (1962).

[10.15] Pigford, R. L.: Ph.D. Thesis, Univ. Illinois, 1941.

[10.16] Sherwood, T. K., Pigford, R. L.: Absorption and Extraction. New York: McGraw-Hill 1952.

[10.17] Thiele, H.: Absorption im ebenen Film mit laminarer Oberfläche. Diplomarbeit, Institut für Verfahrenstechnik, TU Berlin, 1966.

[10.18] Emmert, R. E., Pigford, R. L.: A Study of Gas Absorption in Falling Liquid Films. Chem. Eng. Progress **50**, Nr. 2 (1954).

[10.19] Malewski, W.: Zusammenhang zwischen Stoffübergang und Wellenstruktur beim welligen Rieselfilm. Chem.-Ing.-Techn. **37**, Nr. 8 (1965).

[10.20] Jepsen, I. C.: AICHE-J. **12**, 1966.

[10.21] Hiby, J. W.: Eine Fluoreszenzmethode zur Untersuchung des Transportmechanismus bei der Gasabsorption im Rieselfilm, Wärme und Stoffübertragung, Bd. 1, 1968.

[10.22] Kamai, S., Oishi, I.: Mass and Heat Transfer in a Falling Liquid Film of Wetted Wall Tower. Man. Fac. Eng., Kyoto Univ. **17**, 1955.

[10.23] Oliver, D. R., Atherinos, T. E.: Mass Transfer to Liquid Films on an Inclined Plane. Chem. Eng. Sci. **23**, 525 (1968).

[10.24] Lamourelle, A. P., Sandall, O. C.: Gas Absorption into a Turbulent Liquid. Chem. Eng. Sci. **27**, 1035 (1972).

[10.25] Banerjee, S., u. a.: Mass Transfer to Falling Wavy Liquid Films at Low Reynolds Numbers. Chem. Eng. Sci. **22**, 43 (1967).

[10.26] Gilliland, E. R., Sherwood, T. K.: Diffusion of Vapors into Air Streams. Ind. Eng. Chem. **26**, 5 (1934).

[10.27] Kast, W.: Untersuchungen zum Wärme- und Stoffübergang an freien Flüssigkeitsoberflächen. Chem. Techn. **18**, 3 (1966).

[10.28] Avdonin, Y. A., u. a.: Investigation of Mass Transfer in Tubes with Irrigated Walls with Counterflow of Gas. Int. Chem. Eng. **7**, 2 (1967).

[10.29] Braun, D., Hiby, J. W.: Der gasseitige Stoffübergangskoeffizient am Rieselfilm. Chem.-Ing.-Techn. **42**, 6 (1970).

11.0 Stoffübergang an Blasen und Tropfen

H. Brauer; Stoffaustausch einschließlich chemischer Reaktionen, Aarau und Frankfurt am Main: Sauerländer 1971.
T. K. Sherwood; R. L. Pigford; Ch. R. Wilke; Mass Transfer, New York: McGraw Hill 1975.

Die meisten Untersuchungen des Stoffüberganges an Blasen und Tropfen beschränken sich auf das Einzelpartikel. Das ist insoferne nachteilig, als man es in der Praxis beinahe ausschließlich nicht mit Einzelpartikeln sondern mit Partikelschwärmen zu tun hat. Es ist daher notwendig, von den für das Einzelpartikel berechneten Werten auf den Partikelschwarm zu schließen, ohne genügende Informationen über diese Transformation zu haben. Es bestehen jedoch einige Arbeiten, insbesondere von Calderbank [11.1] für Blasen sowie von Marr [11.2] für Tropfen, welche den Schluß zulassen, daß man mit einiger Sicherheit tatsächlich von Einzelteilchen auf den Partikelschwarm schließen kann. Selbstverständlich wird man in jedem Falle, abhängig vom Problem bei derartigen Berechnungen, die notwendige Vorsicht walten lassen müssen.

Im folgenden Kapitel werden zunächst die physikalischen Eigenschaften von Blasen und Tropfen, wie Partikelgröße, Partikelform und Partikelgeschwindigkeit, behandelt. Gerade die Arbeiten der letzten Zeit zeigen, daß man bei der Auslegung von Apparaten immer mehr von den physikalischen Einzelpartikeleigenschaften ausgeht, wie die Arbeiten von Pilhofer [11.3] und Mewes [11.4] beweisen.

Bei der Beschreibung der Stoffaustauschvorgänge an kugelförmigen Partikeln ist eine Unterscheidung zwischen dem stationären und instationären Austauschvorgang notwendig, da es sich im allgemeinen dabei um instationäre Austauschvorgänge handelt. Wie Brauer [11.5] jedoch zeigen konnte, ist der Austauschvorgang über einen großen Bereich weitgehend unabhängig von der Zeit, also als stationär zu betrachten. Hierdurch wird die theoretische und praktische Behandlung wesentlich vereinfacht, so daß im folgenden nur der stationäre Austausch behandelt wird.

11.1 Physikalisches Verhalten von Partikelsystemen

Zur Beschreibung der Stoffaustauschvorgänge an Partikelsystemen ist die Kenntnis der Austauschfläche, welche unter anderem von der Partikelgrößenverteilung und der Partikelform abhängt, und der Geschwindigkeit der Partikelbewegung notwendig. Der vorliegende Abschnitt soll verschiedene Möglichkeiten der Berechnung dieser Größen aufzeigen.

Die Bildung der Partikeln kann in quasi-statischer oder dynamischer Art erfolgen:

a) Bei der statischen Art der Partikelbildung ist dessen Bildungszeit so groß, daß die Vergrößerung der Partikel sehr langsam erfolgt und deren Wechselwirkung mit der kontinuierlichen Phase entsprechend gering ist.

Vorgänge dieser Art sind zwangsläufig mit einem derart geringen Durchsatzvolumen der diskontinuierlichen Phase verbunden, daß sie kaum von technischem Interesse sind. Es wird daher auf eine nähere Beschreibung dieser Vorgänge verzichtet.

b) Im Gegensatz zum vorhergehenden kommt der dynamischen Art der Partikelbildung große praktische Bedeutung zu, unter anderem auch wegen der damit verbundenen wesentlich größeren Volumsdurchsätze.

Darauf wird in den folgenden Abschnitten eingegangen.

11.1.1 Dynamik der Blasenbildung und Blasengröße

Während die Vorgänge der statischen Blasenbildung schon weitgehend theoretisch erfaßt sind, ist man bei der dynamischen Blasenbildung zumeist auf empirische oder halbempirische Berechnungs-Gleichungen angewiesen.

Im Gegensatz zur statischen Blasenbildung ist bei dynamischen Vorgängen die Grenzfläche zwischen der Blase und der sie umgebenden Flüssigkeit beweglich.

Betrachtet man die Blasenbildung an einer Düse bzw. an einer kreisförmigen Öffnung, so läßt sich diese im Fall der dynamischen Bildung in zwei aufeinanderfolgende Schritte, und zwar der Expansion und der darauffolgenden Ablösung der Blase, unterteilen. Während des ersten Abschnittes wird sich die Blase so lange vergrößern, bis infolge des Kräftegleichgewichtes zwischen Auftriebskraft und der Summe aus Oberflächen- und der der Ausdehnung der Blase entgegenwirkenden Kraft sich diese erstmals abzulösen versucht. Dieser Vorgang erfolgt aber nicht spontan, sondern die Blase bleibt zunächst noch mit der Düse über einen schlauchähnlichen Fortsatz verbunden. Damit ist eine Gaszufuhr in das Blaseninnere so lange gewährleistet, bis die Verbindung in der Nähe der Düsenöffnung abreißt und die Blase nach oben aufsteigt.

Bezeichnet man das Volumen einer Blase, bei dem der Ablösevorgang einsetzt, als Gleichgewichtsvolumen oder Expansionsvolumen V_{Ex} und das zweite der beiden charakteristischen Volumina als Ablösevolumen V_{Ab}, so gilt:

$$V_{Bl} = V_{Ex} + V_{Ab} \tag{11.1}$$

Die Berechnung der beiden Glieder auf der rechten Gleichungsseite erfolgt nach theoretischen Berechnungsgleichungen von Kumar und Kuloor [11.6]. Die Theorie stützt sich dabei auf folgende Voraussetzungen:

1. Die kinetische Energie des Gases sei vernachlässigbar.
2. Die Gasblase nimmt sowohl während der Expansion als auch während des Ablösevorganges stets kugelförmige Gestalt an. Ferner wird angenommen, daß die Phasengrenzfläche starr sei und so die Blase während der gesamten Bildungsphase als Kugel mit veränderlichem Durchmesser aufgefaßt werden kann. Die von der Blase vor der Abschnürung zurückgelegt Entfernung sei dem Radius der Blase, die sich am Ende der Expansionsstadiums gebildet hat, gleich.

Durch Gleichsetzen der Auftriebskraft und der Summe aus Reibungs- und Grenzflächenspannungskraft sowie der Trägheitskraft, die im Augenblick des

Ablösens zusätzlich auftritt, ergibt sich für das Gleichgewichtsvolumen V_{Ex} unter Berücksichtigung nachstehender Definitionen:

Auftriebskraft:

$$K_A = V_{Ex}(\rho_{fl} - \rho_g)g \tag{11.2}$$

Reibungskraft:

$$K_R = G\pi\eta r_B u_B \tag{11.3}$$

Grenzflächenspannungskraft:

$$K_\sigma = \pi\sigma d_D \tag{11.4}$$

Trägheitskraft:

$$K_{Tr} = \frac{d}{dt}(Mu_B) = \frac{(\rho_g + \frac{11}{16}\rho_{fl})}{12\left(\frac{3}{4\pi}\right)^{2/3}} V^{-2/3} \tag{11.5}$$

und unter der Annahme, daß die Gasdichte im Vergleich zu der der Flüssigkeit sehr klein ist, folgender Ausdruck:

$$V_{Ex}^{5/3} = \frac{11\dot{V}^2}{192\pi\left(\frac{3}{4\pi}\right)^{2/3} g} + \frac{3\dot{V}\eta}{2\left(\frac{3}{4\pi}\right)^{1/3} g} V_{Ex}^{1/3} + \frac{\pi d_D\sigma}{\rho_{fl}g} V_{Ex}^{2/3} \tag{11.6}$$

Das Expansionsvolumen muß somit iterativ bestimmt werden. Die restlichen in Gl. (11.6) vorkommenden Größen bedeuten: ρ_g und ρ_{fl} die Dichten des Gases bzw. der Flüssigkeit, σ die Grenzflächenspannung, η die dynamische Viskosität, $\dot{V}$ den mittleren Volumendurchsatz des Gases an der Düse, d_D den Düsendurchmesser, u_B die dem Expansionsvolumen zugeordnete Blasenaufstiegsgeschwindigkeit während des Ablösevorganges und r_B den Blasenradius; M bedeutet die Masse und G das Gewicht der Blase.

Zur Berechnung des Ablösevolumens V_{Ab} in Gl. (11.1), das dem Produkt aus der volumetrischen Durchflußgeschwindigkeit und der Ablösezeit t_{Ab} gleichkommt, gibt Ruff [11.9] nachstehende empirische Berechnungsgleichung an:

$$V'_{Ab} = 1 + 4\eta'^{0.75} \tag{11.7}$$

Mit V'_{Ab} und η' wird das dimensionslose Blasenvolumen bzw. die dimensionslose Zähigkeit bezeichnet. Diese sind wie folgt definiert:

$$V'_{Ab} = \frac{V_{Ab}g^{3/5}}{\dot{V}^{6/5}} \tag{11.8}$$

und

$$\eta' = \frac{\eta}{g^{1/5}\dot{V}^{3/5}} \tag{11.9}$$

Ausgehend von sehr kleinen Durchsätzen werden demnach mit zunehmendem Volumenstrom $\dot{V}$ mehrere Zwischenzustände, die durch eine lineare Änderung in der Bildungsfrequenz und größer werdende Blasendurchmesser gekennzeichnet sind, durchlaufen, bis schließlich ein Zustand erreicht wird, bei dem der Blasendurchmesser einen maximalen Wert annimmt. Damit ist die obere Grenze des Durchsatzbereiches erreicht, bei dem die Bildung von Einzelblasen für eine Düse gewährleistet ist. Ein Überschreiten dieses Grenzwertes führt zu einer Zerteilung des Gasvolumenstromes in mehrere kleine Blasen, deren Durchmesser im allgemeinen sehr unterschiedlich sind.

Für den Grenzdurchsatz am Übergang zwischen den beiden Bereichen gibt RUFF nachstehende Beziehung an:

$$\dot{V}_{gr} = \frac{\pi}{4} d_D^2 \sqrt{\frac{a}{4\rho_g}} \left[\frac{2\sigma}{d_D} + 0{,}5(\rho_{fl} - \rho_g) g^{4/5} \dot{V}_{gr}^{2/5}\right] \qquad (11.10)$$

Mit a wird eine Konstante bezeichnet, für die im Fall eines kolbenförmigen Geschwindigkeitsprofils in der Düse der Wert 4 und für ein parabelförmiges der Wert 3 einzusetzen sind.

Da die nachfolgenden Ausführungen ausschließlich den Stoffübergang an Einzelblasen betreffen, wird in diesem Zusammenhang auf eine Erweiterung des oben beschriebenen Zustandsbereiches zu höheren Gasdurchsätzen, die über dem Grenzdurchsatz liegen, verzichtet. Eine ausführliche Darstellung darüber findet man bei BRAUER [11.12].

Die wesentliche Bedeutung von Gl. (11.6) liegt darin, daß sie aus Versuchsergebnissen halbtechnischer Anlagen entwickelt wurde. Ein Vergleich mit experimentellen Meßergebnissen zeigt eine befriedigende Übereinstimmung. Die maximale Abweichung beträgt ca. 20% (vgl. BRAUER [11.5]).

Um die Aufstellung von Berechnungsgleichungen mit einem möglichst großen Gültigkeitsbereich haben sich neben den bisher genannten Autoren auch noch andere bemüht. Von den weiteren Arbeiten seien vor allem die von MERSMANN [11.7] und SIEMES [11.8] erwähnt.

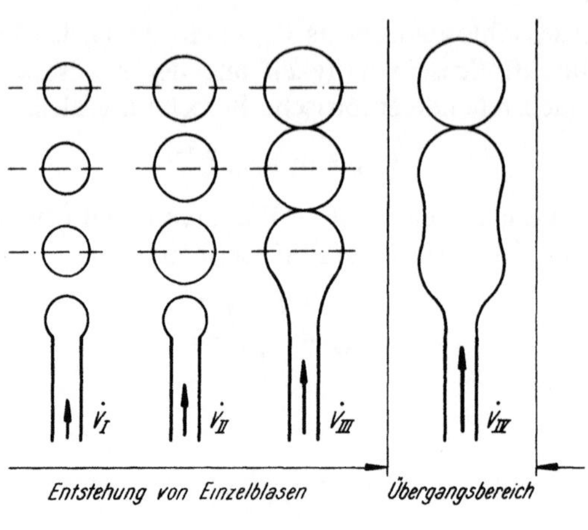

Abb. 11.1. Schematische Darstellung der Blasenbildung in Abhängigkeit des Gas-Volumstromes

Bisher beschränkten sich die Aussagen ausschließlich auf die Bildung von Einzelblasen an Düsen oder kreisrunden Öffnungen. Es handelt sich dabei um sogenannte Dispergiervorgänge, die durch verhältnismäßig geringe Volumsdurchsätze gekennzeichnet sind. Diese einschränkende Voraussetzung hat aber zur Folge, daß alle daraus gewonnenen Erkenntnisse zwar wichtige Grundlagen im Hinblick auf die Beschreibung des Stofftransportmechanismus an Einzelblasen darstellen, für technisch bedeutsame Bildungsvorgänge aber meist nicht mehr als Anhaltswerte sein können, da bei diesen Vorgängen im allgemeinen ein Vielfaches von den Gasdurchsätzen, die bei der Bildung von Einzelblasen in die Flüssigkeit einzutragen sind, angestrebt wird. Während bei sehr kleinen Gasdurchsätzen die Gasblasen noch annähernd kugelförmige Gestalt aufweisen und sich in periodischer Reihenfolge von der Austrittsöffnung loslösen, wird eine Durchsatzerhöhung Abweichungen von der Form und Größe der Blase, aber auch Änderungen in der Bildungsfrequenz zur Folge haben. Das geht auch deutlich aus Abb. 11.1 hervor, die eine schematische Darstellung der Blasenbildung in Abhängigkeit des Gasvolumstroms wiedergibt.

11.1.2 Dynamik der Tropfenbildung und Tropfengröße

Bei der Tropfenbildung hat man es im wesentlichen mit zwei Entstehungsarten zu tun. Der einfachere Fall ist die Bildung an Düsen oder Lochplatten, um Flüssigkeiten in dispergierter Form in eine zweite, mit der ersten nicht oder nur teilweise mischbaren Flüssigkeit einzubringen. Im einfachsten Fall sind die Öffnungen kreisförmig und vertikal angeordnet.

Komplexer wird die Beschreibung der Tropfenbildung in Gasen (Zerstäubung) insbesondere dann, wenn zur Zerstäubung der Flüssigkeit rotierende Elemente, wie Scheiben oder Hohlzylinder, eingesetzt werden. Auf die Darstellung der dabei auftretenden Bildungsmechanismen wird hier verzichtet, da der vorliegende Abschnitt sich ausschließlich mit den physikalischen Grundlagen für die spätere Behandlung des Stoffüberganges an Einzeltropfen befaßt. Von den Betrachtungen ausgeschlossen sind ferner auch instationäre Vorgänge, Koaleszenzvorgänge und Instabilitäten.

Prinzipiell lassen sich bei der Tropfenbildung in Abhängigkeit vom Durchsatz drei Bereiche unterscheiden.

Während bei kleinen Flüssigkeitsdurchsätzen (0,10 – 0,15 m/s) sich periodisch gleich große Tropfen, die direkt an der Düsenaustrittsöffnung entstehen, bilden, führt eine Steigerung des Durchsatzes vorerst (0,1 – 1 m/s) zur Ausbildung von Flüssigkeitsstrahlen, von deren Spitze sich Tropfen unterschiedlicher Größe ablösen, und bei noch höheren Durchsätzen zerfällt die Flüssigkeit direkt an der Düsenkante in ungleichförmige Tropfen. Die Durchsätze für technisch interessante Vorgänge liegen an der oberen Grenze der periodischen Bildung und oft auch darüber.

Innerhalb der einzelnen Zustandsbereiche sind verschiedenartige Kräfte wirksam. Im Fall der periodischen Bildung werden es im speziellen Oberflächen- und Verdrängungskräfte sein, die auch für die Bildung der kugelförmigen Form verantwortlich sind, und bei größeren Durchsätzen sind es vor allem die Strömungskräfte, die hier einen bedeutenden Einfluß auf den Bildungsmechanismus ausüben und damit die Zerstäubung bewirken.

Mit dem Problem der Tropfenbildung bei niedrigen Durchsätzen ($u_D < 0{,}03$ m/s) haben sich insbesondere NULL und JOHNSON [11.10], SCHEELE und MEISTER [11.11], sowie HAYWORTH und TREYBAL [11.13] beschäftigt. Dabei zeigte sich, daß das Tropfenvolumen zum Zeitpunkt der Ablösung allein eine Funktion der Stoffwerte, des Volumenstromes der zu dispergierenden Flüssigkeit und des Düsendurchmessers ist. Die Tropfengröße nimmt mit zunehmender Grenzflächenspannung, abnehmenden $\Delta\rho$, zunehmenden η_c und größer werdenden Düsendurchmessern zu[1].

Zur Ermittlung des Tropfendurchmessers empfiehlt sich ein von HAYWORTH und TREYBAL erstelltes Diagramm (Abb. 11.2), in dem der Tropfendurchmesser über den Abszissenwert H für mehrere Werte von $I = 0{,}0041\ \rho_d u_D^2/\Delta\rho$ dargestellt ist. Der Abszissenwert H ist dabei wie folgt definiert:

$$H = 2{,}1 \cdot 10^{-3} \frac{\sigma d_D}{\Delta\rho} + 10{,}7 \cdot 10^{-3} \left[\frac{d_D^{0,747} u_D^{0,365} \eta_c^{0,186}}{\Delta\rho}\right]^{3/2} \tag{11.11}$$

Mit $\Delta\rho$ wird die Dichtedifferenz, mit η_c die dynamische Viskosität des Kontinuums sowie mit u_D die Geschwindigkeit in der Düse bezeichnet.

Die Vorgänge der Tropfenbildung bei mittleren und höheren Durchsätzen bzw. Düsenaustrittsgeschwindigkeiten über 0,03 m/s wurden ebenso in zahlreichen wissenschaftlichen Arbeiten näher untersucht. Hingewiesen sei hier vor allem auf die Arbeiten von SIEMES und KAUFMANN [11.14] sowie NORDBERG [11.15], der folgende empirische Berechnungsgleichung für die spezifische Oberfläche eines Tropfens angibt

$$a = \frac{A}{V} = \frac{4}{d_D}\left(\frac{\Delta\rho_g d_D^2}{\sigma}\right)^{1/3} \tag{11.12}$$

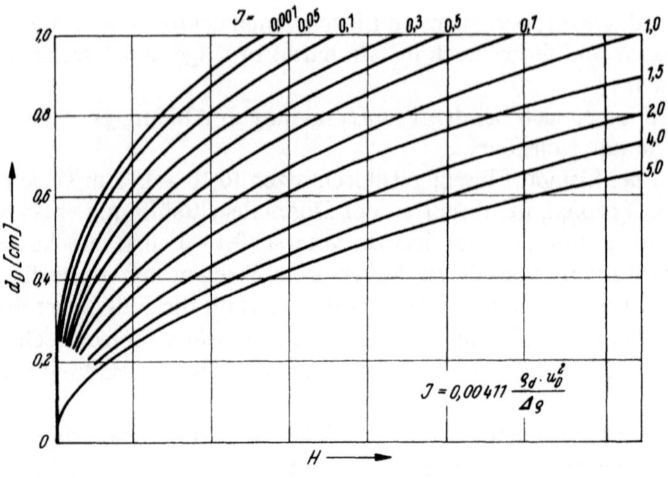

Abb. 11.2. Diagramm zur Ermittlung der Tropfengröße nach [11.13]

[1] Im folgenden bezeichnet stets der Index c die kontinuierliche Phase, d die disperse Phase.

Eine Extrapolation von Gl. (11.12) über den experimentell erfaßten Bereich (0,1 – 2 m/s) ist nicht zu empfehlen, da ein Vergleich mit Meßwerten innerhalb dieses Bereiches schon eine Streuung bis zu 45% ergab. Die verhältnismäßig starke Streuung dürfte auf das sehr breite Tropfenspektrum bei höheren Flüssigkeitsdurchsätzen zurückzuführen sein.

Bei weiterer Steigerung des Durchsatzes bzw. der Flüssigkeitsgeschwindigkeit u_D wird nicht mehr die Bildung von Einzeltropfen sondern ein Zerfall des Flüssigkeitsvolumens in mehrere kleine Tropfen mit unterschiedlichem Durchmesser erfolgen. Nach SCHEELE und MEISTER [11.11] findet der Übergang bei einer Geschwindigkeit

$$u_D = \left[\frac{3\sigma}{d_D \rho_d}\left(1 - \frac{d_D}{d_d}\right)\right]^{1/2} \tag{11.13}$$

statt.

Damit ist es möglich, durch Iteration den Durchmesser bzw. die Oberfläche eines Einzeltropfens nach Ablösung von der Düse oder Lochplatte, in Abhängigkeit von den durch das System vorgegebenen Bedingungen, zu berechnen. Diese Größen sind für die Bestimmung der Stoffaustauschfläche erforderlich.

11.1.3 Bewegung von Blasen und Tropfen

Die Bewegung einer Gasblase bzw. die eines Tropfen ist lediglich im Bereich sehr kleiner Reynolds-Zahlen und unter der Voraussetzung, daß sich das betreffende Partikel wie eine starre Kugel verhält, in Form einer gemeinsamen Darstellung möglich. Ansonsten sind die Gesätzmäßigkeiten für Blasen und Tropfen getrennt zu behandeln.

Betrachtet man den Sonderfall der geradlinigen, senkrechten Bewegung eines Partikels mit starrer Oberfläche, dann besitzt dieses auf dem Weg durch das umgebende Medium, abgesehen von einer kurzen Zeit nach der Bildungsphase, eine konstante Steig- oder Fallgeschwindigkeit. Diese errechnet sich aus dem Stokesschen Gesetz, das sich aus dem Gleichgewicht der am Partikel angreifenden Kräfte (Auftrieb-, Trägheits-, Widerstands- und Oberflächenkräfte) ableitet. Es gilt

$$u_d = \frac{1}{18}\,\frac{g d_g^2(\rho_c - \rho_d)}{\eta_c} \tag{11.14}$$

Für Partikel mit beweglicher Oberfläche läßt sich im Bereich der schleichenden Strömung (Re < 1) die Steig- bzw. Fallgeschindigkeit nach einer von HADAMARD und RYBCZYNSKI (vergleiche [11.16]) erstellten Berechnungsgleichung ermitteln. Diese lautet

$$u_d = \frac{1}{18}\,\frac{g d_d^2(\rho_c - \rho_d)}{\eta_c}\left[\frac{3\eta_c + 3\eta_d}{2\eta_c + 3\eta_d}\right] \tag{11.15}$$

Der Term vor der Klammer entspricht dem Stokesschen Gesetz nach Gl. (11.14) und der in Klammer gesetzte Ausdruck dem *Hadamard-Rybczynski-Korrekturfaktor*, wobei mit η_c die dynamische Viskosität der kontinuierlichen Phase und mit η_d die der dispersen Phase bezeichnet wird.

Ist $\eta_d \ll \eta_c$, so nimmt der Korrekturfaktor mit 3/2 den größten Wert an. Das bedeutet, daß die Geschwindigkeit in diesem Fall 1,5 mal so groß ist wie die eines

Partikels von gleicher Dichte, aber starrer Grenzfläche. Kann hingegen angenommen werden, daß $\eta_c \ll \eta_d$ ist, so geht das Korrekturglied in den Faktor 1 über. In dem Fall entspricht das HADAMARD-RYBCZYNSKI-Gesetz jenem von STOKES.

Bewegung von Blasen bei mittleren und größeren Reynolds-Zahlen. Eine theoretische Erfassung der Steig- bzw. Sinkgeschwindigkeit für Blasen bei mittleren und größeren Reynolds-Zahlen ist bisher nicht möglich. Die exakte Erfassung des Problems wäre gleichbedeutend einer mathematischen Modellvorstellung, die nicht nur die Bewegungen der Phasengrenzfläche und der Innenzirkulation beinhaltet, sondern auch die Oszillation und die Deformation.

Die bisher ausführlichste Information über die Bewegung von Blasen in ruhenden Medien stammt aus Untersuchungen von PEEBLES und GARBER [11.17]. Danach ist die Blasenaufstiegsgeschwindigkeit eine Funktion des Partikeldurchmessers und der physikalischen Stoffgrößen der die Blase umgebenden Flüssigkeit. Diese nimmt mit größer werdendem Blasendurchmesser zu, bis bei einem Maximum, dessen Größe von den Parametern des kontinuierlichen Systems abhängt, ein geringer Abfall in der Geschwindigkeit zu bemerken ist und danach aber wieder mit dem Blasendurchmesser ansteigt.

Im Bereich Re > 2,2 treten nach PEEBLES und GARBER zunächst Kugelblasen mit innerer Zirkulation auf. Für deren Steiggeschwindigkeit gibt GRASSMANN [11.18] nachstehende Beziehung an:

$$u_d = 0{,}146 \sqrt{\frac{g^{1,5} d_d^{2,5}}{\nu_c}} \tag{11.16}$$

Die obere Gültigkeitsgrenze für diese Beziehung lautet nach BRAUER [11.12]

$$\mathrm{Re} = 4{,}02 \left[\frac{\rho_c \sigma^3}{g \eta_c^4}\right]^{0,214} \tag{11.17}$$

Darüber hinaus treten abgeflachte ellipsoide Blasen mit innerer Zirkulation auf. Nach PEEBLES und GARBER gilt für diesen Bereich

$$u_d = 1{,}91 \sqrt{\frac{\sigma}{\rho_c d_d}} \tag{11.18}$$

mit der oberen Bereichsgrenze

$$\mathrm{Re} = 3{,}10 \left[\frac{\rho_c \sigma^3}{g \eta_c^4}\right]^{0,25} \tag{11.19}$$

Oberhalb der durch Gl. (11.19) festgelegten Grenzen treten regellos geformte Blasen auf. Deren mittlere Steiggeschwindigkeit erhält man nach [11.18] aus der Beziehung

$$u_d = 0{,}714\, g d_D \tag{11.20}$$

Die Steiggeschwindigkeit nimmt in diesem Bereich mit zunehmendem Blasendurchmesser wieder zu.

Bewegung von Tropfen bei mittleren und größeren Reynolds-Zahlen. Nach Mersmann [11.19] ist die Tropfengeschwindigkeit im Bereich mittlerer und größerer Reynolds-Zahlen eine Funktion des Tropfendurchmessers und der physikalischen Stoffeigenschaften des Systems. Sie wächst annähernd linear mit dem Partikeldurchmesser, bis ab einem Maximalwert die Geschwindigkeit auch mit zunehmendem Tropfendurchmesser nicht weiter ansteigt. Diese ist ausschließlich eine Funktion der Stoffwerte und wird durch nachstehende empirische Beziehung bestimmt:

$$u_d = 2{,}5\,\sqrt[3]{\frac{\Delta\rho^{0,867}\eta_c^{0,2}g^{0,8}\sigma^{0,6}}{\eta_c^{1,667}}} \qquad (11.21)$$

In einer neueren Arbeit faßt Mersmann [11.19] eine Vielzahl der für Blasen und Tropfen bekannten Meßwerte zusammen und versucht, daraus ein für beide gemeinsam anwendbares Diagramm zur Ermittlung der Partikelgeschwindigkeit aufzustellen.

11.2 Theorie des Stoffüberganges bei Blasen und Tropfen

Die theoretische Behandlung des Stoffüberganges durch die Grenzfläche von Blasen und Tropfen umfaßt die Beschreibung des Konzentrationsfeldes im Inneren und in der Umgebung des Partikels. Damit werden die Grundlagen für die Berechnung der örtlichen und über die Partikeloberfläche gemittelten Stoffübergangskoeffizienten sowie der betreffenden Sherwood-Zahlen für die kontinuierliche und disperse Phase geschaffen.

Ausgangspunkt für die weiteren Überlegungen sind die Kontinuitäts- und Stoffaustauschgleichungen. Auf die Lösung der Bewegungsgleichung kann im speziellen Fall verzichtet werden. Diese sind in ihrer allgemeinen Form aus Abschnitt 4.3 bekannt, können für das vorliegende Problem aber wesentlich vereinfacht dargestellt werden. Dazu sind folgende Vorausetzungen notwendig:

1. Kugelförmige Gestalt des Partikels.
2. Stationäre, geradlinige Bewegung des Partikels in einer unendlich ausgedehnten Umgebung.
3. Potentialströmung in der Umgebung des Partikels; das heißt Zähigkeitseinflüsse werden in diesem Bereich vernachlässigt.
4. Veränderungen der Grenzfläche, die auf Volumsänderungen zurückzuführen sind, bleiben unberücksichtigt.
5. Gültigkeit des Fickschen Gesetzes für die Beschreibung der molekularen Transportvorgänge.

Unter Berücksichtigung dieser Annahmen läßt sich das vorliegende Problem so weit vereinfachen, daß zumindest in Sonderfällen eine geschlossene theoretische Behandlung möglich ist. Für ein kartesisches Koordinatensystem gelten dabei nachstehende Beziehungen:

Kontinuitätsgleichung (vergleiche Tab. 4.3):

$$\frac{\partial u}{\partial x} + \frac{\partial v}{\partial y} + \frac{\partial w}{\partial z} = 0 \qquad (11.22)$$

Stoffaustauschgleichung (vergleiche Tab. 4.3):

$$u\frac{\partial c_i}{\partial x} + v\frac{\partial c_i}{\partial y} + w\frac{\partial c_i}{\partial z} = D_{ij}\left(\frac{\partial^2 c_i}{\partial x^2} + \frac{\partial^2 c_i}{\partial y^2} + \frac{\partial^2 c_i}{\partial z^2}\right) \tag{11.23}$$

Mit u, v, w sind hierin die Geschwindigkeitskomponenten in den einzelnen Koordinatenrichtungen und mit c_i die örtliche Konzentration der übergehenden Komponente i bezeichnet.

Beschränkt man die weiteren Ausführungen auf den Fall, daß das betreffende Partikel parallel zur senkrechten Achse (z-Koordinate) angeströmt wird (bzw. sich in entgegengesetzter Richtung dazu bewegt), so entfallen in der Kontinuitäts- und Stoffaustauschgleichung die auf die z-Richtung bezogenen Terme, da in Umfangsrichtung durch die symmetrische Umströmung der Kugel keine örtliche Änderung der Geschwindigkeit und Konzentration auftritt. In diesem Fall lassen sich die Betrachtungen auf einen ebenen Schnitt im Koordinatensystem x, y beschränken. Zur Vereinfachung des mathematischen Aufwandes werden dazu die Gln. (11.22) und (11.23) auf ein neues Koordinatensystem umgerechnet, in dem, wie Abb. 11.3 zeigt, $\bar{y}$ die Länge der Normalen zur Oberfläche, $\bar{x}$ die Länge des betreffenden Umfangkreises vom vorderen Staupunkt zum Fußpunkt der Normalen und r' den senkrechten Abstand vom Ortspunkt zur Rotationsachse darstellt. Die zugehörigen Geschwindigkeitskomponenten sind $\bar{u}$ und $\bar{v}$.

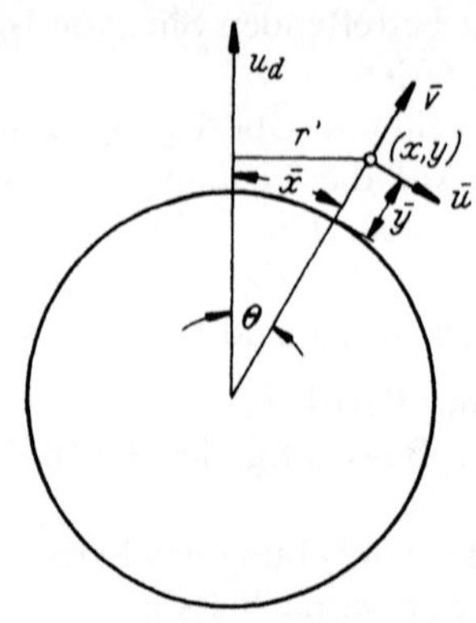

Abb. 11.3. Zur Erklärung der Koordinatentransformation an einer Kugeloberfläche

Damit geht die Kontinuitäts- und Stoffaustauschgleichung, vorausgesetzt, daß die Diffusionsgrenzschicht wesentlich kleiner ist als der betreffende Partikelradius r_0 und so die Tangentialdiffusion $D_{ij}(\partial^2 c_i/\partial x^2)$ vernachlässigbar klein wird, in nachstehende Beziehung über [11.20]:

$$\frac{\partial(r'u)}{\partial \bar{x}} + \frac{\partial(r'v)}{\partial \bar{y}} = 0 \tag{11.24}$$

$$\bar{u}\frac{\partial c_i}{\partial x} + \bar{v}\frac{\partial c_i}{\partial y} = D_{ij}\frac{\partial^2 c_i}{\partial y^2} \tag{11.25}$$

Eine geschlossene analytische Lösung dieses Gleichungssystemes war bisher noch nicht möglich, so daß man hier auf Näherungslösungen oder Analogiebetrachtungen angewiesen ist. Dazu ist es vorteilhaft, wenn man die Zahl der Veränderlichen durch Einführung dimensionsloser Kenngrößen verringert. Um die Gln. (11.24) und (11.25) in eine dimensionslose Form zu bringen, bezieht man die dimensionsbehafteten Größen auf zweckmäßig gewählte Bezugsgrößen, die nachstehend zusammengestellt sind. Die sich daraus ergebenden dimensionslosen Größen sind durch den Index 1 gekennzeichnet.

dimensionsbehaftete Größen	Bezugsgrößen	dimensionslose Größen	
$\bar{u}$	u_∞	$u_1 = \frac{\bar{u}}{u_\infty}$	bezogene Geschwindigkeit in Richtung der x-Achse
$\bar{v}$	u_∞	$v_1 = \frac{\bar{v}}{u_\infty}$	bezogene Geschwindigkeit in Richtung der y-Achse
$\bar{x}$	r_0	$x_1 = \frac{\bar{x}}{r_0}$	bezogene Längskoordinate
$\bar{y}$	r_0	$y_1 = \frac{\bar{y}}{r_0}$	bezogene Radialkoordinate
r'	r_0	$r_1 = \frac{r'}{r_0}$	bezogene Querkoordinate
c_i	$c_{i_I}^* - c_{i0}$	$c_i = \frac{c_i - c_{i0}}{c_{i_I}^* - c_{i0}}$	bezogene Moldichte der auszutauschenden Komponente A
		$\mathrm{Pe} = \frac{d_0 U}{D}$	Peclet-Zahl

Führt man die oben angeführten dimensionslosen Größen in die Kontinuitäts- bzw. Stofftransportgleichung ein, so ergeben sich für die Differentialgleichungen (11.24) und (11.25) nachstehende Ausdrücke:

$$\frac{\partial}{\partial x_1}(u_1 r_1) + \frac{\partial}{\partial y_1}(v_1 r_1) = 0 \tag{11.26}$$

$$u_1 \frac{\partial c_1}{\partial x_1} + v_1 \frac{\partial c_1}{\partial y_1} = \frac{1}{\mathrm{Pe}} \frac{\partial^2 c_1}{\partial y_1^2} \tag{11.27}$$

Die dazugehörigen Anfangs- und Randbedingungen sind

$$c_1 = 1 \quad \text{bei } y_1 = 0 \text{ und allen } x_1$$

$$c_1 = 0 \quad \text{bei } y_1 = \infty \text{ und allen } x_1 \tag{11.28}$$

Innerhalb der laminaren Konzentrationsgrenzschicht δ_c wird sich die Geschwindigkeit nur linear mit dem Abstand $\bar{y}$ von der Phasengrenzfläche ändern. Die in Gln. (11.26) und (11.27) angegebene dimensionslose Tangentialgeschwindigkeit u_1 wurde deshalb von CALDERBANK und LOCHIEL [11.21] in der Umgebung der Phasengrenzfläche in eine Taylor-Reihe entwickelt. Beschränkt man sich dabei nur auf die ersten beiden Glieder der Reihe, so gilt

$$u_1 = u_{10} + \left(\frac{\partial u_1}{\partial y_1}\right)\bigg|_{y_1=0} \cdot y_1 \tag{11.29}$$

bzw.

$$u_1 = u_{10} + u'_{10} y_1 \tag{11.30}$$

Unter Berücksichtigung von Gl. (11.30) läßt sich weiters für die in der Grenzschicht auftretende Geschwindigkeit v_1 nachstehende Beziehung herleiten (vergleiche 11.20):

$$v_1 = -\frac{1}{r_1}\frac{\partial}{\partial x_1}\left[\left(u_{10}y_1 + \frac{u'_{10}y_1^2}{2}\right)r_1\right] \tag{11.31}$$

Führt man nun die Ausdrücke (11.30) und (11.31) in die Stofftransportgleichung (11.27) ein und berücksichtigt ferner den Zusammenhang zwischen den Komponenten u_1 und v_1 nach Gl. (11.26), so ergibt sich für Gl. (11.27) die weitere Form

$$(u_{10} + u'_{10}y_1)\frac{\partial c_1}{\partial x_1} - \frac{1}{r_1}\frac{\partial}{\partial x_1}\left[\left(u_{10}y_1 + \frac{u'_{10}y_1^2}{2}\right)r_1\right]\frac{\partial c_1}{\partial y_1} = \frac{2}{\text{Pe}}\frac{\partial^2 c_1}{\partial y_1^2} \tag{11.32}$$

Gl. (11.32) stellt unter der Voraussetzung einer ausgebildeten Grenzschichtströmung die allgemeine dimensionslose Differentialgleichung für den Stoffaustausch in der Umgebung eines umströmten fluiden Partikels dar. Zur Beschreibung des Konzentrationsfeldes sind außerdem noch die bereits angegebenen Rand- und Anfangsbedingungen (11.28) zu beachten.

Als allgemein gültige Lösung für das zeitunabhängige Konzentrationsfeld in der Umgebung des umströmten Partikels läßt sich nachstehender funktioneller Zusammenhang angeben:

$$c_1 = f[r_1, (\text{ReSc}), x_1, y_1] \tag{11.33}$$

Die Form dieser Funktion läßt sich streng nur rechnerisch, näherungsweise aber auch durch Analogiebetrachtungen bestimmen.

Zur Berechnung der durch die Phasengrenzfläche hindurchtretenden örtlichen Stoffstromdichte $\dot{n}_{A,y}$ wird vom Fickschen Gesetz nach Gl. (7.13) ausgegangen. An der Stelle $\bar{y} = 0$ gilt:

$$\dot{n}_{i,\bar{y}} = -D\left(\frac{\partial c_i}{\partial \bar{y}}\right)\bigg|_{\bar{y}=0} \tag{11.34}$$

Hierin stellt $(\partial c_i/\partial \bar{y})|_{\bar{y}=0}$ den von der Koordinate $\bar{x}$ abhängigen Konzentrationsgradient an der Phasengrenzfläche dar. Weiters läßt sich die örtliche Molstromdichte $\dot{n}_{i,\bar{y}}$ auch mittels der allgemeinen Stoffaustauschgleichung

$$\dot{n}_{i,\bar{y}} = \beta(c_{iI}^* - c_{i\infty}) \tag{11.35}$$

beschreiben.

Integriert man Gl. (11.35) über die Oberfläche A der Kugel, so erhält man die gesamte übertragene Stoffmenge $\dot{N}$:

$$\dot{N} = \beta A(c_{iI}^* - c_{i\infty}) = -2\pi \int_x \left(\frac{\partial c_i}{\partial \bar{y}}\right)\bigg|_{\bar{y}=0} r\,d\bar{x} \qquad (11.36)$$

Hierin ist mit β der über Zeit und Ort gemittelte Stoffübergangskoeffizient bezeichnet (vergleiche Abschnitt 9.5).

Spezielle Lösungen für kugelförmige Partikel mit beweglicher Phasengrenzfläche. Beschränkt man die Untersuchungen des Stoffüberganges an der Grenzfläche von Blasen und Tropfen auf den Bereich kleiner und sehr großer Reynolds-Zahlen, so läßt sich eine geschlossene Lösung der differentiellen Stoffaustauschgleichung (11.32) angeben. Die Lösung für die beiden Grenzfälle ist deshalb bedeutsam, da sie einen Überblick über das Verhalten und die Gesetzmäßigkeiten beim stationären Stofftransport an kugelförmigen Partikeln mit einer beweglichen Phasengrenzfläche geben. Darüber hinaus können diese Lösungen aber auch dazu beitragen, den Aufwand für eine numerische Lösung der Gl. (11.32) wesentlich zu verringern.

I. Bereich niedriger Reynolds-Zahlen (Re < 1): Beschränkt man sich bei der theoretischen Betrachtung des Stoffüberganges an kugelförmigen Partikeln auf den Bereich der schleichenden Strömung (Re < 1), dann vereinfacht sich der Aufwand zur Lösung der Differentialgleichung erheblich, da im gegebenen Fall die Trägheitsglieder in der Bewegungsgleichung unberücksichtigt bleiben.

Die analytische Berechnung des Konzentrationsfeldes sowie des Stoffübergangskoeffizienten und der Sherwood-Zahl sind für diesen Bereich in zahlreichen Arbeiten theoretisch untersucht worden. Hingewiesen sei in diesem Zusammenhang vor allem auf die Arbeiten von Hadamard [11.22].

Hadamard löste das Problem, indem er die Hauptströmung mit Hilfe der Potentialtheorie erfaßte. Er fand auf diese Weise nachstehenden Zusammenhang für die dimensionslose Geschwindigkeitskomponente in x-Richtung

$$u = \frac{1}{(R + \bar{y}) \sin \Theta} \frac{\partial \psi}{\partial y} \qquad (11.37)$$

Dabei bedeutet ψ die mit Hilfe der Potentialtheorie errechnete Stromfunktion.

Damit ergibt sich für die dimensionslose Tangentialgeschwindigkeit u_{10} an der Grenzfläche des Partikels der Ausdruck

$$u_{10} = \frac{\sin \Theta}{2}\left(\frac{\eta_c}{\eta_d + \eta_c}\right) \qquad (11.38)$$

Daraus folgt

$$u'_{10} = \frac{\sin \Theta}{2}\left(\frac{3\eta_d + \eta_c}{\eta_d + \eta_c}\right) \qquad (11.39)$$

Ersetzt man u_{10} und u'_{10} in Gl. (11.32) durch (11.38) und (11.39), dann ergibt sich nach Lösung und Integration für die über die Oberfläche gemittelte Sherwood-Zahl

$$\mathrm{Sh} = 0{,}65\left(\frac{\eta_c}{\eta_d + \eta_c}\right)^{1/2} \mathrm{Pe}^{1/2} \tag{11.40}$$

Die Gültigkeit dieser Beziehung ist durch die ihr zugrundegelegte dünne Konzentrationsgrenzschicht beschränkt. Diese Voraussetzung verlangt, daß die Peclet-Zahl ($\mathrm{Pe} = \mathrm{ReSc}$) sehr groß sein muß, da die Dicke der Konzentrationsgrenzschicht gemäß Abschnitt 9.6 mit zunehmenden Werten des Produktes ReSc abnimmt. Das ist dann der Fall, wenn bei großen Pe-Werten die Bedingung $\mathrm{Sc} > 1$ erfüllt ist, da für Re ein Wert kleiner als 1 vorausgesetzt wurde.

Der Gültigkeitsbereich der Berechnungsgleichung (11.40) errechnet sich unter diesen Voraussetzungen zu

$$\mathrm{Pe} \gg 2{,}4\left(3\frac{\eta_d}{\eta_c} + 1\right)^2 \left(\frac{\eta_d}{\eta_c} + 1\right) \tag{11.41}$$

Die von Griffith [11.23] durchgeführten theoretischen Untersuchungen bestätigen die von Hadamard gefundenen Ergebnisse. Sie unterscheiden sich nur unwesentlich im Wert der konstanten Größe in Gl. (11.40). Erwähnt seien in diesem Zusammenhang auch die Untersuchungen von Ruckenstein [11.24]. Die von ihm durchgeführte näherungsweise Lösung der Differentialgleichung (11.32) zeigt ebenfalls gute Übereinstimmung mit den Ergebnissen nach Hadamard. Somit dürfen diese Gleichungen als recht zuverlässig angesehen werden und unter Berücksichtigung des angegebenen Gültigkeitsbereiches als Grundlage für die Berechnung des Stofftransportes durch die Grenzfläche von Blasen und Tropfen bei Reynolds-Zahlen < 1 verwendet werden.

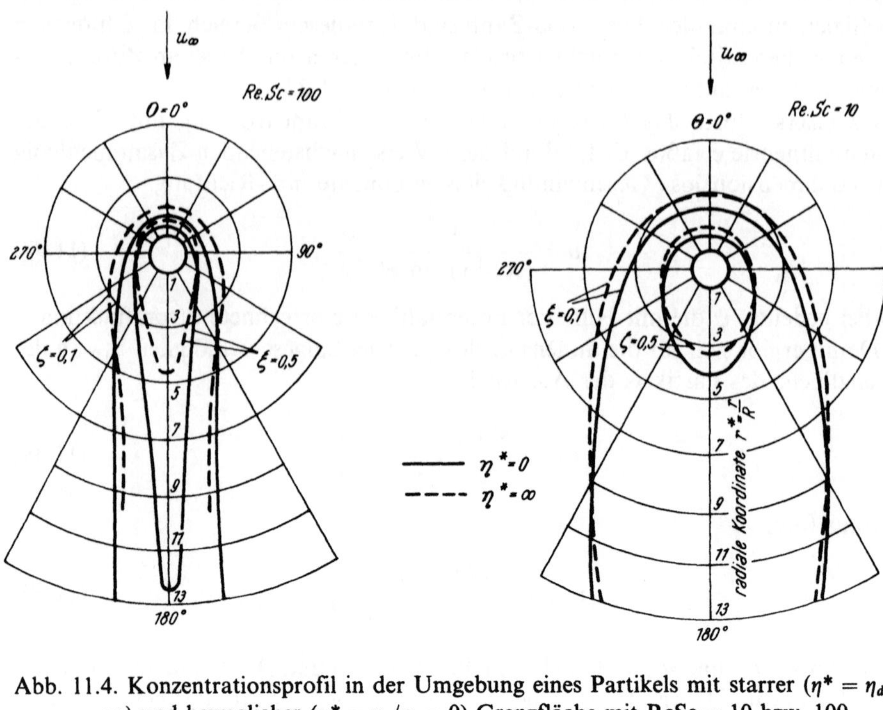

Abb. 11.4. Konzentrationsprofil in der Umgebung eines Partikels mit starrer ($\eta^* = \eta_d/\eta_c = \infty$) und beweglicher ($\eta^* = \eta_d/\eta_c = 0$) Grenzfläche mit $\mathrm{ReSc} = 10$ bzw. 100

II. Bereich großer Reynolds-Zahlen ($\mathrm{Re} \gg 1$): Während eine theoretische Beschreibung des Geschwindigkeits- und Konzentrationsfeldes für die Umströmung einer starren Kugel im Bereich sehr großer Reynolds-Zahlen bisher nur sehr eingeschränkt möglich war (vergleiche Abschnitt 8.2), gelang es CHAO [11.25], für kugelförmige Partikel mit einer sehr stark bewegten Phasengrenzfläche eine geschlossene Lösung der Stoffaustauschgleichung anzugeben. Der Einfluß der Strömungsverhältnisse auf das Konzentrationsfeld geht aus Abb. 11.4 hervor, in der für verschiedene Reynolds-Zahlen der Verlauf konstanter Konzentrationen – angegeben in $\zeta = c_A/c_{A_0}$ – in der Umgebung eines umströmten kugelförmigen Partikels dargestellt ist. Daraus ist ersichtlich, daß sich rein qualitativ immer derselbe Kurvenverlauf einstellt.

Abb. 11.4 zeigt ferner, daß die Linien konstanter Konzentration bei Partikeln mit stark bewegter Oberfläche ($\eta_d/\eta_c = 0$) im Bereich der Grenzschichtströmung dichter an der Oberfläche liegen als bei starren Kugeln ($\eta_d/\eta_c = \infty$). Die Ursache dafür liegt in den durch die Beweglichkeit der Grenzfläche wesentlich höheren Geschwindigkeiten nächst der Phasengrenzfläche, da dadurch der konvektive Transport des übergehenden Stoffes erheblich verstärkt wird. Auf der Rückseite hingegen rücken die Linien konstanter Konzentrationen bei starren Partikeln näher an die Oberfläche als bei solchen mit stark bewegter Grenzfläche. Dies ist darauf zurückzuführen, daß bei starren kugelförmigen Körpern mit größer werdenden Re-Zahlen Rückströmungen auftreten, während bei formstabilen Blasen oder Tropfen bis in einen Bereich großer Werte der Re-Zahl keine Ablösungen festgestellt werden konnten. Dies bestätigen auch die Arbeiten von BRAUER [11.5].

Die theoretische Untersuchung des Stofftransportes im Bereich großer Werte der Reynolds-Zahl ($\mathrm{Re} \gg 1$) setzt wiederum die Kenntnis einer Stromfunktion zur Beschreibung des Geschwindigkeitsfeldes in der Umgebung des kugelförmigen Partikels voraus. Eine derartige Funktion stammt von CHAO [11.25], die in vervollständigter Form nach Arbeiten von LOCHIEL [11.26] hier zur Anwendung kommen soll.

Substituiert man die damit berechneten Geschwindigkeitskomponenten des Strömungsfeldes für die Stelle $v = 0$ in Gl. (11.32), so ergibt sich für die mittlere Sh-Zahl der folgende Zusammenhang [11.21]:

$$\mathrm{Sh} = 1{,}13\left[1 - \frac{2 + 3\eta_d/\eta_c}{1 + (\rho_d\eta_d/\rho_c\eta_c)^{1/2}}\right]\frac{1{,}45^{1/2}}{\mathrm{Re}^{1/2}}\,\mathrm{Pe}^{1/2} \tag{11.42}$$

Die Sherwood-, Reynolds- und Schmidtzahl sind unter Verwendung der charakteristischen Größen wie folgt definiert:

$$\mathrm{Sh} = \frac{\beta d_p}{D}, \qquad \mathrm{Re} = \frac{u_\infty d_p}{\nu}, \qquad \mathrm{Sc} = \frac{\nu}{D}$$

Hierin bedeutet β den Stoffübergangskoeffizienten in der kontinuierlichen Phase, u_∞ die Anströmgeschwindigkeit, d_p den Partikeldurchmesser und D bzw. ν den Diffusionskoeffizienten sowie die Viskosität der auszutauschenden Komponente in der kontinuierlichen Phase. Mit ρ_c und η_c sind die Dichte und Viskosität der kontinuierlichen Phase bezeichnet.

Die Übereinstimmung der danach berechneten Werte mit experimentellen Meßergebnissen ist zufriedenstellend. Die größte Abweichung der Meßwerte beträgt maximal 12% und wird erwartungsgemäß mit abnehmender Reynolds-Zahl schlechter. Der Anwendungsbereich der Gl. (11.42) ist auf Reynolds-Zahlen > 25 zu beschränken.

Für den Fall, daß sich eine Blase in einer Flüssigkeit bewegt ($\rho_c\eta_c \gg \rho_d\eta_d$), ist der Ausdruck

$$\frac{2 + 3\eta_d/\eta_c}{1 + (\rho_d\eta_d/\rho_c\eta_c)^{1/2}} \frac{1{,}45}{\mathrm{Re}^{1/2}} \tag{11.43}$$

in Gl. (11.42) vernachlässigbar. Somit vereinfacht sich der Zusammenhang unter Zugrundelegung einer mittleren Dichte ρ_d von 1 zu

$$\mathrm{Sh} = 1{,}13\left[1 - \frac{2{,}96}{\mathrm{Re}^{1/2}}\right]\mathrm{Pe}^{1/2} \tag{11.44}$$

Bei sehr großen Reynolds-Zahlen ($\mathrm{Re} \to \infty$) gilt mit sehr guter Näherung das einfachere Grenzgesetz

$$\mathrm{Sh} = 1{,}13\ \mathrm{Pe}^{1/2} \tag{11.45}$$

die der Lösung von Boussinesq (vergleiche Abschnitt 9.6) für den Stofftransport an einem kugelförmigen Partikel in einem Potentialströmungsfeld entspricht. Das Ergebnis wurde durch experimentelle Untersuchungen auch mehrmals bestätigt.

11.3 Empirische und halbempirische Beziehungen zur Berechnung des Stoffüberganges an Tropfen

Experimentelle Untersuchungen der Hydrodynamik und des Stoffüberganges an Tropfen führten zu der Erkenntnis, daß es eine große Zahl von Erscheinungen gibt, die den Stoffübergang entscheidend stark beeinflussen können. Diese Einflußgrößen lassen sich grundsätzlich in drei Gruppen zusammenfassen:

1. Einflußgrößen, bedingt durch die Hydrodynamik der Bewegung von Tropfen
2. Einflußgrößen, bedingt durch Veränderungen innerhalb des Systems, die auf den Stofftransport zurückzuführen sind
3. Einflußgrößen, bedingt durch die Zusammensetzung und die Reinheit des Systems.

Bisher war es noch nicht möglich, ein theoretisches Modell zu erstellen, das alle Einflußgrößen gemeinsam erfaßt. Die Ursache liegt dabei einerseits in experimentellen Unzulänglichkeiten, andererseits darin, daß die einzelnen Erscheinungen nur selten getrennt voneinander betrachtet werden können, da sie meist kombiniert mit anderen Erscheinungen auftreten. Daher ist auch der jeweilige Einfluß auf den Stofftransport nur sehr schwer abzuschätzen.

Daraus läßt sich schließen, daß die bisher erstellten theoretischen Stoffübergangsgleichungen die realen Verhältnisse nur in Ausnahmefällen in entsprechender Weise wiedergeben. Für die praktische Berechnung des Stoffüberganges an Tropfen kommt somit den bestehenden empirischen und halbempirischen Gleichungen entscheidende Bedeutung zu.

Bevor jedoch auf die empirischen Beziehungen näher eingegangen wird, soll zuvor noch eine kurze Übersicht über die einzelnen Einflußgrößen entsprechend den drei angeführten Gruppen gegeben werden.

ad 1) Hier sind folgende Einflüsse zu beachten:

– *Tropfenform*: Während man bei der Ableitung theoretischer Beziehungen von der Annahme kugelförmiger Tropfen ausgeht, ergaben experimentelle Untersuchungen, daß die Tropfen in vielen Fällen eine von der Kugelgestalt abweichende Form besitzen. Daraus ergibt sich aber auch eine von der Kugelform abweichende Oberfläche. Diese ist jedoch für die Berechnung des Stoffüberganges von direkter Bedeutung, so daß sich Fehler in der Bestimmung der Oberfläche entscheidend auf die Berechnung der übergehenden Stoffmenge auswirken. Die Kenntnis der tatsächlichen Tropfenform ist daher für eine exakte Bestimmung des Stoffaustausches unbedingt erforderlich.

– *Oszillation*: Unter Oszillation versteht man eine Formänderung der Tropfen mit bestimmter Frequenz, man spricht deshalb auch von einem *Pulsieren* der Tropfen. Die Ursache der Oszillation liegt im allgemeinen in der Ausbildung instabiler Nachlaufströmungen ab einer bestimmten Re-Zahl. Die betreffende Re-Zahl ist dabei abhängig vom jeweiligen System, jedoch im allgemeinen > 200. Ein weiteres Kriterium für das Auftreten und für die Intensität der Oszillation ist die Viskosität der Tropfen. Große Viskositäten können die Oszillation stark hemmen oder sogar vollständig verhindern [11.27]. Die Oszillation wirkt sich sowohl auf die konvektive Strömung im Tropfen (verstärkte Durchmischung) als auch im Kontinuum aus.

– *Innere Zirkulation*: Bewegt sich ein Tropfen unter dem Einfluß der Schwerkraft relativ zum Kontinuum, so kommt es infolge der Reibung an der Phasengrenzfläche zur Ausbildung von Scherkräften, die eine innere Zirkulation im Tropfen hervorrufen können. Die innere Zirkulation nimmt somit mit steigenden Re-Zahlen und kleiner werdendem Viskositätsverhältnis η_d/η_c an Intensität zu. In einem Tropfen mit laminarer innerer Zirkulation kann der Stoffübergang beispielsweise bis zu 50% über dem eines Tropfens ohne Zirkulation liegen [11.28]. Auf den Stofftransport im Kontinuum wirkt sich die innere Zirkulation insofern aus, als durch die Beweglichkeit der Phasengrenzfläche größere Strömungsgeschwindigkeiten in unmittelbarer Umgebung der Phasengrenzfläche ermöglicht werden und somit der konvektive Stofftransport verstärkt wird.

– *Nachlaufströmungen*: An der Rückseite des Tropfens bilden sich im allgemeinen Wirbel aus, in denen die Konzentration der Diffusionskomponente zur Konzentration im restlichen Kontinuum sehr unterschiedlich ist. In diesem Bereich, der in Abhängigkeit von der Re-Zahl verschiedenartig ausgebildet und verschieden groß sein kann, findet nun ein verminderter Stoffübergang statt. In den bestehenden Gleichungen für den Stoffübergang wird dieser Einfluß allerdings nicht berücksichtigt, da meist mit einem mittleren Stoffübergangskoeffizienten für die gesamte Tropfenoberfläche gerechnet wird.

ad 2) Auf Grund des Stofftransportes ergeben sich Veränderungen im System, die im allgemeinen einen instationären Austauschvorgang zur Folge haben. Man unterscheidet dabei Erscheinungen zufolge von

– *Konzentrationsänderungen*: Durch örtlich unterschiedliche Stoffaustauschvorgänge kommt es in der Oberfläche zu Konzentrationsunterschieden, die einen Einfluß z. B. auf den Grenzflächenspannungsgradienten haben. Der Einfluß dieser auf den Stoffaustauschvorgang wurde bereits in Abschnitt 9.7.6 behandelt.

– *Änderungen der Tropfengröße*: Erfolgt der Stoffaustausch vom Kontinuum in den Tropfen, so ist mit einer Volumszunahme des Tropfens zu rechnen bzw. beim Stofftransport in das Kontinuum mit einer Volumsabnahme. Damit verbunden ist eine Zu- bzw. Abnahme der Tropfenoberfläche und somit der Stoffaustauschfläche. Handelt es sich dabei nur um geringfügige Änderungen, so ist der Einfluß auf den Stofftransport eher gering, und der Stoffaustauschvorgang kann mit guter Näherung als stationär bezeichnet werden. Bei starker Volumszunahme und insbesondere bei starker Volumsabnahme ist dieser Einfluß allerdings zu berücksichtigen, wie die Untersuchungen von Marr und anderen [11.29] ergaben.

ad 3) Hierbei unterscheidet man zwischen folgenden Einflußgrößen:

– *Grenzflächenturbulenzen*: Eine ausführliche Beschreibung über die Ursachen und Vorgänge der Grenzflächenturbulenzen wurde bereits in Abschnitt 9.7.6 gegeben. Daraus geht hervor, daß in einem System, in dem die Voraussetzungen für das Auftreten von Grenzflächenturbulenzen erfüllt sind, im allgemeinen mit einer Erhöhung des Stofftransportes zu rechnen ist.

– *Oberflächenaktive Stoffe*: Die Kenntnis über den Einfluß von Verunreinigungen auf den Stoffaustausch ist von großer praktischer Bedeutung, da vor allem in der Industrie anfallende Flüssigkeiten und Gase nur selten frei von Verunreinigungen sind.

Oberflächenaktive Stoffe können den Stofftransport von beweglichen Tropfen beträchtlich verringern; bei ausreichender Konzentration von Verunreinigungen können sich die Tropfen ähnlich wie starre Partikel verhalten. Es wird allgemein vermutet, daß diese Herabsetzung des Stofftransportes weniger auf den Aufbau eines zusätzlichen Diffusionswiderstandes als vielmehr auf eine Eindämmung der Beweglichkeit des Tropfens zurückzuführen ist [11.30].

Die bisher beschriebenen Erscheinungen beziehen sich auf den allgemeinen Fall eines Tropfens mit beweglicher Phasengrenzfläche. Unter bestimmten Voraussetzungen kann sich ein Tropfen jedoch wie ein starres Partikel verhalten, das heißt, die Phasengrenzfläche ist unbeweglich, und auch im Tropfeninneren wird sich keine Zirkulation einstellen. Für den Stoffübergang an starren Tropfen bestehen daher dieselben Voraussetzungen wie für den Stoffübergang an festen Partikeln (vergleiche Abschnitt 8.2).

Um die dort behandelten Ergebnisse auf den Stoffaustausch an starren Tropfen anwenden zu können, ist es notwendig, die Voraussetzungen für ein starres Verhalten der Tropfen zu kennen. Bisher war es allerdings noch nicht möglich, die Voraussetzungen dafür exakt zu definieren, so daß die folgende Beschreibung nur als Richtlinie dafür dienen kann.

Ein starres Verhalten eines Tropfens ist im allgemeinen dann zu erwarten, wenn die kontinuierliche Phase ein Gas ist. In diesem Falle sind die an der Phasengrenzfläche auftretenden Scherkräfte meist zu gering, um eine innere Zirkulation hervorzurufen. Ist das Kontinuum eine Flüssigkeit, so kann das starre Verhalten seine Ursache entweder in der Anwesenheit oberflächenaktiver Stoffe oder in einem

Tropfendurchmesser, der kleiner als der Grenzwert d_{krit} ist, haben. Der kritische Tropfendurchmesser ist je nach System verschieden, eine Berechnungsgleichung dafür stammt von BOND und NEWTON [11.31]

$$d_{krit} = 2\sqrt{\frac{\sigma}{\Delta\rho\, g}} \tag{11.46}$$

Hierin bedeutet σ (dyn/cm) die Oberflächenspannung, $\Delta\rho$ (g/cm^3) die Dichtedifferenz und g (cm/sec^2) die Erdbeschleunigung.

Der eigentlichen Behandlung der empirischen und halbempirischen Stoffübergangsgleichungen sollen nun noch kurz einige grundlegende Überlegungen zum Stoffübergang vorangestellt werden, wie sie bereits im Kapitel 9.0 ausführlich behandelt worden sind.

Der Stoffaustausch durch die Grenzfläche kann grundsätzlich in zwei Richtungen erfolgen:

a) Stoffaustausch vom Kontinuum in den Tropfen,
b) Stoffaustausch vom Tropfen in das Kontinuum.

In beiden Fällen treten dabei im allgemeinen sowohl in der dispersen Phase als auch in der kontinuierlichen Phase Stoffübergangswiderstände auf, wobei sich der Gesamtwiderstand additiv aus den Teilwiderständen zusammensetzt (vergleiche Kapitel 9.0)

$$R_{ges} = R_d + R_c \tag{11.47}$$

Das Verhältnis dieser Widerstände zueinander ist bei reiner Diffusion vom Verhältnis des Diffusionskoeffizienten abhängig. So kann angenommen werden, daß für $D_d/D_c \gg 1$ der Widerstand ausschließlich in der kontinuierlichen Phase liegt, für $D_d/D_c \ll 1$ jedoch ausschließlich in der dispersen Phase. Die Kenntnis über das Verhältnis der Widerstände ist insofern von Bedeutung, als sich daraus wichtige Folgerungen für die Auswahl der betreffenden Phasenverteilung schließen lassen. In fluiden zweiphasigen Systemen wird man sich bemühen, den größeren Widerstand in die kontinuierliche Phase zu verlegen, da sich darin der Stoffübergang durch entsprechende Maßnahmen, wie z. B. durch Erzeugung turbulenter Strömungen, eher beinflussen läßt.

11.3.1 Stoffübergang vom Kontinuum in den Tropfen

Der Stoffübergang in die disperse Phase ist im allgemeinen ein instationärer Vorgang. Allerdings ergaben theoretische Untersuchungen des instationären Stofftransportes, daß in einem weiten Bereich des Ausdrucks ReSc der Stoffübergangskoeffizient β_d weitgehend unabhängig von der Zeit ist[1]. Innerhalb dieser Bereiche überwiegt der konvektive Stofftransport, und die zeitabhängige Diffusion ist vernachlässigbar klein. Die Konvektion kann dabei sowohl durch innere Zirkulation, durch Oszillation oder auch durch beide gemeinsam hervorgerufen werden.

---

[1] Diese wichtige Schlußfolgerung wird ausführlich von BRAUER entwickelt und besprochen, vergleiche dazu insbesondere Abb. 14.21 auf S. 628 des Buches von BRAUER [11.5].

Für den Bereich der laminaren Zirkulation erstellten KRONIG und BRINK [11.32] unter Benützung der Stromfunktion von HADAMARD (vergleiche Abschnitt 11.2) für die relative Konzentrationsänderung im Tropfen folgende Beziehung

$$\frac{c_{i_0} - c_i}{c_{i_0} - c_{i_l}^*} = 1 - \frac{3}{8} \sum_{i=1}^{\infty} A_i \exp\left(-\frac{\lambda_i 16 D_d t}{r_d^2}\right) \tag{11.48}$$

Hierin bedeutet c_{i_0} die Anfangskonzentration, $c_{i_l}^*$ die Gleichgewichtskonzentration, D_d den Diffusionskoeffizienten der dispersen Phase, r_d den Tropfenradius und A_i Koeffizienten einer Reihenentwicklung und λ_i die dazugehörigen Eigenwerte. Nähere Angaben für A_i und λ_i in Abhängigkeit von der Laufvariablen sind Tab. 11.1 zu entnehmen.

Tabelle 11.1. *Koeffizienten und Eigenwerte einer Reihenentwicklung*

i	A_i	λ_i
1	1,33	1,678
2	0,60	8,48
3	0,36	21,10
4	0,35	28,5
5	0,28	63,0
6	0,22	89,8
7	0,16	123,8

Für Re-Zahlen, die über dem laminaren Zirkulationsbereich liegen (Re > 1,5), geben HANDLOS und BARON [11.33] auf Basis eines turbulenten Zirkulationsmodelles nachstehende Beziehung für die relative Konzentrationsänderung in turbulenten Tropfen an:

$$\frac{c_{i_0} - c_i}{c_{i_0} - c_i} = 1 - 2 \sum_{i=1}^{\infty} B_i \exp\left(-\frac{\lambda_i D_d t \, \mathrm{Pe}_d'}{512 r_d^2}\right) \tag{11.49}$$

Hierin stellt Pe_d' eine modifizierte Pe-Zahl, bezogen auf den Tropfen, dar. Sie lautet

$$\mathrm{Pe}_d' = \frac{\mathrm{Re}_c \mathrm{Sc}_d}{1 + \eta_d/\eta_c} \tag{11.50}$$

Zur Berechnung des Stoffübergangskoeffizienten β_d aus der Stoffaustauschgleichung ist wie folgt vorzugehen:

Zunächst definiert man den Stoffübergangskoeffizienten β_d über eine differentielle Massenbilanz des Tropfens. Unter Berücksichtigung der allgemeinen Stoffaustauschgleichung gilt

$$\frac{d}{dt}(V_d c_{id}) = \beta_d (c_{i_l}^* - c_{id}) A \tag{11.51}$$

$c_{i_l}^*$ entspricht dabei der Grenzflächenkonzentration (= Gleichgewichtskonzentration), c_{id} der mittleren Konzentration im Tropfen A der Tropfenoberfläche und V_d dem Tropfenvolumen. Die zugehörigen Anfangsbedingungen sind

$$t = t_0, \qquad c_{id} = c_{i_0}$$

$$t = t_E, \qquad c_{id} = c_i \tag{11.52}$$

Nach Integration der Gl. (11.51) ergibt sich bei Berücksichtigung der Anfangsbedingungen nachstehende Beziehung für den Stoffübergangskoeffizienten:

$$\beta_d = \frac{V_d}{A} \frac{1}{(t_E - t_0)} \ln \left(\frac{c_{i_I}^* - c_i}{c_{i_I}^* - c_{i_0}} \right) \tag{11.53}$$

Setzt man für $t_E - t_0 = \Delta t$, so vereinfacht sich die Gl. (11.53) zu

$$\beta_d = \frac{V_d}{A \Delta t} \ln \left(\frac{c_{i_I}^* - c_i}{c_{i_I}^* - c_{i_0}} \right) \tag{11.54}$$

Bei der Verwendung von Gl. (11.54) ist jedoch zu beachten, daß sie sich ausschließlich auf den Stoffübergangskoeffizienten in der dispersen Phase bezieht. Sofern der Stofftransportwiderstand in der kontinuierlichen Phase nicht erheblich größer ist und somit $\beta_d \sim K_d$ gesetzt werden kann (vergleiche Abschnitt 9.4), muß zur Berechnung des Stoffdurchgangskoeffizienten noch eine geeignete Beziehung für β_c herangezogen werden. Handlos und Baron empfehlen dafür die Anwendung der Penetrationstheorie von Higbie [11.34]. Danach gilt (vergleiche Abschnitt 9.6.2)

$$\beta_c = 2 \sqrt{\frac{D}{\pi t}} \tag{11.55}$$

Der Stoffdurchgangskoeffizient ist in der Folge nach den in Abschnitt 9.4 behandelten Zusammenhängen aus den Stoffübergangskoeffizienten für die disperse bzw. auch für die kontinuierliche Phase zu berechnen.

Bei starren Tropfen findet der Stofftransport hingegen allein auf Grund eines instationären Diffusionsvorganges statt. Dieser Fall wurde von Newman [11.35] eingehend behandelt. Experimentelle Ergebnisse von Mensing und Schügerl [11.36] an schwebenden Tropfen zeigten insbesondere während der ersten Phase des Austauschvorganges recht gute Übereinstimmung mit dem Modell von Newman. Mit Fortdauer des Stoffüberganges ergaben sich allerdings größere Abweichungen, deren Ursachen noch nicht eindeutig erklärt werden konnten.

11.3.2 Stoffübergang vom Tropfen ins Kontinuum

Beim Stoffübergang vom Tropfen in das Kontinuum gelten prinzipiell dieselben Überlegungen, wie sie beim Stoffübergang vom Kontinuum in den Tropfen erörtert wurden. Im Fall eines Einzeltropfens ist im allgemeinen nicht mit einer Konzentrationserhöhung der auszutauschenden Komponente im Kontinuum zu rechnen, und der Aufbau eines zeitabhängigen Konzentrationsgradienten kann durch eine Vergrößerung des konvektiven Stofftransportes (Turbulenz) verhindert werden. Unter diesen Voraussetzungen erfolgt der Stoffaustausch weitgehend stationär.

Treffen die oben genannten Voraussetzungen zu, wie dies unter technischen Bedingungen in vielen Fällen auch mit guter Näherung angenommen werden kann, und liegt der Stofftransportwiderstand überwiegend in der kontinuierlichen Phase, so kann der Stoffdurchgangskoeffizient K_c mittels Korrelationen beschrieben werden, die zeitunabhängig sind. Darauf basiert auch eine Vielzahl empirischer und halbempirischer Stofftransportgleichungen, auf die nun im folgenden eingegangen wird.

Stoffübergang an starren Tropfen. Für den Stoffübergang an starren Tropfen stehen eine Vielzahl empirischer und halbempirischer Korrelationen zur Verfügung, von denen einige in Tab. 11.2 zusammengefaßt sind. Daraus sind auch die Bereiche von Re und Sc und des Partikeldurchmessers zu entnehmen, innerhalb deren die experimentellen Untersuchungen durchgeführt wurden.

Tabelle 11.2. *Zusammenstellung empirischer und halbempirischer Berechnungsgleichungen für die mittlere Sh-Zahl beim Stoffübergang an Tropfen in Abhängigkeit des Re- und Sc-Bereiches (nach* HUGHMARK [11.47])

Gleichung	Re-Bereich	Sc-Bereich
$Sh = 2 + 0{,}6 \cdot Re^{1/2} \cdot Sc^{1/3}$	1 – 450	250
$Sh = 2 + 0{,}27 \cdot Re^{0{,}62} \cdot Sc^{1/3}$	450 – 10000	250
$Sh = 2 + 0{,}5 \cdot Re^{1/2} \cdot Sc^{0{,}42}$	1 – 17	250
$Sh = 2 + 0{,}4 \cdot Re^{1/2} \cdot Sc^{0{,}42}$	17 – 450	250
$Sh = 2 + 0{,}175 \cdot Re^{0{,}62} \cdot Sc^{0{,}42}$	450 – 10000	250

Erwähnt sei in diesem Zusammenhang auch noch die von IHME und anderen (vergleiche [11.5]) erstellte Stoffaustauschgleichung, die auf theoretisch berechneten Sh-Werten basiert

$$Sh = 2 + Z_K \frac{(ReSc)^{1,7}}{1 + (ReSc)^{1,2}} \tag{11.56}$$

Z_K stellt allein eine Funktion der Sc-Zahl dar. Sie läßt sich mit guter Näherung durch folgende empirische Gleichung ausdrücken:

$$Z_K = \frac{0{,}66}{1 + Sc} + \frac{Sc}{2{,}4 + Sc} + \frac{0{,}79}{Sc^{1/6}} \tag{11.57}$$

Gl. (11.57) zeigt gute Übereinstimmung mit den in Tab. 11.2 angeführten empirischen Stofftransportgleichungen und kann daher ebenfalls für die praktische Berechnung herangezogen werden.

Stoffübergang bei Tropfen mit beweglicher Oberfläche. Für den Stoffübergang an beweglichen Tropfenoberflächen stehen ebenso zahlreiche empirische und halbempirische Gleichungen zur Verfügung.

Der Gültigkeitsbereich dieser Beziehung ist von Re, Sc und dem Viskositätenverhältnis η_d/η_c abhängig, da diese Kennzahlen für den inneren Zirkulationszustand und somit für den Stoffübergang maßgebend sind.

Im folgenden sollen die Ergebnisse einer Untersuchung über den Anwendungsbereich verschiedener Korrelationen zur Berechnung des Stoffüberganges bei beweglichen Tropfen wiedergegeben werden. Dabei zeigte sich, daß empirische Beziehungen in der Form, wie sie unter anderem GARNER [11.38] mit

$$Sh = -126 + 1{,}8\,Re^{1/2}\,Sc^{0{,}42} \tag{11.58}$$

angibt, nur in jenen Bereichen verwendet werden dürfen, in denen deren Gültigkeit durch experimentelle Meßergebnisse nachgewiesen ist.

In diesem Zusammenhang sind vor allem die Beziehungen von THORSTEN und TERJESEN [11.37], von GARNER et al. [11.38], von GRIFFITH [11.23] sowie von SHIROTSUKA und HIRATA [11.39] zu erwähnen.

Die beste Übereinstimmung mit experimentellen Meßwerten über einen weiten Bereich von Re, Sc und η_d/η_c zeigt die empirische Beziehung von ABACHI (vergleiche [11.5])

$$Sh = 2 + 0{,}0511\,Re^{0{,}724}\,Sc^{0{,}7} \tag{11.59}$$

Sie umfaßt einen Re-Bereich von $4 \leqslant Re \leqslant 10^3$ sowie einen Sc-Bereich von $130 \leqslant Sc \leqslant 23600$. Diese Angaben erwiesen sich für die Definition des Gültigkeitsbereiches jedoch als ungenügend. In Systemen, in denen Sc und Re in den definierten Bereichen liegen, das Viskositätenverhältnis η_d/η_c aber Werte annimmt, die um vieles kleiner bzw. größer als 1 sind, weichen die Meßwerte stark von Gl. (11.59) ab.

Sieht man von den Ergebnissen in diesen Systemen ab, beträgt die durchschnittliche Abweichung der Meßwerte nur 25%. Diese Gleichung ist daher für die praktische Anwendung sehr gut geeignet [11.5].

11.4 Empirische und halbempirische Beziehungen zur Berechnung des Stoffüberganges an Blasen

Infolge der unterschiedlichen physikalischen Voraussetzungen ist die Bedeutung der Einflußgrößen bei Blasen und Tropfen sehr verschieden. Dies ist auch der Grund dafür, daß im folgenden, unter Beibehaltung der Einteilung von Abschnitt 11.3, die einzelnen Einflußgrößen, diesmal aber im Hinblick auf ihre Bedeutung beim Stoffübergang an Blasen, erörtert werden.

1. Einflußgrößen, bedingt durch die Hydrodynamik der Bewegung der Blasen

– *Blasenform*: Während Tropfen auf ihrem Wege durch das Kontinuum zumeist eine rotationsellipsoidale Form annehmen, variiert die Form der Blasen in Abhängigkeit vom Blasendurchmesser und der Viskosität der kontinuierlichen Phase sehr stark.

Entsprechend der Einteilung von PEEBLES und GARBER [11.17] unterscheidet man vier Grundformen

a) Kugelförmige Blasen ohne innere Zirkulation
b) Kugelförmige Blasen mit innerer Zirkulation
c) Ellipsoidische Blasen
d) Regellose geformte Blasen.

Der Übergang von einer Form zur anderen erfolgt mit zunehmendem Blasendurchmesser (Re-Zahl) [11.40].

Sehr kleine kugelförmige Blasen ohne innere Zirkulation besitzen eine starre Phasengrenzfläche und entsprechen daher in ihrem hydrodynamischen Verhalten den festen Partikeln. Der Aufstieg dieser Blasen erfolgt auf geradlinigen Bahnen. Blasen mit größerem Durchmesser weisen hingegen eine bewegliche Phasengrenzfläche und innere Zirkulationen auf. Durch die Beweglichkeit der Phasengrenzfläche verringert sich der Widerstandskoeffizient, wodurch die Aufstiegsgeschwindigkeit im allgemeinen größer sein wird als diejenige von formgleichen, starren Partikeln. Allerdings steigen diese Blasen meist nicht mehr längs einer geradlinigen Bahn auf, sondern werden spiralförmige oder beliebig geformte Bahnen nach oben durchlaufen.

– *Oszillation*: Die Oszillation entspricht einer andauernden Formänderung der Blase mit einer bestimmten Frequenz. Diese wird vornehmlich im Übergangsbereich von einer Blasenform in die andere beobachtet. Für deren Auftreten dürften vor allem Instabilitäten bei der Entstehung der einzelnen Blasenformen maßgebend sein. In der Literatur wird der Einfluß der Oszillation auf den Stoffübergang vielfach nur als sehr gering betrachtet (vergleiche [11.42]).

– *Innere Zirkulation*: Die theoretischen Stofftransportgleichungen in Abschnitt 11.1 für Blasen mit beweglicher Phasengrenzfläche basieren auf einem Modell der inneren Zirkulation. Da die innere Zirkulation allerdings nicht allein für das Stofftransportverhalten ausschlaggebend ist und außerdem das dafür erstellte theoretische Modell noch in manchen Punkten unzulänglich ist, genügen die theoretisch abgeleiteten Gleichungen den tatsächlich herrschenden Stofftransportbedingungen in den meisten Fällen oftmals aber nicht.

– *Nachlaufströmungen*: Nach theoretischen Untersuchungen von Brauer [11.5] ist bei kugelförmigen Blasen mit beweglicher Oberfläche im allgemeinen nicht mit einem entscheidenden Einfluß der Nachlaufströmungen auf den Stoffaustausch zu rechnen. Anders verhält es sich bei regellos geformten Blasen, über die jedoch keine quantitativen Ergebnisse vorliegen.

2. Einflußgrößen, bedingt durch Veränderungen innerhalb des Systems, die auf den Stofftransport zurückzuführen sind

Es sind dabei zwei Einflußgrößen zu beachten:

– *Konzentrationsänderungen innerhalb der einzelnen Phasen*: Hier wird auf die theoretischen Ausführungen in Abschnitt 11.1 verwiesen. Experimentelle Untersuchungen darüber sind nur wenige bekannt, da vielfach nur mit Einzeltropfen gearbeitet wurde und dabei die Konzentrationsänderungen im Hinblick auf einen Einfluß auf den Stoffaustausch bedeutungslos sind.

– *Änderungen der Blasengröße*: Grundsätzlich muß bei einer Änderung der Blasengröße während des Austauschvorganges mit einem instationären Verhalten des Stoffüberganges gerechnet werden. Zu vernachlässigen ist dieser Einfluß nur bei kleinen Volumsänderungen. Experimentelle Untersuchungen über diesen Einfluß führten zu sehr unterschiedlichen Ergebnissen. Es kann jedoch angenommen werden, daß der Einfluß der veränderlichen Blasengröße in den meisten Fällen gegenüber anderen Einflüssen zu vernachlässigen ist und somit der Stofftransport als quasi stationär betrachtet werden kann.

3. Einflußgrößen, bedingt durch die Zusammensetzung und Reinheit des Systems

Es lassen sich folgende Einflußgrößen unterscheiden:

– *Grenzflächenturbulenzen*: Die Bedingungen für das Auftreten von Grenzflächenturbulenzen und eine modellmäßige Beschreibung wurden bereits in Abschnitt 9.7.6 eingehend erörtert. Treten in einem System Grenzflächenturbulenzen auf, so ist im allgemeinen mit einer Erhöhung des Stofftransportes zu rechnen.

– *Oberflächenaktive Stoffe*: Durch oberflächenaktive Stoffe kann der Stoffübergang bei Blasen beträchtlich verringert werden. Der Einfluß ist dabei abhängig von der Konzentration der Verunreinigungen, der Blasengröße und der Oberflächenaktivität der Verunreinigungen [11.41]. Er ist jedoch schwer zu erfassen, so daß in den verschiedenen empirischen Stoffaustauschgleichungen der Einfluß von Verunreinigungen im allgemeinen unberücksichtigt ist.

– *Viskosität der kontinuierlichen Phase*: In den theoretischen Stofftransportgleichungen wird davon ausgegangen, daß der Einfluß des Viskositätenverhältnisses η_c/η_d bei Blasen praktisch keinen Einfluß auf den Zustand der inneren Zirkulation und somit auf den Stofftransport besitzt, da

$$\frac{\eta_c}{\eta_c + \eta_d} \sim 1 \tag{11.60}$$

ist. Dies wird auch in verschiedenen experimentellen Ergebnissen bestätigt [11.40].

Die bisherigen Betrachtungen bezogen sich ausschließlich auf Blasen mit innerer Zirkulation. Ebenso wie im Fall der Tropfen können sich auch Blasen unter gewissen Voraussetzungen wie starre Partikel verhalten. Dabei verringert sich der Stofftransport erheblich gegenüber dem Stofftransport an Blasen mit bewegter Oberfläche, und es ist zu erwarten, daß für den Stoffübergang an Blasen ohne innere Zirkulation im Prinzip dieselben Stofftransportgleichungen gelten, wie sie für den Stoffaustausch an festen Partikeln in Abschnitt 8.2 behandelt wurden.

Für das starre Verhalten an Blasen können zwei Ursachen ausschlaggebend sein:

a) Die Anwesenheit oberflächenaktiver Stoffe im System. Diese können, wie bereits oben erwähnt, die innere Zirkulation teilweise oder auch vollkommen hemmen. Ihr Einfluß ist von der Konzentration abhängig.

b) Der Blasendurchmesser d ist kleiner als der kritische Durchmesser d_{krit}, wobei dieser vor allem von der Grenzflächenspannung σ und den Verunreinigungen im System abhängt. Bisher existieren noch keine Definitionsgleichungen für d_{krit}. Als Näherungswert kann man auf Grund experimenteller Untersuchungen [11.43] $d_{krit} \leqslant 0{,}25$ (cm) annehmen.

Bevor nun im Anschluß an diese Betrachtungen näher auf die Beschreibung der empirischen Stofftransportgleichungen eingegangen wird, sollen noch einige grundsätzliche Überlegungen zum Stoffübergang an Blasen angestellt werden.

Entsprechend den Darstellungen beim Stoffübergang an Tropfen kann auch bei Blasen der Stoffübergang in zwei Richtungen erfolgen:

a) Stofftransport von Kontinuum in die Blase
b) Stofftransport von der Blase in das Kontinuum.

Es treten dabei sowohl im Kontinuum (R_c) als auch in der Blase (R_d) Stofftransportwiderstände auf, die zusammen den Gesamtwiderstand (R_G) ergeben. Im allgemeinen kann angenommen werden, daß der Widerstand in der kontinuierlichen Phase, also in der Flüssigkeit, dominierend sein wird.

11.4.1 Stoffübergang vom Kontinuum in die Blase

Grundsätzlich ist der Stofftransport in die disperse Phase instationär. Da jedoch der Widerstand, wie bereits erwähnt, größtenteils in der Flüssigkeit liegt, können mit guter Näherung jene stationären Stofftransportgleichungen, die den Stofftransport im Kontinuum beschreiben, zur Berechnung herangezogen werden. Diese Gleichungen werden im folgenden noch ausführlich behandelt. Für den Stofftransport in der Blase selbst stehen nur wenige empirische Beziehungen zur Verfügung; es wird allerdings vielfach angenommen, daß bei zirkulierenden Blasen die Gleichung von BOUSSINESQ (vergleiche Abschnitt 11.2)

$$\mathrm{Sh} = 1{,}13\,\mathrm{Pe}^{1/2} \tag{11.61}$$

Gültigkeit besitzt. Daraus geht hervor, daß auch der Stofftransport in der Blase stationär behandelt wird. Dies kann damit begründet werden, daß die Löslichkeit der diffundierenden Komponente in der Blase praktisch unbegrenzt und der konvektive Stofftransport erheblich größer ist als der Stofftransport durch Diffusion.

11.4.2 Stoffübergang von der Blase ins Kontinuum

Im Fall des Stoffüberganges an einer Einzelblase ist im allgemeinen nicht mit einer Konzentrationserhöhung der auszutauschenden Komponente im Kontinuum zu rechnen. Stellt sich außerdem ein konstanter Konzentrationsgradient an der Phasengrenzfläche ein, dann wird der Stoffaustausch weitgehend stationär erfolgen.

Im folgenden sind getrennt für den Stoffübergang an starren und beweglichen Blasen einige empirische und halbempirische Beziehungen zur Berechnung des betreffenden Stoffübergangskoeffizienten angeführt.

Stoffübergang bei starren Blasen. Wie aus den vorangegangen Ausführungen hervorgeht, verhalten sich Blasen mit sehr kleinen Durchmessern ($d_d < 0{,}25$) bzw. bei stark verunreinigten Systemen wie starre Partikel. Dafür gelten unter anderem folgende halbempirische Beziehungen

$$\mathrm{Sh} = 2 + b\,\mathrm{Re}^{1/2}\,\mathrm{Sc}^{1/3} \tag{11.62}$$

und

$$\mathrm{Sh} = 2 + c\,\mathrm{Re}^{1/2}\,\mathrm{Sc}^{0{,}35} \tag{11.63}$$

Darin sind b und c Konstanten, deren Wert vom jeweiligen System abhängt. Sie liegen je nach Stoffeigenschaften zwischen 0,5 – 0,72 bzw. 0,44 – 0,64 [11.44].

Gln. (11.62) und (11.63) zeigen bei kleinen Partikeldurchmessern und abnehmenden Re-Zahlen (Re < 400) eine gute Übereinstimmung mit experimentellen Ergebnissen.

Stoffübergang bei Blasen mit beweglicher Oberfläche. Für den Stoffübergang an beweglichen Blasenoberflächen sind nur wenige empirische oder halbempirische Beziehungen bekannt. Dafür dürften zwei Gründe verantwortlich sein:

a) Die Meßergebnisse verschiedener Untersuchungen streuen so stark, daß die Erstellung empirischer Beziehungen auf Basis experimenteller Meßwerte vielfach nicht möglich war.
b) Viele Untersuchungen wurden nur sehr problemspezifisch durchgeführt. Deren Ergebnisse sind somit für die Erstellung von allgemeingültigeren empirischen Berechnungsgleichungen nur eingeschränkt zu verwenden.

Im folgenden sollen einige der bekannten empirischen Beziehungen sowie deren Gültigkeitsbereich erörtert werden.

Abachi [11.45] gibt für den Stoffübergang bei Blasen mit bewegter Oberfläche nachstehende empirische Korrelationsgleichung an

$$\mathrm{Sh} = 2 + 9{,}54 \cdot 10^{-4}\,\mathrm{Re}^{1{,}07} \cdot \mathrm{Sc}^{0{,}8} \tag{11.64}$$

mit

$$\mathrm{Re} = \frac{u_d d_d}{\nu_c}\,; \qquad \mathrm{Sc} = \frac{\nu_c}{D_c}$$

Bemerkenswert an dieser Gleichung sind die relativ großen Exponenten von Re und Sc gegenüber den theoretischen Beziehungen. Dadurch soll dem starken Anstieg der Sh-Zahlen innerhalb des Bereiches sehr kleiner Re-Zahlen Rechnung getragen werden.

Von besonderer Bedeutung für die praktische Anwendung der Gl. (11.64) ist die genaue Kenntnis des Gültigkeitsbereiches. Eine gute Übereinstimmung mit experimentellen Meßergebnissen ergab sich im Bereich $\mathrm{Pe} > 2 \cdot 10^{-6}$ bzw. $\mathrm{Re} > 1500$. Die maximalen Abweichungen lagen hier bei $+50\%$ und bei -40%. Mit kleiner werdenden Re-Zahlen ($\mathrm{Re} < 1500$) nimmt der Streuungsbereich entscheidend zu.

Die Gleichung von Abachi kann somit über einen weiten Bereich von Re und Sc angewendet werden. Sie ist von den bekannten empirischen Beziehungen die einzige, die die Berechnung der Sh-Werte über den gesamten Übergangsbereich zwischen der Gleichung für starre Kugeln und der Gl. (11.61) von Boussinesq für ($\mathrm{Re} \to \infty$) ermöglicht.

Weitere empirische bzw. halbempirische Beziehungen für den Stoffübergang bei Blasen stammen von Gehan und Lehrer [11.46] und Hughmark [11.47]. Für die praktische Anwendung dieser Gleichungen ist jedoch die Kenntnis der Blasenform notwendig. Sie lassen sich somit nur dann anwenden, wenn die Blasenoberfläche genau bekannt ist und daraus die für die Berechnung der Re-Zahl erforderlichen Blasendurchmesser errechnet werden können.

Schrifttum zu Kapitel 11.0

[11.1] Calderbank, P. H., Moo-Young, M. B.: The Continuous Phase Heat and Mass Transfer Properties of Dispersions. Chem. Eng. Sci. **16**, 39 – 54 (1961).

[11.2] Marr, R., Moser, F.: Einzeltropfendaten für die Auslegung von Drehscheiben-Extraktoren. Verfahrenstechnik **12**, 11, 735 – 738 (1978).

[11.3] PILHOFER, TH.: Bildung von Einzeltropfen und Tropfenschwärmen. Manuskript zum Vortrag auf dem 7. Grundlagen-Seminar „Extraktion" der Österr. Arbeitsgruppe Chemisches Apparatewesen und Verfahrenstechnik, Graz, 1978.

[11.4] MEWES, D.: Bewegung von Einzeltropfen und Tropfenschwärmen. Manuskript zum Vortrag auf dem 7. Grundlagen-Seminar „Extraktion" der Österr. Arbeitsgruppe Chemisches Apparatewesen und Verfahrenstechnik, Graz, 1978.

[11.5] BRAUER, H.: Stoffaustausch einschließlich chemischer Reaktionen. Aarau und Frankfurt/Main: Sauerländer 1971.

[11.6] KUMAR, R., KULOOR, N. R.: Blasenbildung in Flüssigkeiten niedriger Viskosität unter konstanten Strömungsbedingungen. Chem. Techn. **19**, 78–82 (1967) (siehe auch 657–660 (1967)).

[11.7] MERSMANN, A.: Druckverlust und Schaumhöhen von gasdurchströmten Flüssigkeitsschichten auf Siebböden. VDI-Forschungsh. 491, VDI-Verlag, Düsseldorf, 1962.

[11.8] SIEMES, W.: Gasblasen in Flüssigkeiten. Chem.-Ing.-Techn. **26**, 8/9, 479–496 (1954).

[11.9] RUFF, K.: Bildung von Gasblasen an Düsen bei konstantem Volumendurchsatz. Chemie-Ing.-Techn. **44**, 1360–1366 (1972).

[11.10] NULL, H. R., JOHNSON, H. F.: Drop Formation in Liquid-Liquid Systems from Single Nozzles, AICHE-J. **4**, 3, 273–281 (1958).

[11.11] SCHEELE, G. F., MEISTER, B. J.: Drop Formation at Low Velocities in Liquid/Liquid Systems. AICHE-J. **14**, 1, 9–19 (1968).

[11.12] BRAUER, H.: Grundlagen der Einphasen- und Mehrphasenströmung. Aarau und Frankfurt/Main: Sauerländer 1971.

[11.13] HAYWORTH, C. B., TREYBAL, R. E.: Drop Formation in Two Liquid Phase Systems. Ind. Eng. Chem. **42**, 6, 1174–1181 (1950).

[11.14] SIEMES, W., KAUFMANN, J. F.: Tropfenbildung in Flüssigkeiten an Düsen bei hohen Durchsätzen. Chemie-Ing.-Techn. **29**, 1, 32–38 (1957).

[11.15] NORDBERG, S.: Tropfenbildung in Flüssigkeiten. Dechema Monographien, Bd. 41, Nr. 642–660, 257–267.

[11.16] LEVICH, V. G.: Physicochemical Hydrodynamics. Englewood Cliffs: Prentice Hall 1962.

[11.17] PEEBLES, F. N., GARBER, J. H.: Studies of the Motions of Gas Bubbles in Liquids. Chem. Eng. Progr. **49**, 2, 88–97 (1953).

[11.18] GRASSMANN, P.: Physikalische Grundlagen der Verfahrenstechnik, 2. Aufl. Aarau und Frankfurt/Main: Sauerländer 1970.

[11.19] MERSMANN, A.: Rate of Rise or Fall of Fluid Particles. Jahrestreffen 1974 der Verfahrensingenieure, Preprints. München: VDI-Verlag.

[11.20] BOLTZE, E.: Grenzschichten an Rotationskörpern, Dissertation, Göttingen, 1908.

[11.21] CALDERBANK, P. H., LOCHIEL, A. C.: Mass Transfer Coefficients, Velocities and Shapes of Carbon Dioxid Bubbles in Free Rise through Destilled Water. Chem. Eng. Sci. **19**, 471–483 (1964).

[11.22] HADAMARD, N. J.: C. R. hebd. Seances Acad. Sci., Paris, **152**, 1735 und **154**, 109 (1912) (vgl. auch [11.16]).

[11.23] GRIFFITH, R. F.: Mass Transfer from Drops and Bubbles. Chem. Eng. Sci. **12**, 198–213 (1960).

[11.24] RUCKENSTEIN, E.: On Mass Transfer in the Continuous Phase from Spherical Bubbles or Drops. Chem. Eng. Sci. **19**, 131–146 (1964).

[11.25] CHAO, B. T.: Nation of Spherical Gas Bubbles in a Viscous Liquid at Large Reynolds Numbers. The Physics of Fluids, Vol. 5, No. 1, 1962.

[11.26] LOCHIEL, A. C.: The Influence of Surfactants on Mass Transfer around Spheres. Canad. J. Chem. Eng. **2**, 40–44 (1965).

[11.27] Angelo, J., u. a.: Generalization of the Penetration Theory for Surface Stretch: Application to Forming and Oscillating Drops. AICHE-J. **12**, 4, 751 – 760 (1966).

[11.28] Marr, R.: Der Stoffaustausch Flüssig/Flüssig bei Einzeltropfen und Tropfenschwärmen. Dissertation, TU Graz, 1973.

[11.29] Marr, R., Moser, F.: Die Bestimmung von Stoffaustauschkoeffizienten und deren überschlägige Bestimmung beim Auftreten von Grenzflächeninstabilitäten. Chemie-Ing.-Techn. **47**, 14, 619 (1975).

[11.30] Gal-Or, B., Waslo, S.: Hydrodynamics of an Ensemble of Drops (or Bubbles) in the Presence or Absence of Surfactants. Chem. Eng. Sci. **24**, 1431 – 1446 (1968).

[11.31] Bond, W. N., Newton, D. A.: Phil. Mag. **7**, 5, 74 (1928).

[11.32] Kronig, R., Brink, J. C.: Appl. Sci. Res. (The Hague) **A2**, 142 (1950).

[11.33] Handlos, A. E., Baron, T.: Mass and Heat Transfer from Drops in Liquid-Liquid Extraction. AICHE-J. **3**, 1, 127 – 136 (1957).

[11.34] Higbie, R.: The Rate of Absorption of a Pure Gas into a Still Liquid During Short Periods of Exposure. Trans. Amer. Inst. Chem. Eng. **31**, 365 – 389 (1935).

[11.35] Newmann, A. B.: Trans. AICHE-J. **3**, 127 (1957).

[11.36] Mensing, W., Schügerl, K.: Hydrodynamik und Stoffaustausch bei Einzeltropfen. Chem. Ztg. **93**, 722 (1969).

[11.37] Thorsten, G., Terjesen, S. G.: On the Mechanism of Mass Transfer in Liquid/ Liquid Extraction. Chem. Eng. Sci. **17**, 137 – 148 (1962).

[11.38] Garner, F. H., Foord, A., Tayeban, M.: Mass Transfer from Circulating Liquid Drops. J. Appl. Chem. **9**, 315 – 322 (1959).

[11.39] Schirotsuka, T., Hirata, A.: Continuous Phase Transfer from Single Drops in Liquid/Liquid Systems. Chem. Eng. (Japan) **35**, 78 (1971).

[11.40] Valentin, F. H. H.: Absorption in Gas-Liquid Dispersion. London: E. and F. N. Spon Ltd 1967.

[11.41] Cullen, F. J., Davidson, J. F.: The Effect of Surface Active Agents on the Rate of Absorption of Carbon Dioxide by Water. Chem. Eng. Sci. **6**, 49 (1956).

[11.42] Schneider, H.: Qualitative Betrachtungen theoretischer und empirischer Beziehungen zur Beschreibung des Stofftransportes. Diplomarbeit, TU Graz, 1975.

[11.43] Leonhard, J. H., Houghtom, G.: Mass Transfer and Velocity of Rise Phenomena for Single Bubbles. Chem. Eng. Sci. **18**, 133 (1963).

[11.44] Griffith, R. M.: The Effect of Surfactants on the Terminal Velocity of Drops and Bubbles. Chem. Eng. Sci. **17**, 1057 (1962).

[11.45] Abachi, K.: Stoffübertragung an festen Kugeln, Blasen und Tropfen bei erzwungener Konvektion. Diplomarbeit, TU Berlin, 1967.

[11.46] Gehan, K., Lehrer, I. H.: On Heat and Mass Transfer to Deformable Particles at High Reynolds Number. Ind. Eng. Chem. Fund. **10**, 530 (1971).

[11.47] Hughmark, G. A.: Hold-up and Mass Transfer in Bubble Columns. IEC Progr. Design and Development **6**, 218 (1967).

12.0 Stoffaustausch und chemische Reaktion

R. B. Bird; W. E. Stewart; E. N. Lightfood; Transport Phenomena, New York-London-Sydney: John Wiley & Sons 1960.

T. K. Sherwood; R. L. Pigford; C. R. Wilke; Mass Transfer, New York: McGraw-Hill 1975.

H. Brauer; D. Mewes; Stoffaustausch einschließlich chemischer Reaktionen, Aarau und Frankfurt am Main: Sauerländer 1971.

Neben den Grundoperationen, in denen nur physikalische Vorgänge auftreten (vergleiche Kapitel 1.0, Tab. 1.1) sind in der verfahrenstechnischen Praxis vor allem jene Austauschvorgänge bedeutend, bei welchen zusätzlich chemische Reaktionen stattfinden. In diesen Fällen ist es wichtig, den Einfluß der chemischen Reaktion auf die Geschwindigkeit der betreffenden Stoffaustauschvorgänge abschätzen zu können und festzustellen, wo geschwindigkeitshemmende und somit geschwindigkeitsbestimmende Vorgänge auftreten. Diese sollen in der Folge durch geeignete Maßnahmen entweder beseitigt oder in ihrer Wirksamkeit verringert werden, um den Gesamtvorgang insgesamt günstiger ablaufen zu lassen. Dies führt schließlich zu kürzeren Verweilzeiten bzw. kleineren Apparaten, wodurch im allgemeinen wirtschaftlicher gearbeitet werden kann.

Das Gebiet der Stoffaustauschvorgänge bei gleichzeitigem Auftreten von chemischen Reaktionen ist außerordentlich umfangreich. Der Zweck dieses Kapitels ist es, einige grundlegende Gesichtspunkt herauszustellen sowie Ergebnisse zu bringen, welche allgemein anwendbar sind.

Eine systematische Einteilung der mit chemischen Reaktionen gekoppelten Stoffaustauschvorgänge wird möglich, wenn man die Art und Anzahl der Phasen unterscheidet, in denen chemische Reaktionen auftreten. Chemische Reaktionen können innerhalb einer einzigen Phase, in mehreren Phasen zugleich, sowie an Phasengrenzflächen stattfinden. Demnach unterscheidet man zwischen *homogenen* Reaktionen, wenn diese innerhalb einer Phase auftreten, und *heterogenen* Reaktionen, wenn sie an Phasengrenzflächen und nur an diesen stattfinden. Bei heterogenen Reaktionen unterscheidet man weiter solche bei welchen:

a) der Feststoff an der Reaktion teilnimmt (nicht-katalytische Reaktionen), z. B. Verbrennung von Kohle mit Luft,

b) der Feststoff an der Reaktion nicht teilnimmt, jedoch – allein auf Grund seiner Oberflächeneigenschaften – die Reaktionsgeschwindigkeit der ablaufenden Reaktionen vergrößert (katalytische Reaktion).

Eine systematische Einteilung verschiedener Stoffaustauschvorgänge mit chemischer Reaktion gibt Tab. 12.1. Dabei ist es wichtig, zwischen homogenen und heterogenen Reaktionen bzw. homogenen und heterogenen Systemen zu unterscheiden. So kann z. B. eine homogene Reaktion in einem heterogenen System stattfinden. Ein Beispiel dafür ist die Absorption einer Gaskomponente in einer Flüssigkeit, in welcher diese mit einer Flüssigphasenkomponente reagiert. Das System ist in diesem Falle heterogen (Gas/Flüssig), die chemische Reaktion homogen, da sie nur in der Flüssigphase auftritt (vergleiche Abschnitt 4.3)[1].

Tabelle 12.1. *Einteilung der Stoffaustauschvorgänge mit chemischer Reaktion*

System	Phasen	Reaktion	
		homogen	heterogen
homogen	Gas/Gas	Gas-Phasen-Reaktion	–[1]
	Flüssig/Flüssig	Flüssig-Phasen-Reaktion	–[1]
heterogen	Gas/Flüssig	Absorption mit chemischer Reaktion	–
	Flüssig/Flüssig	Extraktion mit chemischer Reaktion	–
			–
	Gas/Fest	–	katalytische bzw. nicht-katalytische Gasreaktion
	Flüssig/Fest	–	katalytische bzw. nicht-katalytische Flüssigreaktion
	Gas/Flüssig/Fest	–	katalytische bzw. nicht-katalytische Reaktion in Mehrphasensystemen

[1] Teilweise treten katalytische Reaktionen auch in homogenen Systemen auf (vergleiche Damköhler [12.3]). Diese wurden hier jedoch aus Gründen der Übersichtlichkeit nicht berücksichtigt.

Das Ziel der folgenden Ausführungen ist es, den grundsätzlichen Unterschied des Einflusses einer chemischen Reaktion auf den Stoffaustausch im Falle homogener und heterogener Reaktionen aufzuzeigen. Bei homogenen Reaktionen wird beispielsweise der Stoffaustauschvorgang durch das Auftreten einer chemischen Reaktion beschleunigt (oder zumindest nicht gehemmt), während bei heterogenen Reaktionen bestenfalls kein Einfluß der chemischen Reaktion auf den Stoffaustauschvorgang, zumeist jedoch eine Hemmung stattfindet. Bevor aber auf diese Unterschiede eingegangen werden soll, ist es notwendig, noch näher den Begriff der Reaktionsgeschwindigkeit zu behandeln.

[1] Manche Autoren [12.1], [12.2] bezeichnen allerdings auch Reaktionen, die in einer homogenen Phase ablaufen, im Gegensatz zur hier gebrachten Definition als heterogen, wenn mindestens ein Reaktand über die Phasengrenze an den Reaktionsort transportiert werden muß. Weiters beachte man die Unterscheidung zwischen einer heterogenen Reaktion einerseits und einer homogenen Reaktion in einem heterogenen System, die auf Grund einer sehr großen Reaktionsgeschwindigkeit fast vollständig an der Phasengrenzfläche abläuft, andererseits.

12.1 Die Reaktionsgeschwindigkeitsgleichung[1]

In den Ausführungen des Abschnittes 3.4 wurden unter anderem bereits die verschiedenen Definitionen für die Reaktionsgrößen (Reaktionsstrom, Reaktionsstromdichte etc.) in allgemeiner Form gegeben. Um mit diesen Größen rechnen zu können, ist es notwendig, ein mathematisches Modell der jeweils vorliegenden, unbekannten Kinetik der betreffenden Reaktion aufzustellen. Dieses mathematische Modell basiert im allgemeinen auf experimentellen Ergebnissen sowie theoretischen Überlegungen und wird als *Reaktionsgeschwindigkeitsgleichung* (teilweise auch *Zeitgesetz*) bezeichnet. Für die chemische Reaktion

$$\nu_A A + \nu_B B + \cdots = \nu_P P + \nu_Q Q + \cdots$$

bzw.[2]

$$\sum_{i=1}^{N} \nu_i A_i = 0 \tag{12.1}$$

lautet die Reaktionsgeschwindigkeitsgleichung in allgemeiner Form

$$\dot{r} = f\,(\text{Temperatur, Zusammensetzung}) \tag{12.2}$$

Für die explizite Form dieser Beziehung hat sich im Einklang mit Theorie und Praxis der folgende Potenzansatz bewährt [12.4]

$$\dot{r} = k(T) \cdot g(c_1, \ldots, c_N) \tag{12.3}$$

bzw.

$$\dot{r} = k \cdot \prod_{i=1}^{N} c_i^{n_i} \tag{12.4}$$

wobei k eine Konstante und c_i die Konzentrationen der verschiedenen Reaktionsteilnehmer darstellen. Die Größe n_i kann ganzzahlig positiv oder auch negativ sein und teilweise auch nicht ganzzahlige Werte annehmen. n_i wird als die Ordnung der Reaktion bezüglich der Komponente i und

$$n = \sum_{i=1}^{N} n_i \tag{12.5}$$

als die Gesamtordnung bzw. einfach als die Ordnung einer Reaktion bezeichnet. Die Reaktionsordnung wird im allgemeinen experimentell bestimmt.

Stoffe, die nicht in der allgemeinen Reaktionsgleichung (12.1) vorkommen, aber die Reaktionsgeschwindigkeit dennoch beeinflussen, bezeichnet man als *Katalysatoren*, wenn sie die Reaktion beschleunigen, bzw. als *Inhibitoren*, wenn sie diese hemmen.

Der Faktor k in Gl. (12.4) wird als *Reaktionsgeschwindigkeitskonstante* bezeichnet, da er für eine bestimmte Reaktion – bei konstanter Temperatur – eine konstante Größe ist. Der Einfluß der Temperatur auf die Reaktionsgeschwindig-

---

[1] Dieser Abschnitt basiert auf den Veröffentlichungen aus der Serie „Reaktionstechnik" von H. Hoffmann und anderen [12.4].

[2] In diesem Kapitel wird mit N die Gesamtzahl der Komponenten bezeichnet.

keit läßt sich bei den meisten Reaktionen durch die Beziehung von ARRHENIUS (vergleiche [12.2])

$$k = k_0 \cdot e^{-(E_0/RT)} \tag{12.6}$$

beschreiben.

Die allgemeine Form des Zeitgesetzes für eine chemische Reaktion mit der Bruttoumsatzgleichung

$$\nu_A A + \nu_B B \rightarrow \nu_p P$$

kann damit wie folgt angeschrieben werden

$$\dot{r}_A = k' \cdot c_A^{n_A} c_B^{n_B} \tag{12.7}$$

Liegt jedoch eine der Komponenten, beispielsweise B, im Überschuß vor, so kann man die Größe $c_B^{n_B}$ als konstant betrachten und erhält

$$k' \cdot c_B^{n_B} = k \tag{12.8}$$

Gl. (12.7) vereinfacht sich damit zu

$$\dot{r}_A = k \cdot c_A^n \tag{12.9}$$

Diese Form des Zeitgesetzes wird aus Gründen der einfacheren mathematischen Verwendung bevorzugt bei verfahrenstechnischen Berechnungen eingesetzt. Man spricht von einer Reaktion n-ter Ordnung. Ist $n = 1$, so entspricht dies einer Reaktion 1. Ordnung.

Wie bereits in Abschnitt 3.4 angeführt, ist es üblich, bei homogenen Reaktionen die Reaktionsgeschwindigkeit auf das Reaktionsvolumen bzw. bei heterogenen Reaktionen auf die Katalysatoroberfläche (oder Katalysatormasse) zu beziehen. Die Reaktionsgeschwindigkeitsgleichung wird dadurch weder in ihrer Art noch in ihrer Anwendung beeinflußt.

12.2 Heterogene Reaktionen[1]

Von den verschiedenen in Tab. 12.1 angeführten Typen heterogener Reaktionen haben die katalytischen Gas/Fest-Reaktionen die größte technische Bedeutung, da eine Vielzahl großtechnischer Prozesse, wie z. B. die Synthesen von Ammoniak, Methanol, Äthylenoxid, Phtalsäureanhydrid, Acrylnitril, auf katalytischen Vorgängen beruhen. In den genannten Fällen werden die Reaktanden jeweils aus der homogenen Gasphase an die Feststoffoberfläche des Katalysators transportiert, reagieren dort zum betreffenden Produkt und dieses wird danach in die homogene Phase gebracht.

Die verwendeten Katalysatoren sind in der Regel poröse oberflächenreiche Teilchen mit spezifischen Oberflächen von $5 - 500\,m^2/g$ und äußeren Abmessungen (je nach Verwendung in dem betreffenden Reaktortyp) von 50 μm bis 20 mm. Da der Hauptteil der katalytisch wirksamen Oberfläche im Inneren der Teilchen liegt, müssen bei dem üblichen Einsatz von Katalysatoren in Festbett-, Fließbett-,

---

[1] Der vorliegende Abschnitt behandelt wegen der größeren technischen Bedeutung nur heterogen-katalytische Reaktionen.

Wirbelschicht- und Flugschicht-Reaktoren die jeweiligen Reaktanden zunächst aus dem Kern des Fluids an die innere Oberfläche der einzelnen Katalysatorteilchen gelangen sowie die Reaktionsprodukte von dort wieder in das strömende Medium zurücktransportiert werden. Der gesamte Reaktionsablauf einer heterogenen-katalytischen Oberflächenreaktion läßt sich dabei in folgende 7 Teilschritte untergliedern (vergleiche Abb. 12.1):

1. Schritt: Die Reaktanden gelangen aus dem Kern des strömenden Mediums durch die Grenzschicht, welche um das Feststoffteilchen besteht, an die äußere Teilchenoberfläche (Diffusion).

2. Schritt: Die Reaktanden diffundieren in das poröse Katalysatorkorn. Man bezeichnet diesen Vorgang als Porendiffusion oder innere Diffusion (vergleiche Abschnitt 7.3.3).

3. Schritt: An den *aktiven Zentren*[1] der Katalysatoroberfläche werden die Reaktanden adsorbiert (Adsorption).

4. Schritt: An der Oberfläche erfolgt die Umwandlung der Reaktanden zu den jeweiligen Produkten (chemische Reaktion).

5. Schritt: Die Reaktionsprodukte desorbieren von den aktiven Zentren (Desorption).

6. Schritt: Die Reaktionsprodukte diffundieren zur äußeren Kernoberfläche (Porendiffusion).

7. Schritt: Die Reaktionsprodukte gelangen durch die Grenzschicht in die Hauptmasse des strömenden Mediums (Diffusion).

Neben den genannten Stofftransportvorgängen sind aber auch die Wärmetransportvorgänge zwischen Reaktionsort und Hauptmasse des strömenden Mediums für die Durchführbarkeit heterogen-katalytischer Reaktionen wichtig [12.6].

Die schematische Darstellung des gesamten Ablaufes einer heterogen-katalytischen Reaktion der Form

$$A + B \rightarrow AB$$

zeigt Abb. 12.1.

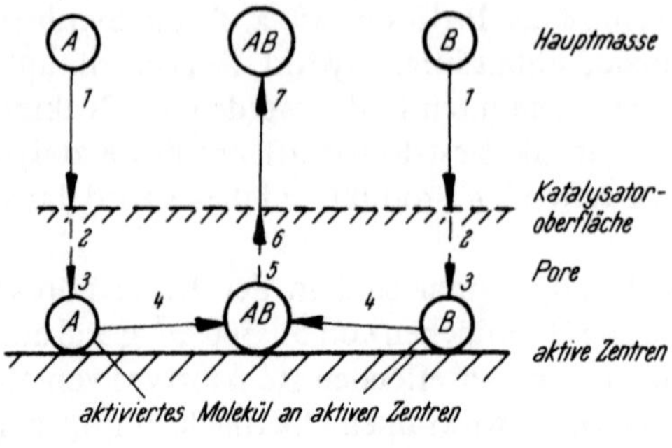

Abb. 12.1. Zur Erläuterung der einzelnen Teilschritte bei der heterogen-katalytischen Reaktion

[1] Der Begriff „aktive Zentren“ wurde von H. S. Taylor geprägt [12.5].

Bei der Untersuchung heterogen-katalytischer Prozesse ist man bemüht, die geschwindigkeitsbestimmenden, das heißt langsamsten Schritte in der Folge der Teilschritte 1 bis 7 festzustellen.

12.2.1 Abschätzung der geschwindigkeitsbestimmenden Vorgänge bei heterogen-katalytischen Reaktionen[1]

An einem kugelförmigen Katalysatorpartikel, das von den Reaktanden A und B umströmt wird, soll eine heterogene Reaktion gemäß der Umsatzgleichung

$$\nu_A A + \nu_B B \rightarrow \nu_P P$$

ablaufen. Es wird dabei angenommen, daß die Temperatur am Feststoffkorn konstant bleibt, das heißt keine Reaktionswärme auftritt und die Reaktion äquimolar sei. Die chemische Umwandlung an der Oberfläche der Kugel soll in der in Abb. 12.1 angegebenen Weise erfolgen.

Außerdem werden hier nur die Teilschritte Diffusion und chemische Reaktion betrachtet. Die übrigen Teilschritte – Porendiffusion und Adsorption – werden in dieser Analyse vernachlässigt, das heißt als nicht geschwindigkeitsbestimmend angenommen.

Es wird nun folgende Überlegung angestellt: Im stationären Zustand kann nur so viel an Komponente A reagieren, wie durch Diffusion an die Partikeloberfläche (Katalysator) gelangt; andererseits kann aber wiederum nur so viel Stoff zur Oberfläche diffundieren, wie dort durch die Reaktion verbraucht wird. Für die Diffusion durch die Grenzschicht zur Oberfläche der Kugel, gilt entsprechend den Voraussetzungen einer äquimolaren Diffusion das 1. Ficksche Gesetz (vergleiche Abschnitt 7.4)

$$\dot{n}_{A,W} = -D_A \left(\frac{dc_A}{dx}\right)_W \tag{12.10}$$

Für die chemische Reaktion soll im gegebenen Fall Gl. (12.9) mit den dort angeführten Voraussetzungen gelten. Die betreffende Beziehung für die Reaktionsstromdichte ergibt sich damit zu[2]

$$\dot{r}_{A,W} = k c_{A,W}^n \tag{12.11}$$

Der Index W kennzeichnet hierin die Verhältnisse an der Kugeloberfläche.

Aus Gründen der Kontinuität müssen die Beträge der Stoff- und Reaktionsstromdichte übereinstimmen. Somit gilt

$$|\dot{n}_{A,W}| = |\dot{r}_{A,W}| \tag{12.12a}$$

Unter Berücksichtigung der Gln. (12.10) und (12.11) folgt daraus

$$\left|\left(\frac{dc_A}{dx}\right)_W\right| = \left|\frac{k c_{A,W}^n}{D_A}\right| \tag{12.12b}$$

---

[1] Die Ausführungen folgen im wesentlichen H. Brauer [12.7].

[2] Die Konzentration $c_{A,W}$ wird hier von den adsorptiven Eigenschaften des Feststoffes bestimmt, ist daher unter gegebenen Bedingungen (Temperatur, Druck, Feststoff etc.) als konstant anzusehen.

Nach Einführen der dimensionslosen Verhältniszahlen

$$\zeta = \frac{c_A}{c_{A,0}}, \qquad \zeta_W = \frac{c_{A,W}}{c_{A,0}} \qquad \text{und} \qquad x^* = \frac{x}{L}$$

ergibt sich anstelle von Gl. (12.12) die Beziehung

$$\left| \left(\frac{d\zeta}{dx^*} \right)_W \right| = \frac{k \cdot L}{D_A} \cdot c_{A,0}^{n-1} \cdot \zeta_W^n = Da_{II,W} \zeta_W^n \tag{12.13}$$

Hierin stellt die dimensionslose Größe $(kL/D_A)c_{A,0}^{n-1}$ die für eine heterogene Reaktion maßgebende dimensionslose Kennzahl dar. Sie wird nach Abschnitt 12.2.2 als Damköhlersche Zahl 2. Art[1] (Da_{II}) bezeichnet und ist in ihrer allgemein gültigen Form definiert als das Verhältnis

$$\frac{\text{chemisch umgesetzte Molmenge}}{\text{diffusionsmäßig zugeführte Molmenge}} = Da_{II}$$

Nimmt man eine Reaktion 1. Ordnung ($n = 1$) an, dann vereinfacht sich der betreffende Ausdruck für die Damköhler-Zahl zu

$$Da_{II} = \frac{kL}{D_A} \tag{12.14}$$

Dies entspricht dem Verhältnis der Reaktionsstromdichte zur Stoffstromdichte. Aus diesem Verhältnis lassen sich nun folgende Bedingungen bezüglich des betreffenden geschwindigkeitsbestimmenden Schrittes vorhersagen:

a) Ist $k \gg D_A/L$, das heißt die Reaktionsgeschwindigkeit größer als die Diffusionsgeschwindigkeit, so nimmt die Damköhler-Zahl große Werte an. Nach Gl. (12.13) wird dann – setzt man einen endlichen Wert für $d\zeta/dx^*$ voraus – $\zeta_W \approx 0$, das heißt die Konzentration an der Oberfläche wird sehr klein. Praktisch gesprochen wird die durch Diffusion antransportierte Stoffmasse sofort durch die chemische Reaktion verbraucht. Da in diesem Falle die Diffusion der geschwindigkeitsbestimmende Vorgang ist, spricht man auch von *Diffusionshemmung*. Die Reaktionsgeschwindigkeit ist somit ohne jeglichen Einfluß auf das Geschehen. Soll aber der Stoffumsatz erhöht werden, so ist das nur möglich, wenn man durch geeignete Maßnahmen den Stofftransport zur Reaktionsfläche verstärkt. Dies läßt sich im allgemeinen dadurch erreichen, daß

1. die Strömungsgeschwindigkeit des Mediums erhöht wird. Dadurch wird der Einfluß der Teilschritte 1 und 7 herabgesetzt;

2. genügend kleine Korndurchmesser für die Katalysatorkörner vorliegen, wodurch die Teilschritte 2 und 6 schneller ablaufen können.

b) Ist $k \ll D_A/L$, so nimmt die Damköhler-Zahl sehr kleine Werte an. Nach Gl. (12.13) verschwindet in diesem Fall der Konzentrationsgradient an der Wand; es hemmt somit die Reaktion den Gesamtvorgang, und man spricht von einer

---

[1] Bezüglich weiterer Definitionen vergleiche Abschnitt 12.2.2. Die hier gegebene Definition bezieht sich auf eine Reaktion n-ter Ordnung.

Reaktionshemmung. Soll der Stoffumsatz am Gesamtvorgang erhöht werden, so können in diesem Falle folgende Maßnahmen getroffen werden, die Reaktion zu beschleunigen:

1. Erhöhung der Reaktionstemperatur
2. Änderung des Katalysators.

Die hydrodynamischen Bedingungen zu ändern, ist in diesem Falle nicht zielführend, da der Stofftransport für den Gesamtvorgang nicht den geschwindigkeitsbestimmenden Schritt darstellt.

Zusammenfassend kann somit festgestellt werden, daß durch die Berechnung der Damköhler-Zahl nach Gl. (12.14) eine Abschätzung des geschwindigkeitsbestimmenden Schrittes bei heterogen-katalytischen Reaktionen möglich ist. Bei deren Kenntnis wird man in der Folge versuchen, durch geeignete Maßnahmen den Gesamtvorgang zu beeinflussen.

12.2.2 Quantitative Bestimmung des Einflusses einer chemischen Reaktion auf den Stoffaustausch bei heterogen-katalytischen Reaktionen

Im Anschluß an Abschnitt 12.2.1 soll im folgenden am Beispiel des heterogen-katalytischen Stoffumsatzes an einem kugelförmigen Katalysatorkorn die Vorgangsweise zu dessen quantitativer Berechnung besprochen werden. Zur Erfassung dieses Problems ist es im allgemeinen notwendig, die kombinierten Impuls-, Wärme- und Stofftransportgleichungen zu lösen. Diese Berechnung ist zumeist aber nur mit EDV-Anlagen durchzuführen. Eine einfache Abschätzung des Einflusses der verschiedenen Größen ist im allgemeinen jedoch mit Hilfe dimensionsloser Kennzahlen möglich, wie dies in Abschnitt 12.2.1 am Beispiel der heterogenen Katalyse ausgeführt wurde. Ähnliche dimensionslose Kennzahlen lassen sich auf einfache Art aus den entsprechenden Damköhler-Gleichungen gewinnen [12.3]. Dies geschieht, ähnlich wie in Kapitel 11.0 angegeben, am einfachsten in der Weise, daß man die allgemeine differentielle Stofftransportgleichung durch den konvektiven Term $\mathrm{div}(c_i\mathbf{v})$ dividiert:

Die allgemeine differentielle Stoffaustauschgleichung lautet gemäß Abschnitt 4.3[1]

$$\frac{\partial c_i}{\partial t} = -\,\mathrm{div}(c_i\mathbf{v}) - \mathrm{div}(-\,D_i\,\mathrm{grad}\,c_i) + \nu_i\dot{r}_i \qquad (12.15)$$

Daraus ergibt sich nach Division

$$\frac{\nu_i\dot{r}_i}{\mathrm{div}(c_i\mathbf{v})} \simeq \frac{\nu_i\dot{r}_i L}{c_i v} \equiv \mathrm{Da_I} \qquad (12.16)$$

bzw.

---

[1] Der Reaktionsterm tritt in der Bilanzgleichung für Stoffaustausch mit einer heterogenen chemischen Reaktion nicht auf, weil die Bilanz nur über die Fluidphase erstellt wird, die heterogene Reaktion aber an der Phasengrenzfläche stattfindet. Die Ableitung der dimensionslosen Kennzahlen wird hier für den homogenen Fall durchgeführt, kann aber sinngemäß auch für heterogene Reaktionen verwendet werden.

$$\frac{\nu_i \dot{r}_i}{\mathrm{div}(D_i \text{ grad } c_i)} \simeq \frac{\nu_i \dot{r}_i L^2}{c_i D_i} \equiv \mathrm{Da}_{\mathrm{II}} \tag{12.17}$$

Die Reaktionsgeschwindigkeit $\dot{r}_i$ ist hier im Gegensatz zu $\dot{r}_{i,w}$ nach Abschnitt 12.2.1 auf das Volumen bezogen. Bei flächenbezogener Reaktionsgeschwindigkeit muß man entsprechend der Definitionsgleichung (3.122b) die obigen Da-Zahlen jeweils durch L dividieren.

Die Damköhlerzahlen 1. und 2. Art stellen demzufolge folgende Verhältnisse dar

$$\mathrm{Da}_{\mathrm{I}} = \frac{\text{chemisch umgesetzte Molmenge}}{\text{konvektiv zugeführte Molmenge}} \tag{12.18}$$

$$\mathrm{Da}_{\mathrm{II}} = \frac{\text{chemisch umgesetzte Molmenge}}{\text{durch Diffusion zugeführte Molmenge}}^{1} \tag{12.19}$$

Die Bedeutung und Handhabung dieser Kennzahlen wurde bereits in Abschnitt 12.2.1 behandelt.

Für den Wärmetransport folgt in analoger Weise aus der allgemeinen Energiebilanzgleichung

$$\frac{\partial(c_p \rho T)}{\partial t} = \nu_i \, \Delta H_R \, \dot{r}_i - \mathrm{div}(\rho c_p T \mathbf{v}) + \mathrm{div}(\lambda \text{ grad } T) \tag{12.20}$$

nachstehende dimensionslose Darstellung

$$\frac{\nu_i \, \Delta H_R \, \dot{r}_i}{\mathrm{div}(\rho c_p T \mathbf{v})} \simeq \frac{\nu_i \, \Delta H_R \, \dot{r}_i L}{(\rho c_p T \mathbf{v})} \equiv \mathrm{Da}_{\mathrm{III}} = \frac{\text{chem. Wärmeentwicklung}}{\text{konvektiver Wärmestrom}} \tag{12.21}$$

$$\frac{\nu_i \, \Delta H_R \, \dot{r}_i}{\mathrm{div}(\lambda \text{ grad } T)} \simeq \frac{\nu_i \, \Delta H_R \, \dot{r}_i L^2}{(\lambda T)} \equiv \mathrm{Da}_{\mathrm{IV}} = \frac{\text{chem. Wärmentwicklung}}{\text{Wärmeleitung}} \tag{12.22}$$

Mit Hilfe dieser vier dimensionslosen Kennzahlen ist es möglich, bei einem chemischen Prozeß[2] die Einflüsse der verschiedenen Transportströme im Vergleich zur betreffenden Reaktionsgröße abzuschätzen. Die Anwendung erfolgt in analoger Weise, wie dies in Abschnitt 12.2.1 am Beispiel der Damköhler-Zahl 2. Art demonstriert wurde.

Für einige Sonderfälle ist eine exakte Lösung der vorliegenden Differentialgleichung möglich. Dies soll im folgenden am Beispiel einer Kugel gezeigt werden[3]. Der allgemeine Lösungsweg folgt dem bereits in den Kapiteln 10.0 und 11.0 angezeigten:

1. Berechnung des Geschwindigkeitsfeldes
2. Berechnung des Temperaturfeldes
3. Berechnung des Konzentrationsfeldes

---

[1] Wird im folgenden nicht gesondert darauf hingewiesen, versteht man unter der Damköhler-Zahl jeweils die mit $\mathrm{Da}_{\mathrm{II}}$ gegebene Definition.

[2] Die Anwendung dieser Kennzahlen ist nicht auf heterogen-katalytische Prozesse beschränkt, sondern kann auf alle Stoffaustauschvorgänge mit chemischer Reaktion ausgedehnt werden.

[3] Die Ausführungen folgen der Darstellung in Brauer [12.7].

4. Berechnung der örtlichen Sherwood-Zahl
5. Berechnung der mittleren Sherwood-Zahl

ad 1) Die Berechnung des Geschwindigkeitsfeldes in der Umgebung einer Kugel wird im speziellen Fall durch die Kontinuitätsgleichung (11.22) und die Konzentrationsgleichung (11.23) beschrieben. Dabei werden folgende Vereinfachungen vorausgesetzt:

- stationäre Bedingungen des Gesamtaustauschvorganges,
- Trägheitsglieder sowie Einfluß der Schwerkraft und Druckgradienten sollen vernachlässigbar klein sein,
- konstante Temperatur.

ad 2) Normalerweise – das heißt auch unter technischen Bedingungen – wird es immer notwendig sein, das Temperaturfeld zu berechnen, da alle heterogen-katalytischen Reaktionen zumeist mit größeren Wärmeeffekten verbunden sind. Die Frage der Wärmezu- bzw. -abfuhr ist somit entscheidend für die Durchführbarkeit einer Reaktion an sich, aber auch wesentlich bestimmend für die Art des zu wählenden Reaktortyps.

ad 3) Zur Berechnung des Konzentrationsfeldes wird Gl. (4.106) herangezogen (vergleiche Abschnitt 4.3.5). Die maßgebende Differentialgleichung lautet unter Berücksichtigung obiger Vereinfachungen in dimensionsloser Schreibweise

$$\operatorname{div}(\zeta \mathbf{v}) = \frac{1}{\mathrm{ReSc}} \cdot \operatorname{div} \operatorname{grad} \zeta \tag{12.23}$$

Die dazugehörigen Randbedingungen sind:

RB. 1: $\quad 0 \leqslant \Theta \leqslant \pi; \quad r^* = 1: \quad \left(\frac{\partial \zeta}{\partial r^*}\right)_W = \mathrm{Da} \cdot \zeta_W^n;$

RB. 2: $\quad 0 \leqslant \Theta \leqslant \pi; \quad r^* = \infty: \quad \zeta = 1;$

RB. 3: $\quad \Theta = 0, \pi; \quad 1 \leqslant r^* \leqslant \infty \quad \frac{\partial \zeta}{\partial \Theta} = 0$

Die erste Randbedingung ist von besonderer Bedeutung. Sie bringt zum Ausdruck, daß an der Kugeloberfläche bei stationären Austauschbedingungen die Diffusionsstromdichten $\dot{n}_{A,W}$ gleich der Reaktionsstromdichte $\dot{r}_{A,W}$ sein muß, das heißt[1]

$$\dot{n}_{A,W} = \dot{r}_{A,W} \tag{12.24}$$

Setzt man in diese Beziehung die entsprechenden Ausdrücke nach Gl. (12.10) bzw. (12.11) ein, so folgt daraus die erste Randbedingung. Wichtig zum Vergleich mit homogenen Reaktionen ist die Feststellung, daß die Reaktionsstromdichte bei heterogen-katalytischen Reaktionen nur in den Randbedingungen vorkommt. Dies ist ein wesentlicher Unterschied zu den homogenen Reaktionen. Die numerische Lösung der Austauschgleichung (12.2) erfolgte erstmals durch SUCKER [12.8] mit Hilfe eines Differenzenverfahrens für verschiedene Reaktionsordnungen. Die Abb. 12.2 und 12.3 zeigen daraus einige Ergebnisse.

Abb. 12.3 gibt die Konzentrationsprofile in der Umgebung einer Kugel, an deren Oberfläche eine heterogen-katalytische Reaktion abläuft, für vier Werte des Winkels Θ bei ReSc = 400, Da = 10 (dies entspricht einer mittelschnellen Reaktion) und $n = 2$ wieder.

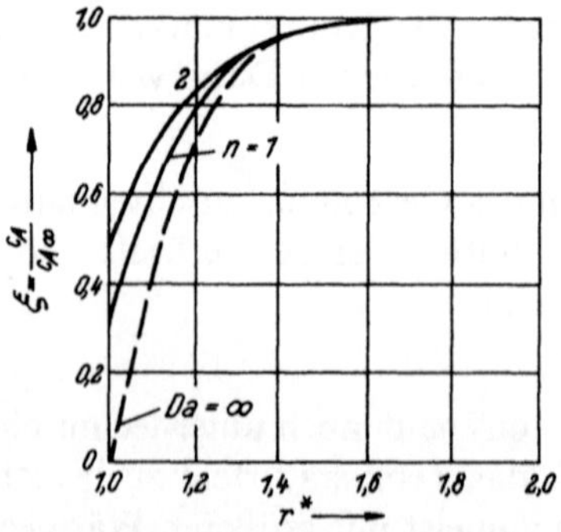

Abb. 12.2. Örtliches Konzentrationsprofil in der Umgebung einer Kugel nach Brauer [12.7]

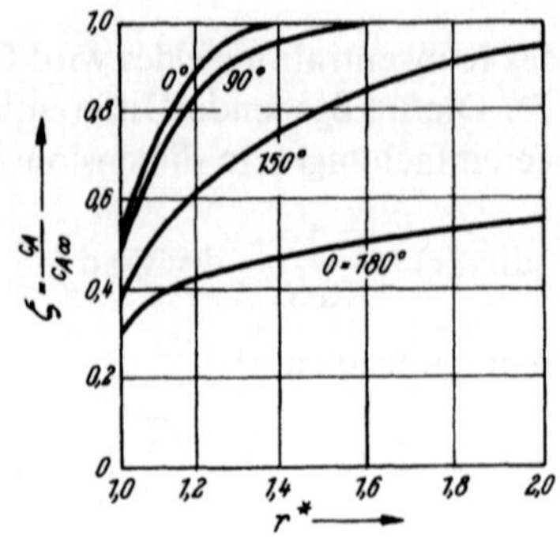

Abb. 12.3. Örtliches Konzentrationsprofil an einer Kugel in Abhängigkeit der Reaktionsordnung bei $\Theta = 0°$, 90°, 150° und 180° nach Brauer [12.7]

Wie Abb. 12.3 zeigt, wird die Konzentration im hinteren Staupunkt (bei $\Theta = 180°$) wesentlich schneller abgebaut als im vorderen, da dort die umzusetzende Stoffmenge fortlaufend konvektiv zugeführt wird. Im hinteren Staupunkt ist diese Zufuhr umzusetzenden Stoffes durch die Wirbelbildung stark herabgesetzt. Selbstverständlich gelten diese Voraussetzungen nur bei den hier getroffenen Annahmen.

Die Abb. 12.2 gibt den Einfluß der Reaktionsordnung auf das Konzentrationsprofil um das kugelförmige Partikel wieder. Daraus ist ersichtlich, daß die Umsetzung der Reaktanden umso langsamer erfolgt, je größer die Reaktionsordnung ist. Für den Fall einer unendlich schnellen Reaktion (Da = ∞) ist die Konzentrationsverteilung unabhängig von der Reaktionsordnung. Dabei ist die Konzentration an der Wand $\zeta_W = 0$.

ad 4) Berechnung der örtlichen Sh-Zahl. Die Berechnung der örtlichen Sh-Zahl erfolgt, indem die differentielle Stoffaustauschgleichung, deren allgemeine Form durch die Beziehung

$$\zeta_W = f(\mathrm{Re}, \mathrm{Sc}, \mathrm{Da}, n, \Theta) \tag{12.25}$$

gegeben ist und im speziellen Fall von SUCKER [12.8] nach einem impliziten Differenzenverfahren aus Gl. (12.3) berechnet wurde, in die Beziehung für die örtliche Sh-Zahl eingesetzt wird. Dies geschieht im einzelnen wie folgt:

Der über den Umfang der Kugel veränderliche örtliche Stoffübergangskoeffizient β_Θ ist durch die Gleichung

$$\dot{n}_{A,\Theta} = \beta_\Theta \cdot (c_{A,\infty} - c_{A,W}) \tag{12.26}$$

gegeben. Da sich nun $c_{A,W}$, die Konzentration der Komponente A an der Kugeloberfläche, in Abhängigkeit vom Winkel Θ ändert, wird zur Vereinfachung der Stoffübergangskoeffizienten nur mit Hilfe der unveränderlichen Konzentration $c_{A,\infty}$ definiert[1], so daß gilt

$$\dot{n}_{A,\Theta} = \beta_\Theta \cdot c_{A,\infty} \tag{12.27}$$

Da bei heterogen-katalytischen Reaktionen die örtliche Diffusionsstromdichte gleich der Reaktionsstromdichte $\dot{r}_{A,W}$ sein muß, erhält man nach Gleichsetzen von Gln. (12.11) und (12.20) die Beziehung

$$\dot{n}_{A,\Theta} = \beta_\Theta c_{A,\infty} \equiv \dot{r}_{A,W} = k \cdot c_{A,W}^n \tag{12.28}$$

Ersetzt man hierin den örtlichen Stoffübergangskoeffizienten durch dessen dimensionslose Kennzahl[2]

$$\mathrm{Sh}_\Theta = \frac{\beta_\Theta d_d}{D_A}$$

und führt außerdem die Damköhler-Zahl gemäß Gl. (12.13) ein, so gelangt man zu folgendem Ausdruck

$$\mathrm{Sh}_\Theta = \frac{k c_{A,W}^n \cdot 2L}{D_A c_{A\infty}} = 2\,\frac{k L c_{A\infty}^{n-1}}{D_A}\,\zeta^n = 2\mathrm{Da}_{\mathrm{II},W}\zeta_W^n \tag{12.29}$$

ad 5) Berechnung der mittleren Sh-Zahl. Die über die gesamte Kugeloberfläche gemittelte Sherwood-Zahl erhält man gemäß Abschnitt 8.2.1 aus der Beziehung

$$\mathrm{Sh} = \frac{\beta_\Theta d}{D_A} = \frac{1}{2}\int_\Theta^\pi \mathrm{Sh}_\Theta \sin\Theta \, d\Theta \tag{12.30}$$

Die Lösung dieser Beziehungen ist für das vorliegende Beispiel analytisch für zwei Sonderfälle möglich, und zwar für ReSc → 0 und ReSc → ∞.

Der Sonderfall ReSc → 0 betrifft den Stoffumsatz einer Kugel, die sich in einer ruhenden Umgebung befindet. Die Stoffaustauschgleichung reduziert sich im

---

[1] Mit Hilfe dieser Vereinbarung läßt sich im folgenden die Sherwood-Zahl als Funktion der Damköhler-Zahl und der dimensionslosen Konzentration darstellen. Man vergleiche dazu Gl. (12.29).

[2] In diesem Falle bezeichnet d_d den Partikeldurchmesser.

gegebenen Fall auf

$$\frac{d}{dr^*}\left(\frac{d\zeta}{dr^*}\right) = 0 \tag{12.31}$$

mit den für Gl. (12.23) gültigen Randbedingungen.

Die Integration dieser Differentialgleichung führt mit der Bedingung $r^* = 1$ (Partikeloberfläche) zu einer Beziehung für die Wandkonzentration ζ_W. Setzt man die Ergebnisse in Gl. (12.29) ein, so erhält man für die örtliche und mittlere Sh-Zahl bei verschiedenen Reaktionsordnungen folgende Beziehungen[1]

$$n = 1: \quad \mathrm{Sh}_{(\mathrm{ReSc} \to 0)} = 2\frac{\mathrm{Da}}{1 + \mathrm{Da}} \tag{12.32}$$

$$n = 2: \quad \mathrm{Sh}_{(\mathrm{ReSc} \to 0)} = \frac{1}{2\mathrm{Da}}\left[\sqrt{1 + 4\mathrm{Da}} - 1\right]^2 \tag{12.33}$$

Daraus zeigt sich als wichtiges Ergebnis, daß die Sh-Zahl mit zunehmender Damköhler-Zahl, das heißt für schnellere Reaktionen, größer wird.

Im Sonderfall $\mathrm{ReSc} \to \infty$ ist die Konzentrationsgrenzschicht im Vergleich zur Geschwindigkeitsgrenzschicht sehr dünn. Daher lassen sich Vereinfachungen treffen, durch die eine geschlossene Lösung der betreffenden Stoffaustauschgleichung ermöglicht wird. Für die Konzentration an der Wand ζ_W erhielt SUCKER [12.8] unter diesen Bedingungen folgende Beziehung

$$\frac{\zeta_W^n}{1 - \zeta_W} = \frac{(\mathrm{ReSc})^{1/3}}{1{,}623\mathrm{Da}} \cdot \frac{\sin\Theta}{(\Theta - \frac{1}{2}\sin 2\Theta)^{1/3}}\,. \tag{12.34}$$

Setzt man diesen Ausdruck für die beiden betrachteten Reaktionsordnungen $n = 1$ und $n = 2$ in Gl. (12.29) ein, dann ergeben sich für die Sh-Zahl nach Integration gemäß Gl. (12.30) folgende Berechnungsgleichungen

$$n = 1: \quad \mathrm{Sh}_{(\mathrm{ReSc} \to \infty)} = \frac{1}{\dfrac{1}{0{,}991 \cdot (\mathrm{ReSc})^{1/3}} + \dfrac{1}{2 \cdot \mathrm{Da}}} \tag{12.35}$$

$$n = 2: \quad \mathrm{Sh}_{(\mathrm{ReSc} \to \infty)} = \frac{1}{\dfrac{1}{0{,}924 \cdot (\mathrm{ReSc})^{1/3}} + \dfrac{1}{2 \cdot \mathrm{Da}}} \tag{12.36}$$

Im Grenzfall $\mathrm{Re} \cdot \mathrm{Sc} = \infty$ ist die örtliche Sherwood-Zahl gleich der mittleren und somit unabhängig von $\mathrm{Re} \cdot \mathrm{Sc}$ und der Reaktionsordnung. Daher folgt aus Gln. (12.34) und (12.35) die Beziehung

$$\mathrm{Sh}_\infty = 2\mathrm{Da} \tag{12.37}$$

[1] Für $\mathrm{ReSc} \to 0$ bzw. $\mathrm{ReSc} \to \infty$ sind die örtlichen Sherwood-Zahlen über die Umfangskomponente konstant und somit gleich der mittleren Sherwood-Zahl, da im ruhenden System bzw. bei vollständiger Turbulenz in jeden Punkt an der Kugeloberfläche derselbe Strömungszustand gegeben ist.

In den Abb. 12.4 und 12.5 sind die berechneten Sh-Zahlen für den Zustand schleichender Strömung (Re < 1) graphisch dargestellt. Abb. 12.4 gilt für die Reaktionsordnung $n = 1$, während Abb. 12.5 die Ergebnisse für $n = 2$ wiedergibt.

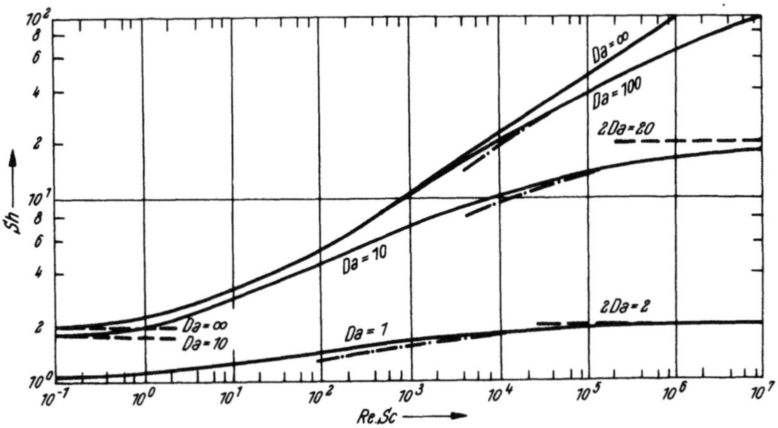

Abb. 12.4. Mittlere Sherwood-Zahl bei heterogen-katalytischen Reaktionen an der Oberfläche einer starren Kugel für eine Reaktionsordnung $n = 1$

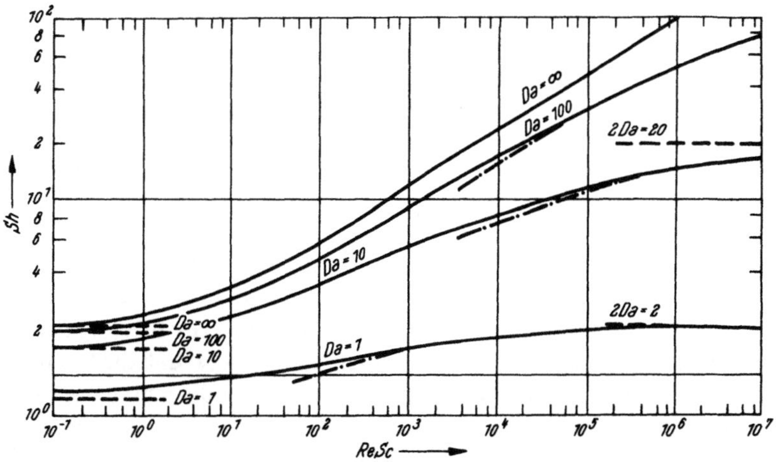

Abb. 12.5. Mittlere Sherwood-Zahlen bei heterogen-katalytischen Reaktionen an der Oberfläche einer starren Kugel für eine Reaktionsordnung $n = 2$

Die Kurven in den Abb. 12.4 und 12.5 wurden für die Da-Zahlen Da $= \infty$, 100, 10 und 1 erstellt. Strichliert sind in den Diagrammen jeweils jene Kurven eingezeichnet, die sich für den Grenzfall Re $\cdot$ Sc $\to 0$ gemäß den Gln. (12.32) bzw. (12.33) ergeben, also wenn der Stoffaustausch in einer ruhenden Umgebung erfolgt. Die strichpunktierten Linien beschreiben hingegen die Grenzfälle Re $\cdot$ Sc $\to \infty$ nach den Gln. (12.34) und (12.35) bzw. ReSc $= \infty$ nach Gl. (12.37).

Die Kurve für Da = ∞ ist identisch mit dem Ergebnis der Stoffaustauschbeziehung für ein Feststoff-Partikel ohne chemische Reaktion (vergleiche Abb. 12.5) und somit auch für alle Reaktionsordnungen gleich. Für den Grenzfall Re · Sc → ∞ lautete die betreffende Beziehung beim Stoffaustausch ohne chemische Reaktion (vergleiche Abschnitt 8.2.1, Gl. (8.50c)):

$$Sh_{(Re \cdot Sc \to \infty)} = 1{,}007 \cdot (Re \cdot Sc)^{1/3} \tag{12.38}$$

Hingegen lautet die Beziehung für den Stoffaustausch mit chemischer Reaktion im Fall ReSc → ∞ und Da = ∞ für eine Reaktion 1. Ordnung gemäß Gl. (12.35)

$$Sh_{(Da = \infty)} = 0{,}991 \cdot (Re \cdot Sc)^{1/3} \tag{12.39}$$

Daraus ist ersichtlich, daß der Stofftransport an einer Kugel ohne chemische Reaktion praktisch gleich ist jenem bei Vorhandensein einer chemischen Reaktion, wenn diese sehr schnell (im Grenzfall unendlich schnell) abläuft. Dieses Ergebnis ist überraschend, kann jedoch zum besseren Verständnis und zur Erklärung der Zusammenhänge zwischen dem Stoffaustausch und der chemischen Reaktion bei heterogenen katalytischen Reaktionen herangezogen werden. Dies geschieht vorteilhafterweise mit Hilfe von Abb. 12.5. Diese zeigt für verschiedene Da-Zahlen die Unabhängigkeit bzw. Abhängigkeit der einzelnen Teilschritte bei heterogenkatalytischen Reaktion. Man unterscheidet dabei vier Fälle:

a) Diffusionshemmung bei Da → ∞; das heißt sehr schnelle Reaktion. In diesem Fall ist die chemische Reaktionsgeschwindigkeit sehr viel größer als die Diffusionsgeschwindigkeit. Dadurch limitiert die Diffusion den Gesamtvorgang.

b) Reaktionshemmung bei Da → 0; das heißt sehr langsame Reaktion. Die chemische Reaktionsgeschwindigkeit ist sehr klein und bestimmt somit die Geschwindigkeit des Gesamtvorganges. Eine Erhöhung von Re · Sc kann keine wesentliche Steigerung der Sh-Zahl bewirken.

c) Diffusionshemmung bei Re · Sc → 0; dies entspricht einer Reaktion in einem ruhenden Medium. Für den Stofftransport zur Oberfläche der Kugel steht allein die molekulare Diffusion zur Verfügung. Somit hemmt die Diffusion den Umsatz. Eine Erhöhung der Da-Zahl kann die Sh-Zahl demzufolge nicht wesentlich steigern.

d) Reaktionshemmung bei Re · Sc → ∞; dies entspricht einer Reaktion in einem starken Strömungsfeld. Zufolge einer großen Strömungsgeschwindigkeit befindet sich das Partikel in einem ideal durchmischten Volumen, so daß die bestmöglichen Bedingungen für den Stoffübergang gegeben sind. Wenn die Kurven bei Re · Sc → ∞ einem Grenzwert zustreben (vergleiche Abb. 12.4 und 12.5), so muß dieser auf eine Reaktionshemmung zurückgeführt werden. Die Sh-Zahl läßt sich in dem Fall nur durch eine Erhöhung der Da-Zahl steigern.

Allgemein kann man zusammenfassen: Zur Beurteilung der Bedingungen, unter denen heterogen-katalytische Reaktionen durchgeführt werden sollten, dient die nach Gl. (12.13) definierte Damköhler-Zahl. Hat diese Damköhler-Zahl einen endlichen Wert, so läßt sich der maximal mögliche Gesamtstoffumsatz bei vorgegebener Reaktionsgeschwindigkeit erreichen, wenn man die Strömungsbedingungen der fluiden Phase um die einzelnen Katalysator-Körner so wählt, daß das Produkt ReSc möglichst groß wird (ReSc → ∞). Der Gesamtstoffumsatz wird in diesem Fall von der Größe der Damköhler-Zahl maßgeblich beeinflußt. Dieser ist umso größer, je größer die Damköhler-Zahl, das heißt je größer das Verhältnis der chemischen Reaktionsgeschwindigkeit zur Diffusionsgeschwindigkeit ist. Da die chemische Reaktionsgeschwindigkeit stärker als die Diffusionsgeschwindigkeit von der Temperatur beeinflußt wird[1], kann man beispielsweise bei zu geringen Werten der Damköhler-Zahl durch Temperaturerhöhung eine Verbesserung des Umsatzes bewirken. Nimmt die Damköhler-Zahl jedoch sehr große Werte an (im Grenzfall $Da = \infty$), so bedeutet dies, daß die Reaktionsgeschwindigkeit sehr viel schneller als die Diffusionsgeschwindigkeit ist und letztere daher den Gesamtumsatz bestimmt. Durch eine Erhöhung des Produktes ReSc kann in diesem Falle wiederum eine Erhöhung des Gesamtumsatzes erreicht werden (vergleiche Abb. 12.5).

In allen Fällen (ausgenommen den Grenzfall $Da = \infty$) wird jedoch durch das Auftreten einer chemischen Reaktion der Gesamtstoffumsatz im Vergleich zum Stoffumsatz ohne chemische Reaktion herabgesetzt. Dies wird verständlich, wenn man sich an Hand von Abb. 12.1 und 12.5 folgendes überlegt: die Geschwindigkeit der chemischen Reaktion an der Oberfläche des Katalysatorkornes hat einen bestimmten maximalen Wert, der erreicht wird, wenn alle anderen Transportvorgänge (Diffusion, Adsorption, Desorption) nicht limitierend sind ($ReSc \to \infty$). Dieser maximale Wert wird nur von den chemischen Reaktionsbedingungen (Druck, Temperatur, Konzentrationen) und den Katalysatoreigenschaften (Zusammensetzung, spezifische Oberfläche etc.) bestimmt. Die übrigen Transportvorgänge können diesen Wert nicht erhöhen, wohl aber erniedrigen, sobald einer derselben geschwindigkeitsbestimmend wird ($ReSc < \infty$). Daraus ergibt sich, daß durch den Stofftransport der Maximalwert einer bestimmten heterogen-katalytischen Reaktion nicht verbessert, sondern nur erniedrigt werden kann.

Wie aus dem Vergleich der Gln. (12.38) und (12.39) hervorgeht, ist der Stoffaustausch mit chemischer Reaktion gleich jenem bei Stoffaustausch ohne chemische Reaktion, wenn die chemische Reaktionsgeschwindigkeit sehr groß bzw. sehr viel größer als die Diffusionsgeschwindigkeit ($Da = \infty$) ist. Bei kleiner werdenden Damköhler-Zahlen wird die Reaktionsgeschwindigkeit geringer. Der Gesamtvorgang kann jedoch niemals schneller werden als der Teilschritt, der den langsamsten Vorgang – in diesem Falle die chemische Reaktion – darstellt. Daraus folgt die Feststellung[2]: Eine heterogene chemische Reaktion wirkt auf den Gesamtstoffaustauschvorgang – unter den hier gegebenen Bedingungen – hemmend. Im allgemeinen bestimmt der langsamste Teilschritt die Geschwindigkeit des Gesamtvorganges.

12.3 Homogene Reaktionen in heterogenen Systemen

Homogene Reaktionen in heterogenen Systemen treten vor allem bei den Grundoperationen Absorption mit chemischer Reaktion, Extraktion mit chemischer Reaktion sowie bei chemischen Umsetzungen in Mehrphasensystemen auf. Demzufolge haben auch sie eine große technische Bedeutung in der Verfahrenstechnik. Als typisches Beispiel kann eine Absorption mit chemischer

---

[1] Man vergleiche hiezu Gl. (12.6) und Gl. (7.77) in Abschnitt 7.3.3.

[2] Was hier am Beispiel der Kugel abgeleitet wurde, gilt allgemein auch für andere Körper.

Reaktion angeführt werden, die in einem geeigneten Apparat, z. B. einer Blasensäule, einer Füllkörperkolonne, einer Bodenkolonne oder einem Gas-Flüssig-Rührkessel, ausgeführt wird. Abb. 12.6 zeigt schematisch den Aufbau eines Gas/Flüssig-Rührkessels, in dem Stoffumsatz mit chemischer Reaktion stattfindet.

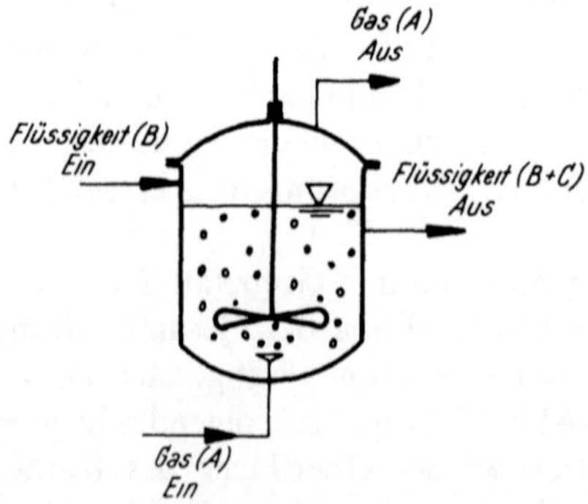

Abb. 12.6. Schematische Darstellung eines Gas/Flüssig-Rührkessels

Wird z. B. eine Komponente A aus der Gasphase mit einer Komponente B, die in der Flüssigphase anwesend ist, zur Reaktion gebracht, so ergeben sich folgende Teilschritte:

1. Physikalische Absorption der Komponente A aus der Gasphase in die Flüssigphase

$$A_{(g)} \rightarrow A_{(fl)}$$

2. Chemische Reaktion der gelösten Komponente A mit der Flüssigphasenkomponente B zum Produkt C

$$A_{(fl)} + B_{(fl)} \rightarrow C_{(fl)}$$

Die Abb. 12.7 zeigt die schematische Darstellung des Konzentrationsverlaufes an einem differentiellen Volumenelement im Fall des Stoffaustausches mit chemischer Reaktion.

Es wurde dabei das Filmmodell nach Abschnitt 9.3 zugrunde gelegt; links und rechts der Phasengrenzfläche befinden sich jeweils die Grenzschichten der Gas- bzw. Flüssigphase[1]. Der dargestellte Konzentrationsverlauf gilt für eine schnelle Reaktion, bei der sich der betreffende Reaktionsablauf in die Grenzschicht verlagert und neben dem Stofftransport von A auch derjenige der Komponente B in der jeweiligen Grenzschicht geschwindigkeitsbestimmend ist.

Im folgenden soll zunächst analog zu Abschnitt 12.2.1 die Abschätzung des geschwindigkeitsbestimmenden Schrittes bei homogenen Reaktionen erfolgen und danach der Stofftransport für die homogene Reaktion am Beispiel der Blase in einem heterogenen Gas/Flüssig-System behandelt werden.

[1] Der Ort, an dem die chemische Reaktion stattfindet, wird durch die Reaktionsschichtdicke λ_r gekennzeichnet.

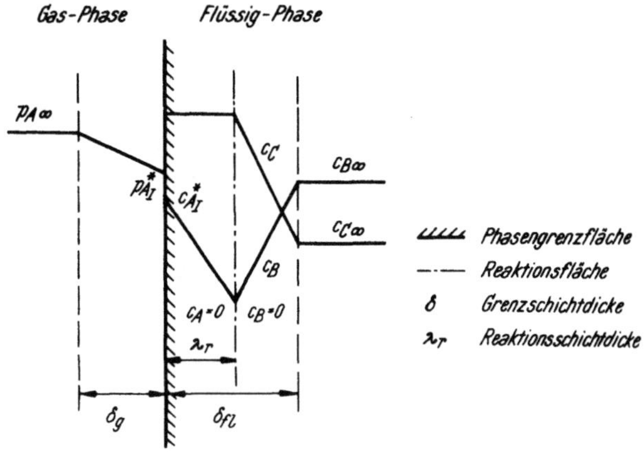

Abb. 12.7. Schematische Darstellung des örtlichen Konzentrationsprofiles bei einer schnellen chemischen Reaktion an einer Gasblase nach der Zweifilm-Theorie

12.3.1 Abschätzung des geschwindigkeitsbestimmenden Schrittes bei homogenen Reaktionen in heterogenen Systemen

Zur Berechnung des Stoffaustausches einschließlich einer homogenen, chemischen Reaktion wird von der betreffenden differentiellen Stoffbilanz über das Phasengebiet, in dem die Reaktion erfolgt, ausgegangen. Im eindimensionalen Fall ohne konvektiven Term muß die Änderung des Diffusionsstromes der Komponente A gleich der durch die Reaktion verbrauchten bzw. erzeugten Menge an A im betrachteten Volumelement sein. Somit gilt[1]:

$$\left| \frac{d\dot{n}_A}{dx} \right| = |\dot{r}_A| \tag{12.40}$$

Mit dem Fickschen Ansatz für die Diffusionsstromdichte und der Reaktionsgeschwindigkeitsgleichung

$$\dot{r}_A = k \cdot c_A^n \tag{12.41}$$

ergibt sich daraus die Beziehung

$$D_A \cdot \left| \frac{d^2 c_A}{dx^2} \right| = k c_A^n$$

Führt man hierin weiters die dimensionslosen Größen wie in Abschnitt 12.2.1 ein, so gelangt man zu folgender Form der Stoffaustauschgleichung

$$\left| \frac{d^2\zeta}{dx^{*2}} \right| = \frac{k \cdot L^2}{D_A} \cdot c_{A,0}^{n-1} \cdot \zeta^n = \mathrm{Da}_{\mathrm{II,V}} \cdot \zeta^n \tag{12.42}$$

Die dimensionslose Beziehung $[(k \cdot L^2)/D_A] \cdot c_{A,0}^{n-1}$ stellt hierin wiederum die Damköhlersche Zahl 2. Art dar; diesmal jedoch für eine auf das Volumen bezogene

[1] Die Reaktionsgeschwindigkeit ist in diesem Fall, im Gegensatz zu Abschnitt 12.2.1, auf das Volumen bezogen.

Reaktionsstromdichte. Die Begriffe Reaktions- und Diffusionshemmung sind zwar auch hier gültig, verlieren aber, wie in den Erläuterungen zu Abb. 12.8 noch näher erklärt wird, ihren eigentlichen Sinn.

Für homogene Reaktionen wurden neben der Da-Zahl auch noch andere dimensionslose Kenngrößen definiert. Unter diesen nimmt die Hatta-Zahl Ha eine besondere Stellung ein. Für eine irreversible Reaktion n-ter Ordnung nach Gl. (12.41) ist die Ha-Zahl definiert [12.9]

$$\mathrm{Ha} = \sqrt{\frac{2/(n+1)\, k c_{A,0}^{n-1} D_A}{\beta_{fl}^2}} \tag{12.43}$$

Für eine Reaktion 1. Ordnung folgt daraus die Beziehung (mit $n = 1$)

$$\mathrm{Ha} = \sqrt{\frac{k D_A}{\beta_{fl}^2}} \tag{12.44}$$

Während die Da-Zahl das Verhältnis von Reaktionsstromdichte zur Diffusionsstromdichte darstellt, gibt die Hatta-Zahl das Verhältnis von Reaktionsstromdichte zur Stoffübergangsstromdichte wieder[1].

Tabelle 12.2. *Einteilung homogener Reaktionen*

Ha-Zahl		Da-Zahl[1]	Reaktionstyp	Reaktionsort
allgemeiner Wert	typischer Wert			
Ha > 1	> 3	> 10	schnelle Reaktionen	Grenzschicht
Ha = 1	1	1	mittlere Reaktionen	Grenzschicht Phasenkern
Ha < 1	< 0,3	< 0,1	langsame Reaktionen	Phasenkern

[1] Für den Zusammenhang zwischen der Hatta- und Damköhler-Zahl gilt:

$$\mathrm{Ha} = \sqrt{\frac{2}{n+1} \cdot \frac{\mathrm{Da}}{\mathrm{Sh}^2}}$$

Daraus folgt bei Annahme der Gültigkeit des Filmmodells (vergleiche Kapitel 9.6.1, Gl. (9.47))

$$\beta_{fl} = \frac{D_A}{\delta_{fl}}$$

sowie der Grenzschichtdichte δ_{fl} als charakteristische Länge L der Ausdruck

$$\mathrm{Ha} = \sqrt{\frac{2}{n+1}\mathrm{Da}}$$

Für die Reaktionsordnung $n = 1$ vereinfacht sich diese Beziehung zu

$$\mathrm{Ha} = \sqrt{\mathrm{Da}}$$

Vielfach ist es üblich, homogene Reaktionen in heterogenen Systemen nach der Größe der Hatta- (bzw. Damköhler-)Zahl in schnelle, mittlere und langsame Reaktionen einzuteilen. Tab. 12.2 gibt Zahlenwerte für eine solche Einteilung nach Beek [12.10]. Weiters gibt die Hatta-Zahl auch Aufschluß darüber, ob die Reaktion überwiegend im Phasenkern oder in der Grenzschicht abläuft, siehe Tab. 12.2.

12.3.2 Quantitative Behandlung des Einflußes einer chemischen Reaktion auf den Stoffaustausch bei homogenen Reaktionen in heterogenen Systemen

Der quantitative Einfluß einer homogenen Reaktion auf den Stoffaustausch soll analog zu Abschnitt 12.2.2 am Beispiel einer umströmten starren Kugel behandelt werden. Dabei trete der Stoff A aus der Partikeloberfläche in das umgebende Fluid, um dort mit dem Stoff B zu reagieren.

Der Rechnungsgang ist derselbe wie der in Abschnitt 12.2.2, was auch für die vereinfachenden Voraussetzungen gilt. Damit ergibt sich folgende differentielle Stoffbilanz im dimensionsloser Form

$$\operatorname{div}(\zeta \mathbf{v}^*) = \frac{1}{\mathrm{Re} \cdot \mathrm{Sc}} \cdot \operatorname{div} \operatorname{grad} \zeta - \dot{r}_A \tag{12.45}$$

Für die Reaktionsstromdichte $\dot{r}_A$ gelte auf Grund des in großem Überschuß vorhandenen Stoffes B Gl. (12.41). Die Randbedingungen dazu lauten:

RB. 1:	$0 \leqslant \Theta \leqslant \pi;$	$r = 1:$	$\zeta = 1$
RB. 2:	$0 \leqslant \Theta \leqslant \pi;$	$r = \infty:$	$\zeta = 0$
RB. 3:	$\Theta = 0; \pi;$	$1 \leqslant r^* \leqslant \infty:$	$\dfrac{\partial \zeta}{\partial \Theta} = 0$

Im Gegensatz zur heterogenen Reaktion tritt somit beim Stoffaustausch mit homogener Reaktion in der betreffenden Stoffbilanz der Reaktionsterm, wie er in Abschnitt 12.1 eingeführt wurde, hinzu, wogegen die Randbedingungen gegenüber denjenigen beim Stoffaustausch ohne chemische Reaktion unverändert bleiben.

Gl. (12.45) läßt sich innerhalb eines begrenzten Re-Bereiches mittels Differenzenverfahren lösen, während für den übrigen Bereich die betreffende Stoffbilanzgleichung einer numerischen Lösung zugeführt werden muß.

Berechnung der örtlichen Sh-Zahl: Die Berechnung der örtlichen Sh-Zahl erfolgt analog zu Abschnitt 12.2.2. Dabei wird von der örtlichen Stoffstromdichte in der Form

$$\dot{n}_{A,\Theta} = \beta_\Theta c_{A,W} \tag{12.46}$$

ausgegangen.

Für die Stoffstromdichte an der Kugeloberfläche gilt unter den gegebenen Voraussetzungen das 1. Ficksche Gesetz

$$\dot{n}_{A,W} = -D_A \left(\frac{\partial c_A}{\partial r}\right)_W \tag{12.47}$$

Durch Gleichsetzen von Gl. (12.46) und Gl. (12.47) erhält man in dimensionsloser Schreibweise die örtliche Sherwood-Zahl

$$\mathrm{Sh}_\Theta \frac{\beta_\Theta d_d}{D_A} = -2\left(\frac{\partial \zeta}{\partial r^*}\right)_W \qquad (12.48)$$

Berechnung der mittleren Sherwood-Zahl: Aus Gl. (12.48) errechnet sich unter Berücksichtigung von Gl. (12.30) die mittlere Sherwood-Zahl. JOHNSON und AKEHATA [12.11] haben die Stoffbilanzgleichung für den Bereich $1 \leqslant \mathrm{ReSc} \leqslant 10^4$ gelöst und damit die mittlere Sherwood-Zahl berechnet. Weitere Lösungen für die mittlere Sherwood-Zahl stammen von RUTLAND und PFEFFER [12.12] sowie von CHEN und PFEFFER [12.13].

Abb. 12.8 zeigt die mittlere Sh-Zahl in Abhängigkeit vom Kennzahlenprodukt Re · Sc bei verschiedenen Da-Zahlen.

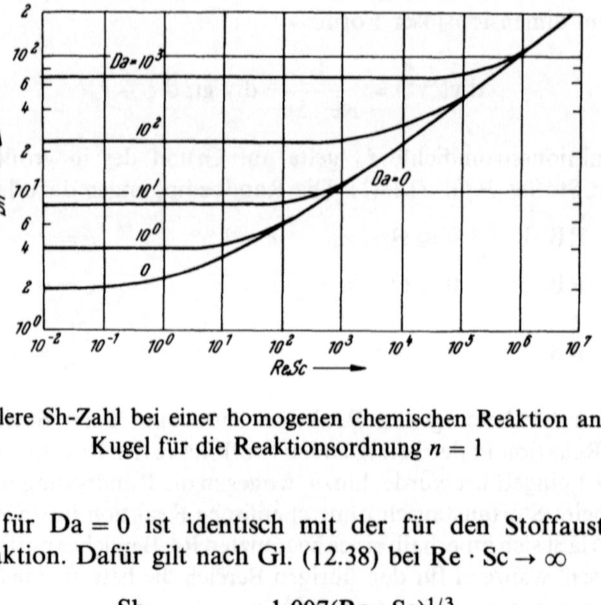

Abb. 12.8. Mittlere Sh-Zahl bei einer homogenen chemischen Reaktion an einer starren Kugel für die Reaktionsordnung $n = 1$

Die Kurve für Da = 0 ist identisch mit der für den Stoffaustausch ohne chemische Reaktion. Dafür gilt nach Gl. (12.38) bei $\mathrm{Re} \cdot \mathrm{Sc} \to \infty$

$$\mathrm{Sh}_{(\mathrm{Re}\cdot\mathrm{Sc}\to\infty)} = 1{,}007(\mathrm{Re}\cdot\mathrm{Sc})^{1/3}$$

Der Stofftransport ohne chemische Reaktion an einer Kugel ist demnach gleich jenem bei Vorhandensein einer homogenen chemischen Reaktion, wenn diese sehr langsam (im Grenzfall unendlich langsam) abläuft.

Für den Grenzfall $\mathrm{Re} \cdot \mathrm{Sc} \to 0$ haben RUTLAND und PFEFFER [12.12] folgende Beziehung aufgestellt:

$$\mathrm{Sh}_{(\mathrm{Re}\cdot\mathrm{Sc})\to 0} = 2 + 2\mathrm{Da}^{1/2} \qquad (12.49)$$

Daraus ergibt sich für Da = 0 und $\mathrm{Re} \cdot \mathrm{Sc} \to 0$ die Beziehung für den Stoffaustausch ohne chemische Reaktion zu (vergleiche Gl. (12.37)):

$$\mathrm{Sh} = 2 \qquad (12.50)$$

An Hand der Abb. 12.8 seien im folgenden die Unterschiede zum Stoffaustausch mit heterogener Reaktion angeführt:

a) Im Grenzfall $Re \cdot Sc \to 0$ liegt keine Diffusionshemmung vor, da der Stoffaustausch durch Erhöhung der Reaktionsgeschwindigkeit beschleunigt werden kann.

b) Bei $Re \cdot Sc \to \infty$ hat die Damköhler-Zahl und somit die Reaktionsgeschwindigkeit keinen Einfluß auf den Stoffaustausch, da in diesem Fall der Verlauf der Sherwood-Zahl für alle Damköhler-Zahlen gleich dem Verlauf ohne chemische Reaktion ist. Unabhängig von der Damköhler-Zahl wird bei $Re \cdot Sc \to \infty$ der maximal mögliche Stoffaustausch erzielt.

c) Ebenso wird bei $Da \to \infty$ unabhängig vom Kennzahlenprodukt $Re \cdot Sc$ der maximal mögliche Stoffaustausch erreicht, das heißt man kann nicht von Diffusionshemmung sprechen.

d) Für sehr kleine Damköhler-Zahlen ($Da \to 0$) kann der Stoffaustausch sowohl durch Erhöhung der Damköhler-Zahl als auch durch Erhöhung von $Re \cdot Sc$ verbessert werden.

e) Nur innerhalb der Bereiche, in welchen die Sherwood-Zahl für eine bestimmte Damköhler-Zahl unabhängig von $Re \cdot Sc$ verläuft, kann man von Reaktionshemmung sprechen. Sobald aber das Produkt $Re \cdot Sc$ einen Wert erreicht, der nicht mehr im Bereich eines konstanten Sherwood-Verlaufes liegt, kann der Begriff der Reaktionshemmung nicht mehr aufrecht erhalten werden.

Beim Stoffaustausch mit homogener chemischer Reaktion ist der Gesamtstoffaustausch somit immer durch eine Erhöhung der Reaktionsgeschwindigkeit zu vergrößern. Eingeschränkt wird diese allgemeine Aussage im Falle der Kugel für den Zustand $ReSc \to \infty$ sowie die Bereiche eines konstanten Verlaufes der Sherwood-Zahl (vergleiche Abb. 12.8).

Die homogene chemische Reaktion in heterogenen Systemen wirkt demzufolge auf den Stoffübergang beschleunigend, da die diffundierende Komponente laufend abgebaut wird und so ein größeres Konzentrationsgefälle aufrecht erhält, als dies bei Stoffaustausch ohne chemische Reaktion der Fall ist.

Schrifttum zu Kapitel 12.0

[12.1] Hoffmann, H., u. a.: Reaktionstechnik, Kinetik heterogen-katalytischer Oberflächenreaktionen. Chemie-Ing.-Techn. **48**, Nr. 3 (1976).

[12.2] Barrow, G. M.: Physikalische Chemie. Heidelberg-Wien: Bohmann-Verlag 1973.

[12.3] Damköhler, G., in Eucken-Jabob: Der Chemie-Ingenieur III, 1. Teil, S. 77. Umsetzungen zwischen Gasen. Leipzig: Akademische Verlagsgesellschaft m.b.H. 1940.

[12.4] Hoffmann, H., u. a.: Reaktionstechnik, Kinetik homogener Reaktionen und Kinetik heterogen-katalytischer Oberflächenreaktionen. Chem.-Ing.-Techn. **47**, 15, 637 (1975).

[12.5] Roginski, S. S.: Adsorption und Katalyse an inhomogenen Oberflächen. Berlin: Akademie-Verlag 1958.

[12.6] Hoffmann, H., u. a.: Reaktionstechnik, Stoff- und Wärmetransporteinflüsse bei der heterogenen Katalyse. Chemie-Ing.-Techn. **47**, 24, 1012 (1975).

[12.7] Brauer, H.: Stoffaustausch einschließlich chemischer Reaktionen. Aarau und Frankfurt/Main: Sauerländer 1971.

[12.8] SUCKER, D.: Stofftransport bei heterogener chemischer Reaktion an umströmten Einzelkugeln. Diplomarbeit, Institut für Verfahrenstechnik, TU Berlin, 1971.

[12.9] HATTA, S.: Imperial Techn. Rept. **8**, 1 (1928); **10**, 119 (1932).

[12.10] BEEK, W. J., MUTZALL, K. M. K.: Transport Phenomena. New York: John Wiley & Sons 1975.

[12.11] JOHNSON, A. J., AKEHATA, T.: Reaction Accompanied by Mass Transfer from Fluid and Solid Spheres at Low Reynolds Numbers. Com. J. Chem. Eng. **43**, 1, 10–15 (1965).

[12.12] RUTLAND, L., PFEFFER, R.: Mass Transfer from a Single Sphere in Stokes Flow with a Homogeneous Chemical Reaction. AICHE-J. **13**, 1, 182–186 (1967).

[12.13] CHEN, W. C., PFEFFER, R.: Local and Overall Mass Transfer Rates around Solid Spheres with First-Order Homogeneous Chemical Reaction. Ind. Eng. Chem. Fundamentals **9**, 1, 101–107 (1970).

Anhang

Die physikalische Bedeutung der vektoriellen Differentialoperatoren[1]

In der Vektorrechnung unterscheidet man grundsätzlich zwei Arten von Zahlengrößen, nämlich Skalare und Vektoren. Skalare sind einfache Zahlengrößen, wie z. B. Temperatur und Konzentration. Vektoren hingegen sind Größen, denen über ihren Betrag hinaus noch eine räumliche Richtung zugeordnet ist, wie z. B. Geschwindigkeit und Kraft. Hat nun irgendeine physikalische Größe in jedem Punkt des Raumes einen wohldefinierten Wert, so wird dadurch ein Feld dieser Größe erklärt. Ist diese Größe ein Skalar, so spricht man von einem skalaren Feld (z. B. das Temperaturfeld um einen erwärmten Körper), ist diese Größe jedoch ein Vektor, so erhält man ein Vektorfeld (z. B. das Geschwindigkeitsfeld in einer Flüssigkeitsströmung). Natürlich kann man jede Größe, gleich ob in einem Skalar- oder Vektorfeld, nach den Lagekoordinaten differentieren. Es läßt sich nun zeigen, daß mit jeder solchen Differentialoperation ein bestimmter physikalischer Sinn verbunden werden kann, der unabhängig von der Wahl des Koordinatensystems ist. Im folgenden soll die physikalische Bedeutung der beiden für den Verfahrenstechniker wichtigsten Differentialoperationen, nämlich des Gradienten und der Divergenz, betrachtet werden. Weiters soll ein kurzer Überblick über die in diesem Buch verwendeten kombinierten Differentialoperatoren gegeben werden.

Vorerst muß jedoch zur besseren Handhabung der Differentialoperationen noch ein Operator eingeführt werden, der im kartesischen Koordinatensystem folgende Form hat:

$$\nabla = \begin{pmatrix} \partial/\partial x \\ \partial/\partial y \\ \partial/\partial z \end{pmatrix}$$

Der Operator ∇ heißt „Nabla", er ist kein Vektor im geometrischen Sinn, da ihm keine Größe zugeordnet ist, kann jedoch formal als Vektor behandelt werden[2] [2].

Der Gradient

Der Gradient ist das Produkt einer skalaren Größe Φ mit dem „Vektor" ∇:

$$\nabla \cdot \Phi = \operatorname{grad} \Phi$$

---

[1] Vergleiche Euken-Jakob, Der Chemie-Ingenieur, Leipzig: Akadem. Verlags-Ges.m.b.H. 1933

[2] Vergleiche H. Marenau, G. M. Murphy, Die Mathematik für Physik und Chemie, 1, Frankfurt a. M.-Zürich: Verlag Harri Deutsch 1965.

Der Ausdruck grad Φ stellt einen Vektor dar, da nach den Gesetzen der Vektorrechnung das Produkt eines Vektors mit einem Skalar wieder einen Vektor ergibt. Der Vektor grad Φ steht normal auf Flächen, für die gilt $\Phi = \text{const.}$, und gibt Richtung und Stärke des maximalen Anstieges von Φ in einem bestimmten Punkt des Raumes an.

Tabelle I. *Darstellung der Vektoroperatoren im kartesischen Koordinatensystem*

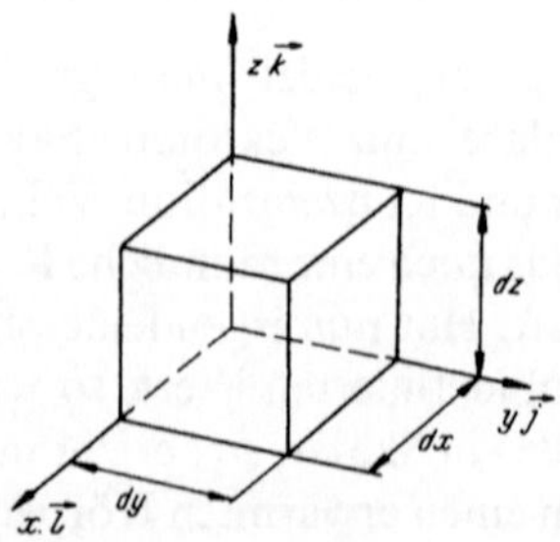

Koordinaten	x	y	z
Einheitsvektoren	$\mathbf{i}$	$\mathbf{j}$	$\mathbf{k}$
Nabla	$\mathbf{i}\cdot\frac{\partial}{\partial x}$	$+\mathbf{j}\cdot\frac{\partial}{\partial y}$	$+\mathbf{k}\cdot\frac{\partial}{\partial z}$
Grad ϕ	$\mathbf{i}\cdot\frac{\partial\Phi}{\partial x}$	$+\mathbf{j}\cdot\frac{\partial\Phi}{\partial y}$	$+\mathbf{k}\cdot\frac{\partial\Phi}{\partial z}$
ds	$\mathbf{i}\cdot dx$	$+\mathbf{j}\cdot dy$	$+\mathbf{k}\cdot dz$
ds · Grad ϕ	$\frac{\partial\Phi}{\partial x}dx$	$+\frac{\partial\Phi}{\partial y}dy$	$+\frac{\partial\Phi}{\partial z}dz$
div $\mathbf{A}$	$\frac{\partial\mathbf{A}_x}{\partial x}$	$+\frac{\partial\mathbf{A}_y}{\partial y}$	$+\frac{\partial\mathbf{A}_z}{\partial z}$
div Grad ϕ	$\frac{\partial^2\Phi}{\partial x^2}$	$+\frac{\partial^2\Phi}{\partial y^2}$	$+\frac{\partial^2\Phi}{\partial z^2}$

Bildet man das skalare Produkt des Vektors grad Φ mit einem raumfesten Vektor ds oder, mit anderen Worten, berechnet man die Projektion des Vektors grad Φ auf den Vektor ds, so erhält man einen Skalar. Diese Größe beschreibt die Veränderung der skalaren Größe Φ, wenn man von einem bestimmten Punkt des Raumes aus in die Richtung von ds schreitet. Die formelmäßige Erfassung dieses Vorganges lautet

$$ds \cdot \text{grad}\,\Phi$$

ihre rechnerische Ausführung kann der Tabelle I entnommen werden.

Tabelle II. *Darstellung der Vektoroperatoren in verschiedenen Koordinatensystemen*

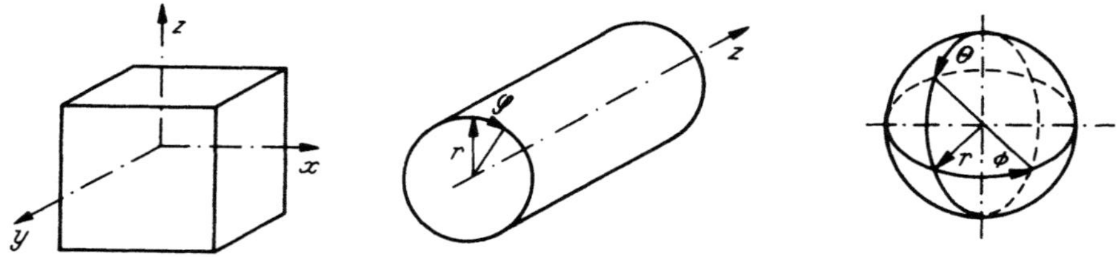

	Kartesische Koordinaten	Zylindrische Koordinaten	Sphärische Koordinaten
Gradient $\nabla\phi$	$\mathbf{e}_x\frac{\partial\Phi}{\partial x}+\mathbf{e}_y\frac{\partial\Phi}{\partial y}+\mathbf{e}_z\frac{\partial\Phi}{\partial z}$	$\mathbf{e}_r\frac{\partial\Phi}{\partial r}+\mathbf{e}_\theta\frac{1}{r}\frac{\partial\Phi}{\partial\phi}+\mathbf{e}_z\frac{\partial\Phi}{\partial z}$	$\mathbf{e}_r\frac{\partial\Phi}{\partial r}+\mathbf{e}_\theta\frac{1}{r}\frac{\partial\Phi}{\partial\theta}+\mathbf{e}_\phi\frac{1}{r\sin\theta}\frac{\partial\Phi}{\partial\phi}$
Divergenz ∇A	$\frac{\partial A_x}{\partial x}+\frac{\partial A_y}{\partial y}+\frac{\partial A_z}{\partial z}$	$\frac{1}{r}\frac{\partial}{\partial r}rA_r+\frac{1}{r}\frac{\partial A_\theta}{\partial\phi}+\frac{\partial A_z}{\partial z}$	$\frac{1}{r^2}\frac{\partial}{\partial r}r^2A_r+\frac{1}{r\sin\theta}\frac{\partial}{\partial\theta}(A_\theta\sin\theta)+\frac{1}{r\sin\theta}\frac{\partial A_\phi}{\partial\phi}$
Laplace $\nabla^2\phi$	$\frac{\partial^2\Phi}{\partial x^2}+\frac{\partial^2\Phi}{\partial y^2}+\frac{\partial^2\Phi}{\partial z^2}$	$\frac{1}{r}\frac{\partial}{\partial r}\left(r\frac{\partial\Phi}{\partial r}\right)+\frac{1}{r^2}\frac{\partial^2\Phi}{\partial\phi^2}+\frac{\partial^2\Phi}{\partial z^2}$	$\frac{1}{r^2}\frac{\partial}{\partial r}\left(r^2\frac{\partial\Phi}{\partial r}\right)+\frac{1}{r^2\sin\theta}\frac{\partial}{\partial\theta}\left(\sin\theta\frac{\partial\Phi}{\partial\theta}\right)+\frac{1}{r^2\sin^2\theta}\frac{\partial^2\Phi}{\partial\phi^2}$

Die Divergenz

Die Divergenz ist das skalare Produkt des ∇-Operators mit einem Vektor **A**.

$$\nabla \cdot \mathbf{A} = \operatorname{div} \mathbf{A}$$

Der Ausdruck div **A** stellt eine skalare Größe dar. Die physikalische Bedeutung dieser Größe kann als der Vektorfluß aus der Volumseinheit erklärt werden. Ist **A** z. B. die Geschwindigkeit einer Flüssigkeitsströmung und c_i die Konzentration einer bestimmten Teilchenart i in dieser Flüssigkeit, so ist $\operatorname{div}(\mathbf{A} \cdot c_i)$ die Molzahl an i, die aus der Volumseinheit mehr entnommen als zugeführt wird (vergleiche dazu Kap. 4).

Kombinierte Differentialoperatoren

Es besteht natürlich auch die Möglichkeit, die besprochenen Differentialoperationen hintereinander auszuführen. Als erstes Beispiel der dadurch gewonnenen kombinierten Differentialoperatoren soll die Aufeinanderfolge von Gradient und Divergenz behandelt werden:

$$\Delta = \operatorname{div}(\operatorname{grad} \Phi)$$

Δ wird als Laplace-Operator bezeichnet. Da der Operator Δ einen Skalar darstellt, nämlich das skalare Produkt

$$\Delta = \nabla \cdot \nabla$$

ist seine Anwendung auch auf Vektoren möglich.

In diesem Zusammenhang sei darauf verwiesen, daß die oben erwähnte Operation $\operatorname{div}(\mathbf{A} \cdot c)$, worin **A** einen Vektor (z. B. die Geschwindigkeit) und c einen Skalar (z. B. die Konzentration) darstellt, auch in der Form

$$\operatorname{div}(\mathbf{A} \cdot c) = \mathbf{A} \cdot \operatorname{grad} c + c \cdot \operatorname{div}\mathbf{A}$$

geschrieben werden kann. Die Ableitung dieser Form kann leicht aus der Tabelle I entnommen werden.

Tabelle II gibt die Darstellung der wichtigsten Vektoroperatoren in verschiedenen Koordinatensystemen wieder.

Sachverzeichnis

Computergesteuerter Fotosatz und Umbruch: Dipl.-Ing. Schwarz' Erben KG, A-3910 Zwettl, NÖ. – Reproduktion und Offsetdruck: Novographic, Ing. Wolfgang Schmid, A-1230 Wien.

GPSR Compliance

The European Union's (EU) General Product Safety Regulation (GPSR) is a set of rules that requires consumer products to be safe and our obligations to ensure this.

If you have any concerns about our products, you can contact us on ProductSafety@springernature.com

In case Publisher is established outside the EU, the EU authorized representative is:

Springer Nature Customer Service Center GmbH
Europaplatz 3
69115 Heidelberg, Germany

Batch number: 10584556

Printed by Printforce, the Netherlands